2. 無線電話通信の略語（無線局運用規則別表第 4 号抜粋）

略　語	意　義
遭難，MAYDAY 又はメーデー	$\overline{\mathrm{SOS}}$
緊急，PAN PAN 又はパン パン	XXX
警報，SECURITE 又はセキュリテ	TTT
非常	$\overline{\mathrm{OSO}}$
各局	CQ または CP
こちらは	DE
どうぞ	K
了解又は OK	R または RRR
お待ちください	$\overline{\mathrm{AS}}$
反復	RPT
ただいま試験中	EX
本日は晴天なり	VVV
訂正又は CORRECTION	$\overline{\mathrm{HH}}$
終り	$\overline{\mathrm{AR}}$
さようなら	$\overline{\mathrm{VA}}$
誰かこちらを呼びましたか	QRZ ?
明りょう度	QRK
感度	QSA
そちらは（周波数，周波数帯又は通信路）に変えてください	QSU
こちらは（周波数，周波数帯又は通信路）に変更します	QSW
こちらは（周波数，周波数帯又は通信路）を聴守します	QSX
通報が（通数）通あります	QTC
通報はありません	QRU

やさしく学ぶ

第一級アマチュア無線技士試験

改訂2版

吉村和昭・著

Ohmsha

まえがき

アマチュア無線を楽しむには，無線従事者免許証を取得して，無線局の免許を得る必要があります．我が国の無線従事者免許証は，「総合無線従事者」3資格，「海上無線従事者」8資格，「航空無線従事者」2資格，「陸上無線従事者」6資格，「アマチュア無線従事者」4資格，の計23種類あります．アマチュア無線従事者は，第一級～第四級アマチュア無線技士の4資格に分かれています．このうち，第二級～第四級アマチュア無線技士の免許証は総務大臣が認定した無線従事者養成課程講習会を受講することにより取得することもできますが，第一級アマチュア無線技士（以下「一アマ」）の免許証を取得するには無線従事者国家試験に合格するしかありません．

一アマの試験を目指す理由として，空中線電力を増加させて海外局と交信したいという方も多いのではと思います．運用可能な周波数は一アマ・二アマ共通で，一アマは空中線電力1kWまで許可されます．

平成23年12月期の一アマ・二アマの国家試験から電気通信術（モールス符号の受信）の試験が廃止され，法規の試験でモールス符号が出題されるようになり，試験科目も「無線工学」と「法規」の2科目になりました．平成23年12月期の国家試験の受験者は，8月期の国家試験と比べ，一アマでは約1.7倍，二アマでは約2.5倍に増加しました．これは，電気通信術の試験のハードルがいかに高いかを示しているといえるのではないでしょうか．平成23年12月期試験以降の合格率は一アマが50%程度で推移していましたが，直近では30%前後と難しくなっています．しかし，「無線工学」と「法規」の試験とも出題範囲が決められ，多くの問題が過去問もしくはその類題が占めています．そのため，試験に合格するには，過去問の繰返しの演習が欠かせません．

本書は基本的な事項を解説した後，理解の確認ができるような練習問題（過去問）を掲載しています．練習問題にある★印は出題頻度を表しています．★★★はよく出題されている問題，★★はたまに出題される問題です．合格ラインを目指す方はここまでしっかり解けるようにしておきましょう．★は出題頻度が低い問題ですが，出題される可能性は十分にありますので，一通り学習することをお勧めします．

改訂2版では，直近の国家試験問題の出題状況に応じて，テキスト解説や問題の追加・変更を行っています．また，1編8章（空中線・給電線）では，実際のアンテナの写真を掲載し，理解しやすいように努めました（写真をご提供いただきました秋山典宏氏に感謝申し上げます）．

筆者は，一アマの講習会の講師をしていますが，原理をある程度理解して試験に臨んだ人の方が合格率は高く，逆に，過去問の暗記のみで試験に臨んだ人の合格率はそれほど高くない傾向にあると感じています．暗記だけに頼らず，ぜひ，実際に手を動かして問題を解いてみてください．

本書が皆様の一アマの国家試験の受験に役立てば幸いです．合格を祈念いたします．

2023年1月

吉村和昭

目 次

1編　無線工学

2編 法 規

1編

無線工学

INDEX

1章　電気物理

この章から **3** 問出題

無線工学を学習するための最も基本となる，静電誘導，クーロンの法則，電流の磁気作用，電磁誘導，フレミングの法則，コイルの性質と自己インダクタンス，相互インダクタンスの計算法，コンデンサの性質とコンデンサ回路の計算法などについて学びます．

1.1　静電誘導による帯電と静電遮へい

銅やアルミニウムなどの導体には多くの自由電子が含まれていますが，ガラスやプラスチックなどの絶縁体には自由電子はほとんど含まれていません．**図 1.1** (a) に示すように，帯電していない導体 A に，正に帯電した物体 B を近づけると，導体 A の B に近い側に負電荷，B に遠い側に正電荷が現れます．この現象を**静電誘導**といいます．図 1.1 (b) に示すように導体 A を接地すると，正電荷がなくなります．また，導体 A の接地線を外して B を遠ざけると，図 1.1 (c) のように A は負電荷のみになります．

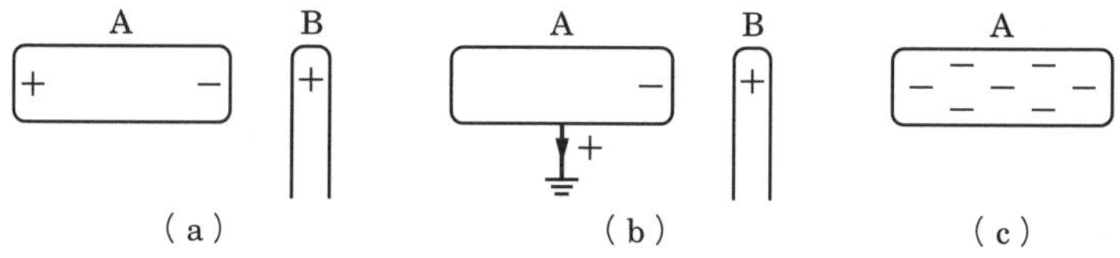

■図 1.1　静電誘導と帯電

図 1.2 (a) に示すように，正に帯電している物体 a を中空導体 b で包むと，静電誘導により，中空導体の内側に負の電荷，外側に正の電荷が現れます．図 1.2 (b) に示すように，中空導体を接地すると，正電荷が打ち消されて電界の影響が外に及ばなくなります．これを**静電遮へい**といいます．

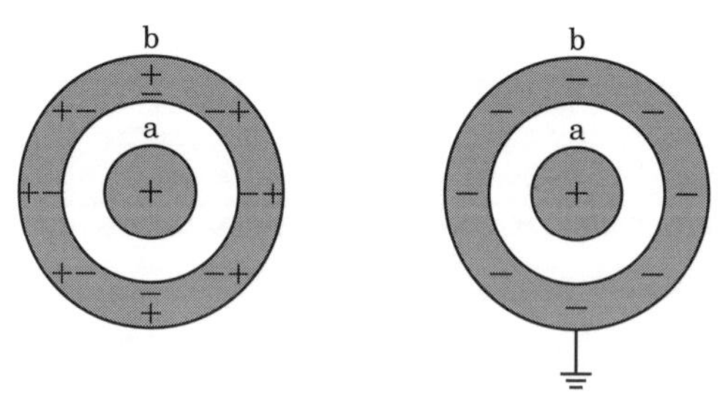

■図 1.2　静電遮へい

問題 1 ★ ➡1.1

次の記述は，静電気の現象について述べたものである．［　　］内に入れるべき字句の正しい組合せを下の番号から選べ．

(1) 図に示すように，正（＋）に帯電している物体 a を，スイッチ S が開いた状態の中空の導体 b で包むと，b の内面には［A］の電荷が現れ，b の外側の表面には［B］の電荷が現れる．この現象を静電誘導という．

(2) 次に，S を閉じて導体 b を接地し，b の外側に帯電していない物体 c を近づけると物体 c は物体 a の影響を［C］．これを［D］という．

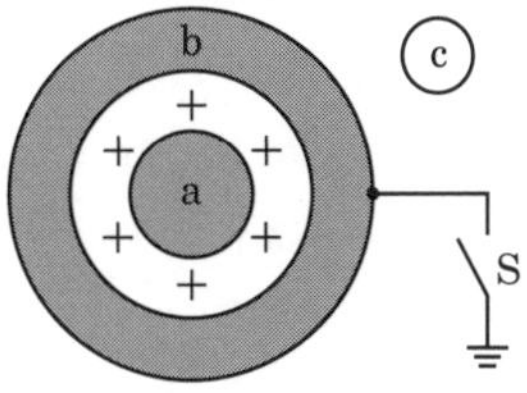

	A	B	C	D
1	負	正	受けない	静電遮へい
2	負	正	受ける	電磁誘導
3	正	負	受ける	静電遮へい
4	正	負	受けない	電磁誘導

解説　2 つの導体相互間の静電誘導を遮断することを**静電遮へい**といいます．

答え▶▶▶ 1

1.2　クーロンの法則

図 1.3 に示すように，2 つの点電荷 Q_1〔C〕，Q_2〔C〕が距離 r〔m〕離れている場所にあるとき，それらの電荷に働く力 F〔N〕は電荷 Q_1 と Q_2 の積に比例し，r^2 に反比例します．これを**クーロンの法則**といいます．

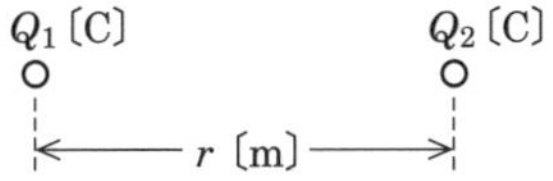

■**図 1.3　距離 r〔m〕離れた位置にある 2 つの点電荷**

クーロンの法則を式で表すと次式のようになります．

$$F = k\frac{Q_1 Q_2}{r^2} = \frac{Q_1 Q_2}{4\pi\varepsilon_0\varepsilon_s r^2} \tag{1.1}$$

ただし，F〔N〕は電荷に働く力，k は比例定数で $9 \times 10^9\,\mathrm{N \cdot m^2/C^2}$，$\varepsilon_0$ は真空中の誘電率で

$$\varepsilon_0 = \frac{1}{36\pi} \times 10^{-9} = 8.855 \times 10^{-12}\,\mathrm{F/m}$$

となります．誘電体の誘電率を ε とすると，誘電体（絶縁体）の比誘電率 ε_s と ε_0 には $\varepsilon = \varepsilon_0 \varepsilon_\mathrm{s}$ の関係があります．

電荷 Q〔C〕から r〔m〕離れている場所の電界 E を計算するには，求める場所に単位正電荷の $+1\,\mathrm{C}$ を置いたときのクーロン力 F を求めます．その F が電界となります．

すなわち，次式で計算できます．

$$F = \frac{Q \times 1}{4\pi\varepsilon r^2} = E\ \text{〔V/m〕} \tag{1.2}$$

電荷は正電荷と負電荷を分離することが可能で単独で存在できますが，磁石はN極とS極は対で存在し単独では存在しません．細長い磁石は，両端で強く鉄などを吸い付けます．これら2箇所（N極，S極）を**磁極**といいます．磁極の強さを磁気量もしくは磁荷量ということもあります．

磁気量 M_1〔Wb〕，M_2〔Wb〕が距離 r〔m〕離れている場所にあるとき，それらの磁極に働く力 F〔N〕は，磁気量 M_1 と M_2 の積に比例し，r^2 に反比例します．これを磁気に関するクーロンの法則といいます．

磁気に関するクーロンの法則を数式で表すと，次式のようになります．

$$F = k_\mathrm{m} \frac{M_1 M_2}{r^2} = \frac{M_1 M_2}{4\pi\mu_0\mu_\mathrm{s} r^2} \tag{1.3}$$

ただし，F は磁極に働く力〔N〕，k_m は比例定数で $6.33 \times 10^4\,\mathrm{Nm^2/Wb^2}$，$\mu_0$ は真空中の透磁率で $\mu_0 = 4\pi \times 10^{-7}\,\mathrm{H/m}$，$\mu_\mathrm{s}$ は比透磁率で $\mu = \mu_0 \mu_\mathrm{s}$ の関係があります．

磁気量 M〔Wb〕から r〔m〕離れている場所の磁界 H を計算するには，求める場所に $1\,\mathrm{Wb}$ を置いたときの磁気のクーロン力 F を求めます．すなわち，次式で計算できます．

$$F = \frac{M \times 1}{4\pi\mu r^2} = H\ \text{〔A/m〕} \tag{1.4}$$

電流が磁界から受ける力は透磁率に比例します．周りにある物質の影響を含め

て磁界を表すには，$B=\mu H$ とすると都合が良くなります．このときの B を**磁束密度**といい，その単位は〔T〕（テスラ）です．

問題 2 ★　➡1.2

図に示すように，直線上の点A及びBに点電荷を置いたとき，AB間の点Pにおいて電界の強さが0になった．点Bの電荷の値として正しいものを下の番号から選べ．

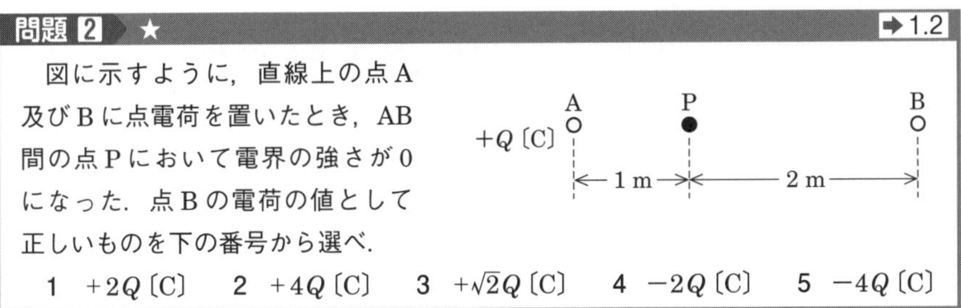

1　$+2Q$〔C〕　2　$+4Q$〔C〕　3　$+\sqrt{2}Q$〔C〕　4　$-2Q$〔C〕　5　$-4Q$〔C〕

解説　**図1.4** に示すように，P点に単位正電荷（+1 C）を置きます．A点には $+Q$〔C〕の電荷があるので，P点には右側に斥力（反発力）F_A が働きます．

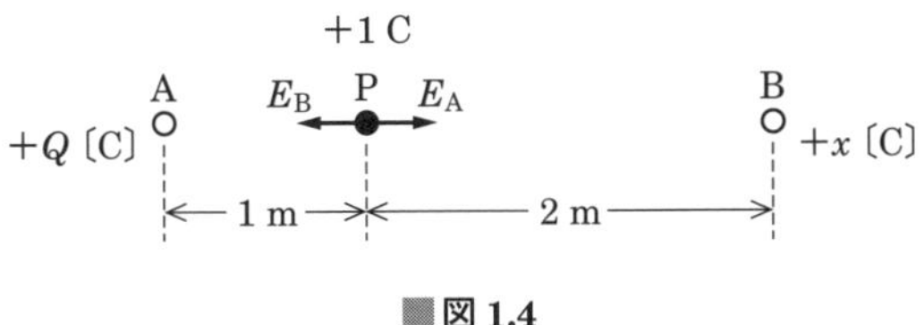

■**図 1.4**

この F_A が電界 E_A となり，次式で表すことができます．

$$F_A = k\frac{Q\times 1}{1^2} = E_A \qquad ①$$

P点の電界を0にするには，P点に右側に働く力と同じ力を左側に働かせる必要がありますので，B点の電荷は正電荷でなければなりません．B点の電荷を $+x$〔C〕とすると，P点に働く力 F_B（すなわち電界 E_B）は次式で表すことができます．

$$F_B = k\frac{x\times 1}{2^2} = E_B \qquad ②$$

P点の電界を0にするには，式①の E_A と式②の E_B を等しくすればよいので

$$k\frac{Q\times 1}{1^2} = k\frac{x\times 1}{2^2} \qquad ③$$

式③より

$$Q = \frac{x}{4}\quad よって\quad x = +4Q〔C〕$$

答え▶▶▶2

ある点に単位正電荷（+1C）を置いた場合のクーロン力のことを電界といいます.

問題 3 ★ ➡1.2

図に示すように，真空中で$\sqrt{2}$〔m〕離れた点a及びbにそれぞれ点電荷$Q_1 = 1 \times 10^{-9}$C及び$Q_2 = -1 \times 10^{-9}$Cが置かれているとき，線分abの中点cから線分abに垂直方向に$\sqrt{2}/2$ m離れた点dの電界の強さの値として，正しいものを下の番号から選べ．ただし，真空の誘電率をε_0〔F/m〕としたとき，$1/(4\pi\varepsilon_0) = 9 \times 10^9$とする.

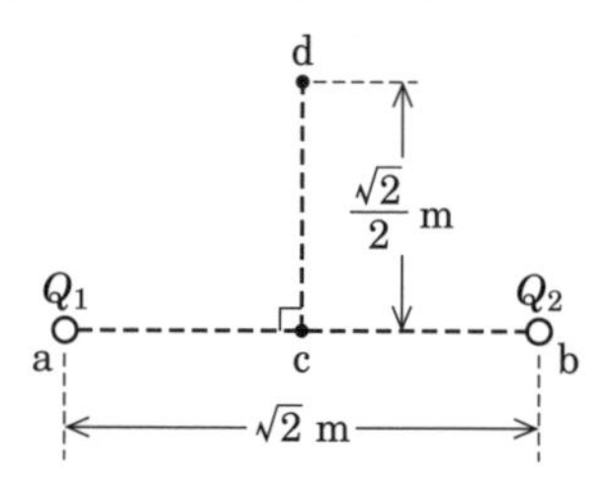

1　$3\sqrt{2}$ V/m　　2　$6\sqrt{2}$ V/m　　3　$9\sqrt{2}$ V/m
4　$12\sqrt{2}$ V/m　　5　$15\sqrt{2}$ V/m

解説　ある点の電界の強さを求めるには，求める点に単位正電荷（+1C）を置いたときのクーロン力を計算します．点dに単位正電荷を置くと，a点の電荷Q_1はプラスなので反発力が働き，a点の電荷による電界の方向は**図1.5**のE_aになります．b点の電荷Q_2はマイナスなので吸引力が働き，b点の電荷による電界の方向は図1.5のE_bになります.

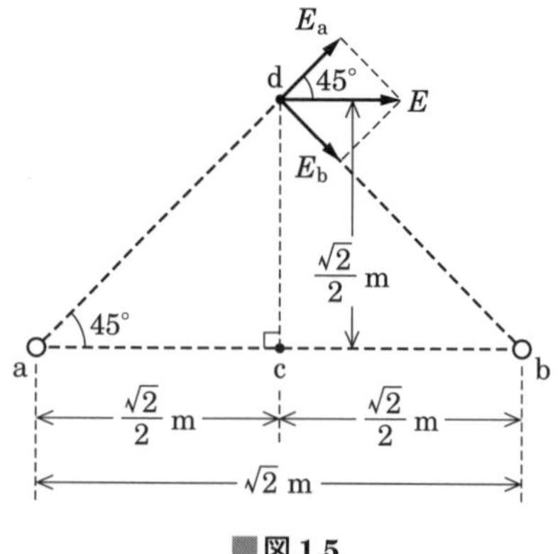

■図1.5

$\overline{\mathrm{ad}}=1\,\mathrm{m}$ なので

$$E_{\mathrm{a}}=k\frac{Q_1\times 1}{(\overline{\mathrm{ad}})^2}=\frac{1}{4\pi\varepsilon_0}\times\frac{Q_1\times 1}{(\overline{\mathrm{ad}})^2}=9\times 10^9\times\frac{1\times 10^{-9}\times 1}{1^2}=9\,\mathrm{V/m} \quad ①$$

$$\overline{\mathrm{ad}}=\sqrt{\left(\frac{\sqrt{2}}{2}\right)^2+\left(\frac{\sqrt{2}}{2}\right)^2}=\sqrt{\frac{2}{4}+\frac{2}{4}}=\sqrt{\frac{4}{4}}=1$$

$\overline{\mathrm{bd}}=1\,\mathrm{m}$ なので

$$E_{\mathrm{b}}=k\frac{Q_2\times 1}{(\overline{\mathrm{bd}})^2}=\frac{1}{4\pi\varepsilon_0}\times\frac{Q_2\times 1}{(\overline{\mathrm{bd}})^2}=9\times 10^9\times\frac{1\times 10^{-9}\times 1}{1^2}=9\,\mathrm{V/m} \quad ②$$

Q_2 はマイナスの電荷ですが，マイナスは電界の方向を決めるために使用します．電界の強さの計算にマイナスは関係しません．

点 d における電界の方向は右向きとなり，電界の強さの値 E は

$$E=2E_{\mathrm{a}}\cos 45^\circ=2\times 9\times\frac{1}{\sqrt{2}}=\frac{18}{\sqrt{2}}=\frac{18\times\sqrt{2}}{\sqrt{2}\times\sqrt{2}}=\frac{18\sqrt{2}}{2}=\mathbf{9\sqrt{2}\ V/m}$$

本問は，電界 E_{a} の強さと電界 E_{b} の強さが同じになるので，必ずしも E_{b} を計算する必要はありません．

答え▶▶▶3

問題 4 ★ ➡1.2

空気中において，磁極の強さ 16π〔Wb〕の磁極から距離 r〔m〕離れた点の磁束密度 B の値が 1 T であったとするとき，r の値として，正しいものを下の番号から選べ．

1　1 m　　2　$\sqrt{2}$ m　　3　2 m　　4　$2\sqrt{2}$ m　　5　4 m

解説 磁極の強さ 16π〔Wb〕の磁極から距離 r〔m〕離れた点の磁界を H〔A/m〕とすると

$$H=\frac{16\pi\times 1}{4\pi\mu r^2} \quad ①$$

となります．r〔m〕離れた点の磁束密度 B が 1 T なので，$B=\mu H$ より

$$H=\frac{B}{\mu}=\frac{1}{\mu} \qquad ②$$

式①と式②が等しいので

$$\frac{16\pi}{4\pi\mu r^2}=\frac{1}{\mu} \qquad ③$$

となり，式③より

$$\frac{4}{r^2}=1 \qquad ④$$

式④より

$r^2=4$　よって　$r=\mathbf{2\,m}$

答え▶▶▶3

問題5 ★★　➡1.2

次の記述は，電界の強さが E〔V/m〕の均一な電界について述べたものである．□内に入れるべき字句の正しい組合せを下の番号から選べ．

(1) 点電荷 Q〔C〕を電界中に置いたとき，Q に働く力の大きさは，［A］〔N〕である．

(2) 電界中で，電界の方向に r〔m〕離れた2点間の電位差は，［B］〔V〕である．

	A	B
1	E/Q	E/r
2	E/Q	Er
3	QE	Er
4	QE	E/r

解説 式(1.2) より

$$E=\frac{Q}{4\pi\varepsilon r^2}\ \text{〔V/m〕} \qquad ①$$

$$F=\frac{Q\times Q}{4\pi\varepsilon r^2}\ \text{〔N〕} \qquad ②$$

となります．式①と式②の関係より

$F=\boldsymbol{QE}$

となります．ここで

電位差〔V〕＝電界 E〔V/m〕×距離 r〔m〕

の関係より，電位差は $\boldsymbol{Er}$ になります．

答え▶▶▶3

1.3　電流の磁気作用

1.3.1　直線電流による磁界

図 1.6 に示すように，十分長い導線に電流 I〔A〕を流すと，電流に垂直な平面内で電流を中心とする同心円状に磁力線ができます．電流の方向と磁界の方向の関係は右ねじの進む方向とその回る方向に等しくなります（**右ねじの法則**）．半径 r〔m〕の点における磁界の強さ H〔A/m〕は次式で求めることができます．

$$H = \frac{I}{2\pi r}\ \text{〔A/m〕} \qquad (1.5)$$

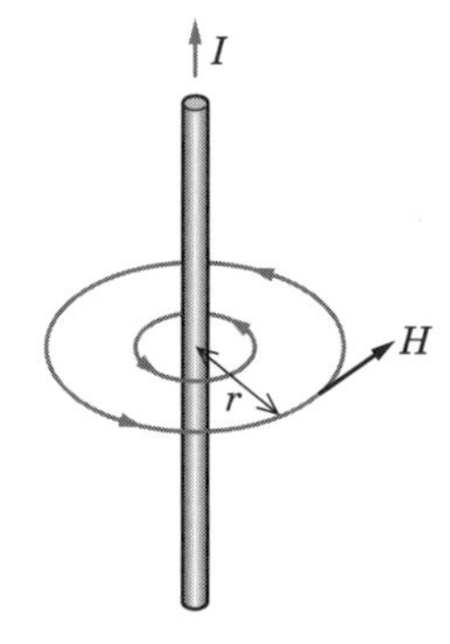

■図 1.6　直線電流による磁界

1.3.2　円形電流による磁界

図 1.7 に示す円形の導線に流れる電流がつくる磁界は，中心においてはコイル面に垂直となり，磁界の向きは右ネジの進む方向に電流が流れるとき，ネジの回る方向になります．コイルの中心における磁界の強さ H〔A/m〕は，円形の半径を r〔m〕，電流を I〔A〕とすると，次式で表すことができます．

$$H = \frac{I}{2r}\ \text{〔A/m〕} \qquad (1.6)$$

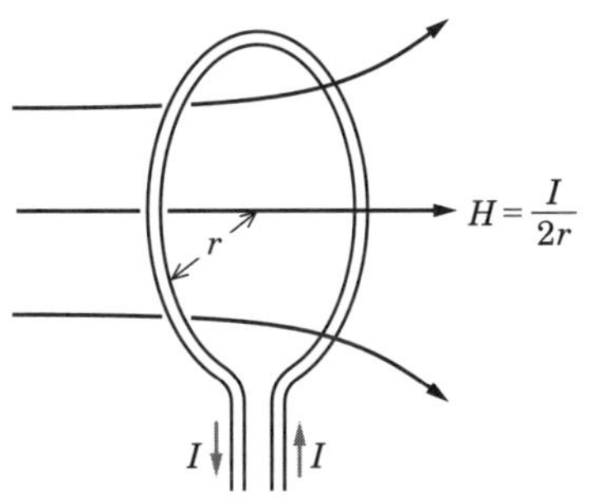

■図 1.7　円形電流による磁界

コイルが N 回巻の場合の磁界の強さは次式で表すことができます．

$$H = \frac{NI}{2r}\ \text{〔A/m〕} \qquad (1.7)$$

1.3.3　ビオ・サバールの法則

図 1.8 に示すような電流による磁界の強さは，フランスの物理学者ビオとサバールが見いだしました．次に示すものを**ビオ・サバールの法則**といいます．

導線に電流I〔A〕が流れているとき，導線のごく短い部分Δl〔m〕を流れる電流が，距離r〔m〕離れている点Pに生じる磁界の強さΔH〔A/m〕は次式になります．

$$\Delta H=\frac{I\Delta l\sin\theta}{4\pi r^2}\ 〔\mathrm{A/m}〕 \qquad (1.8)$$

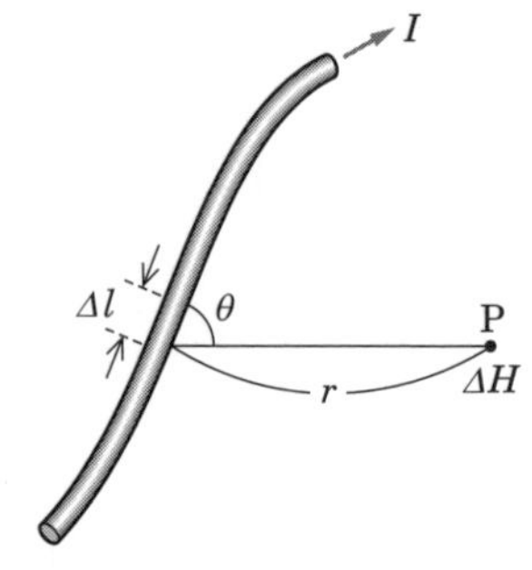

■図 1.8　ビオ・サバールの法則

問題 6 ★ ➡1.3

図に示すように，2つの円形コイルA及びBの中心を重ねOとして同一平面上に置き，互いに逆方向に直流電流I〔A〕を流したとき，Oにおける合成磁界の強さH〔A/m〕を表す式として，正しいものを下の番号から選べ．ただし，コイルの巻数はA，Bともに1回，A及びBの円の半径はそれぞれr〔m〕及び$3r$〔m〕とする．

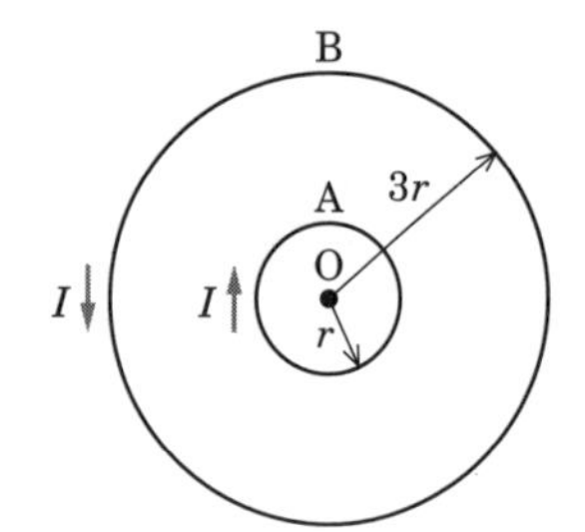

1　$H=\dfrac{I}{2r}$　　2　$H=\dfrac{I}{3r}$　　3　$H=\dfrac{I}{4r}$

4　$H=\dfrac{I}{6r}$　　5　$H=\dfrac{I}{9r}$

解説　コイルAによる中心Oにおける磁界の方向は紙面の表から裏方向となり，磁界の強さH_A〔A/m〕は

$$H_A=\frac{I}{2r}\ 〔\mathrm{A/m}〕 \qquad ①$$

コイルBによる中心Oにおける磁界の方向は紙面の裏から表方向となり，磁界の強さH_B〔A/m〕は

$$H_B=\frac{I}{2\times 3r}=\frac{I}{6r}\ 〔\mathrm{A/m}〕 \qquad ②$$

よって，Oにおける合成磁界の強さH〔A/m〕は，磁界H_Aから磁界H_Bを引けばよいので，式①－式②より

$$H = H_A - H_B = \frac{I}{2r} - \frac{I}{6r} = \frac{3I - I}{6r} = \frac{2I}{6r} = \boldsymbol{\frac{I}{3r}} \text{〔A/m〕}$$

答え▶▶▶2

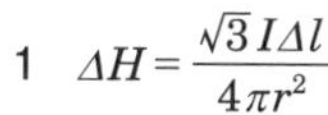

問題 7 ★★ ➡1.3

図に示すように，直流電流 I〔A〕が流れている直線導線の微少部分 Δl〔m〕から60度の方向で r〔m〕の距離にある点Pに，Δl によって生ずる磁界の強さ ΔH〔A/m〕を表す式として，正しいものを下の番号から選べ．

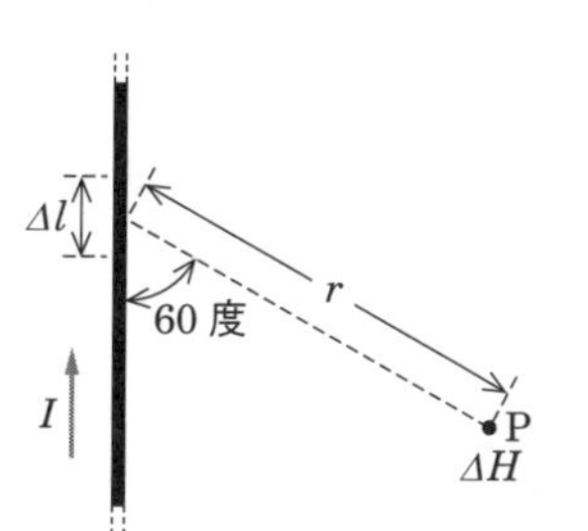

1 $\Delta H = \frac{\sqrt{3}\,I\Delta l}{4\pi r^2}$　2 $\Delta H = \frac{I\Delta l}{2\sqrt{3}\,\pi r^2}$

3 $\Delta H = \frac{\sqrt{3}\,I\Delta l}{8\pi r^2}$　4 $\Delta H = \frac{I\Delta l}{4\sqrt{3}\,\pi r^2}$

5 $\Delta H = \frac{I\Delta l}{8\pi r^2}$

解説 点Pの磁界の強さを ΔH〔A/m〕とすると

$$\Delta H = \frac{I\Delta l}{4\pi r^2}\sin 60^\circ = \frac{I\Delta l}{4\pi r^2} \times \frac{\sqrt{3}}{2} = \boldsymbol{\frac{\sqrt{3}\,I\Delta l}{8\pi r^2}} \text{〔A/m〕}$$

答え▶▶▶3

出題傾向 60度以外に30度や45度の問題が出題されています．

1.4 電磁誘導

コイルを貫く磁束が時間的に変化するとコイルに起電力を誘起します．この現象を**電磁誘導**といいます．この現象はファラデーにより発見されました．この起電力を**誘導起電力**，流れる電流を**誘導電流**といいます．

1.4.1 レンツの法則

電磁誘導により発生する起電力は，磁束の変化を妨げる電流を流そうとする方向をもちます．これを**レンツの法則**といいます．

1.4.2　磁界を横切る導線に生じる誘導起電力

図 1.9 に示すように，コの字形の回路 ABCD があり，一辺 PQ が，速度 v〔m/s〕で左から右に移動すると，時間 Δt〔s〕の間に回路を貫いている磁束の増加分 $\Delta\phi$ は，磁束密度を B〔T〕とすると，$\Delta\phi = Blv\Delta t$〔Wb〕になります．したがって，PQ に生じる誘導起電力 e〔V〕の大きさは次のようになります．

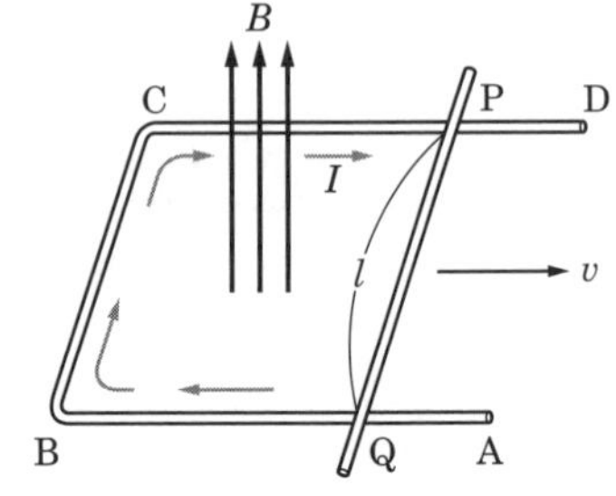

■図 1.9　磁界を横切る導線に生じる誘導起電力

$$e = \frac{\Delta\phi}{\Delta t} = Blv \text{〔V〕} \qquad (1.9)$$

すなわち，電磁誘導によって誘起される起電力の大きさは，その回路を貫く磁束の時間に対する変化の割合に比例します．これを**電磁誘導に関するファラデーの法則**といいます．

1.4.3　フレミングの左手の法則

図 1.10 に示すように，左手の三本の指を互いに直角に開き，中指を電流（I）の方向，人差し指を磁界（B）の方向に一致させると，親指は電磁力（F）の方向に一致します．この法則を**フレミングの左手の法則**といいます．

磁界（B）の中にあるコイルに電流（I）を流すと回転力（F）が生じるモータやアナログメータの原理は，フレミングの左手の法則で説明できます．

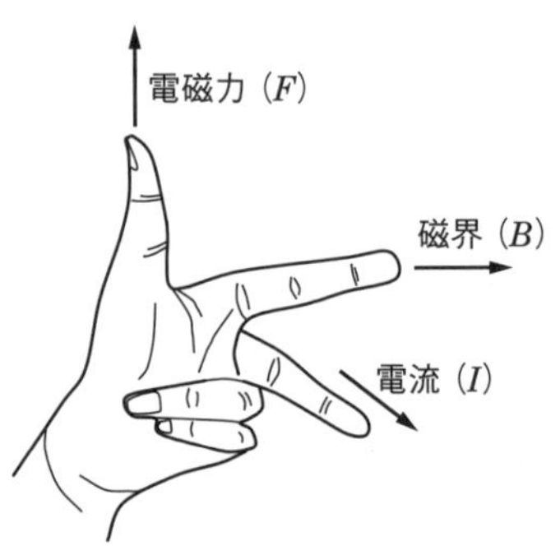

■図 1.10　フレミングの左手の法則

フレミングの左手の法則は FBI の法則と憶えます．
（F は電磁力，B は磁界，I は電流）

1.4.4 フレミングの右手の法則

図 1.11 に示すように，右手の三本の指を互いに直角に開き，人差し指を磁界（B）の方向，親指を運動（F）の方向に一致させると，中指は起電力（I）の方向に一致します．この法則を**フレミングの右手の法則**といいます．

磁界（B）の中にあるコイルを回転させると電流を取り出すことができる発電機の原理は，フレミングの右手の法則で説明できます．

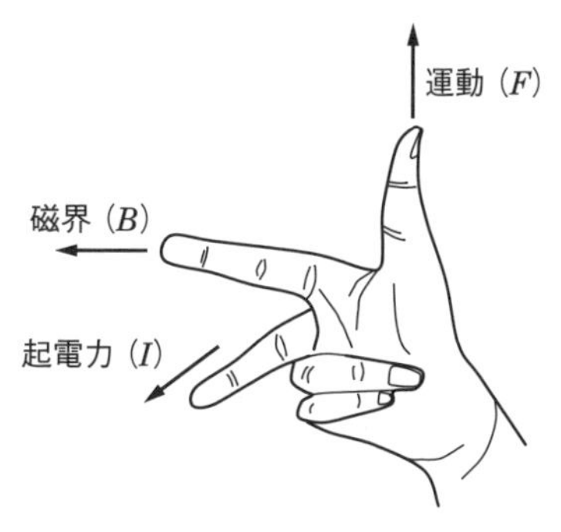

■図 1.11 フレミングの右手の法則

問題 8 ★★★ ➡1.4

次の記述は，電気と磁気に関する法則について述べたものである．［　　］内に入れるべき字句の正しい組合せを下の番号から選べ．

(1) 電磁誘導によってコイルに誘起される起電力の大きさは，コイルと鎖交する磁束の時間に対する変化の割合に比例する．これを電磁誘導に関する［ A ］の法則という．

(2) 電磁誘導によって生じる誘導起電力の方向は，その起電力による誘導電流の作る磁束が，もとの磁束の変化を妨げるような方向である．これを［ B ］の法則という．

(3) 運動している導体が磁束を横切ると，導体に起電力が発生する．磁界の方向，磁界中の導体の運動の方向及び導体に発生する誘導起電力の方向が互いに直角な三者の関係を表したものを，フレミングの［ C ］の法則という．

	A	B	C
1	ファラデー	レンツ	右手
2	ファラデー	アンペア	左手
3	ビオ・サバール	レンツ	左手
4	ビオ・サバール	アンペア	右手

答え▶▶▶ 1

問題 9 ★★★ ➡1.4

次の記述は，電気と磁気に関する法則について述べたものである．このうち正しいものを1，誤っているものを2として解答せよ．

ア　磁界中の置かれた導体に電流を流すと，導体に電磁力が働く．このとき，磁界の方向，電流の方向及び電磁力の方向の三者の関係を表したものを，フレミングの左手の法則という．

イ　運動している導体が磁束を横切ると，導体に起電力が発生する．磁界の方向，磁界中の導体の運動の方向及び導体に発生する誘導起電力の方向の三者の関係を表したものを，フレミングの右手の法則という．

ウ　直線状の導体に電流を流したとき，電流の流れる方向と導体の周囲に生ずる磁界の方向との関係を表したものを，アンペアの右ネジの法則という．

エ　電磁誘導によってコイルに誘起される起電力の大きさは，コイルと鎖交する磁束の時間に対する変化の割合に比例する．これを電磁誘導に関するレンツの法則という．

オ　電磁誘導によって生ずる誘導起電力の方向は，その起電力による誘導電流の作る磁束が，もとの磁束の変化を妨げるような方向である．これをファラデーの法則という．

解説　エ　×　「**レンツ**の法則」ではなく，正しくは「**ファラデー**の法則」です．
オ　×　「**ファラデー**の法則」ではなく，正しくは「**レンツ**の法則」です．

答え▶▶▶ア－1，イ－1，ウ－1，エ－2，オ－2

1.5 コイル

1.5.1 コイルの電気的性質

磁性体のフェライトや鉄心などに導線を巻いたものを**コイル**といいます．周波数が高い場合は空心の場合もあります．コイルの比例定数を**インダクタンス** L といい，単位は〔H〕（ヘンリー）を用います．コイルに交流電圧を加えると，**電流の位相が電圧より90度遅れる**性質があります．コイルのリアクタンス（**誘導リアクタンス**）を X_L とすると，$X_L = \omega L = 2\pi fL$〔Ω〕なので，周波数 f〔Hz〕が増えるとリアクタンスが増加します．リアクタンスは抵抗と同じように，電流の流れにくさを示すものですので，インダクタンス L が大きいほど，周波数 f が高いほど大きくなります．

1.5.2 コイルの自己インダクタンス

図 1.12 に示すコイルのインダクタンスを求めます．断面積を S〔m²〕，長さを l〔m〕，巻数を n，真空中の透磁率を μ_0〔H/m〕，コイルの中に入っている磁性体の比透磁率を μ_s とします．

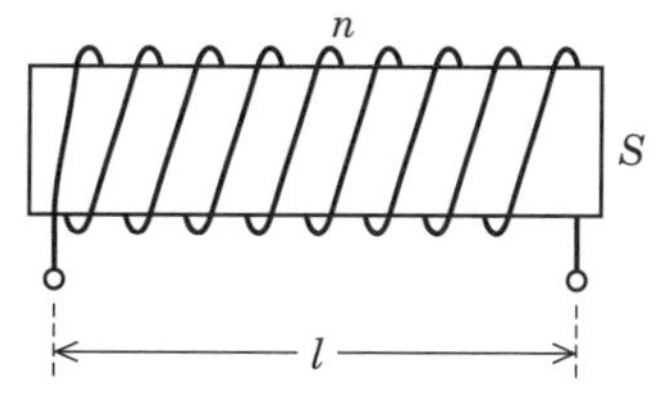

■図 1.12 コイルのインダクタンス

コイルに電流 i〔A〕を流すと，内部の磁界 H は，$H = ni/l$〔A/m〕となります．

磁束密度を B〔Wb/m²〕，磁束を ϕ〔Wb〕，磁束鎖交数を $N = n\phi$ とすると

$$B = \mu H = \mu_0 \mu_s H$$

$$= \frac{\mu_0 \mu_s ni}{l} \text{〔Wb/m}^2\text{〕} \quad (1.10)$$

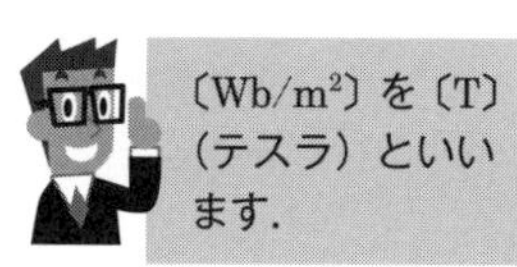

$$\phi = BS = \frac{\mu_0 \mu_s niS}{l} \text{〔Wb〕} \quad (1.11)$$

となります．したがって，自己インダクタンス L〔H〕は次式になります．

$$L = \frac{N}{i} = \frac{n\phi}{i} = \frac{\mu_0 \mu_s n^2 S}{l} \text{〔H〕} \quad (1.12)$$

式 (1.12) から，コイルの自己インダクタンスは，コイルの巻数の 2 乗に比例することがわかります．

インダクタンス〔H〕，リアクタンス〔Ω〕，インピーダンス〔Ω〕の違いを説明できるようにしておきましょう．

1.5.3 コイルの相互インダクタンス

接近した 2 つのコイルの一方に電流を流すと，他方のコイルに起電力を生じる現象を**相互誘導**といいます．

右ネジの進む方向に電流が流れると，ネジの回る方向に磁束（磁界）ができます．**図 1.13** (a) でコイル A の方から電流を流すと，A による磁束 ϕ_A〔Wb〕は右回り，B による磁束 ϕ_B〔Wb〕も右回りで強め合います．**図 1.14** (a) でコイ

ルAの方から電流を流すと，Aによる磁束ϕ_Aは右回り，Bによる磁束ϕ_Bは左回りで弱め合います．

図1.13のように，磁束を強め合う接続を**和動接続**（相互インダクタンス$M > 0$），図1.14のように，磁束を弱め合う接続を**差動接続**（相互インダクタンス$M < 0$）といいます．

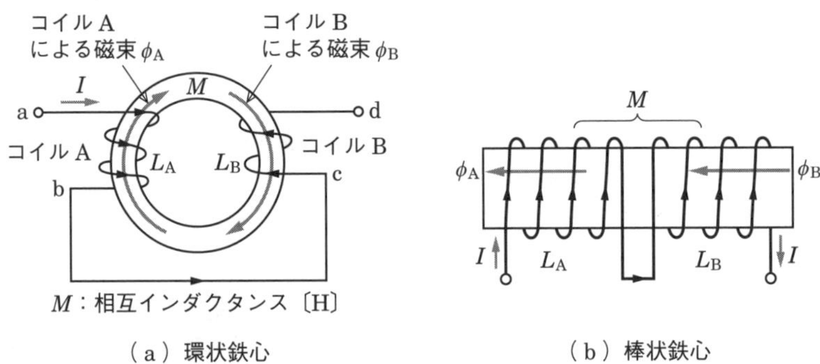

■図1.13　和動接続

和動接続になるのは，互いのコイルの磁束が同じ向きの場合です．

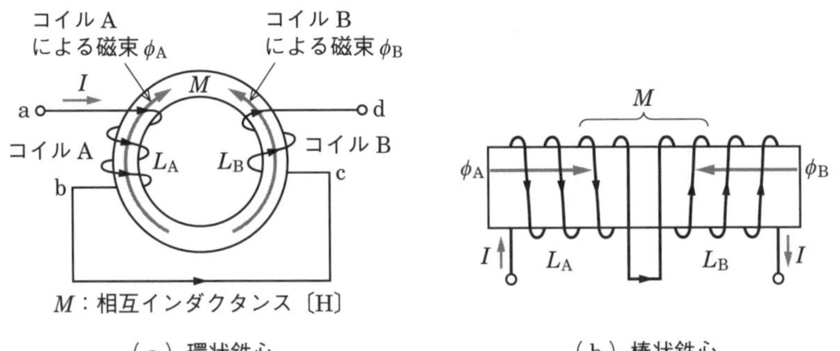

■図1.14　差動接続

差動接続になるのは，互いのコイルの磁束が反対向きの場合です．

図 1.13 の和動接続と図 1.14 の差動接続の回路図は**図 1.15** のようになります．

図 1.15 (a) より，和動接続の合成インダクタンス L〔H〕は次式で求めることができます．

$$L = L_A + L_B + 2M \tag{1.13}$$

また，図 1.15 (b) より，差動接続の合成インダクタンス L〔H〕は次式で求めることができます．

$$L = L_A + L_B - 2M \tag{1.14}$$

なお，M はどの程度相互誘導があるか表すもので，単位は〔H〕です．一次側と二次側の結合係数を k とすると，M〔H〕の値は次のようになります．

$$M = k\sqrt{L_A L_B} \tag{1.15}$$

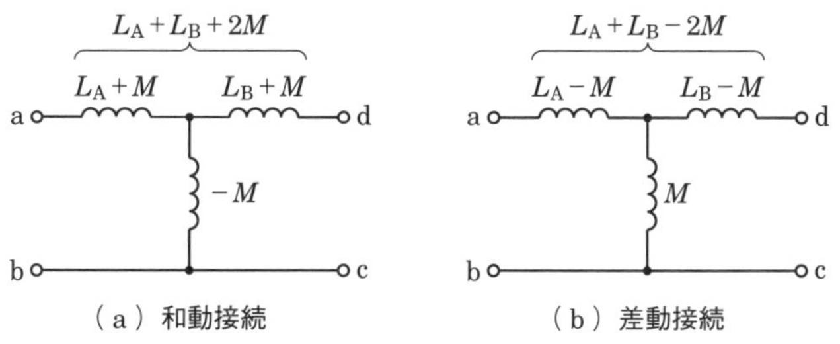

■図 1.15　回路図

1.5.4　磁性体

空芯コイルに電流を流す場合とコイルの中に物質を満たした場合とでは，内部の磁束が変わります．磁束密度 B と磁界 H の関係は，$B = \mu H = \mu_0 \mu_s H$ です．鉄やニッケルなどの強磁性体は，$\mu_s \geqq 1$ となります．強磁性体中においては，B は H に比例しません．強磁性体の磁化の強さは，現在の磁界だけでは定まらず，現在の磁化状態に達するまでの磁化履歴に影響されます．これを**磁気ヒステリシス**といい，**図 1.16** のようになります．この曲線を**ヒステリシス曲線**（または，磁化曲線）といいます．$H = 0$ のときの B を**残留磁気**，$B = 0$ のときの H を**保磁力**といいます．ヒステリシス曲線の面積はヒステリシス損の大きさを表し，面積が大きいとヒステリシス損は大きくなります．

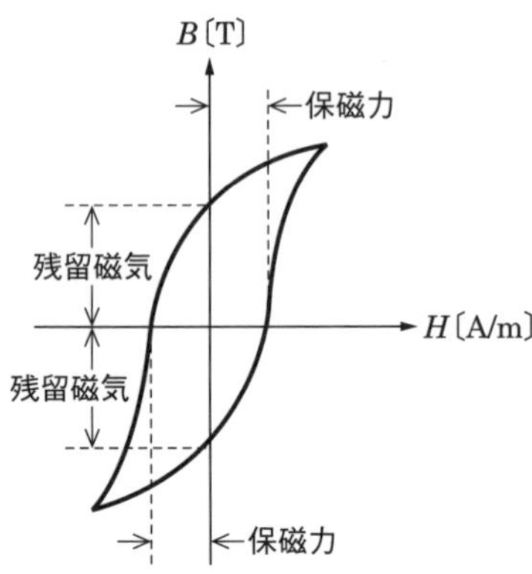

■図 1.16　ヒステリシス曲線

問題 10 ★★　➡ 1.5.2

図に示す環状鉄心 M の内部に生ずる磁束 ϕ を表す式として，正しいものを下の番号から選べ．ただし，漏れ磁束及び磁気飽和はないものとする．

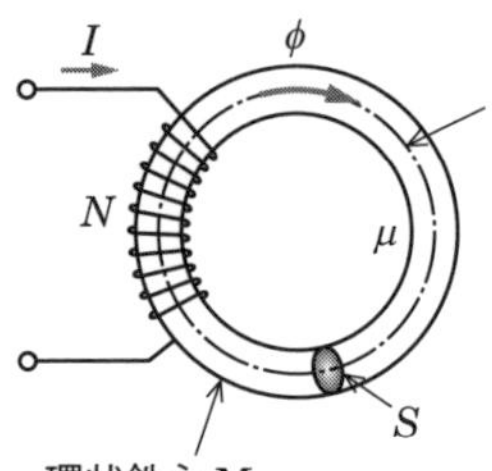

N：コイルの巻数
I：コイルに流す直流電流〔A〕
l：M の平均磁路長〔m〕
S：M の断面積〔m^2〕
μ：M の透磁率〔H/m〕

1　$\phi = \dfrac{\mu NIl}{S}$〔Wb〕　　2　$\phi = \dfrac{\mu NIS}{l}$〔Wb〕

3　$\phi = \dfrac{NIS}{\mu l}$〔Wb〕　　4　$\phi = \dfrac{\mu NI}{Sl}$〔Wb〕

解説　磁束密度を B〔T〕(〔T〕=〔Wb/m^2〕)，面積を S〔m^2〕とすると，磁束 ϕ〔Wb〕は

$$\phi = BS \quad ①$$

磁束密度 B〔T〕と磁界の強さ H〔A/m〕の関係は，透磁率を μ〔F/m〕とすると

$$B = \mu H \quad ②$$

$H=\dfrac{NI}{l}$ なので，式②は

$$B=\mu H=\mu\times\frac{NI}{l} \quad ③$$

式③を式①に代入すると

$$\phi=BS=\frac{\mu NIS}{l}\ \text{〔Wb〕}$$

答え▶▶▶2

磁束密度の単位は〔T〕（テスラ）ですが，〔Wb/m^2〕（ウェーバ毎平方メートル）のことです．

問題 11 ★★★ ➡1.5.1 ➡1.5.2

次の記述は，コイルの電気的性質について述べたものである．［　　］内に入れるべき字句の正しい組合せを下の番号から選べ．

(1) コイルの自己インダクタンスは，コイルの［ A ］に比例する．
(2) コイルのリアクタンスは，コイルを流れる交流電流の周波数に［ B ］する．
(3) コイルに流れる交流電流の位相は，加えた電圧の位相に対して 90 度［ C ］．

	A	B	C
1	巻数	反比例	遅れる
2	巻数	比例	進む
3	巻数の 2 乗	比例	遅れる
4	巻数の 2 乗	比例	進む
5	巻数の 2 乗	反比例	進む

答え▶▶▶3

問題 12 ★★★ ➡1.5.3

次の記述は，図に示すように，環状鉄心に 2 つのコイル A 及び B を巻いたときのインダクタンスについて述べたものである．このうち誤っているものを下の番号から選べ．ただし，A の自己インダクタンスを L_A〔H〕とし，B の巻数は A の巻数の 1/3 とする．また，磁気回路に漏れ磁束及び磁気飽和はないものとする．

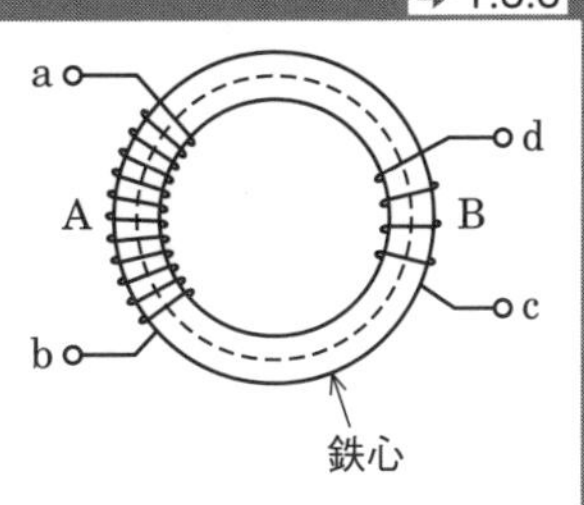

1　Bの自己インダクタンス L_B は，$L_A/9$〔H〕である．

2　AとBの間の結合係数は，1である．

3　AとBの間の相互インダクタンスMは，$L_A/3$〔H〕である．

4　端子bとcを接続したとき，AとBによって生ずる磁束は，互いに逆の方向である．

5　端子bとcを接続したとき，端子ad間の合成インダクタンスは，$16L_A/9$〔H〕である．

解説　1　○　自己インダクタンスは巻数の二乗に比例しますので，Bの自己インダクタンス L_B は，$(1/3)^2 L_A = \boldsymbol{L_A/9}$ **〔H〕**になります．

2　○　磁気回路に漏れ磁束及び磁気飽和はないので，結合係数は**1**になります．

3　○　AとBの相互インダクタンス M は，$M = \sqrt{L_A L_B} = \sqrt{L_A \times \dfrac{L_A}{9}} = \dfrac{\boldsymbol{L_A}}{\boldsymbol{3}}$ **〔H〕**です．

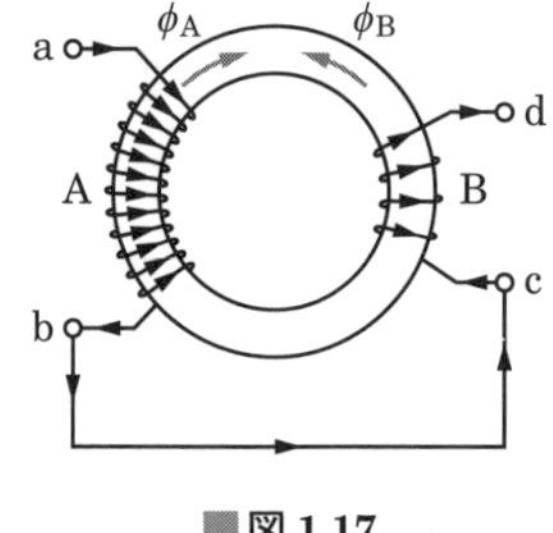

■図 1.17

4　○　端子aから電流を流すと**図 1.17** に示すようにコイルAで生じる磁束は右方向，コイルBで生じる磁束は左方向になるため，**互いに逆の方向**です．

5　×　磁束が逆方向なので差動接続となります．よって，端子ad間の合成インダクタンスは

$$L_A + L_B - 2M = L_A + \frac{L_A}{9} - 2 \times \frac{L_A}{3} = \frac{9L_A + L_A - 6L_A}{9} = \frac{\boldsymbol{4L_A}}{\boldsymbol{9}}\ \textbf{〔H〕}$$

答え▶▶▶5

問題 13 ★　➡1.5.3

図に示す回路において，コイルAの自己インダクタンス L_A が 40 mH，コイルBの自己インダクタンス L_B が 10 mH であるとき，合成インダクタンスの値として，正しいものを下の番号から選べ．ただし，コイルの結合係数を 0.75 とする．

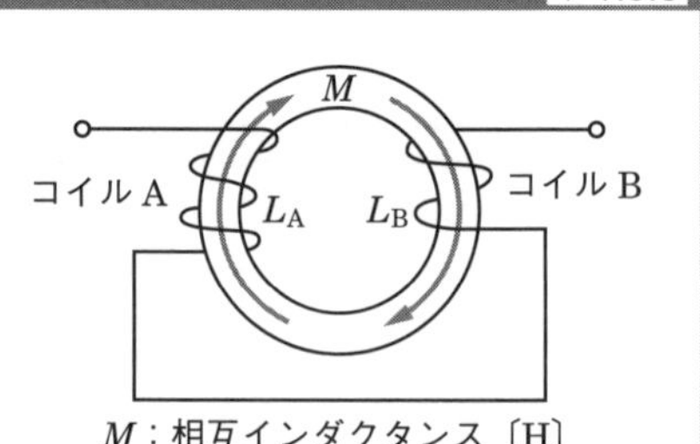

M：相互インダクタンス〔H〕

1　20 mH　　2　30 mH

3　48 mH　　4　60 mH

5　80 mH

解説 磁束が同方向なので，和動接続になります．相互インダクタンス M は

$$M = k\sqrt{L_A L_B} = 0.75\sqrt{40 \times 10} = 0.75\sqrt{400}$$
$$= 0.75 \times 20 = 15\ \mathrm{mH}$$

したがって，合成インダクタンス L は

$$L = L_A + L_B + 2M$$
$$= 40 + 10 + 2 \times 15 = \mathbf{80\ mH}$$

答え ▶▶▶ 5

問題 14 ★ ➡1.5.3

図に示すように，環状鉄心に巻いた2つのコイルA及びBを接続したとき，端子ad間のインダクタンスの値として，最も近いものを下の番号から選べ．ただし，Aの自己インダクタンスは16 mH，Bの巻数はAの1/2とする．また，磁気回路に漏れ磁束はないものとする．

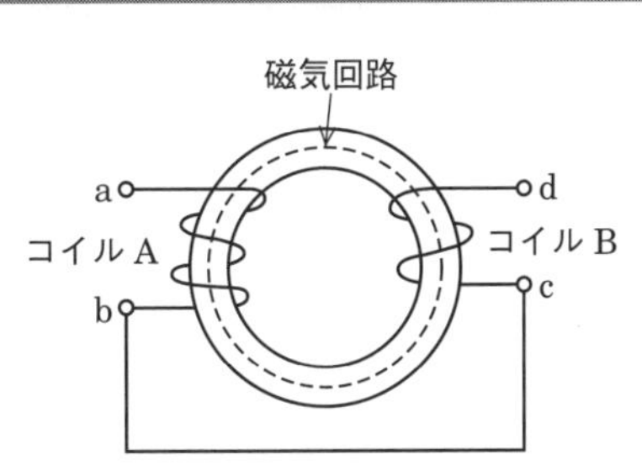

1 4 mH　2 8 mH　3 12 mH
4 18 mH　5 24 mH

解説 Bの巻数はAの1/2なので，コイルBの自己インダクタンス L_B は，コイルAの自己インダクタンス L_A（= 16 mH）の $(1/2)^2 = 1/4$ 倍になり

$$L_B = 16 \times \frac{1}{4} = 4\ \mathrm{mH} \qquad ①$$

となります．また，漏れ磁束がないので，磁気回路の相互インダクタンス M は

$$M = \sqrt{L_A L_B} = \sqrt{16 \times 4} = 4 \times 2 = 8\ \mathrm{mH} \qquad ②$$

となります．

問題図は差動接続（図1.14 (a) 参照）なので，差動接続のad間の合成インダクタンス L_{ad} は

$$L_{ad} = L_A + L_B - 2M \qquad ③$$

となります．式①と式②の値を式③に代入すると

$$L_{ad} = 16 + 4 - 2 \times 8 = \mathbf{4\ mH}$$

答え ▶▶▶ 1

問題 15 ★★★ ➡1.5.4

次の記述は，図に示す磁性材料のヒステリシスループ（曲線）について述べたものである．このうち正しいものを 1，誤っているものを 2 として解答せよ．

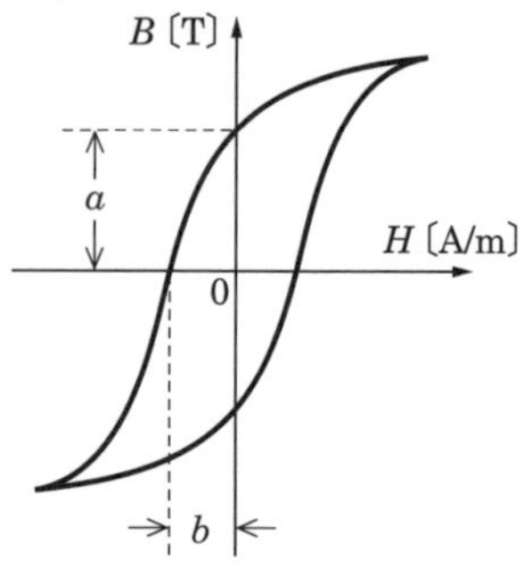

ヒステリシスループ

ア　横軸は磁束密度，縦軸は磁界の強さを示す．

イ　a は保磁力の大きさ，b は残留磁気を示す．

ウ　鉄心入りコイルに交流電流を流すと，ヒステリシスループ内の面積に比例した電気エネルギーが鉄心の中で熱として失われる．

エ　永久磁石材料としては，ヒステリシスループの a と b がともに大きい磁性体が適している．

オ　ヒステリシスループの囲む面積が大きい材料ほどヒステリシス損が小さい．

解説　ア　×　横軸が**磁界の強さ**，縦軸が**磁束密度**です．

イ　×　a が**残留磁気**で，b が**保磁力**を表します．

オ　×　「囲む面積が大きい材料ほどヒステリシス損が**小さい**」ではなく，正しくは「囲む面積が大きい材料ほどヒステリシス損が**大きい**」です．

答え▶▶▶ア－2，イ－2，ウ－1，エ－1，オ－2

1.6 コンデンサ

1.6.1 コンデンサの電気的性質

2 枚の導体板の間に誘電体（絶縁物）を挟んだものを**コンデンサ**（キャパシタ）といいます．単位は〔F〕（ファラド）を用います．コンデンサに交流電圧を加えると，**電圧の位相は電流より 90 度遅れる**性質があります．コンデンサのリアクタンス（**容量リアクタンス**）の大きさを X_C とすると，$X_C = 1/\omega C = 1/2\pi fC$〔Ω〕となり，周波数が増えるとリアクタンスの値が減少します．容量リアクタンスは静電容量〔F〕の値が大きいほど，周波数が高いほど小さくなります．

静電容量（キャパシタンス）〔F〕，リアクタンス〔Ω〕，インピーダンス〔Ω〕の違いを説明できるようにしておきましょう．

1.6.2 平行板（平行平板）コンデンサ

図 1.18 に示すように，面積 S〔m^2〕の 2 枚の極板 A，B を距離 d〔m〕で配置すると平行板コンデンサになります．平行板コンデンサの静電容量の値を C〔F〕とすると，次式のようになります．

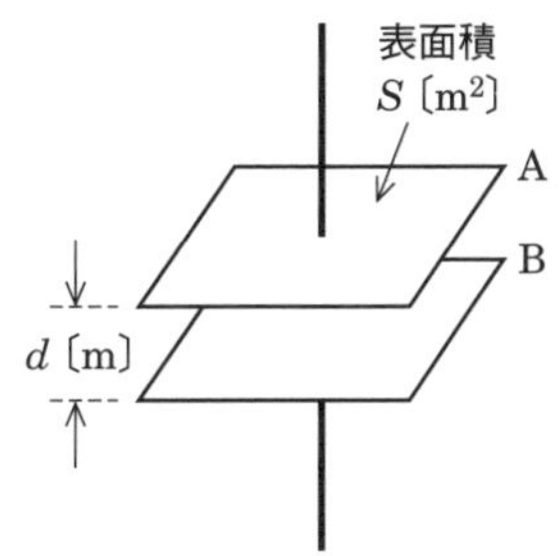

■図 1.18 平行板コンデンサ

$$C = \varepsilon_0 \varepsilon_s \frac{S}{d} \tag{1.16}$$

ただし，ε_0：真空中の誘電率で，$\varepsilon_0 = 8.855 \times 10^{-12}$ F/m

ε_s：誘電体（絶縁体）の比誘電率

S：極板の面積〔m^2〕

d：極板間の距離〔m〕

空気の比誘電率は 1，プラスチックは 2～3，マイカは 6～8，セラミックは 10～20 000 です．

1.6.3 コンデンサに蓄えられるエネルギー

コンデンサは電圧を加えるとすぐに電荷が蓄えられるわけではありません．**図 1.19** に示すように静電容量 C〔F〕のコンデンサに電圧 V〔V〕を加えると，コンデンサの極板間の電位差が V〔V〕になれば充電を完了します．△OAB がコンデンサに蓄えられるエネルギー W〔J〕（ジュール）となります．よって，W は次式で求めることができます．

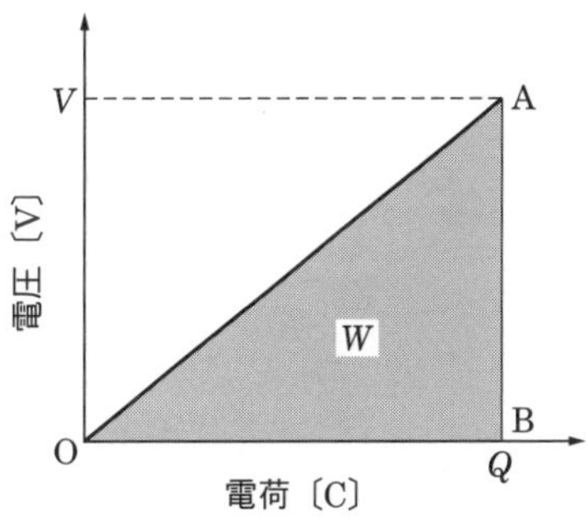

■図 1.19 コンデンサに蓄えられるエネルギー

$$W = \frac{1}{2} QV \tag{1.17}$$

式(1.17) は次のように表現できます．

$$W = \frac{1}{2} QV = \frac{Q^2}{2C} = \frac{1}{2} CV^2 \tag{1.18}$$

1.6.4　コンデンサの接続と電荷量

(1) 並列接続

図 1.20 (a) のようにコンデンサ C_1〔F〕及び C_2〔F〕を接続する接続方法を**並列接続**といいます．

並列接続されたコンデンサの合成容量 C_P〔F〕は，次のようになります．

$$C_P = C_1 + C_2 \tag{1.19}$$

並列回路に電圧 V〔V〕を加えると，C_1 及び C_2 にかかる電圧は等しくなります．C_1 に蓄えられる電荷を Q_1〔C〕，C_2 に蓄えられる電荷を Q_2〔C〕とすると，$Q_1 = C_1 V$，$Q_2 = C_2 V$ になります．

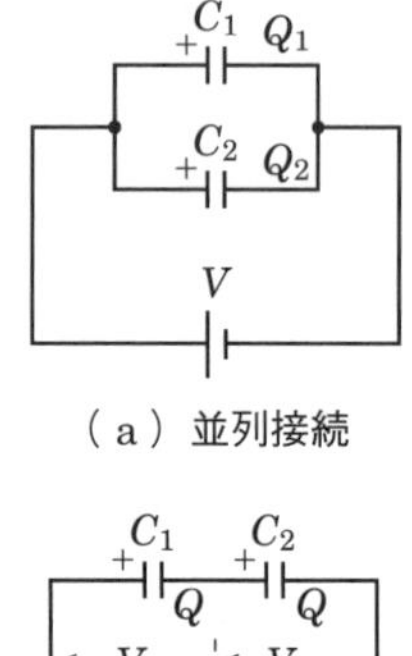

(a) 並列接続

(b) 直列接続

図 1.20　コンデンサの接続

(2) 直列接続

図 1.20 (b) のようにコンデンサ C_1〔F〕及び C_2〔F〕を接続する接続方法を**直列接続**といいます．

直列接続されたコンデンサの合成容量 C_S〔F〕は，次のようになります．

$$C_S = \frac{1}{\dfrac{1}{C_1} + \dfrac{1}{C_2}} = \frac{C_1 C_2}{C_1 + C_2} \tag{1.20}$$

直列回路に電圧 V〔V〕を加えると，コンデンサ C_1 及び C_2 に蓄えられる電荷は同じで Q〔C〕になります．C_1 にかかる電圧を V_1〔V〕，C_2 にかかる電圧を V_2〔V〕とすると，$Q = C_1 V_1 = C_2 V_2$ が成立します．これより

$$V_1 : V_2 = \frac{1}{C_1} : \frac{1}{C_2} \tag{1.21}$$

になります．

コンデンサの耐電圧を大きくするには，コンデンサを直列に接続して各コンデンサが負担する電圧を少なくなるようにします．その場合，一番小さな容量のコンデンサに一番高い電圧をかけることができます．

問題 16 ★ ➡1.6.2

図に示す真空中に置かれた2つの平行板電極間に，電極間隔 d の1/2の厚さの誘電体（ガラス板）を挿入したとき，静電容量の値は誘電体を挿入する前の値の何倍になるか．正しいものを下の番号から選べ．ただし，誘電体の比誘電率は4とする．

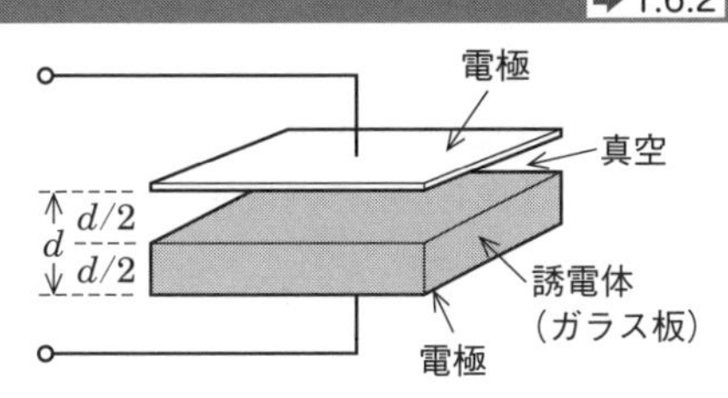

1 1.2倍　2 1.6倍　3 2.4倍　4 3.2倍　5 5.0倍

解説 誘電体を挿入する前のコンデンサの静電容量 C〔F〕は，式(1.16) に $\varepsilon_s = 1$ を代入して

$$C = \varepsilon_0 \frac{S}{d} \quad ①$$

誘電体を挿入した場合は，**図1.21** のように電極間隔が $d/2$ のコンデンサ C_1 と，誘電体が入っている電極間隔が $d/2$ のコンデンサ C_2 が直列になっていると考えます．

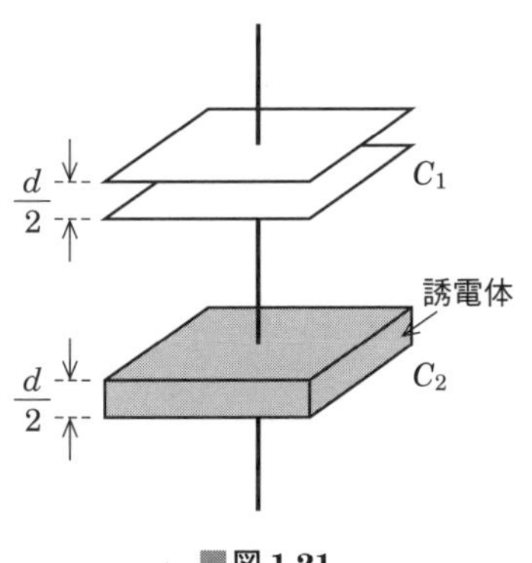

■図 1.21

式(1.16) を用いて C_1〔F〕を求めます．真空中では $\varepsilon_s = 1$，電極の面積が S〔m²〕，電極間隔は $d/2$〔m〕なので

$$C_1 = \varepsilon_0 \frac{S}{d/2} = 2\varepsilon_0 \frac{S}{d} \quad ②$$

同様に C_2〔F〕を求めます．$\varepsilon_s = 4$ なので

$$C_2 = \varepsilon_0 \varepsilon_s \frac{S}{d/2} = \varepsilon_0 \times 4 \times \frac{S}{d/2} = 8\varepsilon_0 \frac{S}{d} = 4C_1 \quad ③$$

式②と式③を用いて，コンデンサの合成容量 C_T〔F〕を求めると

$$C_T = \frac{C_1 C_2}{C_1 + C_2} = \frac{C_1 \times 4C_1}{C_1 + 4C_1} = \frac{4C_1}{5} = \frac{8}{5}\varepsilon_0 \frac{S}{d} \quad ④$$

式①と式④を比較すると，8/5 = **1.6倍**になります．

答え▶▶▶2

問題 17 ★★　➡1.6.2

図1に示すように，空気中に置かれた電極間距離1 cmの平行平板コンデンサがある．このコンデンサを，図2に示すように電極間の距離を2 mm増し，さらに電極間に厚さ4 mmの誘電体を入れた後に静電容量を測定したところ，図1のコンデンサと同じ値になった．この誘電体の比誘電率として，最も近いものを下の番号から選べ．

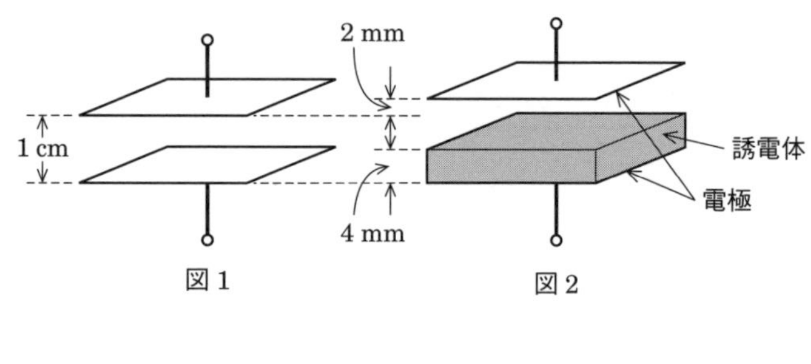

1　1.5　　2　2.0　　3　2.5　　4　3.0　　5　3.5

解説　問題図1の平行平板コンデンサの面積を S〔m²〕，電極間距離を d〔m〕，空気中の誘電率を ε_0〔F/m〕とすると，静電容量 C〔F〕は，$d=1$ cm（$=0.01$ m）なので

$$C=\varepsilon_0\frac{S}{d}=\varepsilon_0\frac{S}{0.01}=10^2\varepsilon_0 S \qquad ①$$

問題図2のコンデンサの空気中の部分の静電容量を C_1〔F〕，誘電体が挿入された部分の静電容量を C_2〔F〕とすると，空気中の部分の間隔が8 mm（$=0.008$ m），比誘電率 ε_s の誘電体が挿入された部分の間隔が4 mm（$=0.004$ m）なので

$$C_1=\varepsilon_0\frac{S}{0.008}=\frac{10^3\varepsilon_0 S}{8} \qquad ②$$

$$C_2=\varepsilon_0\varepsilon_s\frac{S}{0.004}=\frac{10^3\varepsilon_0\varepsilon_s S}{4} \qquad ③$$

問題図2のコンデンサの静電容量は，C_1 と C_2 の直列合成静電容量となり，この直列合成静電容量が式①の C と同じ値になります．よって，C_1 と C_2 の直列合成静電容量 C_T〔F〕は

$$C_T=\frac{C_1C_2}{C_1+C_2}=\frac{\dfrac{10^3\varepsilon_0 S}{8}\times\dfrac{10^3\varepsilon_0\varepsilon_s S}{4}}{\dfrac{10^3\varepsilon_0 S}{8}+\dfrac{10^3\varepsilon_0\varepsilon_s S}{4}}=\frac{\dfrac{10^3\varepsilon_0 S}{8}\times\dfrac{10^3\varepsilon_0\varepsilon_s S}{4}}{10^3\varepsilon_0 S\left(\dfrac{1}{8}+\dfrac{\varepsilon_s}{4}\right)}$$

$$= \frac{\dfrac{10^6 \varepsilon_0{}^2 \varepsilon_s S^2}{32}}{\dfrac{10^3 \varepsilon_0 S (1 + 2\varepsilon_s)}{8}} = \frac{10^6 \varepsilon_0{}^2 \varepsilon_s S^2}{32} \times \frac{8}{10^3 \varepsilon_0 S (1 + 2\varepsilon_s)}$$

$$= \frac{10^3 \varepsilon_0 \varepsilon_s S}{4(1 + 2\varepsilon_s)} \quad ④$$

式④が式①に等しいので

$$\frac{10^3 \varepsilon_0 \varepsilon_s S}{4(1 + 2\varepsilon_s)} = 10^2 \varepsilon_0 S \quad ⑤$$

式⑤より

$$10\varepsilon_s = 4(1 + 2\varepsilon_s) \quad ⑥$$

式⑥より

$2\varepsilon_s = 4$　よって　$\varepsilon_s = \mathbf{2}$

答え▶▶▶2

問題 18 ★★★ ➡1.6.2

静電容量が 60 pF である平行平板コンデンサの電極間距離を 1/3 とし，電極間の誘電体の比誘電率を 2 倍にしたときの静電容量の値として，正しいものを下の番号から選べ．

1　30 pF　　2　45 pF　　3　180 pF　　4　360 pF　　5　720 pF

解説 電極間距離 d〔m〕，面積 S〔m²〕の平行平板コンデンサの静電容量 C〔F〕は，次式になります．

$$C = \varepsilon_0 \varepsilon_s \frac{S}{d} \quad ①$$

ただし，ε_0：真空中の誘電率（$\varepsilon_0 = 8.855 \times 10^{-12}$ F/m）

ε_s：誘電体（絶縁体）の比誘電率

式①において電極間の距離 d を 1/3，誘電体の比誘電率 ε_s を 2 倍にしたときの静電容量 C'〔F〕は

$$C' = \varepsilon_0 \times 2\varepsilon_s \frac{S}{d/3} = 2\varepsilon_0 \varepsilon_s \frac{3S}{d} = 6\varepsilon_0 \varepsilon_s \frac{S}{d} = 6C \quad ②$$

式②に $C = 60$ pF を代入すると

$C' = 6C = 6 \times 60 = \mathbf{360\ pF}$

答え▶▶▶4

問題 19 ★★★ ➡1.6.3

コンデンサに電圧 10 V を加えたとき，4 μC の電荷が蓄えられた．このときコンデンサに蓄えられるエネルギーの値として，正しいものを下の番号から選べ．

1　2 μJ　　2　10 μJ　　3　20 μJ　　4　100 μJ　　5　200 μJ

解説 式(1.17) に問題で与えられた $Q = 4 \times 10^{-6}$ C，$V = 10$ V を代入すると

$$W = \frac{1}{2} QV = \frac{1}{2} \times 4 \times 10^{-6} \times 10 = 20 \times 10^{-6}\ \mathrm{J} = \mathbf{20\ \mu J}$$

答え▶▶▶3

問題 20 ★★★ ➡1.6.3 ➡1.6.4

図に示す回路において，2 つの静電容量 C_1 及び C_2 に蓄えられる静電エネルギーの総和が 32 μJ であるときの，C_1 の両端の電圧 V_1 の値として，最も近いものを下の番号から選べ．

1　0.8 V　　2　1.6 V　　3　2.4 V

4　3.2 V　　5　4.0 V

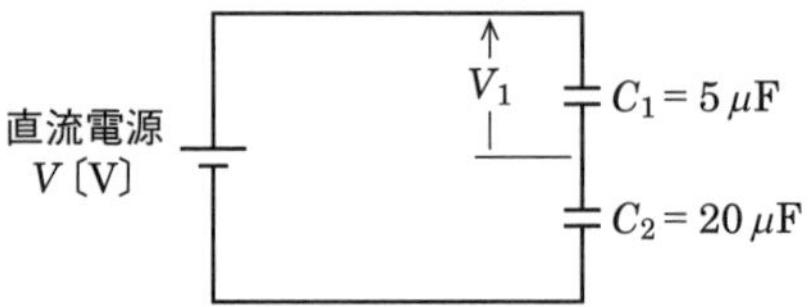

解説 直列接続されているコンデンサ C_1，C_2 に電圧を加えると C_1，C_2 に蓄えられる電荷 Q は同じになります．C_2 の両端の電圧を V_2 とすると

$$C_1 V_1 = C_2 V_2 \quad ①$$

式①より

$$V_2 = \frac{C_1 V_1}{C_2} = \frac{5 \times 10^{-6} \times V_1}{20 \times 10^{-6}} = \frac{V_1}{4} \quad ②$$

C_1 に蓄えられる静電エネルギーは

$$\frac{QV_1}{2} = \frac{C_1 V_1^2}{2} \quad ③$$

C_2 に蓄えられる静電エネルギーは

$$\frac{QV_2}{2} = \frac{C_2 V_2^2}{2} = \frac{C_2}{2} \times \left(\frac{V_1}{4}\right)^2 = \frac{C_2 V_1^2}{32} \quad ④$$

C_1 に蓄えられる静電エネルギー（式③）と C_2 に蓄えられる静電エネルギー（式④）の総和は

$$\frac{C_1 V_1^2}{2} + \frac{C_2 V_1^2}{32} = \frac{5 \times 10^{-6} \times V_1^2}{2} + \frac{20 \times 10^{-6} \times V_1^2}{32}$$

$$= \frac{80 \times 10^{-6} \times V_1^2 + 20 \times 10^{-6} \times V_1^2}{32} = \frac{100 \times 10^{-6} \times V_1^2}{32}$$

$$= \frac{10^{-4} \times V_1^2}{32} \qquad ⑤$$

式⑤が $32\,\mu\mathrm{J}$ に等しいので

$$\frac{10^{-4} \times V_1^2}{32} = 32 \times 10^{-6} \qquad ⑥$$

式⑥より

$$V_1^2 = 32 \times 32 \times 10^{-2} = (32 \times 10^{-1})^2 \qquad ⑦$$

式⑦より $V_1 = 32 \times 10^{-1} = \mathbf{3.2\,V}$

答え▶▶▶4

問題 21 ★★ ➡1.6.4

図に示すように，対地間静電容量が $C_A = 3\,\mu\mathrm{F}$，$C_B = 1\,\mu\mathrm{F}$ の 2 個の導体球 A 及び B に，それぞれ $2\,\mu\mathrm{C}$ の電荷 Q_A，Q_B が与えられている．スイッチ S を接（ON）にすると，A と B の電荷はどのように移動して，電気的つり合いの状態となるか．正しいものを下の番号から選べ．ただし，導線及びスイッチの影響は無視するものとする．

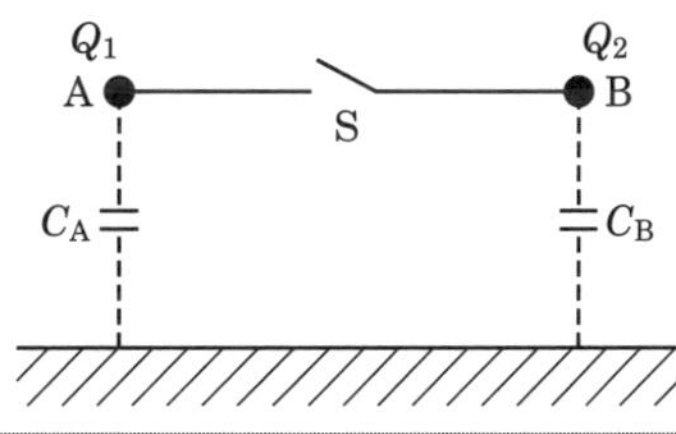

1　A から B へ $2\,\mu\mathrm{C}$ 移動する．
2　A から B へ $1\,\mu\mathrm{C}$ 移動する．
3　A と B の間の移動はない．
4　B から A へ $1\,\mu\mathrm{C}$ 移動する．
5　B から A へ $2\,\mu\mathrm{C}$ 移動する．

解説 スイッチ S を接（ON）にする前のコンデンサ C_A の両端の電圧 V_A は

$$V_A = \frac{Q_A}{C_A} \qquad ①$$

式①より，$V_A = \dfrac{Q_A}{C_A} = \dfrac{2 \times 10^{-6}}{3 \times 10^{-6}} = \dfrac{2}{3}\,\mathrm{V}$　②

スイッチ S を接（ON）にする前のコンデンサ C_B の両端の電圧 V_B は

$$V_B = \frac{Q_B}{C_B} \qquad ③$$

式③より，$V_B = \dfrac{Q_B}{C_B} = \dfrac{2 \times 10^{-6}}{1 \times 10^{-6}} = 2\,\mathrm{V}$　④

スイッチSを接（ON）にすると，コンデンサ C_A と C_B が並列に接続され，その合成静電容量 C は

$C = C_A + C_B = 3 + 1 = 4\,\mu\mathrm{F}$　⑤

2つのコンデンサに蓄えられている電荷量の和 Q は

$Q = Q_A + Q_B = 2 + 2 = 4\,\mu\mathrm{C}$　⑥

A点とB点の電圧 V〔V〕は等しくなり，式⑤と式⑥を使って求めると

$V = \dfrac{Q}{C} = \dfrac{4 \times 10^{-6}}{4 \times 10^{-6}} = 1\,\mathrm{V}$　⑦

式⑦より，電荷はコンデンサ C_B から C_A に移動したことがわかります．移動した電荷量は，電圧が $2 - 1 = 1\,\mathrm{V}$ に低下した分に相当する電荷なので，C_B に1Vを掛ければBからAへ移動した電荷量が求まります．よって，C_B は

$C_B \times 1 = 1 \times 10^{-6} \times 1 = 1 \times 10^{-6}\,\mathrm{C} = \mathbf{1\,\mu C}$

答え▶▶▶4

問題 22 ★　➡1.6.4

耐電圧がすべて12Vで，静電容量が $3\,\mu\mathrm{F}$，$4\,\mu\mathrm{F}$ 及び $12\,\mu\mathrm{F}$ の3個のコンデンサを直列に接続したとき，その両端に加えることのできる最大電圧の値として，正しいものを下の番号から選べ．

1　8V　　2　12V　　3　18V　　4　24V　　5　36V

解説　コンデンサを直列接続して電圧を加えた場合，各コンデンサに蓄えられる電荷 Q は一定になるので，一番小さなコンデンサに一番高い電圧を加えることができます．

$3\,\mu\mathrm{F}$ にかかる電圧を V_1，$4\,\mu\mathrm{F}$ にかかる電圧を V_2，$12\,\mu\mathrm{F}$ にかかる電圧を V_3 とすると，$3\,\mu\mathrm{F}$ のコンデンサに12Vを加えることができますので，$Q = CV$ より

$Q = 3 \times 10^{-6} \times V_1 = 3 \times 10^{-6} \times 12 = 36 \times 10^{-6}\,\mathrm{C}$

となります．各コンデンサの Q は一定なので

$36 \times 10^{-6} = 4 \times 10^{-6}\,V_2$　　$\therefore\ V_2 = 9\,\mathrm{V}$

$36 \times 10^{-6} = 12 \times 10^{-6}\,V_3$　　$\therefore\ V_3 = 3\,\mathrm{V}$

よって，最大電圧 V_{max} は

$V_{max} = V_1 + V_2 + V_3 = 12 + 9 + 3 = \mathbf{24\,V}$

答え▶▶▶4

問題 23 ★★★ ➡1.6.4

次の記述は，図に示す回路について述べたものである．［　　］内に入れるべき字句の正しい組合せを下の番号から選べ．

(1) スイッチSが断（OFF）のとき，C_1の電圧は，［A］である．

(2) スイッチSが断（OFF）のとき，C_2に蓄えられる電荷の量は，［B］である．

(3) スイッチSが接（ON）のとき，C_1に蓄えられる電荷の量は，［C］である．

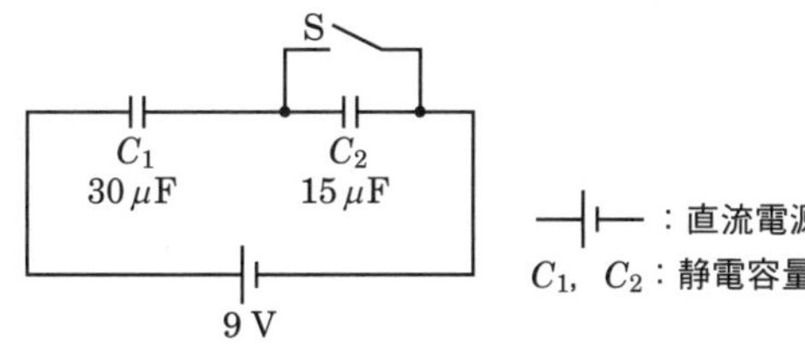

	A	B	C
1	3.0 V	30 μC	135 μC
2	3.0 V	90 μC	270 μC
3	4.5 V	30 μC	405 μC
4	6.0 V	60 μC	270 μC
5	6.0 V	90 μC	405 μC

解説 コンデンサC_1，C_2の両端の電圧をそれぞれV_1，V_2とします．

(1) スイッチSが断（OFF）のとき，それぞれのコンデンサに蓄えられる電荷が等しくなるので

$$C_1 V_1 = C_2 V_2 \quad ①$$

となります．ここで，式①に問題で与えられた$C_1 = 30\,\mu\text{F}$，$C_2 = 15\,\mu\text{F}$を代入すると

$$30 \times 10^{-6} V_1 = 15 \times 10^{-6} V_2$$

$$2V_1 = V_2 \quad ②$$

となります．ここで，問題図より

$$V_1 + V_2 = 9 \quad ③$$

なので，式③に式②を代入すると

$$V_1 + 2V_1 = 9 \quad \text{よって} \quad V_1 = \mathbf{3\,V}$$

(2) スイッチSが断（OFF）のときは，$V_1 = 3\,\text{V}$なので，式③より$V_2 = 6\,\text{V}$となります．コンデンサC_2に蓄えられる電荷の量をQ_2とすると

$$Q_2 = C_2 V_2 = 15 \times 10^{-6} \times 6 = 90 \times 10^{-6}\,\text{C} = \mathbf{90\,\mu C}$$

(3) スイッチSが接（ON）のときは，C_2が短絡なので，C_1には9Vがそのまま加わります．よって，C_1に蓄えられる電荷の量をQ_1とすると

$$Q_1 = C_1 \times 9 = 30 \times 10^{-6} \times 9 = 270 \times 10^{-6}\,\mathrm{C} = \mathbf{270\,\mu C}$$

答え▶▶▶2

問題24 ★★ ➡1.6.4

図に示す回路において，最初はスイッチS_1及びスイッチS_2は開いた状態にあり，コンデンサC_1及びコンデンサC_2に電荷は蓄えられていなかった．次にS_2を開いたままS_1を閉じてC_1を12Vの電圧で充電し，さらに，S_1を開きS_2を閉じたとき，C_2の端子電圧が9Vになった．C_1の静電容量が6μFのとき，C_2の静電容量の値として，正しいものを下の番号から選べ．

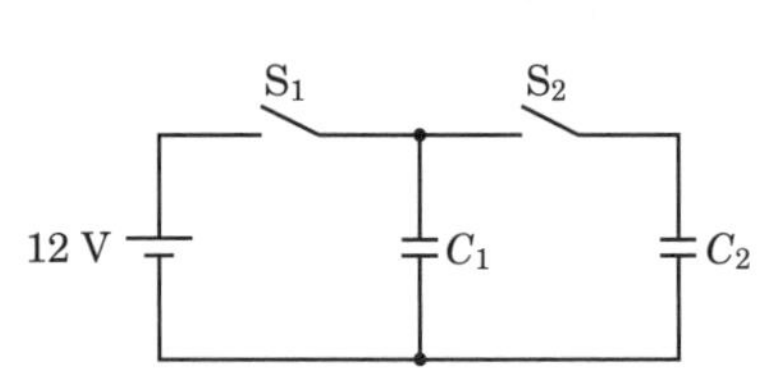

1　1μF　　2　2μF　　3　4μF　　4　6μF　　5　9μF

解説 (1) S_2を開いたままS_1を閉じてC_1を12Vの電圧で充電すると，コンデンサC_1に次の電荷Q_1が蓄えられます．

$$Q_1 = C_1 \times 12 = 6 \times 10^{-6} \times 12 = 72 \times 10^{-6}\,\mathrm{C} \quad ①$$

(2) スイッチS_1を開き，S_2を閉じると，C_1に蓄えられていた電荷の一部がC_2に移動します．端子電圧が12Vから9Vになったので，C_1の電荷量は次のようになります．

$$C_1 \times 9 = 6 \times 10^{-6} \times 9 = 54 \times 10^{-6}\,\mathrm{C} \quad ②$$

したがって，$72 \times 10^{-6} - 54 \times 10^{-6} = 18 \times 10^{-6}$ Cの電荷がC_1からC_2に移動したことになります．よって，コンデンサC_2の静電容量は

$$C_2 = \frac{18 \times 10^{-6}}{9} = 2 \times 10^{-6}\,\mathrm{F} = \mathbf{2\,\mu F}$$

答え▶▶▶2

1.7 各種の電気事象

試験では以下のような電気現象が出題されています．穴埋めや正誤問題が出題されますので，特徴をしっかりと覚えておきましょう．

1.7.1 圧電効果（ピエゾ効果）

水晶などの結晶体から切り出した板に圧力や張力を加えると，圧力や張力に比例した電荷が現れます．これを**圧電効果**又は**ピエゾ効果**といいます．FM受信機等に用いられているセラミックフィルタは，セラミックの圧電効果を利用しており，セラミックの材質と形状及び寸法などを変えることによって，固有の機械的振動も変化するため，共振周波数や尖鋭度（Q）を自由に設定することができ，帯域フィルタ（BPF）として利用することができます．

1.7.2 表皮効果

導線に高周波電流を流す際，電流の周波数が高くなると導線の表面部分に多くの電流が流れ，中心部分には電流が流れにくくなります．これを**表皮効果**といいます．高周波において実効的に導線の断面積が少なくなり抵抗値が高くなるので，この影響を少なくするため，送信機では終段の出力回路に中空の太い銅のパイプを用いることがあります．

関連知識 電気抵抗

銅，アルミニウムなどの導体の電気抵抗の値は，太さ・長さ・温度などにより変化します．断面積 S〔m^2〕，長さ l〔m〕，抵抗率 ρ〔Ω・m〕の導体の抵抗 R〔Ω〕は次式で表せます．

$$R = \rho \frac{l}{S} \tag{1.22}$$

導体温度が上がると導体中の原子や分子の振動が活発になり電子の動きを妨げるため，電気抵抗が大きくなります．なお，抵抗率は電線の材料によって異なる値です．

1.7.3 磁気ひずみ現象

磁性体に力を加えると，ひずみによってその磁化の強さが変化し，逆に磁性体の磁化の強さが変化すると，ひずみが現れます．この現象を総称して**磁気ひずみ現象**といいます．

1.7.4 ホール効果

電流の流れている導体または半導体に，電流と直角な方向に磁界を加えると，電流及び磁界に直角な方向に起電力が生じる現象を**ホール効果**といいます（**図1.22**）．

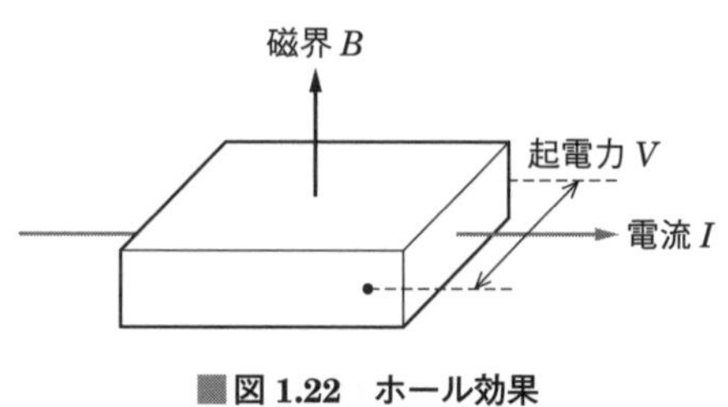

■図 1.22　ホール効果

1.7.5　ペルチェ効果

2種類の金属や半導体を接合して電流を流すと，接合部で熱の発生や吸収が起こる現象を**ペルチェ効果**といいます（**図 1.23**）．電流の向きを逆にすると，熱の発生や吸収が逆になります．

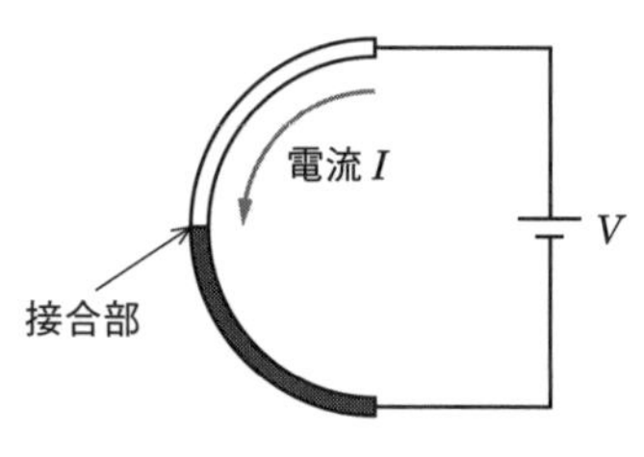

■図 1.23　ペルチェ効果

1.7.6　トムソン効果

1種類の均質な金属で2点の温度が異なるとき，電流を流すと熱の発生または吸収が起こる現象を**トムソン効果**といいます．熱の発生または吸収は，金属の種類と電流の方向によって決まります．

1.7.7　ゼーベック効果

2種類の金属（例えば，銅とコンスタンタン）を接合して閉回路を作り，接合部を異なる温度に保つと，起電力が生じて電流が流れる現象を**ゼーベック効果**といいます（**図 1.24**）．2種類の金属の対を熱電対といい，温度計測が可能で高周波電流計にも使われます．熱電対の起電力の大きさは金属の種類，接合点の温度 t_1〔℃〕と t_2〔℃〕の差で決まります．

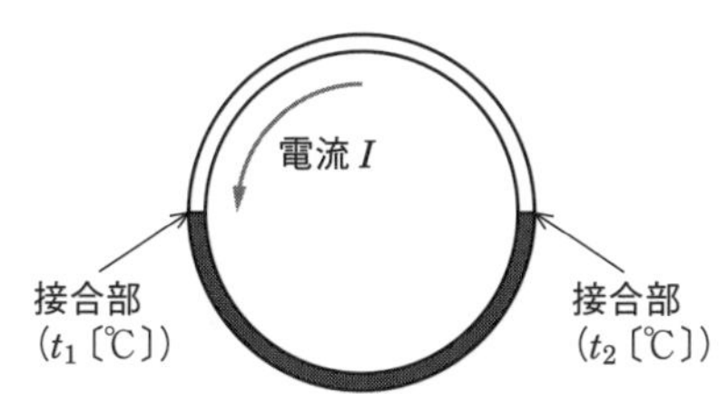

■図 1.24　ゼーベック効果

問題 25 ★★★　➡1.7.2

次の記述は，導線の電気抵抗について述べたものである．［　　］内に入れるべき字句を下の番号から選べ．

(1) 導線の電気抵抗の値は，［ア］に比例し，［イ］に反比例する．このときの比例定数を抵抗率といい，その単位は［ウ］である．

(2) 導線に高周波電流を流すと，周波数が高くなるに従って抵抗は［エ］する．これは，高周波電流は導線の［オ］では流れにくくなるためで，これを表皮効果という．

1 表面部分　2 長さ　3 〔Ω・m〕　4 表面積　5 減少
6 中心部分　7 体積　8 〔Ω/m〕　9 断面積　10 増加

解説　導線の電気抵抗の値は，式（1.22）より

$$R=\rho\frac{l}{S}$$

で表されます．これより，電線の**長さ** l に比例し，**断面積** S に反比例します．このときの比例定数（ρ）を抵抗率といい，その単位は**〔Ω·m〕**です．

導線に高周波電流を流すと，表皮効果によって導線の**中心部分**では高周波電流が流れにくくなり，周波数が高くなるに従って抵抗は**増加**します．

答え▶▶▶ア－2，イ－9，ウ－3，エ－10，オ－6

問題 26 ★★★　➡1.7

次の記述は，各種の電気現象等について述べたものである．このうち正しいものを 1，誤っているものを 2 として解答せよ．

ア　磁性体に力を加えると，ひずみによってその磁化の強さが変化し，逆に磁性体の磁化の強さが変化すると，ひずみが現れる．この現象を総称して磁気ひずみ現象という．

イ　2種の金属の温度を一定に保ち，接合部を通して電流を流すと，接合部でジュール熱以外の熱の発生又は吸収が起こる．この現象をゼーベック効果という．

ウ　電流の流れている半導体に，電流と直角に磁界を加えると，両者に直角の方向に起電力が現れる．この現象をトムソン効果という．

エ　結晶体に圧力や張力を加えると，結晶体の両面に正負の電荷が現れる．この現象を圧電効果という．

オ　高周波電流が導線を流れる場合，表面近くを密集して流れる．この現象を表皮効果という．

解説　イ　×「**ゼーベック**効果」ではなく，正しくは「**ペルチェ**効果」です．
ウ　×「**トムソン**効果」ではなく，正しくは「**ホール**効果」です．

答え▶▶▶ア－1，イ－2，ウ－2，エ－1，オ－1

問題 27 ★★　➡1.7

次の記述は，表皮効果について述べたものである．［　　］内に入れるべき字句を下の番号から選べ．

1本の導線に交流電流を流すとき，この電流の周波数が高くなるにつれて導線の［ア］部分には電流が流れにくくなり，導線の［イ］部分に多く流れるようになる．この現象を表皮効果といい，高周波では直流を流したときに比べて，実効的に導線の断面積が［ウ］なり，抵抗の値が［エ］なる．この影響を少なくするために，送信機では終段の［オ］に中空の太い銅のパイプを用いることがある．

1　高く　　2　広く　　3　入力回路　　4　中心　　5　終端
6　低く　　7　狭く　　8　出力回路　　9　両端　　10　表面

答え▶▶▶ア－4，イ－10，ウ－7，エ－1，オ－8

1.8　国際単位系

国際単位系（SI）の単位をまとめたものを**表 1.1** に示します．

■表 1.1 国際単位系の名称

量	単位記号	名称（読み方）
導電率	S/m	ジーメンス毎メートル
透磁率	H/m	ヘンリー毎メートル
電束密度	C/m^2	クーロン毎平方メートル
誘電率	F/m	ファラド毎メートル
磁束密度	T	テスラ
抵抗率	Ω・m	オーム・メートル
電界の強さ	V/m	ボルト毎メートル
アドミタンス	S	ジーメンス

問題 28 ★★★ ➡1.8

次の表は，電気磁気等に関する国際単位系（SI）からの抜粋である．□内に入れるべき字句を下の番号から選べ．

量	単位名称及び単位記号
導電率	ア
透磁率	イ
電束密度	ウ
誘電率	エ
磁束密度	オ

1 アンペア毎メートル〔A/m〕
2 ウェーバ〔Wb〕
3 ジーメンス毎メートル〔S/m〕
4 クーロン毎平方メートル〔C/m^2〕
5 ヘンリー毎メートル〔H/m〕
6 ジュール〔J〕
7 テスラ〔T〕
8 ファラド毎メートル〔F/m〕
9 ボルト毎メートル〔V/m〕
10 ニュートンメートル〔N・m〕

答え▶▶▶ア－3，イ－5，ウ－4，エ－8，オ－7

2章　電気回路

この章から **3** 問出題

抵抗の直並列計算やオームの法則を使用する直流回路の計算方法，抵抗にコイルやコンデンサが入った交流回路の計算方法について学びます．試験では複素数を使用した交流回路の計算及び過渡現象に関する問題も出題されます．

2.1　直流回路

2.1.1　オームの法則

図 2.1 に示すように，R〔Ω〕（オーム）の抵抗に矢印の方向に I〔A〕（アンペア）の電流が流れると，図の＋－の方向に V〔V〕（ボルト）の電圧が生じます．これを抵抗による**電圧降下**といいます．

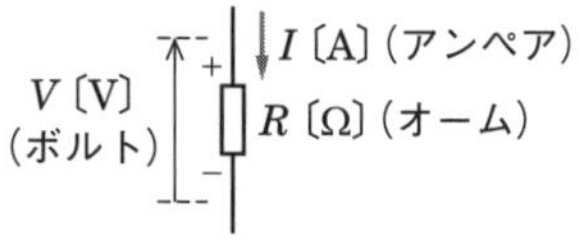

I〔A〕(アンペア)
V〔V〕(ボルト)
R〔Ω〕(オーム)

■図 2.1　電圧を生じる方向

このとき V，R，I の間に，$V=IR$ の関係が成り立ちます．抵抗 R の両端の電圧が V の場合，抵抗に流れている電流 I を求めると，$I=V/R$ となります．抵抗に電流 I が流れており，抵抗の両端の電圧降下が V のとき，抵抗の値 R は，$R=V/I$ になります．これらを**オームの法則**といい，電気回路では最も基本的な法則です．

2.1.2　抵抗の接続

図 2.2 のように，抵抗を接続する方法を**直列接続**といいます．その回路の合成抵抗 R_S は

$$R_S = R_1 + R_2 \qquad (2.1)$$

となります．

■図 2.2　抵抗の直列接続

図 2.3 のように，抵抗を接続する方法を**並列接続**といいます．その回路の合成抵抗 R_P は

$$R_P = \frac{1}{\dfrac{1}{R_1}+\dfrac{1}{R_2}} = \frac{R_1 R_2}{R_1+R_2} \qquad (2.2)$$

となります．

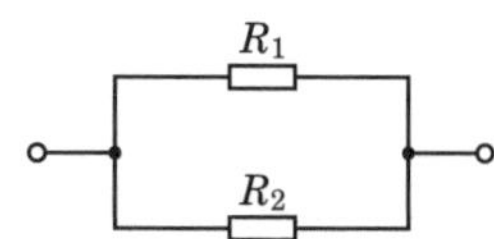

■図 2.3　抵抗の並列接続

次に，**図 2.4** に示すような抵抗の直並列回路の合成抵抗を求めてみましょう．

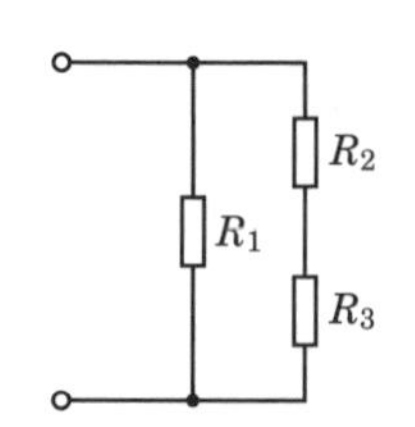

■図 2.4　抵抗の直並列接続

R_2 と R_3 が直列に接続されているので，その

合成抵抗 R_S は，$R_S = R_2 + R_3$ になります．直列合成抵抗 R_S と抵抗 R_1 が並列に接続されているので，全体の合成抵抗 R_T は，次のようになります．

$$R_T = \frac{1}{\dfrac{1}{R_1} + \dfrac{1}{R_S}} = \frac{1}{\dfrac{1}{R_1} + \dfrac{1}{R_2 + R_3}} = \frac{R_1(R_2 + R_3)}{R_1 + R_2 + R_3} \tag{2.3}$$

2.1.3 キルヒホッフの法則

キルヒホッフの法則には，**電流則**（第1法則）と**電圧則**（第2法則）があります．それぞれの意味するところを次に示します．

電流則：ある接続点に流れ込む電流と流れ出す電流の和は0である．

電圧則：ある閉回路について，各素子の電圧の向きを考慮して1周たどったときの電圧の和は0である．

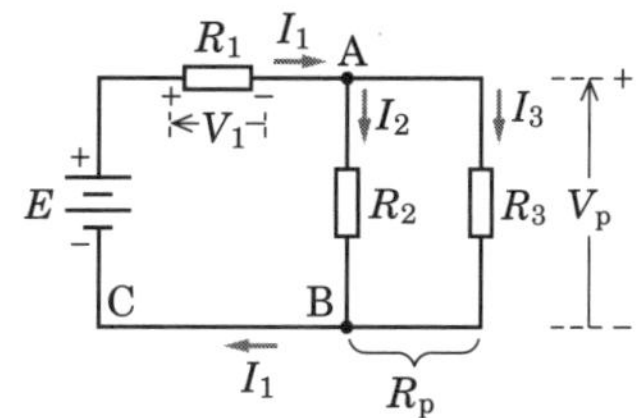

図 2.5 直並列回路の電圧と電流の関係

図 2.5 に示す回路の電流の向きを，接続点に電流が流れ込む方向をプラス，流れ出る方向をマイナスとすると，電流則より，接続点Aでは，$I_1 - I_2 - I_3 = 0$ となります．接続点Bにおいては，$-I_1 + I_2 + I_3 = 0$ となります．

E，R_1，R_2 ループを考えると，$E - V_1 - V_p = E - I_1R_1 - I_2R_2 = 0$ となります．

E，R_1，R_3 ループを考えると，$E - I_1R_1 - I_3R_3 = 0$ となります．

キルヒホッフの法則は接続点と閉回路に関する考え方を拡張して，一般化したものです．

2.1.4 定電圧源と定電流源

(1) 定電圧源

定電圧源は外部に接続する抵抗の値が変化しても，端子電圧が一定の電源です．理想的な定電圧源の内部抵抗は0ですが，実際の電圧源では内部抵抗 R_s をもっており，**図 2.6** のように表します．

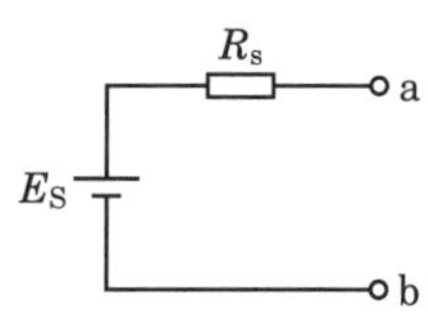

図 2.6 定電圧源

(2) 定電流源

定電流源は外部に接続する抵抗の値が変化しても，

端子電流が一定の電源です．理想的な定電流源の内部抵抗は無限大ですが，実際の電流源では，定電流源に並列に抵抗 R_s を接続し，**図 2.7** のように表します．

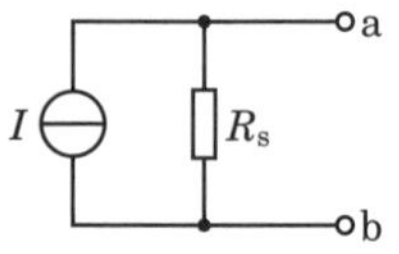

■図 2.7　定電流源

(3) 等価電源回路

図 2.6 や図 2.7 のような内部抵抗をもつ電圧源と電流源は，端子 ab からみたとき，互いに同じ働きをする回路に変換することができます．図 2.6 と図 2.7 の回路で，「内部抵抗が等しいこと」「開放電圧または短絡電流が等しいこと」の性質をもつとき，これらの回路は**互いに等価である**といいます．

電圧源を電流源に変換する例を**図 2.8**（a）に示します．電流源の抵抗は電圧源

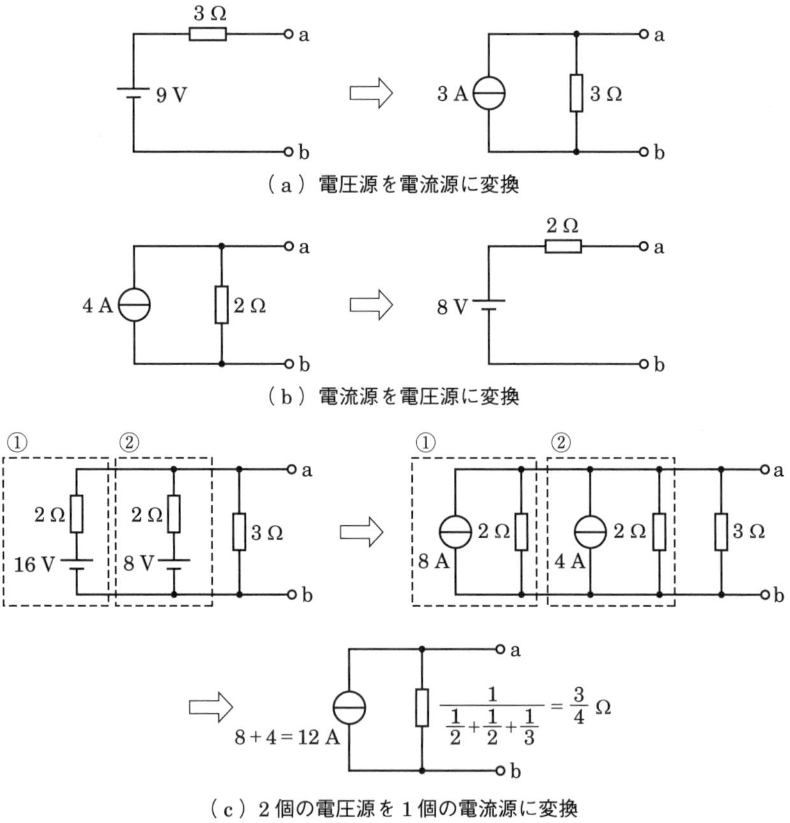

（a）電圧源を電流源に変換

（b）電流源を電圧源に変換

（c）2 個の電圧源を 1 個の電流源に変換

■図 2.8　等価電源回路

と同じ 3 Ω で，電流値は電圧源の値からオームの法則で求め，9/3 = 3 A になります．

電流源を電圧源に変換する例を図 2.8（b）に示します．電圧源の抵抗は電流源の抵抗と同じ 2 Ω で，電圧値は電流源の値からオームの法則で求め，4 × 2 = 8 V になります．電圧源 2 個と抵抗 1 本の並列回路を電流源で表現する例を図 2.8（c）に示します．各々の電圧源を電流源に変換した後，電流値は 2 つの電流の和で 12 A，抵抗値は 3 本の並列抵抗の値で 3/4 Ω となります．

2.1.5 ミルマンの定理

図 2.9 に示す並列回路において，ab 間の電圧 V_{ab} は次式で求めることができます．これを**ミルマンの定理**といいます．ミルマンの定理を使用すればキルヒホッフの法則を使用しなくても回路に流れる電流を求めることができます．

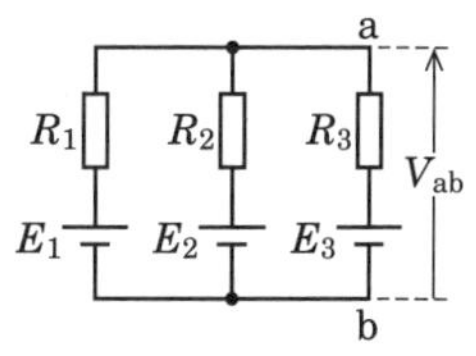

図 2.9　並列回路

$$V_{ab} = \frac{\dfrac{E_1}{R_1} + \dfrac{E_2}{R_2} + \dfrac{E_3}{R_3}}{\dfrac{1}{R_1} + \dfrac{1}{R_2} + \dfrac{1}{R_3}} \tag{2.4}$$

図 2.9 は電圧源を電流源に変換することにより，**図 2.10**（a）になります．図 2.10（a）の電流源を 1 つにまとめた電流を $I\left(= \dfrac{E_1}{R_1} + \dfrac{E_2}{R_2} + \dfrac{E_3}{R_3}\right)$，3 本の合成抵抗を $R\left(= \dfrac{1}{\dfrac{1}{R_1} + \dfrac{1}{R_2} + \dfrac{1}{R_3}}\right)$ とすると，図 2.10（b）になります．すなわち

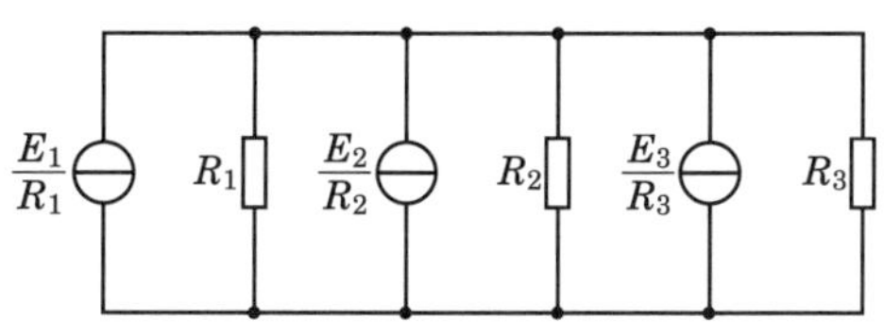

（a）電圧源を電流源に変更

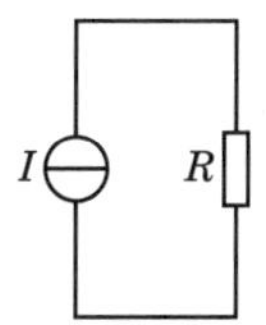

（b）合成抵抗 R を用いた表現

図 2.10　図 2.9 の等価回路

$$V_{ab}=IR=\frac{\dfrac{E_1}{R_1}+\dfrac{E_2}{R_2}+\dfrac{E_3}{R_3}}{\dfrac{1}{R_1}+\dfrac{1}{R_2}+\dfrac{1}{R_3}} \tag{2.5}$$

となります．

2.1.6 ブリッジ回路

図 2.11 (a) のような回路を**ブリッジ回路**といいます．ここで，$\boldsymbol{R_1R_4=R_2R_3}$ の条件を満たす場合，「**ブリッジが平衡している**」といいます．このとき，**抵抗 $\boldsymbol{R_5}$ に流れる電流が 0** になり，R_5 を取り去ることができ，図 2.11 (b) になります．

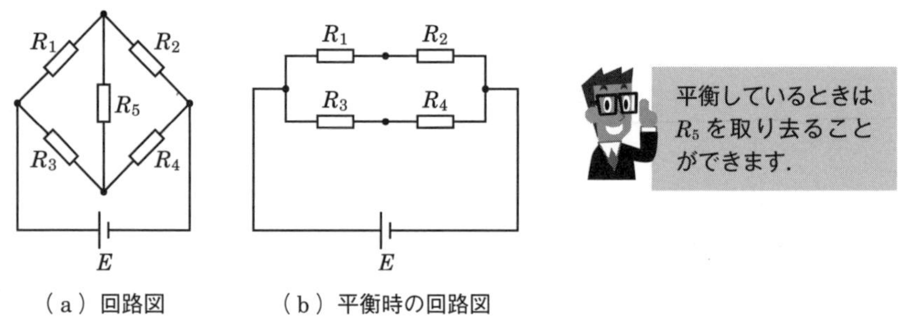

（a）回路図　　（b）平衡時の回路図

■図 2.11　ブリッジ回路

図 2.12 の回路において，端子 ab 間の合成抵抗の値を 100 Ω とするための抵抗 R を求めてみましょう．

図 2.12 の回路は，R を除いた部分はブリッジが平衡している状態（40 Ω × 90 Ω = 60 Ω × 60 Ω）なので，50 Ω の抵抗は無視することができます．すなわち，**図 2.13** のようになり

$$100=R+\frac{(40+60)(60+90)}{(40+60)+(60+90)}=R+\frac{15\,000}{250}=R+60$$

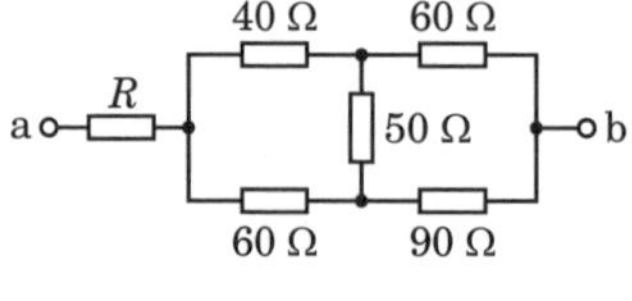

■図 2.12

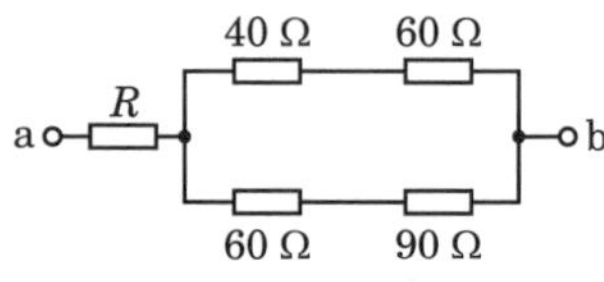

■図 2.13　50 Ω の抵抗を除去

となります．したがって，$R = 100 - 60 = 40\,\Omega$ となります．

ブリッジ回路の平衡条件は，抵抗で構成されている回路だけでなく，コイルやコンデンサなどを含むインピーダンス回路であっても成立します．

2.1.7 直流回路における電力

図 2.14 に示すように，抵抗 R〔Ω〕に電流 I〔A〕が流れ，両端の電圧降下が V〔V〕であるとき，抵抗で消費される電力 P〔W〕は，次のようになります．

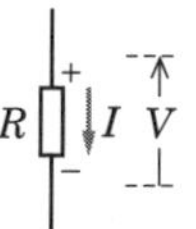

■図 2.14 抵抗と電圧降下

$$P = IV = I^2R = \frac{V^2}{R} \tag{2.6}$$

電力は電圧と電流の積で表されます．

2.1.8 抵抗減衰器

抵抗減衰器は，入力信号を減衰させて出力させる回路で，T 形抵抗減衰器，π 形抵抗減衰器などがあります．

(1) T 形抵抗減衰器

T 形抵抗減衰器は，**図 2.15** の回路で，抵抗 3 本が T 形に構成されている回路です．

減衰器は入力電圧を抵抗で分岐することによって，出力電圧を入力電圧より小さくするものです．基本的にはオームの法則だけで解くことができます．

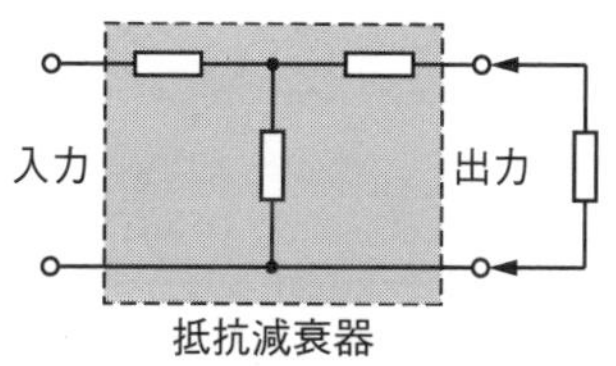

■図 2.15 T 形抵抗減衰器

(2) π 形抵抗減衰器

π 形抵抗減衰器は，**図 2.16** の回路で，抵抗 3 本が π 形に構成されている回路です．

減衰器は入力電圧を抵抗で分岐することによって，出力電圧を入力電圧より小さくするものです．T 形減衰器同様，オームの法則だけで解くことができます．

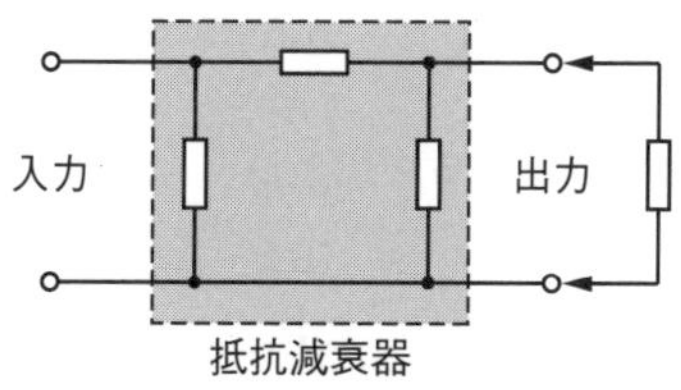

■図 2.16 π 形抵抗減衰器

問題 1 ★★★ ➡2.1.2

次の記述は，図1に示す12個の抵抗からなる回路の端子ab間の合成抵抗の求め方について述べたものである．[　　]内に入れるべき字句の正しい組合せを下の番号から選べ．ただし，各抵抗の値は，R〔Ω〕，$2R$〔Ω〕，$3R$〔Ω〕，$4R$〔Ω〕とする．

(1) 図1の回路は，図中の破線に対して左右対称である．回路中を流れる電流も左右対称になるので，図2に示す半分の回路の合成抵抗を求め，次に，全体の合成抵抗を求めればよい．

(2) 図2の端子cd間の合成抵抗は[A]〔Ω〕であるので，図2の端子ab間の合成抵抗は[B]〔Ω〕となる．

(3) したがって，図1の回路の端子ab間の全合成抵抗は[C]〔Ω〕となる．

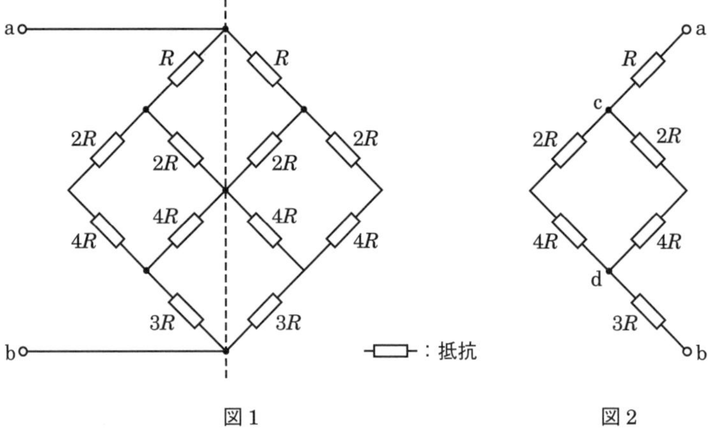

図1　　図2

	A	B	C
1	$6R$	$10R$	$5R$
2	$6R$	$7R$	$3.5R$
3	$12R$	$16R$	$8R$
4	$3R$	$10R$	$5R$
5	$3R$	$7R$	$3.5R$

解説　問題図2の端子cd間の合成抵抗を R_{cd} とすると，**図2.17**（a）より

$$R_{cd} = \frac{(2R+4R)\times(2R+4R)}{(2R+4R)+(2R+4R)} = \frac{6R\times 6R}{6R+6R} = \frac{36R^2}{12R} = \mathbf{3R}$$

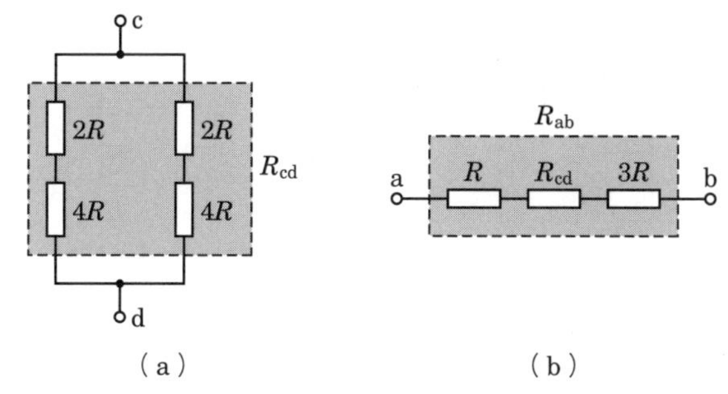

■図 2.17

問題図 2 の端子 ab 間の合成抵抗を R_{ab} とすると，図 2.17 (b) より

$$R_{ab} = R + R_{cd} + 3R = R + 3R + 3R = \mathbf{7R}$$

問題図 1 の回路の端子 ab 間の全合成抵抗を R_T とすると，問題図 2 の ab 間の合成抵抗 $R_{ab} = 7R$ が並列接続されているのと等価なので

$$R_T = \frac{7R \times 7R}{7R + 7R} = \frac{49R^2}{14R} = \frac{7R}{2} = \mathbf{3.5R}$$

答え▶▶▶5

問題 2 ★★★ ➡2.1.2

図に示す抵抗 $R = 40\,\Omega$ で作られた回路において，端子 ab 間の合成抵抗の値として，正しいものを下の番号から選べ．

1　35 Ω　　2　40 Ω　　3　55 Ω

4　70 Ω　　5　80 Ω

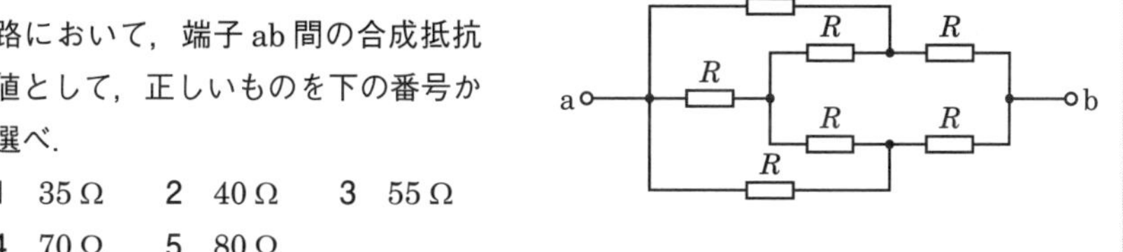

解説 問題の抵抗はすべて同じなので，問題図の ab 間に電圧を加えると，**図 2.18** (a) の c 点と d 点の電位は同じになります．したがって，c 点と d 点を短絡することができます．図 2.18 (a) の点線部分の合成抵抗をそれぞれ R_1, R_2 とすると，回路は図 2.18 (b) のようになります．

$$R_1 = R + \frac{R \times R}{R + R} = R + \frac{R}{2} = \frac{3R}{2}$$

$$R_2 = \frac{R \times R}{R + R} = \frac{R}{2}$$

となります．端子 ab 間の合成抵抗を R_{ab} とすると

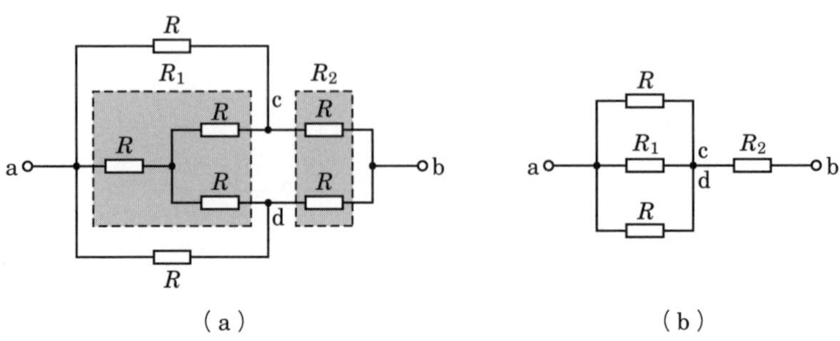

■図 2.18

$$R_{ab} = \frac{1}{\frac{1}{R}+\frac{1}{R_1}+\frac{1}{R}} + R_2 = \frac{1}{\frac{1}{R}+\frac{2}{3R}+\frac{1}{R}} + \frac{R}{2} = \frac{1}{\frac{3}{3R}+\frac{2}{3R}+\frac{3}{3R}} + \frac{R}{2}$$

$$= \frac{3R}{8} + \frac{R}{2} = \frac{7R}{8} \quad ①$$

式①に $R = 40\,\Omega$ を代入すると

$$R_{ab} = \frac{7R}{8} = \frac{7\times 40}{8} = \mathbf{35\,\Omega}$$

答え▶▶▶ 1

問題 3 ★★ ➡2.1.2

図に示す抵抗 $R = 50\,\Omega$ で作られた回路において，端子 ab 間の合成抵抗の値として，正しいものを下の番号から選べ.

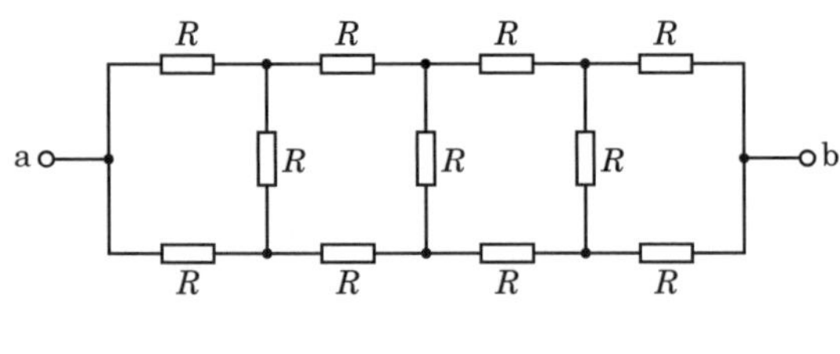

1　25 Ω　　2　50 Ω　　3　100 Ω　　4　150 Ω　　5　200 Ω

解説 **図 2.19** (a) の端子 ab 間に電圧 V〔V〕を加えると，抵抗 R〔Ω〕がすべて同じ値なので，点 A と点 B，点 C と点 D，点 E と点 F はそれぞれ同じ電位となり，縦方向にある 3 個の抵抗を取り除くことができます．よって，図 2.19 (a) は図 2.19 (b)

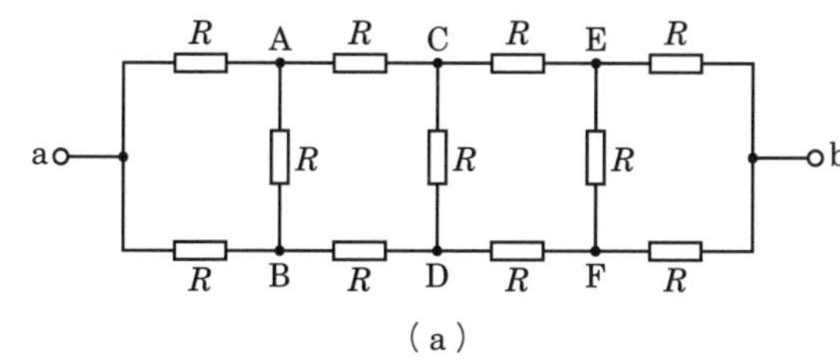

（a）

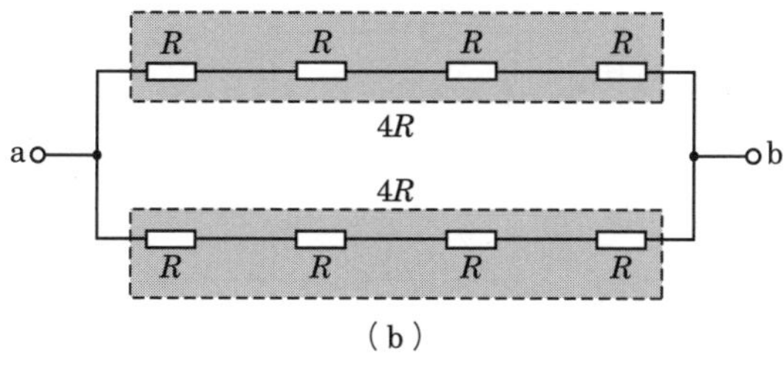

（b）

■図 2.19

のように書き換えることができます．

よって，端子 ab 間の合成抵抗 R_{ab} は

$$R_{ab} = \frac{4R \times 4R}{4R + 4R} = \frac{16R^2}{8R} = 2R = 2 \times 50 = \mathbf{100\,\Omega}$$

答え▶▶▶3

問題 4 ★★ ➡2.1.2

抵抗が図のように接続された立方体の回路において，端子 ab 間の合成抵抗の値として，正しいものを下の番号から選べ．ただし，抵抗 1 個の値を R とする．

1 $\frac{1}{6}R$

2 $\frac{1}{3}R$

3 $\frac{5}{6}R$

4 R

5 $3R$

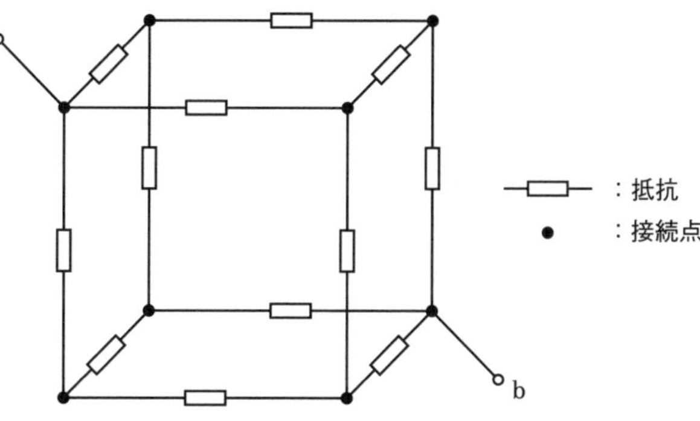

解説 **図2.20**において，端子aから電流I〔A〕を流すと，ac間の抵抗Rには$\dfrac{I}{3}$〔A〕，cd間の抵抗Rには$\dfrac{I}{6}$〔A〕，db間の抵抗Rには$\dfrac{I}{3}$〔A〕が流れます．

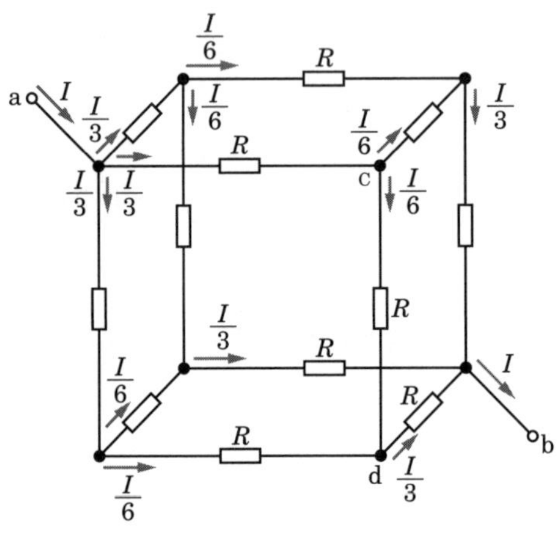

■図2.20

端子ab間の電圧V_{ab}〔V〕は，ac間の電圧V_{ac}〔V〕，cd間の電圧V_{cd}〔V〕，db間の電圧V_{bd}〔V〕の和であるので

$$V_{ab}=V_{ac}+V_{cd}+V_{db}=\frac{I}{3}R+\frac{I}{6}R+\frac{I}{3}R=\frac{2+1+2}{6}IR=\frac{5}{6}IR$$

よって，端子ab間の抵抗R_{ab}〔Ω〕は

$$R_{ab}=\frac{V_{ab}}{I}=\frac{\frac{5}{6}IR}{I}=\boldsymbol{\frac{5}{6}R}\text{〔}\boldsymbol{\Omega}\text{〕}$$

答え▶▶▶3

問題 5 ★★ ➡2.1.1 ➡2.1.2

図に示す回路において，電流 I の値として，正しいものを下の番号から選べ．

1　1 A　　2　2 A　　3　3 A

4　4 A　　5　5 A

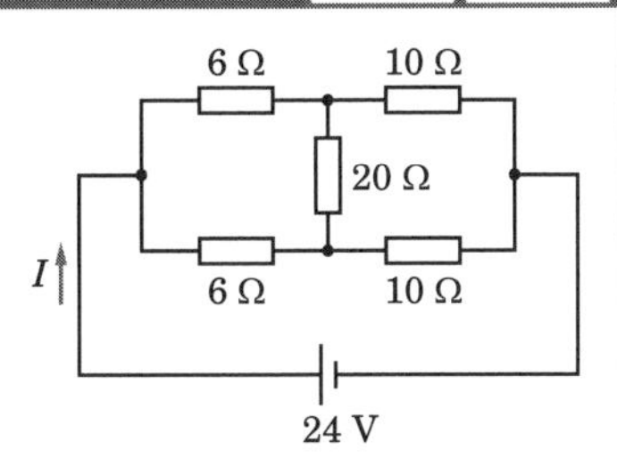

解説 ブリッジが平衡しているので，20 Ω の抵抗は無視して考えることができます．よって**図 2.21** のような回路になり，回路の合成抵抗は，回路の上側の R_1 と，下側の R_2 の並列抵抗になります．したがって，回路の合成抵抗 R_T は

$$R_T = \frac{R_1 R_2}{R_1 + R_2} = \frac{(6+10)(6+10)}{(6+10)+(6+10)}$$

$$= \frac{16 \times 16}{32} = 8\,\Omega$$

となります．よって，電流 I は

$$I = \frac{24}{R_T} = \frac{24}{8} = \mathbf{3\,A}$$

■図 2.21

ブリッジ回路の場合は，まず平衡条件を満たしているかを確認しましょう．

答え▶▶▶ 3

問題 6 ★★ ➡2.1.2

図に示す回路において，端子 ab 間の合成抵抗の値として，正しいものを下の番号から選べ．

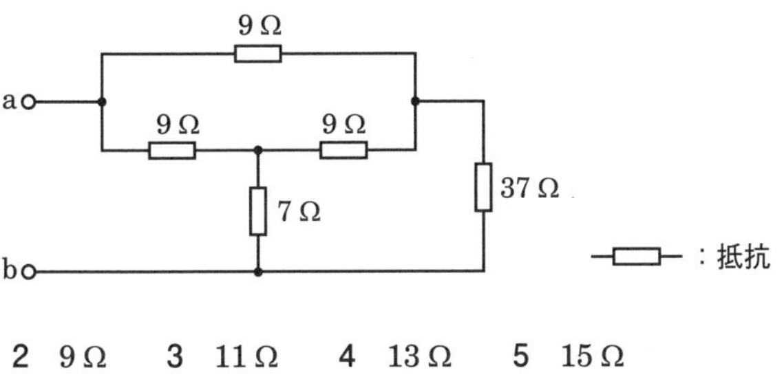

1　7 Ω　　2　9 Ω　　3　11 Ω　　4　13 Ω　　5　15 Ω

解説 問題図の回路は**図 2.22** に書き換えることができます.

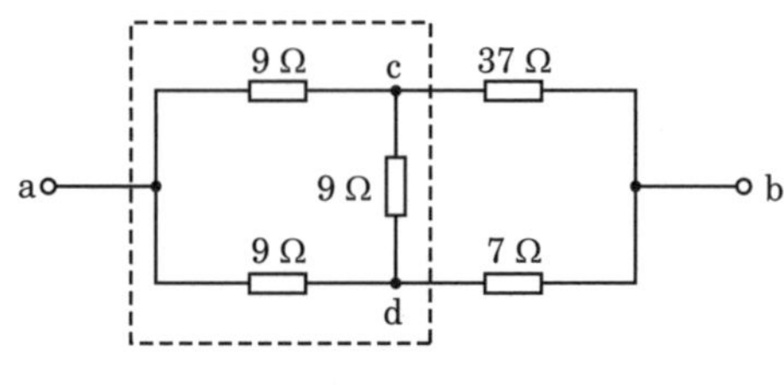

■**図 2.22**

図 2.22 はブリッジ回路ですが，問題5の回路のように平衡条件を満たしていません. そこで，点線の部分（9 Ω の抵抗 3 本が△形になっている箇所）を△→Y 変換（本問最後の関連知識参照）を用い，**図 2.23** (a) の△形から図 2.23 (b) の Y 形に変換します.

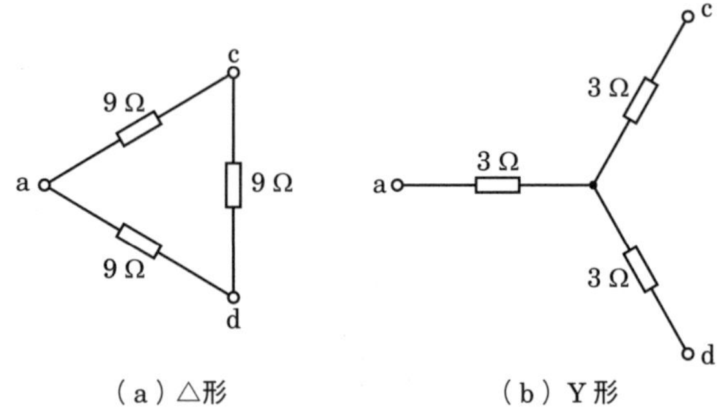

（a）△形　　（b）Y 形

■**図 2.23**

したがって，図 2.22 の点線部分を図 2.23 (b) に置き換えた回路は**図 2.24** になります.

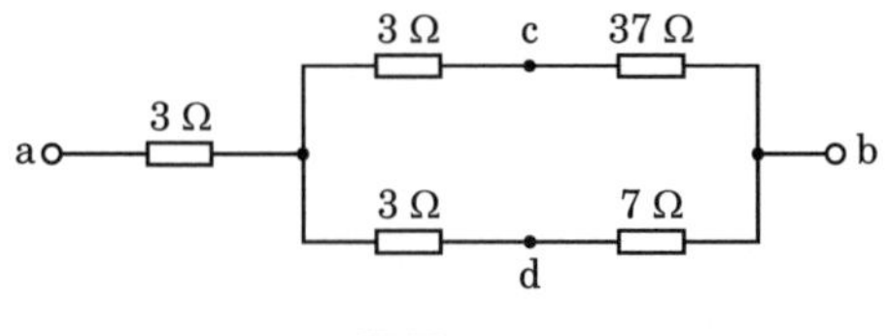

■**図 2.24**

図 2.24 より，端子 ab 間の合成抵抗 R_{ab}〔Ω〕は

$$R_{ab} = 3 + \frac{(3+37)\times(3+7)}{(3+37)+(3+7)} = 3 + \frac{40\times 10}{40+10} = 3 + \frac{400}{50} = 3 + 8 = \mathbf{11\ \Omega}$$

答え▶▶▶ 3

関連知識 △→Y変換

図 2.25 (a) の△結線は図 2.25 (b) の Y 結線に変換することができます.

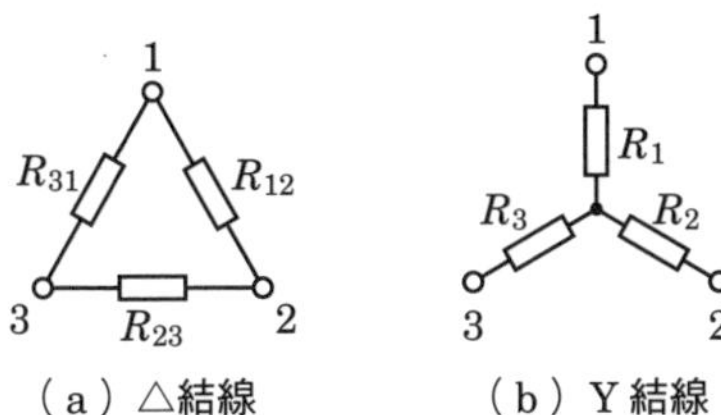

(a) △結線　　(b) Y 結線

■図 2.25

このとき, 図 2.25 (a) の抵抗 R_{12}, R_{23}, R_{31} を用いると, 図 2.25 (b) の抵抗 R_1, R_2, R_3 は次式となります.

$$R_1 = \frac{R_{12}R_{31}}{R_{12}+R_{23}+R_{31}},\quad R_2 = \frac{R_{12}R_{23}}{R_{12}+R_{23}+R_{31}},\quad R_3 = \frac{R_{23}R_{31}}{R_{12}+R_{23}+R_{31}}$$

問題6の場合, $R_{12} = R_{23} = R_{31} = 9\ \Omega$ なので

$$R_1 = \frac{R_{12}R_{31}}{R_{12}+R_{23}+R_{31}} = \frac{9\times 9}{9+9+9} = \frac{9\times 9}{9\times 3} = 3\ \Omega$$

$$R_2 = \frac{R_{12}R_{23}}{R_{12}+R_{23}+R_{31}} = \frac{9\times 9}{9+9+9} = \frac{9\times 9}{9\times 3} = 3\ \Omega$$

$$R_3 = \frac{R_{23}R_{31}}{R_{12}+R_{23}+R_{31}} = \frac{9\times 9}{9+9+9} = \frac{9\times 9}{9\times 3} = 3\ \Omega$$

問題 7 ★★　➡2.1.3 ➡2.1.5

図に示す直流回路において, 直流電流 I_1 の値が 3 mA のとき, 直流電圧 V_3 の値として, 正しいものを下の番号から選べ.

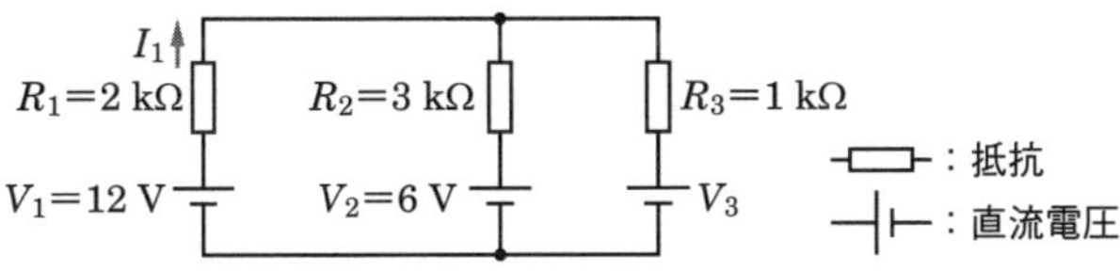

1　2 V　　2　3 V　　3　4 V　　4　6 V　　5　8 V

解説 図 2.26 に示すように, 電流 I_1 と電流 I_2 が右回りに流れていると仮定すると, 次式が成立します.

$$V_1 - V_2 = R_1 I_1 + R_2 (I_1 - I_2) \quad ①$$

$$V_2 - V_3 = R_3 I_2 + R_2 (I_2 - I_1) \quad ②$$

式①に与えられた数値を代入して整理すると

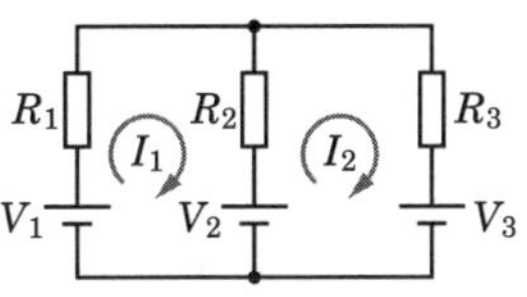

■図 2.26

$$6 = 15 - 3 \times 10^3 I_2 \qquad ③$$

となり，式③より

$$I_2 = 3 \times 10^{-3}\,\mathrm{A} \qquad ④$$

（式④より，$I_1 = I_2$ であることがわかります）

となります．式②に与えられた数値を代入して整理すると

$$6 - V_3 = 1 \times 10^3 I_2 + 3 \times 10^3 (I_2 - I_1) = 1 \times 10^3 \times 3 \times 10^{-3} = 3 \qquad ⑤$$

となり，式⑤より

$V_3 =$ **3 V**

答え▶▶▶2

別解 **図 2.27** に示すように ab 間の電圧を V_{ab} とすると

$$V_{ab} = V_1 - I_1 R_1$$
$$= 12 - 3 \times 10^{-3} \times 2 \times 10^3$$
$$= 12 - 6 = 6\,\mathrm{V} \qquad ⑥$$

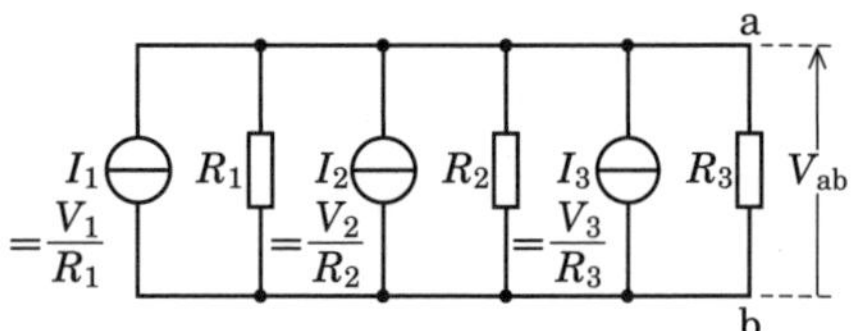

■図 2.27

ミルマンの定理を使用すると次式が成立します．

$$V_{ab} = \frac{\dfrac{V_1}{R_1} + \dfrac{V_2}{R_2} + \dfrac{V_3}{R_3}}{\dfrac{1}{R_1} + \dfrac{1}{R_2} + \dfrac{1}{R_3}} \qquad ⑦$$

式⑦の分母を計算すると次のようになります．

$$\frac{1}{2 \times 10^3} + \frac{1}{3 \times 10^3} + \frac{1}{1 \times 10^3} = \frac{3 + 2 + 6}{6 \times 10^3} = \frac{11}{6 \times 10^3} \qquad ⑧$$

式⑦の分子を計算すると次のようになります．

$$\frac{12}{2 \times 10^3} + \frac{6}{3 \times 10^3} + \frac{V_3}{1 \times 10^3} = \frac{12 \times 3 + 6 \times 2 + 6V_3}{6 \times 10^3} = \frac{48 + 6V_3}{6 \times 10^3} \qquad ⑨$$

式⑥，式⑧，式⑨を式⑦に代入すると

$$6 = \frac{\dfrac{48 + 6V_3}{6 \times 10^3}}{\dfrac{11}{6 \times 10^3}} = \frac{48 + 6V_3}{11} \qquad ⑩$$

式⑩より

$66 = 48 + 6V_3$　よって　$V_3 =$ **3 V**

R_1 ～ R_3 を流れる電流を求める場合は，キルヒホッフの法則を使って連立方程式を解きますが，抵抗 R_3 に流れる電流だけを求める場合や本問の場合はミルマンの定理を使えば，連立方程式を解かなくてもよいので便利です．

2章

問題 8 ★★★ ➡2.1.3 ➡2.1.5

図に示す直流回路において，抵抗 R_3〔Ω〕に流れる電流〔A〕の値として，正しいものを下の番号から選べ．

$R_1 = 8\ \Omega$　$R_2 = 12\ \Omega$　$R_3 = 32\ \Omega$

$V_1 = 12$ V　$V_2 = 16$ V　$V_3 = 10$ V

R_1, R_2, R_3：抵抗
V_1, V_2, V_3：直流電圧

1　0.25 A　　2　0.50 A　　3　1.00 A　　4　1.25 A　　5　1.50 A

解説 **図 2.28** の ab 間の電圧を V_{ab} とすると，ミルマンの定理により次式が成立します．

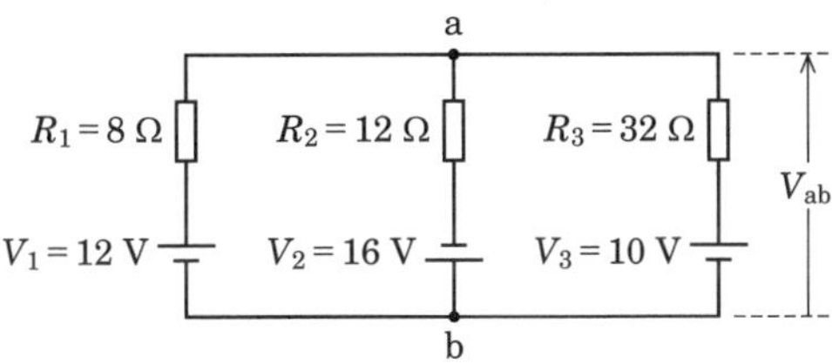

■図 2.28

$$V_{ab} = \frac{\dfrac{V_1}{R_1} - \dfrac{V_2}{R_2} + \dfrac{V_3}{R_3}}{\dfrac{1}{R_1} + \dfrac{1}{R_2} + \dfrac{1}{R_3}} \quad ①$$

式①に数値を代入すると

$$V_{ab} = \frac{\dfrac{12}{8} - \dfrac{16}{12} + \dfrac{10}{32}}{\dfrac{1}{8} + \dfrac{1}{12} + \dfrac{1}{32}} = \frac{\dfrac{144 - 128 + 30}{96}}{\dfrac{12 + 8 + 3}{96}} = \frac{\dfrac{46}{96}}{\dfrac{23}{96}} = \frac{46}{23} = 2\ \text{V} \quad ②$$

R_3 の両端の電圧 $V_{R3} = V_3 - V_{ab} = 10 - 2 = 8$ V となるので，抵抗 R_3 に流れる電流 I は

$$I = \frac{V_{R3}}{R_3} = \frac{8}{32} = \mathbf{0.25\ A}$$

別解 **図 2.29** のように電流 I_1，電流 I_2 が右回りに流れていると仮定します．すると，I_1 ループでは次式が成り立ちます．

$$V_1 + V_2 = R_1 I_1 + R_2 (I_1 - I_2) \quad ③$$

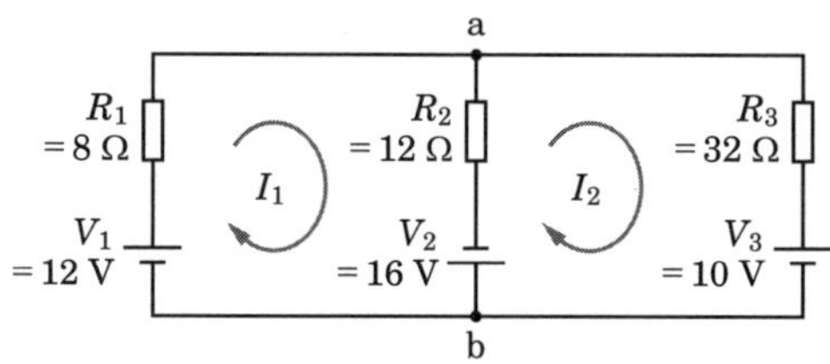

図 2.29

式③に与えられた数値を代入して整理すると

$$28 = 20I_1 - 12I_2 \quad ④$$

同様に，I_2 ループでは次式が成り立ちます．

$$-V_2 - V_3 = R_3 I_2 + R_2 (I_2 - I_1)$$

与えられた数値を代入して整理すると

$$-26 = -12I_1 + 44I_2 \quad ⑤$$

式④より

$$I_1 = \frac{28 + 12I_2}{20} = \frac{7 + 3I_2}{5} \quad ⑥$$

式⑥を式⑤に代入すると

$$-26 = -12 \times \frac{7 + 3I_2}{5} + 44I_2 \quad ⑦$$

式⑦の両辺に 5 を掛けると

$$-130 = -84 - 36I_2 + 220I_2 \quad ⑧$$

式⑧を整理すると

$$184I_2 = -46 \quad \therefore I_2 = -\frac{46}{184} = -0.25\ \text{A}$$

マイナスの電流は最初決めた右回りの電流とは逆方向に流れることを意味しています．

よって，抵抗 R_3 に流れる電流は，下から上方向に **0.25 A** が流れます．

答え ▶▶▶ 1

問題 9 ★★ ➡2.1.4

図に示す回路において，スイッチSをa, b, cの順に切り換えたところ，直流電流計は，それぞれ，4 mA，1 mA及び0.8 mAを指示した．このときの抵抗 R_x の値として，正しいものを下の番号から選べ．ただし，直流電流計の内部抵抗は0とする．

1　10 kΩ　2　8 kΩ　3　6 kΩ
4　4 kΩ　5　2 kΩ

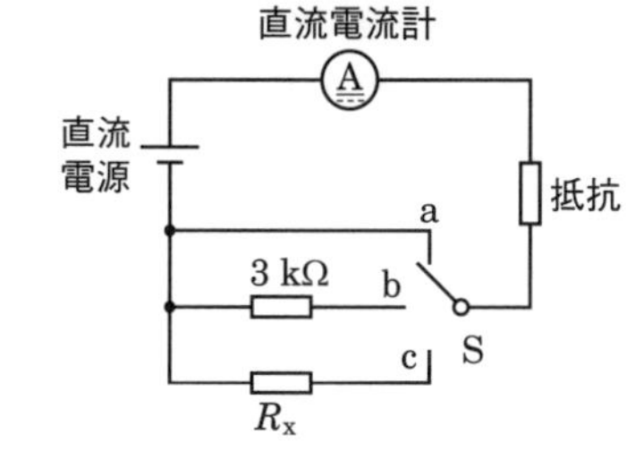

解説 直流電源の電圧を E〔V〕，抵抗を R〔Ω〕とします．

スイッチSがaに接続されているときは，**図2.30**（a）のようになり，電流計の内部抵抗が0なので，次式が成立します．

$$E = I_a R = 4 \times 10^{-3} \times R \quad ①$$

スイッチSがbに接続されているとき（図2.30（b））は

$$E = I_b R_b = 1 \times 10^{-3} \times (R + 3 \times 10^3) \quad ②$$

となります．スイッチSがcに接続されているとき（図2.30（c））は

$$E = I_c R_c = 0.8 \times 10^{-3} \times (R + R_x) \quad ③$$

式①＝式②を計算すると，抵抗 R が求まります．

$$4 \times 10^{-3} \times R = 1 \times 10^{-3} \times (R + 3 \times 10^3)$$

整理すると，$4R = R + 3 \times 10^3$ となります．よって

$$R = \frac{3 \times 10^3}{3} = 1 \times 10^3\ \Omega = 1\ \mathrm{k\Omega} \quad ④$$

式④を式①に代入すれば，直流電源電圧 E の値が求まります．

$$E = 4 \times 10^{-3} \times R = 4 \times 10^{-3} \times 1 \times 10^3 = 4\ \mathrm{V} \quad ⑤$$

R の値（式④）と直流電源電圧 E の値（式⑤）を式③に代入すれば，R_x を計算できます．

$$4 = 0.8 \times 10^{-3} (1 \times 10^3 + R_x)$$

より

$$R_x = \frac{4 - 0.8}{0.8 \times 10^{-3}} = \frac{3.2}{0.8} \times 10^3 = 4 \times 10^3\ \Omega = \mathbf{4\ k\Omega}$$

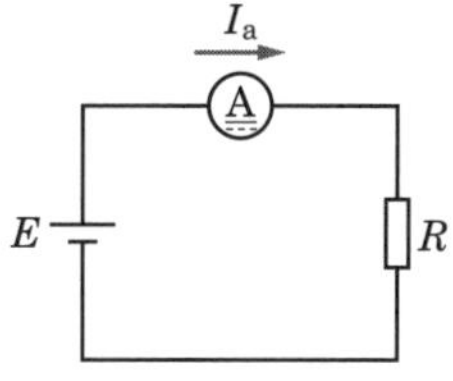

（a）スイッチをaに

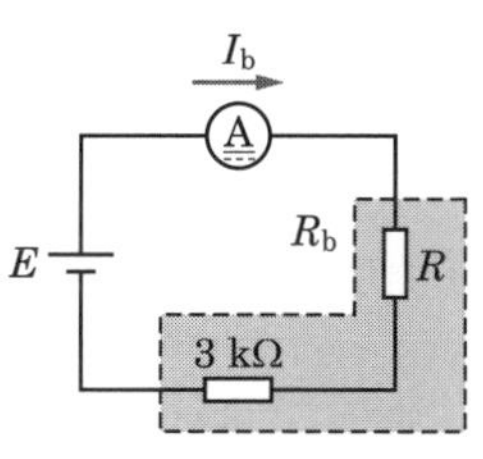

（b）スイッチをbに

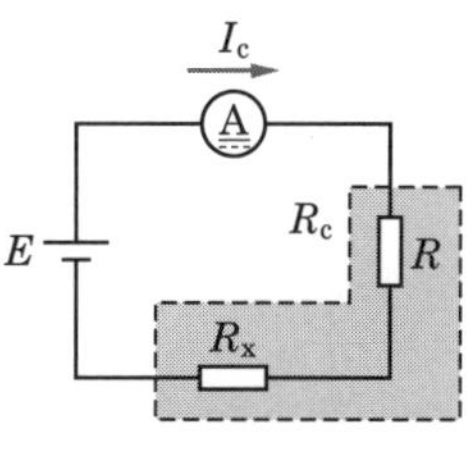

（c）スイッチをcに

■図2.30

答え▶▶▶4

問題 10 ★★ ➡2.1.4

図に示す回路において，静電容量が $3\,\mu$F のコンデンサに蓄えられた電荷が $6\,\mu$C であるとき，抵抗 R の値として，正しいものを下の番号から選べ．ただし，回路は定常状態にあるものとする．

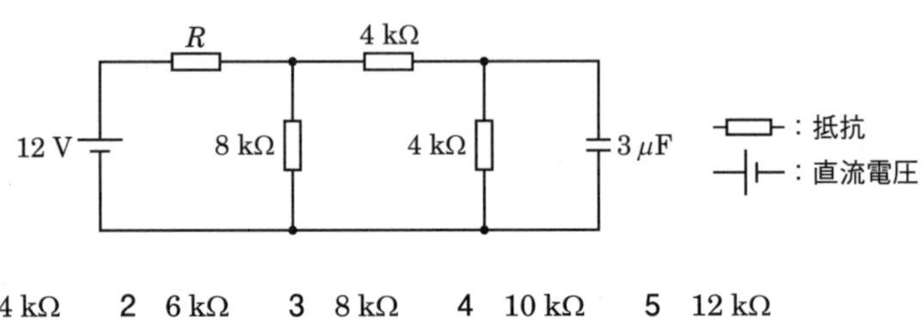

1　4 kΩ　　2　6 kΩ　　3　8 kΩ　　4　10 kΩ　　5　12 kΩ

解説 **図 2.31** (a) のように，コンデンサの両端の電圧を V_C とすると，静電容量 C は $3\,\mu$F，コンデンサに蓄えられた電荷 Q が $6\,\mu$C なので

$$V_C = \frac{Q}{C} = \frac{6 \times 10^{-6}}{3 \times 10^{-6}} = 2\ \mathrm{V} \qquad ①$$

となります．コンデンサに並列接続された 4 kΩ に流れる電流を I_1 とすると

$$I_1 = \frac{2}{4 \times 10^3} = 0.5 \times 10^{-3}\ \mathrm{A} \qquad ②$$

定常状態ではコンデンサには電流は流れないので，もう 1 つの 4 kΩ にも電流 I_1 が流れます．よって，図 2.31 (b) より，8 kΩ の抵抗 R_1 の両端の電圧 V_1 は

$$V_1 = I_1 R_1 = 0.5 \times 10^{-3} \times 8 \times 10^3 = 4\ \mathrm{V} \qquad ③$$

よって，8 kΩ に流れる電流 I_2 は

$$I_2 = \frac{V_1}{8 \times 10^3} = \frac{4}{8 \times 10^3} = 0.5 \times 10^{-3}\ \mathrm{A} \qquad ④$$

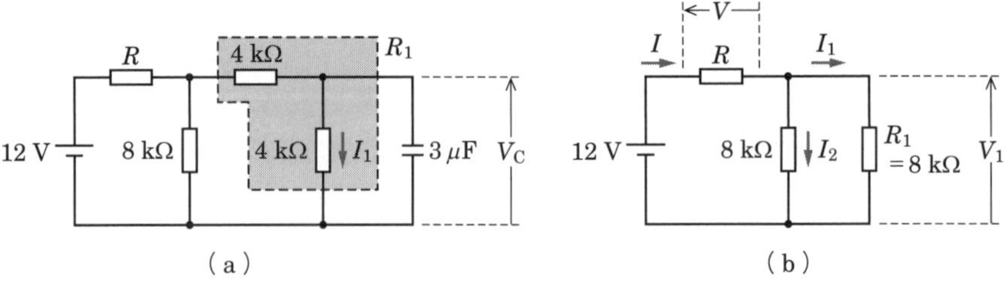

■図 2.31

抵抗 R に流れる電流を I とすると

$$I = I_1 + I_2 = 0.5 \times 10^{-3} + 0.5 \times 10^{-3} = 1 \times 10^{-3}\,\mathrm{A} \qquad ⑤$$

抵抗 R の両端の電圧を V とすると，式③の値を使用して

$$V = 12 - V_1 = 12 - 4 = 8\,\mathrm{V}$$

よって

$$R = \frac{V}{I} = \frac{8}{1 \times 10^{-3}} = 8 \times 10^3\,\Omega = \mathbf{8\,k\Omega}$$

答え▶▶▶3

問題 11 ★★ ➡2.1.8

図に示すT形抵抗減衰器の減衰量 L の大きさの値として，最も近いものを下の番号から選べ．ただし，減衰量 L は，減衰器の入力電力を P_1，出力電力を P_2 とすると，次式で表されるものとする．また，$\log_{10} 2 \fallingdotseq 0.3$ とする．

$$L = 10 \log_{10} \frac{P_1}{P_2} \text{〔dB〕}$$

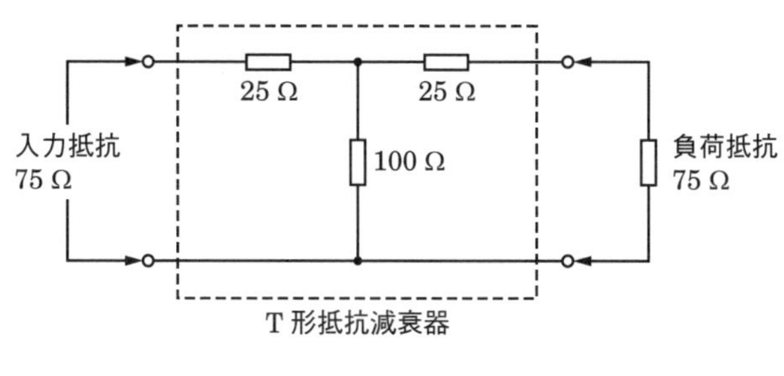

1　15 dB　　2　12 dB　　3　9 dB　　4　6 dB　　5　3 dB

解説 **図 2.32** の入力側の端子 ab 間に電圧 V_1〔V〕を接続したとします．右を見た入力抵抗が 75 Ω であるので，左側の 25 Ω の抵抗に流れる電流を I〔A〕とすると

$$I = \frac{V_1}{75} \qquad ①$$

負荷抵抗に流れる電流 I'〔A〕は I〔A〕の半分なので

$$I' = \frac{I}{2} = \frac{1}{2} \times \frac{V_1}{75} = \frac{V_1}{150} \qquad ②$$

負荷抵抗の両端の電圧を V_2〔V〕とすると

$$V_2 = I' \times 75 = \frac{V_1}{150} \times 75 = \frac{V_1}{2} \qquad ③$$

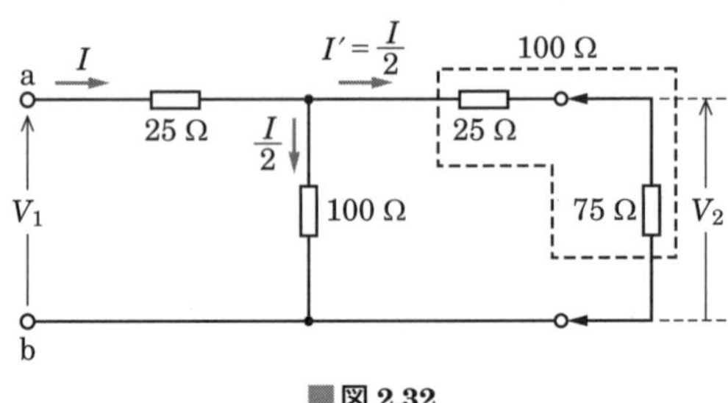

■図 2.32

入力抵抗と負荷抵抗が等しい（75 Ω）ので，それぞれを R〔Ω〕とすると，減衰量 L は

$$L = 10\log_{10}\frac{P_1}{P_2} = 10\log_{10}\frac{\dfrac{{V_1}^2}{R}}{\dfrac{{V_2}^2}{R}} = 10\log_{10}\left(\frac{V_1}{V_2}\right)^2 = 20\log_{10}\frac{V_1}{V_2} \qquad ④$$

式③を式④に代入すると

入力抵抗と負荷抵抗がともに R なので，$P_1 = {V_1}^2/R$，$P_2 = {V_2}^2/R$ となります．

$$L = 20\log_{10}\frac{V_1}{V_2} = 20\log_{10}\frac{V_1}{\dfrac{V_1}{2}}$$

$$= 20\log_{10}2 = 20\times 0.3 = \mathbf{6\ dB}$$

答え▶▶▶4

問題 12 ★★　➡2.1.8

図に示す π 形抵抗減衰器（アッテネータ）の減衰量 L の値として，最も近いものを下の番号から選べ．ただし，減衰量 L は，減衰器の入力電力を P_1，出力電力を P_2 とすると，次式で表されるものとする．また，$\log_{10}2 \fallingdotseq 0.3$ とする．

$$L = 10\log_{10}\frac{P_1}{P_2}\ \text{〔dB〕}$$

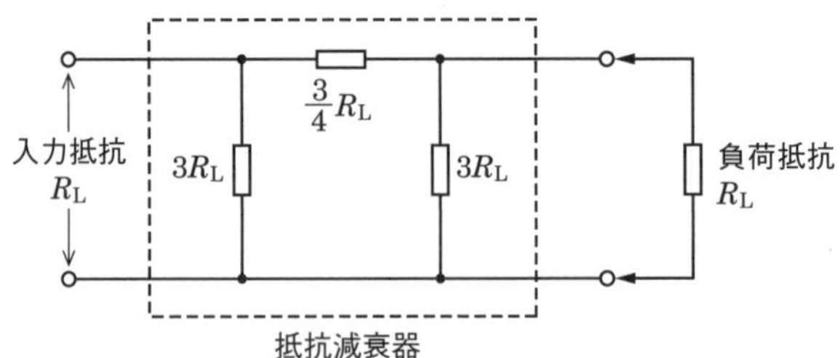

1　6 dB　　2　9 dB　　3　12 dB　　4　16 dB　　5　20 dB

解説 **図 2.33** の入力側の電圧を V_1，負荷抵抗の両端の電圧を V_2 とします．点線と実線で囲った部分の合成抵抗をそれぞれ R_A，R とすると

$$R=\frac{3R_L}{4}+R_A=\frac{3R_L}{4}+\frac{3R_L\times R_L}{3R_L+R_L}=\frac{3R_L}{4}+\frac{3R_L{}^2}{4R_L}=\frac{3R_L}{4}+\frac{3R_L}{4}=\frac{3R_L}{2} \quad ①$$

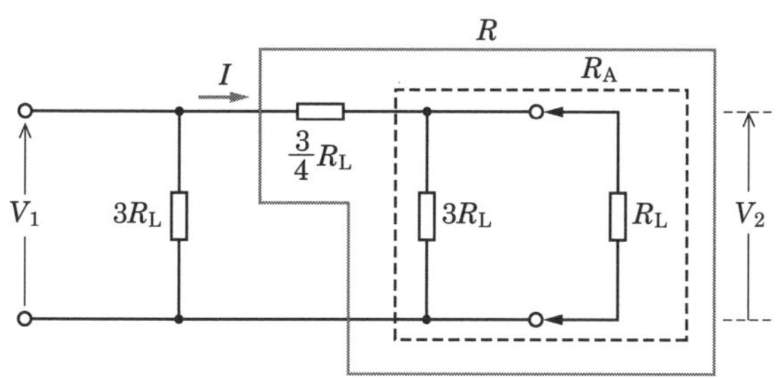

■図 2.33

$3R_L/4$ の抵抗に流れる電流を I とすると

$$I=\frac{V_1}{R}=\frac{V_1}{\frac{3R_L}{2}}=\frac{2V_1}{3R_L} \quad ②$$

$R_A=3R_L/4$ より，R は $3R_L/4$ 2つの直列接続になるので，R_A の電圧 V_2 は電圧 V_1 の半分（$V_2=V_1/2$）になります．このように，式②の計算をしないで式④を求めることもできます．

したがって，V_2 は $3R_L$ と R_L の並列抵抗が $3R_L/4$ なので，次のように求めることができます．

$$V_2=I\times\frac{3R_L}{4}=\frac{2V_1}{3R_L}\times\frac{3R_L}{4}=\frac{V_1}{2} \quad ③$$

式③より

$$\frac{V_1}{V_2}=2 \quad ④$$

式④を問題で与えられた式に代入すると

$$L=10\log_{10}\frac{P_1}{P_2}=10\log_{10}\frac{\frac{V_1{}^2}{R_L}}{\frac{V_2{}^2}{R_L}}=10\log_{10}\frac{V_1{}^2}{V_2{}^2}=10\log_{10}\left(\frac{V_1}{V_2}\right)^2$$

$$=20\log_{10}\frac{V_1}{V_2}=20\log_{10}2=20\times0.3$$

$$=\mathbf{6\ dB}$$

答え▶▶▶ 1

入力抵抗と負荷抵抗がともに R_L なので，$P_1=V_1{}^2/R_L$，$P_2=V_2{}^2/R_L$ となります．

2.2 交流回路

2.2.1　正弦波交流電圧

交流回路の電源には，通常，正弦波交流電圧が使用されます．正弦波交流電圧は次の数式で表すことができます．

$$v(t) = V_{\mathrm{m}} \sin(\omega t + \phi) = V_{\mathrm{m}} \sin(2\pi f t + \phi) \tag{2.7}$$

ただし，$v(t)$: 時間的に変化する交流のある時刻 t における瞬時値〔V〕

V_{m}：最大値〔V〕

ω：角周波数〔rad/s〕

f：周波数〔Hz〕（$\omega = 2\pi f$），周期 T〔s〕との関係は，$T = 1/f$

ϕ：位相角〔rad〕

交流電源として使用する正弦波交流電圧は特に断りのない限り，$\phi = 0$ としたほうが計算しやすいので，次の式(2.8)を使用します．式(2.8)を図示すると**図 2.34** になります．

$$v(t) = V_{\mathrm{m}} \sin \omega t = V_{\mathrm{m}} \sin 2\pi f t \tag{2.8}$$

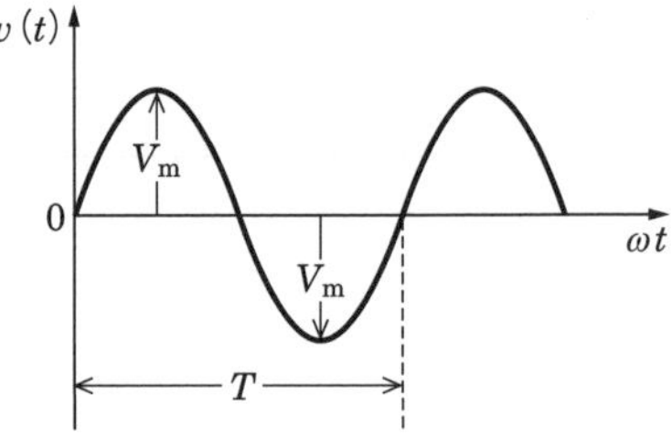

■図 2.34　正弦波交流電圧

交流電圧・電流は時間とともに変化するので，平均値や実効値が定義されています．平均値 V_{a}〔V〕は，瞬時値を 1 周期（2π）にわたって平均した値ですが，正弦波の平均値を定義で求めるとゼロになるため，半周期（π）についての平均を求めます．その値は，次のようになります．

$$V_{\mathrm{a}} = \frac{2V_{\mathrm{m}}}{\pi} \tag{2.9}$$

実効値 V_{e}〔V〕は，交流の大きさを，それに等しい仕事をする直流の大きさに置き換えて表したもので，「瞬時値の 2 乗の平均値の平方根」で求めます．その値は，次のようになります．

$$V_{\mathrm{e}} = \frac{V_{\mathrm{m}}}{\sqrt{2}} \tag{2.10}$$

関連知識 正弦波交流の平均値と実効値

筆者は一アマの講習会の講師を数十回経験していますが，しばしば，「式(2.9) や式(2.10) がどうしてそのような値になるのか」，「忘れてしまっているが高校で習った積分を使用して，式(2.9) や式(2.10) を導いてみたい」という質問や意見をいただきます．参考に平均値と実効値の求め方を示します．

(1) 平均値

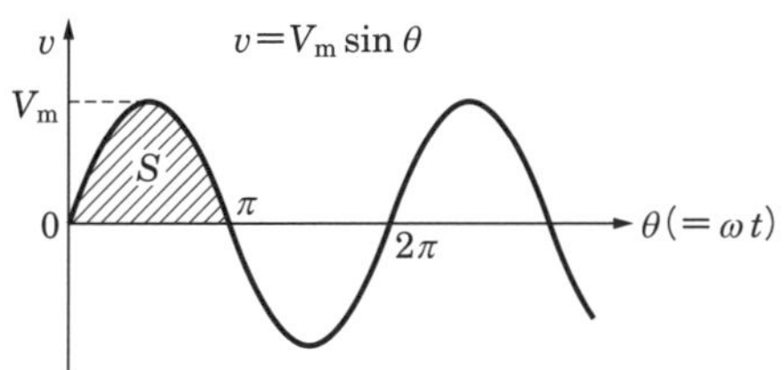

■図 2.35 正弦波交流

交流電圧を $V_m \sin \omega t$ で計算すると複雑になりますので，$V_m \sin \theta$ ($\theta = \omega t$) で計算します．**図 2.35** の斜線部分の面積を S とすると

$$S = \int_0^\pi V_m \sin \theta d\theta = V_m [-\cos \theta]_0^\pi = V_m \{-\cos \pi - (-\cos 0)\} = V_m \{1 - (-1)\} = 2V_m \tag{2.11}$$

よって，平均値 V_a は

$$V_a = \frac{2V_m}{\pi} \tag{2.12}$$

(2) 実効値

実効値 V_e は瞬時値 ($V_m \sin \theta$) の 2 乗の平均値の平方根なので

$$V_e = \sqrt{\frac{1}{\pi}\int_0^\pi {V_m}^2 \sin^2 \theta d\theta} = \sqrt{\frac{{V_m}^2}{\pi}\int_0^\pi \frac{1-\cos 2\theta}{2} d\theta} = \sqrt{\frac{{V_m}^2}{2\pi}\left[\theta - \frac{\sin 2\theta}{2}\right]_0^\pi}$$
$$= \sqrt{\frac{{V_m}^2}{2\pi} \times \pi} = \frac{V_m}{\sqrt{2}} \tag{2.13}$$

2.2.2 *RL* 交流回路

抵抗に交流電圧を加えたとき，電圧と電流間には位相差はありませんが，コイルに交流電圧を加えたときは，**電圧が電流に比べ位相が 90 度進みます**．コンデンサの場合は**電圧が電流に比べ位相が 90 度遅れます**．**図 2.36** に示すような，抵抗 R〔Ω〕，コイルのリアクタンス $X_L = \omega L$〔Ω〕が直列に接続された RL 回路に交流電圧 V〔V〕を加える回路を考えます．

回路を流れる電流を I〔A〕，抵抗の両端の電圧を V_R〔V〕，コイルの両端の電圧を V_L〔V〕とすると，直列回路は回路を流れる電流 I はどこでも同じになり，

V_R は I と同位相，V_L は I より位相が 90 度進むことになります．電流 I を基準として横軸に描き，V_R は同位相なので同じ方向，V_L は I より位相が 90 度進んでいるので反時計方向に 90 度回転した方向に描くと，**図 2.37** のようになります．

図 2.37 より，$V_R{}^2 + V_L{}^2 = V^2$ が成立することがわかります．$V_R = RI$，$V_L = X_L I = \omega LI$ なので，$(RI)^2 + (X_L I)^2 = V^2$ となります．$(R^2 + X_L{}^2) I^2 = V^2$ なので，電流は

$$I = \frac{V}{\sqrt{R^2 + X_L{}^2}} \tag{2.14}$$

となります．すなわち，回路のインピーダンス Z〔Ω〕の大きさは，$Z = \sqrt{R^2 + X_L{}^2}$ となります．

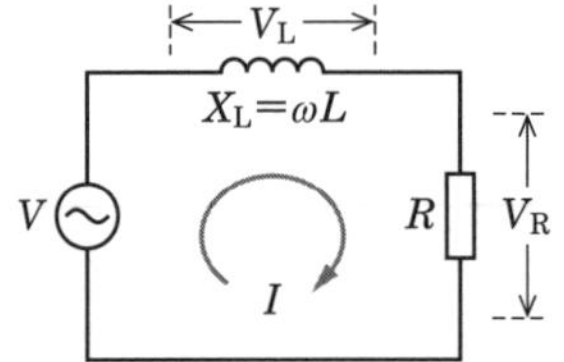

■図 2.36　*RL* 回路

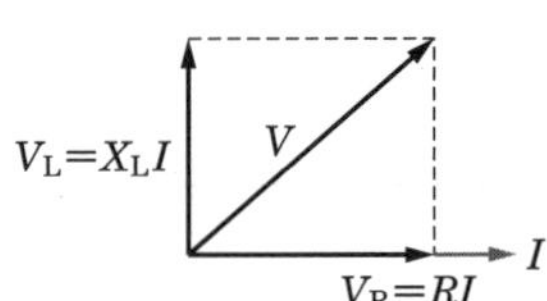

■図 2.37　V_R，V_L と I の位相関係

コイルにかかる電圧は電流より位相が 90 度進んでいます．コンデンサにかかる電圧は電流より位相が 90 度遅れています．

関連知識　コイルに流れる電流

図 2.38 に示す *RL* 直列回路のスイッチ S を ON にして電圧 E を加えたとき，流れる電流を考えます．スイッチを ON にした瞬間，レンツの法則によりコイルの両端には**図 2.39**（a）に示す逆起電力が発生し，電流は図 2.39（b）に示すようにすぐには流れず，コイルの逆起電力が 0 になったときに定常電流が流れるようになります．

図 2.40 はコイルに正弦波交流電圧（実線）を加えたとき，電流（点線）が流れるようすを示したものです．電流は電圧に比べ，位相が 90 度遅れます．

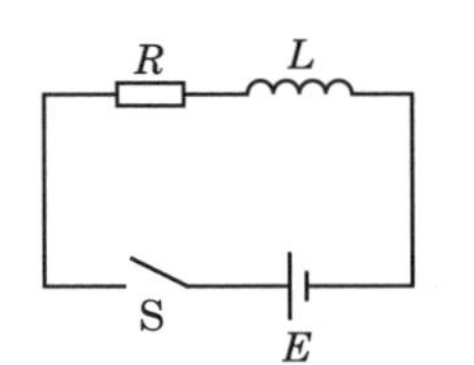

■図 2.38　*RL* 直列回路

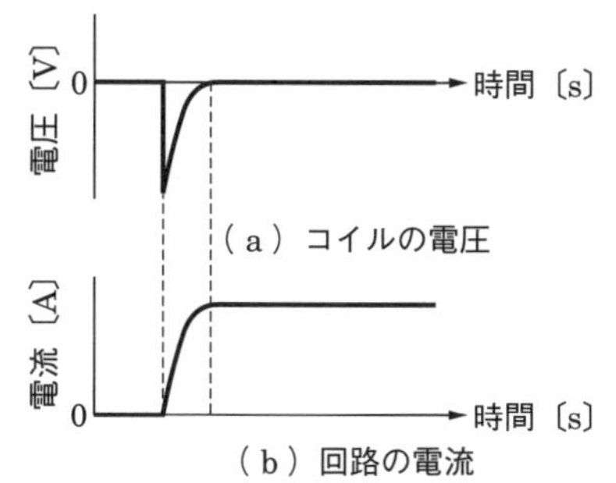

■図 2.39 *RL* 直列回路を流れる電流

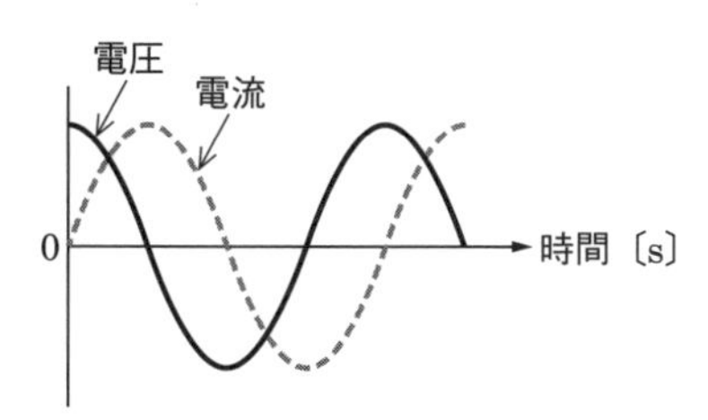

■図 2.40 コイルにかかる電圧と流れる電流の関係

関連知識 コンデンサに流れる電流

図 2.41 に示す *RC* 直列回路のスイッチ S を ON にして電圧 *E* を加えたときに，流れる電流を考えます．スイッチを ON にした瞬間，電流は**図 2.42** に示すように瞬間的に電流が流れ，その後は流れなくなります．

図 2.43 はコンデンサに正弦波交流電圧（実線）を加えたとき，電流（点線）が流れるようすを示したものです．電流は電圧に比べ，位相が 90 度進みます．

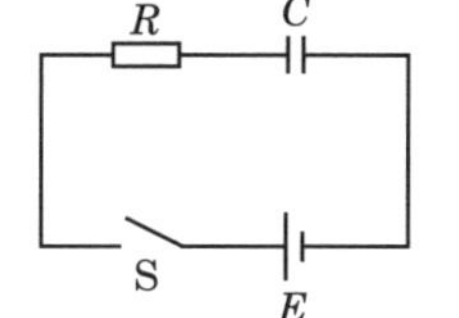

■図 2.41 *RC* 直列回路

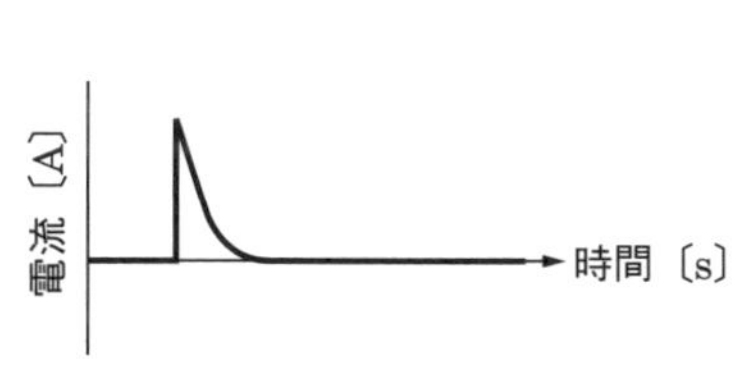

■図 2.42 コンデンサに流れる電流

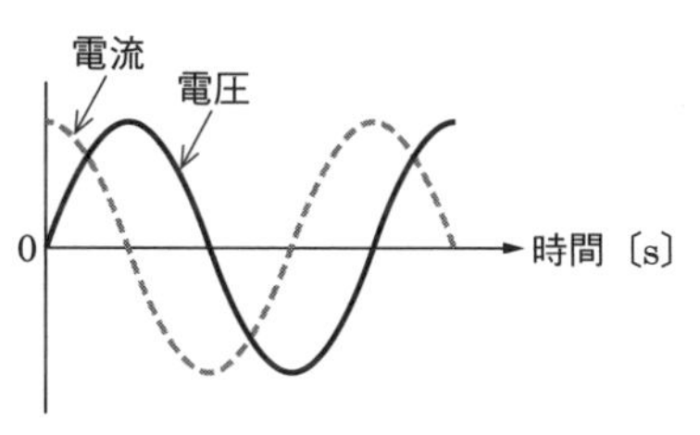

■図 2.43 コンデンサにかかる電圧と流れる電流の関係

2.2.3 皮相電力，有効電力，無効電力と力率

図 2.44 の回路の電力を考えます．

図 2.44 において，回路に加えた電圧 V〔V〕と回路を流れる電流 I の積 $P_a = VI$ を**皮相電力**（apparent power）といいます．単位は**〔VA〕**（ボルトアンペア）です．$P_e = VI\cos\theta$ を**有効電力**（effective power）といいます．単位は**〔W〕**（ワット）です．有効電力は消費電力（抵抗のみで消費する電力）のことです．

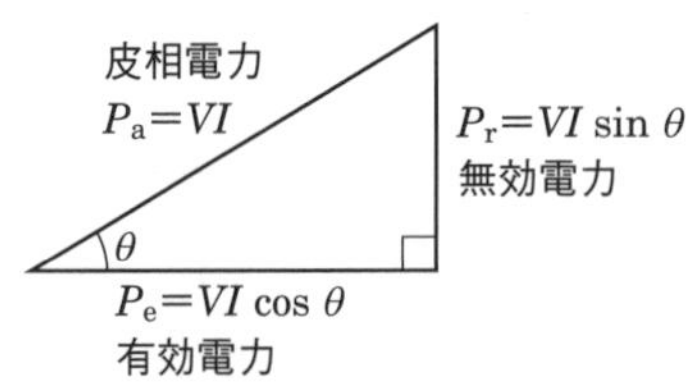

■図 2.44　交流の電力

$P_r = VI\sin\theta$ を**無効電力**（reactive power）といいます．単位は**〔var〕**（バール）です．有効電力 P_e と皮相電力 P_a の比 P_e/P_a を**力率**（power factor）といいます．力率を〔%〕で表すと，$P_e/P_a \times 100$〔%〕となります．

問題 13 ★★★　➡2.2.1

図に示す正弦波交流において，電圧の最大値 V_m が 63 V のとき，平均値（正の半周期の平均）V_a，実効値 V_e 及び繰返し周波数 f の値の組合せとして，最も近いものを下の番号から選べ．ただし，$\sqrt{2} = 1.4$ とする．

	V_a	V_e	f
1	40 V	45 V	200 Hz
2	40 V	45 V	150 Hz
3	40 V	48 V	200 Hz
4	45 V	48 V	150 Hz
5	45 V	50 V	200 Hz

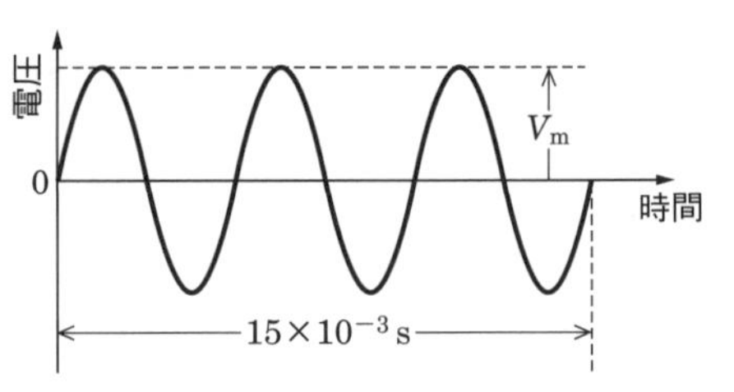

解説　式（2.9）と式（2.10）より，平均値 V_a と実効値 V_e を求めると

$$V_a = \frac{2V_m}{\pi} = \frac{126}{3.14} \fallingdotseq \mathbf{40\ V}$$

$$V_e = \frac{V_m}{\sqrt{2}} = \frac{63}{1.4} = \mathbf{45\ V}$$

問題の波形は 3 周期分（15×10^{-3} s）なので，1 周期は $T = 5 \times 10^{-3}$ s となります．よって周波数 f は

$$f = \frac{1}{T} = \frac{1}{5 \times 10^{-3}} = \frac{10^3}{5} = \mathbf{200\ Hz}$$

答え ▶▶▶ 1

問題 14 ★ ➡2.2.2

図に示す RL 直列回路において，抵抗 R で消費する電力の値として，最も近いものを下の番号から選べ．ただし，コイル L のリアクタンス X_L は 20 Ω とする．

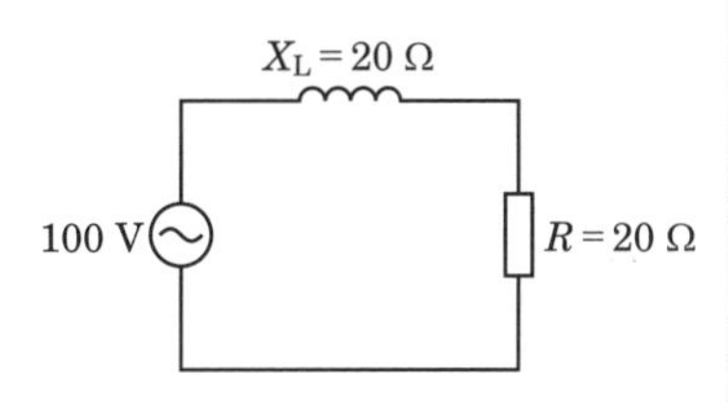

1　125 W　　2　177 W　　3　250 W

4　320 W　　5　500 W

解説 抵抗 R で消費する電力を求めるには，抵抗に流れる電流 I を求め，I^2R で電力を計算します．抵抗 R の両端の電圧を V_R，コイルの両端の電圧を V_L とすると，$V_R = RI = 20I$〔V〕，$V_L = X_L I = 20I$〔V〕になります．図示すると**図 2.45** のようになります．

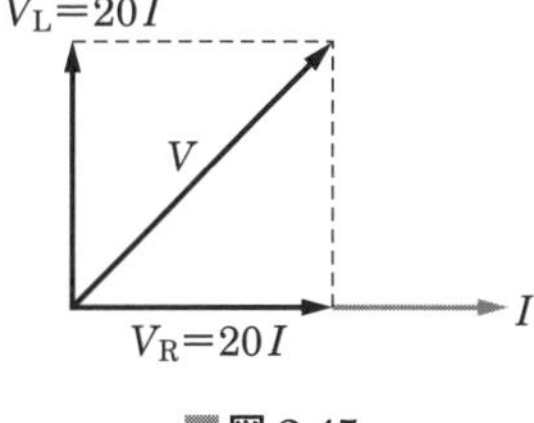

■図 2.45

$V^2 = V_R{}^2 + V_L{}^2$ が成立し，数値を代入すると

$$100^2 = (20I)^2 + (20I)^2 = 800I^2$$

となります．これより

$$I = \sqrt{\frac{100^2}{800}} = \frac{100}{\sqrt{800}} = \frac{100}{20\sqrt{2}} = \frac{5}{\sqrt{2}}\ \text{A}$$

電力は抵抗のみで消費します．

よって，消費電力 P は

$$P = I^2R = \left(\frac{5}{\sqrt{2}}\right)^2 \times 20 = \frac{25}{2} \times 20 = \mathbf{250\ W}$$

答え▶▶▶ 3

問題 15 ★★ ➡2.2.3

次の記述は，図に示す回路の各種電力と力率について述べたものである．[　　] 内に入れるべき字句の正しい組合せを下の番号から選べ．ただし，交流電圧 V を 100 V，回路に流れる電流 I を 2 A とする．

(1) 皮相電力は，[A]〔VA〕である．

(2) 有効電力（消費電力）は，[B]〔W〕である．

(3) 力率は，[C]〔%〕である．

	A	B	C
1	282	200	80
2	282	160	50
3	200	200	50
4	200	160	80
5	200	200	80

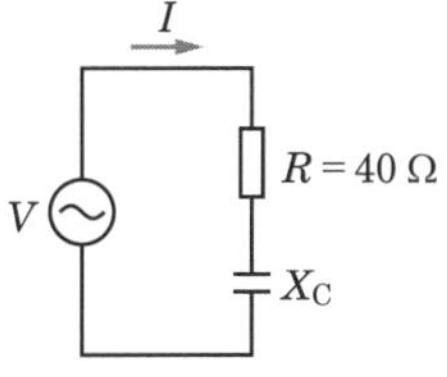

R：抵抗〔Ω〕
X_C：容量リアクタンス〔Ω〕

解説 (1) 皮相電力は，交流電圧 V と回路に流れる電流 I の積なので

$$VI = 100 \times 2 = \mathbf{200}\ \mathrm{VA}$$

(2) 有効電力（消費電力）は，抵抗のみで消費する電力なので

$$I^2 R = 2^2 \times 40 = \mathbf{160}\ \mathrm{W}$$

(3) 力率は

$$\frac{\text{有効電力}}{\text{皮相電力}} \times 100 = \frac{160}{200} \times 100 = \mathbf{80}\%$$

答え▶▶▶4

問題 16 ★★ ➡2.2.3

図に示す，抵抗 R〔Ω〕及び誘導リアクタンス X_L〔Ω〕の並列回路の有効電力（消費電力）〔W〕，無効電力〔var〕及び皮相電力〔VA〕の値の組合せとして，正しいものを下の番号から選べ．ただし，交流電圧を V〔V〕とする．

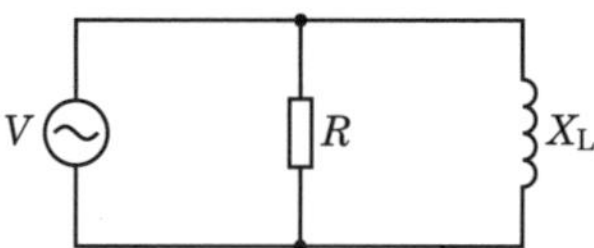

	有効電力（消費電力）	無効電力	皮相電力
1	$\dfrac{V^2}{\sqrt{R^2 + X_L{}^2}}$	$\dfrac{V^2}{X_L}$	$V^2\sqrt{\dfrac{1}{R} + \dfrac{1}{X_L}}$
2	$\dfrac{V^2}{\sqrt{R^2 + X_L{}^2}}$	$\dfrac{V^2}{R + X_L}$	$V^2\sqrt{\dfrac{1}{R} + \dfrac{1}{X_L}}$
3	$\dfrac{V^2}{R}$	$\dfrac{V^2}{X_L}$	$V^2\sqrt{\dfrac{1}{R} + \dfrac{1}{X_L}}$
4	$\dfrac{V^2}{R}$	$\dfrac{V^2}{R + X_L}$	$V^2\sqrt{\dfrac{1}{R^2} + \dfrac{1}{X_L{}^2}}$
5	$\dfrac{V^2}{R}$	$\dfrac{V^2}{X_L}$	$V^2\sqrt{\dfrac{1}{R^2} + \dfrac{1}{X_L{}^2}}$

解説 交流電圧 V〔V〕，抵抗を流れる電流 I_R〔A〕，コイルを流れる電流 I_L〔A〕，回路を流れる電流 I〔A〕の相互関係を図示すると**図 2.46** になります．

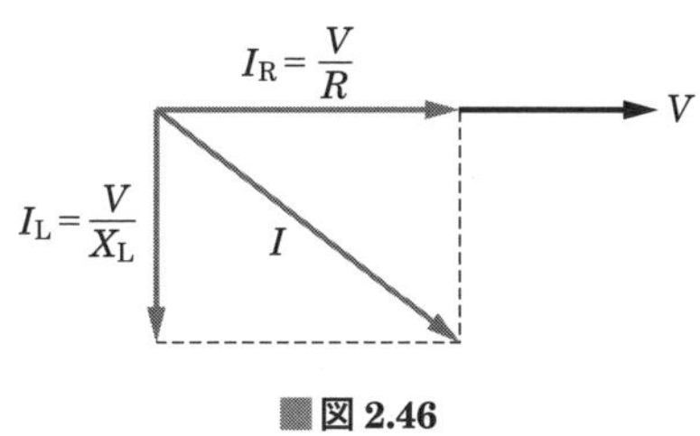

図 2.46

図 2.46 より，I は

$$I = \sqrt{I_R{}^2 + I_L{}^2} = \sqrt{\frac{V^2}{R^2} + \frac{V^2}{X_L{}^2}} = V\sqrt{\frac{1}{R^2} + \frac{1}{X_L{}^2}} \quad ①$$

有効電力 P_e〔W〕は抵抗で消費する電力なので

$$P_e = VI_R = V \times \frac{V}{R} = \boldsymbol{\frac{V^2}{R}} \text{〔W〕}$$

無効電力 P_r〔var〕は

$$P_r = VI_L = V \times \frac{V}{X_L} = \boldsymbol{\frac{V^2}{X_L}} \text{〔var〕}$$

皮相電力 P_a〔VA〕は，交流電圧 V〔V〕と回路を流れる電流 I〔A〕の積なので

$$P_a = VI = V \times V\sqrt{\frac{1}{R^2} + \frac{1}{X_L{}^2}} = \boldsymbol{V^2\sqrt{\frac{1}{R^2} + \frac{1}{X_L{}^2}}} \text{〔VA〕}$$

答え▶▶▶ 5

2.3 複素数を使うと簡単に解ける交流回路

2.3.1 複素数

2 乗して -1 になる数として，式(2.15) に示す**虚数単位** j が定義されています．数学では虚数単位に i が使われますが，電気工学では i は電流に使われますので j を虚数単位として用います．

$$j^2 = -1 \quad (2.15)$$

式(2.15) を用いると，j^3 と j^4 について次式が成立します．

$$j^3 = j^2 \times j = -1 \times j = -j,\ j^4 = j^2 \times j^2 = (-1) \times (-1) = 1 \quad (2.16)$$

式(2.16) では，1，j，-1，$-j$ が繰り返されています．したがって，**図 2.47** に示すように横軸を実数，縦軸を虚数にとると，j は 90 度ずつ角度を反時計方向に進めるものであることがわかります．横軸を実軸，縦軸を虚軸にとった平面を**複素平面**といい，a，b を実数としたとき，式(2.17) で与えられる $\dot{c}$（c ドットと読む）を**複素数**といいます．

$$\dot{c} = a + jb \tag{2.17}$$

式(2.17) において，a を**実部**，b を**虚部**といいます．

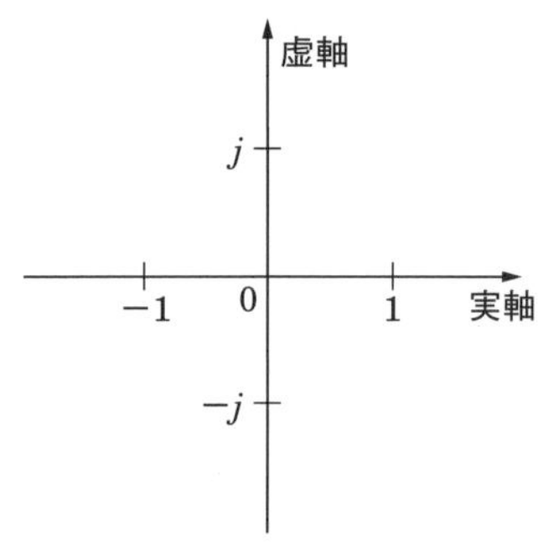

■図 2.47　複素平面

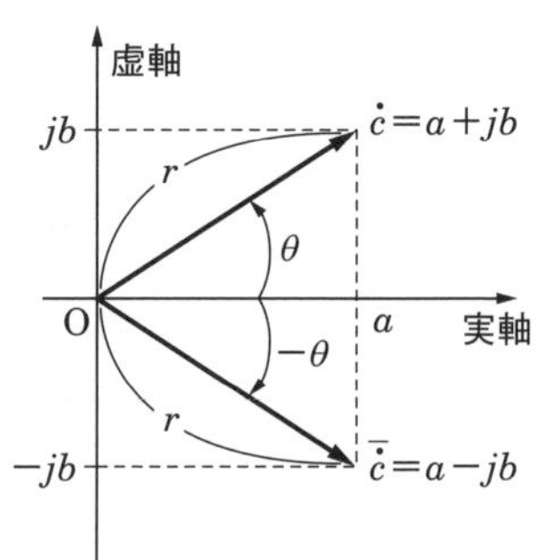

■図 2.48　複素ベクトル

c は**図 2.48** に示すように複素平面上の 1 点として表されます．原点 O と点 $\dot{c}$ を結ぶベクトルを**複素ベクトル**，または単に**ベクトル**といいます．このベクトルの大きさ $r = |\dot{c}|$ を**絶対値**といい，実軸との角度を**偏角**といいます．

絶対値を $|\dot{c}|$，偏角を θ とすると，それらの値は式(2.18) で与えられます．

$$r = |\dot{c}| = \sqrt{a^2 + b^2},\ \theta = \tan^{-1}\frac{b}{a} \tag{2.18}$$

次に，複素数の計算例を示します．

(1) $(1 + j2)(3 - j4) = 3 - j4 + j6 + 8 = 11 + j2$

(2) $\dfrac{5}{3 + j4} = \dfrac{5(3 - j4)}{(3 + j4)\ (3 - j4)} = \dfrac{5(3 - j4)}{9 + 16} = \dfrac{5(3 - j4)}{25} = \dfrac{3 - j4}{5}$

(3) $\dfrac{1}{j5} = \dfrac{1}{j5} \times \dfrac{j}{j} = \dfrac{j}{5 \times (-1)} = -j\dfrac{1}{5}$

2.3.2　インピーダンスとリアクタンス

インピーダンスは電圧の電流に対する比で，直流における抵抗に相当します（impede は妨害するという意味）．単位は〔Ω〕です．

インピーダンス $\dot{Z}$ は，実部と虚部に分けて，式(2.19) のように書くことができます．大きさと位相をもった量なので，ベクトルになります．

$$\dot{Z} = R + jX \tag{2.19}$$

実部 R を $\dot{Z}$ の抵抗成分，虚部 X を**リアクタンス**成分といいます．コイルとコンデンサのリアクタンスはそれぞれ，式(2.20)，式(2.21) で与えられます．

$$X_{\mathrm{L}} = \omega L \tag{2.20}$$

$$X_{\mathrm{C}} = -\frac{1}{\omega C} \tag{2.21}$$

リアクタンスの単位は，抵抗と同じ〔Ω〕です．リアクタンスは正，負の値をとり，$X>0$ のリアクタンスを誘導リアクタンス X_{L}，$X<0$ のリアクタンスを容量リアクタンス X_{C} といいます．

計算するときは，コイルは jX_{L}，コンデンサは $-jX_{\mathrm{C}}$ とします．

複素数の計算ができると，一アマの交流回路の計算が楽になります．

問題 17 ★★★　➡2.3.2　➡2.1.6

図に示す交流ブリッジ回路が平衡しているとき，平衡条件の式の組合せとして，正しいものを下の番号から選べ．

	A	B
1	$R_1R_4 = R_2R_3$	$C_{\mathrm{X}} = \dfrac{R_1}{R_2}C_{\mathrm{S}}$
2	$R_1R_4 = R_2R_3$	$C_{\mathrm{X}} = \dfrac{R_2}{R_1}C_{\mathrm{S}}$
3	$R_1R_2 = R_3R_4$	$C_{\mathrm{X}} = \dfrac{R_1}{R_2}C_{\mathrm{S}}$
4	$R_1R_3 = R_2R_4$	$C_{\mathrm{X}} = \dfrac{R_1}{R_2}C_{\mathrm{S}}$
5	$R_1R_3 = R_2R_4$	$C_{\mathrm{X}} = \dfrac{R_2}{R_1}C_{\mathrm{S}}$

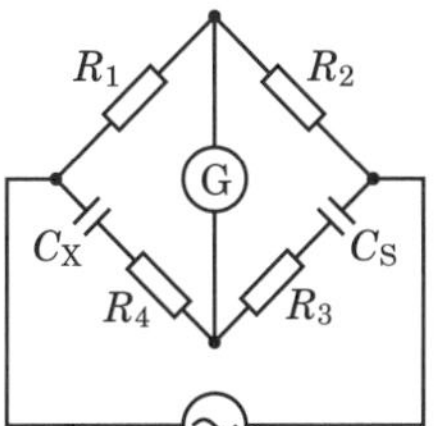

解説　ブリッジ回路が平衡しているとき，対辺のインピーダンスの積が等しいので

$$R_1\left(R_3+\frac{1}{j\omega C_S}\right)=R_2\left(R_4+\frac{1}{j\omega C_X}\right) \qquad ①$$

となり，式①を整理すると

$$R_1R_3-j\frac{R_1}{\omega C_S}=R_2R_4-j\frac{R_2}{\omega C_X} \qquad ②$$

となります．ここで，左辺の実部と右辺の実部が等しいので

$$\boldsymbol{R_1R_3=R_2R_4} \qquad ③$$

の関係が成り立ち，左辺の虚部と右辺の虚部が等しいので

$$\frac{R_1}{\omega C_S}=\frac{R_2}{\omega C_X} \qquad ④$$

の関係が成り立ちます．式④を整理すると

$$\boldsymbol{C_X=\frac{R_2}{R_1}C_S}$$

答え▶▶▶5

問題 18 ★★　➡2.3.2　➡2.1.6

図に示す交流ブリッジ回路が平衡状態にあるとき，抵抗 R_X 及び静電容量 C_X を求める式の組合せとして，正しいものを下の番号から選べ．

1　$R_X=\dfrac{R_A}{R_B}R_S$　　$C_X=\dfrac{R_B}{R_A}C_S$

2　$R_X=\dfrac{R_A}{R_B}R_S$　　$C_X=\dfrac{R_A}{R_B}C_S$

3　$R_X=\dfrac{R_B}{R_A}R_S$　　$C_X=\dfrac{R_B}{R_A}C_S$

4　$R_X=\dfrac{R_B}{R_A}R_S$　　$C_X=\dfrac{R_A}{R_B}C_S$

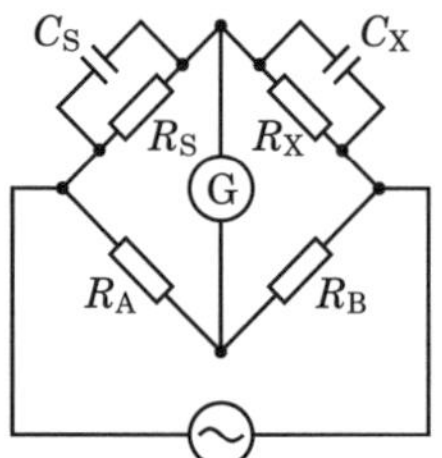

R_S, R_A, R_B：抵抗〔Ω〕
C_S：静電容量〔F〕
Ⓖ：検流計
〜：交流電源

解説　交流ブリッジ回路が平衡状態にあるので，対辺のインピーダンスを掛け算した値が等しくなり，次式が成り立ちます．

$$R_A\left(\frac{1}{\frac{1}{R_X}+j\omega C_X}\right)=R_B\left(\frac{1}{\frac{1}{R_S}+j\omega C_S}\right) \qquad ①$$

式①より

$$R_A\left(\frac{R_X}{1+j\omega C_X R_X}\right)=R_B\left(\frac{R_S}{1+j\omega C_S R_S}\right) \quad ②$$

式②より

$$\frac{R_A R_X}{1+j\omega C_X R_X}=\frac{R_B R_S}{1+j\omega C_S R_S} \quad ③$$

式③より

$$R_A R_X(1+j\omega C_S R_S)=R_B R_S(1+j\omega C_X R_X) \quad ④$$

式④より

$$R_A R_X+j\omega C_S R_S R_A R_X=R_B R_S+j\omega C_X R_X R_B R_S \quad ⑤$$

式⑤の左辺の実部と右辺の実部が等しく，左辺の虚部と右辺の虚部が等しいので

$$R_A R_X=R_B R_S \quad ⑥$$

$$\omega C_S R_S R_A R_X=\omega C_X R_X R_B R_S \quad ⑦$$

式⑥より

$$R_X=\boldsymbol{\frac{R_B R_S}{R_A}}$$

式⑦より

$$C_X=\frac{\omega C_S R_S R_A R_X}{\omega R_X R_B R_S}=\boldsymbol{\frac{C_S R_A}{R_B}}$$

答え▶▶▶4

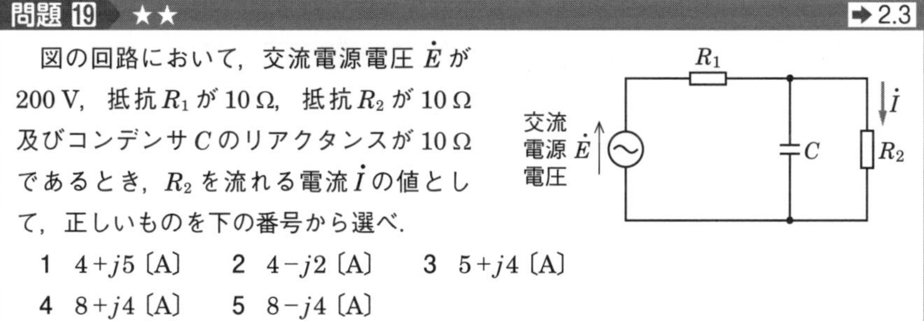

図の回路において，交流電源電圧 $\dot{E}$ が 200 V，抵抗 R_1 が 10 Ω，抵抗 R_2 が 10 Ω 及びコンデンサ C のリアクタンスが 10 Ω であるとき，R_2 を流れる電流 $\dot{I}$ の値として，正しいものを下の番号から選べ．

1　$4+j5$〔A〕　2　$4-j2$〔A〕　3　$5+j4$〔A〕
4　$8+j4$〔A〕　5　$8-j4$〔A〕

解説 (1) 回路全体のインピーダンスを $\dot{Z}$ とすると

$$\dot{Z}=R_1+\frac{R_2(-jX_C)}{R_2+(-jX_C)}=10+\frac{-j100}{10-j10}$$

$$=10+\frac{-j10}{1-j1}=10+\frac{-j10(1+j1)}{(1-j1)(1+j1)}$$

$$=10+\frac{-j10+10}{2}=10-j5+5$$

$$=15-j5\ [\Omega]$$

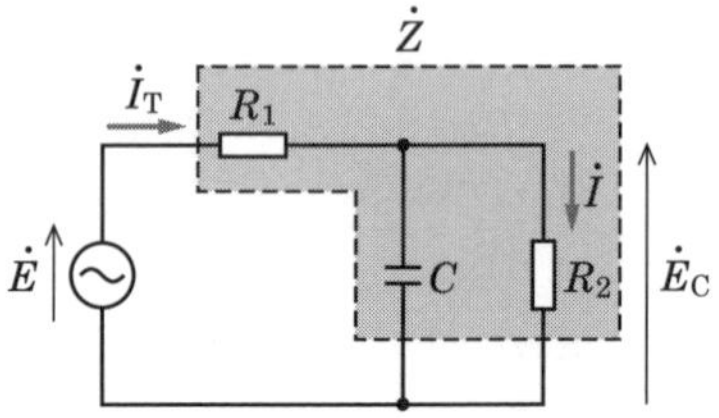

となります．したがって，回路を流れる電流 $\dot{I}_T$ は

$$\dot{I}_T=\frac{\dot{E}}{\dot{Z}}=\frac{200}{15-j5}=\frac{40}{3-j1}\ [\mathrm{A}]$$

(2) 抵抗 R_1 の両端の電圧は

$$\dot{I}_T R_1=\frac{40\times10}{3-j1}=\frac{400(3+j1)}{(3-j1)(3+j1)}=\frac{400(3+j1)}{10}=40(3+j1)\ [\mathrm{V}]$$

(3) コンデンサ C と抵抗 R_2 の両端にかかる電圧を $\dot{E}_C$ とすると

$$\dot{E}_C=200-40(3+j1)=80-j40\ [\mathrm{V}]$$

よって，電流 $\dot{I}$ は

$$\dot{I}=\frac{\dot{E}_C}{R_2}=\frac{80-j40}{10}=\mathbf{8-j4\ [A]}$$

■図 2.49

答え▶▶▶5

問題 20 ★★ ➡2.3

図に示す LC 直列回路のリアクタンスの周波数特性を表す特性曲線図として，正しいものを下の番号から選べ．

L：インダクタンス
C：静電容量

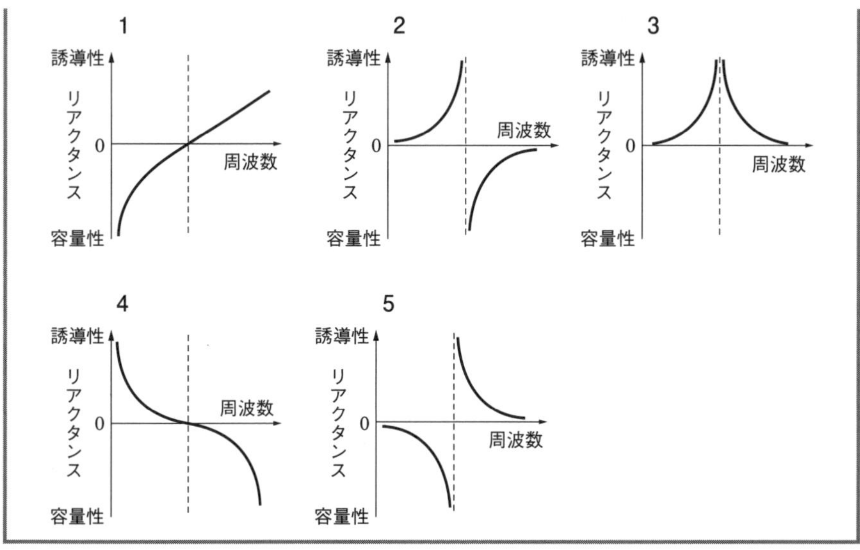

解説 LC 直列回路の角周波数を ω〔rad/s〕，リアクタンスを X〔Ω〕とすると

$$X = \omega L - \frac{1}{\omega C} \qquad ①$$

式①の $X = 0$（リアクタンスが0）になったとき，直列共振を起こします．式①は次のようにも表現できます．

$$X = \omega L + \left(-\frac{1}{\omega C}\right) \qquad ②$$

式②の特性曲線図は，**図 2.50** に示すように，$X = \omega L$ と $X = -\dfrac{1}{\omega C}$ のグラフを描き，その和を求めればよいことになります．

図 2.50 の横軸は ω〔rad/s〕としていますが，$\omega = 2\pi f$ ですので，横軸を周波数 $f = \omega/2\pi$〔Hz〕としても同じ曲線になります．

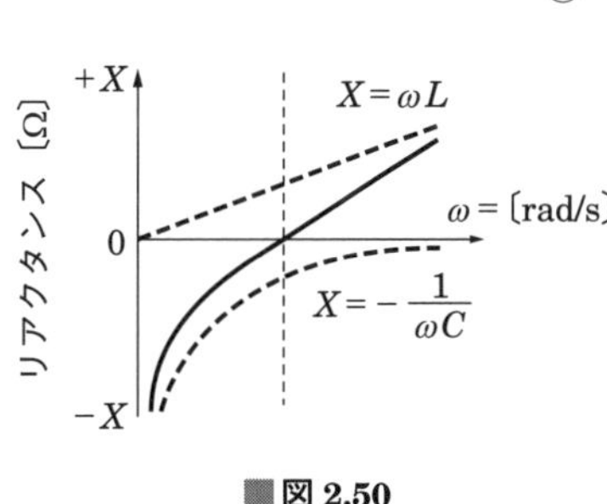

■図 2.50

答え▶▶▶ 1

問題 21 ★★ ➡2.3

図に示す LC 並列回路のリアクタンスの周波数特性を表すグラフとして，正しいものを下の番号から選べ.

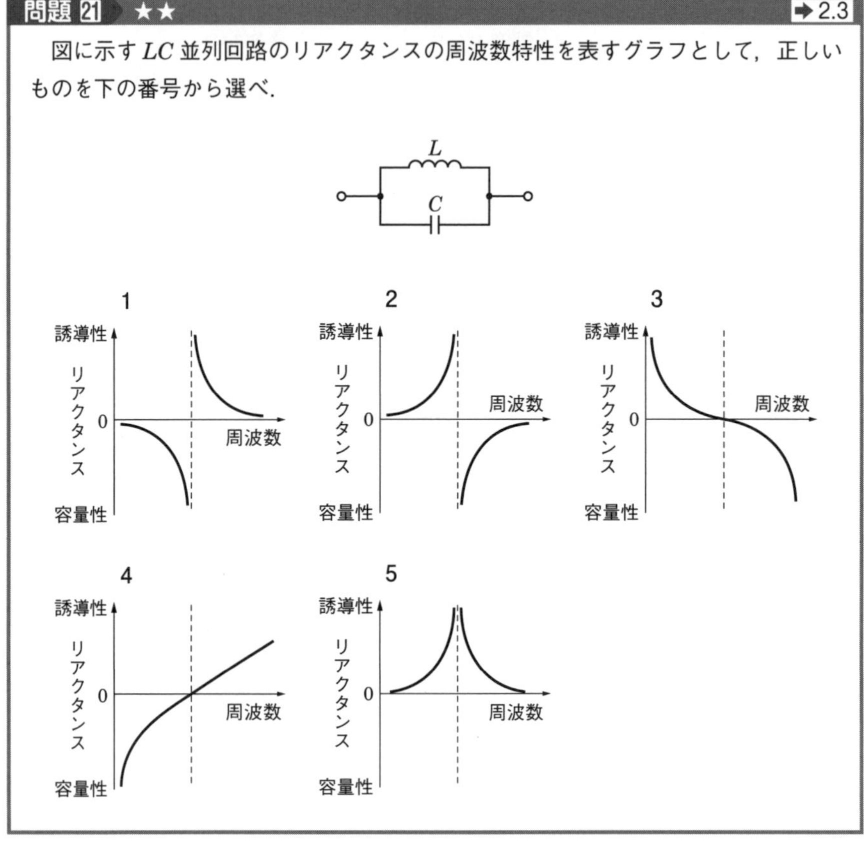

解説　問題図の回路において，コイルのリアクタンスを複素数表示すると $jX_L = j\omega L$，コンデンサのリアクタンスを複素数表示すると $-jX_C = -j\dfrac{1}{\omega C}$ です．インピーダンス $\dot{Z}$ は

$$\dot{Z} = \frac{(jX_L)(-jX_C)}{jX_L + (-jX_C)} = \frac{j\omega L \times \left(-j\dfrac{1}{\omega C}\right)}{j\omega L - j\dfrac{1}{\omega C}} = \frac{\dfrac{L}{C}}{j\left(\omega L - \dfrac{1}{\omega C}\right)} = \frac{\dfrac{L}{C}}{j\dfrac{\omega^2 LC - 1}{\omega C}}$$

$$= \frac{\omega L}{j(\omega^2 LC - 1)} = \frac{j\omega L}{1 - \omega^2 LC} \left(\text{または，} \dot{Z} = \frac{1}{\dfrac{1}{j\omega L} + j\omega C} = \frac{j\omega L}{1 - \omega^2 LC}\right)$$

したがって，並列回路のリアクタンスは，$\dfrac{\omega L}{1-\omega^2 LC}$ となります．

分母が 0 のとき（並列共振のとき），リアクタンスは無限大になります．周波数が高くなれば，リアクタンスは増加しますので，選択肢 1，2，5 から右肩上がりのグラフを見つければよいことになります．したがって，2 が正解となります．

答え▶▶▶2

$\omega L > 0$ なので分子は 0 になることはありません（リアクタンスは 0 にはならない）．よって，リアクタンスが 0 の点を通っている選択肢 3 と 4 は除外します．

2.4 共振回路

受信機では，多くの周波数の電波から，目的の周波数を取り出すときなどに，コイルとコンデンサを組み合わせた**共振回路**を使います．共振回路には直列共振回路と並列共振回路があります．共振時には，コイルの誘導リアクタンス ωL〔Ω〕の大きさとコンデンサの容量リアクタンス $1/\omega C$〔Ω〕の大きさが等しくなります．

2.4.1 直列共振回路

直列共振回路を**図 2.51**（a）に示します．共振条件は，コイルのリアクタンス ωL とコンデンサのリアクタンス $1/\omega C$ が等しくなるときです．共振角周波数を ω_0〔rad/s〕，R，L，C の両端の電圧をそれぞれ V_R，V_L，V_C とすると

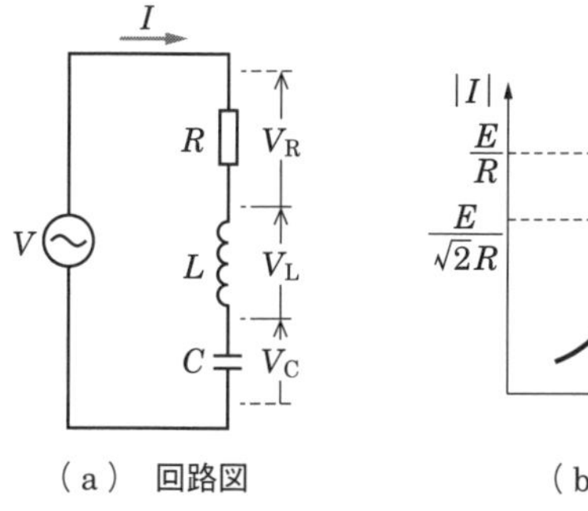

■図 2.51 直列共振回路

$$\omega_0 L = \frac{1}{\omega_0 C} \tag{2.22}$$

の関係より，ω_0 を求めると

$$\omega_0 = \frac{1}{\sqrt{LC}} \tag{2.23}$$

となります．また，$\omega_0 = 2\pi f_0$ の関係より，共振周波数 f_0〔Hz〕は次式になります．

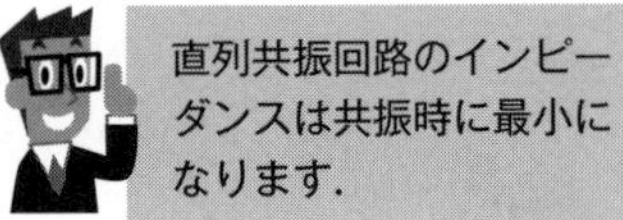

$$f_0 = \frac{1}{2\pi\sqrt{LC}} \tag{2.24}$$

共振回路の良さを表す量として，Q（quality factor）が次のように定義されています．ただし，I_0〔A〕は共振時の電流とします．

$$Q = \frac{\text{共振電圧}}{\text{印加電圧}} = \left|\frac{V_{\mathrm{L}}}{V}\right| = \frac{I_0 \omega_0 L}{I_0 R} = \frac{\omega_0 L}{R} \tag{2.25}$$

または

$$Q = \frac{\text{共振電圧}}{\text{印加電圧}} = \left|\frac{V_{\mathrm{C}}}{V}\right| = \frac{I_0 (1/\omega_0 C)}{I_0 R} = \frac{1}{\omega_0 CR} \tag{2.26}$$

式(2.25)，$\omega_0 = 1/\sqrt{LC}$ より，Q を次のように表すこともできます．

$$Q = \frac{\omega_0 L}{R} = \frac{L}{R\sqrt{LC}} = \frac{1}{R}\sqrt{\frac{L}{C}} \tag{2.27}$$

また，Q を次のように表すこともできます（図 2.51 (b) 参照）．

$$Q = \frac{\omega_0}{\omega_2 - \omega_1} = \frac{f_0}{f_2 - f_1} \tag{2.28}$$

2.4.2　並列共振回路

並列共振回路を**図 2.52** に示します．共振条件は，直列共振回路と同じ $\omega_0 L = \dfrac{1}{\omega_0 C}$ のときなので，共振周波数 f_0〔Hz〕は次式になります．

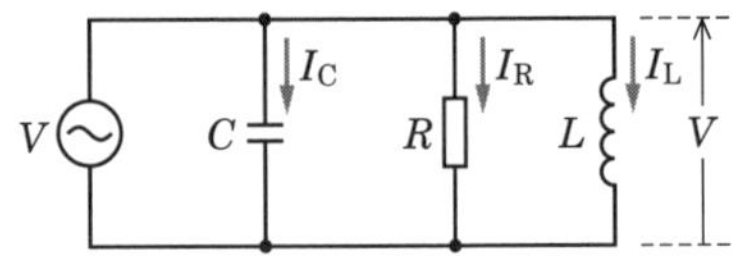

■図 2.52　並列共振回路

$$f_0 = \frac{1}{2\pi\sqrt{LC}} \tag{2.29}$$

R, L, C に流れる電流をそれぞれ I_R, I_L, I_C とすると，並列共振回路の Q（quality factor）は次のようになります．ただし，I_0〔A〕は共振時の電流とします．

$$Q = \left|\frac{I_L}{I_0}\right| = \left|\frac{I_L}{I_R}\right| = \frac{V/\omega_0 L}{V/R} = \frac{R}{\omega_0 L} \tag{2.30}$$

または

$$Q = \left|\frac{I_C}{I_0}\right| = \left|\frac{I_C}{I_R}\right| = \frac{V/(1/\omega_0 C)}{V/R} = \omega_0 CR \tag{2.31}$$

式(2.30)，$\omega_0 = 1/\sqrt{LC}$ より，Q を次のように表すこともできます．

$$Q = \frac{R}{\omega_0 L} = \sqrt{LC} \times \frac{R}{L} = R\sqrt{\frac{C}{L}} \tag{2.32}$$

問題 22 ★★ ➡2.4.1

次の記述は，図に示す抵抗 R〔Ω〕，容量リアクタンス X_C〔Ω〕及び誘導リアクタンス X_L〔Ω〕の直列回路について述べたものである．□内に入れるべき字句の正しい組合せを下の番号から選べ．ただし，回路は理想的な共振状態にあるものとする．

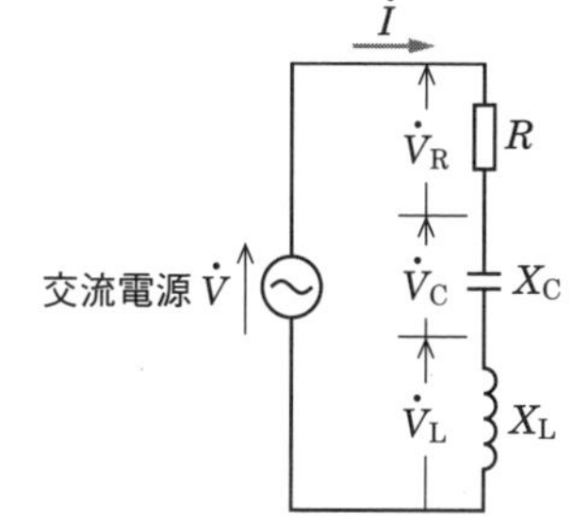

(1) R の電圧 $\dot{V}_R$〔V〕と X_C の電圧 $\dot{V}_C$〔V〕の位相差は，[A]〔rad〕である．

(2) X_C の電圧 $\dot{V}_C$〔V〕と X_L の電圧 $\dot{V}_L$〔V〕の位相差は，[B]〔rad〕である．

(3) X_L の電圧 $\dot{V}_L$〔V〕と回路を流れる電流 $\dot{I}$〔A〕の位相差は，[C]〔rad〕である．

	A	B	C
1	0	π	0
2	0	0	π
3	0	π	π
4	$\pi/2$	0	$\pi/2$
5	$\pi/2$	π	$\pi/2$

解説　直列共振回路の電流の大きさIが一定なので，抵抗の両端の電圧の大きさV_R，コンデンサの両端の電圧の大きさV_C，コイルの両端の電圧の大きさV_Lの位相関係を図示すると，**図2.53**になります．

図2.53より，V_RとV_Cの位相差は$\boldsymbol{\pi/2}$〔rad〕，V_CとV_Lの位相差は$\boldsymbol{\pi}$〔rad〕，V_LとIの位相差は$\boldsymbol{\pi/2}$〔rad〕になります．

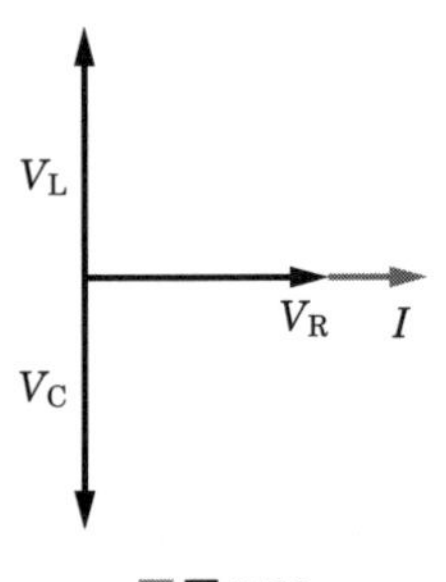

■図2.53

答え▶▶▶5

問題23 ★　➡2.4.1

図に示すRLC直列回路において，回路を7.1 MHzの周波数に共振させたときの，可変コンデンサC_Vの静電容量及び回路の尖鋭度（Q）の最も近い値の組合せを下の番号から選べ．ただし，抵抗Rは4 Ω，コイルLのインダクタンスは1 μH，コンデンサCの静電容量は200 pFとする．また，$7.1^2 \fallingdotseq 50, \pi^2 \fallingdotseq 10$とする．

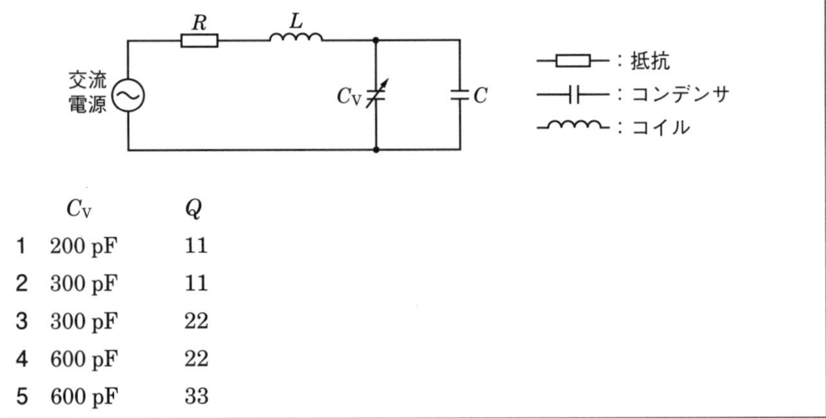

	C_V	Q
1	200 pF	11
2	300 pF	11
3	300 pF	22
4	600 pF	22
5	600 pF	33

解説　並列接続されている可変コンデンサC_VとコンデンサCの合成静電容量をC_Tとすると

$$C_T = C_V + C \qquad ①$$

直列共振周波数をf_0とすると

$$f_0 = \frac{1}{2\pi\sqrt{LC_T}} \qquad ②$$

式②を2乗し，C_Tを求めると

$$C_T = \frac{1}{4\pi^2 {f_0}^2 L} \qquad ③$$

式③に問題で与えられた数値を代入すると

$$C_T = \frac{1}{4\pi^2 {f_0}^2 L}$$

$$= \frac{1}{4 \times \pi^2 \times (7.1)^2 \times 10^{12} \times 1 \times 10^{-6}}$$

$$\fallingdotseq \frac{1}{40 \times 50 \times 10^6} = \frac{10^{-9}}{2}$$

$$= 0.5 \times 10^{-9} = 500 \times 10^{-12}\ \mathrm{F} = 500\ \mathrm{pF} \qquad ④$$

$\pi^2 \fallingdotseq 10$，$(7.1)^2 \fallingdotseq 50$ で計算

式①に式④の値を代入すると，C_V は

$$C_V = C_T - C = 500 - 200 = \mathbf{300\ pF}$$

また，Q は

$$Q = \frac{\omega_0 L}{R} = \frac{2\pi f_0 L}{R} = \frac{2 \times 3.14 \times 7.1 \times 10^6 \times 1 \times 10^{-6}}{4} = \frac{44.588}{4} = 11.147 \fallingdotseq \mathbf{11}$$

答え▶▶▶2

問題 24　★★★　➡2.4.1

次の記述は，図に示す直列共振回路の周波数特性について述べたものである．□内に入れるべき字句の正しい組合せを下の番号から選べ．ただし，共振周波数を f_0〔Hz〕とし，そのとき回路に流れる電流 I を I_0〔A〕とする．また，I が $I_0/2$ となる周波数を f_1 及び f_4〔Hz〕$(f_1 < f_4)$，$I_0/\sqrt{2}$ となる周波数を f_2 及び f_3〔Hz〕$(f_2 < f_3)$ とする．

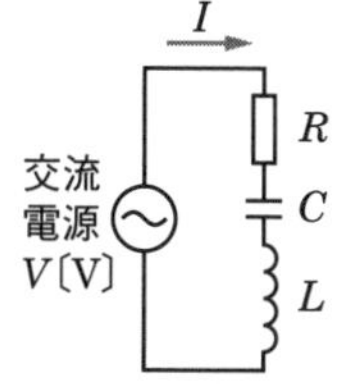

R：抵抗〔Ω〕
C：静電容量〔F〕
L：インダクタンス〔H〕

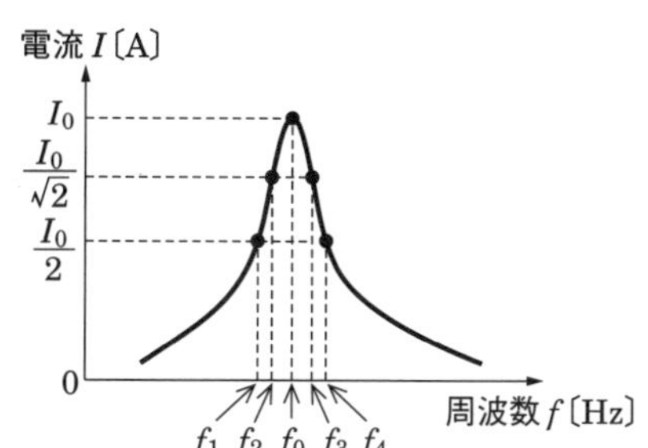

(1) 共振周波数 f_0〔Hz〕は，[　A　] で表され，そのときの I_0 は [　B　] となる．

(2) 回路の尖鋭度 Q は，$Q =$ [　C　] で表される．

	A	B	C
1	$\dfrac{1}{2\pi\sqrt{LC}}$	$\dfrac{V}{R}$	$\dfrac{f_0}{f_3-f_2}$
2	$\dfrac{1}{2\pi\sqrt{LC}}$	$V\sqrt{\dfrac{C}{L}}$	$\dfrac{f_0}{f_4-f_1}$
3	$\dfrac{1}{\pi\sqrt{LC}}$	$\dfrac{V}{R}$	$\dfrac{f_0}{f_4-f_1}$
4	$\dfrac{1}{\pi\sqrt{LC}}$	$V\sqrt{\dfrac{C}{L}}$	$\dfrac{f_0}{f_3-f_2}$
5	$\dfrac{1}{\pi\sqrt{LC}}$	$\dfrac{V}{R}$	$\dfrac{f_0}{f_3-f_2}$

解説　コイルのリアクタンスωLの大きさとコンデンサのリアクタンス$1/\omega C$の大きさが等しくなるときに共振します．

$\omega=2\pi f$で共振時の周波数をf_0〔Hz〕とすると

$$2\pi f_0 L=\frac{1}{2\pi f_0 C} \tag{1}$$

式①より

$$f_0{}^2=\frac{1}{4\pi^2 LC} \tag{2}$$

式②より

$$f_0=\boldsymbol{\frac{1}{2\pi\sqrt{LC}}} \tag{3}$$

共振時のインピーダンスはR〔Ω〕なので

$$I_0=\boldsymbol{\frac{V}{R}} \tag{4}$$

回路の尖鋭度Qは共振周波数f_0と共振電流I_0の$1/\sqrt{2}$倍となる周波数f_2及びf_3（$f_2<f_3$）の周波数差（f_3-f_2）の比なので

$$Q=\boldsymbol{\frac{f_0}{f_3-f_2}} \tag{5}$$

Qには単位はありません．

答え▶▶▶1

問題 25 ★ ➡2.4.1

図に示す RLC 直列回路の尖鋭度（Q）の値を求める式として，誤っているものを下の番号から選べ．ただし，共振角周波数を ω_0〔rad/s〕とする．

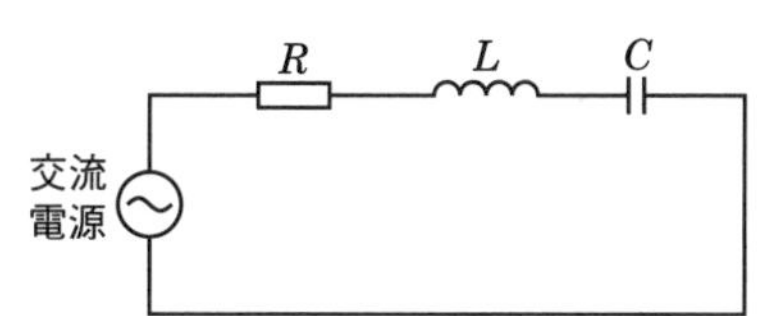

—〜—：交流電源　　—∿∿∿—：自己インダクタンス L〔H〕
—▭—：抵抗 R〔Ω〕　　—||—：静電容量 C〔F〕

1　$\dfrac{\omega_0 L}{R}$　　2　$\dfrac{1}{R}\sqrt{\dfrac{L}{C}}$　　3　$\dfrac{1}{\omega_0 CR}$　　4　$\omega_0 CR$

解説　式（2.25）及び式（2.26）より，直列共振回路の Q は次のようになります．

$$\boldsymbol{Q=\frac{\omega_0 L}{R}} \quad ①$$

$$\boldsymbol{Q=\frac{1}{\omega_0 CR}} \quad ②$$

共振条件は

$$\omega_0 L=\frac{1}{\omega_0 C} \quad ③$$

なので，ω_0 について整理すると

$$\omega_0=\frac{1}{\sqrt{LC}} \quad ④$$

となります．式④を式①に代入すると，Q は

$$Q=\frac{\omega_0 L}{R}=\frac{L}{R\sqrt{LC}}=\boldsymbol{\frac{1}{R}\sqrt{\frac{L}{C}}}$$

となります．よって 4 の $\omega_0 CR$ は誤りです．

3 と 4 はどちらも ω_0，C，R を用いている式なので，どちらかが誤りになります．

答え▶▶▶4

問題 26 ★ ➡2.4.1

図に示す RLC 並列回路の尖鋭度（Q）の値を求める式として，誤っているものを下の番号から選べ．ただし，共振角周波数を ω_0〔rad/s〕とする．

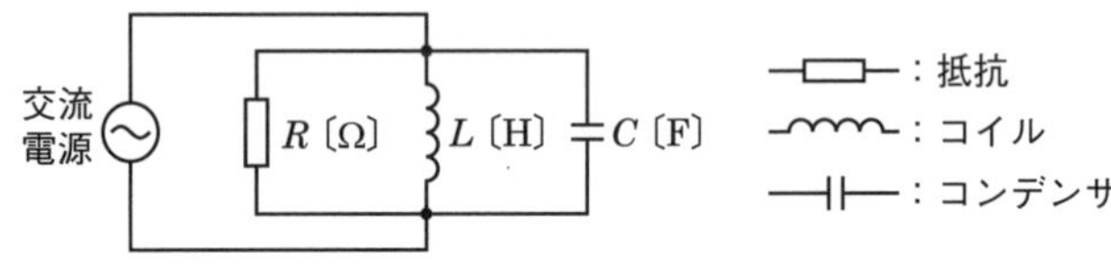

1　$\omega_0 CR$　　2　$\omega_0 LR$　　3　$R\sqrt{\dfrac{C}{L}}$　　4　$\dfrac{R}{\omega_0 L}$

解説 式 (2.30) 及び式 (2.31) より，並列共振回路の Q は次のようになります．

$$\boldsymbol{Q = \frac{R}{\omega_0 L}} \quad ①$$

$$\boldsymbol{Q = \omega_0 CR} \quad ②$$

共振条件は

$$\omega_0 L = \frac{1}{\omega_0 C} \quad ③$$

なので，ω_0 について整理すると

$$\omega_0 = \frac{1}{\sqrt{LC}} \quad ④$$

となります．式④を式①に代入すると，Q は

$$\boldsymbol{Q} = \frac{R}{\omega_0 L} = \sqrt{LC} \times \frac{R}{L} = \boldsymbol{R\sqrt{\frac{C}{L}}}$$

となります．よって 2 の $\omega_0 LR$ は誤りです．

2 と 4 はどちらも ω_0，L，R を用いている式なので，どちらかが誤りになります．

答え ▶▶▶ 2

問題 27 ★★ ➡2.4.1

図に示す回路が電源周波数fに共振しているとき，ab間のインピーダンスが10 kΩであった．このときのインダクタンスLの値として，最も近いものを下の番号から選べ．ただし，抵抗rの値は共振時のLのリアクタンスに比べて十分小さいものとする．

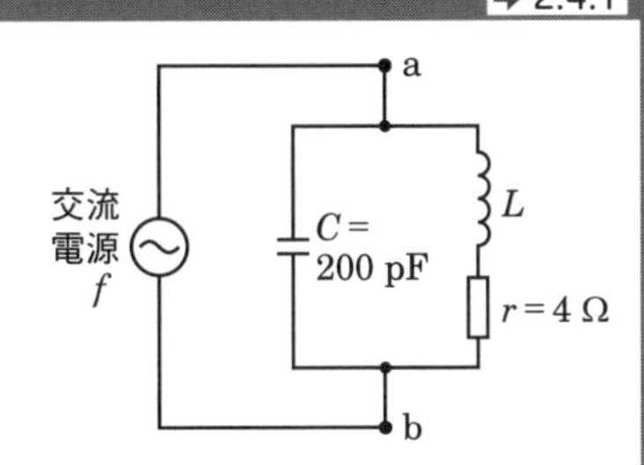

1　8 μH　　2　16 μH　　3　32 μH

4　50 μH　　5　64 μH

解説 インピーダンスをZとすると，$Z=L/Cr$となるので，$L=ZCr$となります．

$$L=ZCr=10\times10^3\times200\times10^{-12}\times4=8\times10^{-6}\text{ H}=\mathbf{8\,\mu H}$$

答え▶▶▶1

出題傾向 Lが与えられ，Cを求める問題も出題されています．

関連知識 $Z=L/Cr$はなぜ？

問題27の回路のインピーダンス$\dot{Z}$は

$$\dot{Z}=\frac{1}{\dfrac{1}{r+j\omega L}+j\omega C}=\frac{r+j\omega L}{1+j\omega C(r+j\omega L)}=\frac{r+j\omega L}{1-\omega^2LC+j\omega Cr}$$

となります．共振時は，$1-\omega^2LC=0$となり，rはωLに比べて小さいので

$$\dot{Z}=\frac{r+j\omega L}{1-\omega^2LC+j\omega Cr}=\frac{r+j\omega L}{j\omega Cr}\fallingdotseq\frac{j\omega L}{j\omega Cr}=\frac{L}{Cr}$$

となります．

問題 28 ★★ ➡2.4.1

次の記述は，図に示す並列共振回路について述べたものである．[　　]内に入れるべき字句の正しい組合せを下の番号から選べ．ただし，コイルのインダクタンスをL〔H〕，内部抵抗をr〔Ω〕，コンデンサの静電容量をC〔F〕とし，rはコイルのリアクタンスに比べて十分小さいものとする．

(1) コンデンサを流れる電流の大きさがコイルを流れる電流の大きさより小さいとき，回路全体を流れる電流$\dot{I}$の位相は，電源の電圧$\dot{E}$より[A]．

(2) 一般に，回路が電源の周波数に共振したとき，回路全体を流れる$\dot{I}$は，［ B ］となる．

(3) コンデンサのリアクタンスの大きさがコイルのリアクタンスの大きさより，小さいとき，回路は［ C ］となる．

	A	B	C
1	進む	最小	誘導性
2	進む	最大	容量性
3	進む	最小	容量性
4	遅れる	最小	容量性
5	遅れる	最大	誘導性

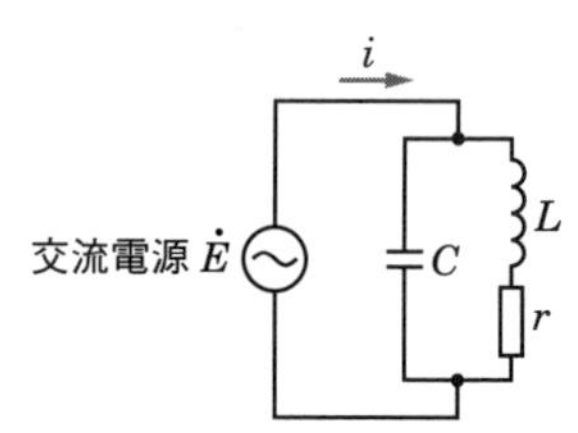

解説 (1) コンデンサを流れる電流の大きさ$|\dot{I}_C|$が，コイルを流れる電流の大きさ$|\dot{I}_L|$より小さいので，$|\dot{E}|$，$|\dot{I}_C|$，$|\dot{I}_L|$の関係は**図 2.54** (a) のようになります．図 2.54 (a) は (b) に書き換えることができ，(b) より，$|\dot{I}|$の位相は$|\dot{E}|$より**遅れている**ことがわかります．

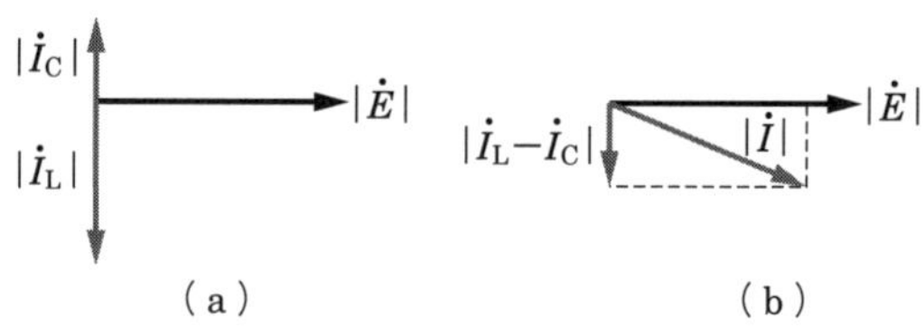

■図 2.54　$|\dot{E}|$，$|\dot{I}_C|$，$|\dot{I}_L|$の関係

(2) 並列回路が共振するとインピーダンスが最大となり，回路全体を流れる電流は**最小**になります．

(3) コンデンサのリアクタンスの大きさがコイルのリアクタンスの大きさより小さいので，$|\dot{I}_C| > |\dot{I}_L|$となります．これを図示すると**図 2.55** になり，電流$|\dot{I}|$の位相が電圧$|\dot{E}|$より進むため，回路は**容量性**になります．

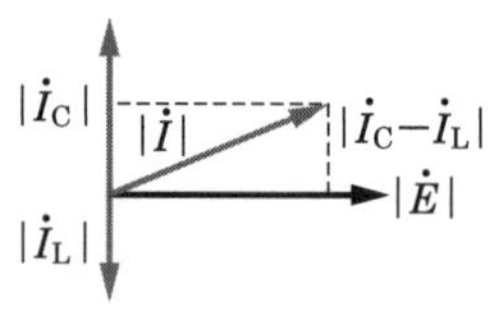

■図 2.55

答え▶▶▶ 4

2.5 フィルタ

フィルタには，低い周波数を通過させる**低域通過フィルタ**（low-pass filter：**LPF**），高い周波数を通過させる**高域通過フィルタ**（high-pass filter：**HPF**），ある周波数の範囲の信号を通過させる**帯域通過フィルタ**（band-pass filter：**BPF**），ある周波数の範囲の信号を阻止させる**帯域消去フィルタ**（band-elimination filter：**BEF**）があります．**図 2.56**～**図 2.59** に各種フィルタの回路とその周波数特性について，縦軸を減衰量で表示したものの概略を示します．f_c，f_{c1}，f_{c2} は**遮断周波数**を表します．

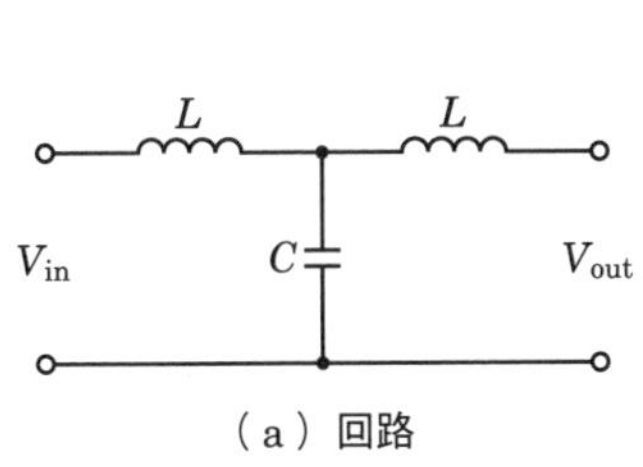

（a）回路

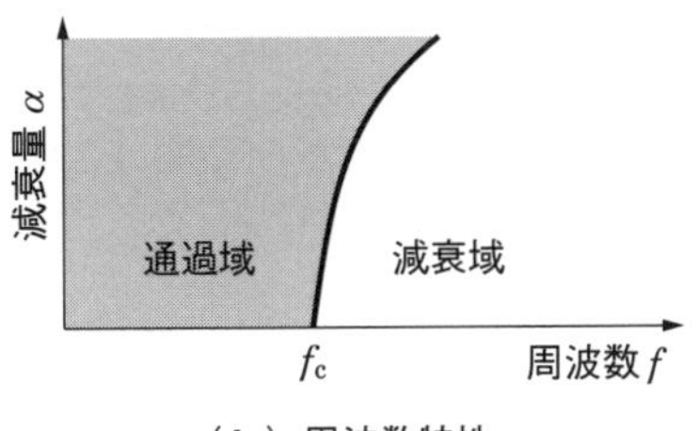

（b）周波数特性

■**図 2.56**　低域通過フィルタ

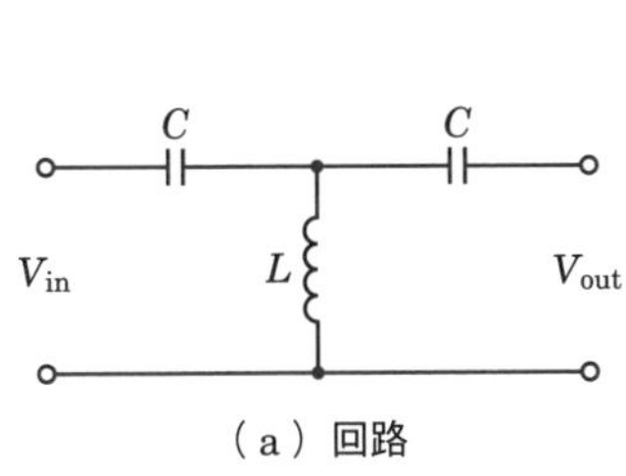

（a）回路

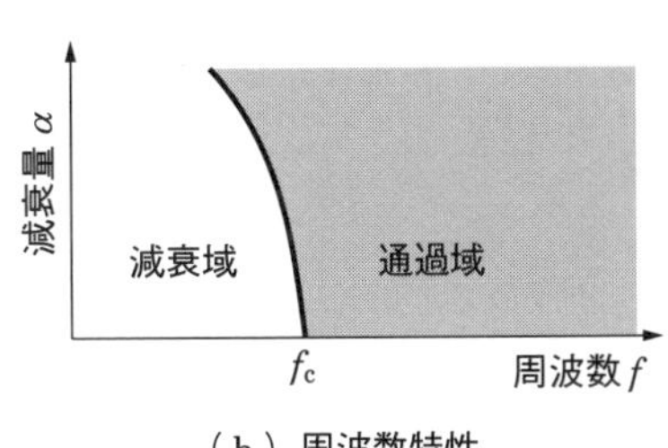

（b）周波数特性

■**図 2.57**　高域通過フィルタ

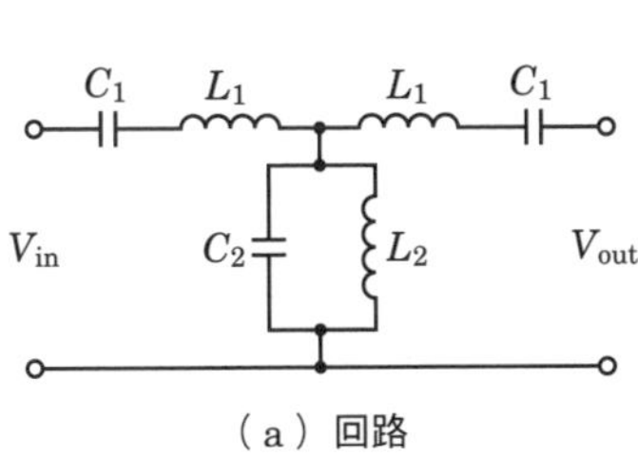

（a）回路

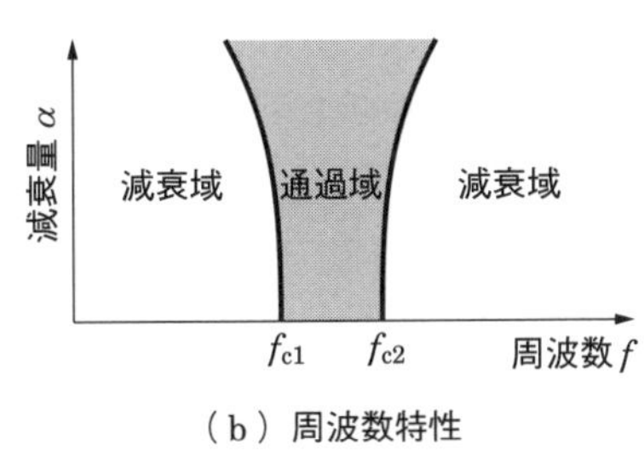

（b）周波数特性

■**図 2.58**　帯域通過フィルタ

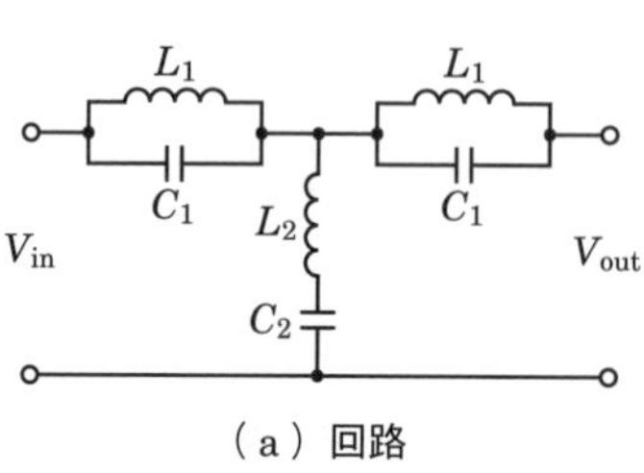

（a）回路

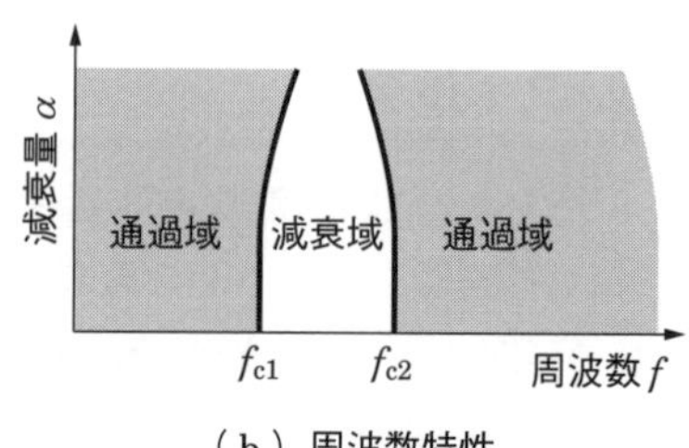

（b）周波数特性

■図 2.59　帯域消去フィルタ

次の 4 種類のフィルタは覚えておこう．
低域通過フィルタ（LPF）：ある周波数以下の信号を通過させる．
高域通過フィルタ（HPF）：ある周波数以上の信号を通過させる．
帯域通過フィルタ（BPF）：ある周波数の範囲の信号を通過させる．
帯域消去フィルタ（BEF）：ある周波数の範囲の信号を阻止させる．

関連知識　整合インピーダンス

図 2.60 の回路の端子 ab から見た整合インピーダンスは，端子 cd を開放・短絡したときの幾何平均で求めます．

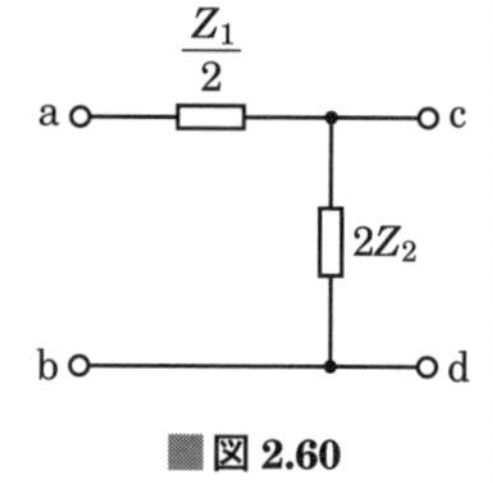

■図 2.60

端子 ab から見た整合インピーダンスを T 端インピーダンス Z_T，端子 cd から見た整合インピーダンスを π 端インピーダンス Z_π と呼び，Z_T 及び Z_π は次のようになります．

$$Z_T = \sqrt{\left(\frac{Z_1}{2} + 2Z_2\right) \times \frac{Z_1}{2}} = \sqrt{\frac{{Z_1}^2}{4} + Z_1 Z_2} = \sqrt{Z_1 Z_2 \left(1 + \frac{Z_1}{4Z_2}\right)} \tag{2.33}$$

$$Z_\pi = \sqrt{2Z_2 \times \frac{2Z_2 \times Z_1/2}{2Z_2 + Z_1/2}} = \sqrt{2Z_2 \times \frac{2Z_1 Z_2}{4Z_2 + Z_1}} = \sqrt{\frac{4Z_1 {Z_2}^2}{4Z_2 + Z_1}} = \sqrt{\frac{Z_1 Z_2}{1 + Z_1/4Z_2}} \tag{2.34}$$

式（2.33）及び式（2.34）より

$$Z_T Z_\pi = \sqrt{{Z_1}^2 {Z_2}^2} = Z_1 Z_2 \tag{2.35}$$

図 2.61 の T 形回路及び**図 2.62** の π 形回路の整合インピーダンスは，図 2.60 の整合インピーダンスに等しくなります．

Z_T が図 2.61 の T 形回路の整合インピーダンスに等しいことは，計算しなくても図 2.61 を**図 2.63** のように T 形回路を対称に分けて考えれば明らかです．端子 ab と端子 cd に Z_T を接続すれば，端子 e 及び端子 f から見たインピーダンスは Z_π となり，端子 e と端子 f を接続しても整合条件は変わらないので，端子 ab 及び端子 cd から見たインピーダンスは Z_T になります．

図 2.62 の π 形回路についても同様です．

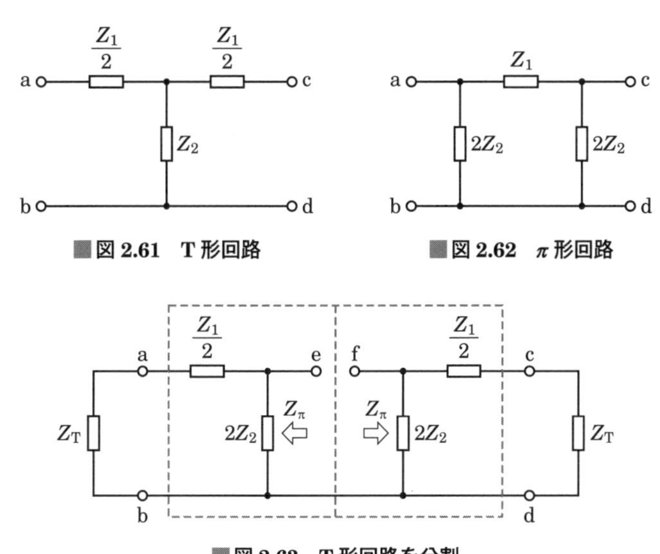

■図 2.61　T 形回路

■図 2.62　π 形回路

■図 2.63　T 形回路を分割

問題 29 ★ ➡2.5

次の記述は，図 1 に示すフィルタ回路について述べたものである．[　　] 内に入れるべき字句の正しい組合せを下の番号から選べ．なお，2 つのコンデンサの静電容量〔F〕は同一とする．

(1) 図 1 の回路の減衰（通過）特性は [A] であり，遮断周波数 f_c は通過域に比べて電圧の減衰量が [B] 倍となる周波数である．

(2) 図 1 の回路のインダクタンスの定数を L〔H〕，各静電容量の定数を $C/2$〔F〕とすれば，遮断周波数 f_c は [C]〔Hz〕で表される．

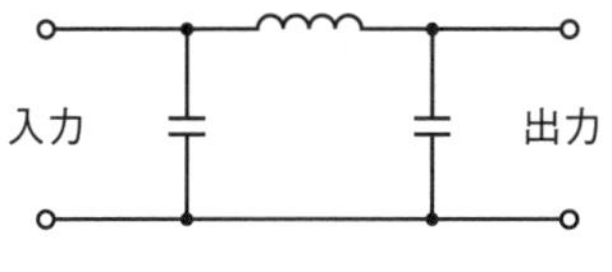

―ᗢᗢᗢ―：インダクタンス

―|⊢―：静電容量

図 1

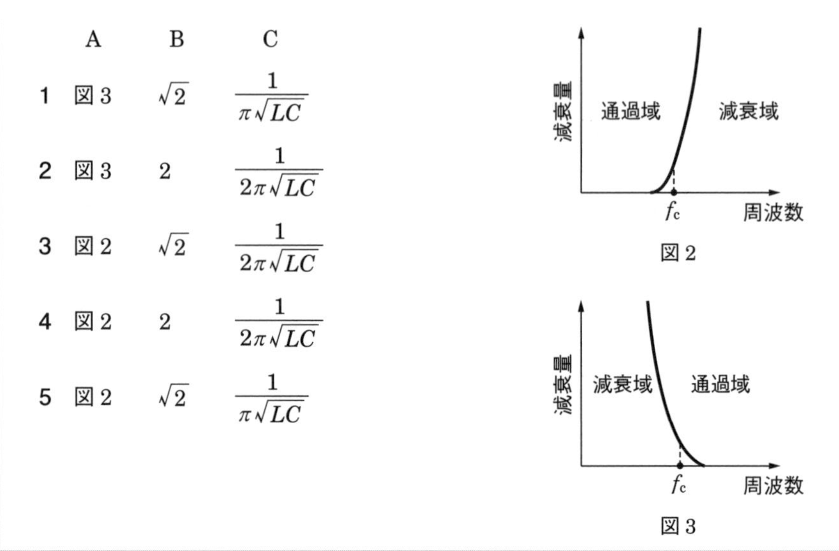

	A	B	C
1	図3	$\sqrt{2}$	$\dfrac{1}{\pi\sqrt{LC}}$
2	図3	2	$\dfrac{1}{2\pi\sqrt{LC}}$
3	図2	$\sqrt{2}$	$\dfrac{1}{2\pi\sqrt{LC}}$
4	図2	2	$\dfrac{1}{2\pi\sqrt{LC}}$
5	図2	$\sqrt{2}$	$\dfrac{1}{\pi\sqrt{LC}}$

図2

図3

解説　**図2.64** は最も基本的な低域フィルタの回路で，遮断周波数を f_c〔Hz〕とすると

$$f_c = \frac{1}{2\pi\sqrt{LC}}\ \text{〔Hz〕}$$

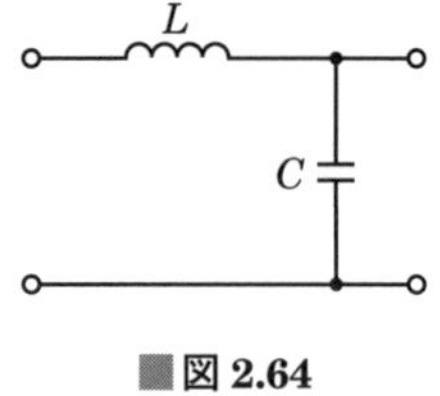

■図 2.64

問題図1のインダクタンス L を $L = L/2 + L/2$ とすると，**図2.65** のように考えることができます．

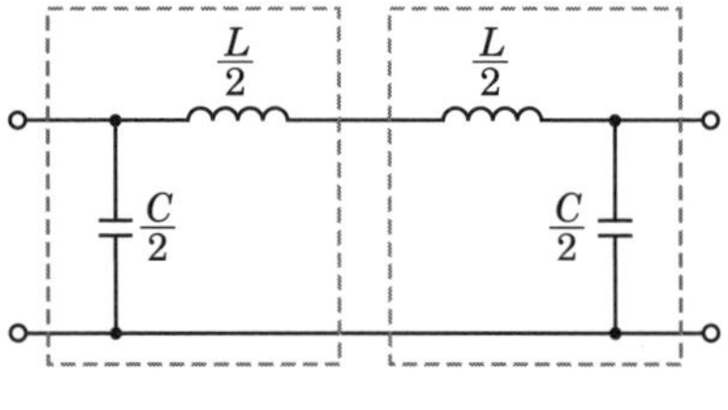

■図 2.65

したがって，遮断周波数 f_c は

$$f_c = \frac{1}{2\pi\sqrt{\dfrac{L}{2}\times\dfrac{C}{2}}} = \frac{1}{2\pi\sqrt{\dfrac{LC}{4}}} = \boldsymbol{\frac{1}{\pi\sqrt{LC}}}\ \text{〔Hz〕}$$

答え▶▶▶5

関連知識 π形回路の遮断周波数

問題㉙の図1はπ形の低域フィルタですが，T形で構成すると**図 2.66** になります．図 2.66 は**図 2.67** と等しいので，遮断周波数 f_c は T 形同様，$f_c = \dfrac{1}{\pi\sqrt{LC}}$〔Hz〕となります．

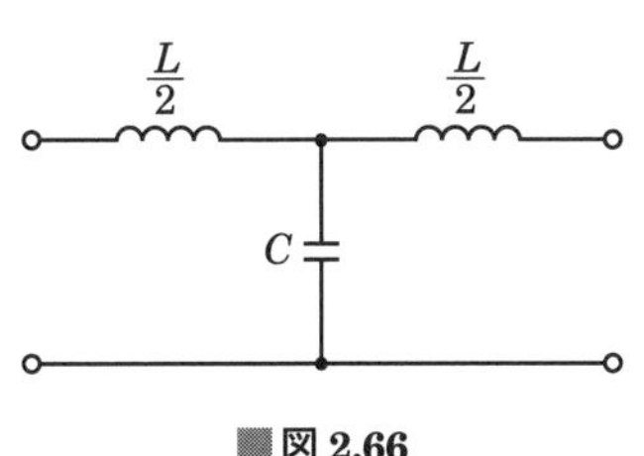

図 2.66

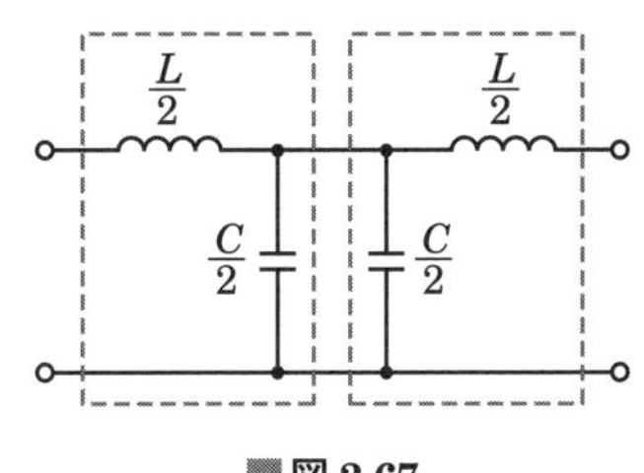

図 2.67

問題 30 ★

➡ 2.5

次の記述は，図1に示すフィルタ回路について述べたものである．［　］内に入れるべき字句の正しい組合せを下の番号から選べ．なお，2つのコンデンサの静電容量〔F〕の値は同一とする．

(1) 図1の回路の減衰（通過）特性は［ A ］であり，一般に遮断周波数 f_c は通過域に比べて電圧の減衰量が［ B ］倍となる周波数である．

(2) 図1の回路のインダクタンスの定数を L〔H〕，各静電容量の定数を $2C$〔F〕とすれば，遮断周波数 f_c は［ C ］〔Hz〕で表される．

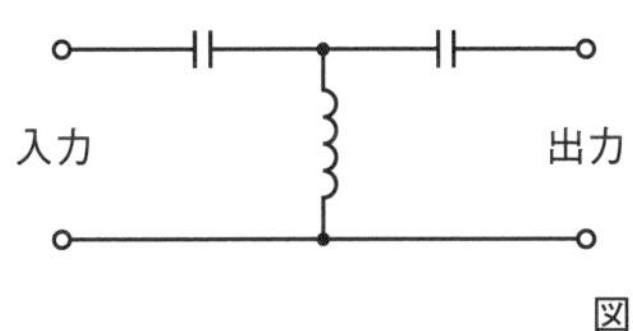

図1

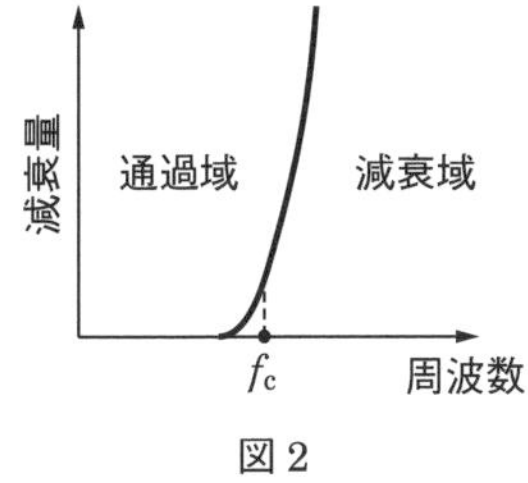

図2

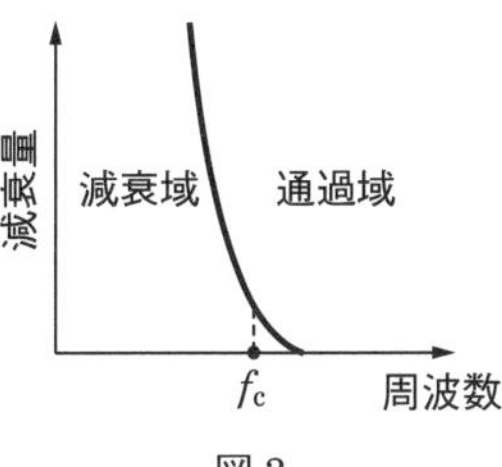

図3

	A	B	C
1	図2	$\sqrt{2}$	$\dfrac{1}{\pi\sqrt{LC}}$
2	図2	2	$\dfrac{1}{\pi\sqrt{LC}}$
3	図3	$\sqrt{2}$	$\dfrac{1}{\pi\sqrt{LC}}$
4	図3	2	$\dfrac{1}{4\pi\sqrt{LC}}$
5	図3	$\sqrt{2}$	$\dfrac{1}{4\pi\sqrt{LC}}$

解説 問題図1のインダクタンス L は $L=\dfrac{1}{\dfrac{1}{2L}+\dfrac{1}{2L}}$ なので（抵抗の並列計算と同じ），**図2.68** のように考えることができます．

したがって，遮断周波数 f_c は

$$f_c=\frac{1}{2\pi\sqrt{2L\times 2C}}$$

$$=\frac{1}{2\pi\sqrt{4LC}}$$

$$=\boldsymbol{\frac{1}{4\pi\sqrt{LC}}}\ \text{〔Hz〕}$$

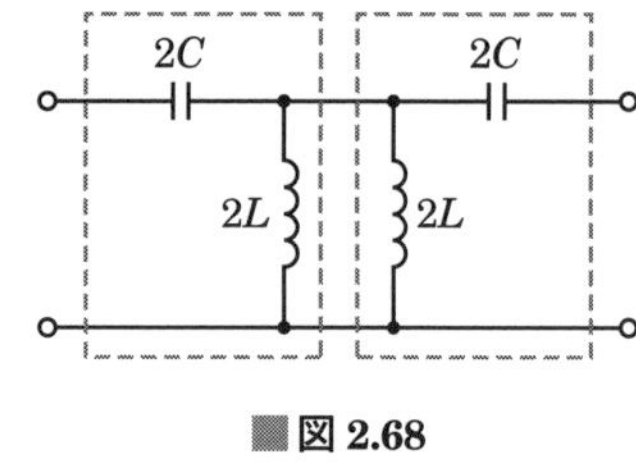

■図 2.68

答え▶▶▶5

関連知識

問題30の図1はT形の低域フィルタですが，π 形で構成すると**図 2.69** になり，図 2.69 は**図 2.70** と等しいので，遮断周波数 f_c はT形同様 $f_c=\dfrac{1}{4\pi\sqrt{LC}}$〔Hz〕となります．

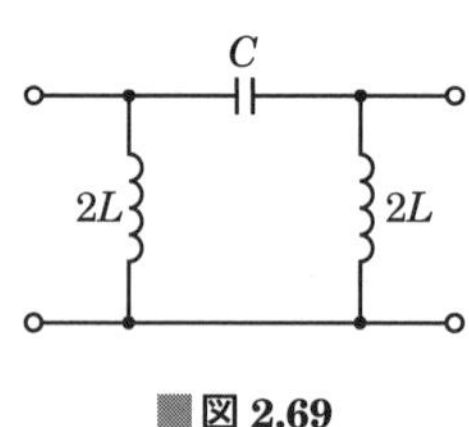

■図 2.69

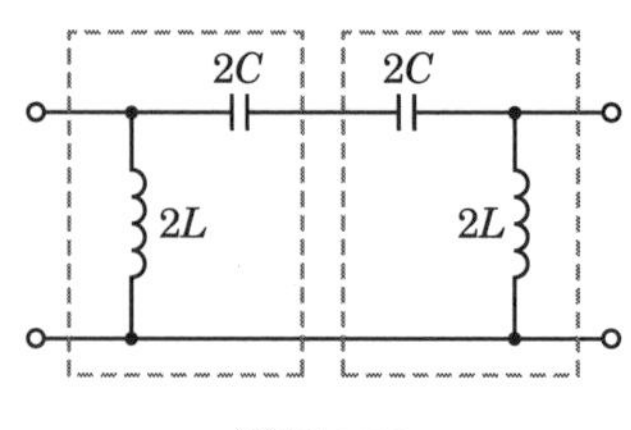

■図 2.70

2.6 過渡現象

直流や周期性のある交流を回路に加えると一定の電流が流れますが，回路にコイルやコンデンサが含まれると，電源のスイッチを閉じた瞬間の電流と十分時間が経過したときの電流は異なります．回路が一定の状態に保たれている状態を**定常状態**といい，それに対し，定常状態に移るまでの状態を**過渡状態**といいます．

2.6.1 *RC* 直列回路の過渡現象

図 2.71 に示す，抵抗 R〔Ω〕とコンデンサ C〔F〕の直列回路に電圧 E〔V〕を加え，定常状態に移るまでの短時間に電流がどのように変化するかを考えてみます．

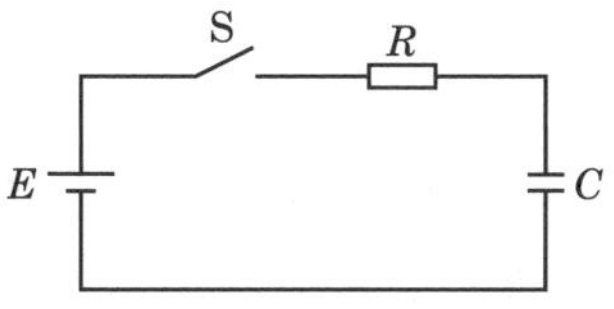

■図 2.71　*RC* 直列回路の電流変化

スイッチを閉じた瞬間には E/R〔A〕の電流が流れますが，コンデンサの充電が完了すれば，電流は流れなくなります（**図 2.72**）．この間の充電電流 i〔A〕は次式になります．

$$i = \frac{E}{R} e^{-\frac{t}{CR}} \text{〔A〕} \qquad (2.36)$$

電流 i を求めるには微分方程式を解く必要がありますので，省略して結果だけを示しました．

ただし，e は自然対数の底で約 2.72 です．

抵抗の両端の電圧を v_R〔V〕とすると

$$v_R = iR = Ee^{-\frac{t}{CR}} \text{〔V〕} \qquad (2.37)$$

となります．

したがって，コンデンサの両端の電圧を v_C〔V〕とすると，次式となります．

$$v_C = E - v_R = E - Ee^{-\frac{t}{CR}} = E\left(1 - e^{-\frac{t}{CR}}\right) \text{〔V〕} \qquad (2.38)$$

式 (2.38) の $t = CR$〔s〕となるときを**時定数** τ（タウ）といい，過渡状態の持続時間の目安になります．

コンデンサの両端の電圧 v_C の時間変化を示したのが**図 2.73** です．

式 (2.38) において，$t = CR$ とすると

$$v_C = E\left(1 - e^{-\frac{CR}{CR}}\right) = E(1 - e^{-1}) = E\left(1 - \frac{1}{e}\right) = E\left(1 - \frac{1}{2.72}\right)$$

$$\fallingdotseq E(1 - 0.368) = 0.632E$$

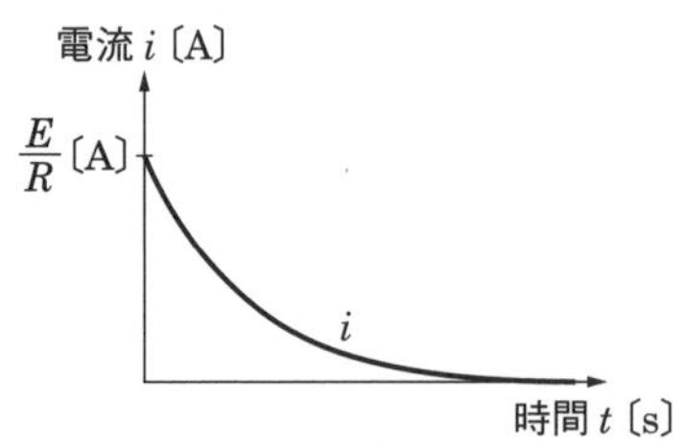

■図 2.72　**RC 直列回路の i の時間変化**

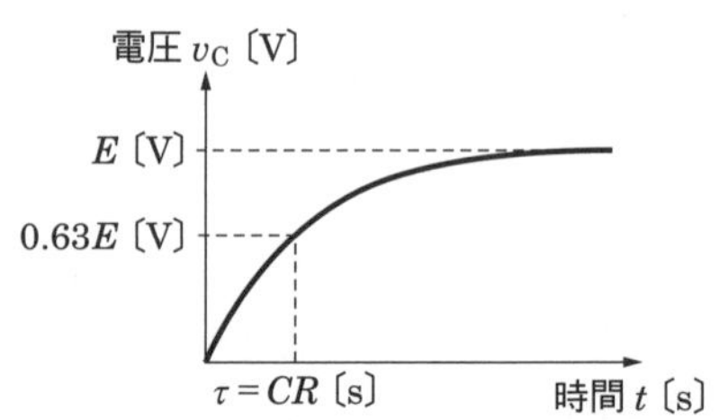

■図 2.73　**RC 直列回路の電圧 v_C の時間変化**

となり，v_C が電源電圧 E の約 63.2%になる時間が時定数になります．

2.6.2　RL 直列回路の過渡現象

図 2.74 に示す，抵抗 R〔Ω〕とコイル L〔H〕の直列回路に電圧 E〔V〕を加え，定常状態に移るまでの短時間に電流がどのように変化するかを考えてみます．

スイッチを閉じた瞬間は，コイルにはレンツの法則で学んだように逆起電力が働き電流は流れません．十分時間が経過するとコイルはただの電線と同じ作用をしますので，電流は E/R〔A〕となります．回路を流れる電流 i〔A〕を式で表すと次式になります．

$$i=\frac{E}{R}\left(1-e^{-\frac{R}{L}t}\right)\text{〔A〕} \tag{2.39}$$

電流 i の時間経過を示したのが**図 2.75** です．

$\tau=L/R$〔s〕を**時定数**といい，過渡状態の持続時間の目安になります．

式（2.39）において，$t=L/R$ とすると

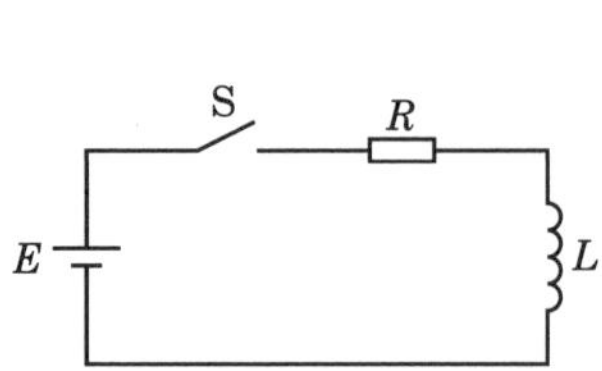

■図 2.74　**RL 直列回路の電流変化**

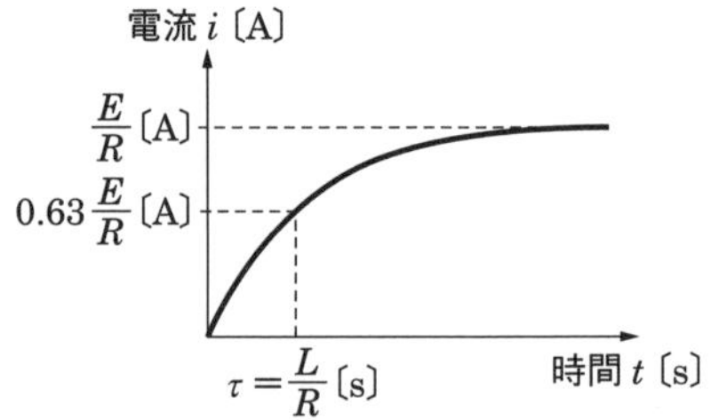

■図 2.75　**RL 直列回路の電流 i の時間変化**

$$i=\frac{E}{R}\left(1-e^{-\frac{R}{L}\times\frac{L}{R}}\right)=\frac{E}{R}(1-e^{-1})=\frac{E}{R}\left(1-\frac{1}{e}\right)=\frac{E}{R}\left(1-\frac{1}{2.72}\right)$$

$$\fallingdotseq\frac{E}{R}\ (1-0.368)=0.632\times\frac{E}{R}$$

となり，i が定常状態の電流値（E/R）の約 63.2%になる時間が時定数となります．

問題 31 ★★★ ➡2.6.1

次の記述は，図 1 に示す抵抗 R〔Ω〕と静電容量 C〔F〕の直列回路の過渡現象について述べたものである．[　　　]内に入れるべき字句の正しい組合せを下の番号から選べ．ただし，初期状態で C の電荷は 0 とし，e は自然対数の底とする．

(1) スイッチ S を接(ON)にして直流電圧 V〔V〕を加えてからの電流 i〔A〕は，経過時間を t〔s〕とすれば次式で表される．

$$i=\frac{V}{R}e^{-\frac{t}{CR}}\ \text{〔A〕}$$

したがって，S を接（ON）にした瞬間（t〔s〕）の電流 i は，[　A　]〔A〕である．

(2) $t=0$ s からの静電容量 C の電圧 v_C の変化は，図 2 の[　B　]である．

(3) t が十分経過したとき（定常状態）の C に蓄えられる電荷量は，[　C　]〔C〕である．

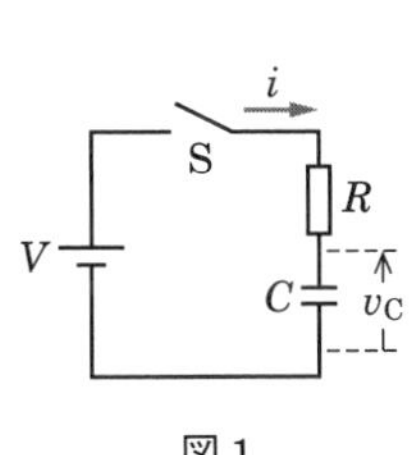

図 1

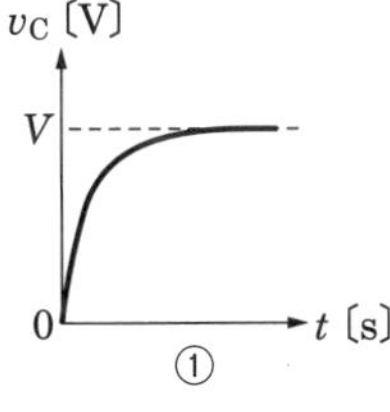

v_C〔V〕
V
0
t〔s〕
②

図 2

	A	B	C
1	V/R	①	CV
2	V/R	②	V
3	0	①	V
4	0	②	CV

解説 (1) $i=\dfrac{V}{R}e^{-\frac{t}{CR}}$〔A〕に $t=0$ s を代入すると

$$i=\frac{V}{R}e^{0}=\boldsymbol{\frac{V}{R}}$$

となります.

(2) $v_C=V-iR=V-Ve^{-\frac{t}{CR}}=V(1-e^{-\frac{t}{CR}})$ となります.

$t=0$ s のとき，$v_C=V(1-e^{0})=0$ V となり，時間が経過するにつれて，段々と v_C が増加するので①になります.

(3) t が十分経過したとき（定常状態），コンデンサの両端の電圧は V〔V〕となり，電荷量は $\boldsymbol{CV}$〔C〕になります.

答え▶▶▶1

問題 32 ★★ ➡2.6.1

次の記述は，図1に示す抵抗 R〔Ω〕と静電容量 C〔F〕の直列回路の過渡現象について述べたものである. [　　] 内に入れるべき字句の正しい組合せを下の番号から選べ. ただし，初期状態で C の電荷は0とし，ε は自然対数の底とする.

(1) スイッチSを接（ON）にして直流電圧 V〔V〕を加えると，C の両端の電圧 v_c〔V〕は経過時間を t〔s〕とすれば次式で表される.

$v_c=V\times$ [A]〔V〕

(2) v_c が V の約 [B]〔%〕となるまでの時間を，この回路の時定数という.

(3) $t=0$ s からの電流 i〔A〕の変化は，図2の [C] である.

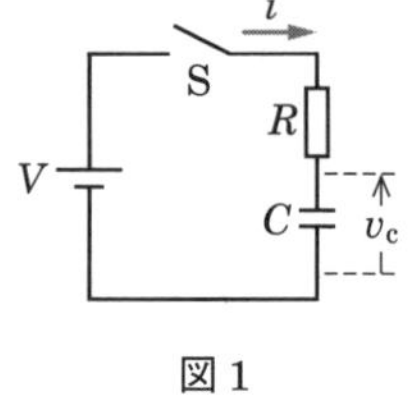

図1

	A	B	C
1	$(1-\varepsilon^{-\frac{t}{CR}})$	68.2	①
2	$(1-\varepsilon^{-\frac{t}{CR}})$	63.2	②
3	$\varepsilon^{-\frac{t}{CR}}$	63.2	①
4	$\varepsilon^{-\frac{t}{CR}}$	68.2	②
5	$\varepsilon^{-\frac{t}{CR}}$	68.2	①

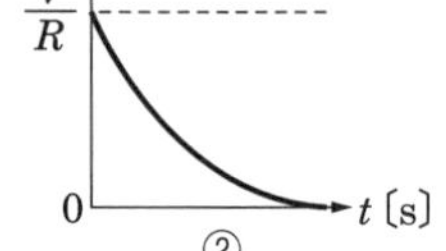

図2

解説 (1) RC 直列回路の過渡現象において，スイッチSを接（ON）にして直流電圧 V〔V〕を加えたときに流れる電流 i〔A〕は

$$i = \frac{V}{R}\varepsilon^{-\frac{t}{CR}} \text{〔A〕} \qquad ①$$

C の両端の電圧 v_c〔V〕は，式①を利用して

$$v_c = V - Ri = V - R \times \frac{V}{R}\varepsilon^{-\frac{t}{CR}} = V(\mathbf{1} - \boldsymbol{\varepsilon}^{-\frac{t}{CR}}) \text{〔V〕} \qquad ②$$

(2) 時定数 $\tau = CR$ は過渡状態の持続時間の目安になる時間です．式②の $t = \tau = CR$ として v_c を求めると

$$v_c = V\left(1 - \varepsilon^{-\frac{t}{CR}}\right) = V\left(1 - \varepsilon^{-\frac{CR}{CR}}\right) = V(1 - \varepsilon^{-1}) = V\left(1 - \frac{1}{\varepsilon}\right)$$

$$\fallingdotseq V\left(1 - \frac{1}{2.72}\right) \fallingdotseq V(1 - 0.368) = 0.632\,\text{V}$$

よって，時定数は v_c が V の約 **63.2%** となるまでの時間となります．

(3) スイッチSをONして時間が経過すると電流は徐々に減ってくるので，グラフは図2の②です．

答え▶▶▶2

問題33 ★★ ➡2.6.2

図に示す回路において，スイッチSを接（ON）にして直流電源 V〔V〕を加えたとき，t〔s〕後の回路に流れる電流 i〔A〕を表す式として，正しいものを下の番号から選べ．ただし，e は自然対数の底とする．

1 $i = \frac{V}{R}(1 - e^{-\frac{L}{R}t})$

2 $i = \frac{V}{R}(1 - e^{-\frac{R}{L}t})$

3 $i = \frac{V}{R}(1 - e^{-\frac{1}{LR}t})$

4 $i = \frac{V}{R}(1 - e^{-LRt})$

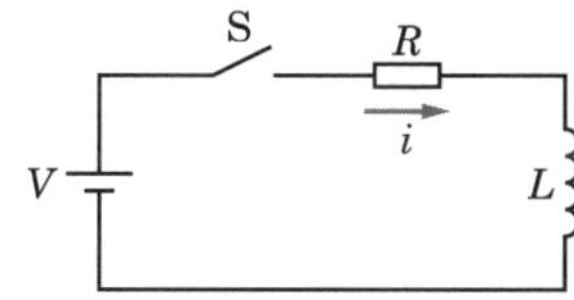

：抵抗 R〔Ω〕

：自己インダクタンス L〔H〕

：直流電源

解説 回路の電流 i〔A〕が時間 t〔s〕により変化すると，コイルを貫く磁束も変化し，コイルの両端に $L\frac{di}{dt}$〔V〕の電圧が生じ，次式が成立します．

$$L\frac{di}{dt} + Ri = V \qquad ①$$

式①を解いて電流を求めると

$$i=\frac{V}{R}\left(1-e^{-\frac{R}{L}t}\right)$$

となります（解き方は一アマの範囲外なので割愛します）.

答え▶▶▶2

別解 単位計算から正解を得る方法

$L\dfrac{di}{dt}$が電圧なので，その単位に着目すると

$$〔\mathrm{V}〕=〔\mathrm{H}〕\frac{〔\mathrm{A}〕}{〔\mathrm{s}〕} \quad ②$$

となります．式②を変形すると，インダクタンスLの単位〔H〕は

$$〔\mathrm{H}〕=〔\mathrm{V}〕\frac{〔\mathrm{s}〕}{〔\mathrm{A}〕} \quad ③$$

となります．ここで，式③を抵抗Rの単位Ωで割ると，L/Rの単位が求まります．

$$\frac{L}{R}\text{の単位}=\frac{\dfrac{〔\mathrm{V}〕}{〔\mathrm{A}〕}〔\mathrm{s}〕}{〔\Omega〕}=\frac{\dfrac{〔\mathrm{V}〕}{〔\mathrm{A}〕}〔\mathrm{s}〕}{\dfrac{〔\mathrm{V}〕}{〔\mathrm{A}〕}}=〔\mathrm{s}〕$$

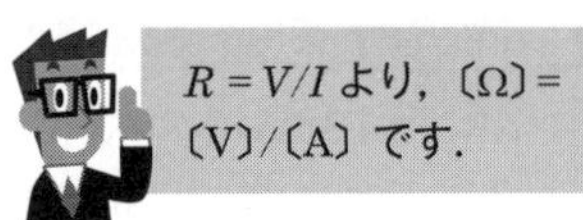

このL/Rを時定数といい，単位は〔s〕になることがわかります．

それでは，この単位計算を用いて，各選択肢を確認してみましょう．各選択肢は$i=V/R(1-□)$の形になっており，□の部分が単位の付かない数値になっているものが正解となります．

1 $\dfrac{L}{R}t$ → $\dfrac{\dfrac{〔\mathrm{V}〕}{〔\mathrm{A}〕}〔\mathrm{s}〕}{\dfrac{〔\mathrm{V}〕}{〔\mathrm{A}〕}}\times〔\mathrm{s}〕=〔\mathrm{s}〕\times〔\mathrm{s}〕=〔\mathrm{s}^2〕$

となり，$e^{-\frac{L}{R}t}$は単位のない数値にはならない（間違い）ということがわかります．

2 $\dfrac{R}{L}t$ → $\dfrac{\dfrac{〔\mathrm{V}〕}{〔\mathrm{A}〕}}{\dfrac{〔\mathrm{V}〕}{〔\mathrm{A}〕}〔\mathrm{s}〕}\times〔\mathrm{s}〕=\dfrac{1}{〔\mathrm{s}〕}\times〔\mathrm{s}〕=1$

となり，$e^{-\frac{R}{L}t}$は単位のない数値であることがわかります．

3 $\frac{1}{LR}t \rightarrow \frac{1}{\frac{[V]}{[A]}[s] \times \frac{[V]}{[A]}} \times [s] = \frac{[A^2]}{[V^2]}$

となり，$e^{-\frac{1}{LR}t}$ は単位のない数値にはならない（間違い）ということがわかります．

4 $LRt \rightarrow \frac{[V]}{[A]}[s] \times \frac{[V]}{[A]} \times [s] = \frac{[V^2]}{[A^2]}[s^2]$

となり，e^{-LRt} は単位のない数値にはならない（間違い）ということがわかります．

以上の結果から，正解は2となります．

関連知識 eとは，なに？

e は自然対数の底で，ネイピア数と呼ばれ，$e = 2.71828\cdots$（鮒一鉢二鉢（ふなひとはちふたはち））です．

$y = \log_a x$ を微分する過程で e が発見されました．$\log_a x$ を微分すると

$$(\log_a x)' = \frac{1}{x}\log_a e$$

となり，対数の底 a の代わりに e を使うと

$$(\log_a x)' = \frac{1}{x}\log_a e = \frac{1}{x}$$

と簡単になります．微分の逆は積分ですので

$$\int \frac{1}{x}dx = \log_e x$$

となります．

$L\frac{di}{dt} + Ri = V$ は微分方程式ですが，「微分方程式を解くこと」=「積分すること」です．

この微分方程式を解いた電流値 i は，$i = \frac{V}{R}(1 - e^{-\frac{R}{L}t})$ となり，この e は積分した結果，出てきたものです．

問題34 ★★★ ➡2.6.2

次の記述は，図1に示す回路について述べたものである．［　　］内に入れるべき字句の正しい組合せを下の番号から選べ．

図1に示す回路は［　A　］回路とも呼ばれ，入力端子に図2の（a）に示す幅Tの方形波電圧を加えたとき，出力端子に現れる電圧波形は図2の［　B　］である．この回路と同様の出力波形が得られるのは，図3の［　C　］の回路である．ただし，t は時間を示し，各回路の時定数は T より十分小さいものとする．

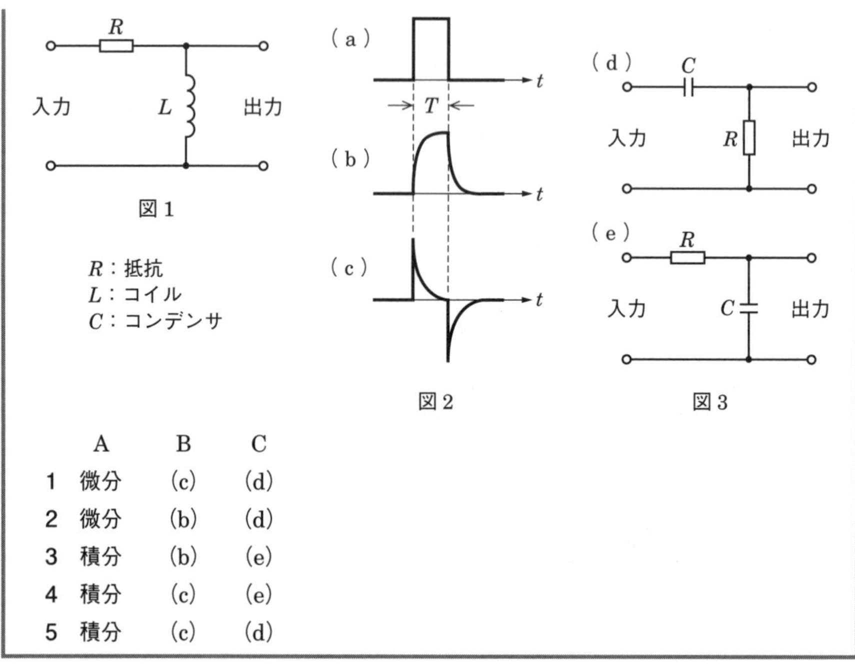

	A	B	C
1	微分	(c)	(d)
2	微分	(b)	(d)
3	積分	(b)	(e)
4	積分	(c)	(e)
5	積分	(c)	(d)

解説　入力端子に加える電圧を V〔V〕とすると，回路を流れる電流 i〔A〕は

$$i = \frac{V}{R}\left(1 - e^{-\frac{R}{L}t}\right) \text{〔A〕} \quad ①$$

となります．出力端子に現れる電圧 v_L〔V〕は

$$v_L = V - Ri = V - R \times \frac{V}{R}\left(1 - e^{-\frac{R}{L}t}\right) = V^{-\frac{R}{L}t} \text{〔V〕} \quad ②$$

となります．$t = 0$ s のとき，式②は

$$v_L = Ve^{-\frac{R}{L}t} = Ve^0 = V \text{〔V〕} \quad ③$$

となります．式②は，時間 t が経過すると，出力端子に現れる電圧 v_L が減少することを示しています．したがって，出力波形は **(c)** となり，**微分**回路であることがわかります．RC で構成する微分回路は **(d)** になります．

答え▶▶▶ 1

3章 半導体

この章から 3 問出題

真性半導体，不純物半導体の性質，不純物半導体であるP形半導体，N形半導体を組み合わせたダイオードの動作原理とその用途，トランジスタ，電界効果トランジスタ（FET）の動作原理と図記号について学びます．

3.1 半導体とは

銅やアルミニウムなどのように電気をよく通す物質を**導体**といい，プラスチック，ガラス，磁器などのように電気を通さない物質を**絶縁体**といいます．導体と絶縁体の中間の物質が**半導体**です．代表的な半導体にゲルマニウム（Ge）やシリコン（Si）などがあります．金属は温度が上がると抵抗は大きくなりますが，半導体は温度が上がると抵抗は小さく（抵抗率が小さく）なります．

3.1.1 真性半導体

不純物を含まない半導体を**真性半導体**といいます．真性半導体は低温において電子は原子に拘束されるので，抵抗率が大きく絶縁性が高くなります．

3.1.2 不純物半導体（N形半導体とP形半導体）

GeやSiは4価の物質（最外殻に電子が4つある物質）です．これらにリン（P）やヒ素（As）などの5価の物質を微量加えると，電子が余り自由電子となります.5価の物質を**ドナー**と呼び，このような半導体を**N形半導体**といいます．同じように，GeやSiに，ホウ素（B），アルミニウム（Al），ガリウム（Ga）などの3価の物質を微量加えると電子が不足します．電子が不足しているところを**正孔**（ホール）といいます．3価の物質を**アクセプタ**と呼び，このような半導体を**P形半導体**といいます．

N形半導体の電子とP形半導体の正孔は，それぞれ電荷を運ぶ役目をするのでキャリア（carrier）と呼びます．

関連知識　微量とはどの位か（不純物の濃度）

Siの結晶の原子密度は5×10^{22}〔個/cm^3〕であり，それに対して注入する不純物は10^{15}〔個/cm^3〕程度ですので，濃度は$2/10^8$となり，1億分の2程度となります．

問題 1 ★ ➡3.1

次の記述は，半導体について述べたものである．[　　]内に入れるべき字句を下の番号から選べ．

(1) 不純物をほとんど含まず，ほぼ純粋な半導体を[ア]半導体という．

(2) 価電子が4個のシリコンなどの半導体に，3個のインジウムなどの原子を不純物として加えたものを[イ]半導体といい，また，5価のアンチモンなどの原子を不純物として加えたものを[ウ]半導体という．

(3) P形半導体の多数キャリアは[エ]であり，また，N形半導体の多数キャリアは[オ]である．

1 正孔	2 真性	3 MOS形	4 P形	5 電界
6 電子	7 化合物	8 接合形	9 N形	10 原子

答え▶▶▶ア－2，イ－4，ウ－9，エ－1，オ－6

3.2 ダイオード

P形半導体とN形半導体を**図3.1**のように接合したものを**ダイオード**（**PN接合ダイオード**）といいます．

ダイオードは一方向にしか電流を流さない素子です．

このダイオードに**図3.2**に示す方向に電圧をかけると，電流が流れるようになります．このような電圧の加え方を**順方向接続**といいます．**図3.3**に示す方向に電圧をかけると，電流が流れなくな

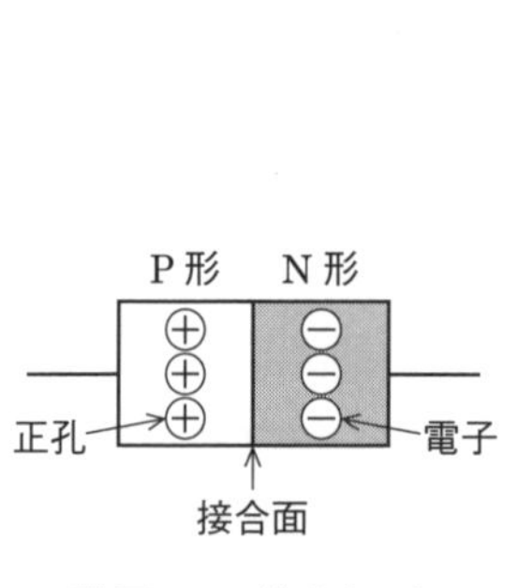

■図3.1 ダイオード

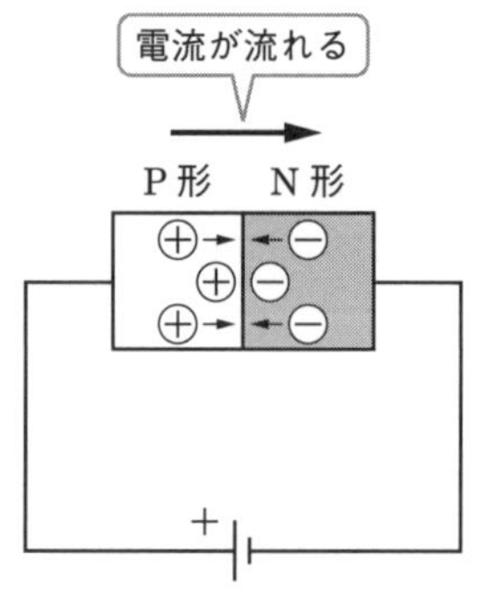

■図3.2 順方向接続

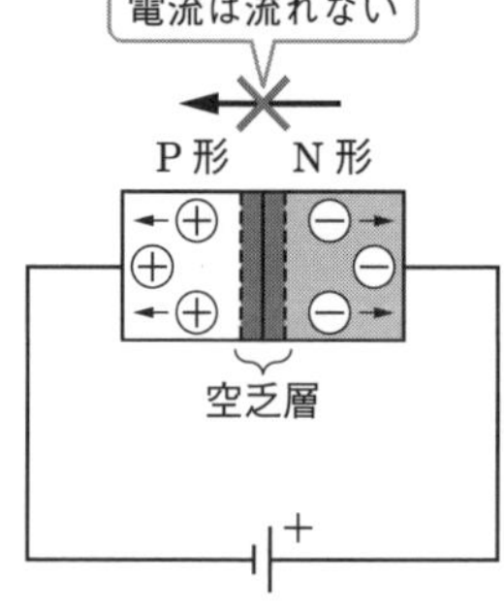

■図3.3 逆方向接続

ります．このような電圧の加え方を**逆方向接続**といいます．ダイオードの図記号は**図 3.4** で表します．

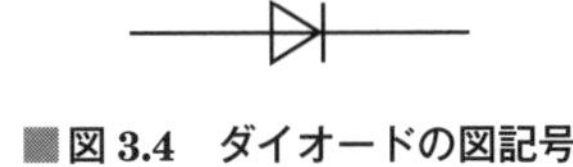

■図 3.4　ダイオードの図記号

図 3.4 の図記号は順方向の抵抗が 0，逆方向の抵抗が無限大の理想的なダイオードで，その電圧電流特性（以下 V–I 特性）は**図 3.5** になります．実際のダイオードの V–I 特性の例を**図 3.6** に示します．ダイオードに順方向に電流を流すのに必要な電圧（閾値(しきいち)電圧という）はシリコンダイオードで約 0.6 V 程度です．図 3.6 は非線形特性で扱いにくいので，ダイオードを**図 3.7**（r_{d} は順方向抵抗）のように考え，**図 3.8** のように折れ線グラフで近似することがあります．

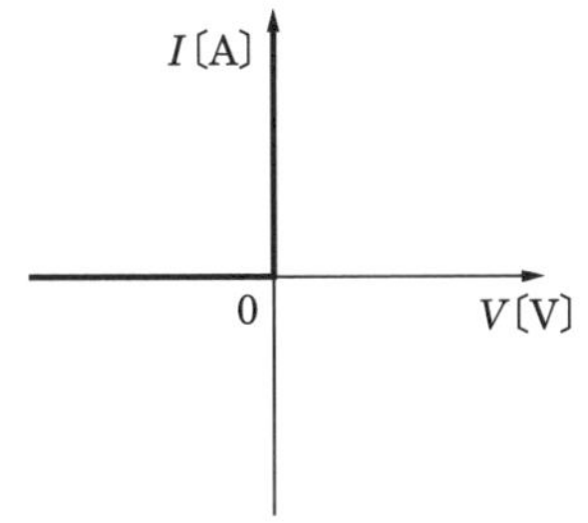

■図 3.5　理想的なダイオードの V–I 特性

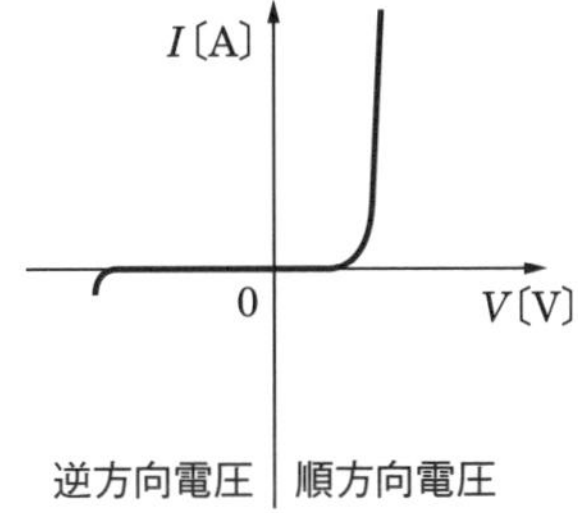

■図 3.6　実際のダイオードの V–I 特性

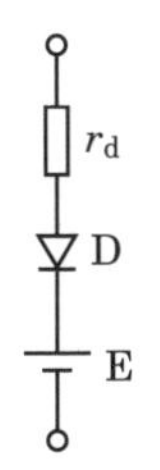

■図 3.7　順方向抵抗を加えたダイオード

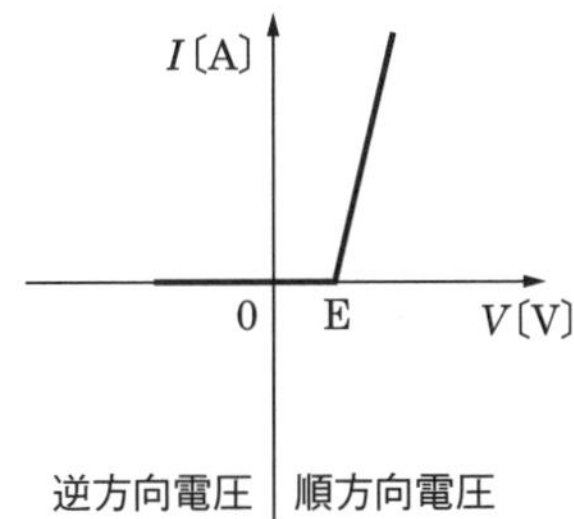

■図 3.8　近似したダイオードの V–I 特性

ダイオードには，**表 3.1** に示すような多くの種類があります．

■表 3.1　ダイオードの種類と特徴

名　称	用　途	特　徴
接合ダイオード	電源の整流，検波	最も基本的な PN 接合形ダイオード
定電圧ダイオード（ツェナーダイオード）	電圧の安定化	逆方向電圧を加えると，ある電圧で急に大きな電流が流れるようになる（降伏現象）．それ以上に電圧を上げられなくなり，電圧が一定となる．
ガンダイオード	マイクロ波発振	N 形半導体のみで構成される．N 形 GaAs 単結晶のある方向で切断した薄板の両端にある以上の電圧を加えるとマイクロ波帯の振動電流が得られる．
インパッドダイオード	マイクロ波発振・増幅	ダイオードに逆方向電圧を加え，電圧を上昇させると電子なだれ現象を生じて負性抵抗が発生する（雑音が多いが高出力）．
発光ダイオード（LED）	表示，照明など	PN 接合部の P 側から N 側に電流を流すと接合部分から発光する（電気信号を光信号に変換）．発光色は使用する半導体の材料により決まる．
可変容量ダイオード（バラクタダイオード）	同調回路，自動周波数制御回路など	逆バイアス電圧の大きさとともにダイオードの障壁容量が変化する．可変容量素子として使用できる．
フォトダイオード	信号の変換・検出	PN 接合面に光が当たると光のエネルギーが吸収され，光の強さに比例した電流が流れる．
トンネルダイオード（エサキダイオード）	マイクロ波発振・増幅・高速スイッチング	不純物濃度を大きくした PN 接合ダイオードで，順方向特性のトンネル効果による負性抵抗を生じる．

※ツェナー（クラレンス・ツェナー（米国））
　エサキ（江崎玲於奈（ノーベル賞受賞者））

あわせて覚えておこう．
バリスタ：加えられた電圧の大きさにより抵抗値が変化する素子．
サーミスタ：マンガン・ニッケル・コバルト・チタン酸バリウムなどを混合して焼結したもので，温度が変化すると抵抗値が変化する素子．

3 章

問題 2 ★★★ ➡3.2

次の記述は，ダイオードについて述べたものである．□内に入れるべき字句を下の番号から選べ．

(1) シリコン（Si）等の 1 つの結晶内に P 形と N 形の半導体の層を作ったとき，この層を接した状態を PN 接合といい，この構造をもつダイオードを PN 接合ダイオードという．シリコン（Si）を用いた接合ダイオードは［ア］方向電流が非常に少なく，整流用の素子として広く用いられている．

(2) PN 接合ダイオードに加える逆方向電圧を大きくしていくと，ある電圧で電流が急激に増加する．これを［イ］といい，この特性を利用するダイオードを［ウ］ダイオードという．

(3) PN 接合ダイオードに加える逆方向電圧を増加させるほど空乏層の幅が広くなるので，接合部の静電容量は［エ］なる．この特性を利用するダイオードを［オ］ダイオードという．

1　大きく	2　トンネル	3　降伏現象	4　逆	5　ガン
6　小さく	7　ツェナー	8　ホール効果	9　順	10　バラクタ

答え▶▶▶ア－4，イ－3，ウ－7，エ－6，オ－10

出題傾向 下線の部分を穴埋めにした問題も出題されています．

問題 3 ★★ ➡3.2

次の記述は，フォトダイオードの動作について述べたものである．□内に入れるべき字句を下の番号から選べ．なお，同じ記号の□内には同じ字句が入るものとする．

PN 接合ダイオードに［ア］電圧を加え，接合面に光を当てると，光のエネルギーが吸収されて，光の強さに［イ］した数の正孔と電子の対が生じ，接合部の電界によって電子は［ウ］半導体の方向へ，正孔は［エ］半導体の方向へ移動して［ア］電流が流れる［オ］素子である．

1　比例	2　発光	3　順方向	4　P 形	5　増加
6　反比例	7　受光	8　逆方向	9　N 形	10　減少

答え▶▶▶ア－8，イ－1，ウ－9，エ－4，オ－7

問題 4 ★★★ ➡3.2

次の記述は，可変容量ダイオードについて述べたものである．［　　］内に入れるべき字句を下の番号から選べ．なお，同じ記号の［　　］内には同じ字句が入るものとする．

(1) 図に示すような，PN接合の可変容量ダイオードに［ア］電圧を加えると，キャリアは接合面付近から離れてしまうため，接合面付近は正孔や電子の存在しない［イ］Aが生ずる．

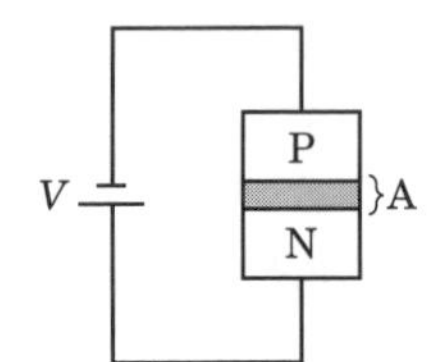

(2) ［イ］Aは絶縁層と考えることができ，P形半導体とN形半導体を電極とする一種の静電容量として働き，［ア］電圧V〔V〕を大きくするとAの幅が広がり，静電容量は［ウ］なる．

(3) 可変容量ダイオードは［エ］とも呼ばれ，一般に流通している可変容量ダイオードの電極間容量は［オ］単位のものが主流である．

1　μF	2　小さく	3　導電層	4　逆方向
5　ガンダイオード	6　pF	7　大きく	8　空乏層
9　順方向	10　バラクタダイオード		

解説 図に示す**逆方向**電圧を加えると**空乏層**が生じます．逆方向電圧を大きくすると**空乏層**が広がり，静電容量は**小さく**なります．また，可変容量ダイオード（**バラクタダイオード**）は高周波同調回路や自動周波数制御回路などに使用され，**pF**単位のものが主流です．

答え▶▶▶ア－4，イ－8，ウ－2，エ－10，オ－6

出題傾向 このほかに，「空乏層を挟んで，P形半導体中には［負（－）］の電荷，N形半導体中にはその逆の電荷が蓄えられる」「可変容量ダイオードは受信機の［高周波同調回路］に用いられる」といった問題も出題されています．

問題 5 ★★ ➡3.2

次の記述は，発光ダイオード（LED）について述べたものである．このうち誤っているものを下の番号から選べ．

1　LED の基本的な構造は，PN 接合の構造を持ったダイオードである．
2　光信号を電気信号に変換する特性を利用する半導体素子である．
3　LED を使用するときの電圧及び電流は，最大定格より低い値にする．
4　順方向電圧を加えて，順方向電流を流したときに発光する．

解説　2　×　「**光信号**を**電気信号**に変換する」ではなく，正しくは「**電気信号**を**光信号**に変換する」です．

答え▶▶▶2

問題 6 ★　➡3.2

負性抵抗特性を利用している素子の名称を下の番号から選べ．

1　ツェナーダイオード
2　フォトダイオード
3　発光ダイオード
4　ガンダイオード

解説　ガンダイオードは負性抵抗特性（電圧が増加すると電流が減少する現象）を利用してマイクロ波を発生します．

答え▶▶▶4

問題 7 ★★★　➡3.2

図 1 に示すように，電気的特性が同一のダイオード D を 2 個直列に接続したときの電圧電流特性（V–I 特性）を表すグラフとして，最も近いものを下の番号から選べ．ただし，1 個の D の電圧電流特性（V_D–I_D 特性）を図 2 とする．

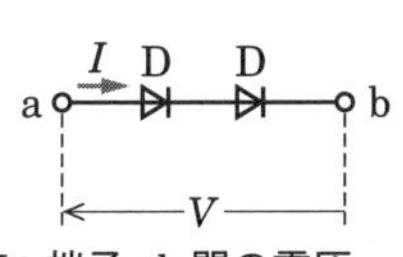

V：端子 ab 間の電圧
I：端子 ab に流れる電流

I_D D
V_D

V_D：D の両端の電圧
I_D：D に流れる電流

図 1

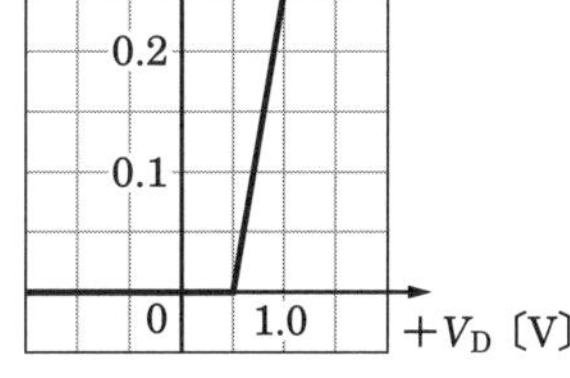

図 2

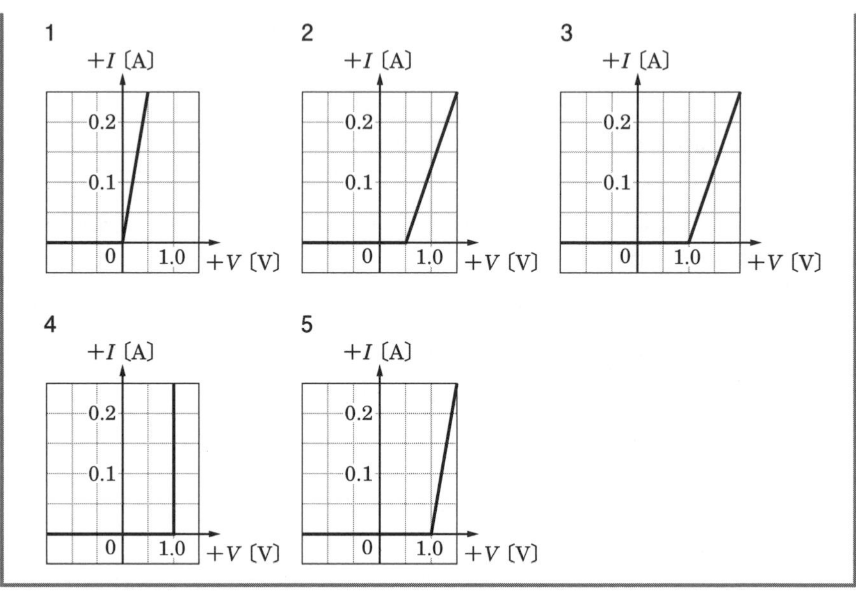

解説 問題図2から，ダイオードの閾値電圧 E は0.5 V であり，順方向電圧を0.5 V 増加させると電流が0.25 A 増えることがわかります．これより，ダイオードの順方向抵抗 r_d は，$r_d = 0.5/0.25 = 2\ \Omega$ となります．ダイオードを2個直列接続すると閾値電圧は0.5 V の2倍の1 V になり，順方向抵抗 r_d は4 Ω になります．よって，閾値電圧から電圧を1 V 増加させたときに流れる電流 I は，$I = 1/4 = 0.25$ A となります．以上より，該当する選択肢は3になります．

答え▶▶▶3

問題 8 ★ ➡3.2

バリスタについての記述として，正しいものを下の番号から選べ．

1 温度の変化を，電気信号に変換する．
2 電気エネルギーを，光のエネルギーに変換する．
3 光エネルギーを，電気エネルギーに変換する．
4 加えられた電圧の大きさによって，静電容量が変化する．
5 加えられた電圧の大きさによって，抵抗値が変化する．

解説 1はサーミスタ，2は発光ダイオード，3はフォトダイオード，4はバラクタダイオードの説明です．

答え▶▶▶5

3
章

問題 9 ★ ➡3.2

次の記述は，サーミスタについて述べたものである．[　　　]内に入れるべき字句の正しい組合せを下の番号から選べ．

サーミスタは，マンガン，ニッケル，コバルト，チタン酸バリウムなどの酸化物を混合して焼結したもので，温度が変化すると[A]が変化し，その変化率は金属に比べて非常に[B]．この性質を利用して[C]センサや回路の温度特性の補償素子などに用いられている．

	A	B	C
1	抵抗率	大きい	湿度
2	抵抗率	小さい	湿度
3	抵抗率	大きい	温度
4	誘電率	小さい	温度
5	誘電率	大きい	湿度

答え▶▶▶3

3.3 トランジスタ

3.3.1 トランジスタの原理と動作

P 形半導体と N 形半導体を**図 3.9** のように接続して電極を付けたものが**接合形トランジスタ**（以降本書では，単に**トランジスタ**といったときは，この接合形トランジスタを指します）です．図 3.9 (a) を **NPN 形トランジスタ**，図 3.9 (b) を **PNP 形トランジスタ**といいます．電極は 3 本で，**エミッタ**，**ベース**，**コレクタ**と呼びます．ベース領域は非常に薄く作られています．

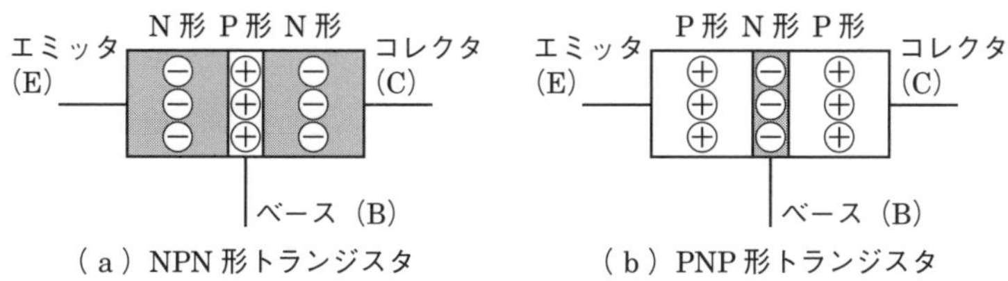

■図 3.9　接合形トランジスタ

トランジスタの図記号を**図 3.10** に示します．

トランジスタは3本の電極のどれか1本を共通にして使用します．ある電極を共通にすることを**接地**といいます．接地方式には，**図 3.11** に示すように**ベース接地**，**エミッタ接地**，**コレクタ接地**があります（図は NPN 形トランジスタで表していますが，PNP 形トランジスタでも同じです）．

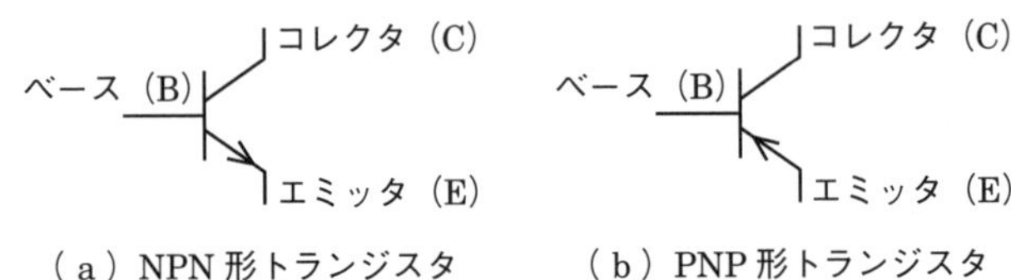

■図 3.10　接合形トランジスタの図記号

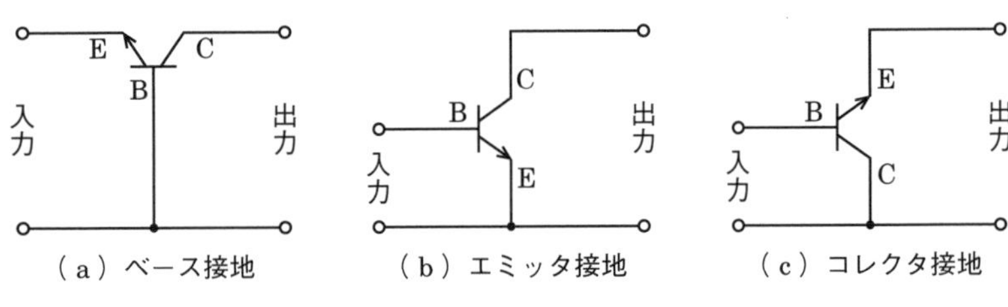

■図 3.11　各種接地方式

トランジスタを動作させるためには各電極に適切な電圧を加える必要があります．**図 3.12** のような NPN 形トランジスタを使ったエミッタ接地回路の動作は次のようになります．入力側は順方向に，出力側は逆方向になるように電圧を加えます．P 形半導体であるベースにはプラスの電圧 V_{BB} を加えます．出力側のコレクタは N 形半導体ですので，逆方向接続をするにはコレクタがプラスになるように電圧 V_{CC} を加えます．ベース電流を I_B，コレクタ電流を I_C，エミッタ電流を I_E とすると，電流は矢印の方向に流れ，$I_E = I_B + I_C$ が成立します．

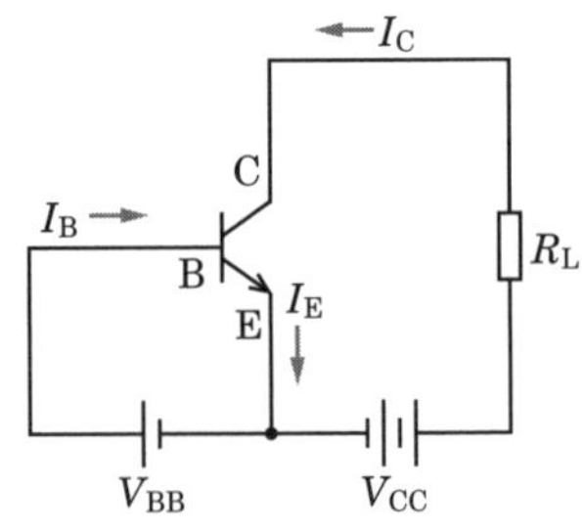

■図 3.12　エミッタ接地回路の電圧の加え方

図 3.11 (a) のベース接地回路の電流増幅率を α とすると，$\alpha = I_C/I_E$ となります（I_E はエミッタ電流，I_C はコレクタ電流）．α は 1 より小さくなります．

エミッタ接地の電流増幅率 β とベース接地の電流増幅率 α との関係は，$\beta = I_C/I_B = I_C/(I_E - I_C) = \alpha/(1-\alpha)$ となります．$\beta = 1$ となる周波数を**トランジション周波数**といいます．

トランジスタの電流増幅率は低周波では一定になりますが，高周波では低下し，電流増幅率が低周波の場合の $\mathbf{1/\sqrt{2}}$（3 dB 低下）になる周波数を**遮断周波数**といいます．ベース接地の場合の遮断周波数を f_α，エミッタ接地の場合の遮断周波数を f_β で表します．ベース接地の場合，電流増幅率 α は小さくなりますが f_α は高くなり，エミッタ接地の場合，電流増幅率 β は大きくなりますが f_β は低くなります．

コレクタ遮断電流は，エミッタを開放し，コレクタ・ベース間に逆方向電圧をかけたときにコレクタに流れる電流をいいます．

3.3.2 トランジスタの特性と h パラメータ

図 3.13 にトランジスタをエミッタ接地で用いる場合の静特性曲線を示します．

h パラメータはトランジスタの入力電圧・入力電流，出力電圧・出力電流を測定することによりトランジスタの各種定数を求めるときに使われます（等価回路は 4.2.3 項を参照）．

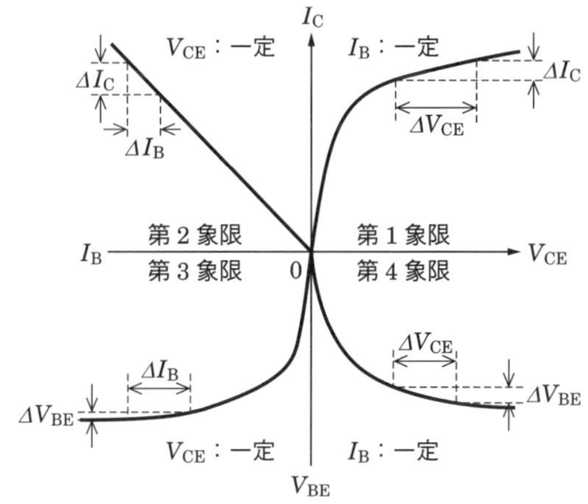

■図 3.13　静特性曲線

(1) 第1象限の横軸はコレクタ-エミッタ間電圧 V_{CE}〔V〕，縦軸はコレクタ電流 I_C〔A〕で，トランジスタの出力特性を表しています．V_{CE} の微小変化分を ΔV_{CE}，I_C の微小変化分を ΔI_C とすると，$\Delta I_C/\Delta V_{CE}$ は（出力電流）/（出力電圧）なので**出力アドミタンス**を表し，h_{oe} と表記します（o：output）.

(2) 第2象限の横軸はベース電流 I_B〔A〕，縦軸はコレクタ電流 I_C〔A〕です．I_B の微小変化分を ΔI_B，I_C の微小変化分を ΔI_C とすると，$\Delta I_C/\Delta I_B$ は（出力電流）/（入力電流）なので**電流増幅率**を表し，h_{fe} と表記します（f：forward）.

(3) 第3象限の横軸はベース電流 I_B〔A〕，縦軸はベース-エミッタ間電圧 V_{BE}〔V〕で入力特性を表しています．I_B の微小変化分を ΔI_B，V_{BE} の微小変化分を ΔV_{BE} とすると，$\Delta V_{BE}/\Delta I_B$ は（入力電圧）/（入力電流）なので**入力インピーダンス**を表し，h_{ie} と表記します（i：input）.

(4) 第4象限の横軸はコレクタ-エミッタ間電圧 V_{CE}〔V〕，縦軸はベース-エミッタ間電圧 V_{BE}〔V〕です．V_{CE} の微小変化分を ΔV_{CE}，V_{BE} の微小変化分を ΔV_{BE} とすると，$\Delta V_{BE}/\Delta V_{CE}$ は（入力電圧）/（出力電圧）なので**電圧帰還率**を表し，h_{re} と表記します（r：reverse）.

問題 10 ★★ ➡ 3.3.1

次の記述は，トランジスタの周波数特性について述べたものである．［　　］内に入れるべき字句の正しい組合せを下の番号から選べ．

トランジスタの電流増幅率の大きさが，その周波数特性の平坦部における値の［ A ］になるときの周波数を［ B ］周波数という．この周波数が［ C ］ほど高周波特性のよいトランジスタである．

	A	B	C
1	$1/\sqrt{2}$	トランジション	低い
2	$1/\sqrt{2}$	遮断	高い
3	$1/\sqrt{2}$	トランジション	高い
4	1/2	遮断	低い
5	1/2	トランジション	高い

答え▶▶▶2

問題 11 ★★★ ➡3.3.1

次の記述は，トランジスタの電気的特性について述べたものである．［　］内に入れるべき字句を下の番号から選べ．

(1) トランジスタの高周波特性を示す α 遮断周波数は，［ア］接地回路のコレクタ電流とエミッタ電流の比 α が低周波のときの値より［イ］〔dB〕低下する周波数である．

(2) トランジスタの高周波特性を示すトランジション周波数は，エミッタ接地回路の電流増幅率 β の絶対値が［ウ］となる周波数である．

(3) コレクタ遮断電流は，エミッタを［エ］して，コレクタ・ベース間に［オ］方向電圧（一般的には最大定格電圧）を加えたときのコレクタに流れる電流である．

1 ベース	2 6	3 1.4	4 短絡	5 逆
6 コレクタ	7 3	8 1	9 開放	10 順

答え▶▶▶ア－1，イ－7，ウ－8，エ－9，オ－5

問題 12 ★★★ ➡3.3.1

次の記述は，バイポーラトランジスタの一般的な電気的特性について述べたものである．このうち誤っているものを下の番号から選べ．

1 ベース接地回路の高周波特性を示す α 遮断周波数 f_α は，電流増幅率 α の値が低周波のときの値より 3 dB 低下する周波数である．

2 直流電流増幅率 h_{FE} は，エミッタ接地回路の直流のコレクタ電流 I_C とベース電流 I_B の比（I_C/I_B）である．

3 コレクタ遮断電流 I_{CBO} は，エミッタを開放にして，コレクタ・ベース間に順方向電圧（一般的には最大定格電圧 V_{CBO}）を加えたときのコレクタに流れる電流である．

4 エミッタ接地回路の高周波特性を示すトランジション周波数 f_T は，電流増幅率 β が 1 となる周波数である．

5 エミッタ接地回路のトランジション周波数 f_T は，利得帯域幅積ともいわれる．

解説 3 × 「コレクタ・ベース間に**順**方向電圧」ではなく，正しくは「コレクタ・ベース間に**逆**方向電圧」です．

答え▶▶▶3

コレクタ遮断電流 I_{CBO} の原因は，逆方向電圧を加えると空乏層を生じ，正孔電子対による電流が流れるからです．

問題 13 ★ ➡ 3.3.2

次の記述は，エミッタ接地で用いるトランジスタの静特性曲線と h パラメータについて述べたものである．[ ]内に入れるべき字句の正しい組合せを下の番号から選べ．ただし，図はトランジスタの電圧電流特性を示し，また Δ はそれぞれの電圧及び電流の微小変化分を表す．

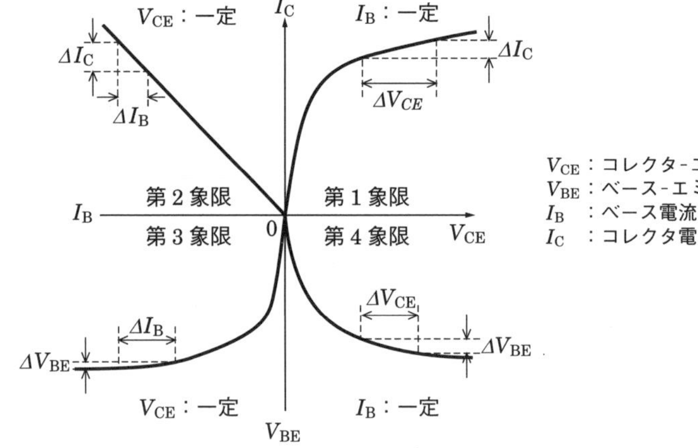

(1) 第1象限の特性曲線の傾き $\Delta I_C/\Delta V_{CE}$ は，[A]アドミタンスで，通常 h_{oe} で表される．

(2) 第2象限の特性曲線の傾き $\Delta I_C/\Delta I_B$ は，[B]増幅率で，通常 h_{fe} で表される．

(3) 第3象限の特性曲線の傾き $\Delta V_{BE}/\Delta I_B$ は，[C]インピーダンスで，通常 h_{ie} で表される．

(4) 第4象限の特性曲線の傾き $\Delta V_{BE}/\Delta V_{CE}$ は，電圧帰還率で，通常 h_{re} で表される．

	A	B	C
1	出力	電流	入力
2	出力	電圧	伝達
3	出力	電圧	入力
4	入力	電圧	伝達
5	入力	電流	入力

解説 (1) $\Delta I_C/\Delta V_{CE}$ は（出力電流）/（出力電圧）なので**出力**アドミタンス h_{oe}（h_{oe} の添え字の o は出力（output）を，e はエミッタ接地を表す）．

(2) $\Delta I_C/\Delta I_B$ は（出力電流）/（入力電流）なので**電流**増幅率 h_{fe}（h_{fe} の添え字の f は forward を，e はエミッタ接地を表す）．

(3) $\Delta V_{BE}/\Delta I_B$ は（入力電圧）/（入力電流）なので**入力**インピーダンス h_{ie}（h_{ie} の添え字の i は input を，e はエミッタ接地を表す）．

(4) $\Delta V_{BE}/\Delta V_{CE}$ は（入力電圧）/（出力電圧）なので電圧帰還率 h_{re}（h_{re} の添え字の r は reverse を，e はエミッタ接地を表す）．

答え▶▶▶ 1

問題 14 ➡3.3.2

図 1 に示すように，トランジスタ Tr_1 及び Tr_2 をダーリントン接続した回路を，図 2 に示すように 1 つのトランジスタ Tr_0 とみなしたとき，Tr_0 のエミッタ接地直流電流増幅率 h_{FE0} を表す近似式として，正しいものを下の番号から選べ．ただし，Tr_1 及び Tr_2 のエミッタ接地直流電流増幅率をそれぞれ h_{FE1} 及び h_{FE2} とし，$h_{FE1} \gg 1$，$h_{FE2} \gg 1$ とする．

1 $h_{FE0} \fallingdotseq h_{FE1} + h_{FE2}$

2 $h_{FE0} \fallingdotseq h_{FE1} - h_{FE2}$

3 $h_{FE0} \fallingdotseq h_{FE1} h_{FE2}$

4 $h_{FE0} \fallingdotseq \sqrt{h_{FE1} h_{FE2}}$

5 $h_{FE0} \fallingdotseq 2(h_{FE1}{}^2 - h_{FE2}{}^2)$

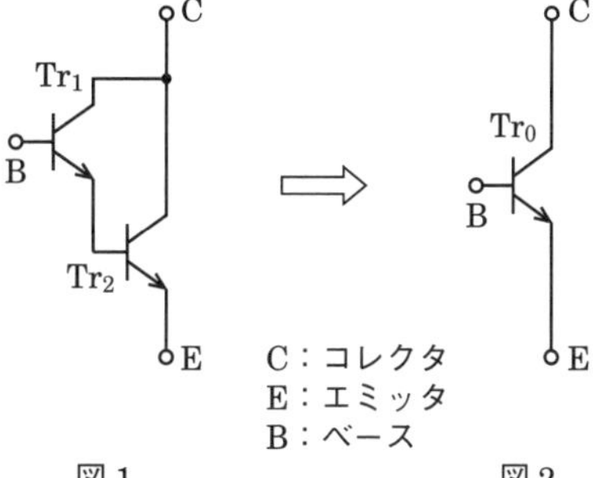

解説 **図 3.14** に示すように，Tr_1 のベース電流を I_{B1} とすると，コレクタ電流 I_{C1} は

$$I_{C1} = h_{FE1} I_{B1} \quad ①$$

Tr_2 のベース電流を I_{B2} とすると，コレクタ電流 I_{C2} は

$$I_{C2} = h_{FE2} I_{B2} \quad ②$$

式 ② の $I_{B2} = I_{E1} = I_{C1} + I_{B1} \fallingdotseq I_{C1} = h_{FE1} I_{B1}$ であるので，式②は

$$I_{C2} = h_{FE2} I_{B2} = h_{FE1} h_{FE2} I_{B1} \quad ③$$

（$h_{FE1} \gg 1$ より，$I_{C1} \gg I_{B1}$）

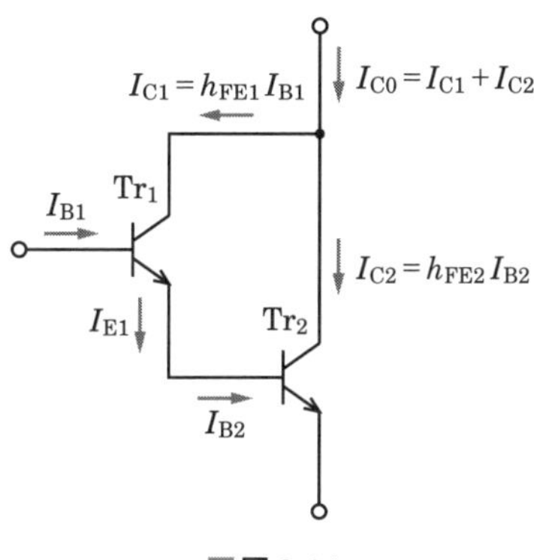

■図 3.14

よって，Tr_0 のエミッタ接地直流電流増幅率 h_{FE0} は，式①と式③を使用して

$$h_{FE0} = \frac{I_{C0}}{I_{B1}} = \frac{I_{C1} + I_{C2}}{I_{B1}} = \frac{h_{FE1} I_{B1} + h_{FE1} h_{FE2} I_{B1}}{I_{B1}}$$

$$= h_{FE1}(1 + h_{FE2}) \fallingdotseq \boldsymbol{h_{FE1} h_{FE2}}$$

（$h_{FE2} \gg 1$ の条件より，$1 + h_{FE2} \fallingdotseq h_{FE2}$）

答え▶▶▶3

3.4 電界効果トランジスタ

トランジスタは入力電流を変化させることにより出力電流を大きく変化させる電流駆動素子ですが，**電界効果トランジスタ**（FET：Field Effect Transistor，以下 FET）は入力電圧を変化させることにより出力電流を大きく変化させる電圧駆動素子です．

電界効果トランジスタには，**接合形電界効果トランジスタ**（JFET：Junction Field Effect Transistor）と **MOS 形電界効果トランジスタ**（MOSFET：Metal Oxide Semiconductor Field Effect Transistor）があります．

3.4.1 接合形電界効果トランジスタ

接合形電界効果トランジスタ（**接合形 FET**）の構造を**図 3.15** に示します．N 形半導体に P 形半導体が接合されています．トランジスタのコレクタに相当する電極をドレイン，エミッタに相当する電極をソース，ベースに相当する電極をゲートといいます．ドレイン-ソース間に電圧 V_{DS} を加えると，ドレイン電流 I_D が流れます．PN 接合部に逆バイアス電圧 V_{GS} を加えると，電子も正孔も存在し

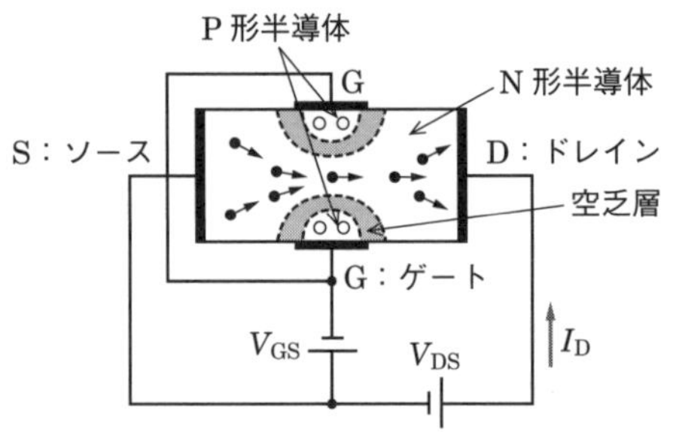

■図 3.15 接合形 FET の構造

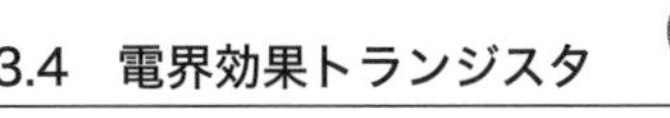

ない層ができます．この層を**空乏層**といい，V_{GS}を大きくすればするほど空乏層が広がり，ドレイン電流が減少します．

接合形FETの図記号を**図3.16**に示します．

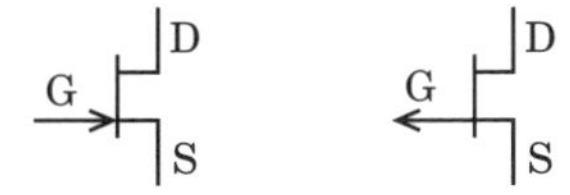

（a）Nチャネル　（b）Pチャネル

■**図3.16　接合形FETの図記号**

3.4.2 MOS形電界効果トランジスタ

MOS形電界効果トランジスタ（**MOS形FET**）には，エンハンスメント形MOSFETとデプレッション形MOSFETがあります．

(1) エンハンスメント形MOSFET

図3.17に示すように，P形半導体基板の表面にSiO_2の絶縁膜を作成します．絶縁膜を介してゲート電極Gを取り付け，2つのN形領域を作り，それらに電極を取り付けてドレイン電極D，ソース電極Sとします．ドレイン-ソース間に電圧V_{DS}，ゲート-ソース間にも図の方向に電圧V_{GS}を加えます．$V_{GS}<0$の場合は，ドレイン-ソース間にチャネルを形成せず，$V_{GS}>0$になると，ゲート電極に電子が引き寄せられてNチャネルを形成し，ドレイン電流が流れるようになります．V_{GS}を大きくすればドレイン電流が多くなるのでエンハンスメント（enhancement）形といいます．エンハンスメント形MOSFETはV_{GS}を加えないとドレイン電流が流れないので，省電力となります．

エンハンスメント形MOSFETの図記号を**図3.18**に示します．

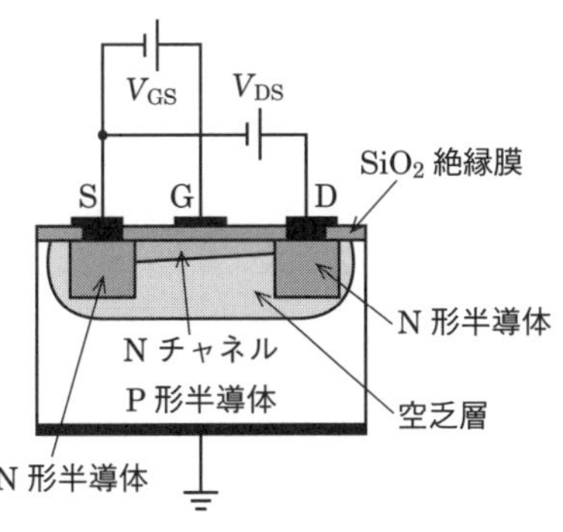

■**図3.17　エンハンスメント形MOSFETの構造**

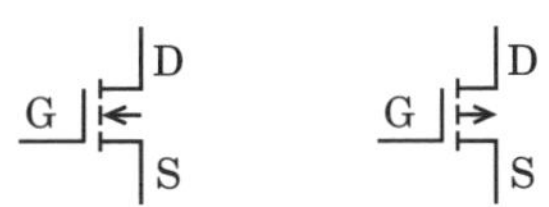

（a）Nチャネル　（b）Pチャネル

■**図3.18　エンハンスメント形MOSFETの図記号**

エンハンスメント形 MOSFET とデプレッション形 MOSFET の図記号を間違えないようにしましょう.

(2) デプレッション形 MOSFET

デプレッション形 MOSFET の構造を**図 3.19** に示します．エンハンスメント形と相違するのは，ドレイン-ソース電極間に拡散などによって N チャネルをあらかじめ形成してあることです．これにより，$V_{GS}=0$ の場合でもドレイン電流が流れることになります．$V_{GS}<0$ にすると，ゲート電極近くの電子が無くなり，空乏層が生じてドレイン電流が減少します．

デプレッション形 MOSFET の図記号を**図 3.20** に示します．

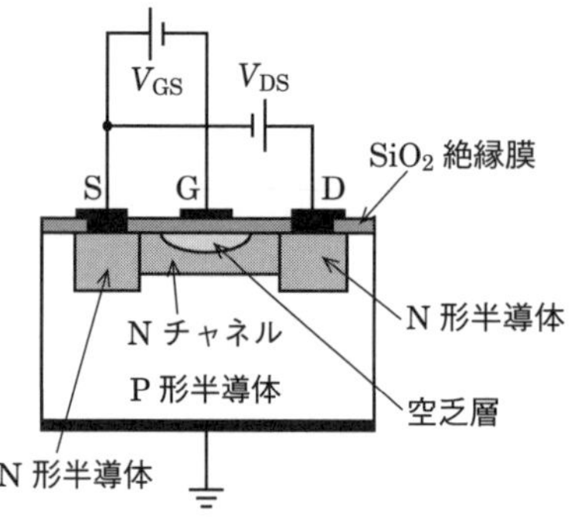

■図 3.19　デプレッション形 MOSFET の構造

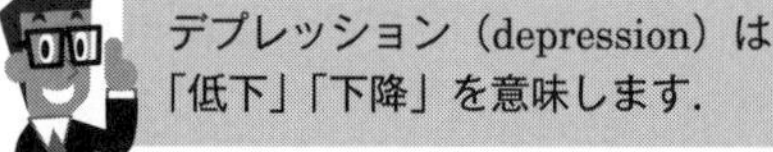

（a）N チャネル　（b）P チャネル

■図 3.20　デプレッション形 MOSFET の図記号

トランジスタは電流駆動素子で入力に電流を流すため入力抵抗が小さくなりますが，FET は電圧駆動素子で入力電流が流れないので入力抵抗が大きくなります.

関連知識　バイポーラトランジスタと電界効果トランジスタ

バイポーラトランジスタ（bipolar transistor）は，3.3 節の接合形トランジスタのように，N 形半導体と P 形半導体で構成されているトランジスタです．N 形半導体の電子（エレクトロン）と P 形半導体の正孔（ホール）と 2 つのキャリアを持つことから，「2 つ」を意味するバイ（bi）を付けた「バイポーラトランジスタ」と呼ばれます．

一方，電界効果トランジスタは，N チャネル形と P チャネル形があり，N チャネル形は電子だけ，P チャネル形は正孔だけの 1 つのキャリアを持つことから，「1 つ」を意味するユニ（uni）を付けた「ユニポーラトランジスタ」とも呼ばれます．

なお，電界効果トランジスタは電流経路に PN 接合部がないため，バイポーラトランジスタと比べて雑音が少ないといった特徴があります．

問題 15 ★★★ ➡3.4

次の記述は，電界効果トランジスタ（FET）について述べたものである．このうち正しいものを1，誤っているものを2として解答せよ．

ア　FETは，接合形とMOS形に大別される．

イ　FETは，代表的なバイポーラトランジスタである．

ウ　MOS形FETは，接合形FETに比べ入力インピーダンスが高い．

エ　ガリウムヒ素（GaAs）FETは，マイクロ波高出力増幅器に用いられる．

オ　構造が，金属（ゲート）－酸化膜（絶縁物）－半導体により構成されているものを接合形FETという．

解説 イ　×　「**バイポーラ**トランジスタ」ではなく，正しくは「**ユニポーラ**トランジスタ」です．

オ　×　「**接合形**FET」ではなく，正しくは「**MOS形**FET」です．

答え▶▶▶ア－1，イ－2，ウ－1，エ－1，オ－2

問題 16 ★★★ ➡3.4

次の記述は，電界効果トランジスタ（FET）について述べたものである．［　　］内に入れるべき字句を下の番号から選べ．

(1) トランジスタを大別するとバイポーラトランジスタとユニポーラトランジスタの2つがあり，このうちFETは［ア］トランジスタに属する．また，FETの構造が，金属-酸化膜（絶縁物）-半導体により構成されているものを［イ］形FETという．

(2) シリコン半導体に代わり，化合物半導体の［ウ］を用いたFETは，電子移動度が［エ］，［オ］特性が優れているため，マイクロ波の高出力増幅器等に広く用いられている．

1　高周波　　2　MOS　　3　バイポーラ　　4　小さく

5　ニッケルカドミウム（NiCd）　　6　低周波　　7　接合

8　ユニポーラ　　9　大きく　　10　ガリウムひ素（GaAs）

答え▶▶▶ア－8，イ－2，ウ－10，エ－9，オ－1

問題 17 ★★★ →3.4

次の記述は，図に示すPチャネル接合形の電界効果トランジスタ（FET）について述べたものである．

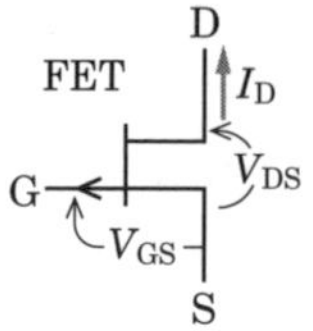

D：ドレイン
S：ソース
G：ゲート
V_{DS}：D-S 間電圧〔V〕
V_{GS}：G-S 間電圧〔V〕
I_D：ドレイン電流〔A〕

［　　］内に入れるべき字句の正しい組合せを下の番号から選べ．

(1) 一般に，ドレイン・ソース間には，［ A ］の電圧を加えて用いる．

(2) FETの相互コンダクタンス g_m は，電圧及び電流の変化分を Δ とすれば g_m = ［ B ］で表される．

(3) (1) の場合，$V_{GS}=0$ V のとき，I_D は［ C ］．

	A	B	C
1	Dに負（−），Sに正（+）	$\Delta I_D/\Delta V_{DS}$	流れない
2	Dに負（−），Sに正（+）	$\Delta I_D/\Delta V_{GS}$	流れない
3	Dに負（−），Sに正（+）	$\Delta I_D/\Delta V_{GS}$	流れる
4	Dに正（+），Sに負（−）	$\Delta I_D/\Delta V_{GS}$	流れない
5	Dに正（+），Sに負（−）	$\Delta I_D/\Delta V_{DS}$	流れる

答え▶▶▶3

問題 18 ★★★ →3.4

次の記述は，図1～3の図記号に示すトランジスタについて述べたものである．このうち誤っているものを下の番号から選べ．

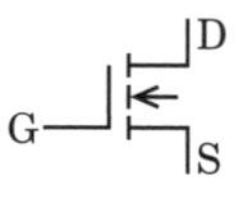

図1

図2

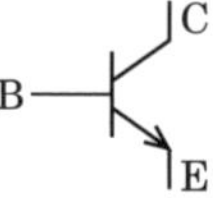

図3

1　図 1 は，MOS 形 FET の N チャネルエンハンスメント形である．
2　図 1 は，ユニポーラ形のトランジスタ，図 3 はバイポーラ形のトランジスタである．
3　図 1 のトランジスタをソース接地増幅器，図 3 のトランジスタをエミッタ接地増幅器として用いるとき，入力インピーダンスが高いのは図 3 のトランジスタである．
4　図 2 は，接合形 FET の N チャネル形である．
5　図 3 は，NPN 形トランジスタである．

解説　3　×　バイポーラトランジスタより FET を使用した増幅器の方が入力インピーダンスが大きいので，入力インピーダンスが高いのは問題図 1 のトランジスタです．

答え▶▶▶ 3

図が接合形 FET の P チャネル FET，P チャネルデプレッション形，PNP 形トランジスタの問題も出題されています．

3.5　サージ防護デバイス

3.5.1　バリスタ

バリスタは Variable Resistor（変化する抵抗）に由来します．バリスタはある電圧までは抵抗が大きく（電流が流れにくく），ある電圧を超えると抵抗が小さくなる（急激に電流が流れる）金属酸化物でできた部品です．電圧電流特性は非線形です．

バリスタは，高圧の静電気をアースに逃がして集積回路などを保護する用途やスイッチの開閉時に生じる高電圧の対策などに用います．マイクロコンピュータの入力側とアース間に挿入すると，入力側に高電圧がかかってもマイクロコンピュータの破壊を阻止できます．また，避雷器や電鍵などの接点に発生する火花の消去にも使えます．

3.5.2　ガス入り放電管

ガス入り放電管（Gas Discharge Tube）は，避雷器やサージ（異常電圧）アレスターとも呼ばれ，通信用のサージ対策用電子部品です．小型の容器に電極を設けガスを封入したものです．電極間の電圧が上昇すると放電を起こし，電極間電圧が低下します．

誘導雷などで生じる瞬間的な高電圧などのサージから電子機器を保護するために使います．

■表 3.1　バリスタとガス入り放電管の特徴

バリスタ	ガス入り放電管
応答が低速	応答が高速
静電容量が大きい	静電容量が小さい
電流の増加とともに電圧が下がる	一定電流を超えると電圧が下がる
様々な規格のものがある	小型であるが大電流を流せる

問題 19 ★★★ ➡3.5

次の記述は，短波帯の一般的な同軸避雷器に用いられる，サージ防護デバイスについて述べたものである．［　　］内に入れるべき字句の正しい組合せを下の番号から選べ．なお，同じ記号の［　　］内には，同じ字句が入るものとする．

(1) ［ A ］は，電極間の静電容量が小さく，小形でも比較的大きな電流が流せるので，アンテナ系と送信機の間に接続する同軸避雷器のサージ防護デバイスに適している．

(2) ［ A ］は，高電圧により電極間の［ B ］が変化し誘導雷などによるサージ電流をバイパスさせるものである．

	A	B
1	ガス入り放電管	距離
2	ガス入り放電管	抵抗値（インピーダンス）
3	金属酸化物バリスタ	抵抗値（インピーダンス）
4	金属酸化物バリスタ	距離

答え▶▶▶ 2

4章 電子回路

この章から 3～5 問出題

無線工学で使用するデシベル（dB），トランジスタやFETのバイアス回路，増幅回路とその等価回路，負帰還回路，オペアンプを使用した回路の計算法，*LC*発振回路，水晶発振回路，PLL回路及びデジタル回路について学びます．

4.1 デシベル

dB（デシベル：deci-Bel）は絶対的な大きさを表すものではなく，相対的な比率を表すものです．dBを使用すると，増幅器などの増幅度やアンテナの利得などの計算を容易にすることができます．dBを計算するには，指数と対数の基本的な計算が必要になります．

以下の理由から，デシベル計算に対数が使われます．
(1) 小さな数値から大きな数値を，適度な大きさの数値で表現できる．
(2) 掛け算が足し算，割り算が引き算で計算できる．
(3) 経験的に，刺激量と人間の感覚量は対数関数の関係にある．

4.1.1 指数と対数

指数関数 $y=a^x$ で，$a=10$ とすると，$x=1$ のとき $y=10$，$x=4$ のとき $y=10\,000$ になり，x の値が小さくても，y の値は非常に大きくなります．これを限られた大きさのグラフ用紙に書くのは困難です．しかし，対数を導入すると，小さな数から大きな数までを小さな1枚のグラフ用紙に書くことができます．

対数関数は指数関数の逆関数で，$x=\log_a y$ のように表します．a（$a \neq 1$, $a>0$）を**底**，y（$y>0$）を**真数**といいます．底を10とする対数を**常用対数**，底を e とする対数を**自然対数**と呼び「$\ln y$」（$=\log_e y$）と表現します．

特に一アマの試験で必要な対数の公式を次に示します．

(1) $\log_a N = m \quad \Leftrightarrow \quad N = a^m$

(2) $\log_{10} AB = \log_{10} A + \log_{10} B$

(3) $\log_{10} \dfrac{A}{B} = \log_{10} A - \log_{10} B$

(4) $\log_{10} A^n = n \log_{10} A$

対数の計算例を示します．ただし，$\log_{10} 2 = 0.3$，$\log_{10} 3 = 0.48$ とします．

(1) $\log_{10} 10 = 1$

(2) $\log_{10} 10^4 = 4 \times \log_{10} 10 = 4 \times 1 = 4$

（3）$\log_{10} 6 = \log_{10}(2 \times 3) = \log_{10} 2 + \log_{10} 3 = 0.3 + 0.48 = 0.78$

（4）$\log_{10} 5 = \log_{10} \dfrac{10}{2} = \log_{10} 10 - \log_{10} 2 = 1 - 0.3 = 0.7$

（5）$\log_{10} 8 = \log_{10} 2^3 = 3 \times \log_{10} 2 = 3 \times 0.3 = 0.9$

（6）$10^{0.9} = (10^{0.3})^3 = 2^3 = 8$

※ $10^{0.9} = 10^{0.3+0.3+0.3} = 10^{0.3} \times 10^{0.3} \times 10^{0.3} = 2 \times 2 \times 2 = 8$

（7）$10^{1.7} = 10^{(2-0.3)} = 10^2 \times 10^{-0.3} = \dfrac{10^2}{10^{0.3}} = \dfrac{100}{2} = 50$

（8）$10^{3.1} = 10^{(4-0.9)} = 10^4 \times 10^{-0.9} = \dfrac{10^4}{10^{0.9}} = \dfrac{10^4}{(10^{0.3})^3} = \dfrac{10^4}{2^3} = \dfrac{10\,000}{8} = 1\,250$

計算例のように，$\log_{10} 2 = 0.3$（すなわち，$10^{0.3} = 2$）だけ憶えておけば，一アマの対数計算はほとんどできます．

4.1.2　デシベル（dB）の定義

dB は次のように定義されます．**図 4.1** に示す増幅器を考えます．基準になる入力電圧を V_1〔V〕，比較対象の出力電圧を V_2〔V〕，入力電流を I_1〔A〕，出力電流を I_2〔A〕とします．

図 4.1　増幅器（入力抵抗，出力抵抗はともに R とする）

基準となる入力電力を P_1〔W〕，比較対象となる出力電力を P_2〔W〕とすると

$$\log_{10} \frac{P_2}{P_1} \text{〔B〕} \tag{4.1}$$

式（4.1）の単位は〔B〕（ベル）です．

2 倍の電力利得は $\log_{10} 2 \fallingdotseq 0.3$ B，3 倍の電力利得は $\log_{10} 3 \fallingdotseq 0.48$ B となり，日常使用する値としては小さく不便です．そこで，式（4.1）を 10 倍し，接頭語に 1/10 を意味するデシ（deci）の d を付け

$$10 \log_{10} \frac{P_2}{P_1} \text{〔dB〕} \tag{4.2}$$

とすることで，2 倍の電力利得は $10 \log_{10} 2 \fallingdotseq 3$ dB，3 倍の電力利得は $10 \log_{10} 3 \fallingdotseq 4.8$ dB となり，適度な数値に変換しています．

たとえば，入力電力 P_1 が 1 mW で出力電力 P_2 が 1 W であるとすると，増幅器の利得 G を dB で表示すると，1 W = 1 000 mW ですので

$$G = 10\log_{10}\frac{P_2}{P_1} = 10\log_{10}\frac{1\,000}{1} = 30\text{ dB}$$

となります．電圧で dB を計算するには次のようにします．

電力 P を電圧 V で表すと，$P = VI = V^2/R$ の関係より

$$10\log_{10}\frac{P_2}{P_1} = 10\log_{10}\frac{V_2{}^2/R}{V_1{}^2/R} = 10\log_{10}\frac{V_2{}^2}{V_1{}^2} = 10\log_{10}\left(\frac{V_2}{V_1}\right)^2 = 20\log_{10}\frac{V_2}{V_1} \tag{4.3}$$

となります．たとえば，入力電圧が 0.01 V で，出力電圧が 1 V の電圧増幅器の利得を dB で求めると

$$20\log_{10}\frac{1}{0.01} = 20\log_{10}100 = 20\times 2 = 40\text{ dB}$$

となります．

問題 1 ★★ ➡4.1

ある増幅回路において，入力電圧が 2 mV のとき，出力電圧が 1 V であった．このときの電圧利得の値として正しいものを下の番号から選べ．ただし，$\log_{10}2 = 0.3$ とする．

1　40 dB　　2　50 dB　　3　54 dB　　4　60 dB　　5　66 dB

解説 入力電圧と出力電圧の単位を同じにします．1 V = 1 000 mV です．電圧利得を G とすると

$$G = 20\log_{10}\frac{1\,000}{2} = 20\left(\log_{10}1\,000 - \log_{10}2\right) = 20(3-0.3) = \mathbf{54\ dB}$$

$\log_{10}1\,000 = \log_{10}10^3 = 3$ です．

答え ▶▶▶ 3

問題 2 ★★ ➡4.1

図に示す構成において，入力電力が 35 W，電力増幅器の利得が 15 dB 及び整合器の損失が 1 dB のとき，出力電力の値として，最も近いものを下の番号から選べ．ただし，$\log_{10}2 \fallingdotseq 0.3$ とする．

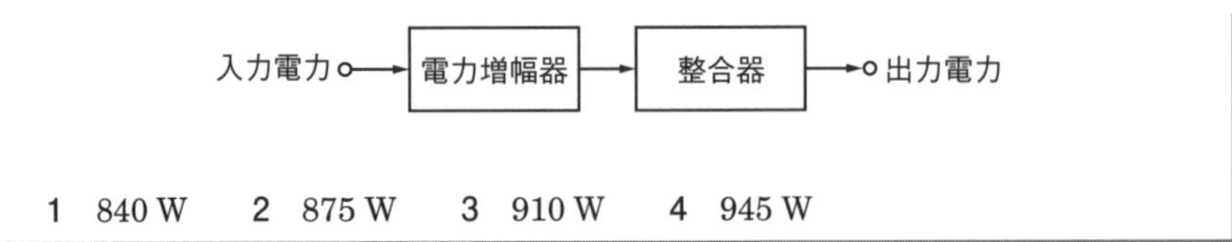

1　840 W　　2　875 W　　3　910 W　　4　945 W

解説　電力増幅器の利得が 15 dB，整合器の損失が 1 dB なので，全体の利得は 15 − 1 = 14 dB であることがわかります．

入力電力 $P_{in} = 35$ W，出力電力を P_{out}〔W〕とすると

$$14 = 10\log_{10}\frac{P_{out}}{P_{in}} = 10\log_{10}\frac{P_{out}}{35} \quad ①$$

式①の両辺を 10 で割ると

$$1.4 = \log_{10}\frac{P_{out}}{35} \quad ②$$

$\log_{10}2 \fallingdotseq 0.3$ より $10^{0.3} \fallingdotseq 2$

式②より

$$\frac{P_{out}}{35} = 10^{1.4} = 10^{(2-0.6)} = 10^2\times10^{-0.6} = 10^2\times\frac{1}{10^{0.6}} = 10^2\times\frac{1}{(10^{0.3})^2}$$

$$= 100\times\frac{1}{2^2} = 25 \quad ③$$

式③より

$P_{out} = 25\times35 = \mathbf{875\ W}$

答え▶▶▶2

4.2　トランジスタ増幅回路

4.2.1　トランジスタの動作

本編 3 章の 3.3 節で学習したようにトランジスタを正常に動作させるには，入力側に順方向電圧を，出力側に逆方向電圧を加える必要があります．

関連知識　バイアス回路

トランジスタを動作させるには，3 章の図 3.12 のように，入力側と出力側で直流電源が 2 つ必要になります．しかし，**図 4.2** (a)～(c) のように回路を構成すれば直流電源が 1 つですみます．これらを**バイアス回路**（「バイアス」は偏りという意味）といいます．図 4.2 (a) を**自己バイアス回路**，図 4.2 (b) を**固定バイアス回路**，図 4.2 (c) を**電流帰還バイアス回路**といいます．

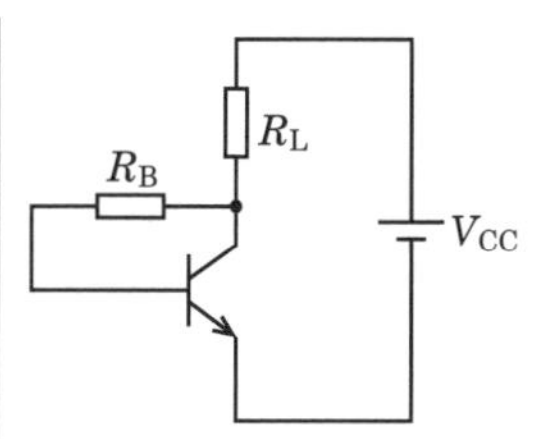

（a）自己バイアス回路

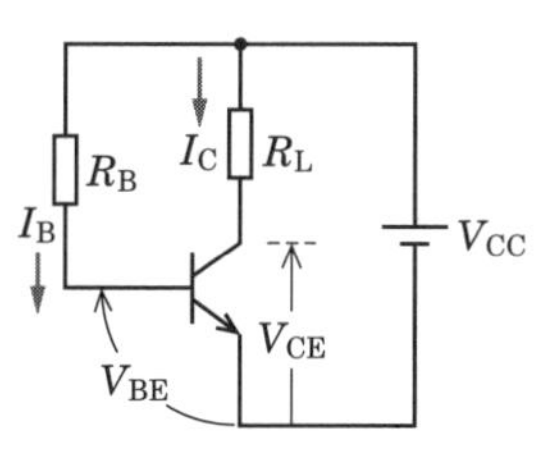

（b）固定バイアス回路

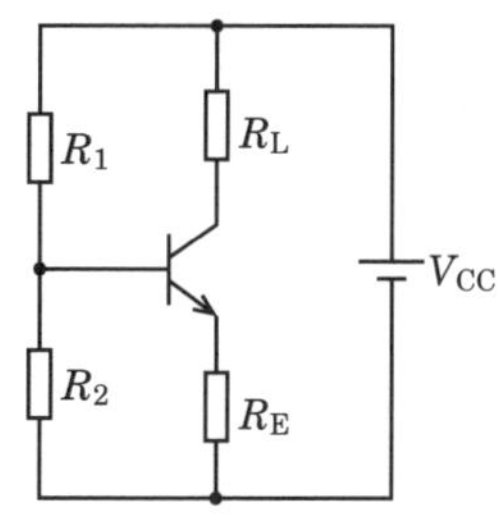

（c）電流帰還バイアス回路

■図 4.2　各種バイアス回路

図 4.2 (b) の固定バイアス回路において，電源電圧を V_{CC}，ベース-エミッタ間電圧を V_{BE}，コレクタ-エミッタ間電圧を V_{CE}，ベース電流を I_B，コレクタ電流を I_C とすると，次式が成立します．

$$V_{CC} = R_B I_B + V_{BE} \tag{4.4}$$

$$V_{CC} = R_L I_C + V_{CE} \tag{4.5}$$

4.2.2　トランジスタ増幅回路

バイアス回路はトランジスタを動作させるために必要な直流電圧を供給する回路ですが，音声など交流信号を増幅するには**図 4.3** のように**結合コンデンサ** C_1，C_2 や**バイパスコンデンサ** C_E などが必要になります．図 4.3 (a) はエミッタ接地増幅回路，図 4.3 (b) はコレクタ接地増幅回路です．コレクタ接地増幅回路は**エミッタホロア増幅回路**ということもあります．

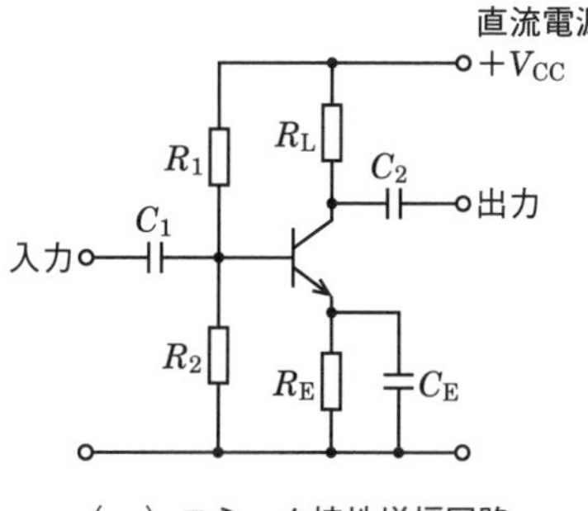

（a）エミッタ接地増幅回路

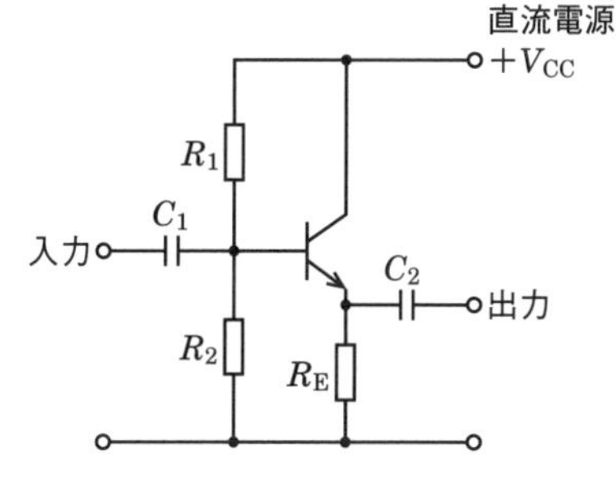

（b）コレクタ接地増幅回路
（エミッタホロア増幅回路）

■図 4.3　トランジスタ増幅回路

エミッタ接地増幅回路の出力は入力に対して逆相になります．コレクタ接地増幅回路の出力は入力と**同相**となり，電圧増幅度が**約 1 倍**で，エミッタ接地方式と比べて**入力インピーダンスは高く出力インピーダンスは低い**ので，**インピーダンス変換**などに使用されます．C_1，C_2 は結合用のコンデンサで電源の直流分が外に流れ出るのを防ぐとともに，交流信号を通す役目をします．

エミッタホロア増幅回路の問題がしばしば出題されています．

4.2.3　トランジスタ増幅回路の等価回路

トランジスタ増幅回路を考える手法の 1 つに ***h* パラメータ**を使用した等価回路があります（ほかにも種々の等価回路がありますが，ここでは省略します）．入力電圧を v_1，入力電流を i_1，出力電圧を v_2，出力電流を i_2 とすると，入出力の電圧電流の関係は次式のようになります．

$$v_1 = h_i i_1 + h_r v_2 \tag{4.6}$$

$$i_2 = h_f i_1 + h_o v_2 \tag{4.7}$$

h_i は**入力インピーダンス**〔Ω〕，h_o は**出力アドミタンス**〔S〕，h_r は**電圧帰還率**，h_f は**電流増幅率**で無次元です．次元の異なるパラメータが混ざっていますので，h（hybrid）パラメータと呼んでいます．エミッタ接地増幅回路の場合，v_1 はベース-エミッタ間電圧，i_1 はベース電流 i_b，v_2 はコレクタ-エミッタ間電圧，i_2 はコレクタ電流 i_c になります．エミッタ接地なので，添字の e を付けて式(4.6)と式(4.7)を図示すると**図 4.4** のようになりますが，h_{re} は小さく（1×10^{-4} 程度），$1/h_{oe}$ は大きく（数百 kΩ 程度）なりますので，これらを無視した**図 4.5** に示す簡易等価回路で十分です．

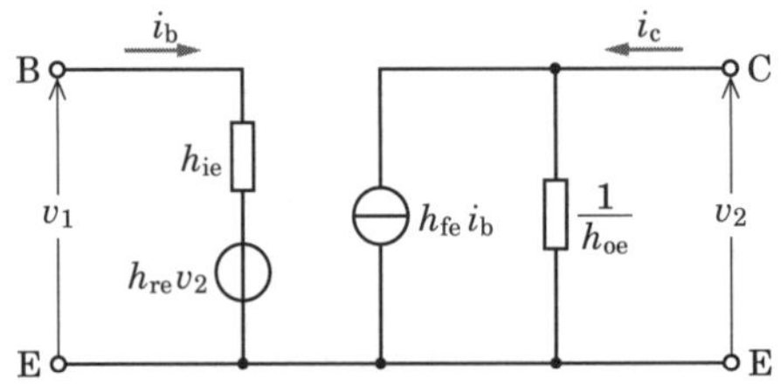

図 4.4　エミッタ接地の等価回路

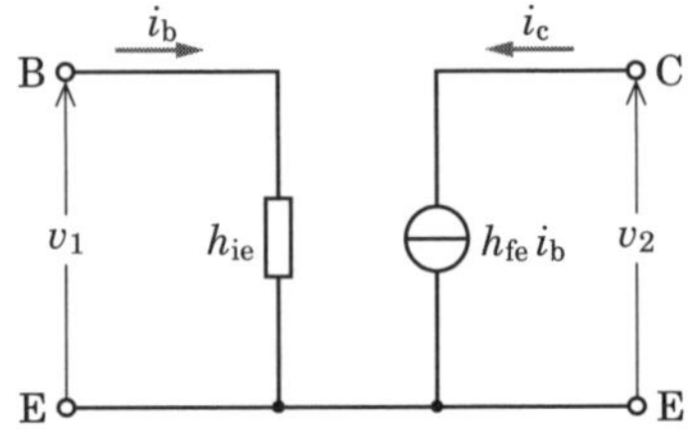

図 4.5　エミッタ接地の簡易等価回路

問題 3 ★★★ ➡4.2

図に示すトランジスタ回路のベースバイアス用電源及びコレクタ用電源の極性として，正しいものを下の番号から選べ．ただし，A 級増幅とする．

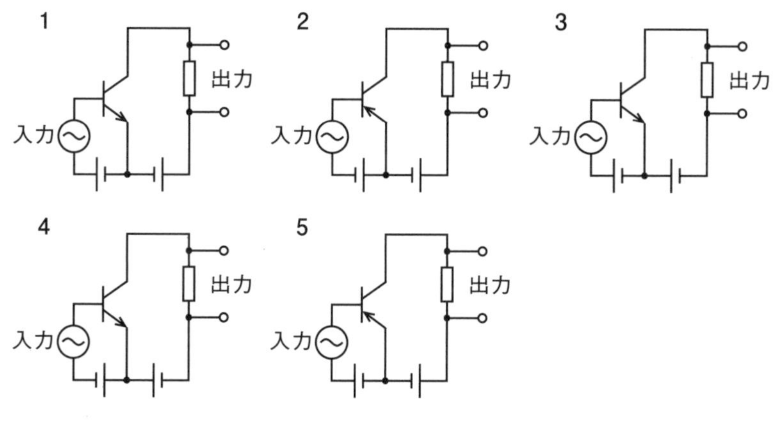

解説 バイアス用電源は，入力側は順方向，出力側は逆方向に接続します．

選択肢 1，3，4 の NPN 形トランジスタでは，入力になるベースは P 形半導体なので順方向接続にするには + の電圧を加えます（正孔を押し込む）．出力になるコレクタは N 形半導体なので逆方向接続するには + の電圧を加えます（電子を引っ張りだす）．よって，1 が正解となります．

選択肢 2，5 の PNP 形トランジスタでは，入力になるベースは N 形半導体なので順方向接続にするには − の電圧を加えます．出力になるコレクタは P 形半導体なので逆方向接続するには − の電圧を加えます．したがって，選択肢 2 及び 5 は間違いであることがわかります．

答え ▶▶▶ 1

問題 4 ★★ ➡4.2.3

次の記述は，図に示すエミッタホロア増幅回路について述べたものである．□内に入れるべき字句を下の番号から選べ．ただし，コンデンサ C の影響は無視するものとする．

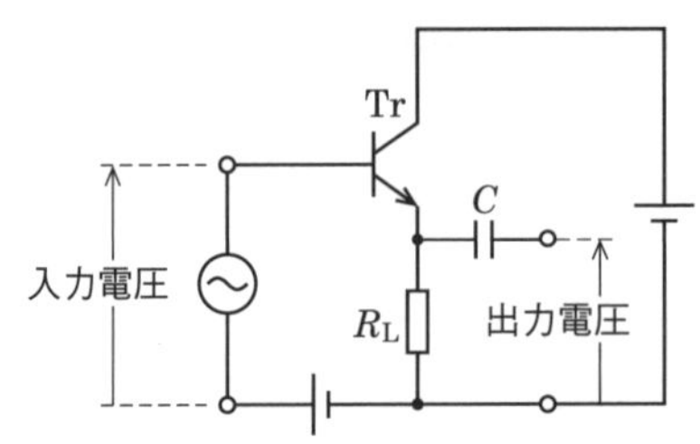

(1) 電圧増幅度 A_V の大きさは，約 ア である．

(2) 入力電圧と出力電圧の位相は， イ である．

(3) 入力インピーダンスは，エミッタ接地増幅回路と比べて，一般に ウ ．

(4) この回路は， エ 接地増幅回路ともいう．

(5) この回路は， オ 変換回路としても用いられる．

1 同相　2 1　3 低い　4 コレクタ　5 インピーダンス

6 逆相　7 100　8 高い　9 ベース　10 周波数

答え▶▶▶ア－2，イ－1，ウ－8，エ－4，オ－5

問題 5 ★
➡4.2

図に示すエミッタ接地トランジスタ増幅回路の簡易等価回路において，入力インピーダンスが h_{ie}〔Ω〕，電流増幅率が h_{fe}，負荷抵抗が R_L〔Ω〕のとき，この回路の電力増幅度 A を表す式として，正しいものを下の番号から選べ．

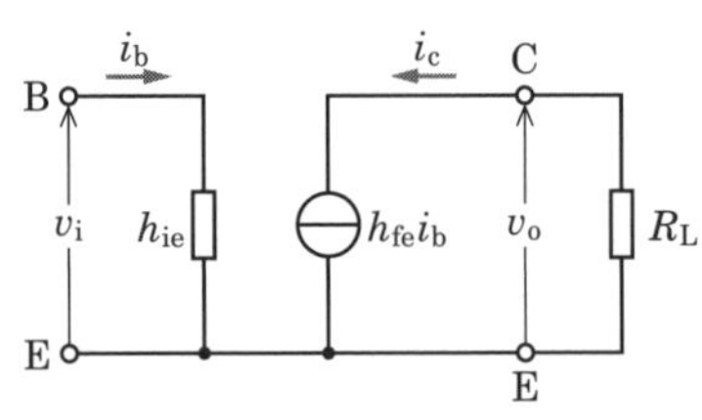

1 $A = h_{fe}^2 R_L / h_{ie}$　2 $A = h_{fe} R_L / h_{ie}$　3 $A = h_{fe}^2 / h_{ie}$

4 $A = h_{fe} R_L$　5 $A = h_{fe}$

解説 入力電力を p_i〔W〕とすると

$$p_i = i_b^2 h_{ie} \quad ①$$

となります．また，出力電力を p_o〔W〕とすると

$$p_o = i_c^2 R_L = h_{fe}^2 i_b^2 R_L \quad ②$$

電力増幅度 A は，$A = p_o/p_i$ なので，式①と式②を用いて

$$A = \frac{p_o}{p_i} = \frac{h_{fe}^2 i_b^2 R_L}{i_b^2 h_{ie}} = \frac{\boldsymbol{h_{fe}^2 R_L}}{\boldsymbol{h_{ie}}}$$

答え▶▶▶ 1

4.3 FET 増幅回路と等価回路

トランジスタは電流駆動素子で入力電流が流れるため，入力インピーダンスは小さくなります．しかし，FET は電圧駆動素子で入力電流が流れないため，増幅器の入力インピーダンスは大きくなります．

3 章で示したように，FET には接合形と MOS 形があります．一アマの試験に出題されるのは，N チャネル接合形 FET を使用した電子回路の問題が多いので，それに限定して説明します．N チャネル接合形 FET を動作させるには，3 章の図 3.9 で示したように，ドレイン-ソース間に電圧 V_{DS}（ドレイン側がプラス）及びゲート-ソース間に電圧 V_{GS}（ゲート側がマイナス）を加える必要があります．これを図示すると**図 4.6** になります．

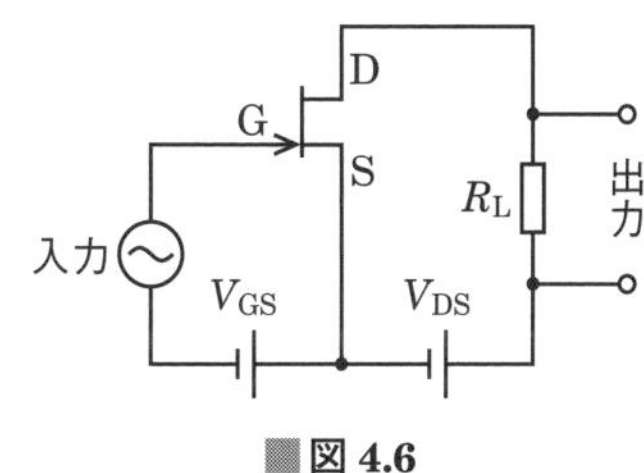

図 4.6

しかし，実際の回路においては，電源を 2 つ使用するのは適切ではないため，**図 4.7** に示すような回路で電源を 1 つにします．ソースに挿入された抵抗 R_S の両端に生じる電圧を高抵抗 R_G でゲートにマイナスの電圧を与えるようにし，V_{GS} の役目をさせます．この回路はトランジスタのエミッタ接地増幅回路に相当します．入力と出力は逆相になります．

図 4.7 の増幅回路の等価回路を電圧源で表示したものを**図 4.8** に，電流源で表示したものを**図 4.9** に示します．等価回路は交流成分だけを表示していますので，直流電圧 V_{DS}，V_{GS} は描かれていません．また，FET 増幅回路においては，入力電流は流れません．また，コンデンサのリアクタンス分も十分小さいと考えるとコンデンサは無視することができます．

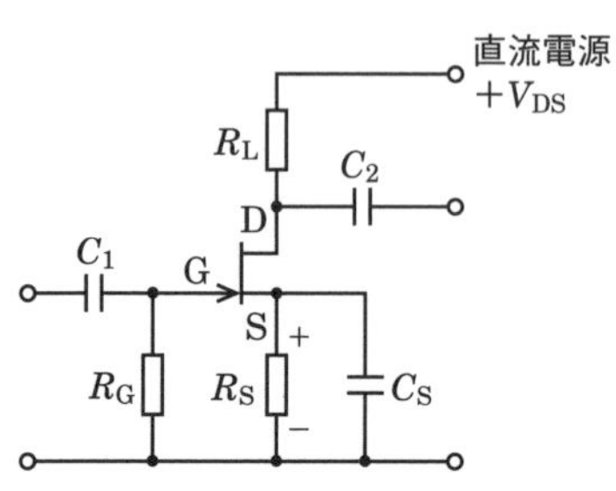

■図 4.7　FET 増幅回路

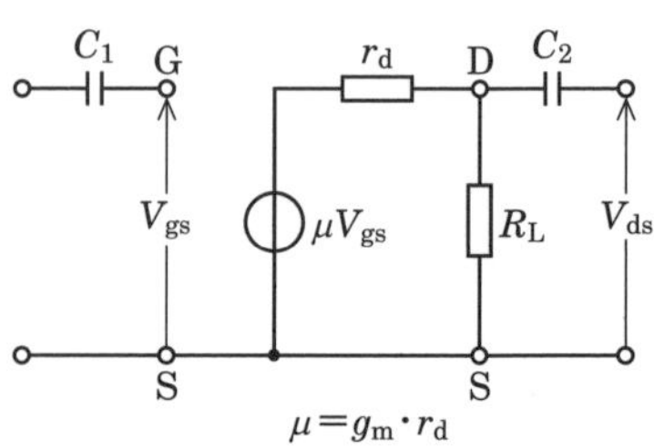

■図 4.8　FET 増幅回路の等価回路（電圧源表示）

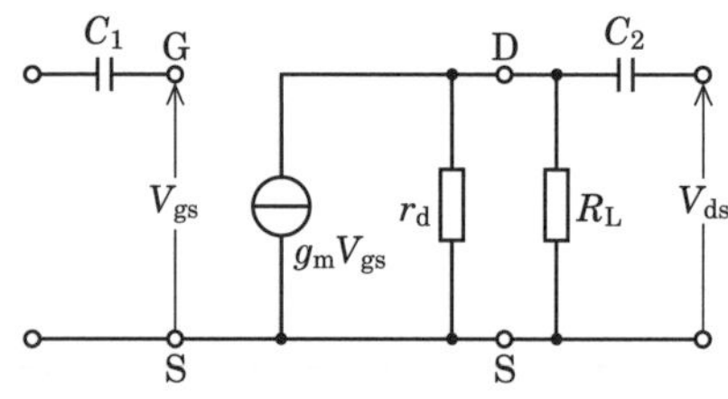

■図 4.9　FET 増幅回路の等価回路（電流源表示）

G　：ゲート
D　：ドレイン
S　：ソース
V_{gs}：入力交流電圧
V_{ds}：出力交流電圧
r_d　：ドレイン抵抗
g_m　：相互コンダクタンス
μ　：増幅率

問題 6 ★★★　➡4.3

図に示す電界効果トランジスタ（FET）増幅器の等価回路において，相互コンダクタンス g_m が 10 mS，ドレイン抵抗 r_d が 24 kΩ，負荷抵抗 R_L が 6 kΩ のとき，この回路の電圧増幅度 V_{ds}/V_{gs} の大きさの値として，正しいものを下の番号から選べ．ただし，コンデンサ C_1 及び C_2 のリアクタンスは，増幅する周波数において十分小さいものとする．

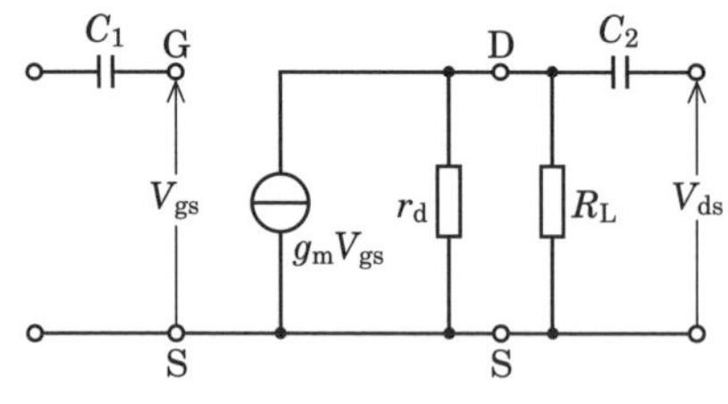

：抵抗　　：電流源

G：ゲート　　V_{gs}：入力交流電圧
D：ドレイン　　V_{ds}：出力交流電圧
S：ソース

1　16　　2　22　　3　48　　4　60　　5　160

解説 r_d と R_L の並列抵抗を R とすると

$$R = \frac{r_d \times R_L}{r_d + R_L} = \frac{24 \times 6}{24 + 6} = 4.8\ \mathrm{k\Omega}$$

となります．したがって，交流出力電圧 V_{ds} は電流が $g_m V_{gs}$〔A〕なので，オームの法則より

$$V_{ds} = g_m V_{gs} \times R = 10 \times 10^{-3} \times V_{gs} \times 4.8 \times 10^3 = 48 V_{gs}\ \text{〔V〕}$$

となります．よって，この回路の電圧増幅度の大きさは

$$\frac{V_{ds}}{V_{gs}} = \frac{48 V_{gs}}{V_{gs}} = \mathbf{48}$$

答え▶▶▶3

4章

4.4 信号対雑音比

信号と雑音の比を**信号対雑音比**（***S*/*N*** または SN 比）といいます．増幅器は内部で必ず雑音を発生しますので，入力側の S/N と比べると，出力側の S/N は悪化します．**図 4.10** に示すように，入力端子の信号電力を S_i，雑音電力を N_i，出力端子の信号電力を S_o，雑音電力を N_o とすると，**雑音指数** F（Noise Figure）は，次式になります．

$$F = \frac{S_i / N_i}{S_o / N_o} \qquad (4.8)$$

雑音指数 F は 1 より大きな値になります．

■図 4.10　増幅回路の信号対雑音比

雑音の発生しない理想的な増幅回路は，式 (4.8) の S_i/N_i と S_o/N_o が同じになり，雑音指数は 1 になります．しかし，通常の増幅回路などは，出力側の S_o/N_o は，入力側の S_i/N_i と比較すると悪化（$S_i/N_i > S_o/N_o$）するので，雑音指数は 1 より大きくなります．バイポーラトランジスタを使用した増幅回路は増幅する周波数が低周波領域になると，フリッカ雑音のために雑音指数が悪化します．

受信機の場合も総合利得を大きくしても，受信機内部で発生する雑音が大きいと，受信機出力の S/N は改善されません．受信機の通過帯域幅が受信信号の占有周波数帯域幅より広いと受信機出力の S/N は改善されませんが，通過帯域幅を受信信号の占有周波数帯域幅と同程度にすると，受信機出力の S/N を改善できます．

問題 7 ★★★ ➡4.4

受信機における信号対雑音比 S/N についての記述として，誤っているものを下の番号から選べ．

1 雑音電波の到来方向と受信信号電波の到来方向とが異なる場合，一般に受信アンテナの指向性を利用して，受信機入力における信号対雑音比 S/N を改善することができる．

2 受信機の雑音指数の値が 0 dB に近いほど，受信機出力における信号対雑音比 S/N が改善する．

3 受信機の総合利得を大きくしても，受信機内部で発生する雑音が大きくなると，受信機出力の信号対雑音比 S/N は改善されない．

4 受信機の通過帯域幅が受信信号電波の占有周波数帯幅より広い場合は，受信機の通過帯域幅を占有周波数帯幅と同程度にすると，受信機出力の信号対雑音比 S/N は改善する．

5 受信機の増幅回路の雑音指数 F（真数）は，その増幅回路の入力側の信号対雑音比 S_i/N_i（真数）と，出力側の信号対雑音比 S_o/N_o（真数）を比較したものであり，次式で表される．

$$F = \frac{S_o/N_o}{S_i/N_i}$$

解説 5 雑音指数 F は

$$F = \frac{\boldsymbol{S_i/N_i}}{\boldsymbol{S_o/N_o}}$$

で表されます．

答え▶▶▶ 5

出題傾向 誤っている選択肢を選ぶ問題として，下記の内容が出題されています．

× 受信機の通過帯域幅を受信信号電波の占有周波数帯幅と同程度にすると，受信機の通過帯域幅が占有周波数帯幅より広い場合に比べて，受信機出力の信号対雑音比（S/N）は劣化する．

× 受信機の総合利得を大きくすれば，受信機内部で発生する雑音が大きくなっても，受信機出力の信号対雑音比（S/N）を改善できる．

× 受信機の雑音指数が大きいほど，受信機出力における信号対雑音比（S/N）が改善する．

× 周波数混合器で発生する変換雑音が最も大きいので，その前段に雑音発生の少ない高周波増幅器を設けても，受信機出力における信号対雑音比（S/N）は改善されない．

4章

問題 8 ★★ ➡4.4

次の記述は，増幅回路の性能を示す雑音指数について述べたものである．このうち誤っているものを下の番号から選べ．

1 入力側の信号対雑音比を A，出力側の信号対雑音比を B としたとき，雑音指数は（A/B）で表される．

2 雑音の発生しない理想的な増幅回路の雑音指数は 1（0 dB）である．

3 増幅する周波数が高周波領域になると，バイポーラトランジスタはフリッカ雑音のため雑音指数が悪化する．

4 高周波領域における雑音指数を改善するには，f_α（ベース接地電流増幅率 α が $1/\sqrt{2}$ になる周波数）の高い素子を選択するとよい．

解説 3「周波数が**高周波**領域になると」ではなく，正しくは「周波数が**低周波**領域になると」です．なお，フリッカ雑音は $1/f$ 雑音とも呼ばれ，トランジスタの空乏層中の不純物などで生じます．

答え▶▶▶3

4.5 オペアンプを使用した増幅回路

4.5.1 オペアンプの増幅度

オペアンプ（operational amplifier）は，**演算増幅器**ともいい，その名前のとおり，種々の演算や信号の増幅に用いられます．直流信号も増幅することができ，集積回路化されたものが多く市販されています．

オペアンプには次のような特徴があります．

- **入力インピーダンスが高い**
- **出力インピーダンスが低い**
- **電圧利得が大きい**

オペアンプを使用した増幅器のうち，**図 4.11** に示す反転形増幅器について説明します．＋は非反転入力端子，－は反転入力端子といいます．

入力電圧を v_i，出力電圧を v_o とします．非反転入力端子（＋）が接地されており，また入力インピーダンスが高いので，入力電流は流れません．したがって，反転入力端子（－）は 0 V になります．

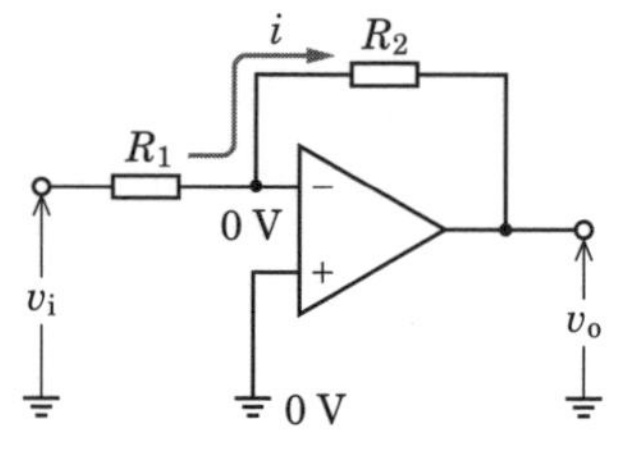

図 4.11　反転形増幅器

これより，次式が成立します．

$$v_i - 0 = iR_1 \tag{4.9}$$

$$0 - v_o = iR_2 \tag{4.10}$$

式(4.9) と式(4.10) より，増幅度 A は次式で表せます．

$$A = \frac{v_o}{v_i} = \frac{-iR_2}{iR_1} = -\frac{R_2}{R_1} \tag{4.11}$$

増幅度 A の絶対値（大きさ）を求めると次式となります．

$$|A| = \frac{R_2}{R_1} \tag{4.12}$$

オペアンプの特徴は，「利得が大きい」「入力インピーダンスが高い」「出力インピーダンスが低い」ことです．

4.5.2　負帰還増幅回路

図 4.12 に示す回路を**負帰還増幅回路**といいます．A を帰還がない場合の増幅度，β を帰還率とすると，$A = v_{out}/v_1$，負帰還増幅器は増幅度が小さくなるように動作するので，$v_1 = v_{in} - \beta v_{out}$ となります．

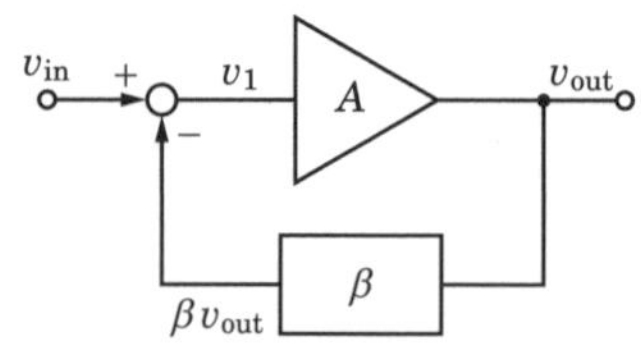

図 4.12　負帰還増幅回路

負帰還増幅回路の増幅度 A_f は次式で求めることができます．

$$A_f = \frac{v_{out}}{v_{in}} = \frac{Av_1}{v_1 + \beta v_{out}} = \frac{Av_1}{v_1 + A\beta v_1} = \frac{A}{1 + A\beta} \tag{4.13}$$

増幅器で均一に増幅できる周波数帯幅を広くするには，負帰還をかけます．負帰還をかけると増幅度が減少しますが，ひずみは少なくなります．負帰還回路には，**図4.13**（a）～（d）に示す4種類があります．

負帰還回路が端子に対して並列に接続されるとインピーダンスが減少し，直列に接続されるとインピーダンスが増加します．

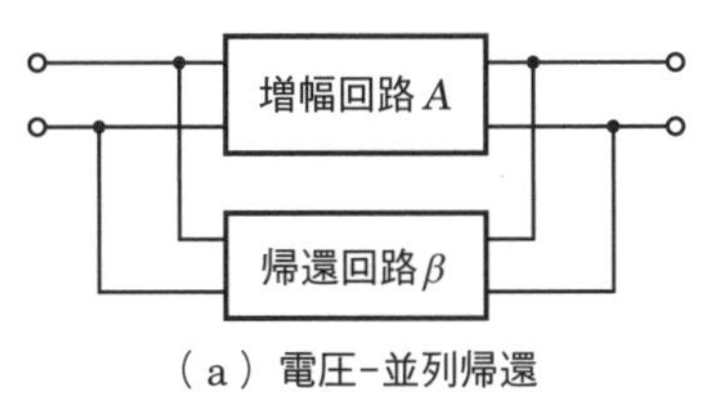

（a）電圧-並列帰還

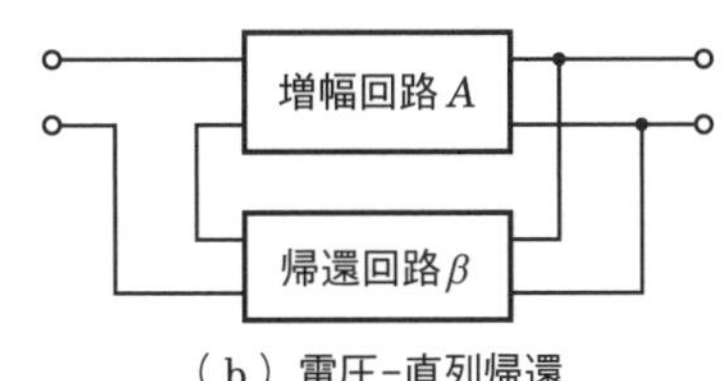

（b）電圧-直列帰還

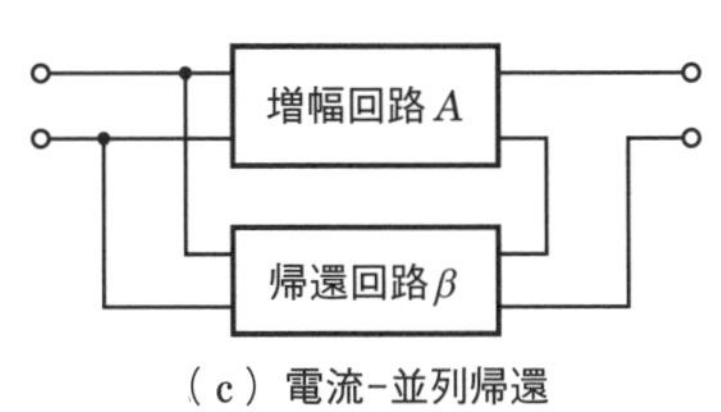

（c）電流-並列帰還

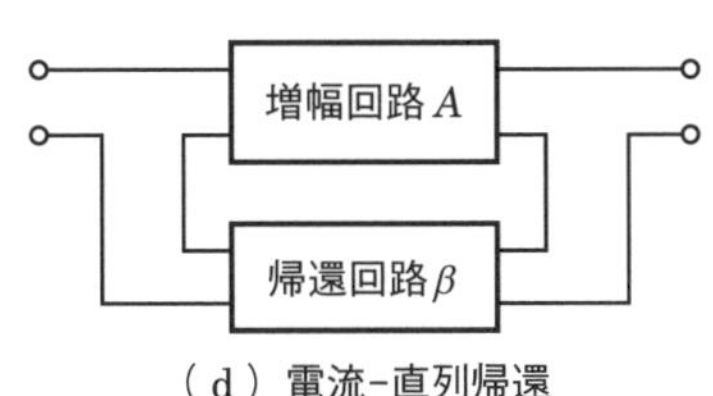

（d）電流-直列帰還

図4.13　負帰還回路

問題 9 ★★★ ➡4.5.1

次の記述は，図に示す回路について述べたものである．[　　]内に入れるべき字句の正しい組合せを下の番号から選べ．ただし，A_{op}は理想的な演算増幅器を示す．

(1) 回路の増幅度 $A = |V_o/V_i|$ は [A] である．

(2) 回路の V_o と V_i の位相差は [B]〔rad〕である．

(3) 回路は [C] 増幅回路と呼ばれる．

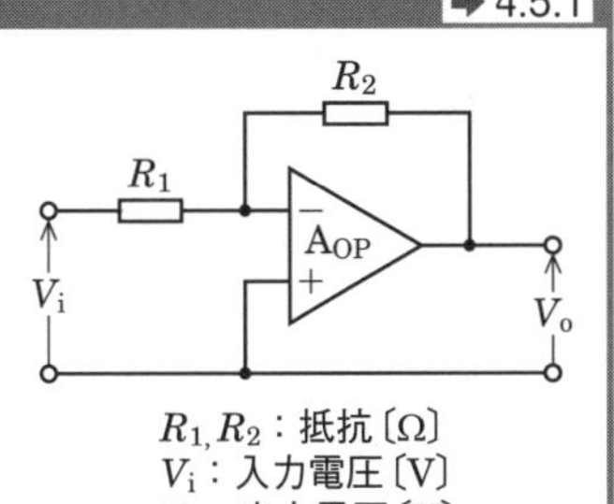

R_1, R_2：抵抗〔Ω〕
V_i：入力電圧〔V〕
V_o：出力電圧〔V〕

	A	B	C
1	R_1/R_2	π	非反転（同相）
2	R_1/R_2	$\pi/2$	反転（逆相）
3	R_2/R_1	π	反転（逆相）
4	R_2/R_1	$\pi/2$	非反転（同相）

答え▶▶▶3

問題 10 ★ ➡4.5.1

図に示す演算増幅器（オペアンプ）を使用した反転形電圧増幅回路の電圧利得の値として，最も近いものを下の番号から選べ．ただし，$\log_{10} 2 = 0.3$ とする．

1　10 dB　　2　13 dB　　3　20 dB
4　26 dB　　5　30 dB

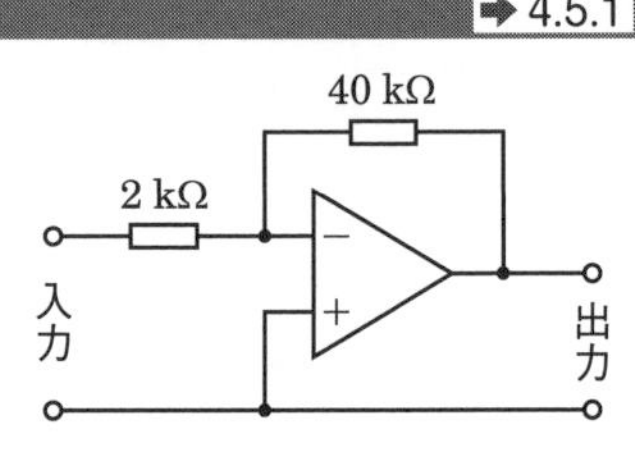

解説 式(4.11) より

$$A = -\frac{R_2}{R_1} = -\frac{40 \times 10^3}{2 \times 10^3} = -20 \quad \therefore \ |A| = 20$$

したがって，電圧利得 G は

$$G = 20 \log_{10} 20 = 20 (\log_{10} 2 + \log_{10} 10) = 20 (0.3 + 1) = \mathbf{26\ dB}$$

答え▶▶▶4

$\log_{10} (a \times b) = \log_{10} a + \log_{10} b$ より
$\log_{10} 20 = \log_{10} 2 + \log_{10} 10$ です．

問題 11 ★ ➡4.5.2

図に示す負帰還増幅回路において，負帰還をかけないときの電圧増幅度 A を 10 000（真数）及び帰還回路の帰還率 β を 0.1 としたとき，負帰還をかけたときの電圧増幅度の値（真数）として，最も近いものを下の番号から選べ．

1　1　　2　5　　3　10　　4　50

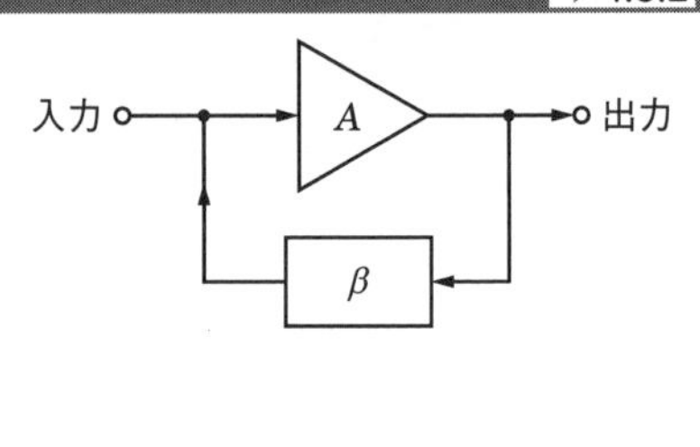

解説 式（4.13）を使用します．負帰還をかけないときの電圧増幅度が $A = 10\,000$（真数），帰還回路の帰還率が $\beta = 0.1$ であるので，負帰還をかけたときの増幅度 A_f は

$$A_f = \frac{A}{1 + A\beta} = \frac{10\,000}{1 + 10\,000 \times 0.1} = \frac{10\,000}{1\,001} \fallingdotseq \mathbf{10}$$

答え▶▶▶3

問題 12 ★ ➡4.5.2

図に示す負帰還増幅回路において，電圧増幅度 A が 1×10^5（真数）の演算増幅器を用いて，負帰還増幅回路の電圧増幅度を 20（真数）にしたい．帰還回路の帰還率 β の値として，最も近い値を下の番号から選べ．ただし，A_{op} は理想的な演算増幅器を示す．

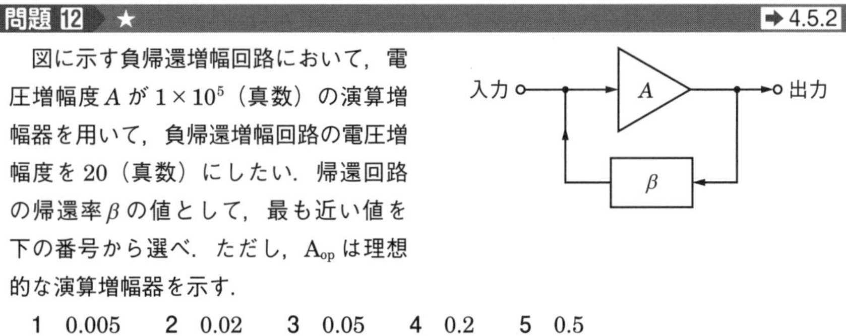

1　0.005　　2　0.02　　3　0.05　　4　0.2　　5　0.5

解説 電圧増幅度 $A = 1 \times 10^5$，負帰還をかけた増幅度 $A_f = 20$ を $A_f = \dfrac{A}{1 + A\beta}$ に代入すると

$$20 = \frac{1 \times 10^5}{1 + 1 \times 10^5 \beta} \quad ①$$

式①より

$$20\,(1 + 1 \times 10^5 \beta) = 1 \times 10^5 \quad ②$$

式②より

$$20 \times 10^5 \beta = 1 \times 10^5 - 20 \quad ③$$

式③の右辺の（$1 \times 10^5 - 20$）は，ほぼ 1×10^5 に等しいので

$$20 \times 10^5 \beta = 1 \times 10^5 \quad ④$$

式④より

$$\beta = \frac{1 \times 10^5}{20 \times 10^5} = \frac{1}{20} = \mathbf{0.05}$$

答え▶▶▶3

問題 13 ★　➡ 4.5.2

図に示す直列帰還直列注入形の負帰還増幅回路において，負帰還をかけない状態から負帰還をかけた状態に変えると，この回路の入力インピーダンス Z_i 及び出力インピーダンス Z_o の値はそれぞれどのように変化するか．Z_i と Z_o の値の変化の組合せとして，正しいものを下の番号から選べ．

	Z_i	Z_o
1	増加する	増加する
2	増加する	減少する
3	減少する	減少する
4	減少する	増加する

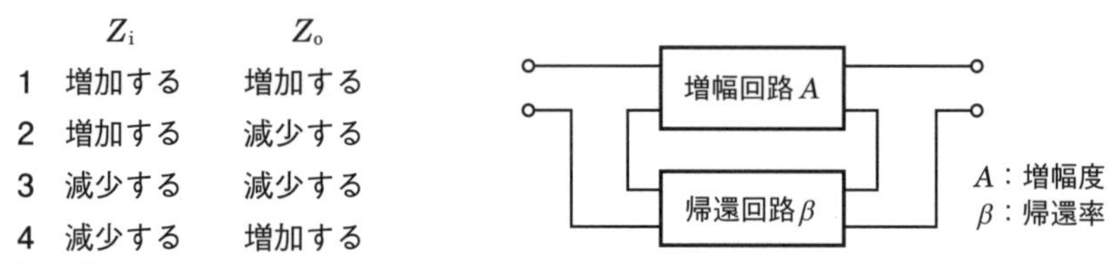

解説 図 4.13 (d) に相当しますので，入力インピーダンス Z_i 及び出力インピーダンス Z_o は**増加**します．

答え ▶▶▶ 1

問題 14 ★★　➡ 4.5

次の記述は，電圧増幅度が A の演算増幅器（オペアンプ）の基本的な入出力関係について述べたものである．□内に入れるべき字句の正しい組合せを下の番号から選べ．ただし，入力電圧 V_i はオペアンプがひずみ無く増幅する範囲にあるものとする．

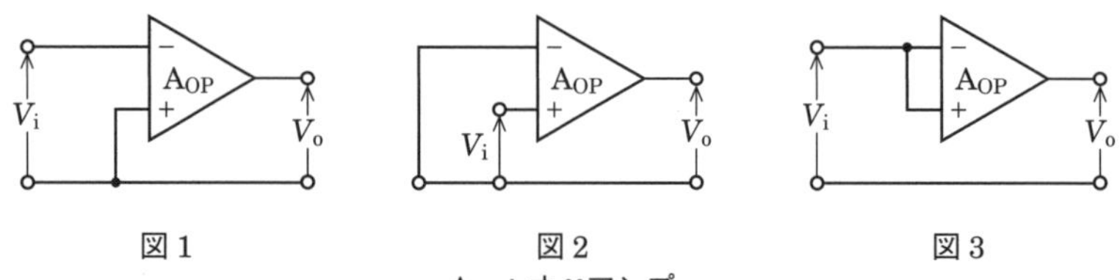

図 1　　図 2　　図 3

A_{OP}：オペアンプ

(1) 図 1 に示すように V_i〔V〕を「−」端子に加えたとき，出力電圧 V_o は大きさ V_i の A 倍で，位相は V_i と［ A ］となる．

(2) 図 2 に示すように V_i〔V〕を「+」端子に加えたとき，出力電圧 V_o の位相は V_i と［ B ］となる．

(3) 図 3 に示すように V_i〔V〕を「+」端子と「−」端子に共通に加えたとき，出力電圧 V_o の大きさはほぼ［ C ］である．

	A	B	C
1	同位相	同位相	0 V
2	同位相	逆位相	V_iA〔V〕
3	逆位相	同位相	0 V
4	逆位相	逆位相	V_iA〔V〕

解説　反転入力端子に V_i〔V〕が加わると，出力電圧 V_o の大きさは V_iA になり，位相は V_i と**逆位相**になります．

非反転入力端子に V_i〔V〕が加わると，出力電圧 V_o の大きさは V_iA になり，位相は V_i と**同位相**になります．

反転入力端子と非反転入力端子が接続されている場合，出力電圧 V_o の大きさは **0 V** になります．

答え▶▶▶3

「V_o の大きさ」という記述がある場合は「V_o の絶対値」のことです．

4.6 発振回路

4.6.1 発振回路の発振条件

式(4.13) は負帰還増幅回路の増幅度を表す式ですが，$v_1 = v_{in} + \beta v_{out}$ となるようにすると，正帰還増幅器になり，利得を G とすると，次式で表すことができます．

$$G = \frac{v_{out}}{v_{in}} = \frac{Av_1}{v_1 - \beta v_{out}} = \frac{Av_1}{v_1 - A\beta v_1} = \frac{A}{1 - A\beta} \qquad (4.14)$$

いま，式(4.14) の分母が 0 になるようにすると，増幅度 G は無限大になります．すなわち，$A\beta = 1$ にすると，増幅度が無限大になり発振回路になります．

4.6.2 *LC* 発振回路

特定の周波数で発振させるためには，帰還回路は抵抗ではなく，コンデンサやコイルのように周波数特性を有する素子を使います．

図 4.14 (a) か (b) の組合せになるように素子を選ぶと，*LC* 発振回路を構成

することができます．図 4.14 (a) を**コルピッツ発振回路**，図 4.14 (b) を**ハートレー発振回路**といいます．

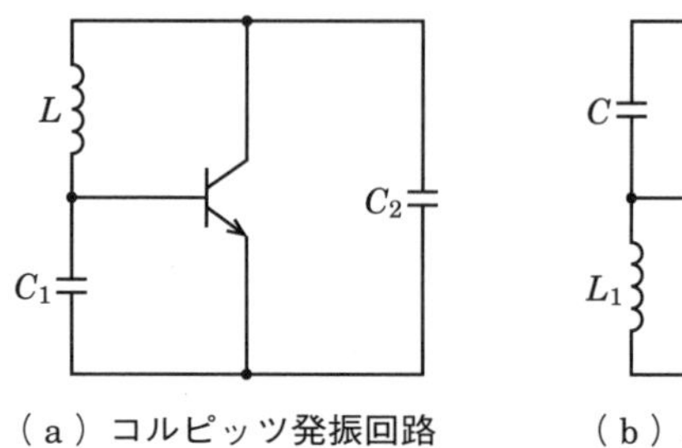

（a）コルピッツ発振回路

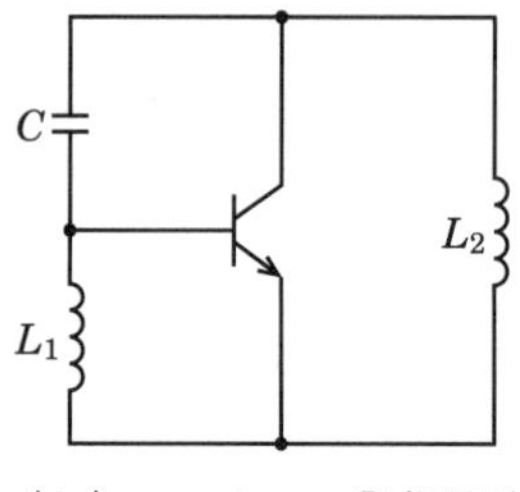

（b）ハートレー発振回路

■図 4.14　*LC* 発振回路の構成

問題 15 ★★ ➡ 4.6.2

図に示すトランジスタ Tr を用いた原理的なコルピッツ発振回路が，$1/\pi$〔MHz〕の周波数で発振しているとき，コイル L の自己インダクタンス〔H〕の値として，正しいものを下の番号から選べ．

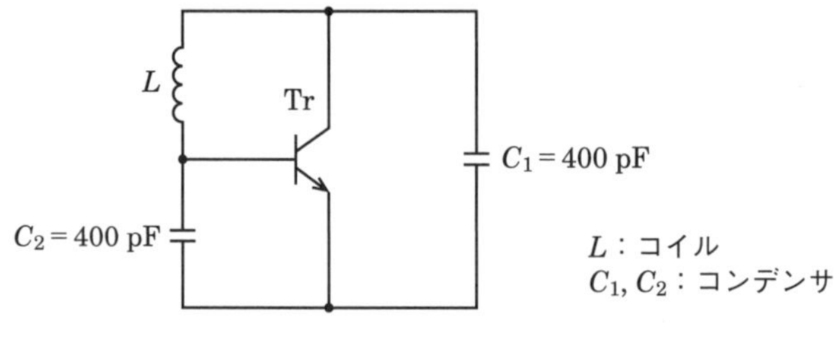

1　1.00 mH　　2　1.25 mH　　3　1.50 mH　　4　2.00 mH　　5　2.50 mH

解説　設問の発振器の発振周波数 f〔Hz〕は，次式で表されます．

$$f = \frac{1}{2\pi\sqrt{L\dfrac{C_1 C_2}{C_1 + C_2}}} \quad ①$$

式①の $C_1 C_2/(C_1 + C_2)$ の値は

$$\frac{C_1 C_2}{C_1 + C_2} = \frac{400 \times 400}{400 + 400} = \frac{400 \times 400}{800} = 200 \text{ pF}$$

式①に，$f=\dfrac{1}{\pi}\times 10^6$ Hz，$\dfrac{C_1C_2}{C_1+C_2}=200\times 10^{-12}$ F を代入すると

$$\frac{1}{\pi}\times 10^6=\frac{1}{2\pi\sqrt{L\times 200\times 10^{-12}}}=\frac{10^6}{2\pi\sqrt{L\times 200}} \qquad ②$$

式②より

$$1=\frac{1}{2\sqrt{L\times 200}} \qquad ③$$

式③より

$$2\sqrt{L\times 200}=1 \qquad ④$$

式④の両辺を二乗すると

$$4(L\times 200)=1 \qquad ⑤$$

式⑤より

$$L=\frac{1}{4\times 200}=\frac{1}{800}=1.25\times 10^{-3}\ \text{H}=\mathbf{1.25\ mH}$$

答え▶▶▶2

問題 16 ★ ➡4.6.2

図のハートレー発振回路の原理図において，コンデンサ C の静電容量が36％減少したとき，発振周波数は何〔％〕変化するか．正しいものを下の番号から選べ．

1　14％　　2　25％　　3　36％
4　50％　　5　64％

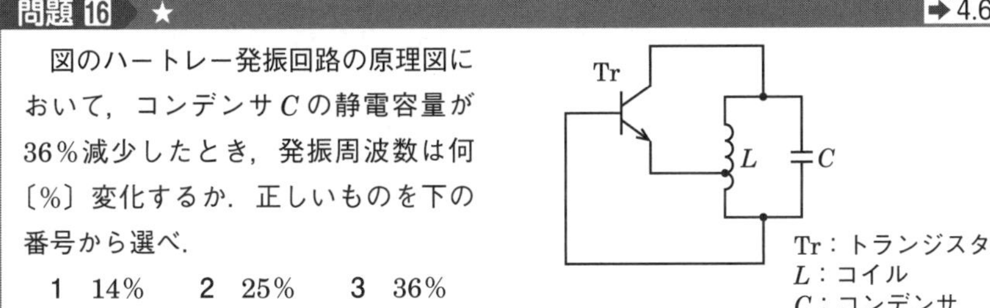

解説 共振周波数を f とすると，$f=1/2\pi\sqrt{LC}$ となります．静電容量 C の値が減少すると，共振周波数が高くなります．

「静電容量が36％減少する」ということは，「C が $0.64C$ になる」ということですので，そのときの共振周波数を f_1 とすると

$$f_1=\frac{1}{2\pi\sqrt{L\times 0.64C}}=\frac{1}{2\pi\sqrt{LC}}\cdot\frac{1}{\sqrt{0.64}}=f\times\frac{1}{0.8}=1.25f$$

となります．したがって，周波数は**25％**増加することになります．

答え▶▶▶2

問題 17 ★★ ➡ 4.6.2

図に示すハートレー発振回路の原理図において，コンデンサ C の静電容量を 1/3 にしたとき，発振周波数は元の値の何倍になるか．正しいものを下の番号から選べ．

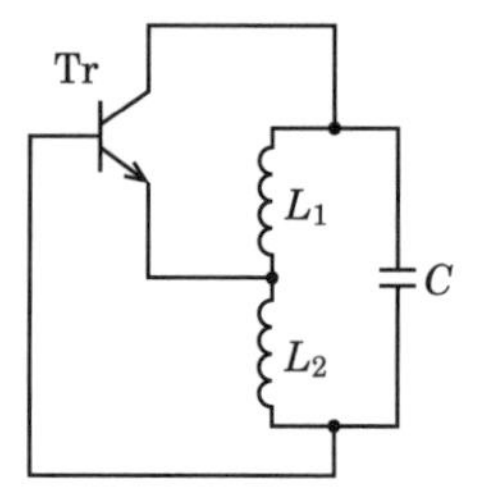

Tr：トランジスタ
C：コンデンサ〔F〕
L_1，L_2：コイル〔H〕

1　$\sqrt{3}$ 倍

2　$\dfrac{1}{\sqrt{3}}$ 倍

3　$\dfrac{1}{3}$ 倍

4　3 倍

5　6 倍

解説　共振周波数 f は次式で表すことができます．

$$f=\frac{1}{2\pi\sqrt{LC}}$$

静電容量 C の値が減少すると，共振周波数が高くなります．静電容量を $C/3$ にしたときの共振周波数を f_1 とすると

$$f_1=\frac{1}{2\pi\sqrt{L\times(C/3)}}=\frac{1}{2\pi\sqrt{LC}\times\dfrac{1}{\sqrt{3}}}=\frac{\sqrt{3}}{2\pi\sqrt{LC}}=\sqrt{3}\,f$$

よって，発振周波数は元の値の **$\sqrt{3}$ 倍**になります．　**答え▶▶▶ 1**

問題 18 ★★★ ➡ 4.6.2

図は，3 端子接続形のトランジスタ発振回路の原理的構成例を示したものである．この回路が発振するときのリアクタンス X_1，X_2 及び X_3 の特性の正しい組合せを下の番号から選べ．

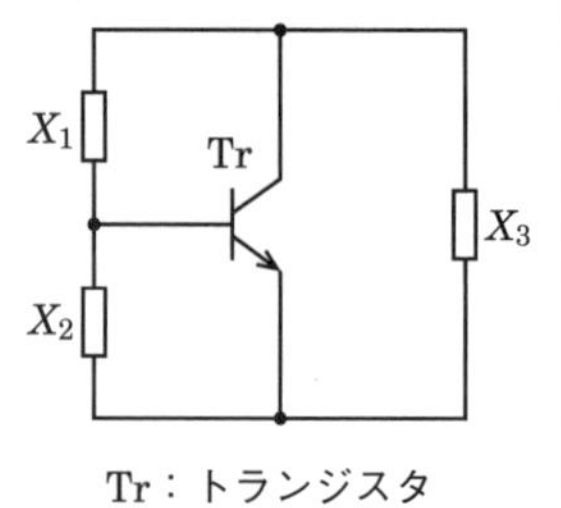

Tr：トランジスタ

	X_1	X_2	X_3
1	容量性	容量性	容量性
2	誘導性	誘導性	誘導性
3	誘導性	容量性	容量性
4	誘導性	容量性	誘導性

解説 X_2 と X_3 のリアクタンスは，X_2 が誘導性リアクタンスであれば X_3 も誘導性リアクタンスで，X_2 が容量性リアクタンスであれば X_3 も容量性リアクタンスです．X_1 のリアクタンスは X_2 と X_3 が誘導性リアクタンスであれば容量性リアクタンス，X_2 と X_3 が容量性リアクタンスであれば誘導性リアクタンスとなり，このとき発振条件を満たします．したがって，X_2 と X_3 が同じで X_1 が異なる 3 が正解となります．

答え▶▶▶ 3

4
章

関連知識　発振条件の導出

問題⑱の回路図の発振条件の導出は，リアクタンス X_1，X_2，X_3 のインピーダンスをそれぞれ，$Z_1 = jX_1$，$Z_2 = jX_2$，$Z_3 = jX_3$（**図 4.15** の等価回路）として計算すると，計算結果は次のようになります．

$$X_1 + X_2 + X_3 = 0 \qquad (4.15)$$

$$(h_{fe} + 1) X_3 = -X_1 \qquad (4.16)$$

式 (4.16) の電流増幅率 $h_{fe} > 0$ なので X_3 と X_1 は異符号となるリアクタンス素子でなければならないことがわかります．すなわち，X_1 を誘導性（コイル）とすると，X_3 を容量性（コンデンサ）となります．

式 (4.16) を式 (4.15) に代入すれば，$X_2 = h_{fe} X_3$ となり，X_2 と X_3 は同符号となるリアクタンス素子になります．

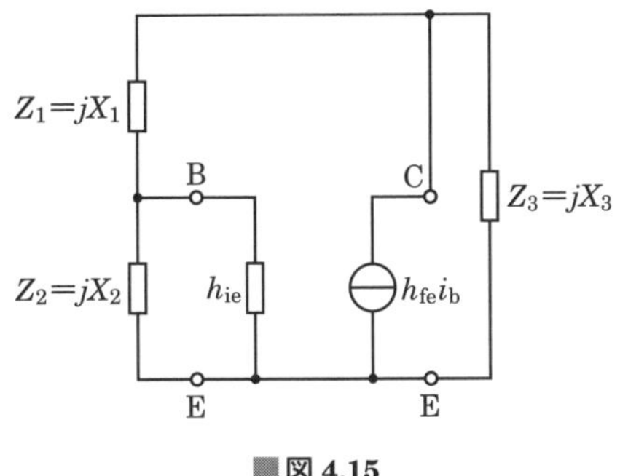

■図 4.15

4.7 水晶発振回路

LC 発振回路は周波数確度や周波数安定度が低いので，より安定度の高い発振回路が必要な場合は，水晶振動子（水晶発振子ともいいます）を使用した水晶発振回路を使います．

4.7.1 水晶振動子

水晶は異方性結晶なので，結晶面から切り出すときのわずかな角度の違いによって，熱膨張や圧電性などの性質が異なります．このような水晶片に電極を付け，圧電効果を利用して電子回路で共振させると，固有の周波数で振動を持続させることができます．

水晶板に，機械的圧縮または伸長力を加えると，板の表面に電荷を生じます．これを圧電効果またはピエゾ効果といいます．なお，ピエゾはギリシャ語で圧力を意味します．

水晶振動子の電気的等価回路を**図 4.16**（a），回路記号を図 4.16（b）に示します．図 4.16（a）の水晶振動子の電気的等価回路を計算すると，図 4.16（c）に示すようにインダクタンス L_e と抵抗 R_e の直列回路になります．すなわち，水晶振動子はインダクタンス（コイル）と同じ働きをすることがわかります．コイルに比べ水晶は Q が高くなります．水晶振動子のリアクタンス特性を示したのが図 4.16（d）です．

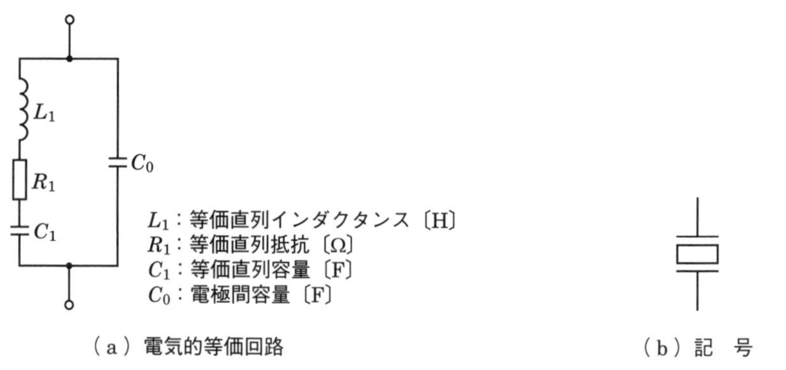

（a）電気的等価回路　（b）記　号

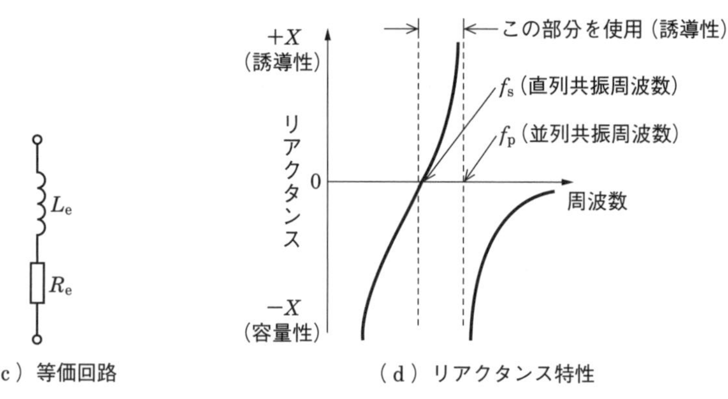

（c）等価回路　（d）リアクタンス特性

図 4.16　水晶振動子

直列共振周波数 f_s と並列共振周波数 f_p の間の誘導性になる狭い領域を使うので，周波数安定度もよくなります．

水晶振動子は等価的にコイルと同じなので，図 4.14 (a) のコルピッツ発振回路のコイルの代わりに水晶振動子（XTAL）を挿入すれば，**図 4.17** のような水晶発振回路になります．

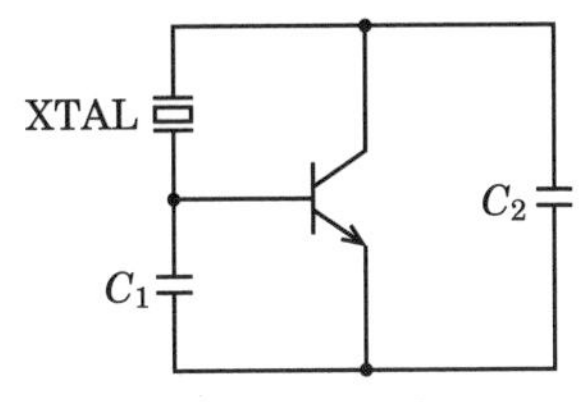

■図 4.17　水晶発振回路

問題 19 ★★★　➡ 4.7

次の記述は，図に示す特性曲線を持つ水晶発振子について述べたものである．［　　］内に入れるべき字句の正しい組合せを下の番号から選べ．

(1) 水晶発振子は，水晶の［ A ］効果を利用して機械的振動を電気的信号に変換する素子であり，単純な *LC* 同調回路に比べて尖鋭度（*Q*）が高い．

(2) 水晶発振子で発振を起こすには，図の特性曲線の［ B ］の範囲が用いられ，このとき，水晶発振子自体は，等価的に［ C ］として動作する．

	A	B	C
1	ピエゾ	b	コイル
2	ピエゾ	a	コンデンサ
3	ピエゾ	c	コンデンサ
4	ペルチェ	c	コンデンサ
5	ペルチェ	b	コイル

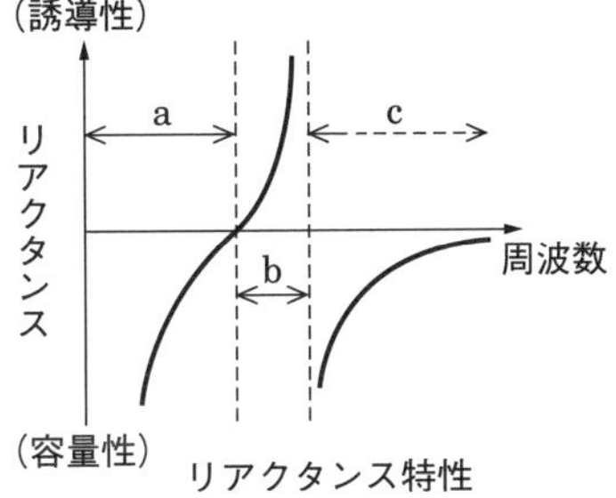

リアクタンス特性

答え▶▶▶ 1

コルピッツ発振回路のコイルの代わりに水晶振動子を挿入すれば水晶発振器になります（水晶振動子はコイルと等価です）．

4.8 PLL 回路

PLL（Phase Locked Loop）**回路**は**位相同期ループ回路**のことです．**図 4.18** に PLL 回路の構成を示します．周波数確度や安定度に優れた基準信号源の周波数を f_0 とします．**位相比較器**（**PC**）は 2 つの信号の位相が等しいときに出力電圧は 0 ですが，2 つの信号の位相が少しでも異なると電圧を出力する回路です．位相比較器から出力された電圧は低域フィルタ（LPF）を通過して直流電圧となり，その電圧で電圧制御発振器（VCO）の周波数 f を変化させ，その出力が $1/N$ 分周器で分周されて f_0（$=f/N$）になり位相比較器に入力され，基準周波数と同じ位相になるまで動作を繰り返します．PLL 回路は周波数変化を電圧の変化に変えることができますので，周波数変調波の復調器にも使えます．

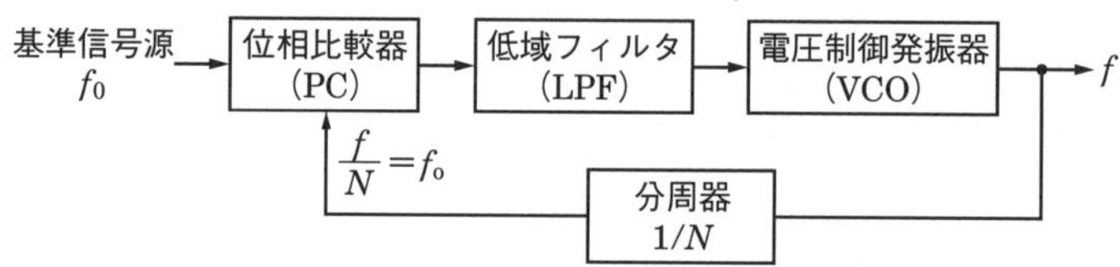

■図 4.18　PLL 回路の原理

問題 20 ★★★ ➡4.8

図に示す，位相同期ループ（PLL）回路を用いた周波数シンセサイザ発振器の原理的な構成例において，出力周波数 f_0 の値として，正しいものを下の番号から選べ．ただし，基準発振器の周波数は 10 MHz，固定分周器 1 の分周比 M_1 は 25，固定分周器 2 の分周比 M_2 は 10，可変分周器の分周比 N を 100 とし，PLL はロックしているものとする．

1　200 MHz
2　300 MHz
3　400 MHz
4　600 MHz
5　800 MHz

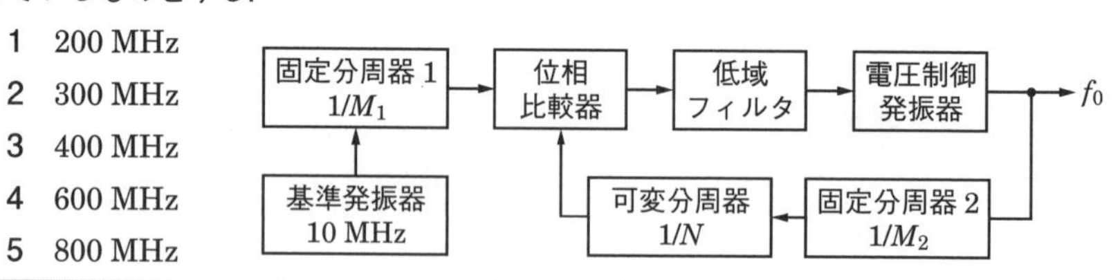

解説　固定分周器 1 から，以下の出力周波数の信号が位相比較器へ加えられます．

$$\frac{10}{M_1}=\frac{10}{25}\ \text{〔MHz〕} \quad ①$$

固定分周器2と可変分周器を通過後，以下の出力周波数の信号が位相比較器へ加えられます．

$$\frac{f_0}{M_2}\times\frac{1}{N}=\frac{f_0}{10}\times\frac{1}{100}=\frac{f_0}{1\,000}\ \text{〔MHz〕} \qquad ②$$

位相比較器に入力される2つの信号の周波数（位相）が等しいとき，PLL 回路はロックされますので，式①＝式②とすると

$$\frac{10}{25}=\frac{f_0}{1\,000} \qquad ③$$

式③より

$$25f_0=10\times1\,000 \quad よって \quad f_0=\frac{10\times1\,000}{25}=\mathbf{400\ MHz}$$

答え▶▶▶3

問題 21 ★ ➡4.8

次の記述は，図に示す位相同期ループ（PLL）を用いた周波数シンセサイザ発振器の原理的な構成例について述べたものである．[　　]内に入れるべき字句の正しい組合せを下の番号から選べ．なお，同じ記号の[　　]内には，同じ字句が入るものとする．

(1) PLL は，2つの入力信号を比較する[A]，この出力に含まれる不要な成分を除去するための低域フィルタ（LPF）及びその出力に応じた周波数の信号を発振する[B]の3つの主要部分で構成される．

(2) 基準発振器の出力の周波数 f_S を 3.2 MHz，固定分周器の分周比 $1/M$ を 1/128，可変分周器の分周比 $1/N$ を 1/6 800 としたとき，出力の周波数 f_0 は，[C]〔MHz〕になる．

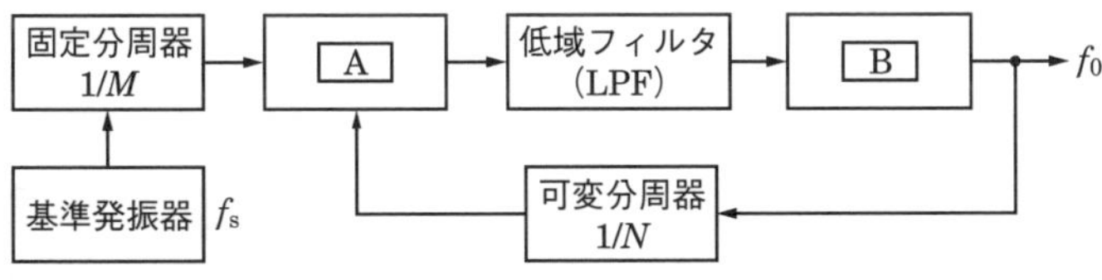

	A	B	C
1	位相比較器	電圧制御発振器	145
2	位相比較器	電圧制御発振器	170
3	位相比較器	水晶発振器	145
4	振幅比較器	水晶発振器	145
5	振幅比較器	電圧制御発振器	170

解説 (2) 固定分周器の出力周波数は

$$\frac{f_s}{M}=\frac{3.2}{128}\ \text{〔MHz〕} \qquad ①$$

可変分周器の出力周波数は

$$\frac{f_0}{N}=\frac{f_0}{6\,800}\ \text{〔MHz〕} \qquad ②$$

位相比較器に入力される2つの信号の周波数（位相）が等しいとき，PLL回路はロックされますので，式①＝式②とすると

$$\frac{3.2}{128}=\frac{f_0}{6\,800} \qquad ③$$

式③より

$$128f_0=3.2\times 6\,800 \quad \text{よって} \quad f_0=\frac{3.2\times 6\,800}{128}=\frac{32\times 680}{32\times 4}=\frac{680}{4}=\mathbf{170\ MHz}$$

答え▶▶▶2

4.9 デジタル回路

組合せ論理回路は，現在の入力によってのみ出力が決定される回路です．そのため，組合せ論理回路を表現するために，回路の入力の状態をすべて挙げて，それらに対応する出力を調べる方法が使われます．これらを表にしたものを**真理値表**といいます．

図4.19は2入力，1出力の基本ゲートです．この基本ゲートの真理値表は，**表4.1**のようになります．「0」はLowレベル，「1」はHighレベルを表します．

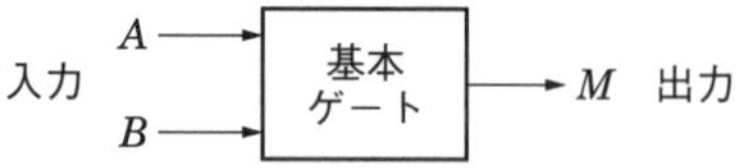

入力 A → 基本ゲート → M 出力
入力 B →

■図4.19　2入力1出力の基本ゲート

■表4.1　真理値表

A	B	M
0	0	回路により決まる
0	1	回路により決まる
1	0	回路により決まる
1	1	回路により決まる

AND回路，OR回路，NAND回路，NOR回路の図記号を**図4.20**～**図4.23**に，それらの真理値表を**表4.2**～**表4.5**に示します．

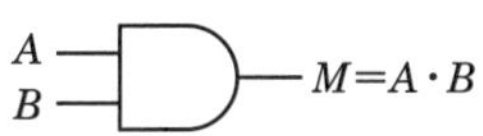

■図 4.20　AND 回路の記号

■表 4.2　AND 回路の真理値表

A	B	M
0	0	0
0	1	0
1	0	0
1	1	1

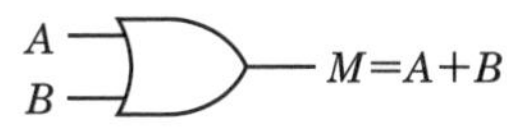

■図 4.21　OR 回路の記号

■表 4.3　OR 回路の真理値表

A	B	M
0	0	0
0	1	1
1	0	1
1	1	1

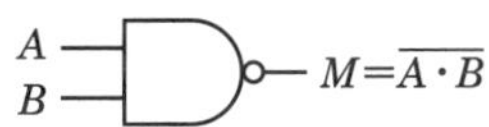

■図 4.22　NAND 回路の記号

■表 4.4　NAND 回路の真理値表

A	B	M
0	0	1
0	1	1
1	0	1
1	1	0

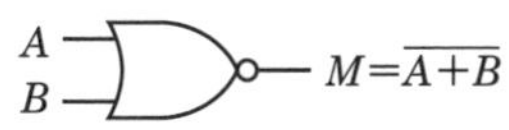

■図 4.23　NOR 回路の記号

■表 4.5　NOR 回路の真理値表

A	B	M
0	0	1
0	1	0
1	0	0
1	1	0

そのほか，1 入力，1 出力の基本ゲートである NOT 回路があります．図記号を**図 4.24** に，真理値表を**表 4.6** に示します．

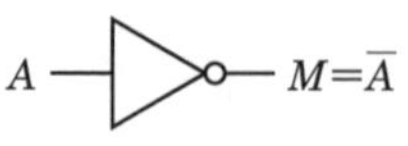

■図 4.24　NOT 回路の記号

■表 4.6　NOT 回路の真理値表

A	M
0	1
1	0

問題 22 ★★ ➡4.9

図に示す各論理回路の入出力関係を示す論理式の正しい組合せを下の番号から選べ．ただし，論理は正論理とする．

	A	B
1	$F=X+Y$	$F=\overline{X+Y}$
2	$F=X+Y$	$F=\overline{X \cdot Y}$
3	$F=X \cdot Y$	$F=\overline{X \cdot Y}$
4	$F=X \cdot Y$	$F=\overline{X+Y}$

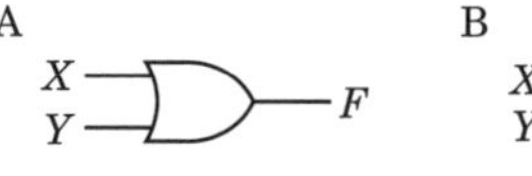

解説 A の回路は OR 回路なので，$F=\boldsymbol{X+Y}$ です．
B の回路は NAND 回路なので，$F=\overline{\boldsymbol{X \cdot Y}}$ です．

答え▶▶▶2

問題 23 ★★ ➡4.9

図に示す論理回路の真理値表として，正しいものを下の番号から選べ．ただし，論理は正論理とする．

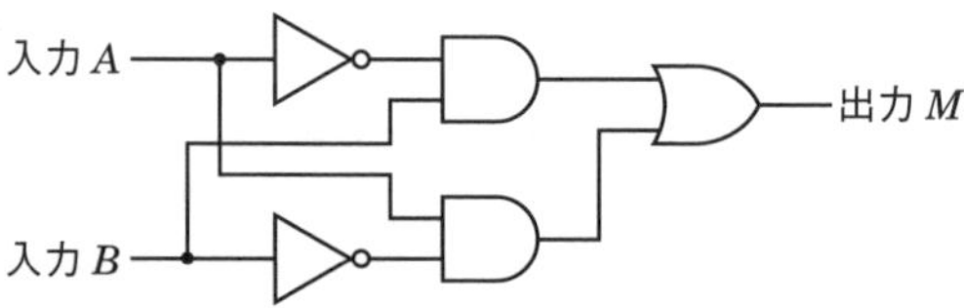

1

A	B	M
0	0	1
0	1	0
1	0	1
1	1	0

2

A	B	M
0	0	1
0	1	0
1	0	0
1	1	1

3

A	B	M
0	0	0
0	1	1
1	0	0
1	1	1

4

A	B	M
0	0	0
0	1	1
1	0	1
1	1	0

5

A	B	M
0	0	1
0	1	1
1	0	1
1	1	0

解説 **図 4.25** に示すように論理回路の各点の名称を定めます．入力 A と B のすべての組合せは 4 種類です．C は $\overline{A}$ と B の AND，D は A と $\overline{B}$ の AND です．真理値表を書くと**表 4.7** のようになります．よって，正解は **4** になります．

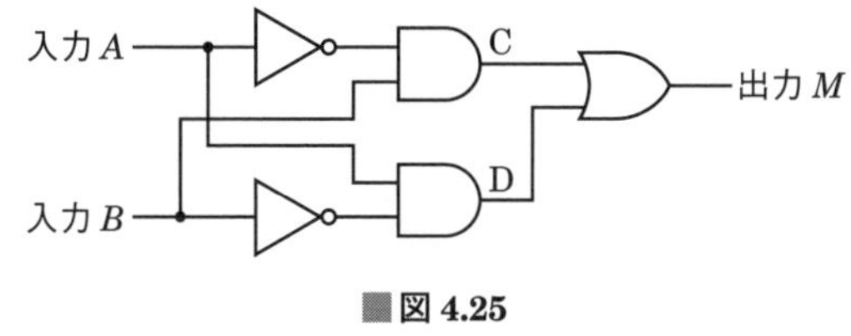

■**図 4.25**

■**表 4.7**

A	B	$\overline{A}$	B	$C(\overline{A}\cdot B)$	A	$\overline{B}$	$D(A\cdot\overline{B})$	$M(C+D)$
0	0	1	0	0	0	1	0	**0**
0	1	1	1	1	0	0	0	**1**
1	0	0	0	0	1	1	1	**1**
1	1	0	1	0	1	0	0	**0**

答え▶▶▶ 4

問題 24 ★★ ➡4.9

図に示す論理回路の真理値表として，正しいものを下の番号から選べ．ただし，論理は正論理とする．

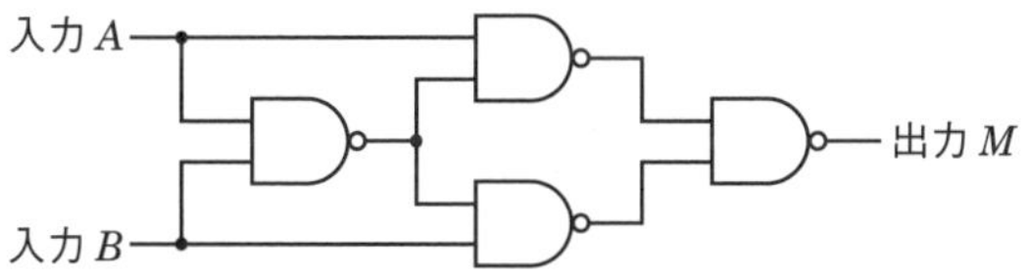

1

A	B	M
0	0	1
0	1	0
1	0	1
1	1	0

2

A	B	M
0	0	0
0	1	1
1	0	0
1	1	1

3

A	B	M
0	0	1
0	1	0
1	0	0
1	1	1

4

A	B	M
0	0	0
0	1	1
1	0	1
1	1	0

解説 **図 4.26** に示すように論理回路の各点の名称を定めます．入力 A と B のすべての組合せは 4 種類です．C は A と B の NAND，D は A と C の NAND，E は B と C の NAND，M は D と E の NAND になります．真理値表を書くと**表 4.8** のようになります．よって，正解は **4** になります．

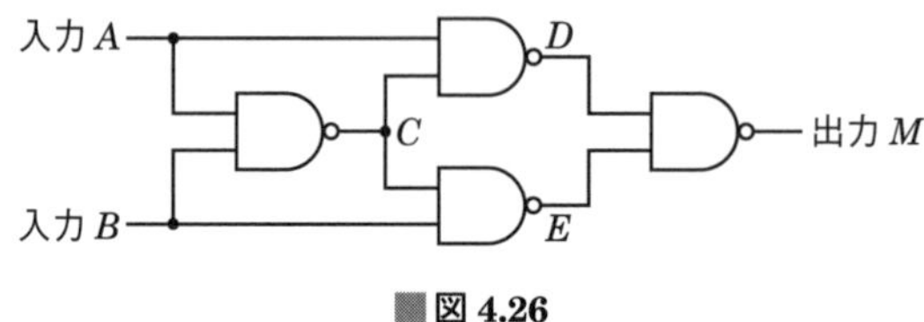

図 4.26

表 4.8

A	B	$C\,(\overline{A \cdot B})$	$D\,(\overline{A \cdot C})$	$E\,(\overline{B \cdot C})$	$M\,(\overline{D \cdot E})$
0	0	1	1	1	0
0	1	1	1	0	1
1	0	1	0	1	1
1	1	0	1	1	0

答え▶▶▶ 4

問題 25 ★★ ➡ 4.9

図に示す論理回路の真理値表として，正しいものを下の番号から選べ．ただし，A 及び B を入力，S 及び C を出力とし，論理は正論理とする．

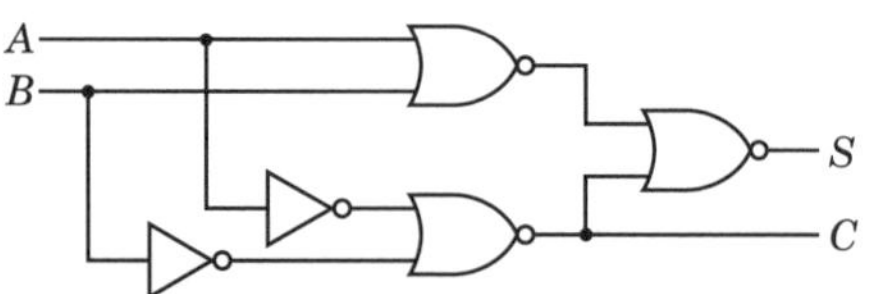

1

入力		出力	
A	B	S	C
0	0	1	0
0	1	1	0
1	0	1	0
1	1	0	1

2

入力		出力	
A	B	S	C
0	0	0	0
0	1	1	0
1	0	0	1
1	1	0	0

3

入力		出力	
A	B	S	C
0	0	0	0
0	1	0	1
1	0	1	0
1	1	0	1

4

入力		出力	
A	B	S	C
0	0	0	0
0	1	1	1
1	0	1	1
1	1	0	0

5

入力		出力	
A	B	S	C
0	0	0	0
0	1	1	0
1	0	1	0
1	1	0	1

解説 **図 4.27** に示すように論理回路の各点の名称を定めます．入力 A と B のすべての組合せは 4 種類です．C は $\overline{A}$ と $\overline{B}$ の NOR，D は A と B の NOR，S は C と D の NOR になります．真理値表を書くと**表 4.9** のようになります．よって，正解は 5 になります．

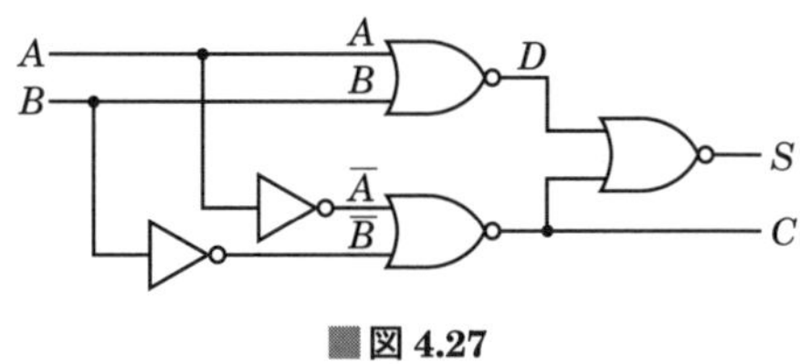

■**図 4.27**

■**表 4.9**

A	B	$\overline{A}$	$\overline{B}$	$C(\overline{\overline{A}+\overline{B}})$	$D(\overline{A+B})$	$S(\overline{C+D})$
0	0	1	1	0	1	0
0	1	1	0	0	0	1
1	0	0	1	0	0	1
1	1	0	0	1	0	0

答え▶▶▶ 5

問題 26 ★ ➡4.9

次の図は，論理回路とタイムチャートの組合せを示したものである．このうち，誤っているものを下の番号から選べ．

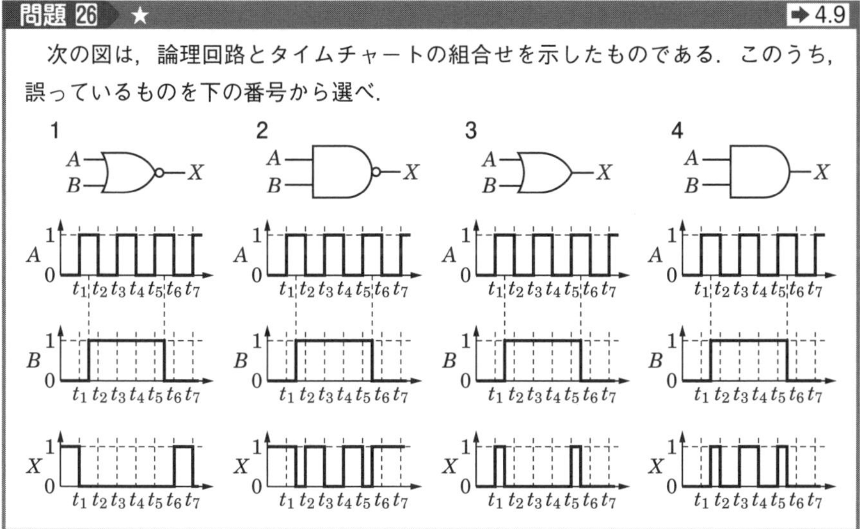

解説 1　NOR 回路の真理値表（表 4.5）より，A と B が両方とも「0」の場合 X が「1」になり，それ以外の組合せは「0」になります．

2　NAND 回路の真理値表（表 4.4）より，A と B が両方とも「1」の場合 X が「0」になり，それ以外の組合せは「1」になります．

3　OR 回路の真理値表（表 4.3）より，A と B が両方とも「0」の場合 X が「0」になり，それ以外の組合せは「1」になります．

4　AND 回路の真理値表（表 4.2）より，A と B が両方とも「1」の場合 X が「1」になり，それ以外の組合せは「0」になります．

これらに照らし合わせると選択肢 3 が誤りです．

選択肢 3 のタイムチャートを正しく描いたものを**図 4.28** に示します．

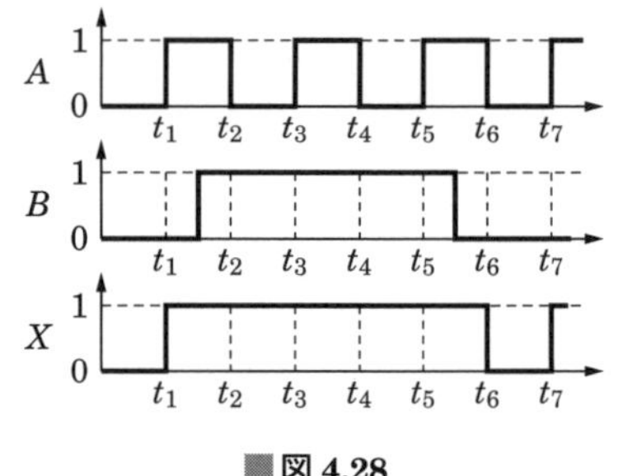

図 4.28

答え▶▶▶ 3

問題 27 ★★　➡ 4.9

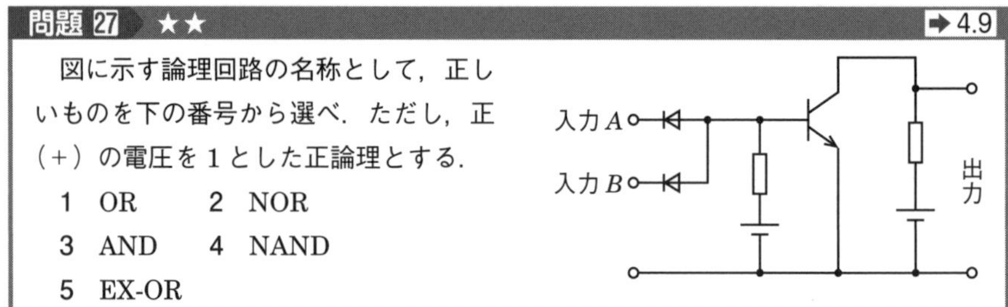

図に示す論理回路の名称として，正しいものを下の番号から選べ．ただし，正（＋）の電圧を 1 とした正論理とする．

1　OR　　2　NOR

3　AND　　4　NAND

5　EX-OR

解説 **図 4.29** に示すように，トランジスタ Tr の入力側に順方向に電圧 V_B が接続されている場合，Tr は ON になり，ベース電流 I_B が流れるためコレクタ電流 I_C が流れます．

図 4.30 に示すように，端子 A 又は B のどちらかを接地すると，電圧 V_B による電流が外に流出するため，ベース電流 I_B が流れなくなり，コレクタ電流 $I_C = 0$ となり，Tr は OFF になります．そのため端子 M の電圧は，V〔V〕（これを「1」と表現）になります．

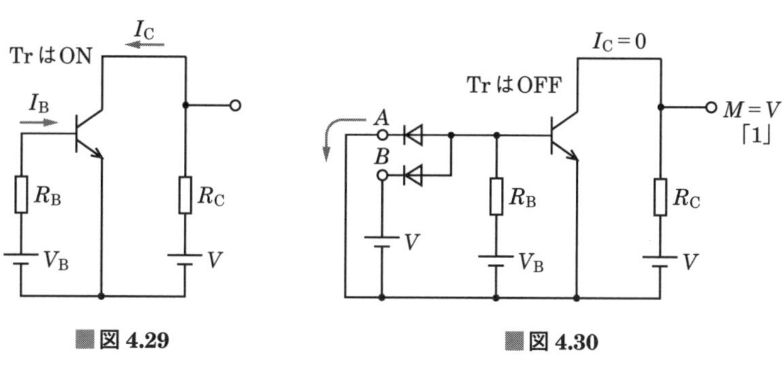

■図 4.29　　■図 4.30

4 章

端子 A 及び B に電圧「0」又は「1」を加える組合せは 4 通りあります（**表 4.10**）.

■**表 4.10**

A	B		M
0	0	A, B のどちらかが「0」であれば，ベース電流 I_B が流れなくなり，コレクタ電流 $I_C = 0$ となり Tr は OFF．よって，M は「1」	1
0	1		1
1	0		1
1	1	A, B の両方が「1」であれば，ベース電流 I_B 及びコレクタ電流 I_C が流れ Tr は ON．よって，M は「0」	0

表 4.10 を満たすのは **NAND** 回路です.

答え▶▶▶ 4

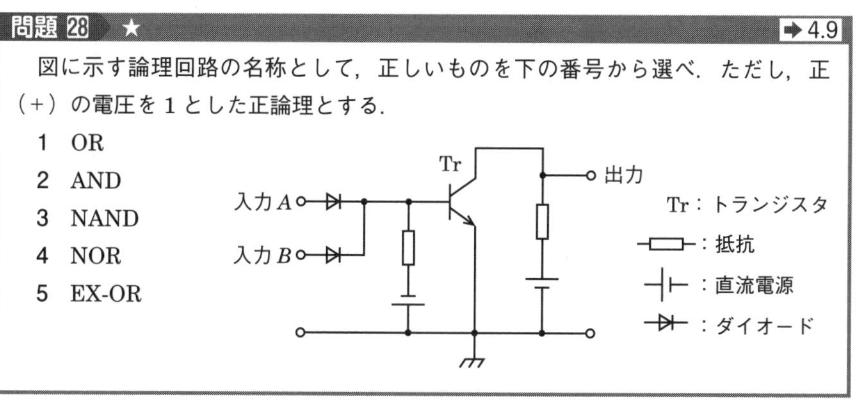

問題 28 ★　➡ 4.9

図に示す論理回路の名称として，正しいものを下の番号から選べ．ただし，正（+）の電圧を 1 とした正論理とする.

1　OR
2　AND
3　NAND
4　NOR
5　EX-OR

解説 **図 4.31** に示すように，トランジスタ Tr の入力側に逆方向に電圧 V_B が接続されている場合，Tr は OFF になり，ベース電流 I_B が流れないためコレクタ電流 I_C は 0 になります．

図 4.32 に示すように，端子 A 又は B のどちらかに電圧 V（「1」）を加えると，ベース電流 I_B が流れることにより，コレクタ電流 I_C が流れ，Tr は ON になります．そのため，端子 M の電圧は抵抗 R_C で電圧降下を起こすので，0 V（これを「0」と表現）になります．

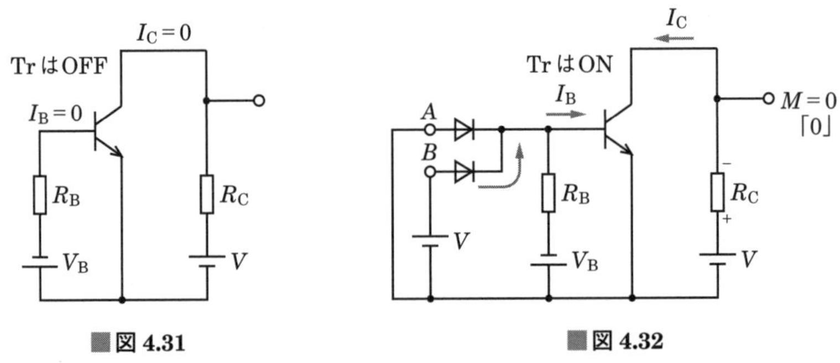

■図 4.31　　■図 4.32

端子 A 及び B に電圧「0」又は「1」を加える組合せは 4 通りあります（**表 4.11**）.

■**表 4.11**

A	B		M
0	0	A，B の両方が「0」であれば，ベース電流 I_B 及びコレクタ電流 I_C は両方とも「0」となり，Tr は OFF. よって，M は「1」	1
0	1	A，B のどちらかが「1」であれば，ベース電流 I_B 及びコレクタ電流 I_C が流れ，Tr は ON．よって，M は「0」	0
1	0		0
1	1		0

表 4.11 を満たすのは **NOR** 回路です．

答え▶▶▶ 4

5章 送信機

この章から **3～4** 問出題

送信機は，変調，符号化，多重化などの処理を行う通信機器です．送信機には，「周波数の安定度が高いこと」「占有周波数帯幅が規定値内であること」「不要輻射が少ないこと」が要求されます．本章では，主に，DSB（A3E）送信機，SSB（J3E）送信機，FM（F3E）送信機の動作原理及びデジタル伝送方式（PCM）の基本を学びます．

5.1 アナログ変調

人間の音声などの信号波は遠くには届きません．遠くに信号波を届けるためには，搬送波と呼ばれる電波を使用する必要があります．信号波を搬送波にのせることを**変調**といいます．搬送波の電圧は次のように表すことができます．

$$e_c = E_c \sin(\omega_c t + \theta) = E_c \sin(2\pi f_c t + \theta) \tag{5.1}$$

式(5.1)において，変化させる（変調）ことができるのは，振幅E_c，周波数f_c，位相θのどれかです．振幅を変化させる方式を**振幅変調**（**AM**：Amplitude Modulation），周波数を変化させる方式を**周波数変調**（**FM**：Frequency Modulation），位相を変化させる方式を**位相変調**（**PM**：Phase Modulation）といいます．なお，ラジオ放送のAMやFMはここでいうAMとFMのことで，変調方式の違いを示しています．

5.1.1 DSB（A3E）

かつて，アマチュア無線で多く使われ，今でも中波AM放送などに使用されている一番基本的な振幅変調について述べます．話を単純にするため，式(5.1)の搬送波において位相θを0とすると次式になります．

$$e_c = E_c \sin \omega_c t \tag{5.2}$$

信号波の電圧を次式とします（$E_s \cos \omega_s t$としたのは計算しやすくするためで，$E_s \sin \omega_s t$としても同じです．sin波やcos波は，ひずみのない波形ですので変調を考える場合に便利なため，この式を用います）．

$$e_s = E_s \cos \omega_s t \tag{5.3}$$

式(5.3)の信号波で，式(5.2)の搬送波を振幅変調すると，被変調波e_{AM}は次式になります．

$$e_{AM} = (E_c + E_s \cos \omega_s t) \sin \omega_c t = E_c \left(1 + \frac{E_s}{E_c} \cos \omega_s t\right) \sin \omega_c t$$

$$= E_c (1 + m \cos \omega_s t) \sin \omega_c t$$

$$= E_c \sin \omega_c t + mE_c \sin \omega_c t \cos \omega_s t$$

$$= E_c \sin \omega_c t + \frac{mE_c}{2} \sin(\omega_c + \omega_s) t + \frac{mE_c}{2} \sin(\omega_c - \omega_s) t \qquad (5.4)$$

$$\sin A \cos B = \frac{1}{2}\left\{\sin(A+B) + \sin(A-B)\right\}$$

ただし，$m = E_s/E_c$ とし，m を**変調度**といいます．

式(5.4) は，振幅変調を行うと，周波数成分が 3 つに分かれることを示しています．これらをまとめると**表 5.1** になります．単一正弦波で変調した変調波の周波数分布を**図 5.1**，音声信号で変調した変調波の周波数分布を**図 5.2** に示します．f_c は搬送波の周波数，f_s は信号波の周波数で，$\omega_c = 2\pi f_c$，$\omega_s = 2\pi f_s$ となります．

振幅変調波（A3E）は，搬送波，上側波，下側波から構成されています．両側に側波があるので，DSB（double side band）といいます．

■表 5.1　単一正弦波で変調した DSB の成分

	搬送波：f_c	上側波：f_c+f_s	下側波：f_c-f_s
最大電圧〔V〕	E_c	$\frac{mE_c}{2}$	$\frac{mE_c}{2}$
実 効 値〔V〕	$\frac{E_c}{\sqrt{2}} = E_e$	$\frac{mE_c}{2\sqrt{2}} = \frac{mE_e}{2}$	$\frac{mE_c}{2\sqrt{2}} = \frac{mE_e}{2}$
電力〔W〕（R はアンテナ抵抗）	$P_c = \frac{E_e^2}{R}$	$P_{USB} = \frac{m^2 E_e^2}{4R} = \frac{m^2}{4} P_c$	$P_{LSB} = \frac{m^2 E_e^2}{4R} = \frac{m^2}{4} P_c$

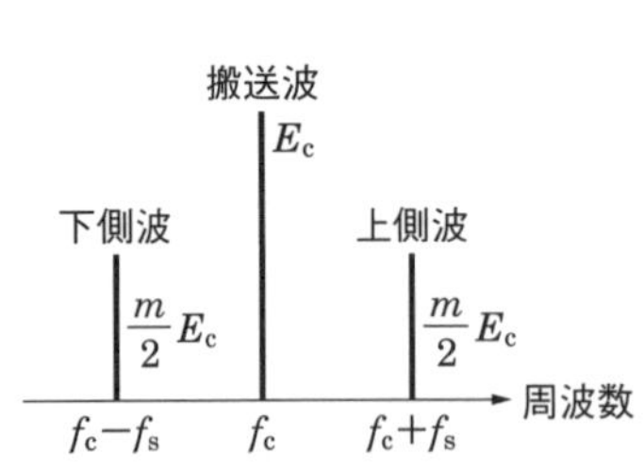

■図 5.1　単一正弦波で変調した DSB（A3E）の周波数分布

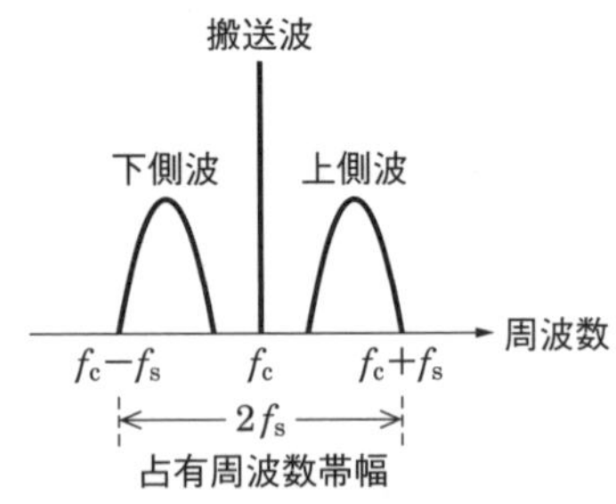

■図 5.2　音声波で変調した振幅変調波（A3E）の周波数分布

なお，DSB（A3E）の電力 P_m〔W〕は次式となります．

$$P_m = P_c + \frac{m^2}{4} P_c + \frac{m^2}{4} P_c = P_c \left(1 + \frac{m^2}{2} \right) \tag{5.5}$$

単一正弦波で変調された振幅変調波（A3E）の波形をオシロスコープで観測すると**図 5.3** のようになります．この波形から変調度 m〔%〕は，次式で求めることができます．

$$m = \frac{A - B}{A + B} \times 100 \text{〔\%〕} \tag{5.6}$$

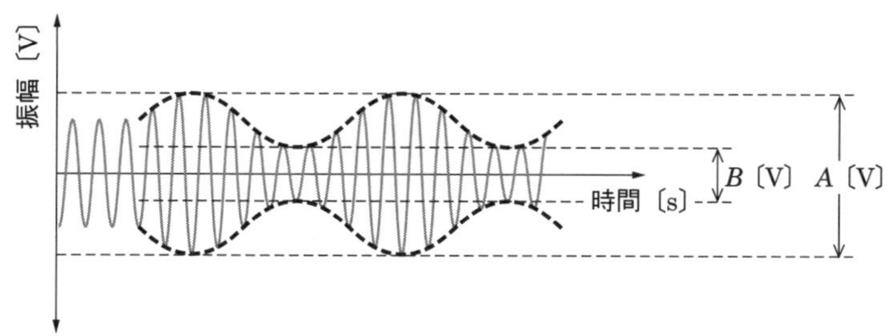

図 5.3　振幅変調波形の例

5.1.2　SSB（J3E）

DSB と呼ばれる両側波方式の振幅変調（A3E）は，図 5.2 に示したように，同じ情報が上側波と下側波にあり，広い占有周波数帯幅が必要になることから，周波数を有効に利用しているとはいえません．そこで，搬送波を取り除き，上側波または下側波のみを伝送する通信方式が考案されました．これが **SSB**（Single Side Band）と呼ばれる**搬送波抑圧単側波方式**の振幅変調（**J3E**）です．J3E 方式は A3E 方式と比べ，占有周波数帯幅が半分ですみます．上側波を使用した SSB（J3E）波の電力を P_{USB} とすると，式(5.5) より，変調度 $m = 1$（100%）の場合，$P_{USB} = (1/4) P_c$ となり，A3E 波と比較すると電力は 1/6 でよいことになります．

SSB 波を発生させるには**図 5.4** に示すリング変調器や平衡変調器で，搬送波の抑圧された両側波のみを取り出した後，帯域フィルタで上側波または下側波を取り出す方法や**図 5.5** に示す移相法による SSB 変調器があります．移相法による SSB 変調器では，急峻な遮断特性を持つ帯域フィルタは不要ですが，広い周波数範囲にわたり一様に $\pi/2$〔rad〕移相できる移相器が必要です．

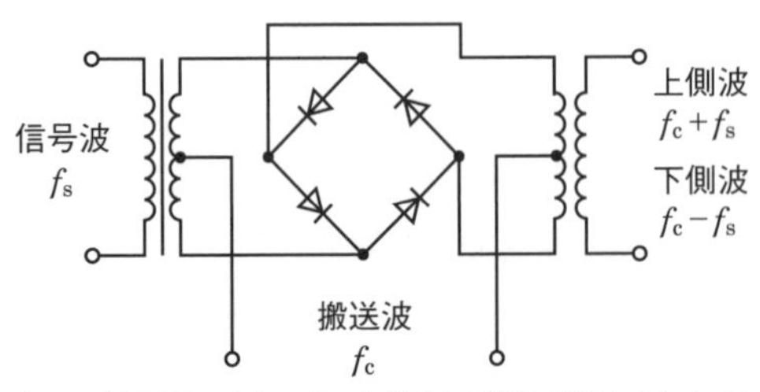

(リング変調器の出力には，上側波と下側波が出力されます)

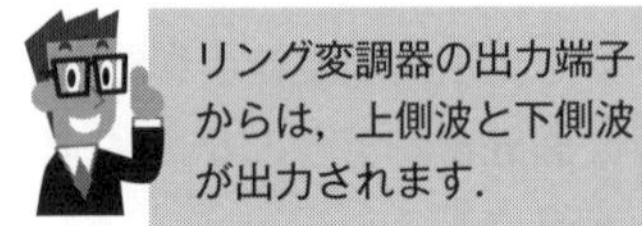

■図 5.4 リング変調器

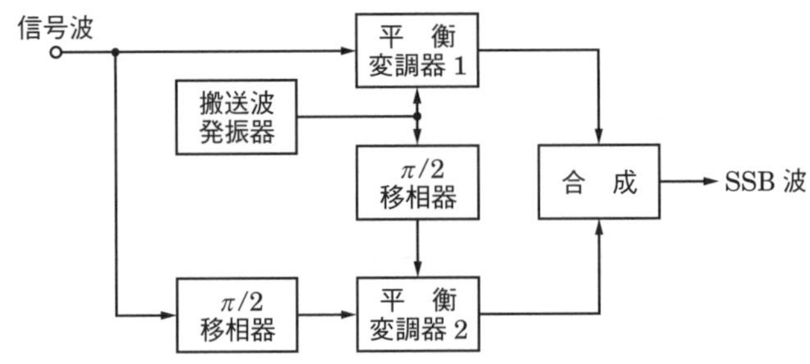

■図 5.5 移相法による SSB 変調器

5.1.3 FM（F3E）

周波数変調（**F3E**）は，信号波で搬送波の周波数を変化させる変調方式で，次式で表すことができます.

$$v_{FM} = E_c \sin(\omega_c t + m_f \sin pt) \tag{5.7}$$

式(5.7) の中の m_f を**変調指数**と呼び，次式で表すことができます.

$$m_f = \frac{\Delta\omega}{p} = \frac{2\pi f_d}{2\pi f_s} = \frac{f_d}{f_s} \tag{5.8}$$

$v_c = E_c \sin \omega_c t$ は搬送波電圧，f_d は最大周波数偏移，f_s は信号波の最高周波数を表します.

周波数変調波の側波は，**図 5.6** のようになり，占有周波数帯幅 B は次式になります.

$$B = 2(f_d + f_s) \tag{5.9}$$

FM 方式には，**直接 FM 方式**と**間接 FM 方式**があります．直接 FM 方式は，自励発振器に変調信号でキャパシタンスが変化する可変容量ダイオードや，変調

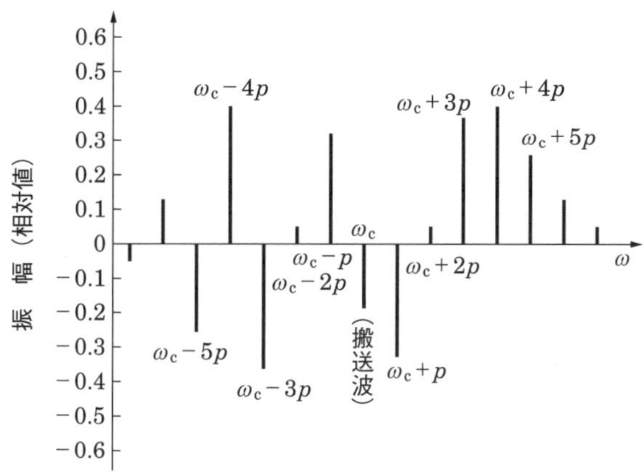

■図 5.6 正弦波で変調された周波数変調波（F3E）の例

信号で，インダクタンスが変化する可変リアクタンストランジスタなどを接続することによって，自励発振器の発振周波数を直接変化させる方式です．

間接 FM 方式は，搬送波の位相を信号波で変化させる方法で，水晶発振器などの周波数安定度の高い発振器を使用できるので，周波数の安定度は優れています．

問題 1 ★★ ➡5.1.1

AM（A3E）送信機において，搬送波を単一の正弦波で変調したとき，送信機出力の被変調波出力は 125 W，変調度は 70％であった．無変調のときの搬送波電力の値として，最も近いものを下の番号から選べ．

1 50 W　2 74 W　3 87 W　4 100 W　5 121 W

解説 表 5.1 及び図 5.1 より，搬送波電力を P_c〔W〕，変調度を m，被変調波電力を P_m〔W〕とすると，被変調波電力＝搬送波電力＋下側波電力＋上側波電力なので

$$P_m = P_c + \frac{m^2}{4}P_c + \frac{m^2}{4}P_c = P_c\left(1 + \frac{m^2}{2}\right) \quad ①$$

となります．式①に $m = 0.7$，$P_m = 125$ W を代入すると

$$125 = P_c\left(1 + \frac{0.7^2}{2}\right) = P_c\left(1 + \frac{0.49}{2}\right) = 1.245P_c \quad ②$$

よって，式②より搬送波電力 P_c は

$$P_c = \frac{125}{1.245} = 100.4 \fallingdotseq \mathbf{100\ W}$$

答え▶▶▶4

問題 2 ★ ➡5.1

AM（A3E）送信機の出力端子において，A3E 波の電圧の実効値を求める式として，正しいものを下の番号から選べ．ただし，変調をかけないときの搬送波電圧の振幅（最大値）を E_c〔V〕，変調度は $m \times 100$〔%〕とし，変調信号は，単一の正弦波信号とする．

1 $\dfrac{1}{\sqrt{2}}E_c\sqrt{1+\dfrac{m^2}{2}}$〔V〕　2 $E_c\sqrt{1+\dfrac{m^2}{2}}$〔V〕　3 $\sqrt{2}E_c\sqrt{1+\dfrac{m^2}{2}}$〔V〕

4 $\dfrac{1}{\sqrt{2}}E_c\left(1+\dfrac{m^2}{2}\right)$〔V〕　5 $E_c\left(1+\dfrac{m^2}{2}\right)$〔V〕

解説 表 5.1 より，搬送波の実効値は $E_c/\sqrt{2}$，上側波と下側波の実効値は同じになり，それぞれ，$mE_c/2\sqrt{2}$となります．よって，A3E 波の電圧の実効値は

$$\sqrt{\left(\frac{E_c}{\sqrt{2}}\right)^2+\left(\frac{mE_c}{2\sqrt{2}}\right)^2+\left(\frac{mE_c}{2\sqrt{2}}\right)^2} = \sqrt{\frac{E_c^2}{2}+\frac{m^2E_c^2}{4}} = \sqrt{\frac{E_c^2}{2}\left(1+\frac{m^2}{2}\right)}$$

$$= \boldsymbol{\frac{E_c}{\sqrt{2}}\sqrt{1+\frac{m^2}{2}}}\ \textbf{〔V〕}$$

答え▶▶▶1

問題 3 ★★ ➡5.1.1

AM（A3E）送信機において，無変調時の平均の電力が 100 W の搬送波を，単一の正弦波信号で変調したとき，送信機出力の被変調波の平均電力は 132 W であった．このときの変調度の値として，最も近いものを下の番号から選べ．

1 16%　2 32%　3 64%　4 80%　5 90%

解説 式（5.5）より，搬送波電力を P_c〔W〕，変調度を m，被変調波電力を P_m〔W〕とすると

$$P_m = P_c\left(1+\frac{m^2}{2}\right) \quad ①$$

となります．式①に問題で与えられた $P_m = 132$ W，$P_c = 100$ W を代入すると

$$132 = 100\left(1 + \frac{m^2}{2}\right) \quad ②$$

となります．ここで，式②の両辺を 100 で割り，整理すると

$$1.32 = 1 + \frac{m^2}{2}$$

$$0.32 = \frac{m^2}{2}$$

$m^2 = 0.64$　よって　$m = 0.8$（$=$ **80%**）

答え▶▶▶4

問題 4 ★　　➡5.1.1

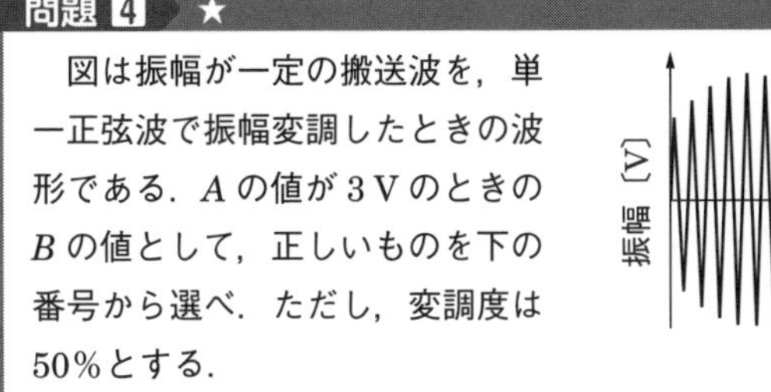

図は振幅が一定の搬送波を，単一正弦波で振幅変調したときの波形である．A の値が 3 V のときの B の値として，正しいものを下の番号から選べ．ただし，変調度は 50％とする．

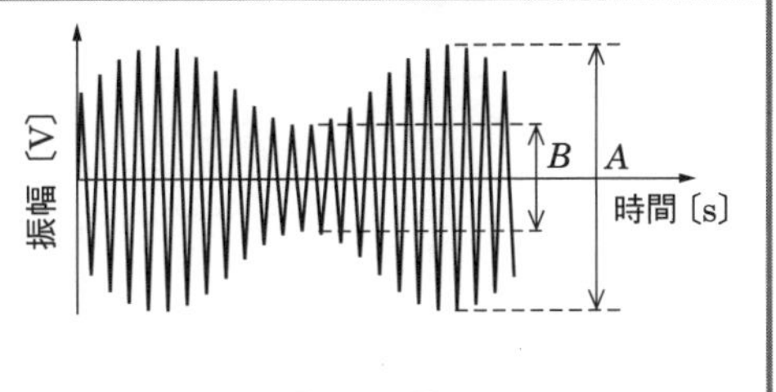

1　0.5 V　　2　1.0 V　　3　1.5 V　　4　2.0 V　　5　3.0 V

解説　式(5.6) より

$$m = \frac{A - B}{A + B} \times 100\,〔\%〕 \quad ①$$

となります．式①に問題で与えられた $m = 50\%$，$A = 3\,\mathrm{V}$ を代入すると

$$50 = \frac{3 - B}{3 + B} \times 100$$

$$3 + B = 2(3 - B)$$

$3B = 3$　よって　$B =$ **1 V**

答え▶▶▶2

問題 5 ★★ ➡5.1.2

次の記述は，SSB（J3E）波の発生方法について述べたものである．［　　］内に入れるべき字句の正しい組合せを下の番号から選べ．なお，同じ記号の［　　］内には同じ字句が入るものとする．

(1) フィルタ法では，まず，平衡変調器やリング変調器を用いて，［ A ］両側波帯信号を発生させ，次に，いずれか一方の側波帯のみを［ B ］を用いて取り出す．

(2) 図は，移相法によるSSB変調器の構成例を示したものである．この方法は，フィルタ法に必要な急峻なしゃ断特性などをもつ［ B ］が不要な反面，信号波の広い周波数範囲にわたって一様に［ C ］〔rad〕移相することが必要である．デジタル信号処理の発展に伴うデジタル移相器の実現により，この方法が実用化されている．

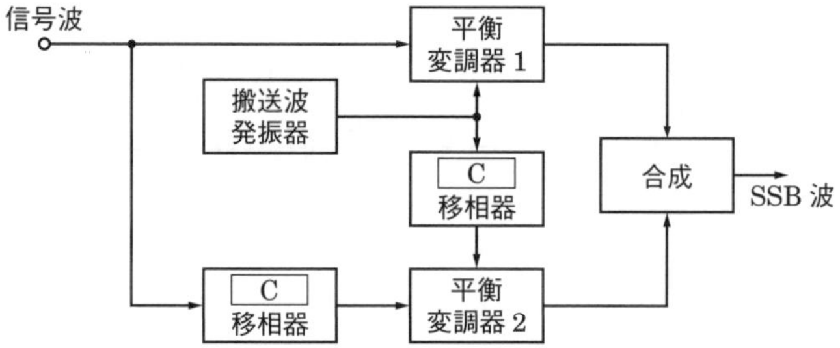

	A	B	C
1	抑圧搬送波	帯域除去フィルタ（BEF）	π
2	抑圧搬送波	帯域フィルタ（BPF）	$\pi/2$
3	抑圧搬送波	帯域フィルタ（BPF）	$\pi/4$
4	全搬送波	帯域除去フィルタ（BEF）	$\pi/2$
5	全搬送波	帯域フィルタ（BPF）	$\pi/4$

答え▶▶▶2

問題 6 ★ ➡5.1.2

次の記述は，移相法によるSSB（J3E）波の上側波帯（USB）発生方法の原理について述べたものである．［　　］内に入れるべき字句の正しい組合せを下の番号から選べ．

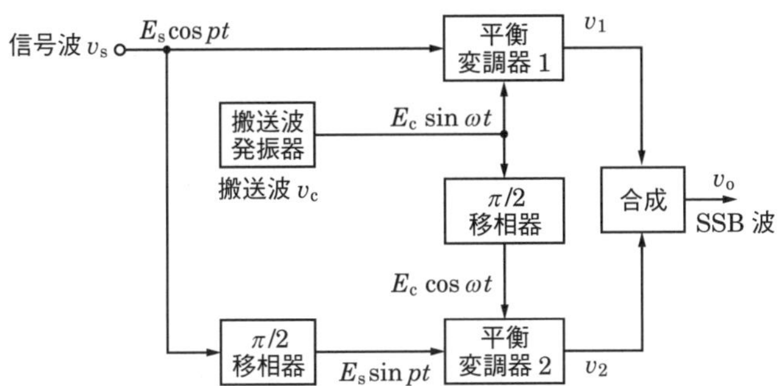

図において，平衡変調器 1 に搬送波 v_c と信号波 v_s を加え，平衡変調器 2 に v_c と v_s の位相を移相器によりそれぞれ $\pi/2$〔rad〕ずらしたものを加え，両平衡変調器から抑圧搬送波両側波帯（DSB）を出力させる．

この両平衡変調器出力の上側波帯（USB）及び下側波帯（LSB）を合成するとき，一方は打ち消しあい，他方は強め合うようにすれば SSB 波が得られる．

すなわち，平衡変調器 1 の出力 v_1 は，搬送波 $v_c = E_c \sin \omega t$，信号波 $v_s = E_s \cos pt$，比例定数を k とすれば，

$$v_1 = k v_c v_s = k E_c E_s \sin \omega t \cos pt = \frac{k}{2} E_c E_s \{\sin(\omega + p)t + \sin(\omega - p)t\}$$

が得られ，平衡変調器 2 の出力 v_2 は次のとおりとなる．

$$v_2 = k E_c E_s \cos \omega t \sin pt = \frac{k}{2} E_c E_s \{\boxed{\quad A \quad}\}$$

よって，両者の合成出力 v_o は

$$v_o = v_1 + v_2 = k E_c E_s \boxed{\quad B \quad}$$

となり，上側波帯（USB）の信号が得られる．

	A	B
1	$\sin(\omega - p)t - \sin(\omega + p)t$	$\sin(\omega + p)t$
2	$\sin(\omega - p)t - \sin(\omega + p)t$	$\sin(\omega - p)t$
3	$\sin(\omega + p)t - \sin(\omega - p)t$	$\sin(\omega + p)t$
4	$\sin(\omega + p)t - \sin(\omega - p)t$	$\sin(\omega - p)t$

解説 搬送波を $v_c = E_c \sin \omega t$，信号波を $v_s = E_s \cos pt$，比例定数を k とすると，平衡変調器 1 の出力 v_1 は

$$v_1 = kv_c v_s = kE_c E_s \sin \omega t \cos pt = kE_c E_s \times \frac{1}{2} \{\sin(\omega + p)t + \sin(\omega - p)t\} \quad ①$$

平衡変調器2の出力 v_2 は，搬送波が $v_c = E_c \cos \omega t$，信号波が $v_s = E_s \sin pt$ なので

$$v_2 = kE_c E_s \cos \omega t \sin pt = kE_c E_s \times \frac{1}{2} \{\boldsymbol{\sin(\omega + p)t - \sin(\omega - p)t}\} \quad ②$$

合成出力 v_0 は，式①と式②の和なので

$$\begin{aligned} v_0 &= v_1 + v_2 \\ &= \frac{kE_c E_s}{2} \{\sin(\omega + p)t + \sin(\omega - p)t\} + \frac{kE_c E_s}{2} \{\sin(\omega + p)t - \sin(\omega - p)t\} \\ &= \frac{kE_c E_s}{2} \sin(\omega + p)t + \frac{kE_c E_s}{2} \sin(\omega + p)t = kE_c E_s \boldsymbol{\sin(\omega + p)t} \quad ③ \end{aligned}$$

式③は上側波帯（USB）であることを示しています．

$$\sin A \cos B = \frac{1}{2} \{\sin(A + B) + \sin(A - B)\}$$

$$\cos A \sin B = \frac{1}{2} \{\sin(A + B) - \sin(A - B)\}$$

答え▶▶▶3

問題 7 ★★★ ➡5.1.2

次の記述は，DSB（A3E）通信方式と比較した，SSB（J3E）通信方式の一般的な特徴について述べたものである．このうち誤っているものを下の番号から選べ．ただし，DSB 変調波の変調度は 100%とし，SSB 変調波は DSB 変調波の片側の側波帯のみとする．

1 片側の側波帯だけ利用するから，占有周波数帯幅は DSB のほぼ 1/2 となり，周波数利用効率が高い．

2 SSB 波を受信する場合，DSB 波に比べて受信帯域幅はほぼ 1/2 でよいので，受信雑音電力はほぼ 1/2 となる．

3 搬送波が抑圧され，また，送話するときだけ電波が発射されるので，他の通信に与える混信が軽減できる．

4 100%変調をかけた DSB 送信機出力の片側の側波帯と等しい電力を SSB 送信機で送り出すとすれば，SSB 送信機出力は DSB の搬送波電力の 1/4，すなわち，全 DSB 送信機出力の 1/6 の値となる．

5 選択性フェージングの影響が大きい．

解説 5 「選択性フェージングの影響が**大きい**」ではなく，正しくは「選択性フェージングの影響が**小さい**」です．

答え▶▶▶ 5

問題 8 ★ ➡5.1.3

次の記述は，周波数変調（F3E）について述べたものである．［　　］内に入れるべき字句の正しい組合せを下の番号から選べ．

(1) 変調信号の［ A ］の変化に応じて搬送波の瞬時周波数が変化する．
(2) 変調信号が単一正弦波のとき，変調指数は，最大周波数偏移を変調信号の［ B ］で割った値で表される．
(3) F3E 波の全電力は，変調信号の振幅の大きさによって変化［ C ］．

	A	B	C
1	周波数	周波数	しない
2	周波数	周波数	する
3	周波数	振幅	する
4	振幅	周波数	しない
5	振幅	振幅	する

答え▶▶▶ 4

問題 9 ★★★ ➡5.1.3

次の記述は，周波数変調（F3E）波について述べたものである．［　　］内に入れるべき字句の正しい組合せを下の番号から選べ．ただし，最大周波数偏移を f_d〔kHz〕，信号波の最高周波数を f_s〔kHz〕とし，変調指数 m_f は $1 < m_f < 10$ とする．

(1) 占有周波数帯幅 B〔kHz〕は，［ A ］で表される．
(2) 変調指数 m_f は，［ B ］で表される．
(3) 空中線電力は，変調（入力）信号の振幅の大きさによって変化［ C ］．

	A	B	C
1	$B \fallingdotseq (f_d + f_s)/2$	$m_f = f_d/f_s$	する
2	$B \fallingdotseq (f_d + f_s)/2$	$m_f = f_d f_s$	する
3	$B \fallingdotseq 2(f_d + f_s)$	$m_f = f_d f_s$	しない
4	$B \fallingdotseq 2(f_d + f_s)$	$m_f = f_d/f_s$	しない
5	$B \fallingdotseq 2(f_d + f_s)$	$m_f = f_d f_s$	する

答え▶▶▶ 4

問題 10 ★★ ➡5.1.3

アマチュア局において 435 MHz 帯で FM（F3E）通信を行うとき，最大周波数偏移を 5 kHz，変調信号は最高周波数が 3 kHz の正弦波としたとき，占有周波数帯幅の値として，最も近いものを下の番号から選べ．

1 8.0 kHz　　2 12.5 kHz　　3 16.0 kHz　　4 20.0 kHz　　5 25.0 kHz

解説 最大周波数偏移を f_d〔kHz〕，信号波の最高周波数を f_s〔kHz〕とすると，占有周波数帯幅 B〔kHz〕は

$$B \fallingdotseq 2(f_d + f_s) \text{〔kHz〕} \quad ①$$

になります．問題より，$f_d = 5$ kHz，$f_s = 3$ kHz なので，これらを式①に代入すると

$$B \fallingdotseq 2(5+3) = 2 \times 8 = \mathbf{16\ kHz}$$

答え▶▶▶ 3

出題傾向 問題に B と f_s が与えられて，f_d を答える問題も出題されています．

5.2 DSB（A3E）送信機

DSB（A3E）送信機の構成例を**図 5.7** に示します．

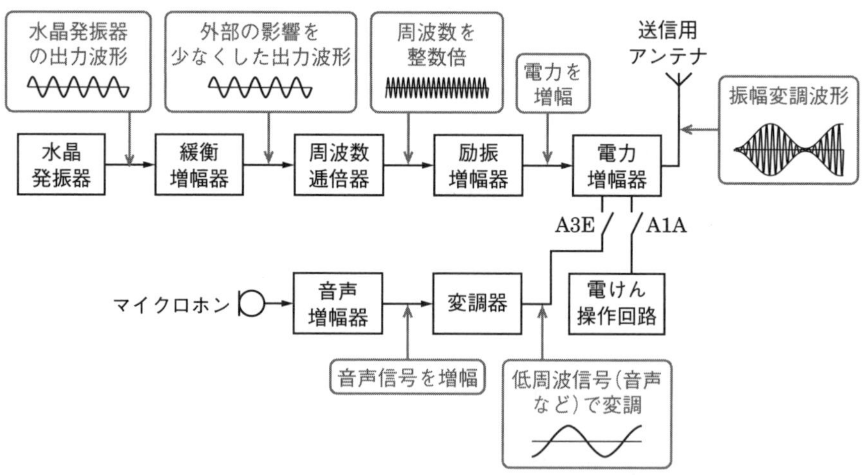

■図 5.7 DSB（A3E）送信機の構成例

各部の動作を次に示します.

水晶発振器：搬送波のもとになる周波数を発生させます.

緩衝増幅器：負荷に変動があっても水晶発振器に影響を与えないようにする増幅器です.

周波数逓倍器：必要な周波数を確保するために，水晶発振器の発振周波数の整数倍にする回路です．高調波を利用するのでC級で動作させます.

励振増幅器：電力増幅器が所定の出力が得られるように増幅します.

電力増幅器：所定の高周波出力電力が得られるように増幅します.

音声増幅器：マイクロホンからの信号を増幅します.

変調器：音声信号により振幅変調をかけます.

図5.7のDSB（A3E）送信機の音声増幅器と変調器の代わりに電けん操作回路を接続すると，電信（A1A）送信機になります．電けん操作回路は**図5.8**(a)に示すように電力増幅器のトランジスタに流れる電流を電けんで断続する回路です．点線内のCR回路は，送受信が切り替わるときに発生する波形の尖り（キークリック）防止用フィルタです．大電力の送信機の場合は図5.8(b)に示すように回路を直接断続せず，リレーを使用して間接的に断続します.

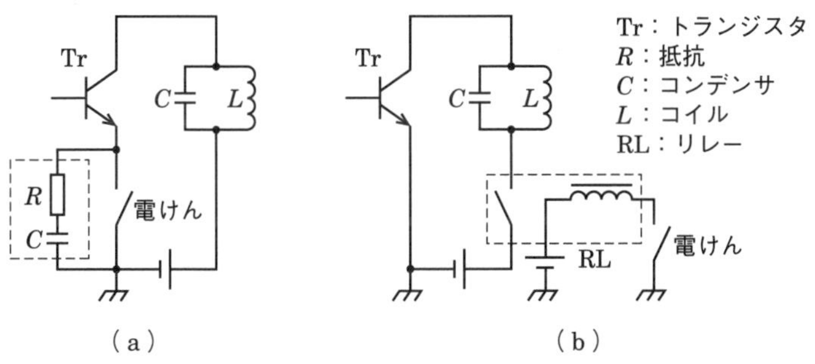

図5.8 電けん操作回路

問題 11 ★★★ ➡5.2

次の記述は，図に示す送信機の終段に用いるπ形結合回路の調整方法について述べたものである． 内に入れるべき字句の正しい組合せを下の番号から選べ．なお，同じ記号の 内には同じ字句が入るものとする.

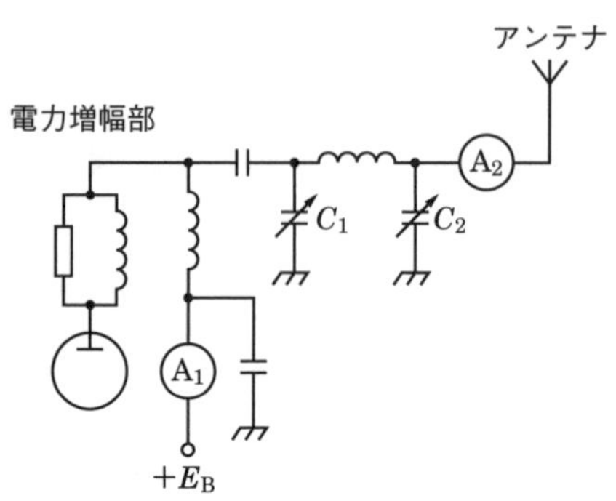

(1) 可変コンデンサ C_2 の静電容量を最大値に設定した後，終段電力増幅器の直流電流計 A_1 の指示が [A] となるように，可変コンデンサ C_1 の静電容量を調整する.

(2) 次に，C_2 の静電容量を少し減少させると，アンテナ電流を示す高周波電流計 A_2 の指示値が [B] し，終段電力増幅器のプレート電流が [C] する．再度 C_1 を調整して，直流電流計 A_1 の指示が [A] となる点を求める.

(3) (2) の操作を繰り返し行い，高周波電流計 A_2 の指示値が所要の値となるように調整する.

	A	B	C
1	最小	増加	増加
2	最小	減少	増加
3	最大	増加	増加
4	最大	減少	減少
5	最大	増加	減少

解説 (1) C_2 の静電容量を最大値に設定するのは，送信機とアンテナの結合を疎にすることを意味します．C_1 の静電容量を調整して並列共振させると，インピーダンスが最大になり，直流電流計 A_1 の指示が**最小**になります.

(2) C_2 の静電容量を少し減少させるのは，送信機とアンテナの結合が密になることを意味します．そのとき，高周波電流計 A_2 の指示値が**増加**し，終段電力増幅器のプレート電流が**増加**します．再度 C_1 を調整して，直流電流計 A_1 の指示が最小となる点を求めます．このような操作を繰り返して行って，高周波電流計 A_2 の指示値が所要の値となるように調整します.

答え▶▶▶ 1

問題 12 ★★★ ➡ 5.2

次の記述は，AM（A1A，A2A）送信機に用いられる電けん操作回路について述べたものである．［　　］内に入れるべき字句の正しい組合せを下の番号から選べ．

(1) **図 1** は，エミッタ回路を断続する場合の回路例を示す．図中の電けんに並列に挿入されている R と C の回路は，［ A ］フィルタである．

(2) **図 2** は，電圧が高い回路や電流の大きい回路を断続する場合の回路例を示す．断続する回路へ直接電けんを接続せず，［ B ］リレー（RL）を用いて間接的に回路の断続を行う．

(3) 単信方式では一般に，電けん操作による電けん回路の断続に合わせて，アンテナの切換えや受信機の動作停止等を行う［ C ］リレーが用いられる．

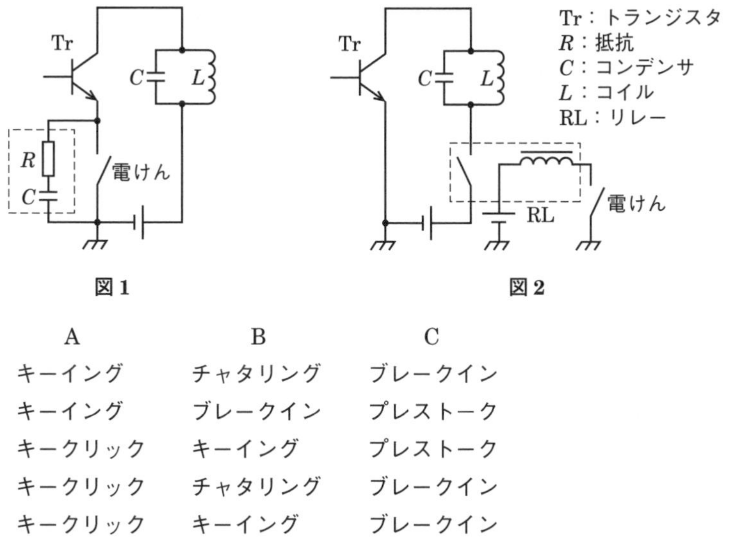

図 1　　**図 2**

	A	B	C
1	キーイング	チャタリング	ブレークイン
2	キーイング	ブレークイン	プレストーク
3	キークリック	キーイング	プレストーク
4	キークリック	チャタリング	ブレークイン
5	キークリック	キーイング	ブレークイン

解説 小規模な送信機の電けん操作回路は，直接エミッタ回路を断続すれば十分です．しかし，電圧が高い場合や電流が大きい回路を直接断続すると危険が伴いますので，回路に直接電けんを接続しないで，**キーイングリレー**を用いて間接的に回路の断続を行います．

ブレークイン方式は，電けんを閉じると，ブレークインリレーが動作してアンテナが送信機側に接続され送信機が動作して受信機は動作しない状態になります．電けんが開いているときは，アンテナが受信機側に接続され受信機が受信状態になり送信機は動作しなくなり効率の良い通信が可能になります．**ブレークインリレー**は，電けん操作による送信受信の切り替えに使用します.

答え▶▶▶5

5.3 SSB(J3E)送信機

SSB(J3E)送信機の構成例を**図 5.9** に示します.

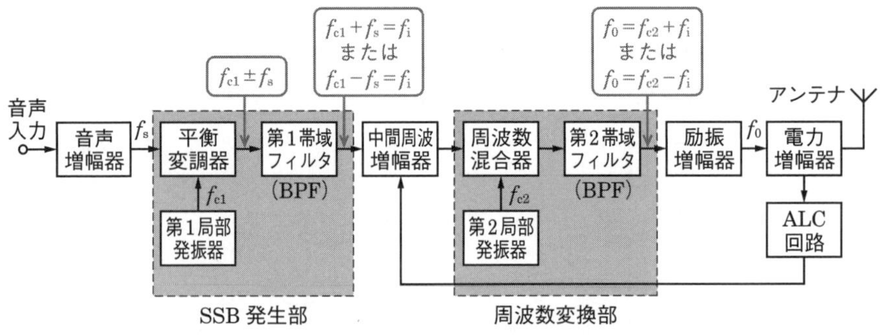

図 5.9 SSB(J3E)送信機の構成例

平衡変調器:音声信号 f_s と第 1 局部発振器の信号 f_{c1} を平衡変調器に加えると,搬送波 f_{c1} が抑圧され,$f_{c1}+f_s$ の上側波と $f_{c1}-f_s$ の下側波が出力されます.

第 1 帯域フィルタ:平衡変調器から出力された,上側波または下側波のうちの一方を通過させます.

中間周波増幅器:第 1 帯域フィルタの出力を増幅します.

周波数混合器:第 2 局部発振器出力と第 1 帯域フィルタの出力が混合され,第 2 帯域フィルタを通して所要の送信周波数 f_0 の SSB 信号を作ります.

励振増幅器:電力増幅器に適正な電力を供給します.

電力増幅器:所定の高周波出力電力になるように増幅します.SSB 送信機の電力増幅器には出力信号がひずまないように AB 級や B 級増幅器が用いられます.

関連知識 AB 級増幅器

A 級増幅器は入力信号の全周期に対して電流が流れる増幅器で,能率が悪いですがひずみは少ないです.B 級増幅器は入力信号の半周期に対して電流が流れる増幅器で,AB 級はその中間の増幅器です.

ALC 回路 ：音声入力レベルが高いときにひずみが発生しないよう，中間周波増幅器の利得を制御します．

関連知識　SSB の上側波（USB）と下側波（LSB）

プロの SSB 通信は USB を使いますが，アマチュア無線では USB と LSB の両方を使います．

図 5.9 において

(1) 第 1 帯域フィルタの出力を USB の $f_{c1}+f_s=f_i$〔Hz〕に選択した場合

第 2 帯域フィルタの出力 f_0〔Hz〕を，$f_0=f_{c2}+f_i$〔Hz〕とすると

$$f_0=f_{c2}+f_i=f_{c2}+(f_{c1}+f_s)=(f_{c2}+f_{c1})+f_s \text{〔Hz〕} \quad (5.10)$$

となり，上下の側波に反転は起こらず USB になります．

一方，第 2 帯域フィルタの出力 f_0 を，$f_0=f_{c2}-f_i$〔Hz〕とすると

$$f_0=f_{c2}-f_i=f_{c2}-(f_{c1}+f_s)=(f_{c2}-f_{c1})-f_s \text{〔Hz〕} \quad (5.11)$$

となり，上下の側波が反転して LSB になります．

(2) 第 1 帯域フィルタの出力を LSB の $f_{c1}-f_s=f_i$〔Hz〕に選択した場合

第 2 帯域フィルタの出力 f_0〔Hz〕が，$f_0=f_{c2}+f_i$〔Hz〕とすると

$$f_0=f_{c2}+f_i=f_{c2}+(f_{c1}-f_s)=(f_{c2}+f_{c1})-f_s \text{〔Hz〕} \quad (5.12)$$

となり，上下の側波に反転は起こらず LSB になります．

一方，第 2 帯域フィルタの出力 f_0 が，$f_0=f_{c2}-f_i$〔Hz〕とすると

$$f_0=f_{c2}-f_i=f_{c2}-(f_{c1}-f_s)=(f_{c2}-f_{c1})+f_s \text{〔Hz〕} \quad (5.13)$$

となり，上下の側波が反転して USB になります．

問題 13 ★★★ ➡ 5.3

次の記述は，図に示す SSB（J3E）送信機の原理的構成例の各部の動作について述べたものである．このうち誤っているものを下の番号から選べ．

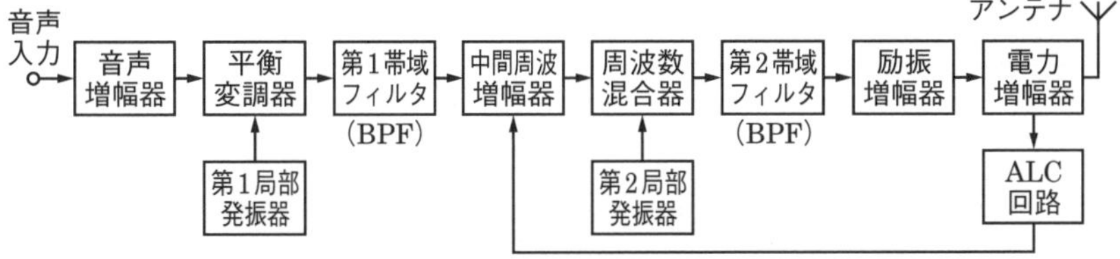

1　平衡変調器は，音声信号と第 1 局部発振器出力とから，搬送波を抑圧した DSB 信号を作る．

2　第 1 帯域フィルタは，平衡変調器で作られた上側波帯又は下側波帯のいずれか一方を通過させる．

3 周波数混合器で第 2 局部発振器出力と中間周波増幅器出力とが混合され，第 2 帯域フィルタを通して所要の送信周波数の SSB 信号が作られる.

4 SSB 信号をひずみなく増幅するため，電力増幅器には AB 級又は B 級などの直線増幅器を用いる.

5 ALC 回路は，音声入力レベルが低いときに音声が途切れないよう，中間周波増幅器の利得を制御する.

解説 5「音声入力レベルが**低いときに音声が途切れない**よう」ではなく，正しくは「音声入力レベルが**高いときにひずみが発生しない**よう」です.

答え▶▶▶5

出題傾向 正しい選択肢として「SSB 信号をひずみなく増幅するため，電力増幅器には AB 級又は B 級などの直線増幅器を用いる.」が入った問題も出題されています.

問題 14 ★ ➡5.3

SSB（J3E）送信機の ALC 回路の働きについての記述として，正しいものを下の番号から選べ.

1 音声入力レベルが高いとき，搬送波を除去する.

2 音声入力レベルが高い部分でひずみが発生しないように，増幅器の利得を制御する.

3 音声入力がないとき，音声増幅器の働きを止める.

4 音声の高音部と低音部を強調する.

5 音声の低音部を強調する.

答え▶▶▶2

問題 15 ★★★ ➡5.3

次に記述は，図に示す SSB（J3E）送信機の終段電力増幅器の原理的な構成例について述べたものである. □ 内に入れるべき字句の正しい組合せを下の番号から選べ.

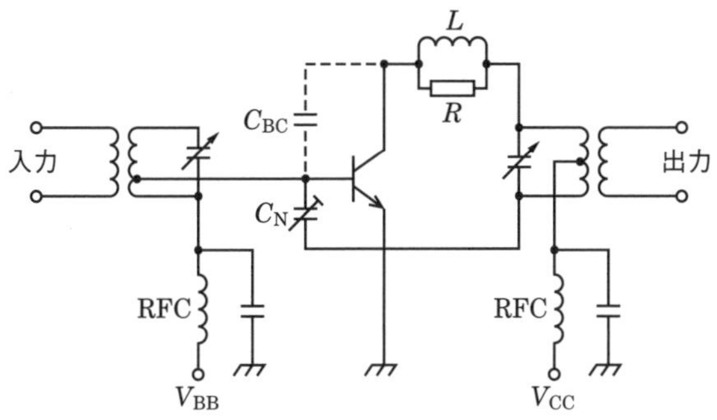

(1) トランジスタの高周波増幅器では，ベース・コレクタ間の接合容量 C_{BC} を通して出力の一部が帰還電圧として入力に戻り，自己発振を生じることがある．図の C_N は，この自己発振を防止するため，帰還電圧と［ A ］の電圧を作り，帰還電圧を打ち消している．

(2) 図の LR 並列回路は［ B ］であり，増幅周波数とは無関係の周波数の発振を防止するためのものである．

(3) 図の RFC は，高周波インピーダンスを［ C ］保ち，直流電源回路へ高周波電流が漏れることを阻止するためのものである．

	A	B	C
1	同位相	寄生振動防止用回路	低く
2	同位相	中和用回路	高く
3	逆位相	寄生振動防止用回路	低く
4	逆位相	中和用回路	低く
5	逆位相	寄生振動防止用回路	高く

答え▶▶▶5

問題図右上の RL 並列回路を空欄にして，RL 並列回路か RC 並列回路かを選ばせる問題も出題されています．

5.4 FM(F3E)送信機

FM(F3E)送信機の構成例を**図 5.10** に示します.

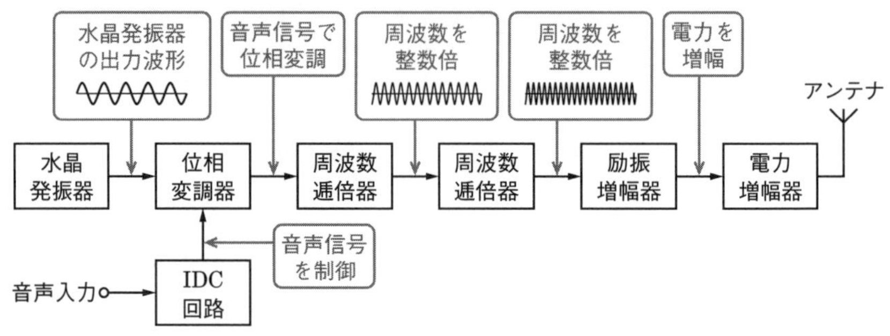

■図 5.10 FM(F3E)送信機の構成例

水晶発振器:搬送波のもとになる周波数を発生させる回路です.通常,送信周波数の整数分の 1 の周波数を発生させます.

位相変調器:音声信号で水晶発振器の出力の位相を変化させ,FM 波を作ります.

周波数逓倍器:所定の送信周波数になるよう,周波数を高くし,所定の周波数偏移が得られるようにします.

電力増幅器:所定の高周波出力電力が得られるよう増幅します.

IDC(Instantaneous Deviation Control)回路:最大周波数偏移が規定の値になるように制御する回路です.IDC 回路の構成を**図 5.11** に示します.

■図 5.11 IDC 回路

微分回路:音声の周波数が高くなると出力が上昇します.

クリッパ:出力を一定にします.

積分回路:音声の周波数が高くなると出力を低下させます.

問題 16 ★ ➡5.4

次の記述は，間接 FM 方式の FM（F3E）送信機に用いられる IDC 回路の働きについて述べたものである．このうち正しいものを下の番号から選べ．

1 最大周波数偏移が規定値以内となるようにする．
2 水晶発振器の周波数の変動を防止する．
3 送信機出力電力が規定値以内になるようにする．
4 電力増幅段に過大な入力が加わらないようにする．

答え▶▶▶ 1

5章

問題 17 ★ ➡5.4

次の記述は，図に示す間接周波数変調方式を用いた FM（F3E）送信機の構成例と主な働きについて述べたものである．このうち誤っているものを下の番号から選べ．

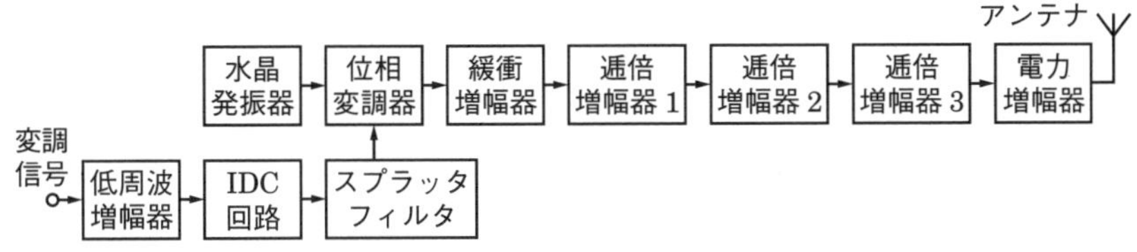

1 IDC 回路は，大きな振幅の変調信号が加わったとき，占有周波数帯幅が規定の値以上になるのを防止する．
2 スプラッタフィルタは，IDC 回路で発生した高調波を除去する．
3 位相変調器は，水晶発振器の出力の位相をスプラッタフィルタの出力信号の振幅変化に応じて変え，間接的に周波数を変化させて周波数変調波を出力する．
4 逓倍増幅器を用いて逓倍数を増やすことにより，所要の送信周波数を得られるが，周波数偏移は変化しない．

解説 4 × 「周波数偏移は**変化しない**」ではなく，正しくは「周波数偏移は**増加する**」です．

答え▶▶▶ 4

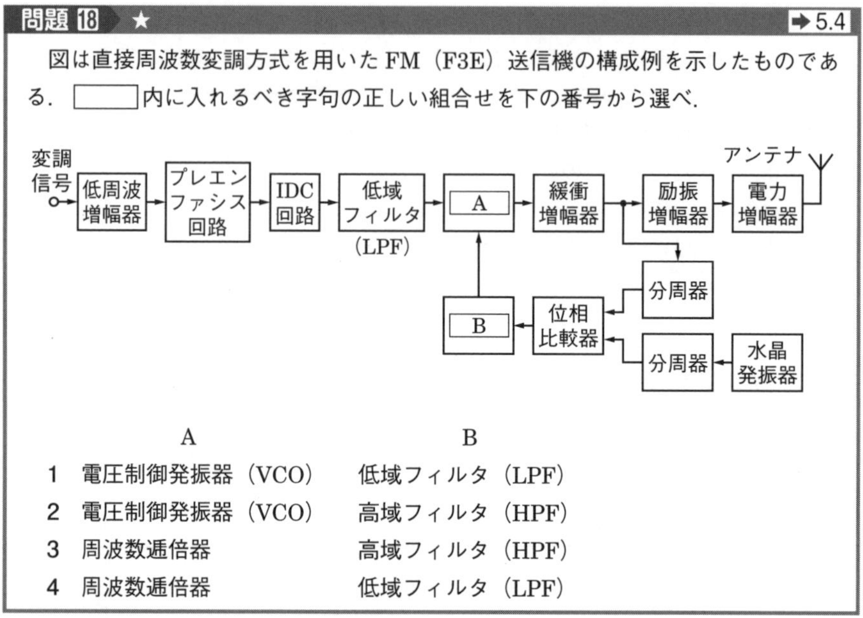

問題 18 ★ ➡5.4

図は直接周波数変調方式を用いたFM（F3E）送信機の構成例を示したものである．□内に入れるべき字句の正しい組合せを下の番号から選べ．

	A	B
1	電圧制御発振器（VCO）	低域フィルタ（LPF）
2	電圧制御発振器（VCO）	高域フィルタ（HPF）
3	周波数逓倍器	高域フィルタ（HPF）
4	周波数逓倍器	低域フィルタ（LPF）

解説 PLL回路なので，位相比較器の出力は**低域フィルタ（LPF）**に接続し，低域フィルタの出力は**電圧制御発振器（VCO）**に接続します．

答え▶▶▶1

5.5 デジタル伝送

図5.12はデジタル伝送系の原理を示したものです．

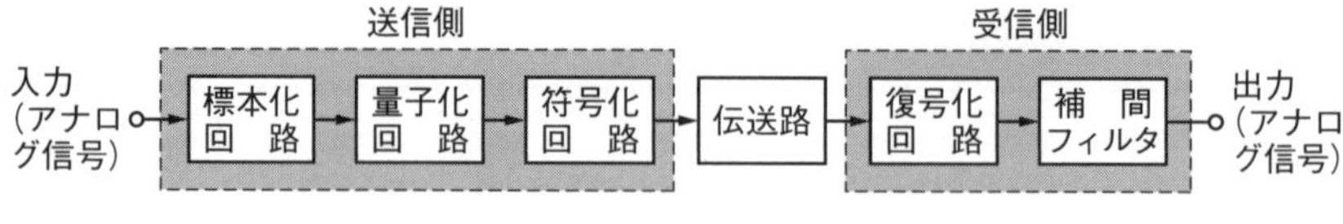

■図5.12 デジタル伝送系の原理

各部の動作の概要を次に示します．

標本化回路：**図 5.13**（a）に示すように，入力されたアナログ信号を時間軸方向に離散化を行う回路です．離散化は連続的なアナログ信号を飛び飛びの値をもった信号に変換することです．デジタル化された信号からもとのアナログ信号を再生するには，アナログ信号の最高周波数 f_{m} の 2 倍の周波数 $2f_{\mathrm{m}}$ で標本化すればよいことがわかっています（**標本化定理**）．

量子化回路：図 5.13（b）に示すように，標本値の振幅方向の離散化を行うのが量子化です．図は標本値を 3 bit（$2^3 = 8$）で量子化した場合ですので，0～7 の 8 種類の値に離散化されています．もし，8 bit（$2^8 = 256$）で量子化すると，0～255 の 256 種類の値に離散化します．近似を行いますので，誤差を生じます．この誤差のことを**量子化雑音**といいます．

符号化回路：図 5.13（c）に示すように，量子化された値を「0」「1」のパルスの組合せで置き換えるのが符号化回路です．符号化された信号は雑音に強い性質があります．

復号化回路：受信したパルス信号をアナログ値に変換します．

補間フィルタ：低域フィルタで高い周波数成分をカットして，もとの波形を復元します．

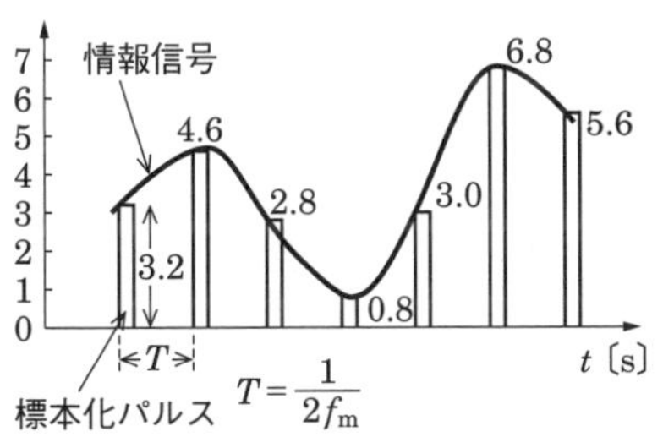

（a） 標本化

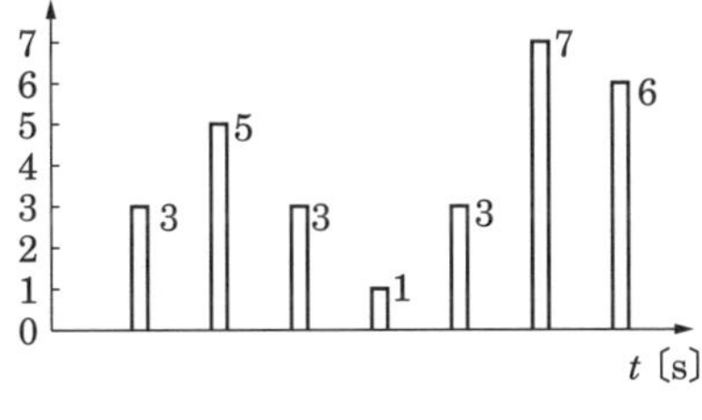

（b） 量子化

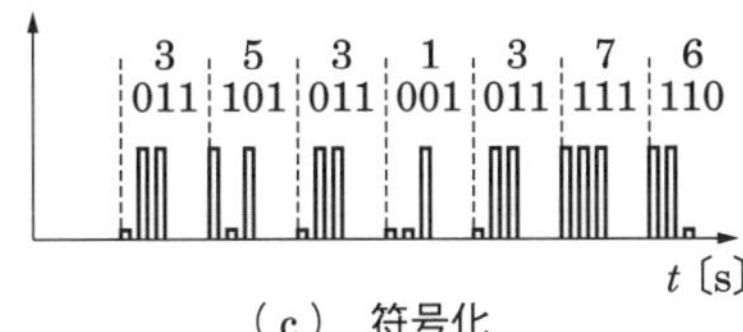

（c） 符号化

図 5.13 標本化，量子化，符号化

デジタル伝送は，パルスを使用するので占有周波数帯幅が広くなりますが，雑音に強い方式です．

図5.13（c）の2進化された符号を無線で伝送するためには，搬送波を変調する必要があります．**図5.14**に示すように「1」を振幅あり，「0」を振幅なしに対応させたのが**ASK**（Amplitude Shift Keying），図5.14の「1」を高い周波数，「0」を低い周波数に対応させたのが**FSK**（Frequency Shift Keying），図5.14の「1」を搬送波，「0」を位相が180°遅れている搬送波に対応させたのが**PSK**（Phase Shift Keying）です．その他に位相と振幅の両方に変化を加える変調に**QAM**（Quadrature Amplitude Modulation）があります．QAMはデジタルテレビやスマートフォンなどの変調に用いられています．

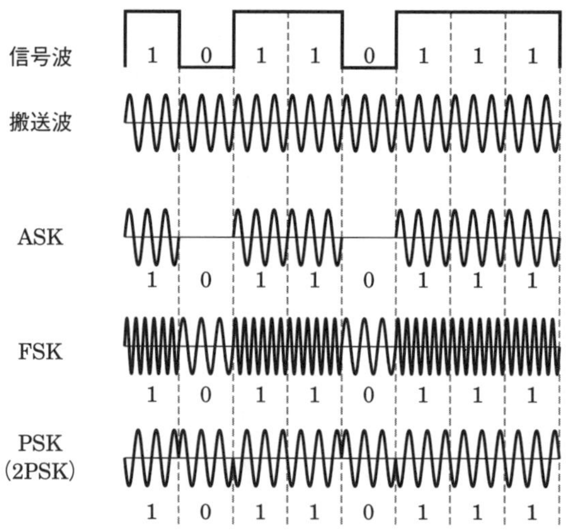

■図5.14　2値のデジタル信号で変調されたASK，FSK，PSK波形

問題 19 ★★★ ➡5.5

次の記述は，図に示すデジタル伝送系の原理的な構成例について述べたものである．□内に入れるべき字句の正しい組合せを下の番号から選べ．

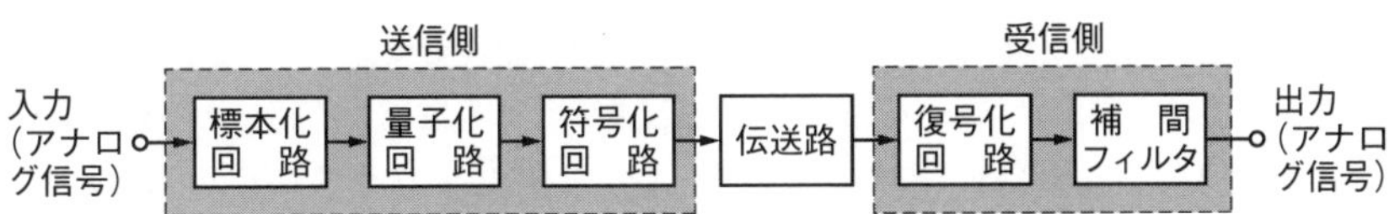

(1) 標本化とは，一定の[A]で入力のアナログ信号の振幅を取り出すことをいい，標本化回路の出力は，パルス振幅変調（PAM）である．

(2) 標本化回路の出力の振幅を何段階かの定まった振幅の値に変換することを量子化といい，その量子化のステップの数が[B]ほど量子化雑音は小さくなる．

(3) 復号化回路で復号した出力からアナログ信号を復調するために用いる補間フィルタには，[C]が用いられる．

	A	B	C
1	時間間隔	多い	低域フィルタ（LPF）
2	時間間隔	少ない	高域フィルタ（HPF）
3	信号対雑音比	多い	高域フィルタ（HPF）
4	信号対雑音比	少ない	低域フィルタ（LPF）

答え▶▶▶ 1

問題 20 ★ ➡5.5

次の記述は，パルス符号変調（PCM）方式の原理について述べたものである．[　　]内に入れるべき字句の正しい組合せを下の番号から選べ．なお，同じ記号の[　　]内には，同じ字句が入るものとする．

(1) 標本化とは，一定の[A]間隔で入力のアナログ信号の振幅で取り出すことをいい，標本化によって取り出したアナログ信号の振幅を，その代表値で近似することを[B]という．

(2) PCM の信号を得るためには，[B]された信号を 2 進コードなどに[C]する必要がある．

	A	B	C
1	周波数	符号化	量子化
2	周波数	量子化	復号化
3	時間	符号化	量子化
4	時間	量子化	符号化

答え▶▶▶ 4

問題 21 ★ ➡5.5

次の記述は，図に示す単一正弦波の搬送波をデジタル信号で変調したときの原理的な変調波形について述べたものである．［　　］内に入れるべき字句の正しい組合せを下の番号から選べ．ただし，デジタル信号は“1”または“0”の2値で表されるものとする．

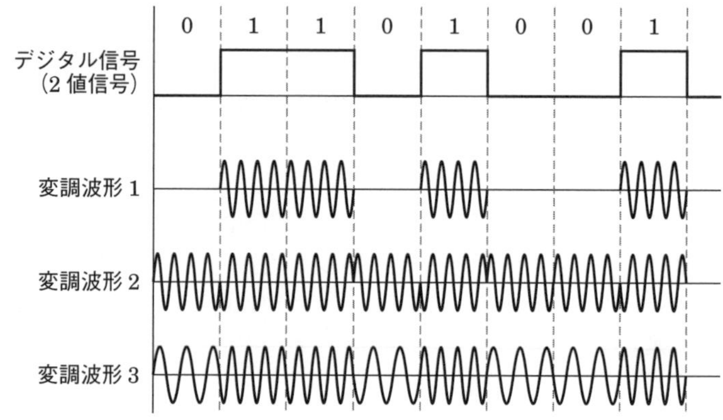

(1) 変調波形1は［ A ］の一例である．
(2) 変調波形2は［ B ］の一例である．
(3) 変調波形3は［ C ］の一例である．

	A	B	C
1	ASK	FSK	PSK
2	ASK	PSK	FSK
3	FSK	PSK	ASK
4	PSK	FSK	ASK
5	PSK	ASK	FSK

答え▶▶▶2

5.6 電波障害と対策

無線局から発射される電波が他の無線局，ラジオ，テレビジョンなどに妨害を与えることを**電波障害**といいます．ラジオに電波障害を与えるのをBCI（Broad cast Interference），テレビジョンに電波障害を与えるのをTVI（Television Interference）といいます．

電波障害の原因は，送信機から発射される基本波，スプリアス発射が直接または電力線や電話線を通して混入することなどが考えられます，電信（A1A）の運用でキークリックが発生している場合，SSBの運用で過変調になっている場合なども電波障害を起こす原因になることもあります．また，受信機で発生する妨害には，影像周波数妨害，混変調による妨害，相互変調による妨害などがあります（6.2節参照）．

スプリアス発射には次のようなものがあります．

5.6.1 高調波発射

送信周波数の整数倍の周波数成分を**高調波**といいます．高調波成分は，電力増幅器がC級動作により非直線動作を行う場合に生じます．高調波発射を低減させるには，送信機と給電線間に低域フィルタや高調波トラップを挿入します．高調波トラップを使用する場合，中心周波数を高調波の周波数に正しく同調させる必要があります．

5.6.2 寄生発射

増幅器の入出力間が配線などを通して結合することにより発振回路を形成することなどにより生ずる不要な発射を**寄生発射**といい，その周波数は希望周波数と無関係です．寄生発射による寄生振動を防ぐ対策として，電極間容量の小さいトランジスタを使用したり，増幅器や部品を遮へいし入出力間の結合量を小さくすることなどがあります．

その他に，スプリアス発射を低減させるフィルタに次のようなものがあります．

(1) アンテナフィルタ

送信機と給電線の間に挿入し，送信機から発射される目的の周波数以外の周波数成分を阻止するフィルタです．このフィルタには帯域通過フィルタが使われます．

(2) ラインフィルタ

電源用コンセントと送信機の電源コード間に低域フィルタを挿入することにより，送信機からの不要な高調波などが電源線に流れないようにします．

(3) キークリックフィルタ

電けん操作のとき，電けんの接点から発する火花を防止するために挿入します（5.2 節参照）．

問題 22 ★ ➡5.6

次の記述は，送信機において発生することがあるスプリアス発射について述べたものである．□内に入れるべき字句の正しい組合せを下の番号から選べ．

(1) 寄生発射は，送信機の発振回路が寄生振動を起こしたり，増幅器の出力側と入力側の部品や配線が結合して発振回路を形成し，希望周波数と［A］周波数が発射されることをいう．

(2) 高調波発射は，増幅器がたとえばC級動作によって［B］増幅を行うときに生じる．このため，プッシュプル増幅器を用いたり，送信機の出力段に［C］やトラップを挿入する方法などによって除去する．

	A	B	C
1	関係のある	非線形	高域フィルタ（HPF）
2	関係のある	線形	高域フィルタ（HPF）
3	関係のある	非線形	低域フィルタ（LPF）
4	関係のない	線形	高域フィルタ（HPF）
5	関係のない	非線形	低域フィルタ（LPF）

解説 増幅器をC級動作させると，ひずみ波となり，高調波が発生します．

答え▶▶▶5

問題 23 ★ ➡5.6

電波障害対策に用いられる，高調波発射を防止するフィルタについての記述として，正しいものを下の番号から選べ．

1 低域フィルタ（LPF）を用いるときは，その遮断周波数を基本波の周波数より高く，高調波の周波数より低くする．
2 フィルタの減衰量は，基本波に対しては十分大きく，高調波に対してはなるべく小さなものとする．
3 送信機で発生する第2または第3高調波等の特定の高調波の発射を防止するためのフィルタには，高域フィルタ（HPF）を用いる．
4 高調波トランスを用いるときは，その中心周波数を基本波の周波数に正しく同調させる．

答え▶▶▶1

問題 24 ★★★ ➡5.6

次の記述は，表に示すスプリアス発射及び不要発射の強度の許容値と，28 MHz 帯 F1B 電波の測定値との関係について述べたものである．□内に入れるべき字句の正しい組合せを下の番号から選べ．ただし，測定方法等は法令等の規定に基づくものとし，表中の基本周波数の平均電力及び基本周波数の尖頭電力の値はそれぞれ 500 W とする．

(1) 上記送信設備の，帯域外領域におけるスプリアス発射の強度の測定値が 10 mW であった．この場合，当該スプリアス発射の強度の値は，許容値を［A］．
(2) 同設備の，スプリアス領域における不要発射の強度の測定値が 25 mW であった．この場合，当該不要発射の強度の値は，許容値を［B］．

基本周波数帯	空中線電力	帯域外領域におけるスプリアス発射の強度の許容値	スプリアス領域における不要発射の強度の許容値
30 MHz 以下	5 W を超えるもの	50 mW 以下であり，かつ，基本周波数の平均電力より 40 dB 低い値	50 mW 以下であり，かつ，基本周波数の尖頭電力より 50 dB 低い値

	A	B
1	超えている	超えている
2	超えている	超えていない
3	超えていない	超えていない
4	超えていない	超えている

解説 (1) 40 dB 低い値を真数 x で表すと

$$-40 = 10\log_{10} x \quad ①$$

式①の両辺を 10 で割ると

$$-4 = \log_{10} x \quad ②$$

式②より

$$x = 10^{-4} = \frac{1}{10^4} \text{（1 万分の 1）}$$

よって，平均電力の値 500 W の 10^{-4} 倍は，$500 \times 10^{-4} = 0.05$ W = **50 mW**

(2) 50 dB 低い値を真数 y で表すと

$$-50 = 10\log_{10} y \quad ③$$

式③の両辺を 10 で割ると

$$-5 = \log_{10} y \quad ④$$

式④より

$$y = 10^{-5} = \frac{1}{10^5} \text{（10 万分の 1）}$$

よって，尖頭電力の値 500 W の 10^{-5} 倍は，$500 \times 10^{-5} = 0.005$ W = **5 mW**

答え▶▶▶4

問題 25 ★★ ➡5.6 ➡法規 3.3.3

次の記述は，法令等に基づくアマチュア局の送信設備の「スプリアス発射の強度」及び「不要発射の強度」の測定について，図を基にして述べたものである．□内に入れるべき字句を下の番号から選べ．なお，同じ記号の□内には，同じ字句が入るものとする．

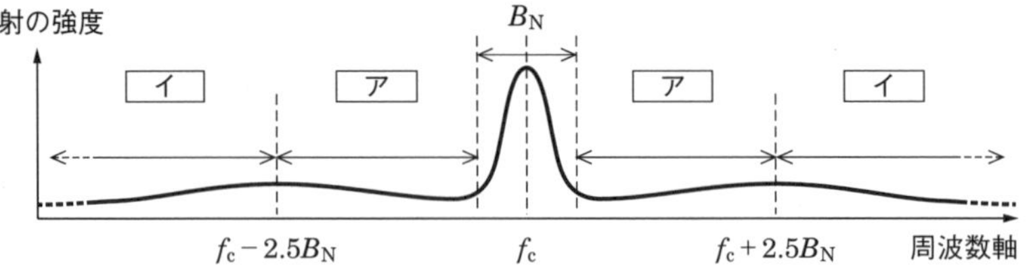

必要周波数帯幅 B_N 及びスプリアス領域と
帯域外領域の境界（イメージ図）

(1)「 ア におけるスプリアス発射の強度」の測定は，無変調状態において，スプリアス発射の強度を測定し，その測定値が許容値内であることを確認する．

(2)「 イ における不要発射の強度」の測定は， ウ 状態において，中心周波数 f_c〔Hz〕から必要周波数帯幅 B_N〔Hz〕の ±250% 離れた周波数を境界とした イ における不要発射の強度を測定し，その測定値が許容値内であることを確認する．

(3) SSB（J3E）送信機の変調信号に擬似音声を使用するときの入力電圧の値は，1 500 Hz の正弦波で空中線電力が飽和レベルの エ %程度となる変調入力電圧と同じ値とする．

(4) 電信（A1A）送信機の変調を電けん操作により行うときの通信速度は， オ とする．

1 B_N	2 f_c	3 25 ボー	4 無変調	5 80
6 帯域外領域	7 スプリアス領域	8 5 ボー	9 変調	10 50

解説 不要発射の周波数の範囲については，2 編法規第 3 章 3.3.3 を参考にして下さい．

答え▶▶▶ア－6，イ－7，ウ－9，エ－5，オ－3

6章 受信機

この章から 3～4 問出題

受信機はアンテナでキャッチした電波を増幅し，復調する通信機器です．その受信方式には，ストレート方式，スーパヘテロダイン方式，ダイレクトコンバージョン方式などがあります．受信機は,「感度がよいこと」「選択度がよいこと」「忠実度がよいこと」「安定度がよいこと」が要求されます．本章では，主に，スーパヘテロダイン方式のDSB（A3E）受信機，SSB（J3E）受信機，FM（F3E）受信機の動作原理を学びます．

6.1 受信機の性能と復調

受信機は被変調波を受信し，音声信号などの送信された情報を取り出す通信機器です．送信された情報を取り出すことを**復調**といいます．DSB（A3E）波の復調を**検波**，FM（F3E）波の復調を**周波数弁別**ともいいます．

6.1.1 受信機の特性

受信機の特性は,「感度」,「選択度」,「忠実度」,「安定度」,「内部雑音」,「不要輻射」などで表すことができます．それぞれの意味することは次のとおりです．

感度：どの程度の微弱な電波まで受信できるかの能力を表すものです．受信機を構成する各部の利得等によって左右され，大きな影響を与えるのは，**初段**の増幅器で発生する**熱雑音**です．

選択度：受信しようとする電波を，多数の電波のうちからどの程度まで分離して受信することができるかの能力を表すものです．主として受信機を構成する同調回路の**尖鋭度**（Q）などによって決まります．

忠実度：送信された信号をどの程度まで忠実に再現できるかを表します．

安定度：周波数や強さが一定の電波を受信したとき，再調整をすることなく，どれだけ長時間にわたって，一定の出力が得られるかを表すものです．局部発振器の周波数安定度に依存します．

内部雑音：受信機の内部で発生する雑音をいいます．

不要輻射：局部発振器などの受信機内部で発生する信号が外部に漏れることをいいます．

6.1.2 DSB（A3E）波の復調

DSB（A3E）波の復調には**図 6.1**（a）に示す直線検波（包絡線検波）回路や図 6.1（b）に示す平均値検波回路などが使われます．直線検波は図 6.1（c）のダイオードの電圧電流特性の直線部分を利用します．正の半周期の間に電流が流れ，コンデンサ C を充電し，負の半周期には電流が流れないので，コンデンサに充電された電荷は抵抗 R を通して放電します．検波電圧は入力電圧に比例するため，直線検波と呼ばれます．平均値検波はコンデンサ C がないため時定数 CR がゼロとなり，検波電圧は平均値になります．平均値検波は直線検波と比べ，効率が 1/3 程度に低下しますが，ひずみの少ない検波電圧を得ることができます．

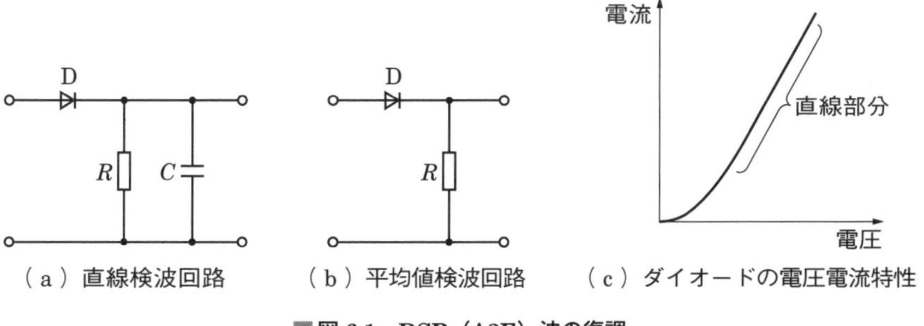

■図 6.1 DSB（A3E）波の復調

その他に，ダイオードの電圧電流特性の二乗項を利用する二乗検波器があります．搬送波の振幅が大きい場合，直線検波回路に比較して出力のひずみは大きくなります．二乗検波器の出力を低域フィルタに通すと復調出力を得ることができます．復調出力に含まれるひずみの主成分は変調信号の**第二高調波**です．

6.1.3 SSB（J3E）波の復調

SSB（J3E）波の復調には，5 章の送信機で述べたリング変調器が使用できます．リング復調器（リング変調器を復調器として使用する場合の呼称）に周波数 $f_c + f_s$ の SSB（J3E）波と周波数 f_c の搬送波を加えると，出力に和成分と差成分が現れ，差成分の f_s を取り出せば復調できます．また，SSB（J3E）波と復調用局部発振器の出力を乗算（プロダクト）することで，SSB（J3E）波を復調できますので，プロダクト検波と呼びます．SSB（J3E）受信機においては，周波数変換部の局部発振器の発振周波数が変化すると，復調信号の明りょう度に影響を及ぼすため局部発振器の発振周波数をわずかに変化させる「クラリファイヤ」が備えられています．

6.1.4 FM（F3E）波の復調

FM（F3E）波の復調には**図 6.2**（a）に示す**フォスターシーリー検波回路**があります．周波数の変化を電圧の変化に変換する回路です．フォスターシーリー検波回路は振幅変動の影響を受けやすい回路で，この欠点を改善したのが図 6.2（b）に示す**比検波回路**です．しかし，回路図でわかるように，フォスターシーリー検

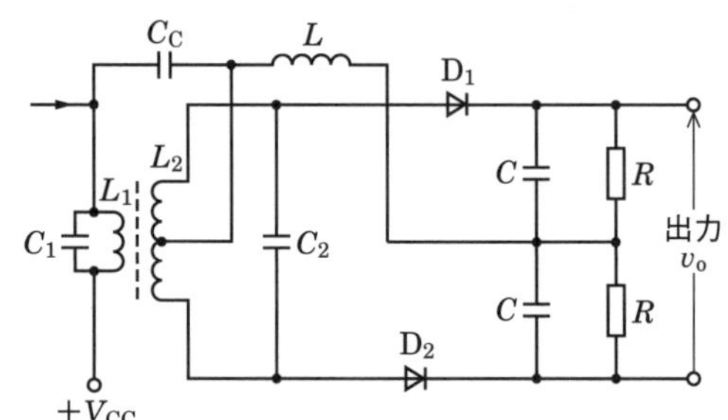

（a）フォスターシーリー検波回路

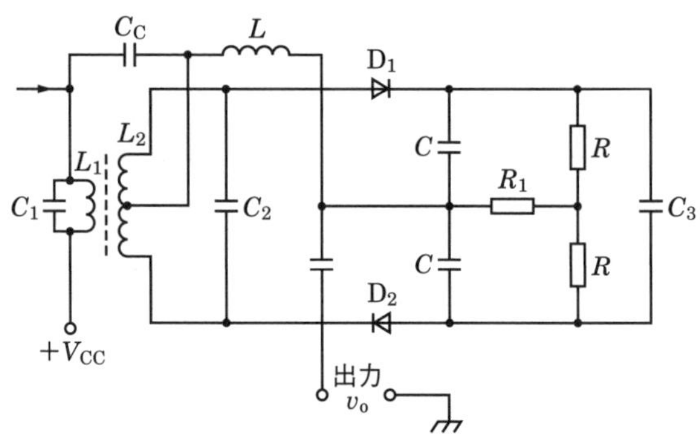

（b）比検波回路

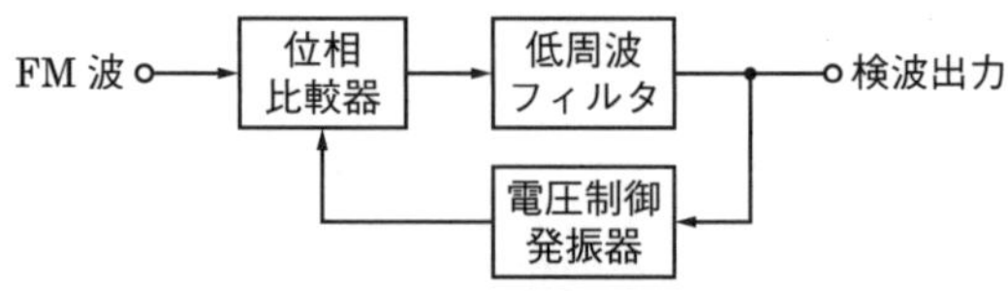

（c）PLL 復調回路

■図 6.2　FM（F3E）波の復調

波回路や比検波回路はコイルが必要なため，小型化に不適です．そのため，FM（F3E）波の復調には図 6.2（c）に示す**PLL 復調回路**が多く使われています．

問題 1 ★★ ➡6.1

次の記述は，各種電波型式の復調について述べたものである．このうち誤っているものを下の番号から選べ．

1 DSB（A3E）方式の包絡線検波回路は，平均値検波回路に比較して検波効率が良い．

2 SSB（J3E）波の復調には，抑圧された搬送波に相当する周波数を復元するため，復調用局部発振器が用いられる．

3 SSB（J3E）受信機においては，周波数変換部の局部発振器の発振周波数が変化しても，復調信号の明りょう度には影響しない．

4 FM（F3E）受信機に用いられる，フォスターシーリー検波回路などの周波数弁別器は，変調波入力の瞬時周波数と出力の振幅が直線関係にある回路及び直線検波回路の組合せから構成される．

解説 周波数変換部の局部発振器の発振周波数が変化すると，復調信号の明りょう度に影響します．これを解消するため，局部発振器の発振周波数をわずかに変化させる「クラリファイヤ」が付加されています．

答え▶▶▶3

問題 2 ★ ➡6.1

次の記述は，AM（A3E）受信機に用いられる二乗検波器について述べたものである．［　　］内に入れるべき字句の正しい組合せを下の番号から選べ．

（1）搬送波の振幅が大きい場合，直線検波回路に比較して出力のひずみは［ A ］．

（2）出力を［ B ］に通すと復調出力が得られる．

（3）復調出力に含まれるひずみの主成分は，変調信号の［ C ］である．

	A	B	C
1	小さい	高域フィルタ（HPF）	第三高調波
2	小さい	低域フィルタ（LPF）	第三高調波
3	大きい	低域フィルタ（LPF）	第三高調波
4	大きい	低域フィルタ（LPF）	第二高調波
5	大きい	高域フィルタ（HPF）	第二高調波

答え▶▶▶4

問題 3 ★ ➡6.1

次の記述は，受信機の特性について述べたものである． 内に入れるべき字句の正しい組合せを下の番号から選べ．

(1) 感度とは，どの程度の微弱な電波まで受信できるかの能力を表すもので，受信機を構成する各部の利得等によって左右されるが，大きな影響を与えるのは，A の増幅器で発生する B である．

(2) 選択度とは，受信しようとする電波を，多数の電波のうちからどの程度まで分離して受信することができるかの能力を表すもので，主として受信機を構成する同調回路の C などによって定まる．

	A	B	C
1	最終段	熱雑音	尖鋭度（Q）
2	最終段	ひずみ	安定度
3	初段	熱雑音	安定度
4	初段	ひずみ	尖鋭度（Q）
5	初段	熱雑音	尖鋭度（Q）

解説 信号対雑音比（S/N）は受信機の感度に大きな影響を与えます．そのため初段の増幅器には低雑音の増幅器が必要です．選択度に大きな影響を与えるのは受信機を構成する同調回路の**尖鋭度（Q）**です．

答え▶▶▶5

6.2 DSB（A3E）受信機

スーパヘテロダイン受信機（DSB（A3E）受信機）の構成をブロック図で示したものを**図 6.3** に示します．スーパヘテロダイン受信方式は 1918 年に考案された回路で，現在，多くの受信機に採用されている方式です．

各部の動作を次に示します．

高周波増幅器：アンテナでキャッチした信号を同調回路（共振回路）で目的の周波数を選択して増幅します．高周波増幅器は影像周波数妨害による混信を軽減することもできます．

周波数混合器：高周波増幅器からの信号と，局部発振器の信号を混合して，周波数が一定の中間周波数に変換します．

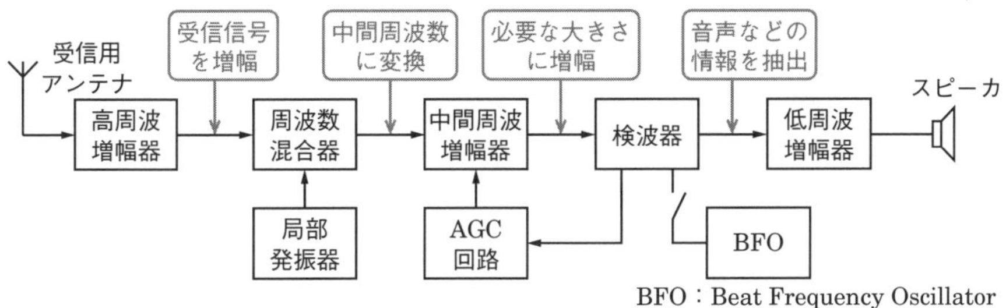

■図 6.3　DSB（A3E）受信機の構成

中間周波増幅器：中間周波数に変換された信号を増幅します．中間周波増幅器で使用する帯域フィルタの通過帯域幅を変更することにより，複数の電波形式の電波を円滑に受信することができます．中間周波数を高くすると，影像周波数妨害に対する選択度を**向上**させることができます．

検波器：中間周波増幅器を出た信号から音声などの情報を取り出します．

低周波増幅器：ヘッドホンやスピーカを動作させることができる程度まで増幅します．

BFO：電信波（A1A）を受信するときに動作させます．

AGC（Automatic Gain Control）回路：電波の到来方向や電離層の状況などで受信電界強度が変化すると聞きづらくなります．そこで，受信出力を一定にするためにAGC 回路で自動利得制御を行います．AGC 回路は，**検波器出力**から**直流電圧**を取り出し，この電圧を**中間周波増幅器**などに加えます．入力信号が**強い**場合は中間周波増幅器などの増幅度を低下させ，入力信号が**弱い**場合は増幅度が減少しないよう自動的に増幅器の利得を制御します．

スーパヘテロダイン受信方式の長所は，感度や選択度などがよいこと．短所は影像周波数（イメージ周波数）妨害を受けることや周波数変換雑音が多いことです．

関連知識 インターセプトポイント

受信機の高周波増幅器は非直線性の特性を有する回路です．高周波増幅器に有害な影響を与えるのは第3次相互変調積と呼ばれる成分です．回路に基本波信号だけを加えて入出力を測定し，次に，基本波信号に加えて周波数の異なる二信号を加えて第3次相互変調積の入出力を測定します．これらを図示したのが**図6.4**です．それぞれの直線部分を延長し交点Pを求めます．この交点を**インターセプトポイント**と呼び，この数値が高いほど，高周波増幅器がどの程度大きな不要信号に耐えて使えるかの目安になります．

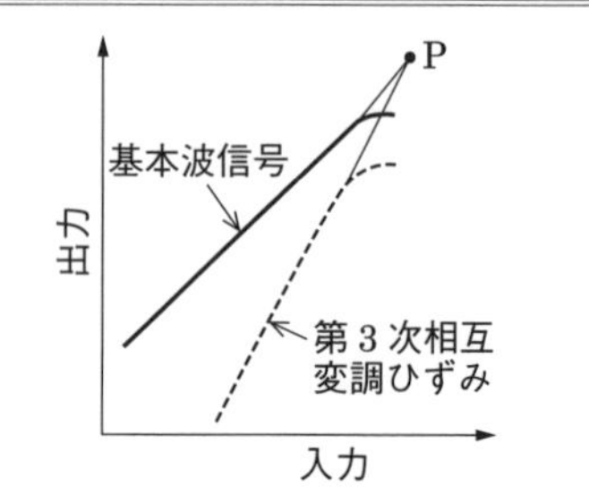

■図6.4 第3次相互変調積の入出力

受信機には次に示すようなことが原因で受信感度等に影響が出ることがありますので注意が必要です．

6.2.1 影像周波数妨害

スーパヘテロダイン受信方式では，受信周波数 f_R と局部発振周波数 f_L を混合して中間周波数 f_{IF} を発生させます．局部発振周波数 f_L を受信周波数 f_R より高く設定すると（**上側ヘテロダイン**といいます），$f_{IF} = f_L - f_R$ となります．**図6.5**(a)のように f_L よりさらに，中間周波数分の f_{IF} だけ高い周波数に電波 f_I があるとします．

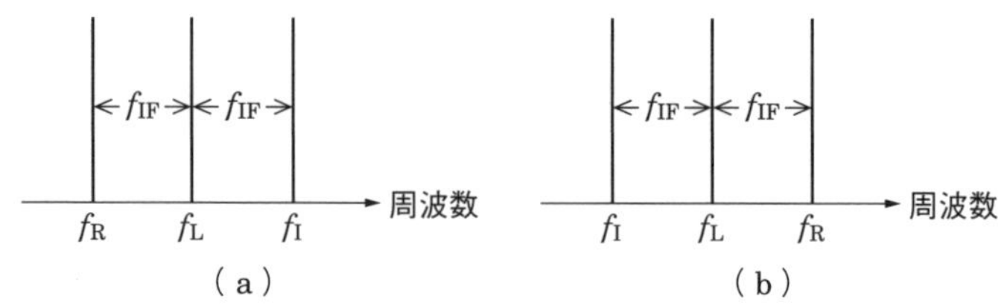

■図6.5 影像周波数

その場合，$f_I = f_R + 2f_{IF}$ となります．f_I と f_L の差は f_{IF} という中間周波数ですので，混信を生じることになります．この f_I を**影像周波数**といいます．同様に，局部発振周波数 f_L を受信周波数 f_R より低く設定すると（**下側ヘテロダイン**といいます），$f_{IF} = f_R - f_L$ となります．この場合，図 6.5（b）に示すように，$f_I = f_R - 2f_{IF}$ が影像周波数になります．

6.2.2 感度抑圧効果

希望波に近接した強力な妨害波があるとき，受信機の感度が低下する現象です．原因は高周波増幅器や周波数変換器の非直線性のために，妨害波により飽和状態になり増幅度が低下するために生じます．対策としては，「高周波増幅器，中間周波増幅器の選択度を良くする」などがあります．

6.2.3 混変調による混信

受信機に変調された強力な不要波が混入したとき，希望波が不要波の変調信号で変調されて発生する混信です．原因は，高周波増幅器や周波数混合器の非直線性などのためです．対策としては，「高周波増幅器の選択度を良くする」「高周波増幅器，中間周波増幅器を線形部分で動作させる」などがあります．

6.2.4 相互変調による混信

ある周波数の電波を受信中に，受信機に希望波以外の 2 つ以上の不要波が混入したとき，回路の**非直線性**により，入力されたそれぞれの信号の周波数の整数倍の**和または差**の成分が生じ，これらの周波数の中に受信機の受信周波数または**中間周波数**や影像周波数に合致したものがあるときに生ずる混信をいいます．

対策としては，「高周波増幅器の選択度を良くする」「高周波増幅器，中間周波増幅器を線形部分で動作させる」などがあります．

なお，2 つの妨害波の周波数を，f_1〔Hz〕，f_2〔Hz〕とすると，二次相互変調積は，$f_1 \pm f_2$〔Hz〕となり，f_1 と f_2 が近い場合，$f_1 + f_2 \fallingdotseq 2f_1$，$f_1 - f_2 \fallingdotseq 0$ となり妨害を受けることはありません．三次相互変調積は，$2f_1 \pm f_2$〔Hz〕，$2f_2 \pm f_1$〔Hz〕となり，三次の成分が受信周波数，中間周波数などに合致したとき妨害が発生します．

問題 4 ★ ➡6.2

次の記述は，スーパヘテロダイン受信機の感度をよくする方法について述べたものである．このうち誤っているものを下の番号から選べ．

1 高周波同調回路の尖鋭度（Q）を大きくする．
2 利得が大きく，雑音指数の小さい高周波増幅器を用いる．
3 雑音指数の小さい周波数変換器を用いる．
4 中間周波増幅器の通過帯域幅を受信信号の占有周波数帯幅よりできるだけ広くする．
5 高周波同調回路の同調周波数と局部発振器の発振周波数の差が常に中間周波数と一致するよう単一調整を行う．

解説 4 × 「**広く**する」ではなく，正しくは「**狭く**する」です．

答え▶▶▶4

感度抑圧効果とは，目的の電波を受信中，近接周波数の強力な電波により受信機の感度が低下することをいいます．

問題 5 ★★ ➡6.2

次の記述は，スーパヘテロダイン受信機の選択度を向上させるための対策について述べたものである．このうち誤っているものを下の番号から選べ．

1 近接周波数に対しては，中間周波数をできるだけ低い周波数に選ぶ．
2 近接周波数に対しては，中間周波トランスの同調回路の尖鋭度（Q）を小さくする．
3 影像周波数に対しては，高周波増幅器を設ける．
4 影像周波数に対しては，中間周波数をできるだけ高い周波数に選ぶ．
5 帯域外の減衰傾度の大きいクリスタルフィルタまたはセラミックフィルタを使用する．

解説 2 × 「尖鋭度（Q）を**小さく**する」ではなく，正しくは「尖鋭度（Q）を**大きく**する」です．

答え▶▶▶2

問題 6 ★ ➡6.2

次の記述は，スーパヘテロダイン受信機について述べたものである．[　　]内に入れるべき字句の正しい組合せを下の番号から選べ．

(1) 中間周波増幅器は，[A]で作られた中間周波数の信号を増幅するとともに，[B]周波数妨害を除去する働きをする．

(2) 中間周波数を高くすると，受信機の影像（イメージ）周波数妨害に対する選択度が[C]する．

	A	B	C
1	高周波増幅器	近接	低下
2	高周波増幅器	影像（イメージ）	向上
3	周波数混合器	近接	低下
4	周波数混合器	近接	向上
5	周波数混合器	影像（イメージ）	低下

解説 民生用のラジオの中間周波数はAMでは455 kHz，FMでは10.7 MHzのように受信周波数より低くするのが一般的です．通信用受信機では中間周波数を受信周波数より高くすることで影像周波数妨害が少なくなるようになっています．

答え▶▶▶4

問題 7 ★★★ ➡6.2

次の記述は，スーパヘテロダイン受信機の中間周波増幅器について述べたものである．[　　]内に入れるべき字句の正しい組合せを下の番号から選べ．

(1) 中間周波増幅器の同調回路の帯域幅は，同調回路の尖鋭度 Q が一定のとき，中間周波数を[A]選ぶほど広くなる．

(2) 中間周波増幅器の同調回路の尖鋭度を Q，帯域幅を B〔Hz〕，中間周波数を f_0〔Hz〕とすると，[B]の関係がある．

(3) 近接周波数選択度は，同調回路の尖鋭度 Q が一定のとき，中間周波数を[C]選ぶほど向上させることができる．

	A	B	C
1	高く	$Q = f_0/B$	低く
2	高く	$Q = B/f_0$	低く
3	高く	$Q = f_0/B$	高く
4	低く	$Q = B/f_0$	高く
5	低く	$Q = f_0/B$	高く

解説 (1) B は，Q が一定のとき，中間周波数 f_0 を**高く**選ぶほど広くなります．

(2) 中間周波増幅器の同調回路の尖鋭度を Q，帯域幅を B〔Hz〕，中間周波数を f_0〔Hz〕とすると，$\boldsymbol{Q = f_0/B}$ になります．よって，$B = f_0/Q$ になります．

(3) 近接周波数選択度は，Q が一定のとき，中間周波数 f_0 を**低く**選ぶほど向上させることができます．

答え▶▶▶1

問題 8 ★★ ➡6.2

次の記述は，受信機（A3E）の中間周波変成器について述べたものである．［　　］内に入れるべき字句を下の番号から選べ．

(1) 通過帯域内の周波数特性は，できるだけ［ア］なことが望ましく，また，通過帯域外の両側の周波数特性における［イ］はできるだけ大きいことが望ましい．

(2) 中間周波変成器には，一般に一次側及び二次側に同調回路の持つ［ウ］形が用いられ，その周波数特性は［エ］及び双峰特性に大きく分けることができる．双峰特性の中間周波変成器は，通過帯域幅を広くすることが比較的容易であり，［オ］を良くすることができる．ただし，必要以上に広くすると，混信を受ける原因になる．

1 複同調　2 単峰特性　3 増幅度　4 感度　5 平坦
6 単一同調　7 2乗特性　8 減衰傾度　9 忠実度　10 急峻

解説 受信電波の周波数を中間周波数に変換するのがスーパヘテロダイン方式の受信機の特徴です．中間周波増幅器で利得を上げ，近接周波数混信を減らすことができます．近接周波数混信を減らすために，中間周波増幅器にフィルタや中間周波変成器を挿入します．中間周波変成器は一次側巻線，二次側巻線はそれぞれコイルとなり，コンデンサと組み合わせて同調回路を構成しています．同調回路が2つあることから**複同調回路**といいます．変成器の結合を疎結合にすると，周波数特性は**図 6.6** に示すような**単峰特性**，密結合にすると双峰特性になります．結合度は受信信号の帯域幅で決められ，帯域幅の広い受信波は密結合の双峰特性が使用されます．帯域幅を広くすると**忠実度**を良くすることができます．

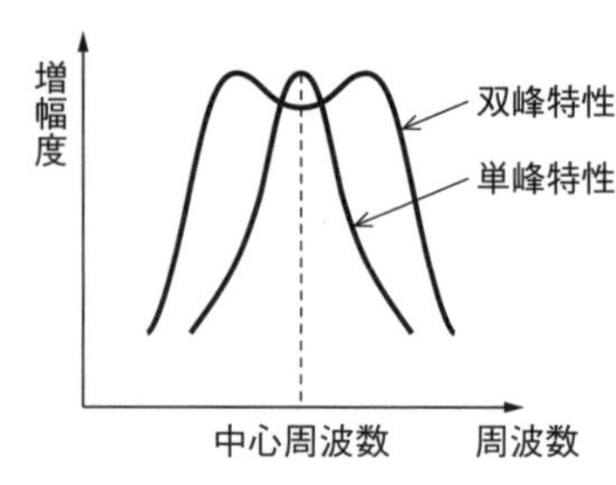

■図 6.6

答え▶▶▶ア－5，イ－8，ウ－1，エ－2，オ－9

問題 9 ★★★ ➡6.2

次の記述は，DSB（A3E）受信機のAGC回路について述べたものである．［　　］内に入れるべき字句を下の番号から選べ．なお，同じ記号の［　　］内には，同じ字句が入るものとする．

AGC回路では，［ア］出力から［イ］電圧を取り出し，この電圧を［ウ］などに加える．入力信号が［エ］場合には，この電圧が大きくなって［ウ］などの増幅度を低下させ，また，入力信号が［オ］場合には，増幅度があまり減少しないように自動的に増幅度を制御する．

1 中間周波増幅器　2 電力増幅器　3 交流　4 強い　5 検波器
6 周波数混合器　7 局部発振器　8 直流　9 弱い　10 BFO

答え▶▶▶ア－5，イ－8，ウ－1，エ－4，オ－9

問題 10 ★★★ ➡6.2

次の記述は，スーパヘテロダイン受信機における影像周波数妨害の発生原理とその対策について述べたものである．［　　］内に入れるべき字句を下の番号から選べ．

(1) 局部発振周波数 f_L が受信周波数 f_R よりも中間周波数 f_i だけ高い場合は，［ア］$=f_i$ となる．一方，f_L よりさらに f_i だけ高い周波数 f_U の到来電波は，［イ］の出力において，［ウ］$=f_i$ の関係が生じて同じ中間周波数 f_i ができ，影像周波数の関係となって，希望波の受信への妨害になる．
(2) 局部発振周波数 f_L が受信周波数 f_R よりも中間周波数 f_i だけ低い場合，影像周波数妨害を生じるのは，周波数 $f_U=$［エ］のときである．
(3) 影像周波数妨害を軽減するためには，中間周波数を高く選び，［オ］の選択度を向上させるなどの対策が有効である．

1 f_R-f_L　2 検波器　3 f_L-f_R　4 f_U-f_L　5 局部発振器
6 f_L-f_U　7 周波数変換器　8 f_L-f_i　9 f_L+f_i　10 高周波増幅器

答え▶▶▶ア－3，イ－7，ウ－4，エ－8，オ－10

問題 11 ★★★ ➡6.2

次の記述は，受信機の高周波増幅回路に要求される条件について述べたものである．［　　］内に入れるべき字句の正しい組合せを下の番号から選べ．なお，同じ記号の［　　］内には，同じ字句が入るものとする．

(1) 高周波増幅回路には，使用周波数帯域での電力利得が高いこと，発生する内部雑音が小さいこと，回路の［ A ］によって生ずる相互変調ひずみによる影響が少ないことなどが要求される．

(2) また，高周波増幅回路において有害な影響を与える［ B ］の相互変調ひずみについては，回路に基本波信号のみを入力したときの入出力特性を測定し，次に基本波信号とそれぞれ周波数の異なる二信号を入力したときに生ずる［ B ］の相互変調ひずみの入出力特性を測定する．

(3) (2) の測定から，図に示すようにそれぞれの直線部分を延長した線の交点P（インターセプトポイント）が求められ，この数値が［ C ］ほど，増幅回路がどのくらい大きな不要信号に耐えて使えるかの目安となる．

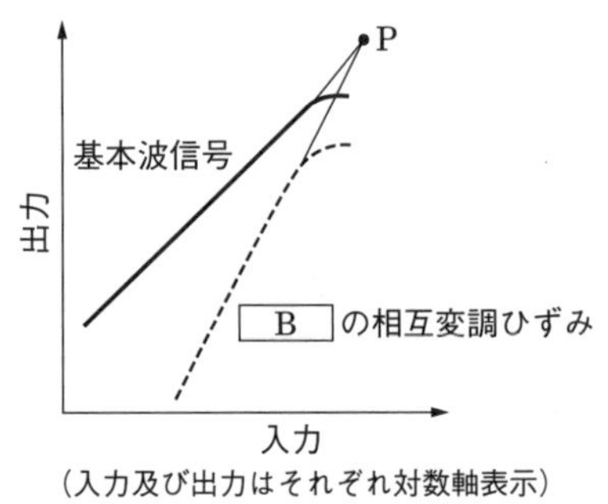

（入力及び出力はそれぞれ対数軸表示）

	A	B	C
1	直線性	第2次	高い
2	直線性	第3次	低い
3	直線性	第3次	高い
4	非直線性	第2次	低い
5	非直線性	第3次	高い

解説 周波数の異なる2つの信号を f_1 と f_2 とすると，第3次相互変調ひずみは，$2f_1+f_2$，$2f_2+f_1$，$2f_1-f_2$，$2f_2-f_1$ の周波数成分が発生し，$2f_1-f_2$，$2f_2-f_1$ が妨害となります．

答え▶▶▶5

出題傾向 下線の部分を穴埋めにした問題も出題されています．

問題 12 ★★ ➡6.2

次の記述は，スーパヘテロダイン受信機における影像周波数及び影像周波数による混信を軽減するための対策について述べたものである．このうち誤っているものを下の番号から選べ．

1　中間周波数が f_{IF}〔Hz〕の受信機において，局部発振器の発振周波数 f_{LO}〔Hz〕が受信信号の周波数 f_d〔Hz〕よりも高いときの影像周波数は，f_d〔Hz〕より $2f_{IF}$〔Hz〕だけ高い．

2　対策として，高周波増幅部の同調回路の Q を高くして，選択度を良くする方法がある．

3　対策として，影像周波数の信号が，直接，周波数変換回路に加わるのを防ぐため，シールドを完全にする方法がある．

4　対策として，中間周波数をできるだけ低い周波数にして，受信希望周波数と影像周波数の周波数差を小さくする方法がある．

解説　4　×　「中間周波数をできるだけ**低い**周波数にして，…周波数差を**小さく**する」ではなく，正しくは「中間周波数をできるだけ**高い**周波数にして，…周波数差を**大きく**する」です．

答え▶▶▶4

6章

問題 13 ★★★　➡6.2

次の記述のうち，受信機で発生することがある混変調による混信についての記述として，正しいものを下の番号から選べ．

1　受信機に変調された強力な不要波が混入したとき，回路の非直線性により，希望波が不要波の変調信号で変調されて発生する．

2　希望する電波を受信しているとき，近接した周波数の強力な無変調波により受信機の感度が低下することをいう．

3　受信機に 2 つ以上の不要波が混入したとき，回路の非直線性により，混入波周波数の整数倍の周波数の和または差の周波数を生じ，これらが受信周波数または受信機の中間周波数や影像周波数に合致したときに発生する．

4　増幅器及び音響系を含む伝送回路が，不要の帰還のため発振して，可聴音を発生することをいう．

5　低周波増幅器の調整不良により，本来希望しない周波数の成分を生ずるために発生する．

解説　2　×　感度抑圧効果の説明です．

3　×　相互変調による混信の説明です．

4　×　ハウリング（低周波発振）の説明です．

5　×　周波数ひずみの説明です．

答え▶▶▶1

問題 14 ★★★ ➡6.2.4

次の記述は，受信機で発生する相互変調による混信について述べたものである．□内に入れるべき字句の正しい組合せを下の番号から選べ．

一般に，相互変調による混信とは，ある周波数の電波を受信中に，受信機に希望波以外の2つ以上の不要波が混入したとき，回路の［A］により，入力されたそれぞれの信号の周波数の整数倍の［B］の成分が生じ，これらの周波数の中に受信機の受信周波数または［C］や影像周波数に合致したものがあるときに生ずる混信をいう．

	A	B	C
1	非直線性	積	局部発振周波数
2	非直線性	和または差	中間周波数
3	非直線性	積	中間周波数
4	直線性	和または差	局部発振周波数
5	直線性	積	中間周波数

解説 2つの妨害波の周波数をf_1，f_2とすると，3次の相互変調積は，次の4つの周波数になります．

$$2f_1+f_2,\ 2f_1-f_2,\ 2f_2+f_1,\ 2f_2-f_1$$

受信波の周波数f_R，**中間周波数**f_iが，$2f_1-f_2$または$2f_2-f_1$の周波数に等しくなったときに混信を起こします．

答え▶▶▶2

問題 15 ★ ➡6.2.4

周波数f_X〔MHz〕を受信していたアマチュア局において，近傍で発射された438.52 MHzのF3E電波とFMレピータ局が発射する439.36 MHzの電波により，2波3次の相互変調が発生した．この2波3次相互変調積の周波数f_X〔MHz〕として，正しいものを下の番号から選べ．

1　436.00 MHz　　2　436.84 MHz　　3　437.68 MHz
4　438.10 MHz　　5　438.94 MHz

解説 F3E電波の周波数をf_1〔MHz〕，FMレピータ局の周波数をf_2〔MHz〕とすると，第3次相互変調積は$2f_1 \pm f_2$〔Hz〕，$2f_2 \pm f_1$〔Hz〕となりますが，通常，問題になるのは差の周波数です．差の周波数をf_x〔MHz〕，f_y〔MHz〕とすると

$$f_x = 2f_1 - f_2 \quad ①$$

$$f_y = 2f_2 - f_1 \quad ②$$

式①に与えられた数値を代入すると

$$f_x = 2f_1 - f_2 = 2 \times 438.52 - 439.36 = 877.04 - 439.36 = 437.68 \text{ MHz} \quad ③$$

式②に与えられた数値を代入すると

$$f_y = 2f_2 - f_1 = 2 \times 439.36 - 438.52 = 878.72 - 438.52 = 440.20 \text{ MHz} \quad ④$$

選択肢にある数値は式③の f_x = **437.68 MHz** です．

答え▶▶▶3

6.3 SSB (J3E) 受信機

図 6.7 に SSB（J3E）受信機の構成を示します．図 6.3 の DSB（A3E）受信機とほぼ同じですが，J3E 電波を復調（検波）するために，第 2 局部発振器が備え付けられています．

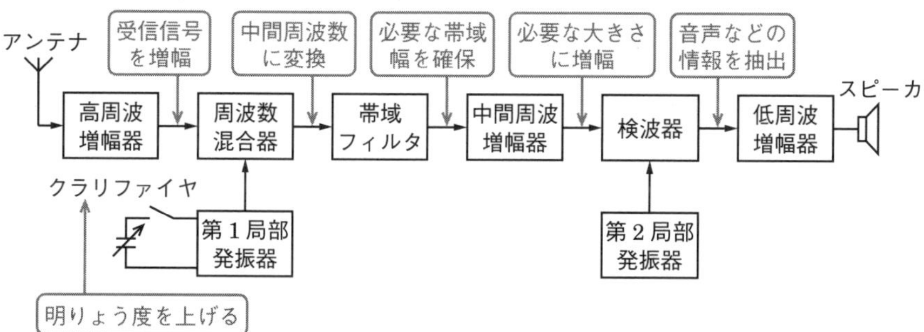

■図 6.7　SSB（J3E）受信機の構成

高周波増幅器，周波数混合器，中間周波増幅器，低周波増幅器の働きは A3E 受信機と同じですので省略します．その他の回路の働きは次のとおりです．

帯域フィルタ：A3E 受信機と比較して J3E 受信機は占有周波数帯幅が半分になるため，通過帯幅の狭い帯域フィルタを挿入します．

検波器・第 2 局部発振器：J3E 電波は搬送波が抑圧されているので AM 用検波器では復調（検波）できません．したがって，第 2 局部発振器で搬送波成分を加えて復調します．

クラリファイヤ：受信周波数がずれ，音声がひずんで聞きにくいときに第1局部発振器の周波数を少しずらすことにより明りょう度を良くする回路です．

SSB受信機で使用される特徴的な回路は，復調（検波）用の局部発振器とクラリファイヤ回路です．

問題 16 ★ ➡6.3

図に示すSSB（J3E）用スーパヘテロダイン受信機において，受信周波数F_Rが3 550 kHzで下側波帯（LSB）のSSB電波を受信するとき，第1局部発振周波数F_{L1}及び復調用の第2局部発振周波数F_{L2}の値として，正しい組合せを下の番号から選べ．ただし，中間周波数F_Iは455 kHz，スピーカからの出力信号の周波数は1.5 kHzとする．

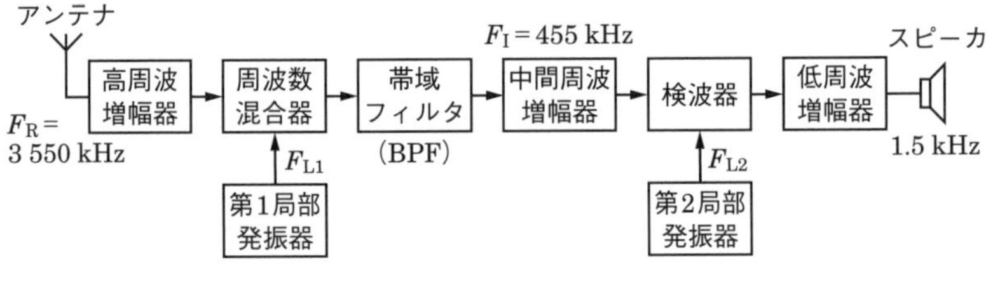

	F_{L1}	F_{L2}
1	3 093.5 kHz	456.5 kHz
2	3 095.0 kHz	453.5 kHz
3	4 005.0 kHz	453.5 kHz
4	4 006.5 kHz	456.5 kHz

解説 中間周波数$F_I = 455$ kHzを得る方法は，第1局部発振器の発振周波数F_{L1}を受信周波数F_Rより高くする方法と低くする方法の2通りあります．

(1) $F_{L1} > F_R$の場合

第1局部発振周波数F_{L1}は，$F_{L1} = F_R + F_I = 3\,550 + 455 = 4\,005$ kHzとなります．

F_Rが下側波帯なので抑圧された搬送波の周波数F_Cは，$F_C = 3\,550 + 1.5 = 3\,551.5$ kHzとなります．これらを**図6.8**(a)に示します．

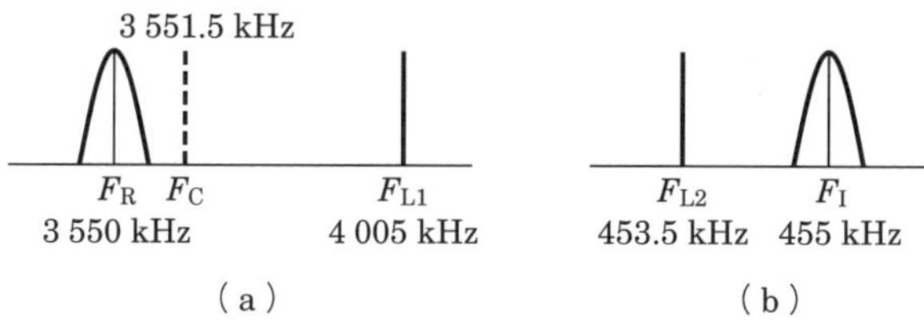

■図 6.8 $F_{L1} > F_R$ の場合

中間周波数 F_I は，$F_I = F_{L1} - F_R = 4\,005 - 3\,550 = 455$ kHz となります．

復調用の第 2 局部発振周波数 F_{L2} は，$F_{L2} = F_{L1} - F_C = 4\,005 - 3\,551.5 = 453.5$ kHz となり，F_I と F_{L2} の関係を図 6.8 (b) に示します．

これから，$F_{L1} > F_R$ の場合は側波帯が反転することがわかります．

(2) $F_{L1} < F_R$ の場合

第 1 局部発振周波数 F_{L1} は，$F_{L1} = F_R - F_I = 3\,550 - 455 = 3\,095$ kHz となります．

F_R が下側波帯なので抑圧された搬送波の周波数 F_C は，$F_C = 3\,550 + 1.5 = 3\,551.5$ kHz となります．これらを**図 6.9** (a) に示します．

中間周波数 F_I は，$F_I = F_R - F_{L1} = 3\,550 - 3\,095 = 455$ kHz となります．

復調用の第 2 局部発振周波数 F_{L2} は，$F_{L2} = F_C - F_{L1} = 3\,551.5 - 3\,095 = 456.5$ kHz となり，F_I と F_{L2} の関係を図 6.9 (b) に示します．

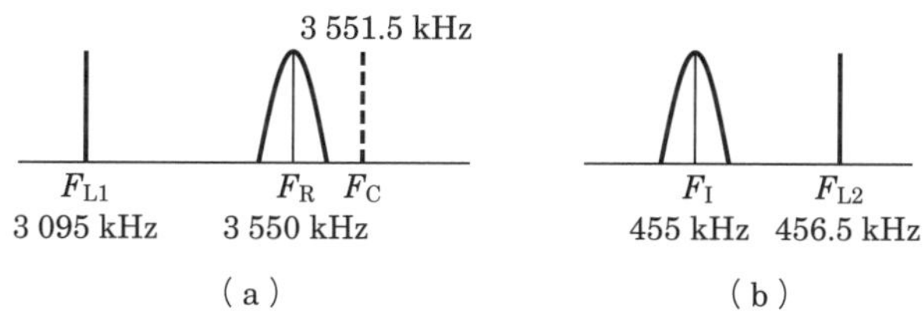

■図 6.9 $F_{L1} < F_R$ の場合

これから，$F_{L1} < F_R$ の場合は側波帯が反転しないことがわかります．

以上の結果から，これらの数値に該当するのは選択肢 3 の F_{L1} = **4 005 kHz**，F_{L2} = **453.5 kHz** です．

答え▶▶▶ 3

6.4 FM(F3E)受信機

FM(F3E)受信機の構成をブロック図で示したものを**図 6.10** に示します.

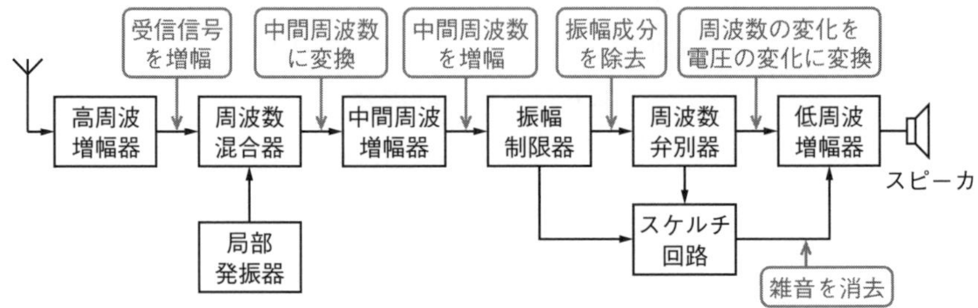

図 6.10 FM(F3E)受信機の構成例

FM 受信機の各部の動作を次に示します.

高周波増幅器:目的の電波の周波数を増幅します.同調回路の Q を高くすることにより影像周波数混信を防ぐことができます.

局部発振器:中間周波数を発生させるために使用する搬送波を発生させる発振器です.高い周波数安定度が要求されるため PLL 回路が使われることが多くなっています.

周波数混合器:受信電波の周波数と局部発振器の周波数を混合して中間周波数を発生させる回路です.

中間周波増幅器:中間周波数に変換された信号を増幅する回路です.近接周波数の選択度を高めることができます.

振幅制限器:電波の伝搬途中で雑音が加わり振幅が変化した場合,FM では不要の振幅成分を除去する回路です.

周波数弁別器:AM の検波器に相当する回路で周波数の変化を振幅の変化に変換する復調器のことです.フォスターシーリー回路や比検波器などがありますが,近年では PLL 回路を使用した復調器が多く使われています.

スケルチ回路:受信する FM 電波の信号が一定レベル以下になったとき,低周波増幅器から出力される大きな雑音を消すための回路です.

低周波増幅器:スピーカを駆動するに十分な電圧まで増幅する回路です.

関連知識 FM送受信機に用いられるエンファシス

FM受信機で出力される雑音出力電圧は，信号の周波数が高くなるほど大きくなる性質があります（三角雑音といいます）．すなわち，信号の周波数が高くなるとS/Nが悪化します．高い周波数におけるS/Nを改善するため，送信側で信号周波数が高くなると増幅度が増加する回路を挿入します．これがプレエンファシス回路です．一方，受信側では送信側と逆に信号周波数が高くなると増幅度が低下する回路を挿入して周波数特性を元に戻します．これをディエンファシス回路といいます．

問題 17 ★ ➡6.4

次の記述は，FM（F3E）受信機の動作及び回路等の一般的な特徴について述べたものである．このうち誤っているものを下の番号から選べ．

1 RTTY（F1B）受信機と比べたとき，中間周波増幅器の帯域幅が広い．

2 FM波復調のために用いられている位相同期ループ（PLL）復調器は，一般に位相比較器，低域フィルタ（LPF）及び電圧制御発振器（VCO）により構成される．

3 受信電波の強さがある限界値（スレッショルドレベル）以下になると，受信機の出力の雑音が増加する．

4 送信側で強調された高い周波数成分を減衰させるとともに，高い周波数成分の雑音も減衰させ，周波数特性と信号対雑音比（S/N）を改善するため，ディエンファシス回路がある．

5 ノイズスケルチ方式は，周波数弁別器出力の音声帯域内の音声を整流して得た電圧を制御信号として使用する．

解説 5 × 「音声帯域内の**音声**を整流」ではなく，正しくは「音声帯域内の**雑音**を整流」です．

答え▶▶▶5

問題 18 ★ ➡6.2.2

次の記述は，FM受信機の感度抑圧効果について述べたものである．このうち誤っているものを下の番号から選べ．

1 感度抑圧効果は，希望波信号に近接した強いレベルの妨害波が加わると，受信機の感度が抑圧される現象である．

2 妨害波の許容限界入力レベルは，希望波信号の入力レベルが一定の場合，希望波信号と妨害波信号との周波数差が大きいほど高くなる．

3 感度抑圧効果は，感度低下現象と呼ばれることがある.

4 感度抑圧効果は，受信機の高周波増幅部あるいは周波数変換部の回路が，妨害波によって飽和状態になるために生ずる.

5 感度抑圧効果を軽減するには，高周波増幅部の利得を大きくし，また，中間周波増幅器等の同調回路の Q を小さくする方法がある.

解説 5 × 「感度抑圧効果を軽減するには，高周波増幅部の利得を**大きく**し，また，中間周波増幅器等の同調回路の Q を**小さく**する方法がある.」ではなく，正しくは「感度抑圧効果を軽減するには，高周波増幅部の利得を**小さく（適正に）**し，また，中間周波増幅器等の同調回路の Q を**大きく**する方法がある.」です.

答え▶▶▶5

問題 19 ★ ➡6.2

次の記述は，受信機の各種現象等について述べたものである．このうちFM受信機のスレッショルドレベル（限界レベル）について述べているものを下の番号から選べ.

1 受信帯域外に2波以上の強力な妨害波が加わると，各々の周波数の和及び差を周波数とする信号が発生し，この信号が希望信号又は中間周波数と一致すると妨害を受ける現象が現れる．この現象の起こる妨害波の受信機入力レベルをいう.

2 受信機から副次的に発する電波が，他の無線設備の機能に支障を与えない限度レベルをいう.

3 受信帯域外に強大なレベルの妨害波が出現した場合，希望信号の出力レベルが低下する現象が現れる．この現象の起こる妨害波の受信機入力レベルをいう.

4 受信機の入力レベルを小さくしていくと，ある値から急激に出力の信号対雑音比（S/N）が低下する現象が現れる．このときの受信機入力レベルをいう.

答え▶▶▶4

問題 20 ★ ➡6.4

次の記述は，図に示すFM（F3E）受信機の原理的なスケルチ回路の動作について述べたものである．□内に入れるべき字句の正しい組合せを下の番号から選べ．なお，同じ記号の□内には同じ字句が入るものとする．

(1) 受信している希望波の信号強度が十分な時は，AGCによる利得調整や振幅制限器の作用等により，検波器の出力に現れる雑音は非常に小さい．

(2) 希望波がなくなるか弱くなると，検波された信号に含まれる雑音成分が増加するので，その中からコンデンサCによって周波数の［A］雑音成分のみを取出してトランジスタTr_2で増幅する．これをダイオードDにより整流し，周波数の［A］雑音成分に比例した［B］の直流電圧（スケルチ制御電圧）を得て，トランジスタTr_1のベースに加えると，Tr_1はコレクタ電流が遮断されカットオフ状態になり増幅作用が停止する．この回路は一般に［C］スケルチと呼ばれる．

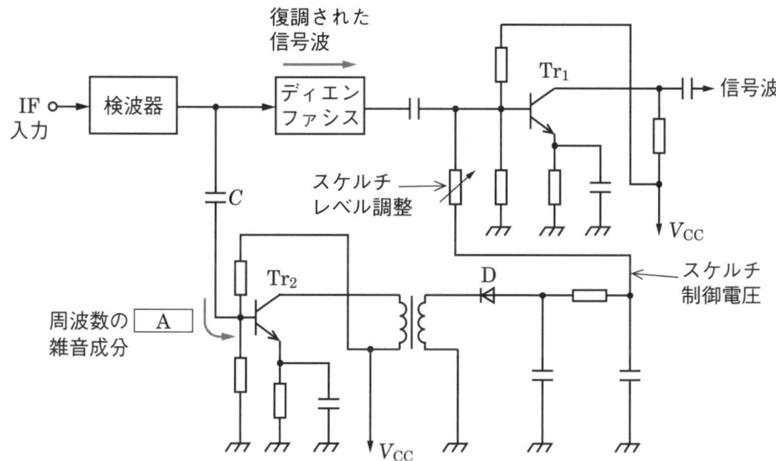

	A	B	C
1	高い	負	ノイズ
2	高い	負	キャリア
3	高い	正	ノイズ
4	低い	正	キャリア
5	低い	正	ノイズ

解説 FM受信機に入力がなくなるか弱くなると，検波された信号に含まれる雑音成分が増加するため大きな雑音が発生します．この雑音を防ぐために低周波増幅器の動作を止め雑音を消去する回路をスケルチ回路といいます．

スケルチ回路の構成例を**図 6.11** に示します．

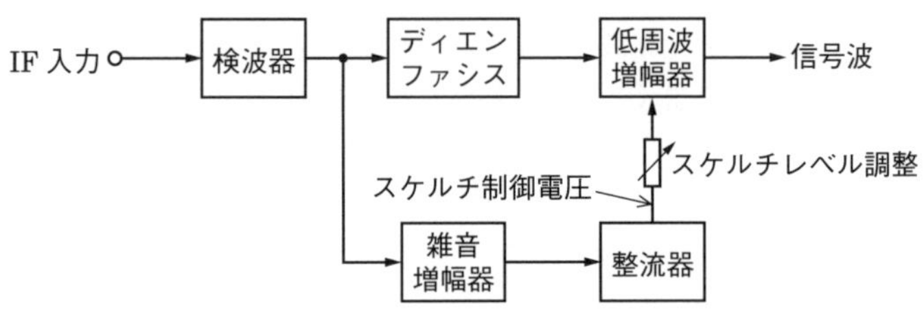

■図 6.11 スケルチ回路の構成例

検波された信号の中から周波数の高い雑音成分を雑音増幅器で増幅して整流し，雑音電圧に比例した負の直流電圧を発生させます．この負の電圧を低周波増幅器のトランジスタのベースに加えることにより，コレクタ電流を遮断し低周波増幅器の動作を停止させます．

答え▶▶▶ 1

問題 21 ★★ ➡6.4

次の記述は，FM（F3E）受信機に用いる振幅制限器について述べたものである．このうち正しいものを下の番号から選べ．

1 受信機の入力信号の振幅成分を除去し，振幅を一定にする．
2 受信機の入力信号が無くなったときに生ずる大きな雑音を除去する．
3 周波数弁別回路の後段に用い，音声信号の高域部分の雑音を制限する．
4 受信機の入力信号の変動に応じて利得を制限し，受信機の出力変動を制限する．

解説 2はスケルチ回路，3はディエンファシス，4はAGC回路の説明です．

答え▶▶▶ 1

問題 22 ★★ ➡6.4

次の記述は，FM（F3E）受信機のスケルチ回路について述べたものである．このうち正しいものを1，誤っているものを2として解答せよ．

ア　受信電波の周波数変化を振幅の変化にする.
イ　受信機への入力信号が一定レベル以下または無信号のとき，雑音出力を消去する.
ウ　受信電波の変動を除去し，振幅を一定にする.
エ　周波数弁別器の出力の雑音が一定レベル以上のとき，低周波増幅器の動作を停止する.
オ　受信機出力のうち周波数の高い成分を補強する.

解説　アは周波数弁別器，ウは振幅制限器，オはディエンファシス回路の説明です.

答え▶▶▶ア－2，イ－1，ウ－2，エ－1，オ－2

問題 23 ★ ➡6.4

次の記述は，受信機に用いられる周波数弁別器について述べたものである. 内に入れるべき字句の正しい組合せを下の番号から選べ.

周波数弁別器は，［A］の変化を［B］の変化に変換して，音声信号波やその他の信号波を検出する回路である．この周波数弁別器は［C］波の復調に用いられており，代表的なものの一例に［D］回路がある.

	A	B	C	D
1	振幅	周波数	FM	フォスターシーリー
2	振幅	周波数	FM	アームストロング
3	周波数	振幅	FM	フォスターシーリー
4	振幅	周波数	SSB	フォスターシーリー
5	周波数	振幅	SSB	アームストロング

答え▶▶▶3

問題 24 ★ ➡6.4

次の記述は，衝撃性（パルス性）雑音の抑制回路（ノイズブランカ）について述べたものである. 内に入れるべき字句の正しい組合せを下の番号から選べ. なお，同じ記号の 内には，同じ字句が入るものとする.

(1) 図に示す，主にSSB（J3E）や電信（A1A）受信機等で使われるノイズブランカは，雑音が重畳した中間周波信号を，信号系とは別系の雑音増幅器で増幅し，雑音検波及びパルス増幅を行って波形の整ったパルスとし，このパルスによって信号系の［A］を開閉して，［B］を遮断する.

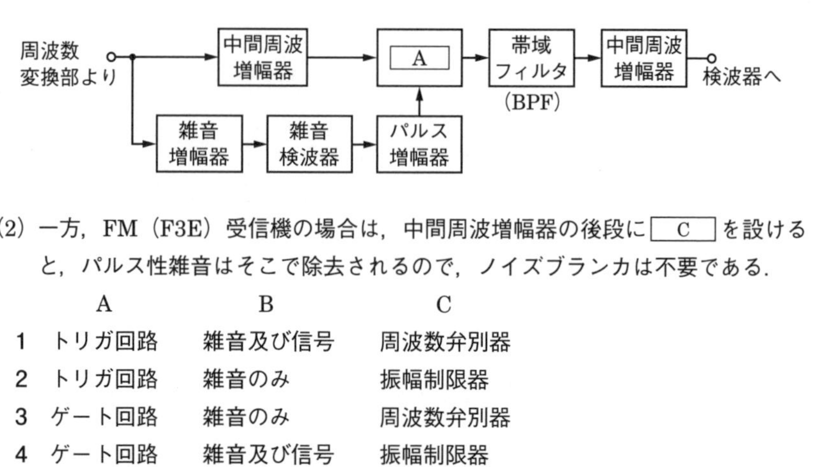

(2) 一方，FM（F3E）受信機の場合は，中間周波増幅器の後段に C を設けると，パルス性雑音はそこで除去されるので，ノイズブランカは不要である.

	A	B	C
1	トリガ回路	雑音及び信号	周波数弁別器
2	トリガ回路	雑音のみ	振幅制限器
3	ゲート回路	雑音のみ	周波数弁別器
4	ゲート回路	雑音及び信号	振幅制限器
5	ゲート回路	雑音及び信号	周波数弁別器

答え▶▶▶4

問題 25 ★ ➡6.4 ➡1.7

次の記述は，FM 受信機等に用いられているセラミックフィルタについて述べたものである. [ ] 内に入れるべき字句の正しい組合せを下の番号から選べ. なお，同じ記号の [ ] 内には，同じ字句が入るものとする.

(1) セラミックフィルタはセラミックの A を利用したもので，図に示すように，セラミックに電極を貼り付けた構造をしている. 電極 a-c に特定の周波数の電圧（電気信号）を加えると， A によって一定周期の固有の機械的振動が発生して，セラミックが機械的に共振する. この振動が電気信号に変換されて，もう一方の電極 b-c から取り出すことができる.

(2) セラミックの材質，形状，寸法などを変えることによって，固有の機械的振動も変化するため，共振周波数や B を自由に設定することができ， C として利用することができる.

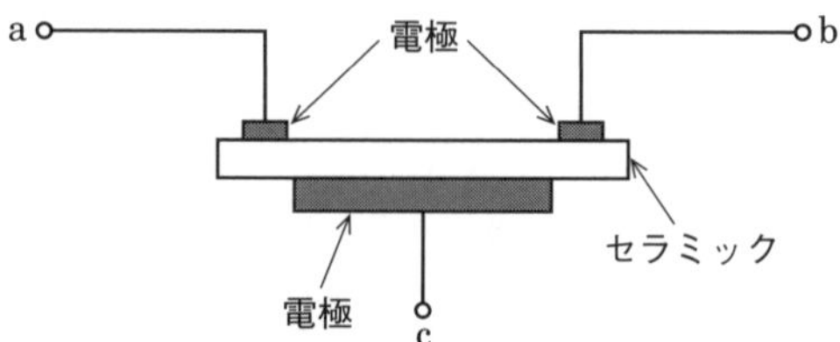

	A	B	C
1	圧電効果	尖鋭度（Q）	帯域フィルタ（BPF）
2	圧電効果	感度	高域フィルタ（HPF）
3	ゼーベック効果	尖鋭度（Q）	高域フィルタ（HPF）
4	ゼーベック効果	感度	帯域フィルタ（BPF）

解説 圧電効果とゼーベック効果については 1.7 節を参照してください.

答え▶▶▶ 1

6.5 SDR 受信機

ソフトウェア無線（SDR：Software Defined Radio）は，電子回路に変更を加えることなく，制御ソフトウェアを変更することにより，無線通信方式を切り替えることが可能な無線通信技術をいいます.

SDR 受信機には次に示す三通りの方式があります．ここでは，主に試験に出題されているダイレクトコンバージョン方式の SDR 受信機を説明します.

6.5.1 ダイレクトコンバージョン方式

ゼロ IF 方式とも呼ばれており，**図 6.12** に示すように低雑音増幅器（LNA）で増幅された高周波信号を位相が $\pi/2$ 異なる局部発振周波数を 2 つの**直交ミクサ**（乗算器）で乗算して低域フィルタ（LPF）で受信周波数 f_R と局部発振周波数 f_L の和の成分 f_R+f_L を取り除いた I（In phase）信号と Q（Quadrature phase）信号を A-D 変換器で数値データに変換し，デジタル信号処理を行った後，D-A 変換してアナログ信号にして低周波増幅器で増幅しスピーカを駆動します．ダイレクトコンバージョン（ゼロ IF）方式の SDR 受信機は，原理的に**影像周波数妨害**が発生しません．スマートフォンなどを含め，多くの無線機に用いられるようになっています.

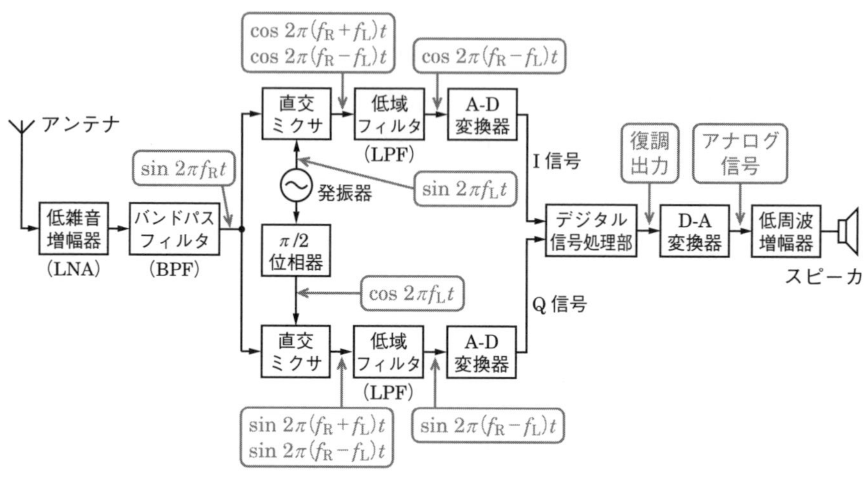

■図 6.12 ダイレクトコンバージョン方式

6.5.2 スーパヘテロダイン方式

中間周波数信号をデジタル処理する方式です．短波帯受信機，DSTAR，デジタル簡易無線機などに用いられています．

6.5.3 ダイレクトサンプリング方式

受信電波を増幅し，バンドパスフィルタを通過した信号を直接 A-D 変換する方式です．周波数変換しないので影像周波数妨害はありません．受信周波数が高くなると高速の DSP が必要となることから，現実的には短波帯程度の低い周波数で使用されています．

問題 26 ➡6.5.1

次の記述は，SDR（Software Defined Radio：ソフトウェア無線）受信機の概要等について述べたものである．□内に入れるべき字句の正しい組合せを下の番号から選べ．なお，同じ記号の□内には同じ字句が入るものとする．

(1) SDR とは，一般に電子回路に変更を加えることなく，制御ソフトウェアを変更することによって，無線通信方式（変調方式など）を切替えることが可能な無線通信又はその技術を指す．

(2) 図に示す原理的な SDR 受信機の信号処理例として，高周波信号を［ A ］により I/Q（In phase/Quadrature phase）信号に変換後，A-D 変換器で I/Q 信号を数値データに変換し，DSP（Digital Signal Processor）により数値データを演算し目的の信号を取出す方式がある．

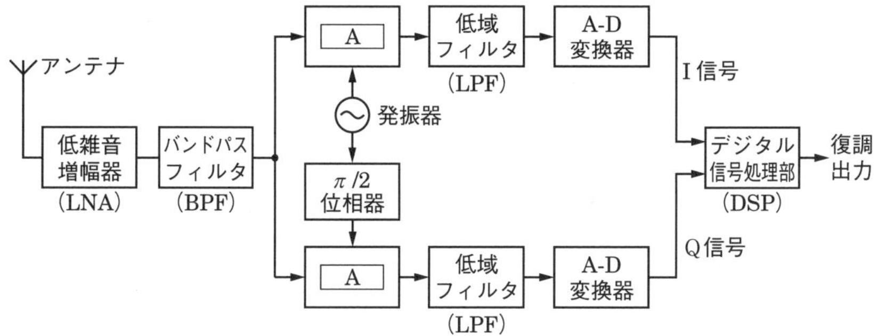

(3) ダイレクトコンバージョン（ゼロIF）方式のSDR受信機は，原理的に［ B ］が発生しない等の多くの長所があるが，受信信号が強すぎるとA-D変換器で［ C ］が発生し，デジタル信号への正常な変換ができなくなるという短所もある．

	A	B	C
1	直交ミクサ	影像周波数妨害	オーバーフロー
2	直交ミクサ	感度抑圧効果	オーバーフロー
3	直交ミクサ	影像周波数妨害	折返し雑音
4	デジタルフィルタ	感度抑圧効果	折返し雑音
5	デジタルフィルタ	影像周波数妨害	折返し雑音

解説 ダイレクトコンバージョン方式のSDR受信機の原理を問う問題です．アンテナからの高周波信号を直交ミクサ（周波数混合器）で混合し低域フィルタを経てA-D変換します．2つのA-D変換器の出力は直交信号になります．これをI/Q（In phase/Quadrature phase）信号といいます．I信号とQ信号をDSPで信号処理することにより復調します．

ダイレクトコンバージョン方式のSDR受信機は原理的に影像周波数妨害が発生しませんが，受信信号が強力な場合はオーバーフローが発生して，デジタル信号に正常に変換できなくなる短所があります．

I信号とQ信号は互いに独立（直交）しているため，他方に影響を与えることなくもう一方を変更することができます．

答え▶▶▶1

6.6 雑 音

雑音には**自然雑音**と**人工雑音**があります．自然雑音には宇宙雑音や熱雑音など，人工雑音には電動機（モータ）から発する雑音や電子機器から発する雑音などがあります．

無線通信においては，通信システムの内部及び外部に存在している雑音が問題になります．アナログ通信においては，雑音の影響をいかに少なくしてもとの波形を再現するか，デジタル通信においては，雑音による符号誤りをいかに少なくするかが問題となります．特に，受信機においては，受信機から出力される雑音は，長波帯～超短波帯の周波数では主に外部雑音が問題になり，マイクロ波など周波数が高い領域においては内部雑音が問題になります．内部雑音の主要なものに熱雑音があります．

6.6.1 熱雑音と有能雑音電力

熱せられた抵抗体は，電子の熱運動により雑音電圧を発生します．この雑音を**熱雑音**といいます．熱雑音は温度が絶対零度（－273℃）にならない限り発生します．

熱雑音電圧の2乗平均値（$\overline{{e_n}^2}$ と表示）は次式で表されます．

$$\overline{{e_n}^2} = 4kTBR \tag{6.1}$$

ただし，k はボルツマン定数で，$k = 1.38 \times 10^{-23}$〔J/K〕，T は絶対温度〔K〕，B は周波数帯域幅〔Hz〕，R は抵抗値〔Ω〕です．

雑音電圧源に負荷抵抗 R_L〔Ω〕を接続して，R_L に供給される電力を最大にする条件は，R_L が電圧源の内部抵抗 R に等しいときで，その値は，${e_n}^2/4R$〔W〕となります．雑音電圧源から取り出すことのできる最大電力のことを，**有能雑音電力**または**固有雑音電力**といいます．有能雑音電力を P_N〔W〕とすると，P_N は次式になります．

$$P_N = \frac{{e_n}^2}{4R} = \frac{4kTBR}{4R} = kTB \text{〔W〕} \tag{6.2}$$

式(6.2) から，有能雑音電力を小さくするには，温度を低くすること，周波数帯域幅を狭くする必要があることがわかります．

関連知識 ボルツマン定数 k

ボルツマン定数 k は，熱とエネルギーの変換係数で

$$k = \frac{R}{N_A} = \frac{8.31}{6.02 \times 10^{23}} = 1.38 \times 10^{-23} \text{〔J/K〕}$$

R：気体定数〔J/mol・K〕

N_A：アボガドロ数〔1/mol〕

6.6.2 等価雑音温度

増幅器の雑音を等価雑音温度で表すことがあります．

雑音指数（真数）を F，絶対温度を T〔K〕とすると，等価雑音温度 T_e〔K〕は

$$T_e = (F - 1)\,T \qquad (6.3)$$

となります．たとえば，温度が27℃（300 K）で雑音指数が4の場合の等価雑音温度 T_e は，$T_e = (F - 1)\,T = (4 - 1)\,300 = 900$ K となります．

絶対温度 T〔K〕，セ氏温度 t〔℃〕の関係は，$T = t + 273$ です．

問題 27 ★★★ ➡6.6

次の記述は，等価雑音温度について述べたものである．[　　]内に入れるべき字句の正しい組合せを下の番号から選べ．

(1) 衛星通信における受信系の雑音は，アンテナを含む受信機自体で発生する内部雑音とアンテナで受信される外来雑音との電力和を，アンテナ入力に換算した雑音電力で表す．

(2) この雑音電力の値が，絶対温度 T〔K〕の抵抗体から発生する[A]の電力値と等しいとき，T をアンテナを含む受信システム全体の等価雑音温度という．

(3) したがって，受信機の周波数帯域幅を B〔Hz〕，ボルツマン定数を k〔J/K〕とすると，このときの雑音電力 P_N は，$P_N =$ [B]〔W〕で表され，この値が[C]ほど，雑音が小さいことを意味する．

	A	B	C
1	熱雑音	TB/k	大きい
2	熱雑音	TB/k	小さい
3	熱雑音	kTB	小さい
4	フリッカ雑音	kTB	小さい
5	フリッカ雑音	TB/k	大きい

答え▶▶▶3

出題傾向 下線の部分を穴埋めにした問題も出題されています．

問題 28 ★★★ ➡6.6

次の記述は，受信機における信号対雑音比（S/N）について述べたものである．このうち正しいものを 1，誤っているものを 2 として解答せよ．

ア 受信機の通過帯域幅を受信信号電波の占有周波数帯幅と同程度にすると，受信機の通過帯域幅が占有周波数帯幅より広い場合に比べて，受信機出力の信号対雑音比（S/N）は劣化する．

イ 周波数混合部で発生する変換雑音が最も大きいので，その前段に雑音発生の少ない高周波増幅器を設けると，受信機出力における信号対雑音比（S/N）が改善される．

ウ 受信機の雑音指数が大きいほど，受信機出力における信号対雑音比（S/N）が劣化する．

エ 雑音電波の到来方向と受信信号電波の到来方向とが異なる場合，一般に受信アンテナの指向性を利用して，受信機入力における信号対雑音比（S/N）を改善することができる．

オ 受信機の総合利得を大きくすれば，受信機内部で発生する雑音が大きくなっても，受信機出力の信号対雑音比（S/N）を改善できる．

解説 ア × 「受信機出力の信号対雑音比（S/N）は**劣化**する．」ではなく，正しくは「受信機出力の信号対雑音比（S/N）は**向上**する．」です．

オ × 「受信機の総合利得を大きくすれば，受信機内部で発生する雑音が大きく**なっても**，受信機出力の信号対雑音比（S/N）は改善**できる．**」ではなく，正しくは「受信機の総合利得を大きくすれば，受信機内部で発生する雑音が大きく**なり**，受信機出力の信号対雑音比（S/N）は改善**できない．**」です．

答え▶▶▶ア－2，イ－1，ウ－1，エ－1，オ－2

7章 電　源

この章から 2 問出題

電子通信機器のほとんどは直流で動作するので，電池や蓄電池（バッテリ）などの直流電源が必要となります．移動用電子通信機器は電池や蓄電池で動作させますが，それ以外の電子通信機器は交流の商用電源を直流に変換して使用します．本章では，各種整流回路，平滑回路，定電圧回路，蓄電池について学びます．

7.1 電源回路

スマートフォンや携帯電話機だけでなく，テレビジョン受像機や電子通信機器のほとんどは直流で動作しています．テレビジョン受像機のような大型の電子機器は，通常，家庭用の交流商用電源を直流に変換して使用しています．

スマートフォンや携帯ラジオのように，移動して使用する機器には乾電池や蓄電池などの直流電源が使われています．

図 7.1 は交流電圧を直流電圧に変換する電源回路の仕組みを示したものです．交流電圧を変圧器で所定の交流電圧に昇圧または降下させ，整流回路で直流（脈流）に変換します．整流回路の出力電圧は交流成分を多く含んでいるので，平滑回路を使って交流成分を除去し，完全な直流に近づけて負荷に供給します．

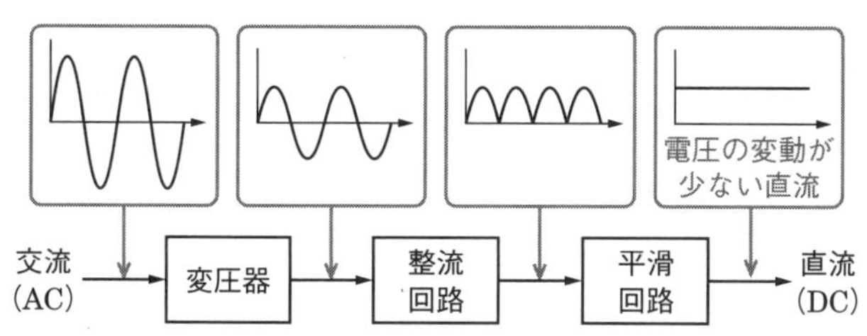

■図 7.1　電源回路の仕組み

7.1.1 変成器（変圧器）

鉄心に 2 つのコイルを巻いたものを**変成器**といいます．変成器は電圧の変換のほか，インピーダンスの変換などに用いられます．**図 7.2** に示す電圧の昇降用の変成器を**変圧器**（**トランス**）といいます．

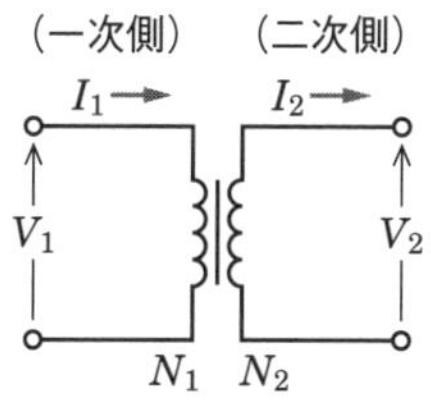

■図 7.2　変圧器

変圧器の一次側のコイルの巻数を N_1，電圧を V_1〔V〕，電流を I_1〔A〕，二次側のコイルの巻数を N_2，電圧を V_2〔V〕，電流を I_2〔A〕とし，損失のない理想的な変圧器であるとすると，入力電力と出力電力は同じとなり，次式が成り立ちます．

$$V_1 I_1 = V_2 I_2 \tag{7.1}$$

コイルの巻数と電圧は比例，電流は反比例するので次式が成り立ちます．

$$N_1 : N_2 = V_1 : V_2 \tag{7.2}$$

$$N_1 : N_2 = I_2 : I_1 \tag{7.3}$$

7.1.2 整流回路

(1) 半波整流回路

半波整流回路は**図 7.3** (a) に示すように，ダイオード 1 本で交流を直流に変換する回路です．ダイオードのアノード側がプラスになったときに導通して電流が流れます．出力電圧波形の概略は図 7.3 (b) のようになります．

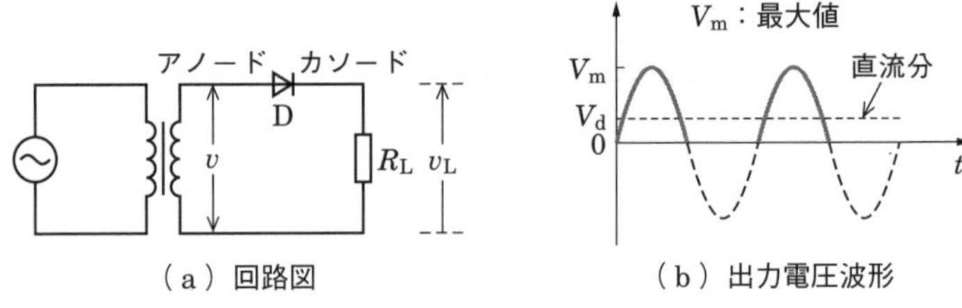

（a）回路図　（b）出力電圧波形

■図 7.3 半波整流回路

(2) 全波整流回路

全波整流回路は**図 7.4** (a) に示すように，ダイオード 2 本を使用して交流を直流に変換する回路です．出力電圧波形の概略は図 7.4 (b) のようになります．

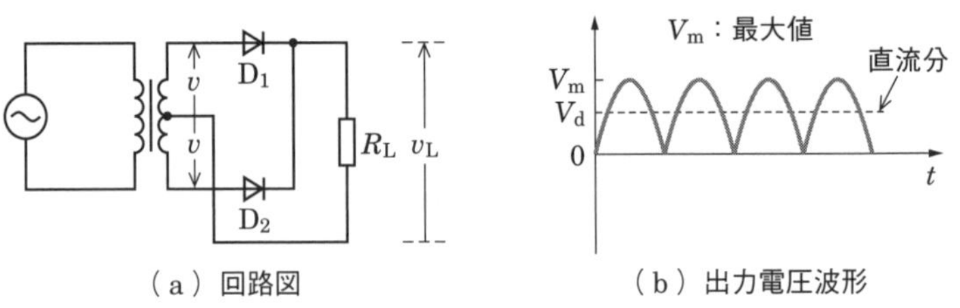

（a）回路図　（b）出力電圧波形

■図 7.4 全波整流回路

(3) ブリッジ形全波整流回路

図 7.5 はダイオードを 4 本使用したブリッジ形全波整流回路です．(2) の全波整流回路と比較するとダイオードが 4 本必要ですが，トランスの巻数は半分ですみます．a 点がプラスになったときの電流は，a → D_4 → R_L → D_2 → b の経路で流れます．b 点がプラスになったときの電流は，b → D_3 → R_L → D_1 → a の経路で流れます．出力電圧波形の概略は図 7.4 (b) と同じになります．

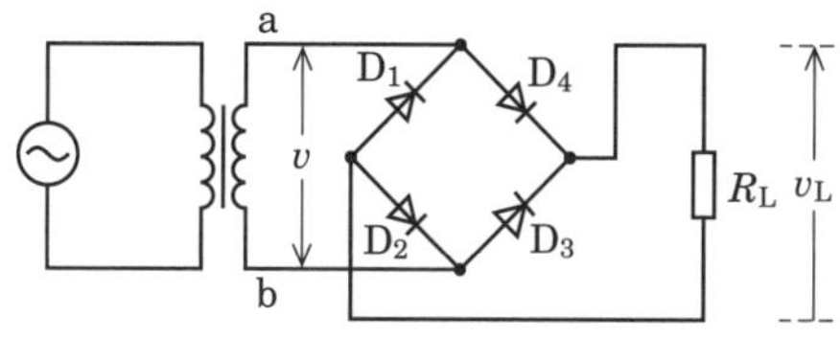

■図 7.5　ブリッジ形全波整流回路

7.1.3　平滑回路

交流成分を少なくし，完全な直流に近づける回路が**平滑回路**です．平滑回路には，**コンデンサ入力形**と**チョーク入力形**があります．

整流回路で整流した段階では，図 7.3 (b)，図 7.4 (b) に示したように，交流分が多いので，**図 7.6** または**図 7.7** の平滑回路を使用して，交流成分を少なくし完全な直流に近づけます．図 7.6 の平滑回路を**コンデンサ入力形平滑回路**，図 7.7 の平滑回路を**チョーク入力形平滑回路**といいます．平滑回路を通過した出力電圧波形の概略を**図 7.8** に示します．

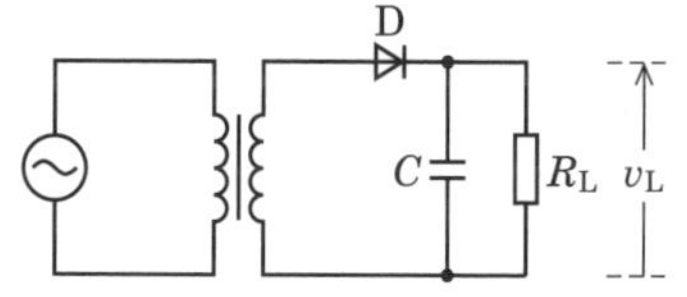

■図 7.6　コンデンサ入力形平滑回路

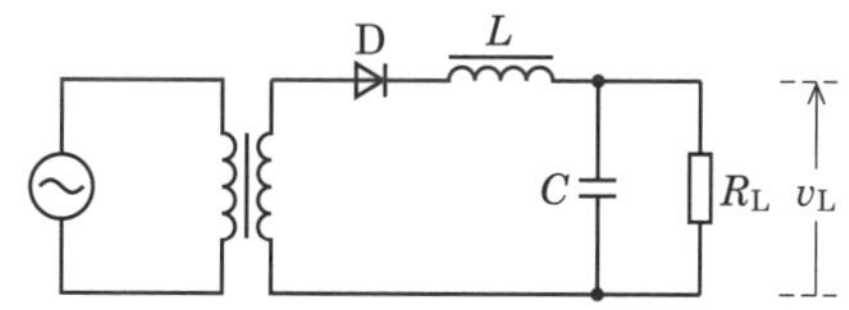

■図 7.7　チョーク入力形平滑回路

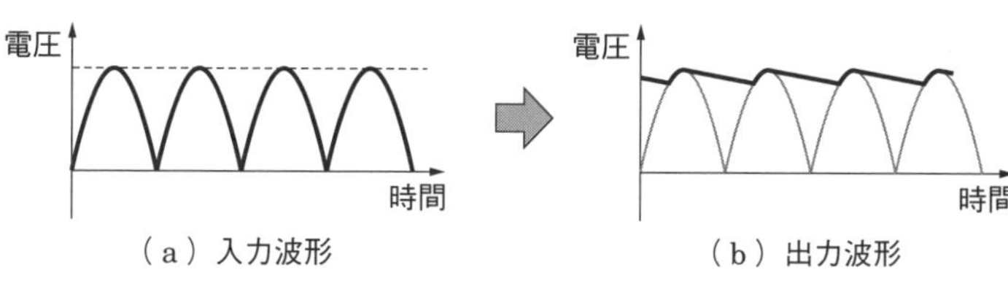

■図 7.8　平滑回路の入出力電圧波形

関連知識　安定化回路

整流回路と平滑回路で直流が得られますが，入力交流電圧の変動や負荷電流の変動があると出力直流電圧が変動します．負荷が変動しても，一定の直流電圧が得られるようにした電子回路が安定化回路です．

7.1.4 倍電圧整流回路

出力電圧が2倍必要な場合は**図7.9**に示すような全波倍電圧整流回路を用いれば可能になります（半波倍電圧整流回路もありますが省略します）．電源の上側がプラスの場合，電流は実線のような経路で流れ，上側のコンデンサを電源電圧の最大値で充電します．電源の下側がプラスの場合，電流は点線のような経路で流れ，下側のコンデンサを電源電圧の最大値で充電します．よって，端子ab間の電圧は電源電圧の最大値の2倍となります．

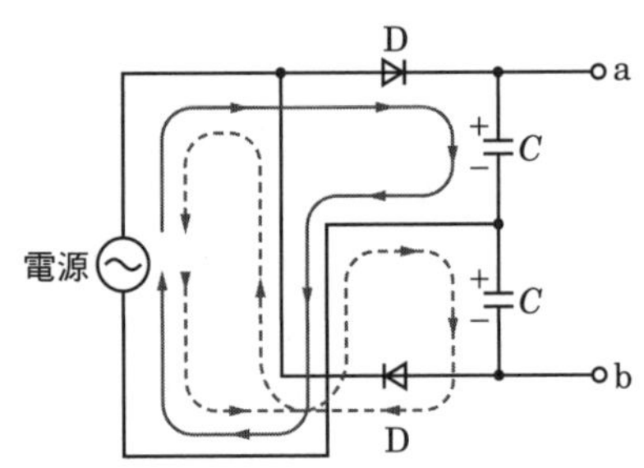

■図7.9　全波倍電圧整流回路

問題 1 ★★　➡7.1.1

次の記述は，図に示す変成器Tを用いた回路のインピーダンス整合について述べたものである．［　　］内に入れるべき字句の正しい組合せを下の番号から選べ．

(1) Tの二次側に，R_L〔Ω〕の負荷抵抗を接続したとき，一次側の端子abから負荷側を見た抵抗R_{ab}は，R_{ab} = ［ A ］〔Ω〕となる．

(2) 交流電源の内部抵抗をR_G〔Ω〕としたとき，R_Lに最大電力を供給するには，R_{ab} = ［ B ］〔Ω〕でなければならない．

(3) (2)のとき，R_Lで消費する最大電力の値P_mは，P_m = ［ C ］〔W〕である．

	A	B	C
1	$\left(\dfrac{N_2}{N_1}\right)R_L$	$2R_G$	$\dfrac{V^2}{4R_G}$
2	$\left(\dfrac{N_1}{N_2}\right)R_L$	$2R_G$	$\dfrac{V^2}{2R_G}$
3	$\left(\dfrac{N_2}{N_1}\right)^2 R_L$	R_G	$\dfrac{V^2}{2R_G}$
4	$\left(\dfrac{N_1}{N_2}\right)^2 R_L$	R_G	$\dfrac{V^2}{4R_G}$

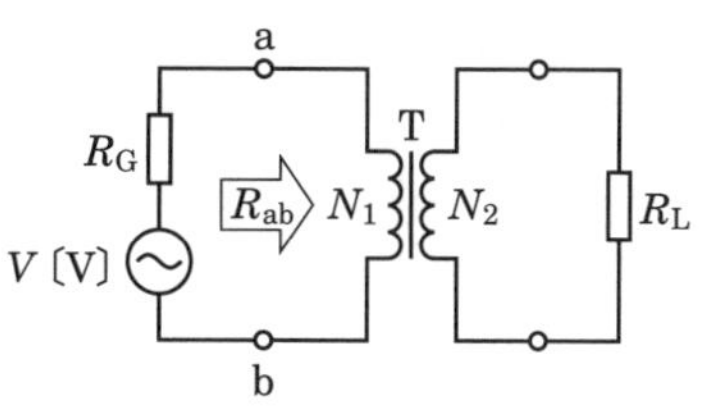

V：交流電源電圧
N_1：T の一次側巻数
N_2：T の二次側巻数

解説 変成器の一次側巻数を N_1，二次側巻数を N_2，一次側電圧を V_1〔V〕，一次側電流を I_1〔A〕，二次側電圧を V_2〔V〕，二次側電流を I_2〔A〕とします．

式（7.2）より

$$V_1 = \frac{N_1}{N_2} V_2 \quad ①$$

式（7.3）より

$$I_1 = \frac{N_2}{N_1} I_2 \quad ②$$

式①及び式②を用いると，一次側の端子 ab から負荷側を見た抵抗 R_{ab}〔Ω〕は

$$R_{ab} = \frac{V_1}{I_1} = \frac{\dfrac{N_1}{N_2} V_2}{\dfrac{N_2}{N_1} I_2} = \left(\frac{N_1}{N_2}\right)^2 \times \frac{V_2}{V_1} = \left(\boldsymbol{\frac{N_1}{N_2}}\right)^{\boldsymbol{2}} \boldsymbol{R_L} \text{〔Ω〕}$$

問題図の等価回路（**図 7.10**）より，R_L〔Ω〕に最大電力を供給するのは，$R_{ab} = \boldsymbol{R_G}$ のときです．

よって，R_L で消費する最大電力の値 P_m〔W〕は

$$P_m = \left(\frac{V}{R_G + R_{ab}}\right)^2 R_{ab} = \left(\frac{V}{R_G + R_G}\right)^2 R_G$$

$$= \frac{V^2}{4R_G^{\,2}} \times R_G = \boldsymbol{\frac{V^2}{4R_G}} \text{〔W〕}$$

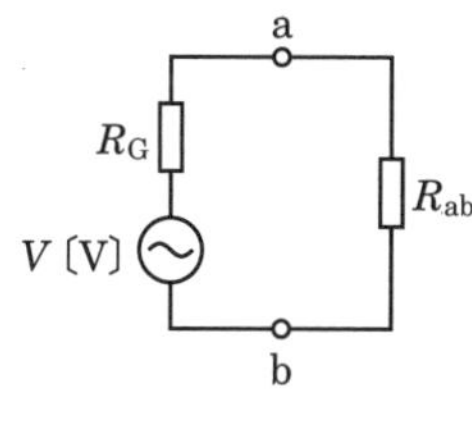

■図 7.10

答え ▶▶▶ 4

問題 2 ★★★ ➡7.1.2

次の記述は，図に示す整流回路について述べたものである．[ ]内に入れるべき字句を下の番号から選べ．ただし，ダイオードの順方向抵抗の値は零，逆方向抵抗の値は無限大とする．

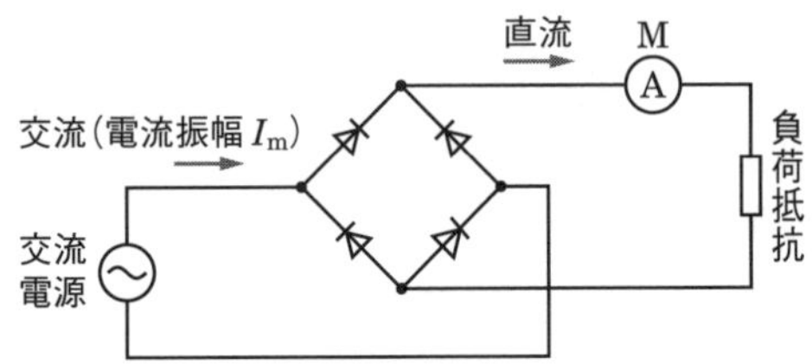

(1) この整流回路は，交流を4個のダイオードで整流する単相の[ア]整流回路（ブリッジ形）である．

(2) 交流電源を流れる電流について，その振幅（電流の最大値）を I_m とすると，平均値は[イ]，実効値は[ウ]であり，波形率は約[エ]となる．

(3) 図中の直流電流計 M は永久磁石可動コイル電流計であり，その指示値が 1 mA であるとき，I_m の値は約[オ]〔mA〕である．

1 $\dfrac{2I_m}{\pi}$	2 $\dfrac{I_m}{\pi}$	3 $\dfrac{I_m}{\sqrt{2}}$	4 $\dfrac{I_m}{2}$	5 全波
6 1.11	7 1.41	8 1.57	9 3.14	10 倍電圧

解説 電流の平均値を I_a，最大値を I_m とすると，**図 7.11** の S の部分の面積は $2I_m$ となります（積分を使用しなければ求まらないので結果のみを示します）．

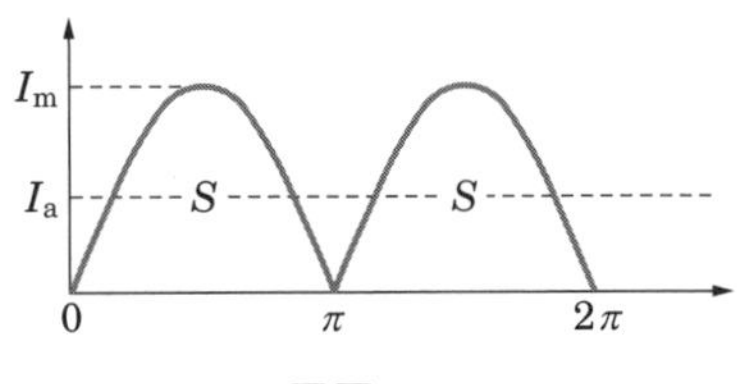

■**図 7.11**

したがって，$I_a = 2I_m/\pi$ となります．実効値を I_e とすると，$I_e = I_m/\sqrt{2}$ となります．また，波形率＝実効値/平均値なので

$$波形率 = \frac{\dfrac{I_m}{\sqrt{2}}}{\dfrac{2I_m}{\pi}} = \frac{\pi}{2\sqrt{2}} = \frac{3.14}{2.82} = \mathbf{1.11}$$

可動コイル形電流計は平均値を指示するので

I_e =（波形率）× I_a = 1.11 × 1 = **1.11 mA**

よって，$I_m = \sqrt{2}\, I_e = 1.41 \times 1.11 \fallingdotseq$ **1.57 mA**

答え▶▶▶ア－5，イ－1，ウ－3，エ－6，オ－8

問題 3 ★★ ➡7.1.2

図1に示す単相ブリッジ形全波整流回路において，ダイオードD_1が断線して開放状態となった．このとき図2に示す波形の電圧を入力した場合の出力の波形として，正しいものを下の番号から選べ．ただし，図1のダイオードは，すべて同一特性のものとする．

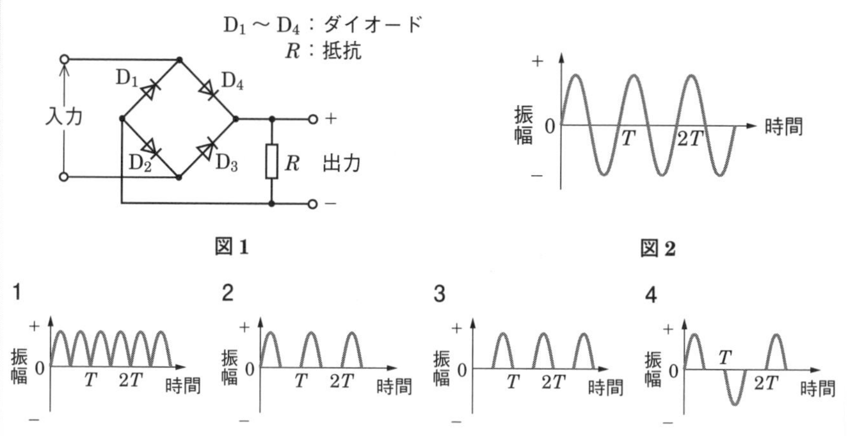

図1　図2

解説 入力端子の上側がプラスのとき，電流は，$D_4 \to R \to D_2 \to$入力端子の下側と流れます．入力端子の下側がプラスのとき，電流は，$D_3 \to R \to D_1 \to$入力端子の上側に流れようとしますが，D_1が断線しているため電流は流れません．

答え▶▶▶2

問題 4 ★★ ➡7.1.2

図に示す変圧器T，ダイオードD及びコンデンサCで構成される全波整流回路において，Tの二次側実効値電圧が各100 Vの単一正弦波であるとき，無負荷のときの各ダイオードDに印加される逆方向電圧の最大値として，最も近いものを下の番号から選べ．ただし，各ダイオードDの特性は同一とする．

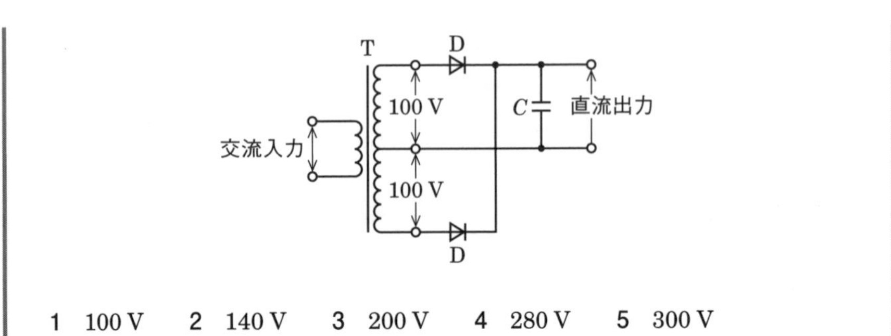

1 100 V　2 140 V　3 200 V　4 280 V　5 300 V

解説 **図 7.12** の a 点がプラス（+）になったときはダイオード D_1 が導通し実線のように電流が流れコンデンサを充電します．コンデンサの両端の電圧は二次側電圧 100 V の最大値の $100\sqrt{2}$ V になります．b 点がプラス（+）になったときはダイオード D_2 が導通し点線のように電流が流れます．このとき，ダイオード D_1 にかかる逆方向最大電圧はコンデンサの両端の電圧 $100\sqrt{2}$ V と ac 間（c 側が+）の電圧の最大値の $100\sqrt{2}$ V の和になります．よって

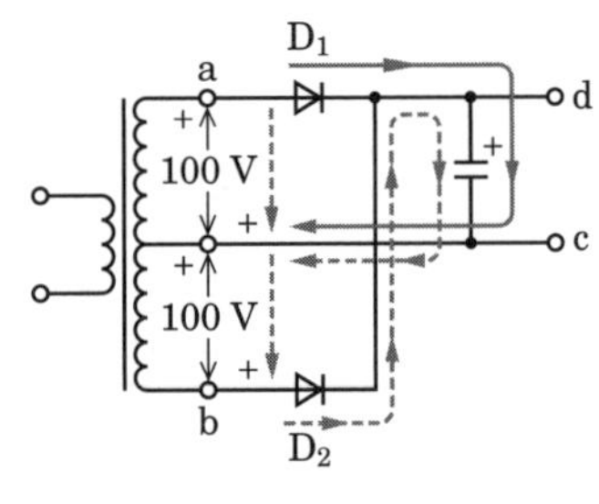

■図 7.12

$$100\sqrt{2}+100\sqrt{2}=200\sqrt{2}=200\times 1.41=282\fallingdotseq \mathbf{280\ V}$$

答え▶▶▶ 4

問題 5 ★★　➡7.1.2

図に示すダイオード D 及びコンデンサ C で構成される整流回路において，交流入力が実効値 12 V の単一正弦波であるとき，無負荷のときの各ダイオード D に印加される逆方向の電圧の最大値として，最も近いものを下の番号から選べ．ただし，各ダイオードの特性は同一とする．

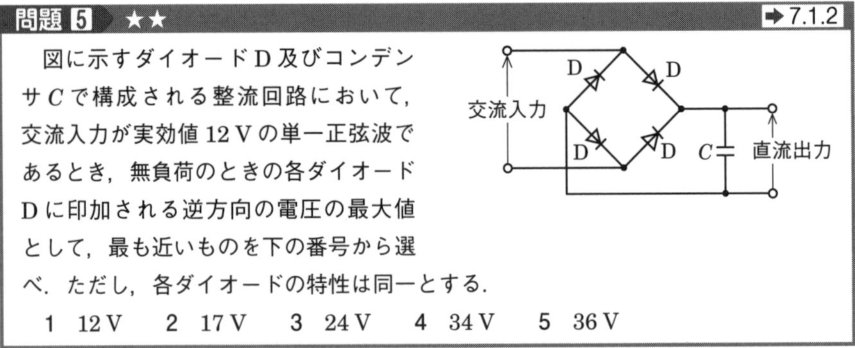

1 12 V　2 17 V　3 24 V　4 34 V　5 36 V

解説 **図 7.13** (a) の a 点がプラス（＋）のときは実線のように電流が流れ，コンデンサを交流入力の最大値 $12\sqrt{2}$ V で充電します（理想的なダイオードの順方向の抵抗はないので，D_2 と D_4 は短絡と考えます）．D_1 と D_3 は並列接続なので，逆方向最大電圧は $12\sqrt{2} = 12 \times 1.41 \fallingdotseq 17$ V となります．

b 点がプラス（＋）のときは図 7.13 (b) の点線のように電流が流れ，D_2 と D_4 には逆方向最大電圧 17 V が加わります．

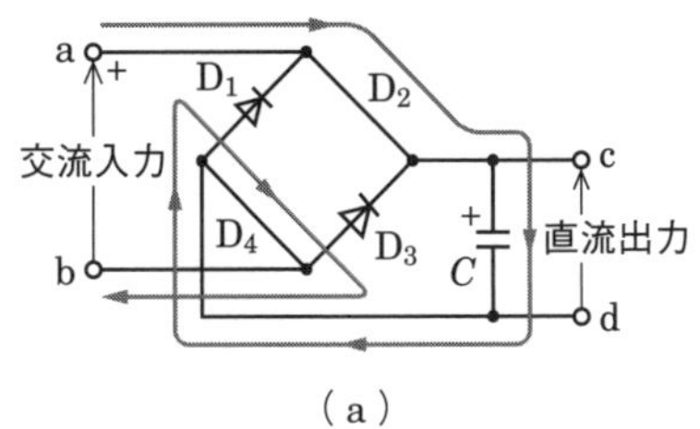

（a）

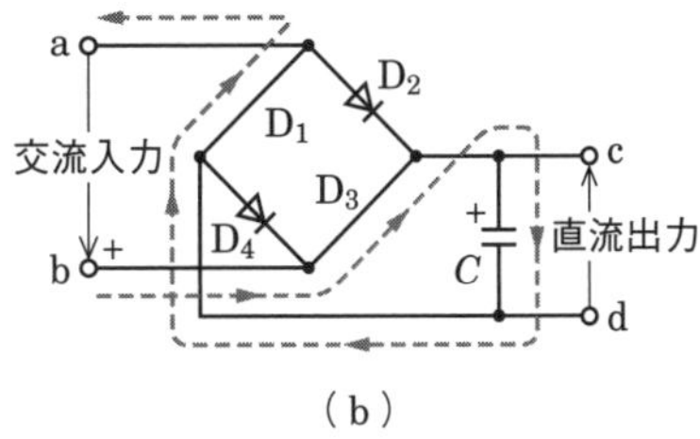

（b）

■図 7.13

答え▶▶▶ 2

問題 6 ★★ ➡7.1.2 ➡7.1.3

図に示す全波整流回路及びコンデンサ入力形平滑回路において，端子 ab 間に交流電圧 V_i を加えたとき，端子 cd 間に現れる無負荷電圧の値が $50\sqrt{2}$ V であった．V_i の実効値として，正しいものを下の番号から選べ．ただし，ダイオード D 及び変成器（変圧器）T は理想的に動作するものとし，T の 1 次側と 2 次側の巻数比は 2：1 とする．

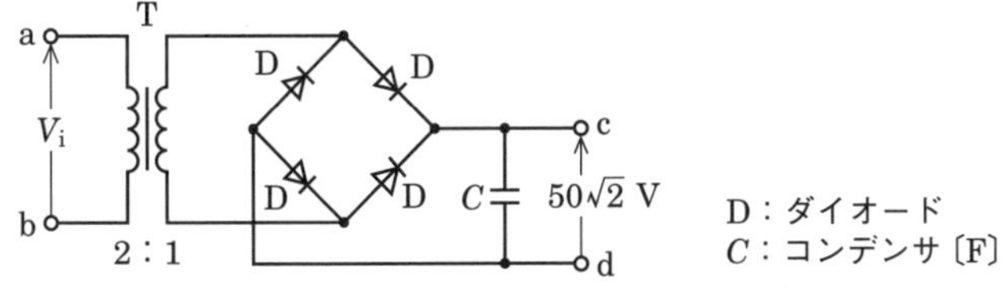

1　100 V　　2　$100\sqrt{2}$ V　　3　200 V　　4　$200\sqrt{2}$ V

解説 充電されたコンデンサ C の端子間電圧 V_o は変圧器 T の 2 次側電圧の最大値となります．$V_o = 50\sqrt{2}$ V なので，T の 2 次側の電圧の最大値は $50\sqrt{2}$ V です．

実効値 V_e〔V〕は

$$V_e = \frac{50\sqrt{2}}{\sqrt{2}} = 50\text{ V}$$

変圧器の電圧は巻数に比例するので，交流電圧 V_i〔V〕の実効値は

$$V_i = 2V_e = 2 \times 50 = \mathbf{100\ V}$$

答え▶▶▶ 1

問題 7 ★ ➡7.1.3

図に示す半波整流回路及びコンデンサ入力形平滑回路において，端子 ab 間に交流電圧 V_i を加えたとき，端子 cd 間に現れる無負荷電圧の値が 50 V であった．V_i の実効値として，最も近いものを下の番号から選べ．ただし，ダイオード D 及び変成器（変圧器）T は理想的に動作するものとし，T の 1 次側と 2 次側の巻き数比は 1：1 とする．また，$\sqrt{2} \fallingdotseq 1.4$ とする．

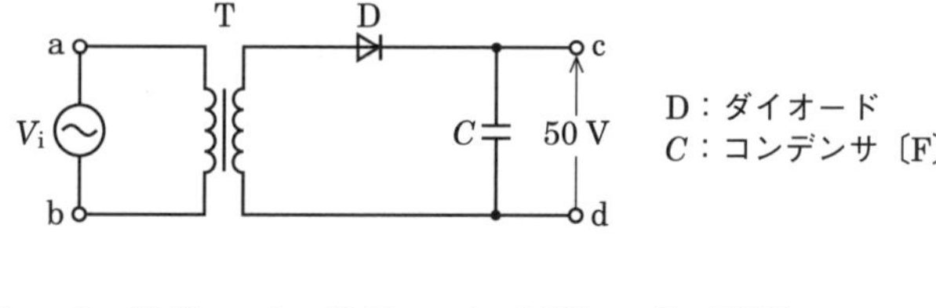

1　36 V　　2　42 V　　3　48 V　　4　54 V　　5　70 V

解説 コンデンサの両端の電圧は変圧器の 2 次側の電圧の最大値になります．よって，V_i の実効値 V_e は

$$V_e = \frac{V_i}{\sqrt{2}} = \frac{50}{\sqrt{2}} = \frac{50}{1.4} = 35.7 \fallingdotseq \mathbf{36\ V}$$

答え▶▶▶ 1

問題 8 ★ ➡7.1.4

図に示す整流回路における端子 ab 間の電圧の値として，最も近いものを下の番号から選べ．ただし，電源は実効値が 24 V の正弦波交流とし，また，ダイオード D の順方向の抵抗は零，逆方向の抵抗は無限大とする．

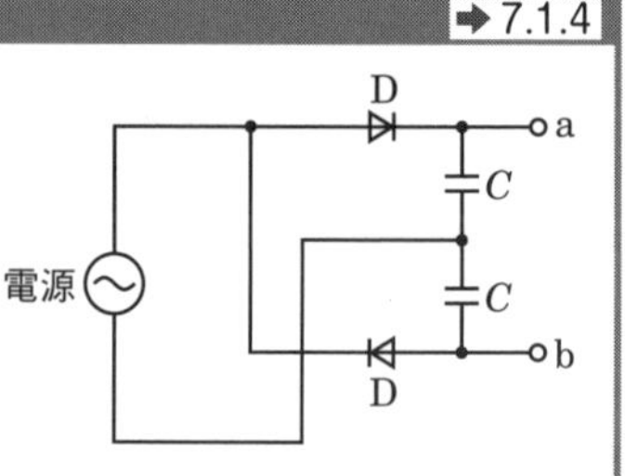

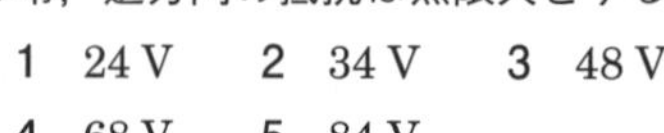

1　24 V　　2　34 V　　3　48 V

4　68 V　　5　84 V

解説 電源の実効値を V_e とすると，最大値 V_m は

$$V_m = \sqrt{2}\,V_e \qquad ①$$

となり，式①に問題で与えられた $V_e = 24$ V を代入すると

$$V_m = \sqrt{2} \times 24 = 24\sqrt{2}$$

となります．

倍電圧回路なので，端子 ab 間の電圧 V_{ab} は電源端子 ab 間の最大値 V_m の 2 倍になり

$$V_{ab} = 2V_m = 2 \times 24\sqrt{2}$$

$$= 48 \times 1.41 = 67.68 \fallingdotseq \mathbf{68\ V}$$

答え▶▶▶ 4

問題 9 ★★　➡7.1.4

図に示す整流回路における端子 ab 間の電圧の値として，最も近いものを下の番号から選べ．ただし，電源は実効値電圧 210 V の正弦波交流とし，また，ダイオード D の順方向の抵抗は零，逆方向の抵抗は無限大とする．

1　420 V　　2　590 V　　3　630 V

4　750 V　　5　890 V

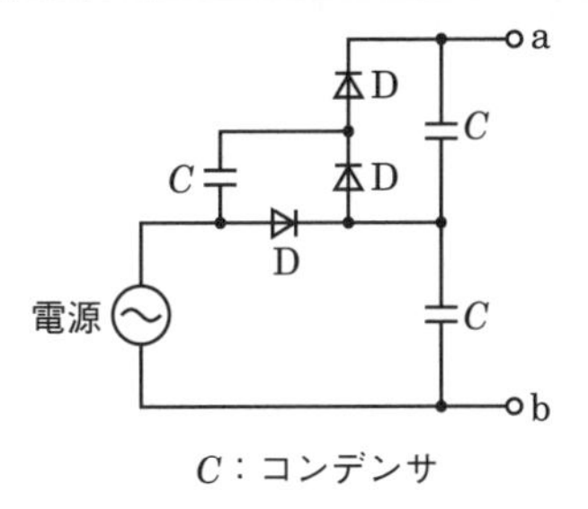

解説 問題の回路は 3 倍圧整流回路で，**図 7.14** のように書き換えることができます．

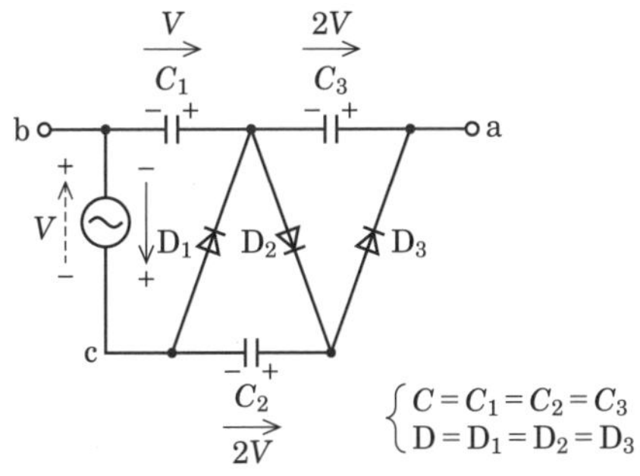

図 7.14

電源電圧（実効値）をV〔V〕とします．c側がプラスのとき，ダイオードD_1が導通してコンデンサC_1を図の方向にV〔V〕の最大値で充電します．c側がマイナスのとき，D_2が導通してコンデンサC_2を図の方向に電源電圧V〔V〕とC_1の両端の電圧V〔V〕の和である$2V$〔V〕の最大値で充電します．C_2とC_3は並列となり，C_3は図のように$2V$〔V〕の最大値で充電します．したがって，ab間の電圧は，$V+2V=3V$〔V〕の最大値になるので

$$3\times\sqrt{2}\,V=3\times\sqrt{2}\times 210 \fallingdotseq 630\times 1.41 \fallingdotseq \mathbf{890\ V}$$

答え▶▶▶5

7.2 リプル含有率と電圧変動率

7.2.1 リプル含有率

交流を直流に変換する整流回路に平滑回路を通して出力される電圧には交流成分が残り，電池のように完全な直流にすることは困難です．直流出力にどの程度交流分が残っているかを表したものを**リプル含有率**といい，直流出力電圧をE_d〔V〕，交流分の実効値をE_e〔V〕とすると，リプル含有率γは次式で表すことができます．

$$\gamma=\frac{E_e}{E_d}\times 100\ [\%] \qquad (7.4)$$

リプル（ripple）は「さざ波」を意味します．

7.2.2 電圧変動率

電源回路において出力に接続された負荷が変動すると出力電圧が変動します．無負荷時と負荷時の変動割合を**電圧変動率**といい，無負荷時の出力電圧をE_0〔V〕，負荷時の出力電圧をE_L〔V〕とすると，電圧変動率δは次式で表すことができます．

$$\delta=\frac{E_0-E_L}{E_L}\times 100\ [\%] \qquad (7.5)$$

リプル含有率と電圧変動率の式は覚えておこう．

問題 10 ★★★ ➡7.2

電源の出力波形が図のように示されるとき，この電源のリプル率（リプル含有率）の値として，最も近いものを下の番号から選べ．ただし，リプルの波形は単一周波数の正弦波とする．

1　4%
2　6%
3　9%
4　12%
5　15%

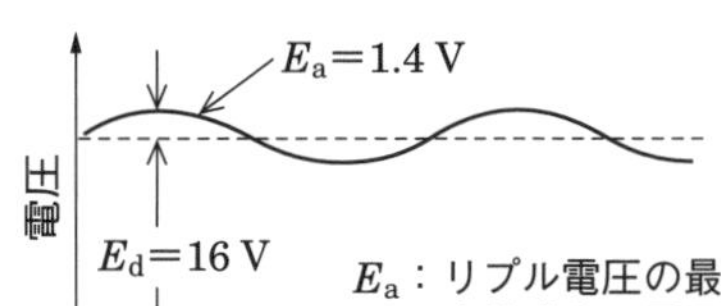

解説 式 (7.4) のリプル含有率の式に，直流成分の電圧 $E_d = 16$ V，交流分の実効値 $E_e = E_a/\sqrt{2} = 1.4/\sqrt{2} = 1$ V を代入すると

$$\gamma = \frac{E_e}{E_d} \times 100 = \frac{1}{16} \times 100 = 6.25 \fallingdotseq \mathbf{6\%}$$

答え▶▶▶2

問題 11 ★ ➡7.2

無負荷のときの出力電圧が V_0〔V〕，定格負荷のときの出力電圧が V_L〔V〕である電源装置の電圧変動率を求める式として，正しいものを下の番号から選べ．

1　$\dfrac{V_0}{V_L} \times 100$〔%〕　　2　$\dfrac{V_L}{V_0} \times 100$〔%〕

3　$\dfrac{V_0 - V_L}{V_L} \times 100$〔%〕　　4　$\dfrac{V_L - V_0}{V_0} \times 100$〔%〕

答え▶▶▶3

問題 12 ★ ➡7.2

図に示す直流電源回路の出力電圧が 50 V であるとき，抵抗 R_1，R_2 及び R_3 を用いた電圧分割器により，出力端子 A から 24 V 140 mA 及び出力端子 B から 12 V 60 mA を取り出す場合，R_1，R_2 及び R_3 の抵抗値の正しい組合せを下の番号から選べ．ただし，接地端子を G とし，R_3 を流れるブリーダ電流は 60 mA とする．

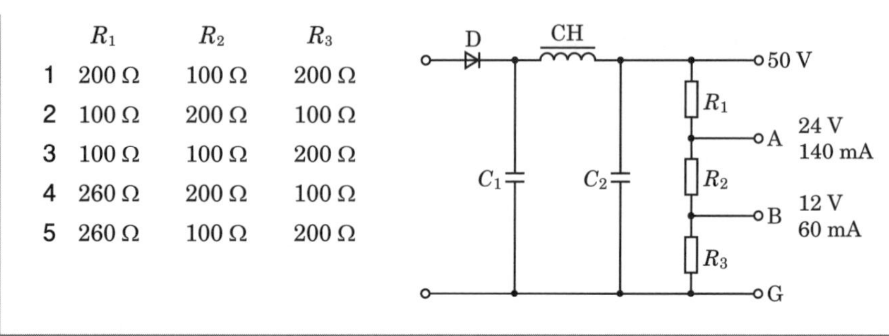

	R_1	R_2	R_3
1	200 Ω	100 Ω	200 Ω
2	100 Ω	200 Ω	100 Ω
3	100 Ω	100 Ω	200 Ω
4	260 Ω	200 Ω	100 Ω
5	260 Ω	100 Ω	200 Ω

解説 R_3 を流れるブリーダ電流が 60 mA（= 0.06 A）なので

$$R_3 = 12/0.06 = \mathbf{200\ \Omega}$$

です．R_2 に流れる電流は 60 + 60 = 120 mA で，両端の電圧は 24 − 12 = 12 V なので

$$R_2 = 12/0.12 = \mathbf{100\ \Omega}$$

になります．同様に，R_1 に流れる電流は 140 + 120 = 260 mA で，両端の電圧は 50 − 24 = 26 V なので

$$R_1 = 26/0.26 = \mathbf{100\ \Omega}$$

答え▶▶▶3

問題 13 ★★★ ➡7.2

図に示す一次電圧 E_1 が 200 V，二次電圧 E_2 が 100 V の単巻変圧器において，二次側の電流 I_2 が 4.5 A の場合，変圧器の巻線 yz 間に流れる電流の大きさの値として，最も近いものを下の番号から選べ．ただし，変圧器の巻線のインダクタンスは十分大きく，負荷の力率は 100％及び変圧器の効率は 90％とする．

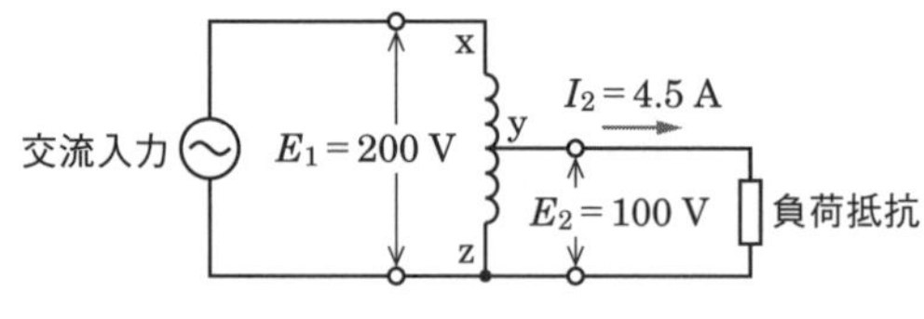

1　0.5 A　　2　1.0 A　　3　2.0 A　　4　2.5 A　　5　4.0 A

解説 負荷抵抗に流れる電流 $I_2 = 4.5$ A，負荷抵抗の両端の電圧 $E_2 = 100$ V であるので，二次側の電力 P_2〔W〕は

$$P_2 = E_2 I_2 = 100 \times 4.5 = 450\ \text{W}$$

変圧器の効率を η とすると，$\eta = 0.9$ であるので，一次側の電力 P_1〔W〕は

$$P_1 = \frac{P_2}{\eta} = \frac{450}{0.9} = 500\ \mathrm{W}$$

一次側の電圧 $E_1 = 200\ \mathrm{V}$ であるので，一次側の電流 I_1〔A〕は

$$I_1 = \frac{P_1}{E_1} = \frac{500}{200} = 2.5\ \mathrm{A}$$

yz 間に流れる電流の大きさ（絶対値）を $|I|$ とすると

$$|I| = |I_1 - I_2| = |2.5 - 4.5| = \mathbf{2.0\ A}$$

答え▶▶▶3

関連知識　単巻変圧器

図 7.2 のような変圧器を複巻変圧器と呼ぶのに対し，問題⑬の図のように，一次側巻線と二次側巻線を一部共有している変圧器を単巻変圧器といいます．

図 7.15 の単巻変圧器の巻線 yz の部分を分路巻線，巻線 xy の部分を直列巻線といい，一次側電圧 E_1，二次側電圧 E_2，一次側巻数 N_1，二次側巻数 N_2 には，$E_1 : E_2 = N_1 : N_2$ の関係があります．

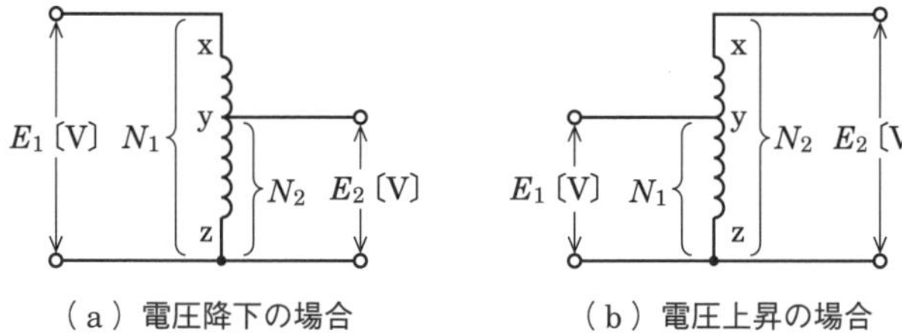

■図 7.15　単巻変圧器

単巻変圧器のメリットは一次側電圧と二次側電圧に余り差がない（共有部分が多い）場合に現れます．分路巻線に流れる電流は一次側電流と二次側電流の差になるため，細い巻線を使用することができます．その他それぞれの変圧器の特徴を**表 7.1** に示します．

■表 7.1　複巻変圧器と単巻変圧器

	複巻変圧器	単巻変圧器
絶縁	一次側と二次側が絶縁されている	一次側と二次側が絶縁されていない
大きさ	単巻変圧器より大型	巻線を一部共有しているので小型軽量
漏電	漏電の心配がない	漏電の可能性あり
接地	二次側を接地することができる	二次側を接地することができない

7.3 定電圧電源

7.3.1 並列形定電圧回路

定電圧回路で一番簡単な回路は**図 7.16** に示すツェナーダイオード１本による定電圧回路です．

図 7.16 は，**図 7.17** のような並列形定電圧回路と考えることができます．V_i〔V〕を直流入力電圧，安定抵抗を R〔Ω〕，可変抵抗 R_V〔Ω〕に流れる電流を I_V〔A〕，負荷抵抗 R_L〔Ω〕に流れる電流を I_L〔A〕とすると，出力電圧 V_o〔V〕は次式になります．

$$V_o = V_i - R(I_V + I_L) \tag{7.6}$$

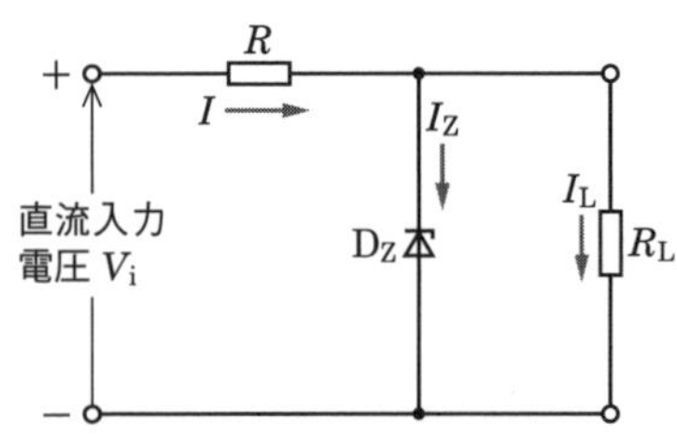

図 7.16　ツェナーダイオードによる定電圧回路

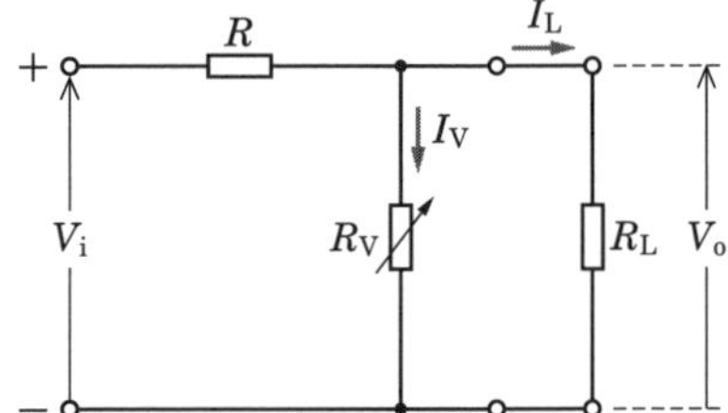

図 7.17　並列形定電圧回路の原理図

V_o が上昇したとき R_V を小さくして I_V を増加させます．その結果，式 (7.6) の $R(I_V + I_L)$ が大きくなり，V_o を低下させます．V_o が低下したとき R_V を大きくして I_V を減少させます．その結果，式 (7.6) の $R(I_V + I_L)$ が小さくなり，V_o を上昇させます．

並列形定電圧回路は，抵抗 R により過負荷になっても電流が制限されますが，軽負荷の場合でも R_V に電流が流れます．

抵抗 R_V の代わりに，**図 7.18** に示す特性を持つツェナーダイオードを使用すれば図 7.16 の定電圧回路になります．ツェナーダイオードは電圧変動が微小でも電流の変動は大きくなります．ツェナーダイオードの等価回路を**図 7.19** に示します．

トランジスタを使用した並列形定電圧回路の例を**図 7.20** に示します．

図 7.20 において，$V_o = V_Z + V_{BE}$ が成立します．ツェナーダイオードの両端の

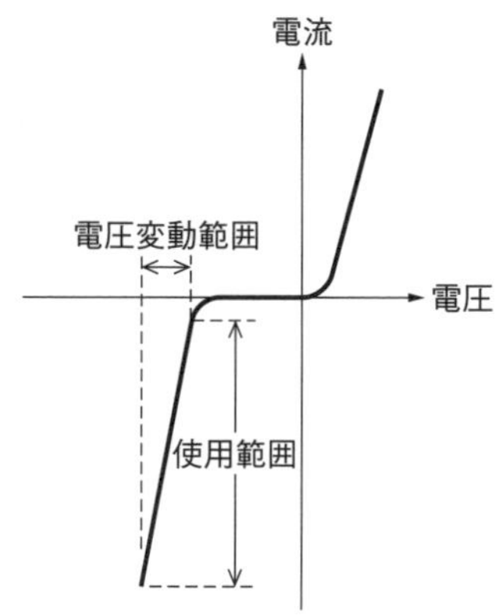

■図 7.18　ツェナーダイオードの電圧電流特性

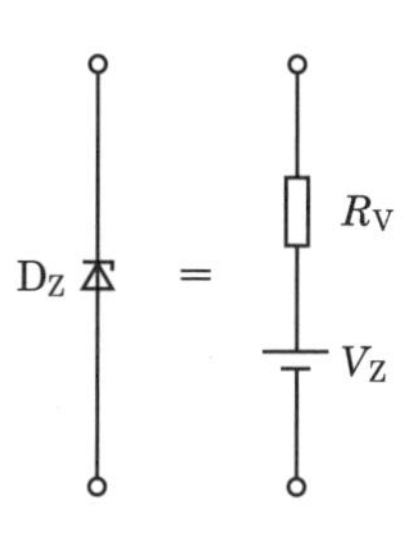

■図 7.19　ツェナーダイオードの等価回路

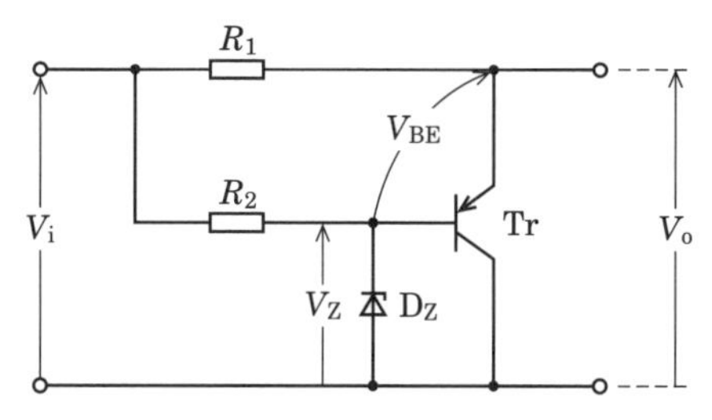

■図 7.20　並列形定電圧回路

電圧 V_Z〔V〕は一定なので，V_o が上昇するとベース-エミッタ間電圧 V_{BE}〔V〕が増加します．V_{BE} が増加すると，ベース電流及びコレクタ電流が増加し，R_1 に流れる電流が増えるため，両端の電圧降下が増え，V_o の上昇を抑えます．V_o が低下すると，逆の動作をして V_o の低下を抑えます．

7.3.2　直列形定電圧回路

図 7.21 に直列形定電圧回路の原理図を示します．

R_L に流れる電流を I_L とすると，出力電圧 V_o は次式になります．

$$V_o = V_i - R_V I_L \tag{7.7}$$

I_L が増え V_o が低下したとき，可変抵抗 R_V を小さくすれば V_o が上昇します．直列形定電圧回路は広い範囲で出力電圧を一定にできますが，過負荷により R_V

が焼損する可能性があるため，保護回路が必要となります．

トランジスタを使用した直列形定電圧回路の例を**図 7.22** に示します．

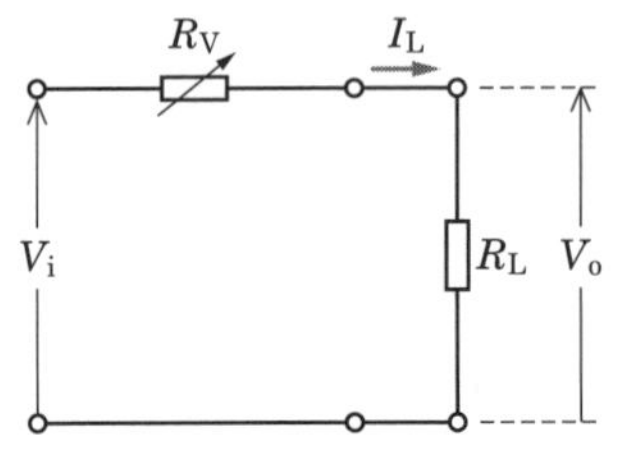

■図 7.21　直列形定電圧回路の原理図

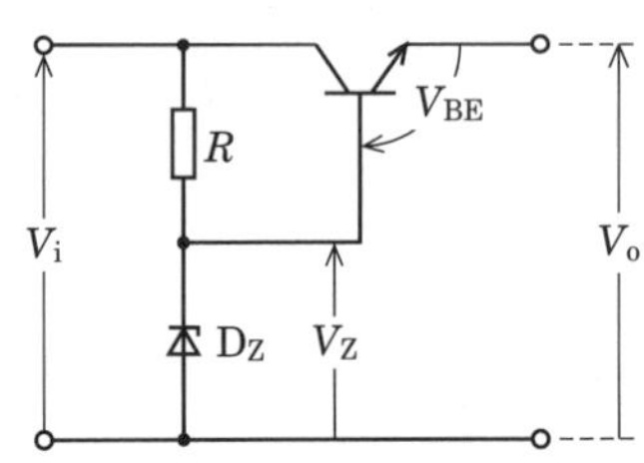

■図 7.22　直列形定電圧回路

図 7.22 において，$V_o = V_Z - V_{BE}$ が成立します．V_o が低下すると，ツェナーダイオードの両端の電圧 V_Z は一定なので，V_{BE} が増加します．V_{BE} が増加すると，ベース電流及びコレクタ電流が増加し V_o が上昇します．V_o が上昇すると V_{BE} が減少します．V_{BE} が減少すると，ベース電流及びコレクタ電流も減少し V_o が低下します．

7.3.3　スイッチング方式定電圧回路

並列形定電圧回路や直列形定電圧回路はリニア方式と呼ばれ，雑音の発生源がない長所はありますが，出力電流が増加すると損失（発熱）が増え，温度上昇を抑えるための放熱対策が必要になります．一方，スイッチング方式の定電圧回路は，損失が少なく，大電力用にも適していますが，スイッチング動作に伴う雑音が発生することが欠点です．

スイッチング方式はチョッパ方式やインバータ方式などがありますが，ここでは，チョッパ方式の「降圧型」と「昇圧型」の定電圧回路を紹介します．

(1) 降圧型チョッパ方式定電圧回路

図 7.23 に降圧型チョッパ方式定電圧回路の原理図を示します．スイッチ S が ON になると，D に逆方向バイアスが加わるため，電流は L に流れ C が充電されるとともに R_L に電力が供給されます（実線方向）．スイッチ S が OFF になると，L に蓄積されたエネルギーにより，電流が D を通って C が充電されるとともに R_L に電力が供給されます（点線方向）．スイッチが ON・OFF どちらの期間も負荷に電流を供給するため，大電流向きです．

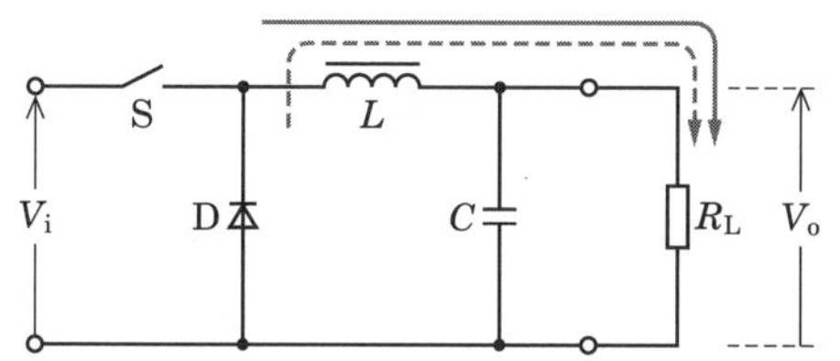

■図 7.23　降圧型チョッパ方式定電圧回路の原理図

降圧型定電圧回路のスイッチング回路部を含んだ回路を**図 7.24** に示します．パルスによりトランジスタを ON・OFF 制御するものです．出力電圧と基準電圧の差の誤差電圧を増幅し，V-PW 変換器（電圧－パルス幅変換器）で誤差電圧に対応したパルス幅を発生させ，トランジスタのベースに加え，ON・OFF 期間を制御して電流を制御します．

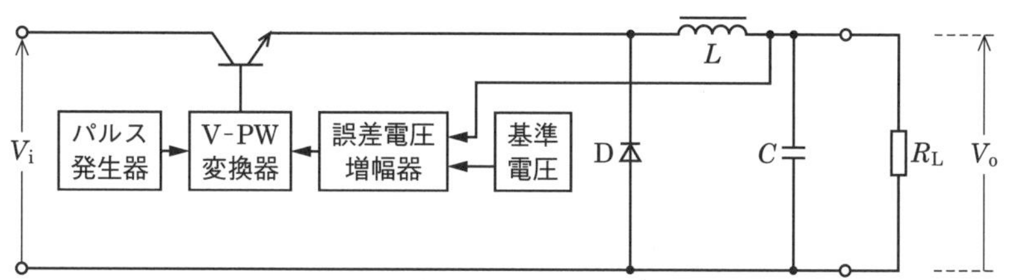

■図 7.24　降圧型チョッパ方式定電圧回路

(2) 昇圧型チョッパ方式定電圧回路

図 7.25 に昇圧型チョッパ方式定電圧回路の原理図を示します．スイッチ S が ON になると，電流は実線方向に流れ，L にエネルギーを蓄積し，C から負荷に電力を供給します（実線方向）．スイッチ S が OFF になると，L からエネルギー

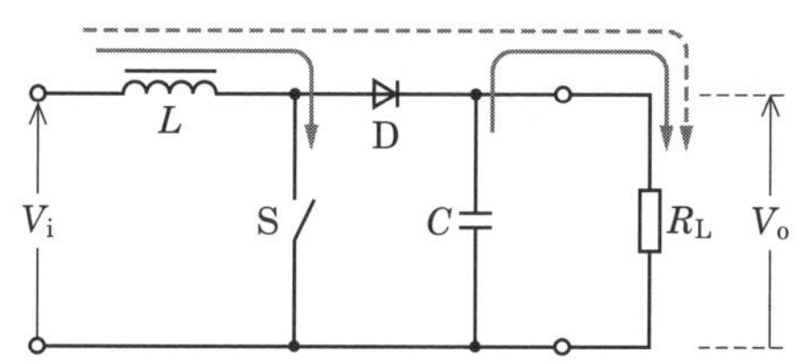

■図 7.25　昇圧型チョッパ方式定電圧回路の原理図

を放出し，電流は点線方向に流れ，負荷に電力を供給します．V_o を V_i より高くすることができます．

問題 14 ★★★ ➡ 7.3.1

図に示したツェナーダイオードを用いた定電圧回路の安定抵抗 R の値及び負荷抵抗 R_L に流し得る電流 I_L の最大値 I_{Lmax} の組合せとして，適切なものを下の番号から選べ．ただし，直流入力電圧は 6 V，ツェナーダイオード D_Z の規格はツェナー電圧が 4 V，許容電力が 2 W とする．また，R の許容電力は十分大きいものとする．

	R	I_{Lmax}
1	8 Ω	0.5 A
2	8 Ω	0.75 A
3	4 Ω	0.25 A
4	4 Ω	0.5 A
5	4 Ω	0.75 A

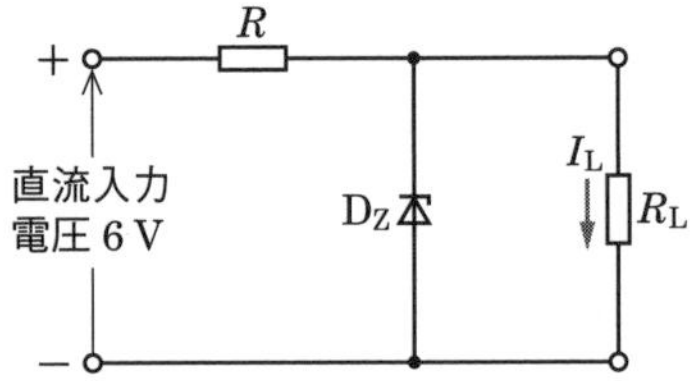

解説 **図 7.26** において，入力直流電圧を V_{in}〔V〕，安定抵抗を R〔Ω〕，R を流れる電流を I〔A〕，ツェナーダイオード D_Z の電圧を V_Z〔V〕，流れる電流を I_Z〔A〕，負荷抵抗 R_L〔Ω〕を流れる電流を I_L〔A〕とすると，$I = I_Z + I_L$ となります．

R_L が非常に大きい場合（$R_L = \infty$）は $I_L = 0$ となり，電流はすべて D_Z を流れます（**図 7.27** の a 点）．R_L を徐々に小さくすると，I_L が増加し，I_Z が減少します．$I_Z = 0$（図 7.27 の b 点）では D_Z がないのと同じなので，安定化回路として動作するのは図 7.27 の点線内の範囲となり，$I_{Lmax} = I_{Zmax}$ となります．

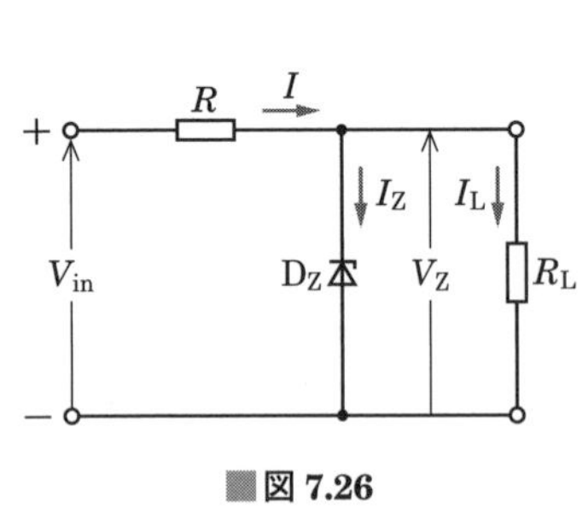

■図 7.26

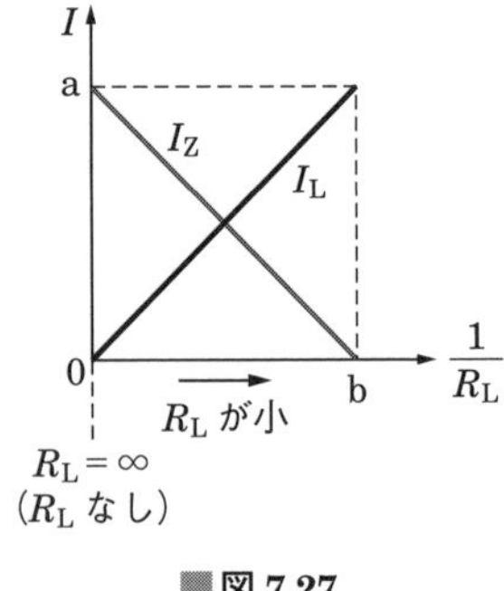

■図 7.27

D_Z の許容電力を P〔W〕とすると，R_L に流せる電流の最大値 I_{Lmax} は，D_Z に流せる電流の最大値 I_{Zmax} に等しいので

$$I_{\mathrm{Lmax}} = I_{\mathrm{Zmax}} = \frac{P}{V_{\mathrm{Z}}} = \frac{2}{4} = \mathbf{0.5\,A}$$

$$R = \frac{V_{\mathrm{in}} - V_{\mathrm{Z}}}{I} = \frac{V_{\mathrm{in}} - V_{\mathrm{Z}}}{I_{\mathrm{Lmax}}} = \frac{6-4}{0.5} = \mathbf{4\,\Omega}$$

答え▶▶▶4

問題 15 ★ ➡7.3.1

次の記述は，図に示す並列形定電圧回路について述べたものである．［　　］内に入れるべき字句の正しい組合せを下の番号から選べ．

出力電圧が上昇すると，トランジスタ Tr のコレクタとエミッタ間の電圧が上昇するが，トランジスタ Tr のコレクタとベース間は［ A ］により一定電圧に保たれているので，エミッタとベース間の電圧が［ B ］し，コレクタ電流が増加する．したがって抵抗 R_1 における電圧降下が［ C ］し，出力電圧の上昇を抑える．また，反対に出力電圧が低下するとこの逆の動作をして，出力電圧の低下を抑える．

	A	B	C
1	バラクタダイオード	減少	減少
2	バラクタダイオード	増加	増加
3	ツェナーダイオード	増加	減少
4	ツェナーダイオード	減少	減少
5	ツェナーダイオード	増加	増加

答え▶▶▶5

問題 16 ★★★ ➡7.3.2

次の記述は，図に示す直列形定電圧回路について述べたものである．［　　］内に入れるべき字句の正しい組合せを下の番号から選べ．

(1) 出力電圧 V_o は，V_Z より V_{BE} だけ［ A ］電圧である．

(2) 出力電圧 V_o が低下すると，トランジスタ Tr のベース電圧はツェナーダイオード D_Z により一定電圧 V_Z に保たれているので，ベース・エミッタ間電圧 V_{BE} の大きさが［ B ］する．したがって，ベース電流及びコレクタ電流が増加して，出力電圧を上昇させる．また，反対に出力電圧 V_o が上昇すると，この逆の動作をして，出力電圧は常に一定電圧となる．

(3) 過負荷または出力の短絡に対する，トランジスタ Tr の保護回路が［ C ］である．

	A	B	C
1	低い	増加	必要
2	低い	減少	不要
3	低い	増加	不要
4	高い	減少	不要
5	高い	増加	必要

答え▶▶▶ 1

問題 17 ★★★ ➡7.3.3

次の記述は，図に示すチョッパ型 DC-DC コンバータの動作原理について，述べたものである．[　　　]内に入れるべき字句の正しい組合せを下の番号から選べ．なお，同じ記号の[　　　]内には同じ字句が入るものとする．

(1) 図の回路では，Tr のベースに加える[A]を変化させ Tr を制御することにより，出力電圧を安定化させている．

(2) Tr が導通（ON）になっている時間に，[B]にエネルギーが蓄積され，Tr が導通（ON）から非導通（OFF）になると，[B]に蓄積されたエネルギーによって生じた電圧と直流入力の電圧が重畳され，D を通って R_L に電力が供給される．

(3) R_L にかかる出力電圧は，直流入力の電圧より高くすることが[C]．

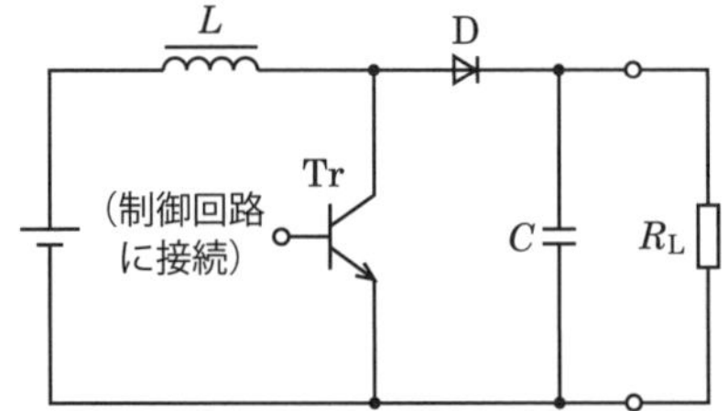

Tr：スイッチング素子
D ：ダイオード
R_L：負荷抵抗
L ：チョークコイル
C ：コンデンサ
┤├：直流入力

	A	B	C
1	パルス幅	C	できる
2	パルス幅	L	できる
3	パルス幅	L	できない
4	電圧値	L	できない
5	電圧値	C	できない

答え▶▶▶2

問題 18 ★ ➡7.3.3

次の記述は，図に示すパルス幅変調制御のチョッパ型 DC-DC コンバータの動作原理について，述べたものである．[ ]内に入れるべき字句の正しい組合せを下の番号から選べ．

(1) 図の回路は，Tr のベースに加えるパルス幅を変化させ，Tr の導通（ON）している時間を制御することにより，出力電圧を安定化させている．Tr が導通（ON）になると，D に[A]バイアスが加わるため，L に電流が流れて C が充電されるとともに R に電力が供給される．

(2) Tr が導通（ON）から非導通（OFF）になると，L に蓄積されたエネルギーにより，電流が[B]を通って C が充電されるとともに R に電力が供給される．

(3) この DC-DC コンバータの分類は[C]である．

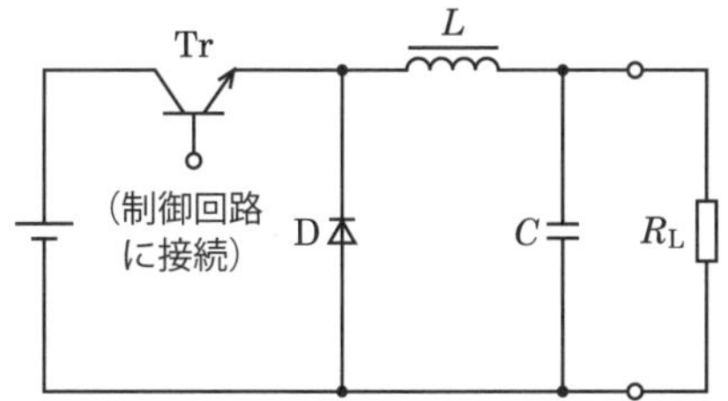

Tr：スイッチング素子
D：ダイオード
L：チョークコイル
C：コンデンサ
R_L：負荷抵抗
─┤├─：直流入力

	A	B	C
1	順方向	D	昇圧型
2	順方向	Tr	降圧型
3	逆方向	D	降圧型
4	逆方向	Tr	反転型
5	逆方向	D	昇圧型

答え▶▶▶3

問題 19 ★★★ ➡7.3.3

次の記述は，スイッチング電源回路について，述べたものである．［　］内に入れるべき字句の正しい組合せを下の番号から選べ．

(1) 代表的な方式は，出力電圧を基準電圧と比較して，その誤差信号に応じてスイッチングのオン，オフの［ A ］を制御することにより，平均出力の定電圧制御を行う．

(2) スイッチング電源回路は，三端子レギュレータ等を用いた連続制御（線形制御）形電源回路と比べ，効率が［ B ］．また，原理的に雑音が［ C ］．

	A	B	C
1	時間	悪い	出にくい
2	時間	良い	出にくい
3	時間	良い	出やすい
4	振幅	悪い	出やすい
5	振幅	良い	出にくい

答え▶▶▶3

7.4 電池と蓄電池

電池には，化学反応により電気を発生させる**化学電池**，光や熱を電気に変換する**物理電池**があります．化学電池は，乾電池のように使い捨ての**一次電池**，充放電を繰り返すことで何回も使用できる**二次電池**があります．一次電池にはマンガン乾電池やアルカリ乾電池，二次電池には，鉛蓄電池，ニッケルカドミウム蓄電池，ニッケル水素蓄電池，リチウムイオン蓄電池などがあります．これらの電池は，「正極」「負極」「電解液」で構成されています．物理電池には，太陽電池や熱電池があります．

各種電池の正極，負極，電解液などをまとめたものを**表 7.2** に示します．

■表 7.2 各種電池の比較

	電池の種類	電 圧	正 極	負 極	電解液
一次電池	マンガン乾電池	1.5 V	二酸化マンガン	亜鉛	塩化亜鉛水溶液
	アルカリ乾電池	1.5 V	二酸化マンガン	亜鉛	水酸化カリウム水溶液
	酸化銀電池	1.55 V	酸化銀	亜鉛	水酸化カリウム水溶液 水酸化ナトリウム水溶液
二次電池	鉛蓄電池	2 V	二酸化鉛	鉛	希硫酸
	ニッケルカドミウム蓄電池	1.2 V	オキシ水酸化ニッケル	カドミウム	水酸化カリウム水溶液
	ニッケル水素蓄電池	1.2 V	オキシ水酸化ニッケル	水素吸蔵合金	水酸化カリウム水溶液
	リチウムイオン蓄電池	3.7 V	コバルト酸リチウム	炭素	非水系有機電解液

7.4.1 ニッケルカドミウム蓄電池

ニッケルカドミウム（ニッカド）蓄電池は，容量が大きく，大電流を流すことができ，電動工具の電源などに適しています．自己放電があり，時計の電源のように消費電力が小さく長期間動作させるような用途には向きません．産業用のニッケルカドミウム蓄電池をアルカリ蓄電池と呼ぶこともあり，大出力放電，低温特性に優れています．また，メモリ効果が大きいといった特徴があります．

電池を使いきらない状態で何度も充電を繰り返すことにより，早く電圧が低下してしまい，使える容量が減ってくる現象をメモリ効果といいます．

7.4.2 ニッケル水素蓄電池

ニッケル水素蓄電池の特徴は，ニッケルカドミウム蓄電池と同じく，大電流を流すことができます．自己放電が大きく，時計の電源のように消費電力が小さく長期間動作させるような用途には向きません．電圧が 0 V になるまで放電すると，充電しても回復しませんが，過充電には強く，メモリ効果は少ないといった特徴があります．

7.4.3 リチウムイオン蓄電池

1セル当たりの電圧は3.7Vで，ほかの蓄電池と比べて高いですが，大電流の放電には向きません．自己放電が小さく，メモリ効果はありません．過充電，過放電には弱いので保護回路が必要になります．

リチウムイオン蓄電池は，スマートフォンや電気自動車に使われています．

7.4.4 鉛蓄電池

1セル当たりの電圧は2Vで，大きな電流を取り出すことができ，メモリ効果がない長所があります．短所は，重く，電解液に希硫酸を使用しているので，破損した場合は危険なことです．鉛蓄電池の劣化は，電極の劣化に起因します．

鉛蓄電池の容量は，〔Ah〕（アンペア時）で表しますが，10時間率で表すこともあります．たとえば，100Ahの容量をもつ鉛蓄電池の場合，5Aの電流を20時間放電できますが，20Aの電流を5時間放電することはできません．大電流で放電する場合は放電時間が短くなります．

関連知識 浮動充電方式

図7.28に示すように，交流電源を整流装置で直流に変換し負荷に供給しながら，負荷に並列に接続された鉛蓄電池などの蓄電池を充電する方式を浮動充電（フローティング）方式といいます．

■図7.28 浮動充電方式

整流装置（直流電源）からの電流のほとんどは負荷に供給され，一部が蓄電池の自己放電を補うために使われます．過放電や過充電を繰り返すことが少ないので，寿命が長くなります．また，蓄電池は負荷電流の大きな変動に伴う電圧変動を吸収する役割もあります．

問題 20 ★★★ ➡7.4.3

次の記述は，リチウムイオン蓄電池の特徴について述べたものである．［　　］内に入れるべき字句の正しい組合せを下の番号から選べ．

(1) リチウムイオン蓄電池の一般的な構造は，負極にリチウムイオンを吸蔵・放出できる［ A ］を用い，正極にコバルト酸リチウム，電解液として非水系有機電解液を用いている．

(2) 端子電圧は，通常，単セルあたり［ B ］〔V〕程度である．

(3) 充電器には過充電制御回路が［ C ］である．

	A	B	C
1	炭素質材料	1.2	不要
2	炭素質材料	3.6	必要
3	金属リチウム	3.6	不要
4	金属リチウム	3.6	必要
5	金属リチウム	1.2	不要

答え▶▶▶2

問題 21 ★★★ ➡7.4.3

次の記述は，リチウムイオン蓄電池について述べたものである．このうち誤っているものを下の番号から選べ．

1 セル1個の公称電圧は 2.0 V より高い．
2 ニッケルカドミウム蓄電池に比べ，自己放電量は小さい．
3 ニッケルカドミウム蓄電池に比べ，小型軽量・高エネルギーである．
4 過充電・過放電すると内部の素材が劣化し性能が著しく劣化する．
5 一般にメモリ効果と呼ばれる現象がある．

解説 5 × リチウムイオン蓄電池にメモリ効果はありません．

答え▶▶▶5

問題 22 ★ ➡7.4.3 ➡7.4.4

次の記述は，電池について述べたものである．□内に入れるべき字句の正しい組合せを下の番号から選べ．

(1) マンガン乾電池は一次電池で，リチウムイオン蓄電池や[A]は，二次電池である．

(2) 電池単体の公称電圧は，マンガン乾電池が[B]〔V〕で，リチウムイオン蓄電池は，3.0 V より[C]．

	A	B	C
1	鉛蓄電池	2.0	低い
2	鉛蓄電池	1.5	高い
3	鉛蓄電池	1.5	低い
4	アルカリマンガン電池	2.0	高い
5	アルカリマンガン電池	1.5	低い

答え▶▶▶ 2

問題 23 ★ ➡7.4.4

次の記述は，鉛蓄電池について述べたものである．□内に入れるべき字句の正しい組合せを下の番号から選べ．

(1) 充電と放電を繰り返して行うことができる[A]であり，規定の状態に充電された鉛蓄電池の1個当たりの公称電圧は，[B]である．

(2) 放電終止電圧が定められており，その状態以上放電すると劣化する．この放電終止電圧は，[C]程度である．

	A	B	C
1	二次電池	2.0 V	1.8 V
2	二次電池	2.0 V	1.2 V
3	二次電池	1.8 V	1.2 V
4	一次電池	2.0 V	1.8 V
5	一次電池	1.8 V	1.2 V

答え▶▶▶ 1

問題 24 ★ ➡7.4.4

次の記述は，鉛蓄電池の浮動充電方式について述べたものである．[　　]内に入れるべき字句の正しい組合せを下の番号から選べ．

(1) 鉛蓄電池と負荷は，[A]．

(2) 通常，充電は[B]行われる．

(3) 停電などの非常時において，鉛蓄電池から負荷に電力を供給するときの瞬断が[C]．

	A	B	C
1	停電時に接続する	間欠的に	ない
2	停電時に接続する	常時	ある
3	常時接続されている	常時	ある
4	常時接続されている	常時	ない
5	常時接続されている	間欠的に	ある

7章

答え▶▶▶ 4

8章 空中線・給電線

この章から **3** 問出題

アンテナと給電線は電波の送受信には必ず必要で，アンテナの長さは電波の波長に関係します．基本アンテナの給電点インピーダンス，利得，実効長などの基本事項，実際の各種アンテナの動作原理と特徴及び給電線，整合法について学びます．

8.1 アンテナの長さと電波の波長

空中線は電波を送信・受信するために必要で**アンテナ**ともいいます（以下「アンテナ」とします）．アンテナには，主に短波帯以下の周波数で使用されるダイポールアンテナなどの**線状アンテナ**，主に超短波帯～極超短波帯で使用される全方向性のブラウンアンテナ，強い指向性を持つ**八木アンテナ**，主にマイクロ波領域で使用される**パラボラアンテナ**，ホーンアンテナなどの**開口面アンテナ**があります．

電波は300万メガヘルツ以下の電磁波のことをいい，電波の速度cは3×10^8 m/sです．電波の波長λ〔m〕，周波数f〔Hz〕，速度c〔m/s〕の関係は

$$c = f\lambda \tag{8.1}$$

となります．また，アンテナの長さは波長と密接な関係があります．

電波の波長λ，周波数f，速度cの関係（$c = f\lambda$）は覚えておこう．

式(8.1)より，波長λを求めると次式になります．

$$\lambda = \frac{c}{f} \tag{8.2}$$

電波の速度cは，$c = 3\times10^8$ m/sですので，周波数の単位が〔MHz〕で与えられている場合の波長λは，次のようになります．

$$\lambda = \frac{3\times10^8}{f\times10^6} = \frac{300}{f〔\text{MHz}〕} \tag{8.3}$$

アマチュア無線で使用する周波数はMHz単位の周波数が多いので，式(8.3)で波長を計算すると便利ですが，この式では**周波数の単位が〔kHz〕や〔GHz〕の場合は使用できません**ので注意してください．

問題 1 ★★★ ➡8.1

周波数 14 MHz の電波の波長を求めよ.

解説 電波の波長を λ〔m〕，周波数を f〔Hz〕，電波の速度を c〔m/s〕とすると

$$\lambda = \frac{c}{f} = \frac{3\times10^8}{14\times10^6} = \frac{300}{14} \fallingdotseq \mathbf{21.4\ m}$$

答え▶▶▶ 21.4 m

問題 2 ★★★ ➡8.1

波長 5 000 m の長波標準電波 JJY の周波数を求めよ.

解説 電波の波長を λ〔m〕，周波数を f〔Hz〕，電波の速度を c〔m/s〕とすると

$$f = \frac{c}{\lambda} = \frac{3\times10^8}{5\,000} = \frac{3\times10^5}{5} = 60\,000\ \text{Hz} = \mathbf{60\ kHz}$$

答え▶▶▶ 60 kHz

出題傾向 電波の波長や周波数を求める問題は出題されませんが，式（8.1）の関係はよく使うので覚えておきましょう.

8.2 アンテナのインピーダンス，指向性，利得

電波を効率よく送受信するには，アンテナの指向特性，利得，整合などを考慮する必要があります.

8.2.1 入力インピーダンス

図 8.1 に示すように給電点からアンテナを見たインピーダンスを**入力インピーダンス**または，**給電点インピーダンス**といいます．入力インピーダンスを $\dot{Z}_i$ とすると，$\dot{Z}_i = R + jX$ で表すことができます（R は放射抵抗と損失抵抗の和，X は放射リアクタンスとアンテナ自身のリアクタンスの和）.

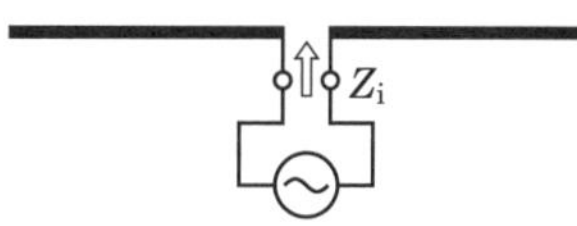

■図 8.1　アンテナの入力インピーダンス

8.2.2　指向性

指向性とは，アンテナが「どの程度，特定の方向に電波を集中して放射できるか」または「到来電波に対してどの程度感度が良いか」を表すものです．

どの方向でも電波の強さが同じになるアンテナを**全方向性（無指向性）アンテナ**といいます．また，八木アンテナやパラボラアンテナのように，送受信する距離が同じでも，方向により電波の強さが異なるアンテナを**単一指向性アンテナ**といいます．全方向性アンテナの水平面内の指向性の概略を**図 8.2**，単一指向性アンテナの水平面内の指向性の概略を**図 8.3** に示します．指向性の最大放射方向の電界強度を E_f，その反対方向の電界強度を E_b とするとき，前後比は E_f/E_b で表されます．

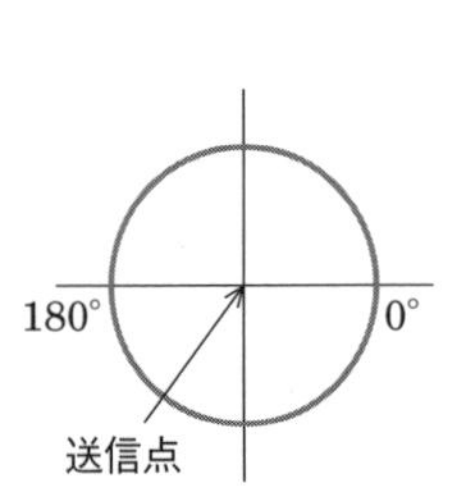

■図 8.2　全方向性アンテナの水平面内の指向性

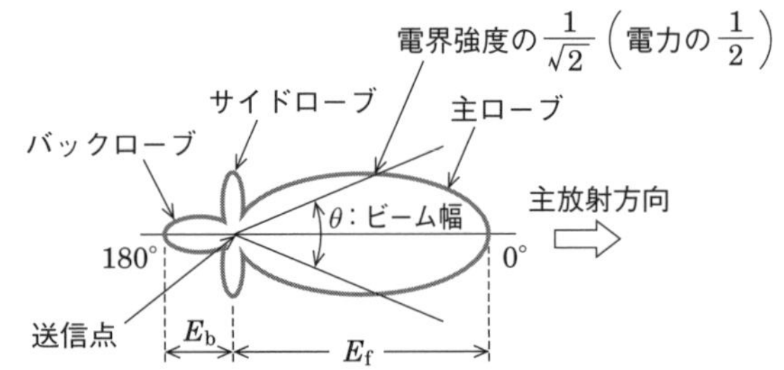

■図 8.3　単一指向性アンテナの水平面内の指向性

全方向性アンテナはアンテナの向きに関係しないため，放送や携帯電話などの移動体通信に向いています．単一指向性アンテナはテレビの電波の受信など，通信の相手が決まっている場合に向いています．

8.2.3　利得

利得はアンテナの性能を表す指標の１つで，数値が大きくなれば高性能になります．利得が大きなアンテナを使用すると，送信電力が小電力でも遠くまで電波が到達します．

任意のアンテナから電力 P〔W〕で送信し，距離 d〔m〕離れた最大放射方向における電界強度が E〔V/m〕であったとします．任意のアンテナを基準アンテナに取り換えて電力 P_0〔W〕で送信したとき，同一地点における電界強度が同じく E〔V/m〕になったとします．このときの任意のアンテナの利得は次式で表すことができます．

$$A = \frac{P_0}{P} \text{（真数）} \tag{8.4}$$

式(8.4) を dB 表示すると，次式になります．

$$G = 10 \log_{10} \frac{P_0}{P} \text{〔dB〕} \tag{8.5}$$

アンテナ利得には，等方性アンテナを基準とした**絶対利得**と，半波長ダイポールアンテナを基準とした**相対利得**があります．絶対利得を G_a，相対利得を G_r とすると，その関係は次のようになります．

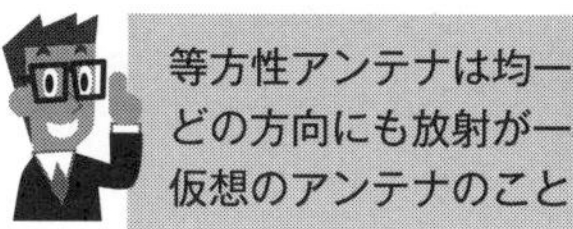

$$G_a = G_r + 2.15 \text{〔dB〕} \tag{8.6}$$

問題 3 ★★ ➡8.2.2

次の記述は，図に示すアンテナの指向特性例について述べたものである．[　　　] 内に入れるべき字句の正しい組合せを下の番号から選べ．

(1) 半値角は，主ローブの電界強度が最大放射方向の値の [A] になる 2 つの方向で挟まれた角度 θ で表される．

(2) このアンテナの半値角は，[B] とも呼ばれる．

(3) 指向特性の最大放射方向の電界強度を E_f，その反対方向の電界強度を E_b とするとき，前後比は [C] で表される．

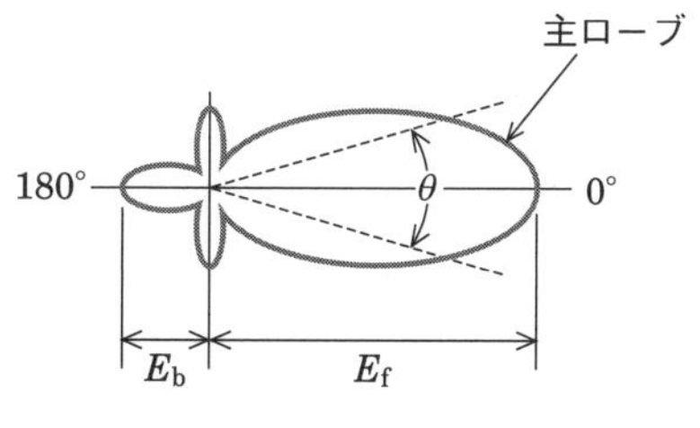

	A	B	C
1	$1/\sqrt{2}$	ビーム幅	E_f/E_b
2	$1/\sqrt{2}$	放射効率	E_b/E_f
3	1/2	放射効率	E_b/E_f
4	1/2	ビーム幅	E_f/E_b

答え ▶▶▶ 1

問題 4 ★★ ➡8.2.3

次の記述は，アンテナの利得について述べたものである．［　　］内に入れるべき字句の正しい組合せを下の番号から選べ．なお，同じ記号の［　　］内には，同じ字句が入るものとする．

(1) 被測定（試験）アンテナの［ A ］利得 G（真数）は，被測定アンテナへ電力 P〔W〕を入力したときのアンテナの主放射方向の遠方の点における電界強度と，同じ送信点から等方性アンテナへ電力 P_o〔W〕を入力したときの同じ受信点における電界強度が等しいとき，$G=$［ B ］（真数）で表される．

(2) 半波長ダイポールアンテナの［ A ］利得 G（真数）は，理論上約［ C ］（真数）になる．

	A	B	C
1	絶対	P/P_o	2.15
2	絶対	P_o/P	1.64
3	絶対	P_o/P	2.15
4	相対	P_o/P	1.64
5	相対	P/P_o	2.15

解説 式（8.6）は〔dB〕表示ですが，真数で表すと，$G_a = \mathbf{1.64}G_r$ となります．なお，1.64 倍を〔dB〕表示すると

$$10\log_{10}1.64 = 10\times 0.215 = 2.15\ \text{dB}$$

答え▶▶▶2

問題 5 ★★★ ➡8.2.3

半波長ダイポールアンテナに 100 W の電力を加え，また，八木アンテナ（八木・宇田アンテナ）に 20 W の電力を加えたとき，両アンテナの最大放射方向の同一距離の地点で，それぞれのアンテナから放射される電波の電界強度が等しくなった．このとき八木アンテナの半波長ダイポールアンテナに対する相対利得の値として，最も近いものを下の番号から選べ．ただし，$\log_{10}2 \fallingdotseq 0.3$ とし，整合損失や給電線損失などの損失は無視できるものとする．

1　3 dB　　2　5 dB　　3　6 dB　　4　7 dB　　5　9 dB

解説 基準になる半波長ダイポールアンテナに電力 P_0〔W〕，八木アンテナに電力 P〔W〕を加え，最大放射方向の同一距離の地点における電界強度が等しいとすると，相対利得 G は次式で表されます．

$$G = 10 \log_{10} \frac{P_0}{P} \text{〔dB〕} \quad ①$$

式①に問題で与えられた $P_0 = 100$ W，$P = 20$ W を代入すると

$$G = 10 \log_{10} \frac{100}{20} = 10 \log_{10} \frac{10}{2} = 10 \left(\log_{10} 10 - \log_{10} 2\right) = 10 \left(1 - 0.3\right) = \mathbf{7\ dB}$$

答え▶▶▶4

問題 6 ★★★ ➡8.2.3

次の記述は，超短波（VHF）帯のアンテナの利得について述べたものである．□内に入れるべき字句を下の番号から選べ．

(1) 試験アンテナの入力電力 P〔W〕及び基準アンテナの入力電力 P_0〔W〕を，同一距離で同一電界強度を生じるように調整したとき，試験アンテナの利得 G は，$G =$ ［ア］（真数）で定義される．

(2) 基準アンテナを［イ］アンテナにしたときの利得を絶対利得，［ウ］アンテナにしたときの利得を相対利得という．

(3) 半波長ダイポールアンテナの最大放射方向の［エ］利得は 1.64（真数）で，等方性アンテナの絶対利得の値（真数）より［オ］．

1 絶対　2 大きい　3 等方性　4 3素子八木　5 P_0/P
6 相対　7 小さい　8 パラボラ　9 半波長ダイポール　10 P/P_0

答え▶▶▶ア－5，イ－3，ウ－9，エ－1，オ－2

8.3 基本アンテナ

8.3.1 半波長ダイポールアンテナ

図 8.4 に示すアンテナを**半波長ダイポールアンテナ**といい，長さが電波の波長の 1/2 に等しい非接地アンテナです．半波長ダイポールアンテナの電流分布を**図 8.5** に示します．実線は電流分布，点線は電圧分布を示しています．電流はアンテナの先端部で零，中央部で最大，電圧は先端部で最大，中央部で零になります．水平面内の指向性は**図 8.6** のように 8 字形になります．

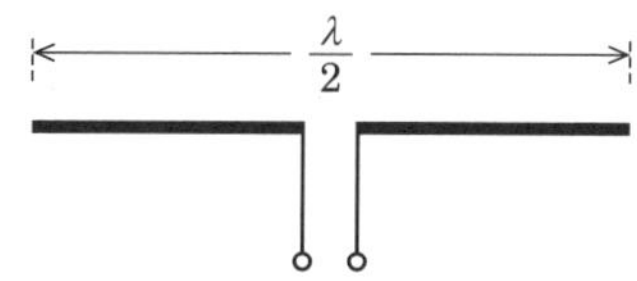

■図 8.4　半波長ダイポールアンテナ

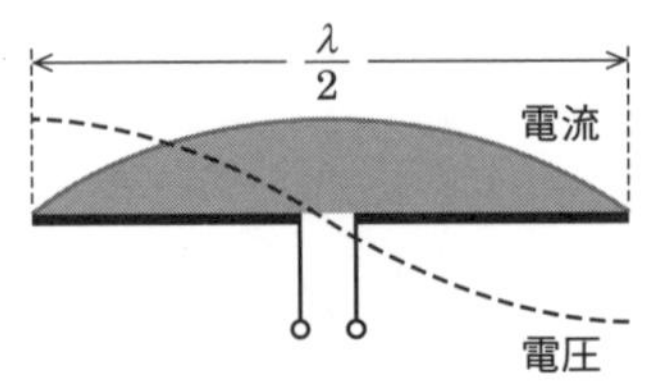

■図 8.5　半波長ダイポールアンテナの電流分布

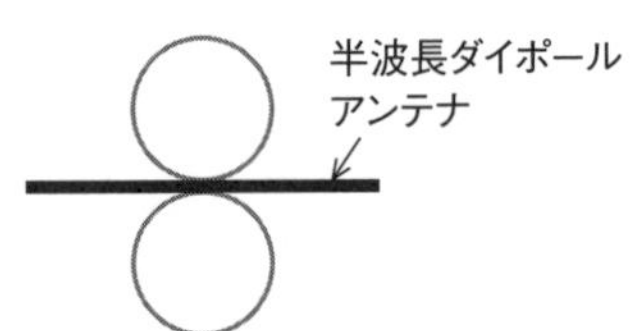

■図 8.6　半波長ダイポールアンテナの水平面内の指向性

半波長ダイポールアンテナの入力インピーダンス Z_{i} は，$Z_{\mathrm{i}} = R_{\mathrm{r}} + jX_{\mathrm{r}} = 73.13 + j42.55$〔Ω〕です．
なお，アンテナと給電線を接続する場合，給電線の特性インピーダンスは純抵抗ですので，アンテナの入力インピーダンスを純抵抗にして整合させます．そのため，入力インピーダンス Z_{i} の虚部 42.55 Ω を零になるようにするため，アンテナの長さを 3%程度短くします．

(1) 半波長ダイポールアンテナの実効長

半波長ダイポールアンテナの実効長は，次のようにして求めます．**図 8.7** (a) において，グレー部分の面積 S を求めると，$S = I\lambda/\pi$（積分を使用して計算しなければならないので結果だけを示します）になります．この S が図 8.7 (b) の面積に等しいので，実効長を h_{e} とすると $h_{\mathrm{e}} I = I\lambda/\pi$ となり，これから，半波長ダイポールアンテナの実効長は，次式で与えられます．

$$h_{\mathrm{e}} = \frac{\lambda}{\pi} \text{〔m〕} \tag{8.7}$$

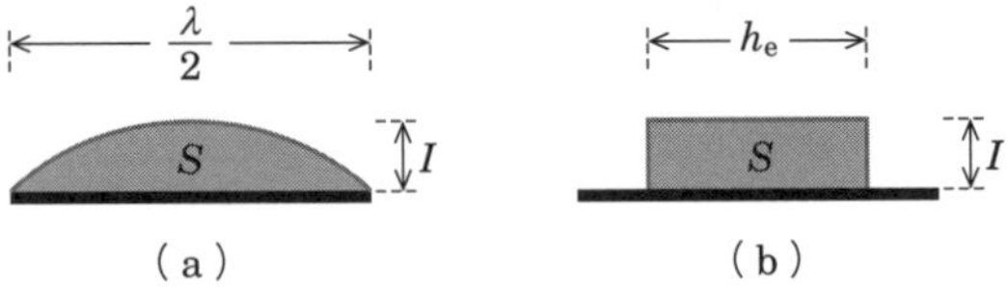

（a）　（b）

■図 8.7　半波長ダイポールアンテナの実効長

(2) 定在波アンテナと進行波アンテナ

半波長ダイポールアンテナのように先端が開放されているアンテナ上には定在波が発生するので**定在波アンテナ**といいます．一方，長いワイヤアンテナを 4 本ひし形に配置したロンビックアンテナのように導線の一端から電力を送り，もう一方の端には導線の特性インピーダンスに等しい抵抗に接続したアンテナを**進行波アンテナ**といいます．進行波アンテナは進行波だけが流れ定在波は発生しません．

(3) 折返し半波長ダイポールアンテナ

図 8.8 に示すように半波長ダイポールアンテナを折り曲げたアンテナを**折返し半波長ダイポールアンテナ**といいます．半波長ダイポールアンテナの電流を I〔A〕とすると，折返し半波長ダイポールアンテナでは $2I$ となり，放射電力 P〔W〕は，$P=73(2I)^2=292I^2$ になります．すなわち，給電点の入力抵抗は 292 Ω になります．半波長ダイポールアンテナと折返し半波長ダイポールアンテナの特徴を比較したものを**表 8.1** に示します．

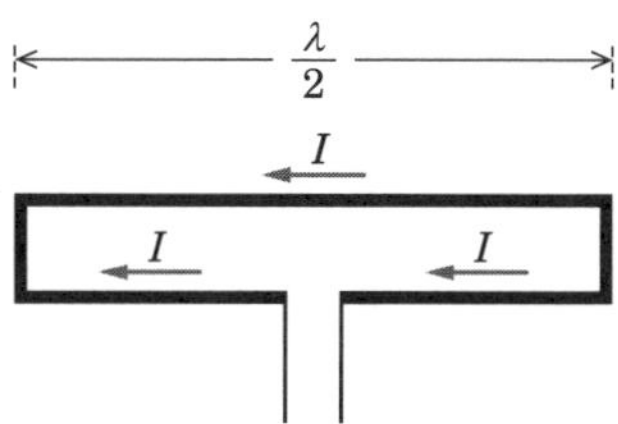

■図 8.8 折返し半波長ダイポールアンテナ

■表 8.1 半波長ダイポールアンテナと折返し半波長ダイポールアンテナの比較

アンテナ名称	実効長	入力抵抗	指向特性	その他
半波長ダイポールアンテナ	$\frac{\lambda}{\pi}$〔m〕	73 Ω	同じ	
折返し半波長ダイポールアンテナ	$\frac{2\lambda}{\pi}$〔m〕	292 Ω		広帯域

8.3.2 1/4 波長垂直アンテナ

1/4 波長垂直アンテナは，長さが電波の波長の 1/4 に等しい接地アンテナです．**図 8.9** に 1/4 波長垂直アンテナとその電流分布を示します．電流分布はアンテナの先端で 0，基部で最大になります．

放射抵抗は半波長ダイポールアンテナの 1/2 となるので 36.57 Ω になります．水平面内の指向性は図 8.2 のような全方向性（無指向性）になります．

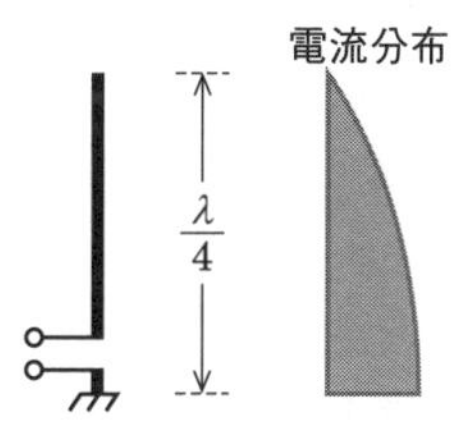

■図 8.9 1/4 波長垂直アンテナと電流分布

1/4 波長垂直アンテナの実効長 h_e は，$h_e=\lambda/2\pi$〔m〕です．

垂直接地アンテナの長さが共振周波数より短い場合，**図 8.10**（a）に示すようにアンテナの基底部分に**延長コイル**を挿入すると共振周波数が低くなり，共振させることができます．アンテナの長さが共振周波数より長い場合は，**短縮コンデンサ**を挿入すると共振周波数が高くなり，共振させることができます．

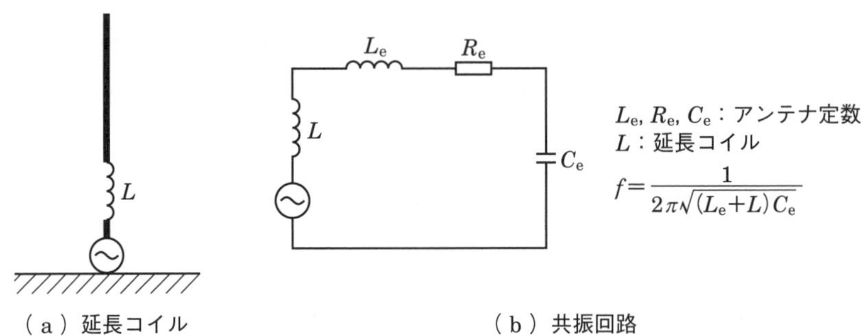

■図 8.10　延長コイルと共振回路

関連知識　5/8 波長垂直接地アンテナ

VHF 帯や UHF 帯では，アンテナ素子の長さを 1/4 波長より長くした 5/8 波長垂直接地アンテナが広く使われています．電流分布は頂部で最小，入力インピーダンス及び垂直方向の利得は 1/4 波長垂直接地アンテナより大きく，水平面内の指向性は全方向性という特徴があります．

関連知識　カウンターポイズ

アンテナを岩盤の上や乾燥地などに設置する場合，地上 2 ～ 3 m の高さに導線などを張り，大地との容量を通して，接地効果を得ます．これを**カウンターポイズ**といいます．

問題 7 ★★　➡ 8.3.1

次の記述は，折返し半波長ダイポールアンテナについて述べたものである．［　　］内に入れるべき字句の正しい組合せを下の番号から選べ．

(1) 給電点インピーダンスは，約［ A ］〔Ω〕である．

(2) 実効長は，使用する電波の波長を λ〔m〕とすれば，［ B ］〔m〕である．

(3) 八木アンテナの［ C ］として多く用いられる．

	A	B	C
1	75	$2\lambda/\pi$	放射器
2	75	λ/π	導波器
3	292	$2\lambda/\pi$	放射器
4	292	λ/π	導波器
5	292	$2\lambda/\pi$	導波器

解説 半波長ダイポールアンテナの給電点の電流を I とすると，折返し半波長ダイポールアンテナの給電点の電流は $2I$ になります．

(1) 半波長ダイポールアンテナの給電点インピーダンスは約 73 Ω で，アンテナ電流を I〔A〕とすると，電力 P〔W〕は

$$P = I^2 \times 73$$

となります．折返し半波長ダイポールアンテナの電力を求めると

$$P = (2I)^2 \times 73 = I^2 \times 292$$

となります．したがって，給電点インピーダンスは **292 Ω** になります．

(2) 実効長は，半波長ダイポールアンテナの実効長の 2 倍になるので

$$(\lambda/\pi) \times 2 = \boldsymbol{2\lambda/\pi} \text{〔m〕}$$

です．

(3) 折返し半波長ダイポールアンテナは八木・宇田アンテナの**放射器**などに用いられます．

答え▶▶▶ 3

問題 8 ★★ ➡ 8.3.1

周波数が 14 MHz の電波を理想的な半波長ダイポールアンテナで受信したとき，これに接続された受信機の入力端子の電圧が 96 mV であった．この電波の電界強度の値として，最も近いものを下の番号から選べ．ただし，アンテナと受信機入力回路は整合しているものとする．

1 10 mV/m　2 14 mV/m　3 28 mV/m
4 42 mV/m　5 96 mV/m

解説 周波数が 14 MHz の電波の波長 λ〔m〕は

$$\lambda = \frac{300}{f\text{〔MHz〕}} = \frac{300}{14} \fallingdotseq 21.43 \text{ m}$$

半波長ダイポールアンテナの実効長を h_e〔m〕とすると

$$h_e = \frac{\lambda}{\pi} = \frac{21.43}{3.14} \fallingdotseq 6.82 \text{ m}$$

になります．

アンテナで誘起した電圧 $V = Eh_e$〔V〕は，**図 8.11** に示すように，アンテナ抵抗 R_r〔Ω〕と受信機の入力抵抗 R_i〔Ω〕で2分されるので，アンテナに誘起する電圧は，受信機の入力端子の電圧の2倍になります．

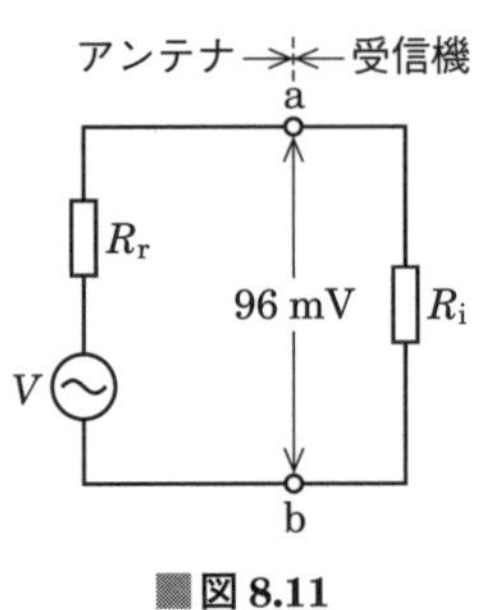

図 8.11

電界強度を E〔V/m〕，アンテナで誘起する電圧を V〔V〕とすると，$V = Eh_e$ より E は

$$E = \frac{V}{h_e} = \frac{0.096 \times 2}{6.82} = \frac{0.192}{6.82} \fallingdotseq 0.028 \text{ V/m} = \mathbf{28 \text{ mV/m}}$$

答え▶▶▶3

問題 9　★★　➡8.3.1

周波数が 7 MHz，電界強度が 30 mV/m の電波を半波長ダイポールアンテナで受信したとき，図の等価回路に示すようにアンテナに接続された受信機の入力端子 a-b 間の電圧として，最も近いものを下の番号から選べ．ただし，アンテナ等の損失はないものとし，アンテナと受信機入力回路は整合しているものとする．また，アンテナの最大指向方向は，到来電波の方向に向けられているものとする．

1　25 mV
2　50 mV
3　100 mV
4　150 mV
5　200 mV

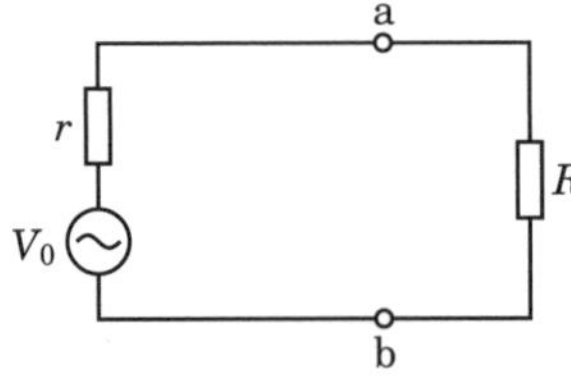

r　：アンテナの入力抵抗
V_0：アンテナの誘起電圧
R　：受信機の入力抵抗

解説　周波数 7 MHz の電波の波長 λ〔m〕は

$$\lambda = \frac{300}{7} \fallingdotseq 42.86 \text{ m}$$

半波長ダイポールアンテナの実効長 h_e〔m〕は

$$h_e = \frac{\lambda}{\pi} = \frac{42.86}{3.14} \fallingdotseq 13.65 \text{ m}$$

アンテナに誘起される電圧 V〔V〕は電界強度を E〔V/m〕とすると

$$V = Eh_e = 0.03 \times 13.65 = 0.4095\ \mathrm{V}$$

アンテナの入力抵抗 r〔Ω〕と受信機の入力抵抗 R〔Ω〕が整合しているので，$r = R$ である．整合しているときの受信機の入力端子 ab 間の電圧 V_{ab}〔V〕は，アンテナに誘起される電圧 V〔V〕の 1/2 になるので

$$V_{ab} = \frac{V}{2} = \frac{0.4095}{2} \fallingdotseq 0.2048\ \mathrm{V} \fallingdotseq \mathbf{200\ mV}$$

答え▶▶▶5

問題 10 ★ ➡8.3.2

1/4 波長垂直接地アンテナからの放射電力が 324 W であった．このときのアンテナへの入力電流の値として，最も近いものを下の番号から選べ．ただし，熱損失となるアンテナ導体の抵抗分は無視するものとする．

1 1 A　2 2 A　3 3 A　4 5 A　5 9 A

解説 放射抵抗を R_r（≒36 Ω），アンテナ電流を I〔A〕とすると，その電力 P〔W〕は，$P = I^2 R_r$ となります．よって

$$I = \sqrt{\frac{P}{R_r}} = \sqrt{\frac{324}{36}} = \sqrt{9} = \mathbf{3\ A}$$

答え▶▶▶3

問題 11 ★★★ ➡8.3.2

次の記述は，1/4 波長垂直接地アンテナについて述べたものである．このうち誤っているものを下の番号から選べ．

1 定在波アンテナの一種である．
2 水平面内の指向特性は全方向性（無指向性）である．
3 アンテナの電流分布は先端で最小である．
4 放射抵抗約 73 Ω である．
5 動作原理は，電気影像の理により，半波長ダイポールアンテナと同じように考えられる．

解説 4 × 放射抵抗は 73 Ω の半分になるので，約 **36.5 Ω** となります．

答え▶▶▶4

8 章

問題 12 ★ ➡8.3.2

次の記述は，5/8 波長垂直接地アンテナについて述べたものである．このうち誤っているものを下の番号から選べ．ただし，大地は完全導体とする．

1　利得は 1/4 波長垂直接地アンテナより高い．
2　頂部付近で電流分布が最大になる．
3　入力インピーダンスは，1/4 波長垂直接地アンテナより高い．
4　水平面内の指向性は，全方向性である．

解説 2 ×「頂部付近で電流分布が**最大**」ではなく，正しくは「頂部付近で電流分布が**最小**」です．

答え▶▶▶2

問題 13 ★★ ➡8.3

次の記述は，接地アンテナの接地（アースまたはグランド）方法について述べたものである．［　　］内に入れるべき字句の正しい組合せを下の番号から選べ．

(1) 接地アンテナの電力損失は，ほとんど接地抵抗による［ A ］損失であるので，このアンテナの放射効率をよくするためには，接地抵抗を［ B ］する必要がある．
(2) 乾燥地など大地の導電率が小さい所での接地のためには，地上に導線や導体網を張り，これらと大地との容量を通して接地効果を得る［ C ］が用いられる．

	A	B	C
1	熱	小さく	カウンターポイズ
2	熱	大きく	ラジアルアース
3	誘電体	小さく	カウンターポイズ
4	誘電体	大きく	カウンターポイズ
5	誘電体	小さく	ラジアルアース

答え▶▶▶1

8.4 実際のアンテナ

8.4.1 スリーブアンテナとコリニアアレーアンテナ

図 8.12 に示すような同軸ケーブルの中心導体に長さが 1/4 波長の導線，同軸ケーブルの外導体に長さが 1/4 波長のスリーブ（袖(そで)という意味）と呼ばれる銅や真ちゅうなどで作られた円筒を取り付けたアンテナを**スリーブアンテナ**といいます．半波長ダイポールアンテナと同様な動作をするので，放射抵抗は約 73 Ω，水平面内の指向特性は無指向性で垂直面内の指向特性は 8 字形となります．

スリーブアンテナはタクシー無線や簡易無線などの基地局に使用されています．スリーブアンテナを**図 8.13** のように垂直方向の一直線上に等間隔に多段接続したものを**コリニアアレーアンテナ**といいます．

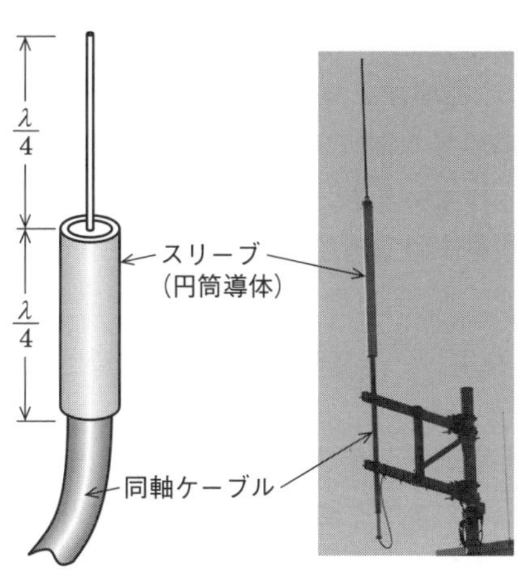

■図 8.12　スリーブアンテナ

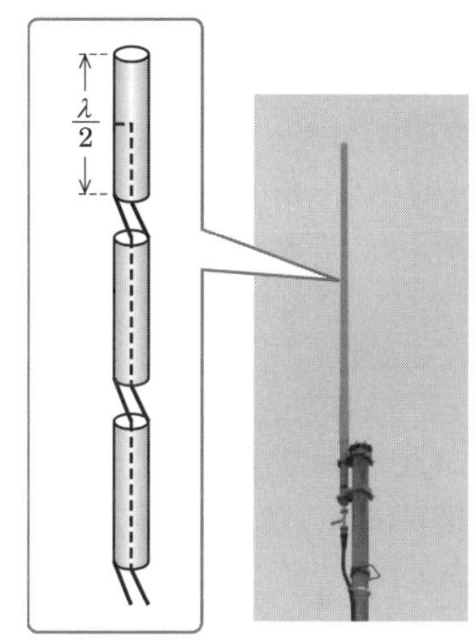

■図 8.13　コリニアアレーアンテナ

8.4.2 ブラウンアンテナ

スリーブアンテナの金属円筒部を導線に代えても同様な動作をします．この導線を地線と呼びます．通常，地線は 4 本で水平方向にそれぞれ 90° 間隔に開くと，**図 8.14** に示す**ブラウンアンテナ**になります．ブラウンアンテナの水平面内の指向性は無指向性で放射抵抗は約 20 Ω になります．

ブラウンアンテナは，スリーブアンテナのスリーブを4本に分割し，それを水平に開いたものです．

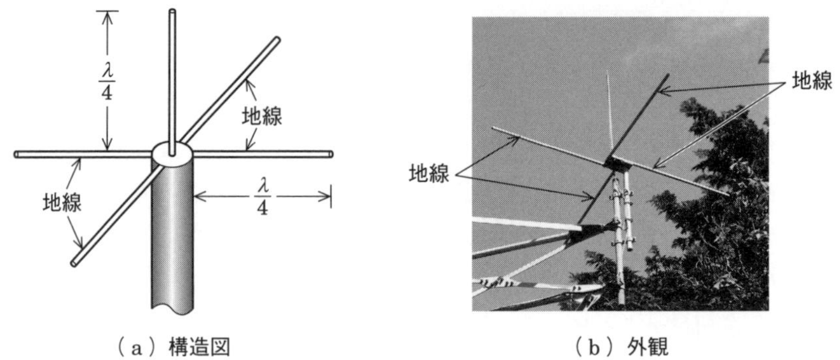

（a）構造図　　（b）外観

■図 8.14　ブラウンアンテナ

なお，ブラウンアンテナの放射抵抗は約20 Ωなので，特性インピーダンスが50 Ωの同軸ケーブルを接続すると不整合となります．整合をとるため，アンテナの導体部を折り返すなどの工夫をして，特性インピーダンス50 Ωの同軸ケーブルをそのまま使用できるような工夫がなされています．

ブラウンアンテナは主に基地局など，無線局間の通信用アンテナとして使用されています．

8.4.3　八木アンテナ

図 8.15 に3素子の**八木アンテナ（八木・宇田アンテナ）**の外観を示します．電波の到来方向に一番短い素子の**導波器**を配置します．送信機または受信機に接続する素子を**放射器**といい，長さは1/2波長です．一番長い素子を**反射器**といいます．水平面内の指向性は図8.3のように鋭くなります．導波器の数を増加させると，指向性がさらに鋭くなります．

八木アンテナはテレビの受信用をはじめ，短波～極超短波帯の送受信アンテナなどに使われています．

同一特性の八木アンテナを M 列 N 段に配置すると，利得を増加させることができ，M 段 N 列に配置した場合の利得の増加分は次式で表すことができます．

$$10 \log_{10} MN \text{〔dB〕} \tag{8.8}$$

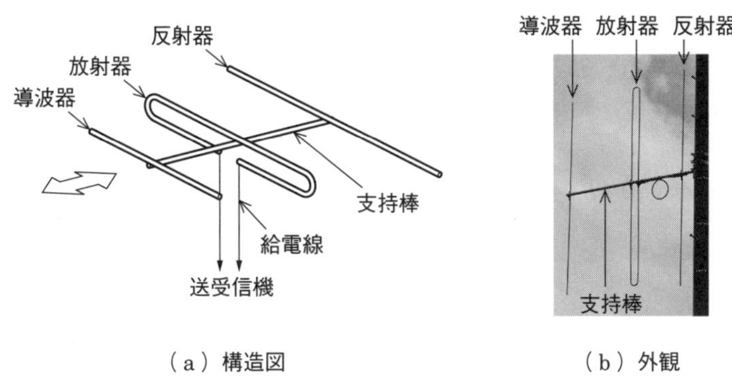

（a）構造図　（b）外観

■図 8.15　3 素子八木・宇田アンテナ

8.4.4　キュビカルクワッドアンテナ

図 8.16 に示すアンテナを**キュビカルクワッドアンテナ**といいます．一辺の長さが 1/4 波長で全長がほぼ 1 波長の四角形ループの放射器と，全長が放射器より数％長い反射器を 0.1～0.25 波長間隔で配置したアンテナです．放射器と反射器の間隔が 0.1 波長のとき，給電点のインピーダンスは約 50 Ω 程度になります．間隔が広がると給電点のインピーダンスは増加します．放射される電波の偏波は水平偏波になります．キュビカルクワッドアンテナはアマチュア無線でしばしば使われています．

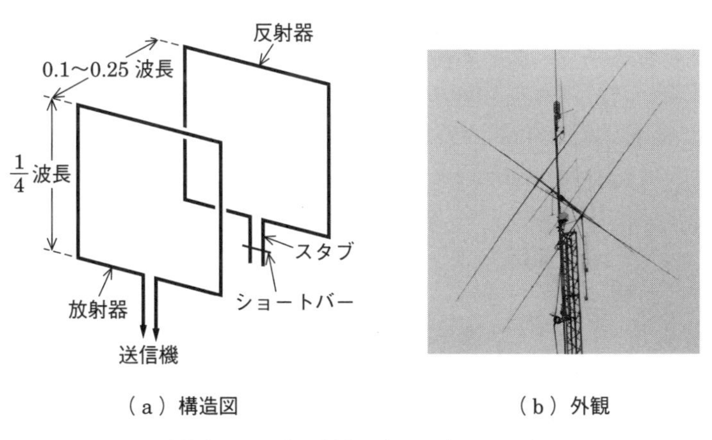

（a）構造図　（b）外観

■図 8.16　キュビカルクワッドアンテナ

8.4.5　ループアンテナ

ループアンテナは**図 8.17** に示すようなアンテナで，四角形，円形などがあります．垂直形アンテナと比較すると実効高は低いですが，容易に指向性が得られ，雑音に強いことなどから主に方向探知用や長波や中波の受信用に使用されます．電波の波長を λ〔m〕，ループの面積を A〔m^2〕，巻数を N〔回〕，とすると，実効高 h_e〔m〕は次式で求めることができます．

$$h_e = \frac{2\pi AN}{\lambda} \text{〔m〕} \tag{8.9}$$

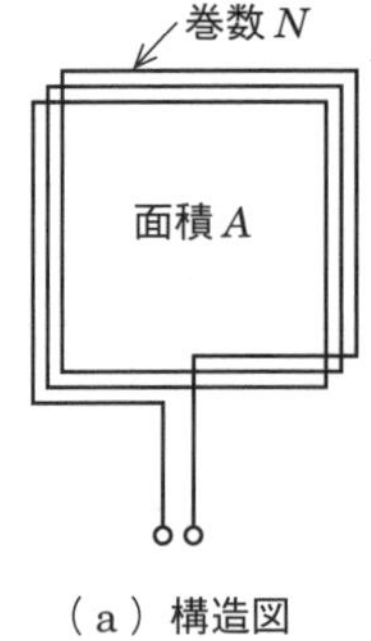

（a）構造図

（b）40 kHz の長波標準電波受信用ループアンテナ（筆者撮影）

■図 8.17　ループアンテナ

8.4.6　ディスコーンアンテナ

ディスコーンアンテナ（discone anntena）は**図 8.18** に示すように導体円盤（disc）と導体円錐（cone）から構成されています．導体円盤の直径 D は 0.25 波長程度，コーンの長さ L は 0.4 波長程度，θ は 60° 程度です．同軸ケーブルの内部導体を導体円板の中心部に接続，外部導体を円錐部に接続します．ディスコーンアンテナは垂直偏波で水平面内の指向性は全方向性，垂直面内の指向性は 8 字形で広帯域性があります．給電点インピーダンスは約 50 Ω，VHF 帯や UHF 帯で使用されます．実際のディスコーンアンテナは，導体円盤や導体円錐の代わりにアルミパイプなどの線状導体を何本か組み合わせて作られており，広帯域用の受信アンテナとして多く使われています．

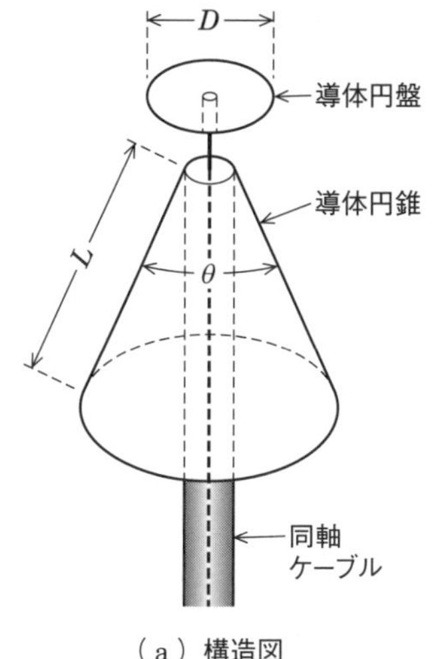

（a）構造図

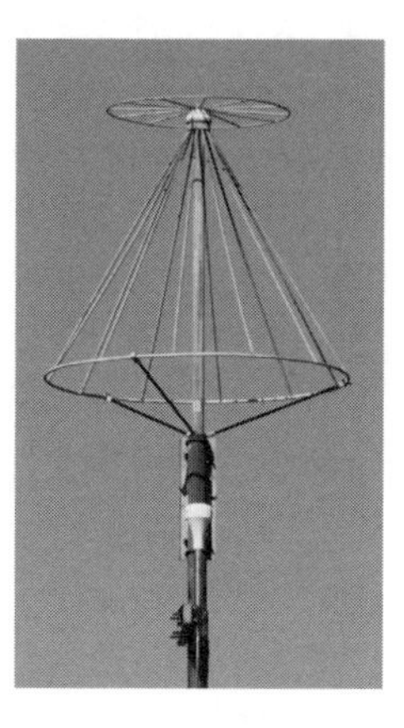

（b）外観

■図 8.18　ディスコーンアンテナ

8.4.7　ホーンアンテナ

ホーンアンテナは**電磁ホーン**とも呼ばれ，**図 8.19** に示すように，導波管の先端を角錐形や円錐形等の形状で開口したアンテナです．構造が簡単で，調整もほとんど不要です．主にマイクロ波（SHF）以上の周波数で使用され，反射鏡付きアンテナの一次放射器としても用いられます．

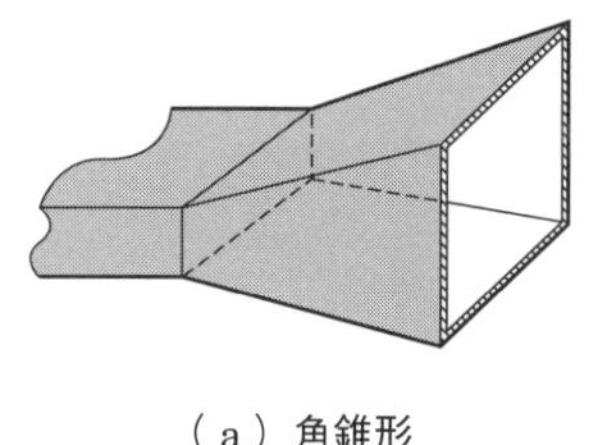

（a）角錐形

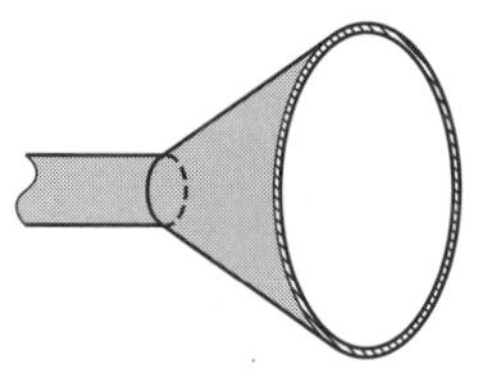

（b）円錐形

■図 8.19　ホーンアンテナ

ホーンの開口面積を一定にした場合，ホーンの長さを長く（開口角を小さく）すれば利得が増加します．ホーンアンテナは導波管と空間を整合させる一種の変成器ともいえます．

問題 14 ★★★ ➡8.4.1

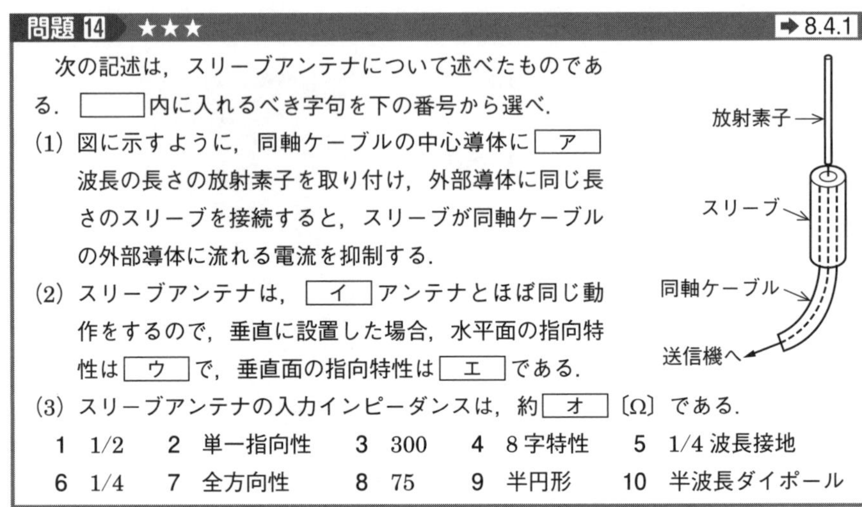

次の記述は，スリーブアンテナについて述べたものである．［　　］内に入れるべき字句を下の番号から選べ．

(1) 図に示すように，同軸ケーブルの中心導体に［ア］波長の長さの放射素子を取り付け，外部導体に同じ長さのスリーブを接続すると，スリーブが同軸ケーブルの外部導体に流れる電流を抑制する．

(2) スリーブアンテナは，［イ］アンテナとほぼ同じ動作をするので，垂直に設置した場合，水平面の指向特性は［ウ］で，垂直面の指向特性は［エ］である．

(3) スリーブアンテナの入力インピーダンスは，約［オ］〔Ω〕である．

1　1/2　　2　単一指向性　　3　300　　4　8字特性　　5　1/4 波長接地

6　1/4　　7　全方向性　　8　75　　9　半円形　　10　半波長ダイポール

答え▶▶▶ア－6，イ－10，ウ－7，エ－4，オ－8

問題 15 ★★ ➡8.4.1

次の記述は，垂直偏波で用いるコリニアアレーアンテナについて述べたものである．［　　］内に入れるべき字句の正しい組合せを下の番号から選べ．

(1) 原理的に，放射素子として［A］アンテナを垂直方向の一直線上に等間隔に多段接続した構造のアンテナである．

(2) 隣り合う各放射素子を互いに同振幅，［B］の電波で励振する．

(3) 垂直面内では鋭いビーム特性を持ち，水平面内の指向性は，［C］である．

	A	B	C
1	垂直半波長ダイポール	同位相	全方向性
2	垂直半波長ダイポール	逆位相	8字形特性
3	垂直半波長ダイポール	逆位相	全方向性
4	1/4 波長垂直接地	逆位相	8字形特性
5	1/4 波長垂直接地	同位相	全方向性

答え▶▶▶ 1

問題 16 ★ ➡8.4.3

次の記述は，図に示す八木アンテナ（八木・宇田アンテナ）について述べたものである．［　　］内に入れるべき字句の正しい組合せを下の番号から選べ．ただし，波長を λ とする．

(1) 最大放射方向は，放射器から見て［ A ］の方向に得られる．
(2) 放射器の給電点インピーダンスは，導波器や反射器と放射器との間隔により変化するが，おおむね，単独の半波長ダイポールアンテナより［ B ］なる．
(3) 帯域幅は，素子の太さを［ C ］すると，やや広くなる．

	A	B	C
1	反射器	低く	細く
2	反射器	高く	太く
3	導波器	低く	細く
4	導波器	高く	細く
5	導波器	低く	太く

答え▶▶▶5

問題 17 ★★ ➡8.4.3

同一特性の八木アンテナ（八木・宇田アンテナ）8 個を用いて，4 列 2 段スタックの配置とし，各アンテナの給電点における位相が同一となるように給電するとき，このアンテナ（スタックアンテナ）の総合利得が 19 dB であった．アンテナ 1 個当たりの利得として，最も近いものを下の番号から選べ．ただし，分配器の損失等の影響はないものとする．また，$\log_{10} 2 \fallingdotseq 0.3$ とする．

1　3 dB　　2　5 dB　　3　6 dB　　4　8 dB　　5　10 dB

解説 同一の特性で，利得が同じアンテナを M 列，N 段スタック配列としたときの利得の増加は次のようになります．

$$10 \log_{10} MN \qquad ①$$

式①に $M = 4$，$N = 2$ を代入すると

$$10 \log_{10} 8 = 10 \log_{10} 2^3 = 30 \log_{10} 2 = 30 \times 0.3 = 9 \text{ dB}$$

となります．アンテナの総合利得が 19 dB なので，アンテナ 1 個当たりの利得は

$$19 - 9 = \mathbf{10\ dB}$$

答え▶▶▶5

問題 18 ★ ➡8.4.4

次の記述は，図に示すキュビカルクワッドアンテナについて述べたものである．［　　］内に入れるべき字句の正しい組合せを下の番号から選べ．

(1) キュビカルクワッドアンテナは，一辺の長さが 1/4 波長で全長がほぼ 1 波長の四角形ループの放射器と，全長が放射器より数パーセント［ A ］四角形ループの反射器とを 0.1 ～ 0.25 波長の間隔で配置したアンテナである．

(2) キュビカルクワッドアンテナの指向性パターンは，最大放射方向がループの面と［ B ］の方向であり，また，放射される電波は，［ C ］偏波である．

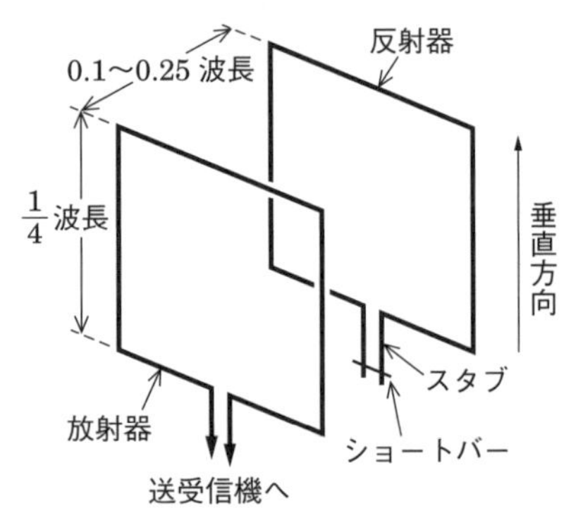

	A	B	C
1	長い	直角	水平
2	長い	平行	水平
3	長い	直角	垂直
4	短い	平行	垂直
5	短い	直角	垂直

答え▶▶▶ 1

問題 19 ★★★ ➡8.4.5

次の記述は，垂直ループアンテナについて述べたものである．このうち誤っているものを下の番号から選べ．ただし，ループの大きさは使用周波数の波長に比べて十分小さいものとする．

1 水平面内の指向性は 8 字形であり，受信アンテナとして用いるときは，ループ面を電波の到来方向と平行にすると誘起電圧は最大となる．

2 垂直アンテナと組み合わせることにより，カージオイド形の水平面内指向性が得られる．

3 中波（MF）帯等において他局からの混信妨害を軽減するため，受信用のアンテナとして用いられることがある．

4 実効高は，ループ面積及び使用する周波数に比例し，巻数の二乗に比例する．

5 実効高が正確に計算できるので，電界強度の測定用アンテナとして使用される．

解説 電波の波長をλ〔m〕，周波数をf〔Hz〕，電波の速度をc〔m/s〕，ループの面積をA〔m^2〕，巻数をN〔回〕とすると，実効高h_eは

$$h_e = \frac{2\pi AN}{\lambda} = \frac{2\pi ANf}{c} \text{〔m〕}$$

で計算できます．よって，h_eは**ループ面積，使用する周波数及び巻数に比例**します．

答え▶▶▶4

問題 20 ★ ➡8.4.6

次の記述は，ディスコーンアンテナについて述べたものである．［　　］内に入れるべき字句の正しい組合せを下の番号から選べ．

(1) 図に示すように，円錐形の導体の頂点に円盤形の導体を置き，円錐形の導体に同軸ケーブルの外部導体を，円盤形の導体に内部導体をそれぞれ接続したものであり，給電点は，円錐形の導体の［ A ］にある．実際には，線状導体を円盤の中心及び円錐の頂点から放射状に配置した構造のものが多い．

(2) 水平面内の指向性は全方向性であり，［ B ］の電波の送受信用に用いられる．スリーブアンテナやブラウンアンテナに比べて［ C ］特性である．

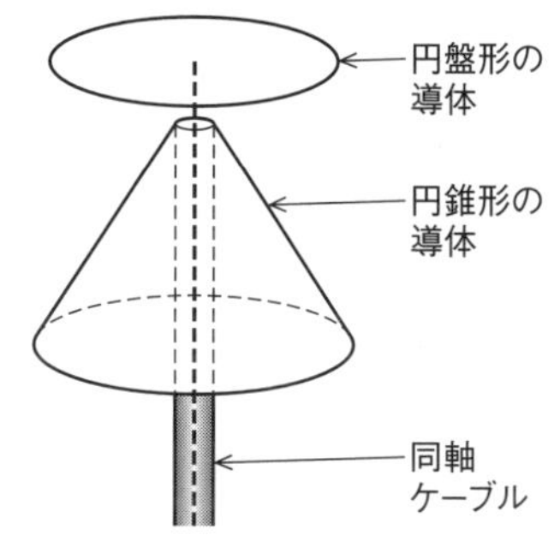

	A	B	C
1	底点	水平偏波	広帯域
2	底点	垂直偏波	狭帯域
3	頂点	円偏波	広帯域
4	頂点	水平偏波	狭帯域
5	頂点	垂直偏波	広帯域

答え▶▶▶5

問題 21 ★ ➡8.4.7

次の記述は，ホーンアンテナ（電磁ホーン）について述べたものである．このうち誤っているものを下の番号から選べ．

1 構造が簡単であり調整もほとんど不要である．
2 主にマイクロ波（SHF）以上の周波数で使用されている．
3 反射鏡付きアンテナの一次放射器として用いられることが多い．
4 導波管の先端を円錐形，角錐形等の形状で開口したアンテナである．

5　ホーンの開き角を変えても，ホーン開口面の面積が一定の場合には利得が変わらない．

解説　5　×　開口面積が一定の場合，開口角を小さくすると**利得が増加**します．

答え▶▶▶5

8.5 給電線と整合

送信機または受信機とアンテナを接続するケーブルを**給電線**（**フィーダ**）といいます．給電線には，**図8.20**に示す「平行2線式線路」「同軸線路」「導波管」などがありますが，アマチュア無線では，特殊な場合を除いて**同軸線路**（以下「**同軸ケーブル**」といいます）を使用します．

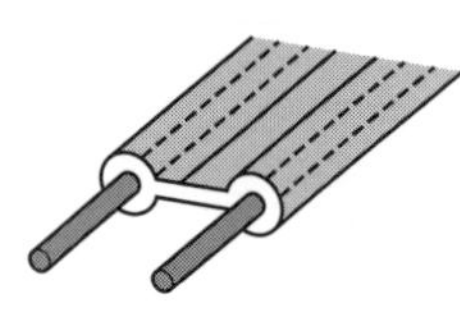
（a）平行2線式線路

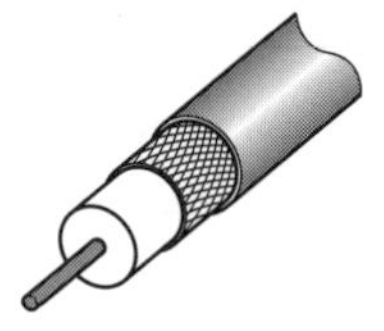
（b）同軸ケーブル

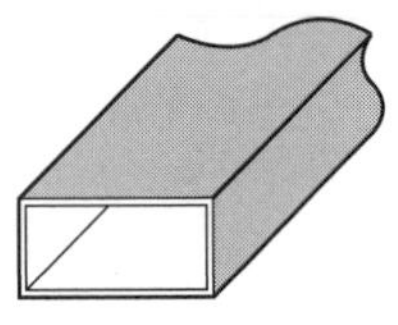
（c）導波管

■図8.20　給電線

送信の場合は同軸ケーブルから漏えいする電波を最小限に抑える必要があり，受信の場合は，同軸ケーブルで雑音を受信しないよう注意を払う必要があります．

8.5.1 同軸ケーブル

同軸ケーブルは不平衡形の給電線で，**図8.21**のような構造になっています．

外部導体の内径をD〔mm〕，内部導体の外径をd〔mm〕，誘電体の比誘電率をε_sとすると，同軸ケーブルの特性インピーダンスZ_0は次式で表すことができます．

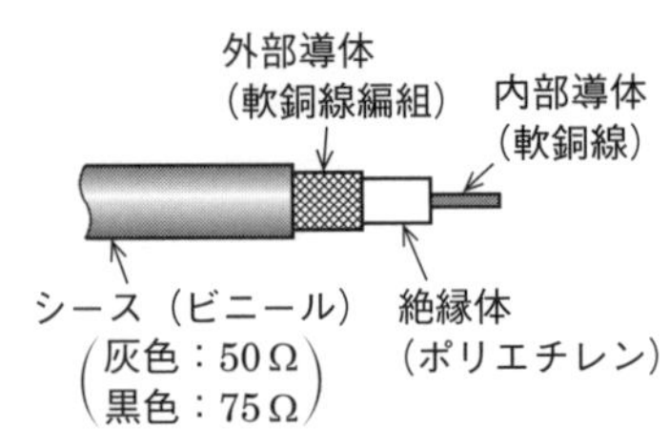

■図8.21　同軸ケーブルの構造

$$Z_0 = \frac{138}{\sqrt{\varepsilon_s}} \log_{10} \frac{D}{d} \ [\Omega] \tag{8.10}$$

同軸ケーブルは使用する周波数が高くなるにつれて誘電体損失が大きくなり，減衰量が増加します．

8.5.2 アンテナと給電線の接続

アンテナの入力インピーダンス Z〔Ω〕と給電線の特性インピーダンス Z_0〔Ω〕を整合させて使用しますが，同軸ケーブルの特性インピーダンスとアンテナのインピーダンスの値が等しくないとき（整合がとれていないとき）は，反射波が生じ，進行波（入射波）と反射波が干渉して定在波が発生します．これにより，電波の放射効率が低下します．

進行波の電圧を V_f，反射波の電圧を V_r とすると，電圧定在波の最大値 V_{max} は $V_{max} = V_f + V_r$，最小値 V_{min} は $V_{min} = V_f - V_r$ となり，反射係数 Γ は

$$|\Gamma| = \frac{V_r}{V_f} \tag{8.11}$$

となります．

電圧定在波比（VSWR：Voltage Standing Wave Ratio）を S とすると，S は次式で求めることができます．

$$S = \frac{V_{max}}{V_{min}} = \frac{V_f + V_r}{V_f - V_r} = \frac{V_f/V_f + V_r/V_f}{V_f/V_f - V_r/V_f} = \frac{1 + |\Gamma|}{1 - |\Gamma|} \tag{8.12}$$

反射がなく整合が完全（反射波の電圧 $V_r = 0$）の場合，反射係数 Γ は 0 になるので，電圧定在波比 VSWR は 1 になります．

また，反射係数 Γ は次のように表すこともできます．

$$\Gamma = \frac{Z - Z_0}{Z + Z_0} \tag{8.13}$$

式 (8.13) を式 (8.12) に代入すると

$$S = \frac{1 + \Gamma}{1 - \Gamma} = \frac{1 - \dfrac{Z - Z_0}{Z + Z_0}}{1 + \dfrac{Z - Z_0}{Z + Z_0}} = \frac{2Z_0}{2Z} = \frac{Z_0}{Z} \tag{8.14}$$

$S > 1$ なので，式 (8.14) は $Z_0 > Z$ の場合に用います．なお，$Z_0 < Z$ の場合，

S は，$S = Z/Z_0$ で求めることができます．

関連知識　バラン

半波長ダイポールアンテナと不平衡形の同軸ケーブルを接続する場合，半波長ダイポールアンテナは平衡形で，同軸ケーブルは不平衡形なので，直接接続すると不要放射などが生じます．そこでバランを挿入して整合をとります．なお，バラン（balun）は balanced to unbalanced transformer（平衡・不平衡変換器）の略です．

8.5.3　インピーダンスの整合

アンテナの入力インピーダンスと給電線のインピーダンスが等しくないと，反射損が生じて伝送効率が悪くなります．そのような場合は，アンテナと給電線の間に整合回路を挿入してインピーダンスを合わせます．

整合回路には，「集中定数回路による整合」と「分布定数回路による整合」があります．そのうち試験で出題されている分布定数回路による Q 変成器とトラップについて説明します．

(1) Q 変成器

Q 変成器（Quarter wavelength transformer）は**図 8.22** に示すように，特性インピーダンス Z_0〔Ω〕の給電線とインピーダンス Z_L〔Ω〕のアンテナ間（もしくは給電線の間）に長さが 1/4 波長でインピーダンス Z〔Ω〕の給電線を挿入したものです．ab から右側を見たインピーダンスは，Z^2/Z_L〔Ω〕で表せます．これが ab から左側を見たインピーダンス Z_0〔Ω〕に等しいので次式が成立します．

$$\frac{Z^2}{Z_L} = Z_0 \tag{8.15}$$

式（8.15）より

$$Z = \sqrt{Z_0 Z_L}\ 〔\Omega〕 \tag{8.16}$$

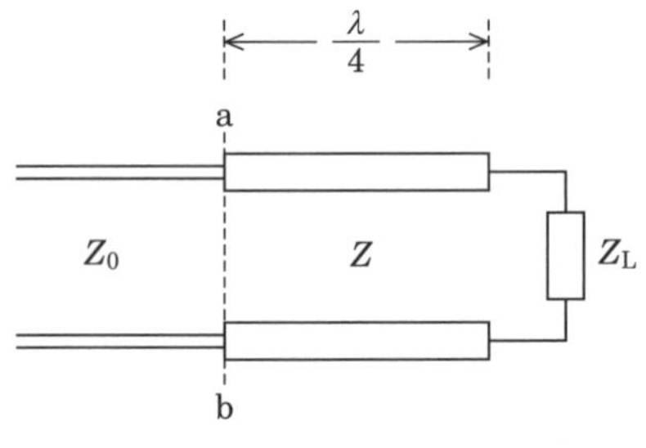

■図 8.22　Q 変成器

式 (8.16) は，挿入する給電線のインピーダンス Z〔Ω〕を調整することにより整合をとることができることを表しています．

関連知識 abから右側を見たインピーダンス Z^2/Z_L〔Ω〕の導出

端子abから右側を見たインピーダンスは，次式で表すことができます．

$$Z\frac{Z_L+jZ\tan\beta l}{Z+jZ_L\tan\beta l}=Z\frac{Z_L+jZ\tan\dfrac{2\pi l}{\lambda}}{Z+jZ_L\tan\dfrac{2\pi l}{\lambda}}\ 〔\Omega〕\tag{8.17}$$

$l=\lambda/4$ のとき

$$\tan\beta l=\tan\frac{2\pi l}{\lambda}=\tan\left(\frac{2\pi}{\lambda}\times\frac{\lambda}{4}\right)=\tan\frac{\pi}{2}=\infty$$

となるので，式 (8.17) は

$$Z\frac{Z_L+jZ\tan\beta l}{Z+jZ_L\tan\beta l}=Z\frac{\dfrac{Z_L}{\tan\beta l}+jZ}{\dfrac{Z}{\tan\beta l}+jZ_L}=Z\frac{jZ}{jZ_L}=\frac{Z^2}{Z_L}\ 〔\Omega〕\tag{8.18}$$

(2) トラップ

図 8.23 のように，負荷 Z_L〔Ω〕から l_1 の距離の場所abに l_1 と同じインピーダンス Z〔Ω〕の給電線で終端を短絡した l_2 を接続します．給電線 l_2 を**トラップ**といいます．

給電線 l_2 の終端が短絡しており，その入力インピーダンスは式 (8.17) より次のようになります（$Z_L=0$ として計算）．

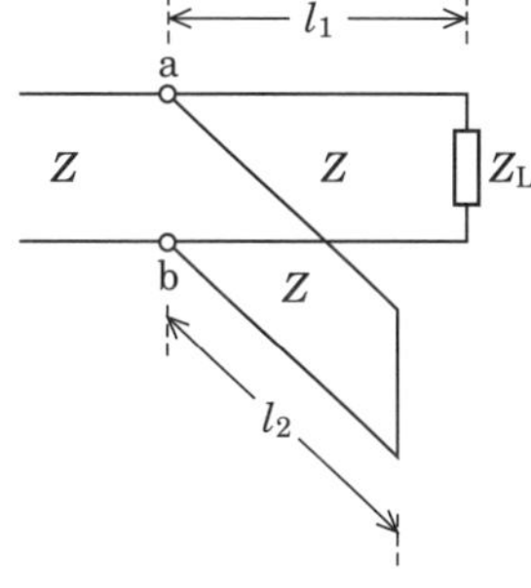

■図 8.23　トラップ

$$Z\frac{Z_L+jZ\tan\beta l_2}{Z+jZ_L\tan\beta l_2}=Z\frac{jZ\tan\beta l_2}{Z}=jZ\tan\beta l_2$$

$$=jZ\tan\left(\frac{2\pi l_2}{\lambda}\right)\ 〔\Omega〕\tag{8.19}$$

式 (8.19) は抵抗成分がなく，常にリアクタンスであることを示しています．

$l_2=\lambda/4$ のとき，式 (8.19) は

$$jZ\tan\left(\frac{2\pi l_2}{\lambda}\right)=jZ\tan\left(\frac{2\pi}{\lambda}\times\frac{\lambda}{4}\right)=jZ\tan\left(\frac{\pi}{2}\right)=\infty\ 〔\Omega〕\tag{8.20}$$

$l_2=\lambda/2$ のとき，式 (8.19) は

$$jZ\tan\left(\frac{2\pi l_2}{\lambda}\right)=jZ\tan\left(\frac{2\pi}{\lambda}\times\frac{\lambda}{2}\right)=jZ\tan(\pi)=0\,\Omega \tag{8.21}$$

式（8.21）は，第二高調波を除去できることを示しています．

8.5.4　電磁界モードの整合

送受信機の入出力端子には給電線として不平衡形の同軸ケーブルが多く使われ，多くのアンテナは平衡形です．インピーダンスが同じであっても，不平衡形の同軸ケーブルと平衡形のアンテナをそのまま接続すると漏れ電流などのために不要放射の原因になることがあります．そこで，平衡不平衡変換回路のバランを挿入します．バランには「集中定数形バラン」「分布定数形バラン」がありますが，ここでは試験で出題された分布定数形バランであるU形バランについて説明します．

U形バランの概要を**図8.24**に示します．

同軸ケーブルの特性インピーダンスをZ_0〔Ω〕，入力電圧をE〔V〕とします．同軸ケーブルを出た電流は2分され，一方は直接平行線路に，もう一方はU字形に曲げた長さ1/2波長の同軸ケーブルに加わります．1/2波長長いと位相がπ〔rad〕遅れて平衡給電になり，ab間の電圧は$2E$〔V〕となります．

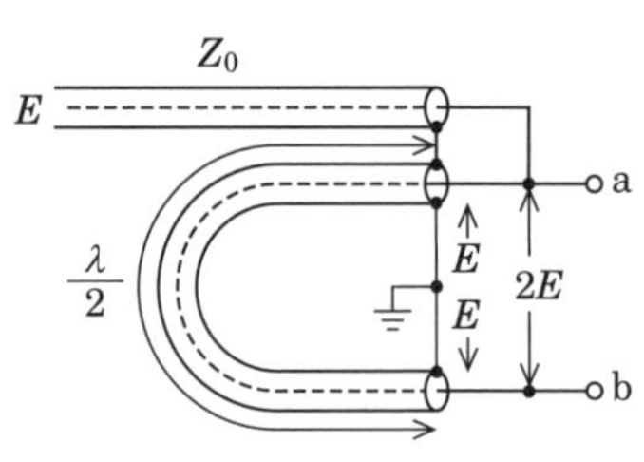

図8.24　U形バラン

ab間のインピーダンスをZ_{ab}〔Ω〕とすると，入力電力P_{in}は，$P_{in}=E^2/Z_0$，出力電力P_{out}は，$P_{out}=(2E)^2/Z_{ab}$となります．入出力間に損失がないとすれば，$P_{in}=P_{out}$になり，次式が成立します．

$$\frac{E^2}{Z_0}=\frac{(2E)^2}{Z_{ab}} \tag{8.22}$$

よって，式（8.22）より，Z_{ab}は

$$Z_{ab}=\frac{(2E)^2\times Z_0}{E^2}=4Z_0 \tag{8.23}$$

すなわち，ab間のインピーダンスZ_{ab}は，同軸ケーブルの特性インピーダンスZ_0の4倍になります．

8.5.5 導波管と遮断周波数

図 8.25 に方形導波管を示します．導波管は高周波数（短波長）の電波は伝送できますが，低周波数（長波長）の電波を伝送することはできない一種の高域フィルタです．電波を伝送できるか否かの境目を**遮断周波数**といいます．図 8.22 から遮断波長 λ_c は方形導波管の長辺の 2 倍の $\lambda_c = 2a$〔m〕で求めることができます．これから，遮断周波数 f_c は $f_c = c/\lambda_c$〔Hz〕で計算できます（c は電波の速度）．

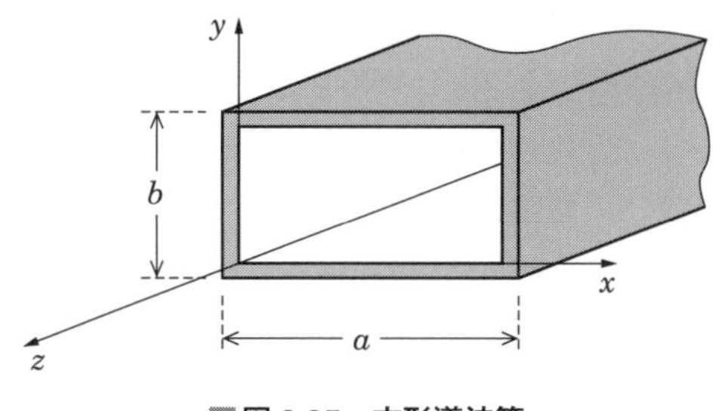

■図 8.25　方形導波管

問題 22 ★★★　➡8.5.1

次の記述は，同軸給電線について述べたものである．［　　］内に入れるべき字句を下の番号から選べ．

(1) 同軸給電線は，［ ア ］給電線として広く用いられており，［ イ ］がシールドの役割をするので，放射損失が少なく，また，外部電磁波の影響を受けにくい．

(2) 特性インピーダンスは，内部導体の外径，外部導体の［ ウ ］及び内外導体の間の絶縁物の［ エ ］で決まる．また，周波数が［ オ ］なるほど誘電体損失が大きくなる．

1 外部導体　2 内径　3 長さ　4 平衡形　5 低く
6 内部導体　7 導電率　8 誘電率　9 不平衡形　10 高く

答え▶▶▶ア－9，イ－1，ウ－2，エ－8，オ－10

問題 23 ★★　➡8.5.2

無変調時の送信電力（搬送波電力）が 800 W の DSB（A3E）送信機が，特性インピーダンス 50 Ω の同軸ケーブルでアンテナに接続されている．この送信機の変調度を 100%にしたとき，同軸ケーブルに加わる電圧の最大値として，最も近いものを下の番号から選べ．ただし，同軸ケーブルの両端は整合がとれているものとする．

1 200 V　2 283 V　3 400 V　4 566 V　5 800 V

解説　同軸ケーブルにかかる電圧（実効値）V_e は

$$V_e = \sqrt{P_0 Z} = \sqrt{800 \times 50} = \sqrt{40\,000} = 200\ \mathrm{V} \quad ①$$

となります．式①の値は無変調時の実効値なので，その最大値 V_m は

$$V_m = \sqrt{2}\ V_e = \sqrt{2} \times 200 = 200\sqrt{2}\ \mathrm{V}$$

となります．100％変調を行ったときの最大値は搬送波電圧の最大値 V_m の2倍の $2V_m$ になりますので

$$2V_m = 2 \times 200\sqrt{2} = 400 \times 1.414 = 565.6 \fallingdotseq \mathbf{566\ V}$$

答え▶▶▶4

問題24　★★★　➡8.5.2

アンテナに接続された給電線における定在波及びVSWR等についての記述として，誤っているものを下の番号から選べ．ただし，波長を λ とする．

1　VSWRは，給電線とアンテナのインピーダンス整合の状態を表す．

2　定在波は，給電線上に入射波と反射波が合成されて生ずる．

3　給電線路上の電圧・電流の定在波の分布は，終端開放と終端短絡とでは $\lambda/2$ ずれている．

4　VSWRは，電圧定在波の最大振幅 V_{max} と最小振幅 V_{min} の比（V_{max}/V_{min}）で示される．

5　特性インピーダンスが50 Ωの給電線に入力インピーダンスが75 Ωのアンテナを接続すると，VSWRは1.5となる．

解説　3　×　「**λ/2**ずれている」ではなく，正しくは「**λ/4**ずれている」です．

5　○　$\mathrm{VSWR} = \dfrac{\text{特性インピーダンス}}{\text{入力インピーダンス}} = \dfrac{75}{50} = \mathbf{1.5}$ なので，正しいです．

答え▶▶▶3

問題25　★　➡8.5.1

次の記述は，半波長ダイポールアンテナに同軸給電線で給電するときの整合について述べたものである．［　　］内に入れるべき字句の正しい組合せを下の番号から選べ．

半波長ダイポールアンテナに同軸給電線で直接給電すると，［ A ］形のアンテナと不平衡形の給電線とを直接接続することになり，同軸給電線の外部導体の外側表面に［ B ］が流れる．このため，半波長ダイポールアンテナの素子に流れる電流が不平衡になるほか，同軸給電線からも電波が放射されるので，これらを防ぐため，［ C ］を用いて整合をとる．

	A	B	C
1	平衡	漏えい電流	バラン
2	平衡	うず電流	Q マッチング
3	平衡	漏えい電流	Q マッチング
4	不平衡	うず電流	バラン
5	不平衡	漏えい電流	Q マッチング

解説 バランは平衡－不平衡変換器（balanced-to-unbalanced transformer）です．

答え▶▶▶ 1

問題 26 ★★ ➡8.5.2

アンテナの電圧反射係数が $0.173+j0.1$ であるときの電圧定在波比（VSWR）の値として，最も近いものを下の番号から選べ．ただし，$\sqrt{3} \fallingdotseq 1.73$ とする．

1 0.7　　2 1.0　　3 1.2　　4 1.5　　5 2.0

解説 電圧反射係数を Γ とすると

$$\mathrm{VSWR}=\frac{1+|\Gamma|}{1-|\Gamma|}$$

となります．電圧反射係数が複素数で与えられているので，その大きさ $|\Gamma|$ は

$$\begin{aligned}|\Gamma| &= \sqrt{(0.173)^2+(0.1)^2}=\sqrt{(1.73)^2\times10^{-2}+1\times10^{-2}}\\ &=\sqrt{3\times10^{-2}+1\times10^{-2}}\\ &=\sqrt{4\times10^{-2}}=2\times10^{-1}=0.2\end{aligned}$$

$\sqrt{3}=1.73$ より $3=(1.73)^2$ として計算します．

与えられた数値を代入すると

$$\mathrm{VSWR}=\frac{1+|\Gamma|}{1-|\Gamma|}=\frac{1+0.2}{1-0.2}=\frac{1.2}{0.8}=\mathbf{1.5}$$

答え▶▶▶ 4

問題 27 ★★ ➡8.5.3

図に示す，特性インピーダンス Z_0 が 50 Ω の同軸ケーブルを使用した 1/4 波長整合回路の送受信機側に，特性インピーダンス Z が 75 Ω の同軸ケーブルを接続した場合，整合するアンテナの入力インピーダンス R_a の値として，最も近いものを下の番号から選べ．ただし，接続部の損失及びリアクタンス成分は無視できるものとする．

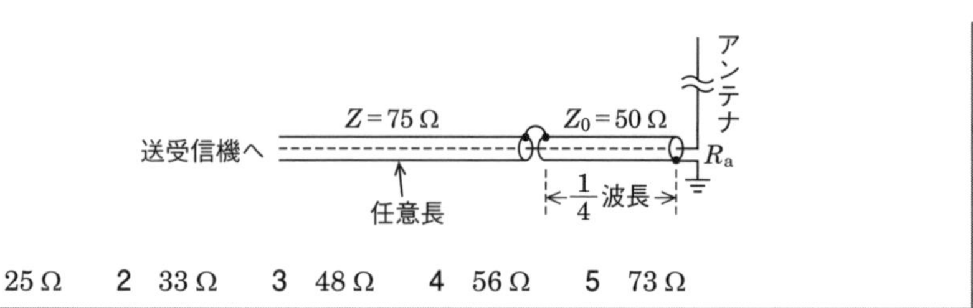

1　25 Ω　　2　33 Ω　　3　48 Ω　　4　56 Ω　　5　73 Ω

解説　特性インピーダンス Z の同軸ケーブルと 1/4 波長整合回路の接続点から右側を見たインピーダンスを Z_{in}〔Ω〕とすると

$$Z_{in}=\frac{{Z_0}^2}{R_a} \quad ①$$

整合するためには，式①が特性インピーダンス Z に等しくなければならないので

$$\frac{{Z_0}^2}{R_a}=Z \quad ②$$

式②より，R_a は

$$R_a=\frac{{Z_0}^2}{Z}=\frac{50\times50}{75}=\frac{2\times50}{3}\fallingdotseq \mathbf{33\,\Omega}$$

答え▶▶▶2

問題 28　★★　➡8.5.3

次の記述は，同軸ケーブルによる Q 形変成器と，これを使用したスタックアンテナへの給電及び整合の原理について述べたものである．[　　]内に入れるべき字句の組合せを下の番号から選べ．ただし，アンテナは 50 Ω に整合されているものとし，分配点においては送信機からの同軸ケーブルと Q 形変成器の内部導体同士及び外部導体同士がそれぞれ接続されているものとする．なお，同じ記号の[　　]内には同じ字句が入るものとする．

図 1 に示す原理図において，Q 形変成器（75 Ω 同軸ケーブル）の長さ l を同軸線路上の波長の[A]とし，出力側のインピーダンス（純抵抗とする）が 50 Ω であるなら，入力側から見たインピーダンスは約[B]〔Ω〕となる．

したがって，図 2 に示す 2 つの Q 形変成器を使用したスタックアンテナの給電の原理図において，分配点における合成インピーダンスは約[C]〔Ω〕となり，送信機から分配点まで任意長の同軸ケーブルにより給電することができる．

また，長さ l は同軸線路上の波長の[A]の[D]にすることができる．

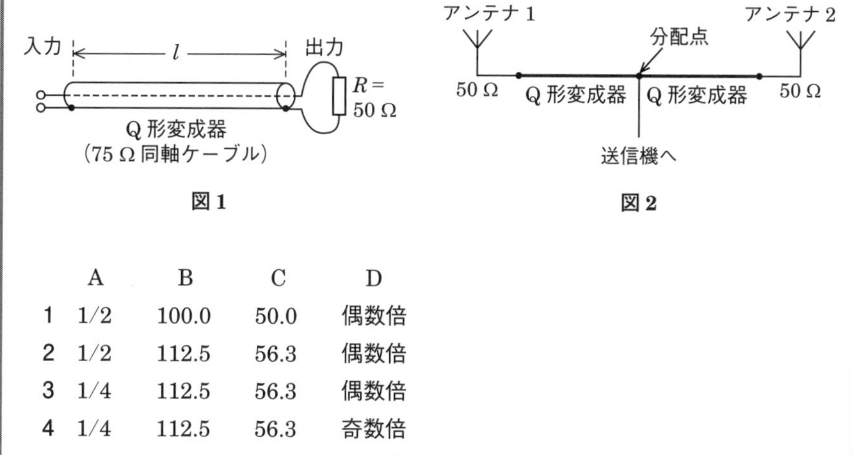

図 1　　図 2

	A	B	C	D
1	1/2	100.0	50.0	偶数倍
2	1/2	112.5	56.3	偶数倍
3	1/4	112.5	56.3	偶数倍
4	1/4	112.5	56.3	奇数倍
5	1/4	100.0	50.0	奇数倍

解説 図 1 の Q 形変成器の長さは波長の **1/4** 倍です（Quarter の意味は 4 分の 1）．

変成器部分の同軸ケーブルのインピーダンスを Z〔Ω〕とすると，入力側から見たインピーダンスは，$\dfrac{Z^2}{R}=\dfrac{75\times75}{50}=\dfrac{3\times75}{2}=\dfrac{225}{2}=$ **112.5 Ω** となります．合成インピーダンスは，112.5 Ω の 2 つの並列なので，112.5 ÷ 2 ≒ **56.3 Ω** です．

長さ l は，同軸線路上の波長の**奇数倍**にすることができます．

答え ▶▶▶ 4

問題 29 ★★ ➡8.5.4

次の記述は，U 形バランについて述べたものである．［　　］内に入れるべき字句の正しい組合せを下の番号から選べ．なお，同じ記号の［　　］内には，同じ字句が入るものとする．

(1) 図に示す，同軸ケーブルを U 字形に曲げたうかい線路の長さを，同軸ケーブル上の波長の［ A ］波長にすると，うかいした点 b における電圧，電流の位相は点 a より［ B ］〔rad〕遅れるため，不平衡－平衡の変換がなされる．

(2) ab 間のインピーダンスは同軸ケーブルの特性インピーダンスの［ C ］倍となる．

	A	B	C
1	1/2	$\pi/2$	4
2	1/2	π	4
3	1/2	$\pi/2$	2
4	1	π	2
5	1	$\pi/2$	2

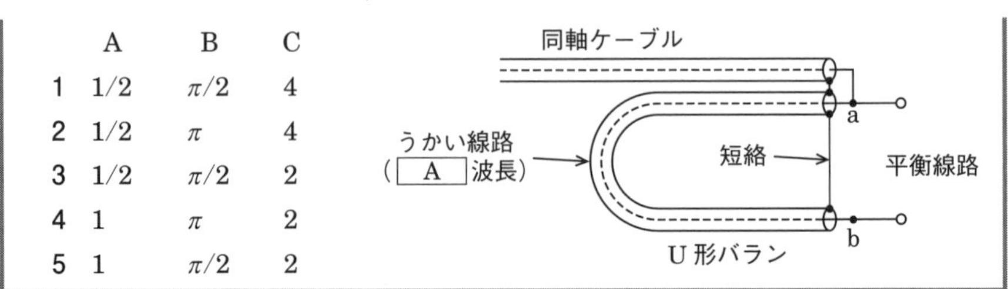

解説 (1) 同軸ケーブルをU字形に曲げたうかい線路の長さを同軸ケーブル上の波長の**1/2**波長にすると，電圧と電流の位相は$\boldsymbol{\pi}$〔rad〕遅れます．
(2) ab間のインピーダンスは同軸ケーブルの特性インピーダンスの**4倍**になります（式(8.23)）．

答え▶▶▶2

問題30 ★★　➡8.5.4

次の記述は，同軸給電線路に取り付けた同軸トラップについて述べたものである．□内に入れるべき字句の正しい組合せを下の番号から選べ．ただし，T形接栓の内部においては，同軸給電線路と同軸トラップの内部導体同士及び外部導体同士がそれぞれ接続されているものとし，同軸給電線路と同軸トラップの特性インピーダンスの値は同一とする．

図に示す同軸トラップの終端の短絡部までの長さlを，同軸線路上の波長の A にすると，基本波に対して同軸トラップの入力インピーダンスが B 〔Ω〕となる．一方，第2高調波に対しては，入力インピーダンスが C 〔Ω〕となり，第2高調波を除去 D ．

	A	B	C	D
1	1/4	0	0	できる
2	1/4	∞	0	できる
3	1/4	∞	∞	できない
4	1/2	∞	0	できない
5	1/2	0	∞	できない

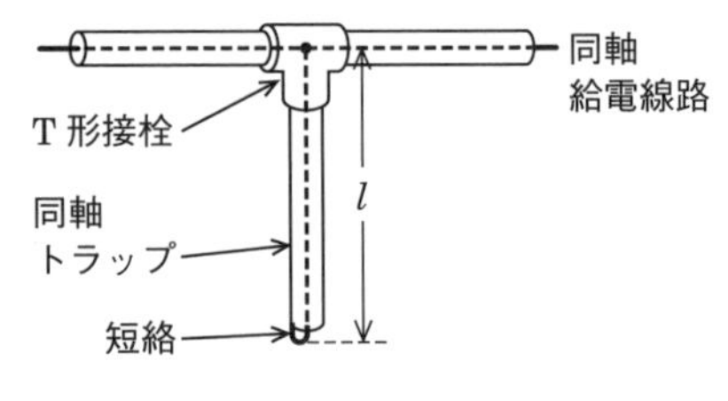

解説 同軸トラップの長さ$l=\boldsymbol{\lambda/4}$で終端が短絡してあるため，終端で電流が最大，電圧が最小となるため，T型接栓から見た入力インピーダンス＝電圧最大/電流最小（ゼロ）で**∞**〔Ω〕になります．

第2高調波に対しては，同軸トラップの長さlは$\lambda/2$に相当するため，T型接栓から見た入力インピーダンス＝電圧最小/電流最大で**0 Ω**になります．

(参考) 同軸トラップの長さ$l=\lambda/4$とすると，T型接栓から見たインピーダンスは式(8.19) より

$$jZ\tan\left(\frac{2\pi l}{\lambda}\right)=jZ\tan\left(\frac{2\pi}{\lambda}\times\frac{\lambda}{4}\right)=jZ\tan\left(\frac{\pi}{2}\right)=\infty\ [\Omega] \quad ①$$

第2高調波は波長が基本波の半分なので，$l=\lambda/2$となります．よって，インピーダンスは

$$jZ\tan\left(\frac{2\pi l}{\lambda}\right)=jZ\tan\left(\frac{2\pi}{\lambda}\times\frac{\lambda}{2}\right)=jZ\tan\pi=0\ \Omega$$

答え▶▶▶2

問題 31 ★★ ➡8.5.5

図に示す方形導波管のTE_{10}波の遮断周波数の値として，正しいものを下の番号から選べ．

1 2.5 GHz
2 5.0 GHz
3 7.5 GHz
4 10.0 GHz
5 12.5 GHz

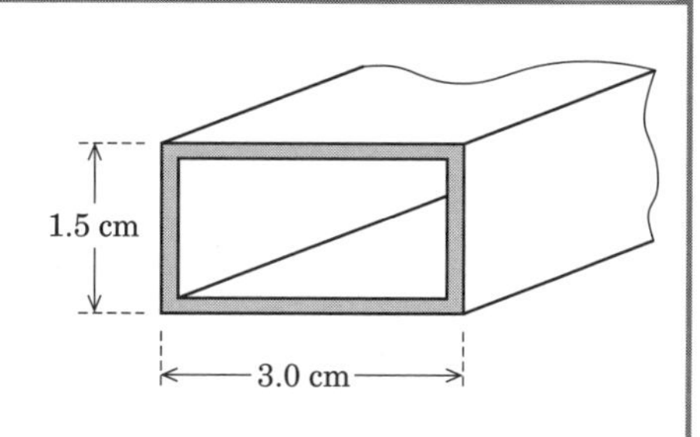

解説 方形導波管の長辺の2倍が遮断波長λ_cとなるので

$$\lambda_c=2\times3=6\ \text{cm}$$

よって，遮断周波数f_c〔Hz〕は

$$f_c=\frac{c}{\lambda_c}=\frac{3\times10^8}{0.06}=5\times10^9\ \text{Hz}=\mathbf{5\ GHz}$$

答え▶▶▶2

9章 電波伝搬

この章から 3 問出題

電波伝搬は地上波伝搬，対流圏伝搬，電離層伝搬に大別できます．本章では，主に，HF，VHF，UHF 帯の電波伝搬の性質，電界強度の計算方法，フェージングとその軽減法，電波雑音などに加え，電波の強度に関する安全施設についても学びます．

9.1 電波伝搬

9.1.1 電波の速度と周波数による分類

電波は，真空中では 1 秒間に 30 万 km（3×10^8 m）進みますが，大気中など媒質内を伝搬する場合は遅くなります．すなわち，電波の速度は電波伝搬通路上にある媒質によって変化します．

電波の通信では，媒質は，大気や電離層になります．電波伝搬通路上にある媒質の屈折率が一定の場合は，電波は直進しますが，対流圏のように，大気の濃度が変化する場所では，媒質の屈折率が複雑に変化し電波は彎（わん）曲して伝わります．

電波は周波数によって，**長波帯**（**LF**：Low Frequency），**中波帯**（**MF**：Medium Frequency），**短波帯**（**HF**：High Frequency），**超短波帯**（**VHF**：Very High Frequency），**極超短波帯**（**UHF**：Ultra High Frequency），**マイクロ波帯**（**SHF**：Super High Frequency，**EHF**：Extremely High Frequency）などに分類されています．

電波は，真空中では 1 秒間に 30 万 km（3×10^8 m）進みますが，その速度は空気などの媒質中では遅くなります．

9.1.2 地球の気層分布と名称

地球の気層は，地面に近いほうから**対流圏**（0～12 km 程度），**成層圏**（12～50 km 程度），**中間圏**（50～80 km 程度），**熱圏**（80 km 以上）と呼びます．熱圏の濃い電離気体層が**電離層**（80～500 km 程度）です．

9.1.3 電波伝搬の種類

電波伝搬には，**地上波伝搬**，**対流圏伝搬**，**電離層伝搬**があります．

図で示すと**図 9.1** のようになり，電波の伝わり方の分類は**表 9.1** のようになります．

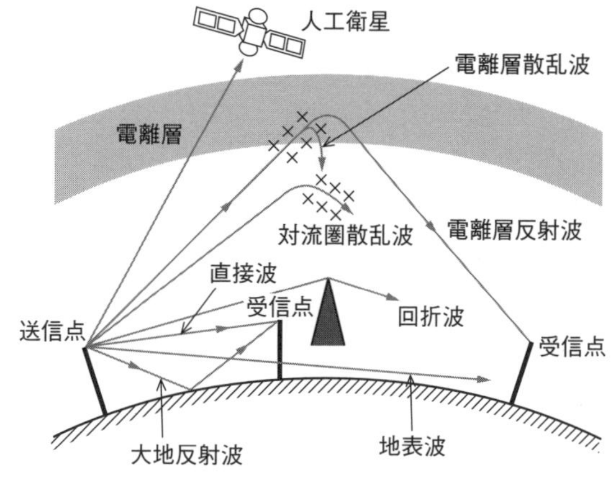

■図 9.1　電波伝搬の種類

■表 9.1　電波の伝わり方の分類

伝搬の種類	名　称	特　徴
地上波伝搬	直接波	送信アンテナから受信アンテナに直接伝搬
	大地反射波	地面で反射し伝搬
	地表波	地表面に沿って伝搬
	回折波	山の陰のような見通し外でも伝搬
対流圏伝搬	対流圏波	大気（屈折率）の影響を受けて伝搬
	対流圏散乱波	散乱波は不規則で四方八方に伝搬
電離層伝搬	電離層反射波	遠距離通信が可能
	電離層散乱波	電離層の粗密により電波を散乱させ伝搬

注）電離層伝搬を考えなくてもよい伝搬を対流圏伝搬といいます．

地表波は波長が短くなると地表面の損失が増加し，伝搬距離は短くなります．

（1）地上波伝搬

送受信間の距離が比較的近く，大地，山，海，建築物などの影響を受けて伝搬する電波を**地上波**といいます．地上波には，直接波，大地反射波，地表波，回折波があり，地上波が伝搬することを**地上波伝搬**といいます．

(2) 対流圏伝搬

地上からの高さが12 km程度（緯度，経度，季節により高さは変化する）までを**対流圏**と呼びます．対流圏では高度が高くなるにつれて大気が薄くなります．温度は高度100 mにつき約0.6℃低下します．大気が薄くなると屈折率が小さくなり，電波は彎曲して伝搬します．このように，対流圏の影響を受けて電波が伝搬することを**対流圏伝搬**といいます．

(3) 電離層伝搬

電離層は地上から80～500 kmのところにあり，太陽からの紫外線，X線などが，大気中の分子や原子を自由電子とイオンに電離させて生じる層のことをいいます．電離層の密度は，太陽活動，季節，時刻などで時々刻々変化します．電離層は**表9.2**に示すように，地面に近い方から，D層，E層，F層と命名されています．電離層は短波帯の電波伝搬に大きな影響を与え，小電力の電波でも電離層で反射し遠距離まで伝搬します．超短波帯以上の電波は電離層を利用できませんが，夏季の昼間に**スポラジックE層**が出現し，超短波の電波を反射し遠距離通信ができることがあります．

■表9.2　電離層の種類

電離層名	地上高	特　徴
D層	約80 km	・昼間に発生し夜間は消滅するので，日の出や日の入の際に電界強度が変動する．夏季により発達する
E層	約100 km	・季節，昼夜による高さの変化はほとんどない ・電子密度は太陽活動の影響を受け，季節，昼夜により変化する．夜間は昼間より電子密度が減少する ・日本では，夏季の昼間にスポラジックE層が現れ，VHF帯で小電力で遠距離通信が可能になることがある
F層	約200 km ～約400 km	・高さは，昼間より夜間が高く，冬季より夏季が高い ・昼間はF_1層とF_2層に分かれるが，夜間は1つになる ・夜間は昼間より電子密度が減少する ・電子密度はE層より大きい

※F層の電子密度はE層の電子密度より大きいです．
太陽の黒点数の多い年は，少ない年よりも電離層の電子密度は大きくなります．

夏季の昼間に出現するスポラジックE層は，VHF帯の電波を反射し遠距離通信が可能になります．

関連知識　デリンジャ現象と電離層嵐

太陽に照らされている地球の半面で，突如として，短波通信が数分～数十分間通信不能になる現象をデリンジャ現象といいます．徐々に受信電界強度が低下し，数時間から数日間，電離層を使う無線通信が通信不能に陥る現象を電離層嵐といいます．

(4) 電離層による電波の減衰

電波が電離層を突き抜けるときに受ける減衰を**第一種減衰**，電波の反射点付近における吸収を**第二種減衰**といいます．

(5) 正割の法則

送信点から真上に向けて電波を発射し，電離層で反射して戻ってくる最高の周波数 f_c を**臨界周波数**といいます．

いま，**図 9.2** に示すように，臨界周波数 f_c と，電波を入射角 θ で電離層に入射し，反射して戻ってくる電波の周波数 f との関係は次式で与えられます．これを正割の法則（secant law）といいます．

$$f = f_c \sec\theta \tag{9.1}$$

正割は，セカント（sec）のことで，コサイン（cos）の逆数になります．すなわち，角度を θ とすると，$\sec\theta = 1/\cos\theta$ になります．

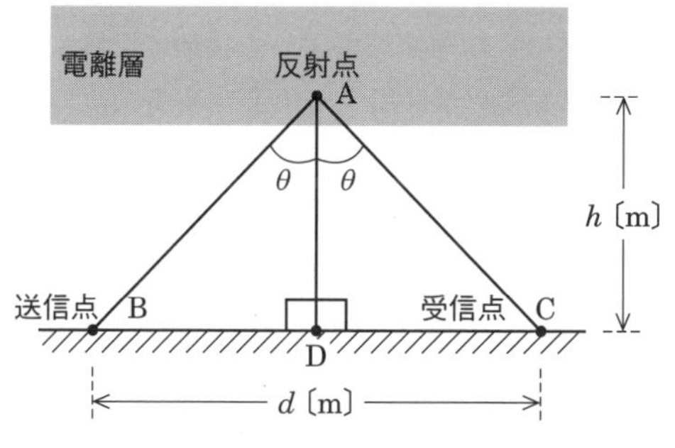

■図 9.2　正割の法則

2 点間で通信可能な最高の周波数を**最高使用可能周波数**（**MUF**：Maximum Usable Frequency）といいます．

送受信点の距離を d〔m〕，電離層の高さを h〔m〕，最高使用可能周波数を f_m とすると

$$\cos\theta = \frac{\overline{\text{AD}}}{\overline{\text{AB}}} = \frac{h}{\sqrt{h^2 + (d/2)^2}}$$

ですので，式(9.1) は次のように表すことができます．

$$f_m = f_c \sec\theta = \frac{f_c}{\cos\theta} = f_c \times \frac{\sqrt{h^2 + (d/2)^2}}{h} = f_c\sqrt{1 + (d/2h)^2} \qquad (9.2)$$

(6) 最低使用可能周波数

MUF から周波数を徐々に下げていくと，通信に使用できる限界の周波数になります．この周波数を**最低使用可能周波数**（**LUF**：Lowest Usable Frequency）といいます．

(7) 最適使用周波数

2 点間を通信するのに最適な周波数を**最適使用周波数**（**FOT**：Frequency of Optimum Traffic）と呼び，最高使用可能周波数 MUF の 85%の周波数です．

問題 1 ★★ ➡9.1

次の記述は，周波数帯ごとの電波の伝搬の特徴について述べたものである．□内に入れるべき字句の正しい組合せを下の番号から選べ．

(1) 中波（MF）帯の電波の伝搬では，昼間は D 層による減衰が大きいため電離層反射波はほとんどなく，主に［A］が伝搬するが，夜間は E 層または F 層で反射して遠くまで伝わる．

(2) 短波（HF）帯の電波は，電離層波により遠距離に伝搬する．電離層の電子密度は，［B］の影響を受け季節によって変化するため，使用できる周波数も変化する．

(3) 超短波（VHF）帯の電波は，伝搬距離が短いときは主に直接波が伝わる．通常は，電離層反射波はないが，［C］での反射により遠距離まで伝搬することがある．

	A	B	C
1	地表波	太陽活動	スポラジック E 層
2	地表波	太陽活動	F 層
3	地表波	地球磁界	F 層
4	散乱波	地球磁界	スポラジック E 層
5	散乱波	太陽活動	F 層

答え▶▶▶ 1

出題傾向 下線の部分を穴埋めにした問題も出題されています.

問題 2 ★★ ➡9.1.3 (3)

次の記述は，電離層の状態について述べたものである．このうち誤っているものを下の番号から選べ.

1 電離層の電子密度は，一般に昼間は大きく夜間は小さい.
2 E層は地上約100 kmの高さに現れ，F層は地上約200 kmから400 kmの高さに現れる.
3 F層の高さは，季節及び時刻によって変化する.
4 F層の電子密度は，E層の電子密度に比較して大きい.
5 太陽の黒点数の多い年は，少ない年よりも電離層の電子密度は小さくなる.

解説 5 × 「電子密度は**小さく**なる」ではなく，正しくは「電子密度は**大きく**なる」です.

答え▶▶▶5

問題 3 ★★ ➡9.1.3 (3)

次の記述は，電離層伝搬において発生する障害について述べたものである．[ ]内に入れるべき字句を下の番号から選べ.

(1) D層を突き抜けてF層で反射する電波は，D層の電子密度等によって決まる減衰を受ける．太陽の表面で爆発が起きると，多量のX線などが放出され，このX線などが地球に到来すると，D層の電子密度を急激に[ア]させるため，短波（HF）帯の通信が，太陽[イ]地球の半面で突然不良になったり，または受信電界強度が低下することがある．このような現象を[ウ]という．この現象が発生すると，短波（HF）帯における通信が最も大きな影響を受ける.

(2) これらの障害が発生したときは，電離層における減衰は，使用周波数の[エ]にほぼ反比例するので，[オ]周波数に切り換えて通信を行うなどの対策がとられている.

1	に照らされていない	2	デリンジャー現象	3	上昇	4	下降	5	3乗
6	に照らされている	7	磁気嵐	8	高い	9	低い	10	2乗

答え▶▶▶ア－3，イ－6，ウ－2，エ－10，オ－8

問題 4 ★★★ ➡ 9.1.3 (3)

次の記述は，電波伝搬における電離層のじょう乱現象について述べたものである．[　　]内に入れるべき字句の正しい組合せを下の番号から選べ．

(1) 太陽面上で局所的に突然生ずる大爆発（フレア）によって放射される大量のX線及び[A]が，下部電離層に異常電離を引き起こすため，太陽に照らされている地球の半面で，短波（HF）帯における通信が突然不良となり，この状態が数分から数十分間継続する現象を[B]という．

(2) これはD層を中心とする電離層の電子密度が急に上昇して，HF帯電波の吸収が増加するために受信電界強度が突然低下するもので，太陽に照らされている半面における[C]地方を通る電波伝搬路ほど大きな影響を受ける．

	A	B	C
1	紫外線	デリンジャー現象	低緯度
2	紫外線	電離層（磁気）あらし	高緯度
3	紫外線	デリンジャー現象	高緯度
4	荷電粒子	電離層（磁気）あらし	低緯度
5	荷電粒子	デリンジャー現象	高緯度

答え▶▶▶1

問題 5 ★★ ➡ 9.1.3 (3)

次の記述は，短波（HF）帯の電波伝搬について述べたものである．[　　]内に入れるべき字句を下の番号から選べ．

デリンジャー現象は，受信電界強度が突然[ア]なり，この状態が短いもので数分，長いもので[イ]続く現象であり，電波伝搬路に[ウ]部分がある場合に発生する．また，受信電界強度がデリンジャー現象のように突然変化するのでなく，徐々に低下し，このような状態が数日続くじょう乱現象を[エ]という．これらの発生原因は[オ]に起因している．

1 夜間　2 数ケ月　3 太陽活動　4 磁気（電離層）あらし　5 高く
6 日照　7 数時間　8 潮の干満　9 K形フェージング　10 低く

答え▶▶▶ア－10，イ－7，ウ－6，エ－4，オ－3

問題 6 ★★ ➡9.1.3(5)

次の記述は，短波通信における電離層伝搬について述べたものである．このうち誤っているものを下の番号から選べ．

1 送信地点を中心として，跳躍距離を半径とする円のうち，地表波が到達する地域を除いた部分は不感地帯となる．

2 周波数を一定にして地上から上空に向かって電波を入射させたとき，電波の進行方向と電離層との角度が垂直に近くなるほど，電子密度の大きい層まで進入して反射される．

3 LUF（最低使用可能周波数）は，電離層の減衰量，送信電力及びアンテナ利得等の要因により決定されるが，入射角は関係しない．

4 MUF（最高使用可能周波数）の 85%の周波数を FOT（最適使用周波数）といい，通信に最も適当な周波数とされている．

解説 3 × 「入射角**は関係しない**」ではなく，正しくは「入射角**も関係する**」です．

答え▶▶▶3

電波の電離層への入射角度が変わると，入射角に応じて，D 層や E 層での通路が変化します．

問題 7 ★★★ ➡9.1.3 (5)

図に示すように，送信点 B と受信点 C との間の距離が 600 km で，電離層の F 層 1 回反射伝搬において，最高使用可能周波数（MUF）が 20 MHz であるとき，臨界周波数 f_c の値として，最も近いものを下の番号から選べ．ただし，F 層の反射点 A の高さは 300 km とする．また，MUF を f_m とし，θ を電離層への入射角及び反射角とすれば，f_m は，次式で与えられるものとする．

$$f_m = f_c \sec\theta$$

1 10 MHz
2 12 MHz
3 14 MHz
4 16 MHz
5 18 MHz

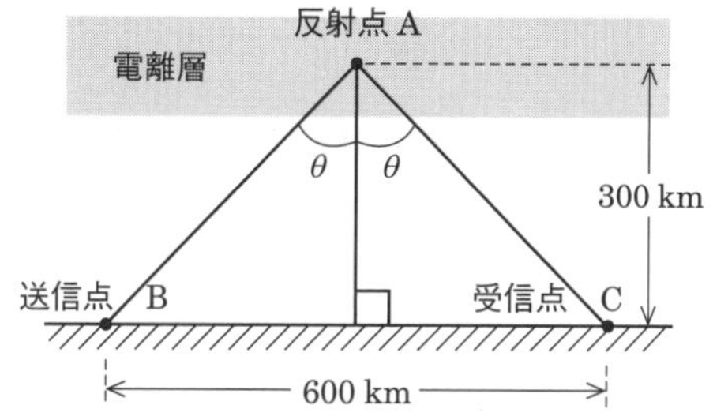

解説　$\overline{AB}$を求めると，$\overline{AB}=\sqrt{300^2+300^2}=300\sqrt{2}$〔km〕になります．

したがって，**図 9.3** より

$$\cos\theta=\frac{300}{300\sqrt{2}}=\frac{1}{\sqrt{2}}$$

$f_m=f_c\sec\theta$ より

$$f_c=\frac{f_m}{\sec\theta}=f_m\cos\theta=\frac{20}{\sqrt{2}}=\frac{20\times\sqrt{2}}{\sqrt{2}\times\sqrt{2}}=10\sqrt{2}$$

$$=10\times1.41=14.1\fallingdotseq\mathbf{14\ MHz}$$

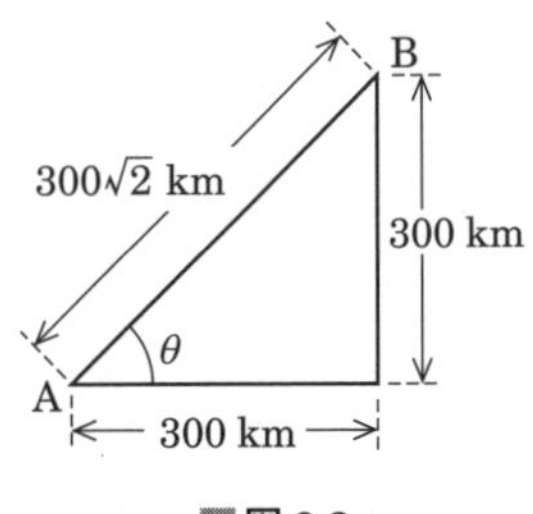

■図 9.3

答え▶▶▶3

9.2　VHF，UHF 帯電波の伝搬

アマチュア無線で使用される 144 MHz 帯や 435 MHz 帯の電波伝搬は，基本的には見通し距離内伝搬ですが，山岳回折など例外もあります．ここでは，直接波と大地反射波がある場合の電波伝搬について学びます．

9.2.1　超短波（VHF）の電波伝搬

VHF の電波の伝搬の特徴には次のようなものがあります．

- 直進するが，回折して山や建物などの障害物の背後にも届くことがある．
- 電離層はほとんど利用できないが，夏の昼間にスポラジック E 層（Es 層）が出現して遠距離通信ができることがある．
- 見通し距離内で生ずる直接波と大地反射波が干渉して，受信電波の強度の干渉じまが生じる．干渉じまは波長が長いほど粗くなる．
- 送信点からの距離が見通し距離より遠くなると，波長が短くなるほど受信電界強度の減衰が大きくなる．

9.2.2　極超短波（UHF）の電波伝搬

UHF の電波の伝搬の特徴には次のようなものがあります．

- UHF の電波は電離層を突き抜けるので，電離層は利用できない．
- 見通し距離内の通信では，直接波と大地反射波が利用される．
- UHF 電波は VHF 電波に比べ，受信アンテナの高さを変えると電波の強さが大きく変化し，建造物，樹木などの障害物による減衰も大きくなる．

問題 8 ★★ ➡9.2.1

次の記述は，超短波（VHF）帯以上の電波における山岳回折による伝搬について述べたものである．このうち誤っているものを下の番号から選べ．ただし，山岳は波長に比べて十分高く，その頂部が送信点及び受信点から見通せるものとする．また，大地は球面大地とする．

1 一般に，送信点と受信点の間に電波の通路をさえぎる山が複数ある場合の回折損は，孤立した1つの山がある場合よりも小さくなるので，電波の減衰が少ない．

2 山岳利得（山岳回折利得）は，山岳回折による伝搬によって受信される電波の電界強度が，山岳がない場合に受信される電波の電界強度に比べてどれだけ高くなるかを表す．

3 見通し外伝搬において，送信点と受信点の間にある山岳によって回折されて伝搬する電波の電界強度は，山岳がないときより高くなる場合がある．

4 見通し外伝搬において，山岳がない場合の球面大地による回折損は，一般に，送信点と受信点の間に山岳がある場合の回折損よりも大きい．

解説 1 × 「**小さく**なるので，電波の減衰が**少ない**」ではなく，正しくは「**大きく**なるので，電波の減衰が**多い**」です．

答え▶▶▶ 1

9.3 自由空間中における電界強度と平面大地上の電波伝搬

真空中が理想的ですが，真空でなくても，導電性のない均一な媒質で満たされていて，電波の反射，散乱，吸収，回折などのない空間（周囲に何もない状態で無限に広がる空間）のことを**自由空間**といいます．

アンテナの利得にはすべての方向に均一に電波を放射する等方性アンテナを基準アンテナとした絶対利得 G_a，半波長ダイポールアンテナを基準アンテナとして用いる相対利得 G_r があります．

絶対利得 G_a と相対利得 G_r の関係は，$G_a = G_r + 2.15$〔dB〕です．

9.3.1 等方性アンテナによる自由空間における電界強度

等方性アンテナを基準とし，任意のアンテナの利得を G_a としたときの自由空間における電界強度 E は，次式になります．

$$E = \frac{\sqrt{30 G_a P}}{d} \text{〔V/m〕} \tag{9.3}$$

ただし，P：空中線電力〔W〕，d：送受信点間の距離〔m〕

9.3.2　半波長ダイポールアンテナによる自由空間における電界強度

半波長ダイポールアンテナを基準とし，任意のアンテナの利得を G_r とした場合の自由空間における電界強度 E は，次式になります．

$$E = \frac{7\sqrt{G_r P}}{d} \text{〔V/m〕} \tag{9.4}$$

ただし，P：空中線電力〔W〕，d：送受信点間の距離〔m〕

9.3.3　平面大地上の電波伝搬

自由空間ではなく，**図 9.4** に示すような，送信点（送信アンテナ）から受信点（受信アンテナ）間を伝わる直接波 r_1 だけでなく，平面大地で反射する反射波 r_2 がある場合の電界強度は，直接波と大地反射波の合成になります．その電界強度 E は次式になります．

$$E = \frac{88\sqrt{GP}\, h_1 h_2}{\lambda d^2} \text{〔V/m〕} \tag{9.5}$$

ただし，P：送信電力〔W〕，G：アンテナの利得（真数），λ：電波の波長〔m〕
h_1：送信アンテナの高さ〔m〕，h_2：受信アンテナの高さ〔m〕

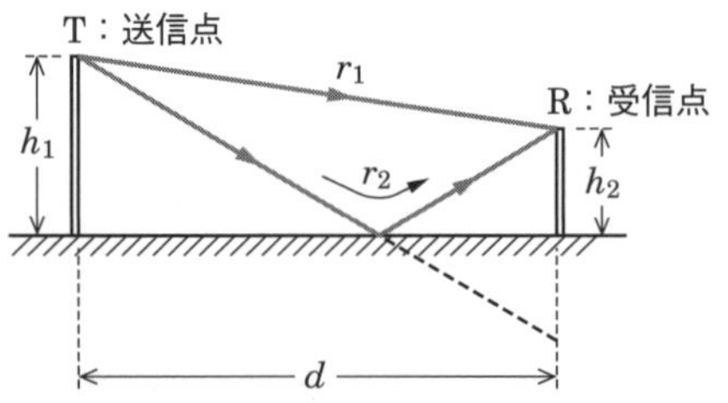

■図 9.4　平面大地上の電波伝搬

大地反射波がある場合の電界強度を求める式には，送信アンテナ及び受信アンテナの高さが必要になります．送信アンテナの高さが一定の場合，受信アンテナの高さによって電界強度が変化します．

関連知識　式 (9.5) の導出

図 9.4 において，直接波の電界強度を E_1，大地反射波の電界強度を E_2 として，E_1 と E_2 を合成すると，その電界強度 E は次のようになります．ただし，直接波の電波経路を r_1，大地反射波の電波経路を r_2，送受信点間の距離を d とします．

$$|E| = 2E_0 \sin \frac{\frac{2\pi}{\lambda}(r_2 - r_1)}{2} = 2E_0 \sin \frac{2\pi h_1 h_2}{\lambda d} \fallingdotseq 2E_0 \times \frac{2\pi h_1 h_2}{\lambda d} = E_0 \frac{4\pi h_1 h_2}{\lambda d} \qquad (9.6)$$

E_0 は自由空間における電界強度であり，アンテナの相対利得を G，送信電力を P とすると，E_0 は次式となります．

$$E_0 = \frac{7\sqrt{GP}}{d} \qquad (9.7)$$

式 (9.7) を式 (9.6) に代入すると電界強度は次式になります．

$$|E| = \frac{4\pi h_1 h_2}{\lambda d} E_0 = \frac{4\pi h_1 h_2}{\lambda d} \times \frac{7\sqrt{GP}}{d} = \frac{28\pi\sqrt{GP}\, h_1 h_2}{\lambda d^2} \fallingdotseq \frac{88\sqrt{GP}\, h_1 h_2}{\lambda d^2}$$

一アマの試験では式 (9.6) が問題に示されています．

9.3.4 真空中の見通し距離と標準大気中の見通し距離

(1) 真空中の見通し距離（幾何学的見通し距離）

地球に大気がない状態（真空中）と仮定したときの見通し距離は次のように計算できます．**図 9.5** において，地球の半径を r〔m〕，アンテナの地上高を h〔m〕，真空中の見通し距離を d〔m〕とします．

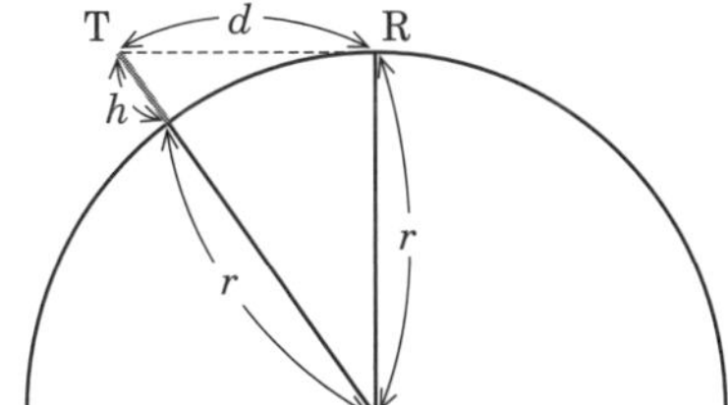

図 9.5　真空中の見通し距離 d

ピタゴラスの定理より，$(r+h)^2 = r^2 + d^2$ となり，d は次式で求まります．

$$d = \sqrt{(r+h)^2 - r^2} = \sqrt{r^2 + 2rh + h^2 - r^2} = \sqrt{2rh + h^2} \fallingdotseq \sqrt{2rh} \qquad (9.8)$$

h^2 は，$2rh$ と比較するときわめて小さいので省略することができます．

式（9.8）に地球の半径 $r = 6.37 \times 10^6$ m（6 370 km）を代入すると次式になります．

$$d = \sqrt{2rh} = \sqrt{2 \times 6.37 \times 10^6 \times h} = \sqrt{12.74 \times h} \times 10^3$$
$$\fallingdotseq 3.57\sqrt{h} \times 10^3 \text{〔m〕} \tag{9.9}$$

式（9.9）の見通し距離 d を km 単位に変換すると次式になります．

$$d \fallingdotseq 3.57\sqrt{h} \text{〔km〕} \tag{9.10}$$

図 9.6 に示す送受信点間の見通し距離 d（$d = d_1 + d_2$）は，式（9.10）を使用し次のように計算できます．ただし，送信アンテナの地上高を h_1〔m〕，受信アンテナの地上高を h_2〔m〕とします．

$$d = d_1 + d_2 = 3.57\sqrt{h_1} + 3.57\sqrt{h_2} = 3.57(\sqrt{h_1} + \sqrt{h_2}) \text{〔km〕} \tag{9.11}$$

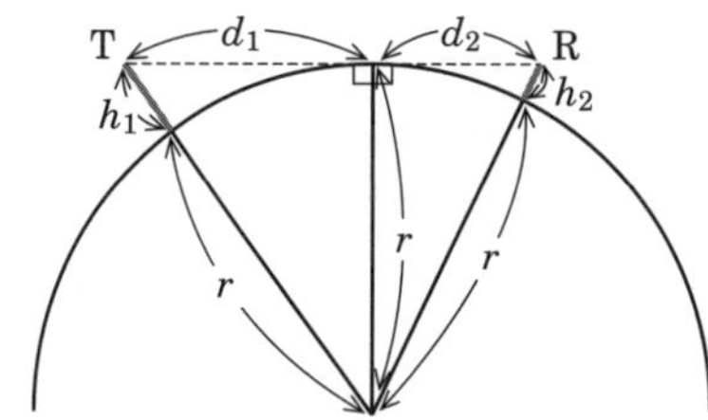

■図 9.6　送受信点間の見通し距離

(2) 標準大気中の見通し距離（電波の見通し距離）

式（9.11）は，大気がないと仮定した場合の見通し距離です．我々が住んでいる地球は大気に覆われており，温度，湿度，気圧などが常に変化し，上空に行くほど大気中の屈折率は小さくなります．したがって，電波は彎曲して伝搬し，計算が複雑になります．そこで，電波の経路を直線として表すために地球の半径を実際より大きくした地球を考えます．この仮想の地球半径を**等価地球半径**と呼び，実際の地球の半径を **4/3 倍**します．等価地球半径と地球半径の比を**等価地球半径係数**といい，K で表します（実際の地球の半径を 6 370 km とすると，半径を 4/3 倍した仮想の地球の半径は約 8 493 km となります）．

図 9.6 において，地球の半径 r を 4/3 倍して計算すると標準大気中の見通し距離を求めることができます．式（9.8）の r の代わりに Kr を代入すると次式になります．

$$d = \sqrt{2Krh} = \sqrt{2 \times (4/3) \times 6.37 \times 10^6 \times h} \fallingdotseq 4.12\sqrt{h} \times 10^3 \text{〔m〕} \tag{9.12}$$

式（9.12）の標準大気中の見通し距離 d を km 単位に変換すると次式になります．

$$d \fallingdotseq 4.12\sqrt{h}\ 〔\mathrm{km}〕 \tag{9.13}$$

送受信点間の標準大気中の見通し距離は，式（9.11）の係数 3.57 を 4.12 に変更すればよいので，次式で求めることができます．ただし，送信アンテナの地上高 h_1 と受信アンテナの地上高 h_2 の単位はともに〔m〕です．

$$d = 4.12(\sqrt{h_1}+\sqrt{h_2})\ 〔\mathrm{km}〕 \tag{9.14}$$

問題 9 ★★★ ➡9.3

相対利得が 6 dB で地上高 20 m の送信アンテナに周波数 150 MHz で 16 W の電力を供給して電波を放射したとき，最大放射方向で送受信間の距離が 20 km の地点における受信電界強度の値として，最も近いものを下の番号から選べ．ただし，受信アンテナの地上高は 10 m とし，自由空間電界強度を E_0〔V/m〕，送信及び受信アンテナの地上高をそれぞれ h_1，h_2〔m〕，波長を λ〔m〕及び送受信間の距離を d〔m〕とすると，受信電界強度 E は次式で与えられるものとする．また，アンテナの損失などは無視するものとし，$\log_{10} 2 \fallingdotseq 0.3$ とする．

$$E = E_0\,\frac{4\pi h_1 h_2}{\lambda d}\ 〔\mathrm{V/m}〕$$

1　124 μV/m　　2　176 μV/m　　3　275 μV/m
4　355 μV/m　　5　410 μV/m

解説 相対利得 6 dB のアンテナの利得を真数 G で表すと次のようになります．

$$6 = 10\log_{10} G \qquad ①$$

式①の両辺を 10 で割ると

$$0.6 = \log_{10} G \qquad ②$$

よって

$$G = 10^{0.6} = 10^{(0.3+0.3)} = 10^{0.3}\times 10^{0.3} = 2\times 2 = 4$$

150 MHz の波長 λ〔m〕は

$$\lambda = \frac{300}{f〔\mathrm{MHz}〕} = \frac{300}{150} = 2\ \mathrm{m}$$

$\log_{10} 2 = 0.3$ より
$10^{0.3} = 2$ となります．

送信電力を P，アンテナの利得（真数）を G とすると

$$E_0 = \frac{7\sqrt{GP}}{d}\ 〔\mathrm{V/m}〕 \qquad ③$$

となるので，問題で与えられた式に式③を代入すると，受信電界強度 E は

$$E = E_0 \frac{4\pi h_1 h_2}{\lambda d} = \frac{7\sqrt{GP}}{d} \times \frac{4\pi h_1 h_2}{\lambda d} = \frac{28\pi h_1 h_2 \sqrt{GP}}{\lambda d^2} \text{〔V/m〕} \quad ④$$

となります．式④に問題で与えられた数値を代入して，受信電界強度を求めると，次のようになります．

$$E = \frac{28\pi h_1 h_2 \sqrt{GP}}{\lambda d^2} = \frac{28\pi \times 20 \times 10\sqrt{4 \times 16}}{2 \times 4 \times 10^8} = 28\pi \times 200 \times 10^{-8}$$

$$= 175.84 \times 10^{-6}\ \text{V/m} \fallingdotseq \mathbf{176\ \mu V/m}$$

答え▶▶▶2

問題 10 ★★★　　➡9.3

半波長ダイポールアンテナに対する相対利得 10 dB，地上高 20 m の送信アンテナに，50 MHz で 40 W の電力を供給して電波を放射したとき，最大放射方向における電界強度が 40 dBμV/m（1 μV/m を 0 dBμV/m とする．）となる受信点と送信点間の距離の値として，最も近いものを下の番号から選べ．ただし，受信アンテナの地上高は 15.5 m，受信点の電界強度 E は次式で与えられるものとし，アンテナの損失はないものとする．

$$E = E_0 \frac{4\pi h_1 h_2}{\lambda d} \text{〔V/m〕}$$

E_0：送信アンテナによる直接波の電界強度〔V/m〕

h_1，h_2：送信，受信アンテナの地上高〔m〕

λ：波長〔m〕

d：送受信点間の距離〔m〕

1　10 km　　2　20 km　　3　30 km　　4　40 km　　5　50 km

解説 相対利得 10 dB の真数を G とすると

$$10 = 10 \log_{10} G \quad ①$$

となり，式①の両辺を 10 で割ると

$$1 = \log_{10} G \quad \text{よって}\ G = 10$$

となります．周波数 50 MHz の電波の波長 λ〔m〕は

$$\lambda = \frac{300}{f\text{〔MHz〕}} = \frac{300}{50} = 6\ \text{m}$$

となります．受信電界強度の真数を E とすると

$$40 = 20 \log_{10} E \quad ②$$

となり，式②の両辺を 20 で割ると

$$2 = \log_{10} E$$

となります．よって，E は

$$E = 10^2 = 100\,\mu\text{V/m} = 10^{-4}\,\text{V/m} \qquad ③$$

となります．送信電力を P〔W〕，送信アンテナの利得を G（真数）とすると

$$E = E_0 \frac{4\pi h_1 h_2}{\lambda d} = \frac{7\sqrt{GP}}{d} \times \frac{4\pi h_1 h_2}{\lambda d} = \frac{28\pi\sqrt{GP}\,h_1 h_2}{\lambda d^2} \qquad ④$$

となるので，式④に問題で与えられた $E = 10^{-4}$ V/m，$G = 10$，$P = 40$ W，$h_1 = 20$ m，$h_2 = 15.5$ m を代入すると

$$10^{-4} = \frac{28 \times 3.14\sqrt{10 \times 40} \times 20 \times 15.5}{6d^2} = \frac{28 \times 3.14 \times 20 \times 20 \times 15.5}{6d^2} = \frac{545\,104}{6d^2}$$

よって，送受信点間の距離 d は

$$d^2 = \frac{545\,104}{6 \times 10^{-4}} = 9.08 \times 10^8 \fallingdotseq 9 \times 10^8$$

$$d = \sqrt{9 \times 10^8} = 3 \times 10^4\,\text{m} = \mathbf{30\,km}$$

答え▶▶▶3

問題 11 ★★ ➡9.3.4

超短波（VHF）帯通信において，送信アンテナの地上高を 25 m，受信アンテナの地上高を 16 m としたとき，電波の見通し距離の値として，最も近いものを下の番号から選べ．ただし，大気は標準大気とする．

1　27.8 km　　2　32.2 km　　3　37.1 km　　4　40.4 km　　5　49.5 km

解説 標準大気中の見通し距離 $d = 4.12(\sqrt{h_1} + \sqrt{h_2})$〔km〕に問題で与えられた $h_1 = 25$ m，$h_2 = 16$ m を代入すると

$$d = 4.12(\sqrt{25} + \sqrt{16}) = 4.12(5 + 4) = 4.12 \times 9 = 37.08 \fallingdotseq \mathbf{37.1\,km}$$

答え▶▶▶3

問題 12 ★ ➡9.3.4

超短波（VHF）帯通信において，受信局（移動局）のアンテナの高さが 1 m であるとき，送受信局間の電波の見通し距離が 20.6 km となる送信局のアンテナの高さとして，最も近いものを下の番号から選べ．ただし，大気は標準大気とする．

1　10.3 m　　2　16.0 m　　3　22.5 m　　4　32.0 m　　5　40.4 m

解説 標準大気中における電波の見通し距離 d〔km〕は，送信アンテナの高さを h_1〔m〕，受信アンテナの高さを h_2〔m〕とすると，次式で表されます．

$$d = 4.12\,(\sqrt{h_1} + \sqrt{h_2})\ 〔\mathrm{km}〕 \quad ①$$

式①に $d = 20.6$ km，$h_2 = 1$ m を代入すると

$$20.6 = 4.12\ (\sqrt{h_1} + \sqrt{1}) \quad ②$$

式②の両辺を 4.12 で割ると

$$5 = \sqrt{h_1} + \sqrt{1} \quad ③$$

式③より

$\sqrt{h_1} = 4$　よって　$h_1 = \mathbf{16\ m}$

答え ▶▶▶ 2

問題 13 ★★★　➡ 9.3.4

次の記述は，標準大気中の等価地球半径係数について述べたものである．□内に入れるべき字句を下の番号から選べ．

(1) 大気の屈折率は高さにより変化し，上層に行くほど屈折率が［ア］なる．そのため電波の通路は［イ］に曲げられる．しかし，電波の伝わり方を考えるとき，電波は［ウ］するものとして取り扱った方が便利である．

(2) このため，地球の半径を実際より大きくした仮想の地球を考え，地球の半径に対する仮想の地球の半径の［エ］を等価地球半径係数といい，これを通常 K で表す．

(3) K の値は［オ］である．

1 屈折　2 小さく　3 和　4 下方　5 3/4
6 直進　7 大きく　8 比　9 上方　10 4/3

答え ▶▶▶ ア－2，イ－4，ウ－6，エ－8，オ－10

9.4 電波の屈折，散乱，回折

屈折率の相違する媒質を電波が通過する場合は，媒質の境界面で電波は屈折して進行します．

9.4.1 媒質中の電波の速度

電波の速度は，真空中で最も速く，3×10^8 m/s になります．電波の速度は大気などの媒質中では必ず遅くなります．真空中の電波の速度を c，媒質中の電波

の速度を c'，媒質の屈折率を n（媒質によって決まる1より大きな定数）とすると，次式が成立します．

$$c' = \frac{c}{n} \tag{9.15}$$

式(9.15) を書き換えると，屈折率 n は次式となります．

$$n = \frac{c}{c'} > 1 \tag{9.16}$$

標準大気の屈折率 n は，地表で温度が 15℃のとき，$n = 1.000\,325$ ほどになり，1より大きな値になり，電波の速度は真空中より遅くなります（標準大気とは，等価地球半径係数 $K = 4/3$ を満たす大気のこと）．

9.4.2 電波の屈折

図 9.7 に示すように，電波が異なる媒質に入射する場合には電波が屈折します．入射角及び屈折角は「電波が異なる媒質に入射するとき，入射角及び屈折角は，2つの媒質の境界面の垂線からの角度で測る」と決められています．

図 9.7 において異なる媒質の境界面における電波（平面波）の屈折を考えます．媒質Ⅰの屈折率を n_1，媒質Ⅱの屈折率を n_2 とすると次式が成立します．

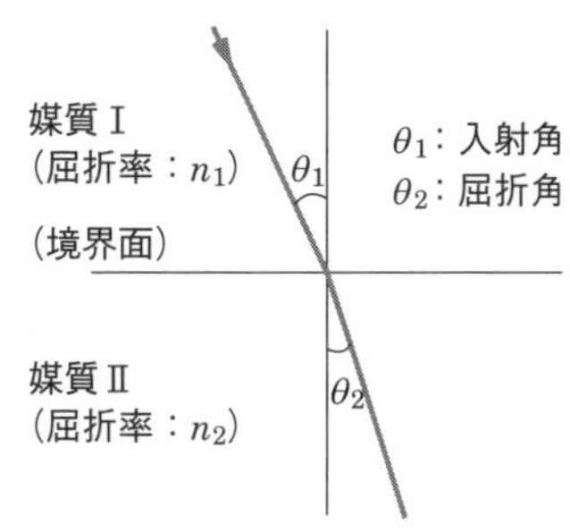

■図 9.7 異なる媒質の境界面における角度の測り方

$$\frac{\sin\theta_2}{\sin\theta_1} = \frac{n_1}{n_2} \tag{9.17}$$

これを**スネルの法則**といい，屈折に関する基本の法則です．$n_1 \sin\theta_1 = n_2 \sin\theta_2$ としても同じです．

9.4.3 電波の散乱

大気の温度分布や水蒸気量などは一定ではありません．そのため，屈折率などが周囲と違う領域ができることがあります．そのようなところに電波が入射すると，電波が再放射されて四方八方に広がります．これを**電波の散乱**といいます．電離層に電波が入射する場合にも，電離層にある電子が電波によって励振され電波を四方に散乱させることもあります.

9.4.4　電波の回折

光は障害物の陰には伝わりませんが，長波や中波などはもちろん，超短波やマイクロ波などの電波も障害物の陰にも回り込むことがあります．これを**電波の回折**といいます.

9.4.5　ラジオダクト

地上高 h〔m〕の地点における屈折率 n（n は地上高が高くなると減少）と地球の半径 r〔m〕を関連づけた式（省略）を**修正屈折示数**（指数）M といいます．縦軸に地上高 h〔m〕，横軸に修正屈折示数（指数）M で表した**図 9.8** を ***M* 曲線**といいます.

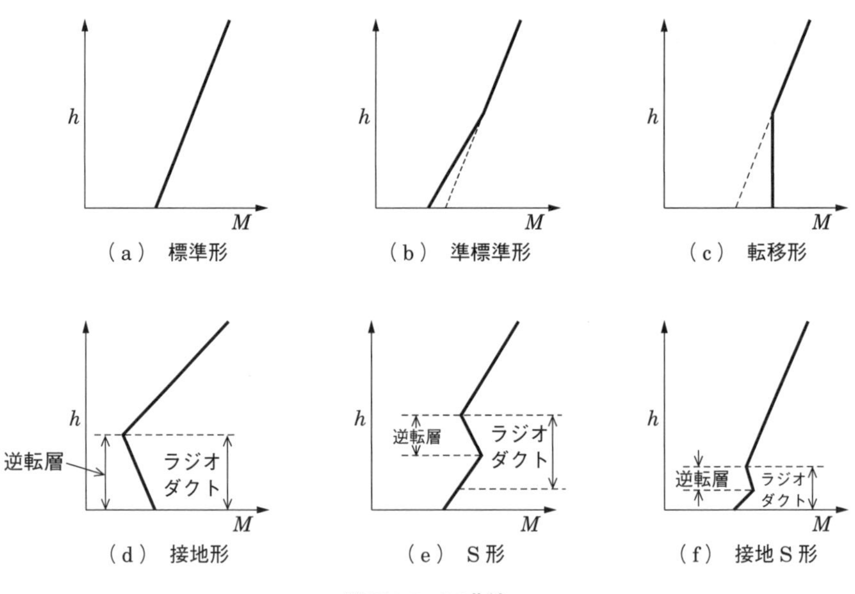

図 9.8　*M* 曲線

図 9.8 の（d）～（f）の M 曲線は傾きが負（右肩下がり）になる部分があります．この部分を**逆転層**と呼びます．逆転層は「海風や陸風などで空気が移動することによる温度の急激な変化」「放射冷却による温度の急激な変化」「高気圧の沈

降」などの気象現象により起こります．VHF 帯や UHF 帯の電波がラジオダクト内に閉じ込められると見通し外まで伝搬することがあります．

問題 14 ★ ➡9.4.5

次の記述は，ラジオダクトについて述べたものである．[　　]内に入れるべき字句を下の番号から選べ．

電波についての標準大気の屈折率は，高さ（地表高）とともに[ア]する．また，大気の屈折率に[イ]及び地表高を関連づけて表した修正屈折示数（指数）Mは，標準大気中で高さとともに[ウ]する．しかし，上層の大気の状態が[エ]で，下層の大気がその逆の状態になるとき，Mの高さ方向の変化が標準大気中と逆になる．このような状態の大気の層を逆転層という．この層はラジオダクトを形成し，[オ]以上の電波を見通し外の遠距離まで伝搬させることがある．

1　低温高湿	2　地球半径	3　減少	4　電離層	5　超短波
6　高温低湿	7　電離層の高さ	8　増大	9　風速	10　中波

答え▶▶▶ア－3，イ－2，ウ－8，エ－6，オ－5

9章

9.5　フェージング

送受信間の電波伝搬通路上に存在する様々な原因によって，受信電界強度が変動する現象を**フェージング**といいます．フェージングは，中波や短波など電離層伝搬のある周波数帯の電波によく起こる現象ですが，対流圏におけるマイクロ波の見通し内伝搬においてもフェージングが起きます．

9.5.1　干渉性フェージング

送受信間の電波の通路が複数存在する場合に起こるフェージングを**干渉性フェージング**といいます．超短波（VHF）や極超短波（UHF）の対流圏伝搬の場合，直接波と大地反射波が干渉することによって生じます．

9.5.2　吸収性フェージング

電波は電離層を突き抜けるとき減衰を受けます．電離層の状態は一定ではなく常に変化しているので，電波の減衰状態も変化することになります．このときに発生するフェージングを**吸収性フェージング**といいます．吸収性フェージングの周期は長く，マイクロ波領域においては，雨，雪，霧，気体分子による減衰や吸収度の相違によりフェージングが生じます．

9.5.3　跳躍性フェージング

電離層で反射する最高の周波数を臨界周波数といいます．電離層は常に変化しているので，臨界周波数も変化することになります．臨界周波数付近の周波数の電波は電離層を突き抜けたり，反射したりすることで，受信電界強度が大きく変化します．このようなフェージングを**跳躍性フェージング**といい，日の出や日没時に多く発生します．

9.5.4　偏波性フェージング

電離層反射波はだ円偏波です．受信アンテナにおいては，誘起される起電力が偏波の状況に応じて変動します．このようなフェージングを**偏波性フェージング**といいます．

9.5.5　選択性フェージング

振幅変調された電波は，搬送波，上側波，下側波からなっています．上側波と下側波には同じ情報が含まれています．電離層の伝搬特性が周波数によって相違する場合，上側波がフェージングの影響を受け，下側波がフェージングの影響を受けないということもあります．このようなフェージングを**選択性フェージング**といいます．

9.5.6　K形フェージング

大気の屈折率は，温度，湿度，気圧などの影響で変動するので，電波通路も常に変動します．屈折率の変動は等価地球半径係数Kが変化することと同じと考えることができます．等価的にKの値の変動が原因になるフェージングを**K形フェージング**といい，干渉性K形フェージングと回折性K形フェージングがあります．

干渉性K形フェージングはKの値の変動で，直接波と大地反射が干渉するもの，**回折性K形フェージング**は，電波が見通し距離すれすれを伝搬する場合，Kの値の変動によって，電波経路が地面に近づき回折損を生じるフェージングです．

9.5.7 ダクト形フェージング

温度の逆転層が生じてラジオダクトが発生した場合に起こるフェージングを**ダクト形フェージング**といい，変動幅が大きく，激しく変化することがあります．ダクト形フェージングには，干渉性ダクト形フェージングと減衰性ダクト形フェージングの2種類があります．

干渉性ダクト形フェージングは，ダクトが送信点や受信点の近くに発生した場合，電波経路が複数存在して干渉を生じるフェージング，**減衰性ダクト形フェージング**は，送信点がダクトの中にある場合，直接波が減衰して生じるフェージングです．

問題 15 ★ ➡9.5

次に記述は，主にVHF及びUHF帯の通信において発生するフェージングについて述べたものである．この記述に該当するフェージングの名称を下の番号から選べ．

気象状況の影響で，大気の屈折率の高さによる減少割合の変動にともなう，電波の通路の変化により発生するフェージング．

1 偏波性フェージング　2 吸収性フェージング　3 跳躍性フェージング
4 ダクト形フェージング　5 K形フェージング

答え▶▶▶5

問題 16 ★★ ➡9.5

次の記述は，短波帯の電波のフェージングについて述べたものである．[　　]内に入れるべき字句の正しい組合せを下の番号から選べ．

(1) 電波が電離層に入射するときは直線偏波であっても，一般に電離層で反射されるとだ円偏波に変わる．受信アンテナは通常水平又は垂直導体で構成されているので，受信アンテナの起電力は時々刻々変化し，[A]フェージングが生ずる．

(2) 被変調波の全帯域が一様に変化する[B]フェージングは，受信機のAGCの動作が十分であれば相当軽減できる．

(3) 短波帯の遠距離伝搬においては，送信点から放射された電波が2つ以上の異なった伝搬通路を通り受信点に到来し，受信点で位相の異なる受信波を合成する場合，[C]フェージングが生ずる．

	A	B	C
1	偏波性	選択性	干渉性
2	偏波性	同期性	干渉性
3	干渉性	同期性	選択性
4	干渉性	偏波性	跳躍性
5	選択性	偏波性	跳躍性

答え▶▶▶2

9.6 フェージングの軽減法

フェージングの軽減法に**ダイバーシティ方式**があります．ダイバーシティ方式は，同時に品質が劣化する確率の小さい2つ以上の受信系（通信系）の出力を合成または選択することによって，フェージングの影響を軽減しようとする方式です．

9.6.1 空間ダイバーシティ

数波長離れた場所に2つ以上の受信アンテナを設置し，これらの出力を合成または選択してフェージングを軽減する方式を**空間**（スペース）**ダイバーシティ**といいます．

9.6.2 ルートダイバーシティ

10 GHz帯以上の中継回線で用いられ，局地的な降雨減衰に対処するために，離れた場所に受信点を設置し，受信状態の良い受信点を選択する方式を**ルートダイバーシティ**といいます．

9.6.3 周波数ダイバーシティ

フェージングの状態は周波数によって大きく異なります．複数の周波数を使用して同一内容の信号を送信し，受信側で受信した複数の周波数の中から受信状態が良好なものを選択もしくは合成する方式を**周波数ダイバーシティ**といいます.

9.6.4 偏波ダイバーシティ

受信機に偏波の異なるアンテナを設置し，合成した出力または電界強度の強い方を選択する方式を**偏波ダイバーシティ**といいます.

9.6.5 角度ダイバーシティ

鋭い指向性を持った複数のアンテナをそれぞれ別々の方向に向けて受信し，受信電界を位相調整したあとに合成する方式を**角度ダイバーシティ**といいます.

問題 17 ★ ➡9.6

次の記述は，フェージングの軽減方法について述べたものである. [　　] 内に入れるべき字句を下の番号から選べ.

(1) フェージングを軽減する方法には，受信電界強度の変動分を補償するために電話（A3E）受信機に [ア] 回路を設けたり，電信（A1A）受信機の検波回路の次にリミタ回路を設けて，検波された電信波形の [イ] を揃えるなどの方法がある.

(2) ダイバーシティによる軽減方法も有効である. [ウ] ダイバーシティは，一般に，受信アンテナを数波長以上離れた場所に設置して，その受信信号の出力を合成又は切り替える方法である.

また，一般に，[エ] ダイバーシティは，同一送信点から 2 つ以上の周波数で同時送信し，受信信号の出力を合成又は切り替える方法である.

同一周波数を，例えば垂直偏波と水平偏波の 2 つのアンテナにより受信し，それぞれの出力を合成又は切り替えて使用する [オ] ダイバーシティという方法も用いられている.

1 同期　2 スキップ　3 振幅　4 空間　5 AFC

6 干渉　7 偏波　8 位相　9 周波数　10 AGC

答え▶▶▶ア－10，イ－3，ウ－4，エ－9，オ－7

AGC 回路はフェージングの影響を軽減 [できる] といった問題も出題されています.

9.7 電波雑音

雑音には受信機の内部で発生する内部的なもの，電気機械器具などから発生する人工雑音，宇宙や太陽から到来する雑音などの外部的なものがあります．「外部的な雑音」のことを**電波雑音**といいます．電波雑音を「自然雑音」と「人工雑音」で分類すると，**表 9.3** のようになります．雑音を波形から分類すると，「周期性雑音」と「不規則性雑音」に分かれます．不規則性雑音には，空電などの「衝撃性雑音」と，静穏時の太陽から発生しているような「連続性雑音」があります．

■表 9.3　自然雑音と人工雑音

自然雑音	大気雑音	空電雑音
		熱雑音
	宇宙雑音	銀河雑音
		惑星雑音
	太陽雑音	
人工雑音	各種電気機器，自動車のプラグなど	

9.7.1　大気雑音

大気中で起きる雷などの放電現象が発生源の大気雑音を**空電雑音**といい，HF 帯以下の周波数に影響が及びます．水蒸気や電離層からも熱雑音を発しています．

9.7.2　宇宙雑音

アメリカのジャンスキーが，周波数 20.5 MHz において空電を観測していたとき，偶然に宇宙の特定の方向から来る電波を発見しました．この電波が現れる時刻が毎日約 4 分ずつ早くなることから，太陽系外からやってくることがわかり，銀河の中心から到来することが判明しました．これを**銀河雑音**（**銀河電波**）といいます．木星など惑星からの電波も確認されており，これを惑星雑音といいます．

9.7.3　太陽雑音

太陽は可視光線だけでなく，電波，紫外線，X 線など，多くの電磁波を放出しています．VHF 帯から UHF 帯の周波数で強力な放射があります．太陽の静穏時は熱雑音がほとんどですが，フレア発生時は強力な電波が放射されます．

9.7.4　人工雑音

モータ（電動機），発電機，空調機などの電気機器，医療機器，高周波加熱装置などから発生する雑音や自動車の点火装置などから発生する雑音などがあります．

問題 18 ★★★ ➡9.7

次の記述は，電波雑音について述べたものである．［　　］内に入れるべき字句を下の番号から選べ．なお，同じ記号の［　　］内には，同じ字句が入るものとする．

(1) 受信装置のアンテナ系から入ってくる電波雑音は，［ア］及び自然雑音に大きく分類され，［ア］は各種の電気設備や電気機械器具等から発生する．

(2) 自然雑音には，［イ］による空電雑音のほか，太陽から到来する太陽雑音及びほかの天体から到来する［ウ］がある．これらの自然雑音のうち，特に短波（HF）帯以下の周波数帯の通信に最も大きな影響があるのは［エ］である．また，［ウ］は，［オ］のように微弱な電波を受信する場合には留意する必要があるが，一般には通常の通信に影響のない強度である．

1　宇宙雑音　2　人工雑音　3　熱雑音　4　雷　5　グロー放電
6　太陽雑音　7　コロナ雑音　8　空電雑音　9　短波帯通信　10　宇宙通信

答え▶▶▶ア－2，イ－4，ウ－1，エ－8，オ－10

9.8　電波の強度に対する安全施設

電波法施行規則第 21 条の 4 において「無線設備には，当該無線設備から発射される電波の強度（電界強度，磁界強度，電力束密度及び磁束密度をいう）が別に定められている値を超える場所に取扱者のほか容易に出入りすることができないように，施設しなければならない」とされています．

9.8.1　電波の強度の値

電波の強度の値は，電波法施行規則で**表 9.4** のように規定されており，値は周波数により異なります．

■表 9.4　電波の強度の値

周波数	電界強度の実効値〔V/m〕	磁界強度の実効値〔A/m〕	電力束密度の実効値〔mW/cm^2〕
100 kHz を超え 3 MHz 以下	275	$2.18f^{-1}$	
3 MHz を超え 30 MHz 以下	$824f^{-1}$	$2.18f^{-1}$	
30 MHz を超え 300 MHz 以下	27.5	0.0728	0.2
300 MHz を超え 1.5 GHz 以下	$1.585f^{1/2}$	$f^{1/2}/237.8$	$f/1\,500$
1.5 GHz を超え 300 GHz 以下	61.4	0.163	1

※fは，MHz を単位とする周波数　※f^{-1}は $1/f$，$f^{1/2}$ は$\sqrt{f}$

9.8.2　電界強度の計算方法

空中線電力 P〔W〕，アンテナの利得 G〔倍〕とすると，アンテナからの距離 R〔m〕における電力束密度 S〔mW/cm^2〕は次式で計算します．ただし，Kは大地面等の反射を考慮した係数で $K=4$（反射を考慮しない場合は $K=1$）．

$$S=\frac{PG}{40\pi R^2}K \tag{9.18}$$

式（9.18）で求めた値を電界強度の値に換算するには，次式を使用します．

$$S=\frac{E^2}{3\,770} \tag{9.19}$$

式（9.19）を変形すると

$$E=\sqrt{3\,770S} \tag{9.20}$$

式（9.18）で得られた値を式（9.20）に代入すれば，電界強度の値が求まります．この結果を表 9.4 の値と比較し基準に適合しているかどうか判断します．

式（9.18）と式（9.19）の導出は問題20の解説を参照して下さい．

問題 19 ★　➡9.8

次の記述は，電波の強度に対する安全基準を満たす判定のための，電波の強度の算出について述べたものである．[　　]内に入れるべき値として，最も近いものの組合せを下の番号から選べ．ただし，無線設備の諸元，平均電力を用いるための換算比及び大地面等の反射を考慮した係数は表のとおりとし，アンテナの水平面内指向特性は全方向性，算出地点はアンテナの主輻射方向であり俯角減衰量は無視できるものとする．また，$\sqrt{37.7} \fallingdotseq 6.14$，$\sqrt{3\,770} \fallingdotseq 61.4$ 及び$\sqrt{\pi} \fallingdotseq 1.77$ とする．

(1) 図において，算出地点の電波の強度を求めるには，最初にアンテナ入力電力 P〔W〕，アンテナの主輻射方向の絶対利得 G（真数），アンテナからの距離 R〔m〕及び大地面等の反射を考慮した係数 K を用いて，次式により電力束密度 S〔mW/cm²〕の値を算出する．

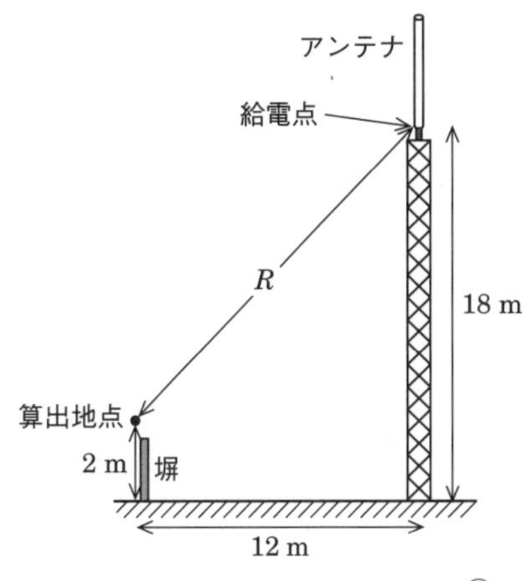

$$S = \frac{PG}{40\pi R^2}K \text{〔mW/cm}^2\text{〕}$$

表から得られた数値を上式に代入すれば

$S =$ [A]〔mW/cm²〕 ①

となる．

無線設備の諸元	周波数	14 MHz
	送信機出力電力	1 000 W
	給電線損失	3 dB
	アンテナ利得（絶対利得）	6 dB
	アンテナ高	18 m
平均電力算出のための換算比		1
大地面等の反射を考慮した係数 K		4

(2) 周波数が 30 MHz 以下の場合，①から次式により電界強度 E〔V/m〕の値を算出する．

$$S = \frac{E^2}{\boxed{\text{B}}}$$ ②

(3) 14 MHz における電波の強度に対する安全基準は，電界強度又は磁界強度があるが，電界強度の基準値は〔MHz〕を単位とする周波数を f とすれば次式から求められる．

$$電界強度の基準値 = \frac{824}{f}〔\mathrm{V/m}〕 \quad ③$$

②から得られた電界強度Eと③の基準値を比較し，②<③であれば，電波の強度に対する安全基準を満たしていることとなる．

	A	B
1	$1/\pi$	37.7
2	$1/\pi$	3 770
3	$1/(2\pi)$	37.7
4	$1/(2\pi)$	3 770

解説　(1) 設問の表より，アンテナ利得が 6 dB で給電線損失が 3 dB なので，アンテナの主輻射方向の絶対利得は $6-3=3$ dB となります．3 dB の真数を G とすると

$$3 = 10\log_{10} G$$

$$0.3 = \log_{10} G$$

$$G = 10^{0.3} = 2$$

となります．また，アンテナからの距離 R は

$$R = \sqrt{12^2 + (18-2)^2} = \sqrt{144+256} = \sqrt{400} = 20\ \mathrm{m}$$

となります．ここで，問題で与えられた S の式に，$G=2$，$R=20$ m，$P=1\,000$ W，$K=4$ を代入すると

$$S = \frac{PG}{40\pi R^2}K = \frac{1\,000\times2\times4}{40\pi\times(20)^2} = \frac{1\,000\times2}{10\pi\times400} = \frac{10}{5\pi\times4} = \boldsymbol{\frac{1}{2\pi}}$$

(2) 電界強度 E〔V/m〕と磁界強度 H〔A/m〕の関係は，$H = E/120\pi$ なので

$$S = EH = \frac{E^2}{120\pi}〔\mathrm{W/m^2}〕 \quad ①$$

となります．$1\ \mathrm{W} = 10^3\ \mathrm{mW}$，$1\ \mathrm{m^2} = 10^4\ \mathrm{cm^2}$ なので，式①の単位を〔$\mathrm{mW/cm^2}$〕に変換すると

$$S = \frac{E^2\times10^3}{120\pi\times10^4} = \frac{E^2}{120\pi\times10} = \frac{E^2}{1\,200\times3.14} = \frac{E^2}{3\,768} \fallingdotseq \boldsymbol{\frac{E^2}{3\,770}}〔\mathrm{mW/cm^2}〕$$

答え▶▶▶4

問題 20 ★★　➡9.8

次の記述は，30 MHz を超える電波の強度に対する安全基準及び電波の強度の算出方法の概要について述べたものである．□内に入れるべき字句の正しい組合せを下の番号から選べ．

無線局の開設には，電波の強度に対する安全施設の設置が義務づけられている．人が通常出入りする場所で無線局から発射される電波の強度が基準値を超える場所がある場合には，無線局の開設者が柵などを施設し，一般の人が容易に出入りできないようにする必要がある．

f は，MHz を単位とする周波数とする．電界強度，磁界強度及び電力束密度は，それらの 6 分間における平均値とする．

(1) 表は，通常用いる基準値の表（電波の強度の値の表）の一部を示したものである．この表の電力束密度 S〔mW/cm^2〕の基本算出式は，空中線入力電力を P〔W〕，空中線の主放射方向の絶対利得（真数）を G，空中線からの距離（算出地点までの距離）を R〔m〕及び大地等の反射係数を K として，次式で与えられている．

$$S = \boxed{\text{ A }} \times K$$

周波数	電界強度の実効値〔V/m〕	磁界強度の実効値〔A/m〕	電力束密度の実効値〔mW/cm^2〕
30 MHz を超え 300 MHz 以下	27.5	0.0728	0.2
300 MHz を超え 1.5 GHz 以下	$1.585\sqrt{f}$	$\sqrt{f}/237.8$	$f/1\,500$
1.5 GHz を超え 300 GHz 以下	61.4	0.163	1

(2) 電力束密度 S〔mW/cm^2〕から電界強度 E〔V/m〕又は磁界強度 H〔A/m〕へ換算する場合には，次式を用いる．

$$S = \frac{E^2}{\boxed{\text{ B }}} = \boxed{\text{ C }}\, H^2$$

	A	B	C
1	$\dfrac{PG}{40\pi R^2}$	37.7	3 770
2	$\dfrac{PG}{40\pi R^2}$	3 770	37.7
3	$\dfrac{PG}{40\pi^2 R}$	37.7	3 770
4	$\dfrac{PG}{40\pi^2 R}$	3 770	37.7

解説　(1) 電力束密度 S は

$$S=\frac{PG}{4\pi R^2}\times K\ \text{〔W/m}^2\text{〕} \qquad ①$$

式①の単位を〔mW/cm²〕に変換すると，1 W = 10^3 mW，1 m² = 10^4 cm² なので

$$S=\frac{PG}{4\pi R^2}\times K=\frac{PG\times 10^3}{4\pi R^2\times 10^4}\times K=\boldsymbol{\frac{PG}{40\pi R^2}\times K}\ \text{〔mW/cm}^2\text{〕}$$

(2) $S=EH$ で，$H=\dfrac{E}{120\pi}$ なので

$$S=EH=E\times\frac{E}{120\pi}=\frac{E^2}{120\pi}\fallingdotseq\boldsymbol{\frac{E^2}{377}}\ \text{〔W/m}^2\text{〕} \qquad ②$$

式②の単位を〔mW/cm²〕に変換すると

$$S=\frac{E^2}{377}=\frac{E^2\times 10^3}{377\times 10^4}=\frac{E^2}{3\,770}\ \text{〔mW/cm}^2\text{〕}$$

$$S=EH=120\pi H\times H\fallingdotseq 377H^2\ \text{〔W/m}^2\text{〕} \qquad ③$$

式③の単位を〔mW/cm²〕に変換すると

$$S=377H^2=\frac{377H^2\times 10^3}{10^4}=\boldsymbol{37.7H^2}\ \text{〔mW/cm}^2\text{〕}$$

答え▶▶▶2

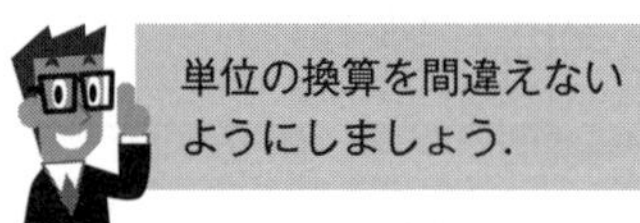

10章 測　定

この章から 3 問出題

各種指示計器，分流器と倍率器の計算方法，アナログ式テスタ，デジタル式テスタ，周波数カウンタ，電力測定法，オシロスコープ，スペクトルアナライザ，接地抵抗の測定法などについて学びます．

10.1 指示電気計器

指示電気計器はデジタル時代の現在でも構造が簡単で安価なため，広く使用されています．指示電気計器には**表 10.1** に示すような種類の計器があります．

■表 10.1　指示電気計器の種類

種　類	直流・交流の別	特　徴	図記号
可動コイル形	直流用	平均値指示．最も多く使用されている	
可動鉄片形	交流用（直流でも使用できるが精度が低下する）	実効値指示．商用周波数で使用される	
電流力計形	交直両用	実効値指示．電力計用が中心	
熱電（対）形	交直両用（高周波向き）	実効値指示．熱電対と可動コイル形の組合せ	
整流形	交流用（数百 Hz 程度）	平均値指示であるが目盛は実効値	
静電形	交直両用	実効値指示．高電圧測定に適する	

10.1.1 可動コイル形電流計

可動コイル形電流計の原理図を**図 10.1** に示します．可動コイルに電流が流れると，フレミングの左手の法則に従った電磁力により，電流の大きさに比例した駆動トルクが発生します．うず巻き状のばねの制御トルクと可動コイルの駆動トルクが等しくなったとき，可動コイルが静止します．

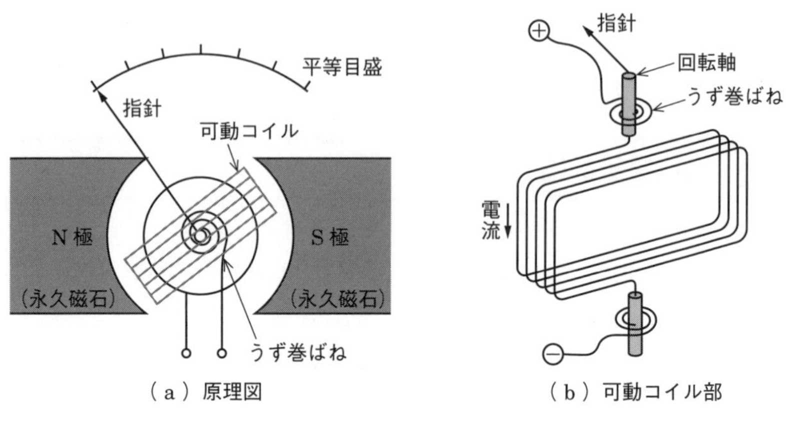

■図 10.1 可動コイル形電流計

可動コイル形電流計は平均値を指示しますが，入力信号が正弦波のとき，波形率が約 1.11 であるので，目盛値を 1.11 倍することにより実効値を指示するようになります．そのため，入力信号の波形が正弦波でないときには，指示値に誤差を生じます．

$$波形率 = \frac{実効値}{平均値} = \frac{V_{\mathrm{m}}/\sqrt{2}}{2V_{\mathrm{m}}/\pi} = \frac{\pi}{2\sqrt{2}} \fallingdotseq 1.11$$

10.1.2 整流形電流計

可動コイル形電流計では交流電流は測定できません．そこで，**図 10.2** のように，ダイオードなどの整流器で交流電流を直流電流に変換して可動コイル形電流計を動作させます（端子 a がプラスのときは実線方向，端子 b がプラスのときは点線方向に電流が流れる）．このような電流計を**整流形電流計**といいます．整流形電流計の目盛は入力が正弦波信号の場合に実効値を示すように目盛られており，目盛は，指示値の小さい部分を除き平等目盛です．なお，入力が正弦波でない場合は誤差を生じます．

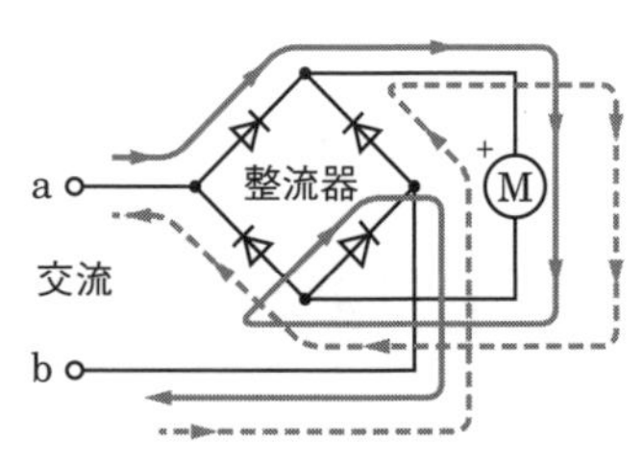

■図 10.2 整流形電流計

10.1.3 指示計器の精度

階級精度が1.0級と表示されている電圧計は，そのレンジの最大値の±1%の誤差が含まれていることを示しています．例えば，100Vのレンジで電圧を測定する場合，誤差は100V×(±0.01)=±1Vとなります．このレンジのどこで測定しても±1Vの誤差があることになります．

問題 1 ★★ ➡10.1

次の記述は，各種形式の指示電気計器の特徴について述べたものである．このうち正しいものを1，誤っているものを2として解答せよ．

ア 可動鉄片形計器は，実効値を指示し商用周波数（50 Hz/60 Hz）の測定に適している．

イ 永久磁石可動コイル形計器は，直流電流の測定に適している．

ウ 電流力計形計器は，発射電波の電力測定に適している．

エ 整流形計器は，永久磁石可動コイル形計器と整流器を組合せて構成される．

オ 熱電対形計器は，交流直流両用で，波形にかかわらず最大値を指示する．

解説 ウ 「**発射電波**の電力測定」ではなく，正しくは「**商用電源**の電力測定」です．
オ × 「**平均値**」ではなく，正しくは「**実効値**」です．

答え▶▶▶ア－1，イ－1，ウ－2，エ－1，オ－2

問題 2 ★★★ ➡10.1.1

次の記述は，図に示す原理的構造の永久磁石可動コイル形電流計の動作原理について述べたものである．［ ］内に入れるべき字句を下の番号から選べ．

(1) 可動コイルに電流が流れると，フレミングの［ア］の法則に従った電磁力により，［イ］の大きさに比例した駆動トルクが生じる．

(2) スプリングの制御トルクと可動コイルの駆動トルクが［ウ］とき，指針が静止する．

(3) スプリングの制御トルクは，指針の振れ（角度）に［ エ ］するので，指針の目盛は［ オ ］となる．

1 右手	2 平等目盛	3 抵抗	4 等しい	5 比例
6 左手	7 2乗目盛	8 電流	9 異なる	10 反比例

答え▶▶▶アー6，イー8，ウー4，エー5，オー2

問題 3 ★★★ ➡10.1.2

次の記述は，図に示す整流形電流計について述べたものである．［　　］内に入れるべき字句の正しい組合せを下の番号から選べ．

(1) 整流形電流計は，交流をダイオード等で整流して永久磁石可動コイル形電流計を動作させる．このとき，永久磁石可動コイル形電流計は，整流した電流の［ A ］を指示する．

(2) 整流形電流計は，一般に入力信号が正弦波のとき，その［ B ］を示すよう目盛られている．したがって，測定する交流の波形が正弦波でないときには，指示値に誤差が生ずる．

(3) 整流形電流計の目盛は，指示値の小さい零付近を除いて，ほぼ［ C ］目盛になる．

	A	B	C
1	最大値	平均値	対数
2	最大値	実効値	対数
3	最大値	平均値	平等
4	平均値	最大値	平等
5	平均値	実効値	平等

整流形電流計
直流
整流器
M
交流

M：永久磁石可動コイル形電流計

答え▶▶▶5

出題傾向 下線の部分を穴埋めにした問題も出題されています．

問題 4 ★ ➡10.1.3

精度階級が 1.0 級で最大目盛値が 200 V の電圧計で測定したとき，100 V を指示した．真の電圧値の範囲として，正しいものを下の番号から選べ．ただし，電圧計の読取りによる誤差はないものとする．

1　96～100 V　　2　98～102 V　　3　98～100 V
4　99～101 V　　5　100～104 V

精度階級が 1.0 級の電圧計の最大目盛が 200 V なので，その誤差は 200 V × (± 0.01) = ± 2 V になります．よって，真の電圧範囲は，100 ± 2 V となります．すなわち，(100 − 2) ～ (100 + 2) = **98 ～ 102 V** となります．

答え▶▶▶2

出題傾向　精度階級が 0.5 級の問題も出題されています．なお，0.5 級の誤差は ± 0.005 です．

10.2　分流器と倍率器

10.2.1　分流器

電流計の測定範囲を拡大するために，**図 10.3** で示した**分流器** R_S を使います．内部抵抗 r〔Ω〕で最大目盛が I〔A〕の電流計の測定範囲を n 倍に拡大するために必要な分流器 R_S は

$$R_S = \frac{r}{n-1} \qquad (10.1)$$

となります．

分流器 R_S の値はオームの法則で計算できます．

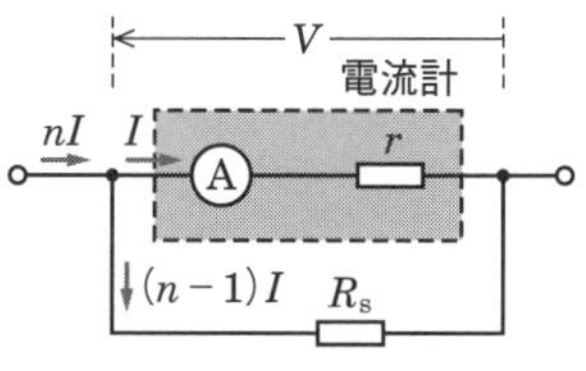

■図 10.3　電流計と分流器

電流計の測定範囲を拡大するのが分流器で電流計に並列に接続します．

10.2.2　倍率器

電圧計の測定範囲を拡大するために，**図 10.4** で示した**倍率器** R_m を使います．内部抵抗 r〔Ω〕で最大目盛が V〔V〕の電圧計の測定範囲を n 倍に拡大するために必要な倍率器 R_m は

$$R_m = (n-1)\,r \qquad (10.2)$$

となります．

倍率器 R_m の値はオームの法則で計算できます．

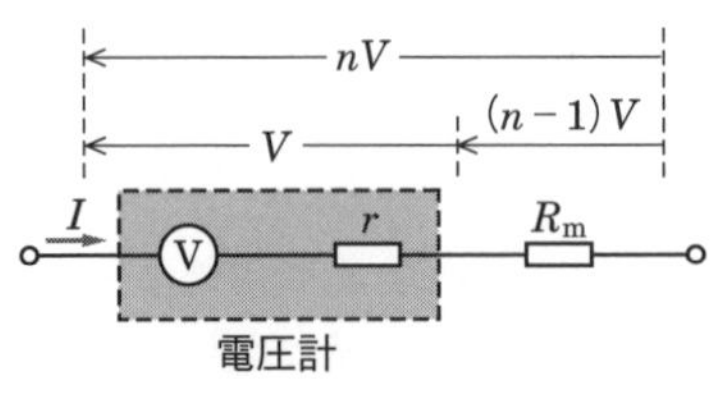

■図 10.4 電圧計と倍率器

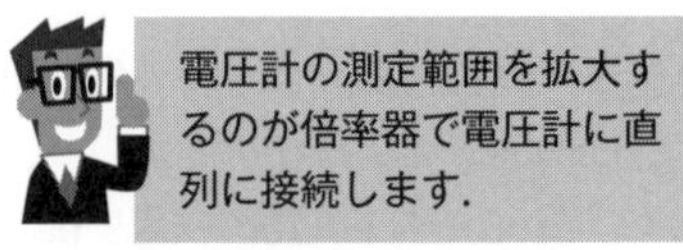

問題 5 ★ ➡10.2

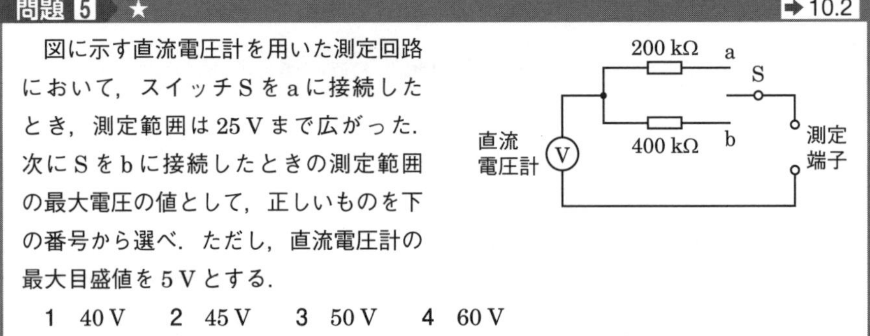

図に示す直流電圧計を用いた測定回路において，スイッチSをaに接続したとき，測定範囲は25 Vまで広がった．次にSをbに接続したときの測定範囲の最大電圧の値として，正しいものを下の番号から選べ．ただし，直流電圧計の最大目盛値を5 Vとする．

1 40 V　　2 45 V　　3 50 V　　4 60 V

解説 直流電圧計の最大目盛値が5 Vで，スイッチSをaに接続したとき測定範囲が25 Vになったので，200 kΩの両端の電圧が20 Vということになります．電圧計に流れる電流をIとすると

$$I=\frac{20}{200\times10^3}=10^{-4}\,\mathrm{A}$$

となります．

したがって，電圧計の内部抵抗rは

$$r=\frac{5}{10^{-4}}=5\times10^4\,\Omega=50\,\mathrm{k}\Omega$$

となります．

スイッチSをbに接続すると，400 kΩの抵抗の両端の電圧は

$$10^{-4}\times400\times10^3=40\,\mathrm{V}$$

になり，測定範囲は**45 V**に拡大します．

別解 式(10.2)を使用すると，スイッチSをaに接続したとき測定範囲が5 Vから25 Vになったので，測定倍率$n=5$となります．式(10.2)において$R_\mathrm{m}=200\,\mathrm{k}\Omega$，$n=5$を代入すると

$$200\times10^3=(5-1)r$$

より

$$r = 50 \times 10^3\,\Omega = 50\,\text{k}\Omega$$

となります．Sをbに接続したときは式（10.2）において $R_m = 400\,\text{k}\Omega$，$r = 50\,\text{k}\Omega$ を代入すると

$$400 \times 10^3 = (n-1) \times 50 \times 10^3$$

となります．これより，$n-1=8$ となり $n=9$ となります．よって

$$5 \times 9 = \mathbf{45\,V}$$

答え▶▶▶2

問題 6 ★　➡10.2

図に示す測定回路において，電流計の指示値が I〔A〕，電圧計の指示値が E〔V〕であった．抵抗 R の消費電力 P〔W〕を表す式として，正しいものを下の番号から選べ．ただし，電圧計の内部抵抗を r〔Ω〕とする．

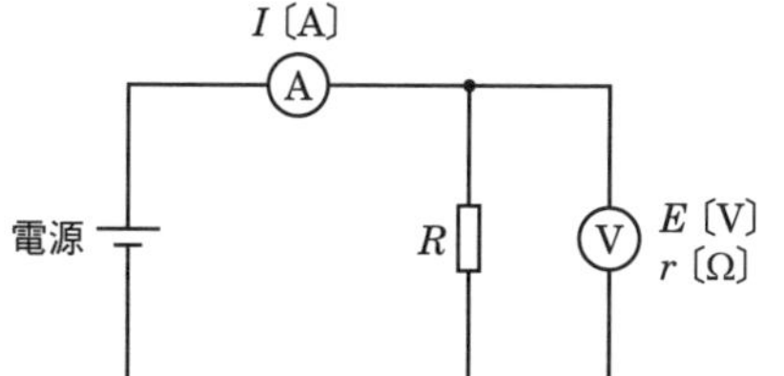

1　$P = EI + E^2/r$　　2　$P = EI - E^2/r$　　3　$P = EI + I^2 r$
4　$P = EI - I^2 r$　　5　$P = EI + I^2 r - E^2/r$

解説　電圧計の指示値が E，内部抵抗が r なので，電圧計に流れる電流 I_V は

$$I_V = \frac{E}{r} \quad ①$$

となります．抵抗 R に流れる電流を I_R とすると，式①を使用して

$$I_R = I - I_V = I - \frac{E}{r} \quad ②$$

となります．抵抗 R の消費電力 P は，式②を使用して

$$P = EI_R = E\left(I - \frac{E}{r}\right) = \boldsymbol{EI - \frac{E^2}{r}}$$

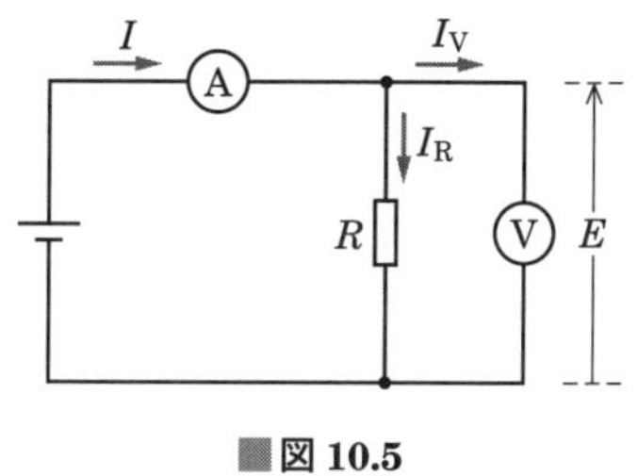

■図 10.5

答え▶▶▶2

問題 7 ★★ ➡10.2

図に示す測定回路において，端子ab間の電圧を内部抵抗R_Vが900 kΩの直流電圧計V_Dで測定したときの誤差の大きさの値として，最も近いものを下の番号から選べ．ただし，誤差は，V_Dの内部抵抗によってのみ生ずるものとし，また，直流電源の内部抵抗は無視するものとする．

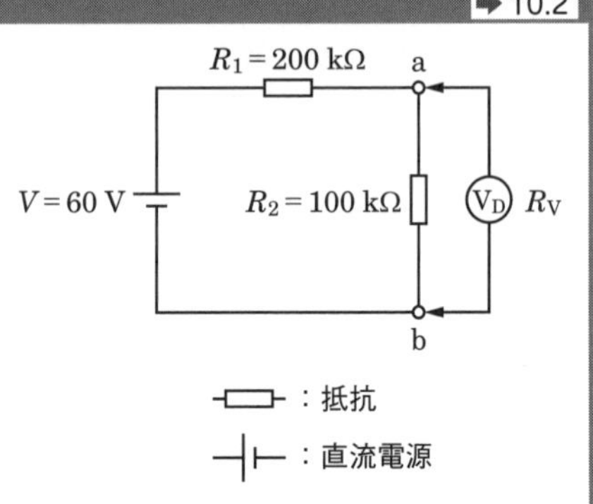

1　1.2 V　　2　1.4 V　　3　1.6 V
4　2.2 V　　5　2.4 V

解説　内部抵抗が無限大の理想的な電圧計でab間の電圧を測定すると，電圧計に電流は流れないので，**図 10.6** (a) のようになり，この回路を流れる電流Iは

$$I = \frac{V}{R_1 + R_2} \quad ①$$

となります．ab間の電圧をV_{ab}とすると

$$V_{ab} = IR_2 = \frac{R_2 V}{R_1 + R_2} = \frac{100 \times 10^3 \times 60}{200 \times 10^3 + 100 \times 10^3}$$

$$= \frac{6\,000}{300} = 20 \text{ V} \quad ②$$

となります．内部抵抗900 kΩの電圧計V_Dでab間の電圧を測定すると，ab間に$R_V = 900$ kΩの抵抗が挿入されることになり，図 10.6 (b) のようになります．この並列合成抵抗R_{ab}は100 kΩと900 kΩの並列接続となるので

$$R_{ab} = \frac{100 \times 10^3 \times 900 \times 10^3}{100 \times 10^3 + 900 \times 10^3} = \frac{90\,000 \times 10^6}{1\,000 \times 10^3}$$

$$= 90 \times 10^3 \, \Omega \quad ③$$

となります．図 10.6 (c) のab間の電圧V_{ab}'を求めるには，式②のR_2をR_{ab}に置き換えて計算します．

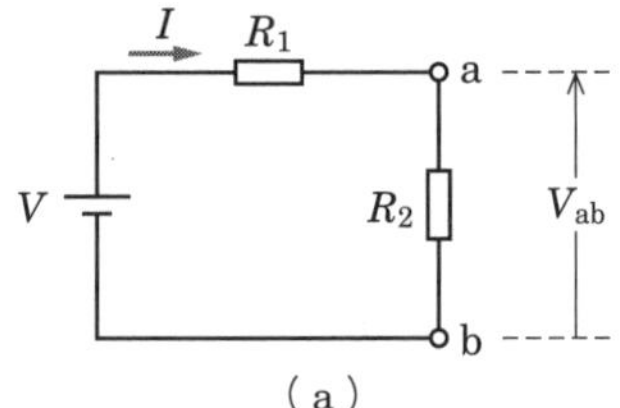

(a)

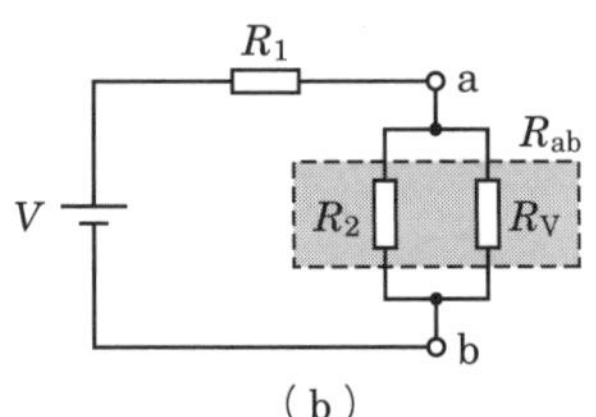

(b)

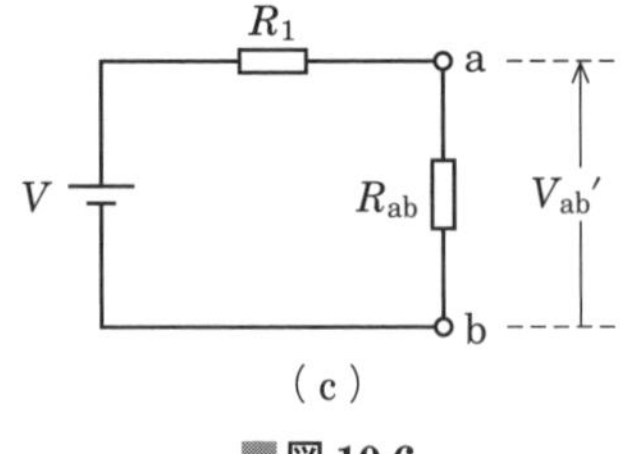

(c)

■図 10.6

$$V_{ab} = \frac{R_{ab}V}{R_1 + R_{ab}} = \frac{90\times10^3\times60}{200\times10^3+90\times10^3} = \frac{5\,400}{290} \fallingdotseq 18.6\ \mathrm{V} \qquad ④$$

誤差は

測定値④－真値②＝18.6－20＝－1.4 V

となり，大きさ（絶対値）は **1.4 V** となります．

答え▶▶▶2

10.3　テスタ

テスタには，**図 10.7** に示すようにアナログ式とデジタル式があります．

（a）アナログ式テスタ

（b）デジタル式テスタ

■図 10.7　テスタ
【写真提供：日置電機株式会社】

10.3.1　アナログ式テスタ

アナログ式テスタは，可動コイル形電流計に多くの分流器や倍率器，整流器，電池を組み合わせて，直流電圧，直流電流，交流電圧，抵抗値を測定できるようにした計測器です．廉価なテスタは交流電流が測定できません．

10.3.2　デジタル式テスタ

デジタル式テスタ（デジタルマルチメータ）の構成はアナログ式テスタとは違い，**図 10.8** に示すように入力変換部，A-D 変換器，表示器駆動回路，表示器などから構成されています．

入力変換部で電圧，電流，抵抗などをすべて直流電圧に変換します．それらの直流電圧を A-D 変換器でデジタル信号とし，表示器駆動回路で処理した結果を

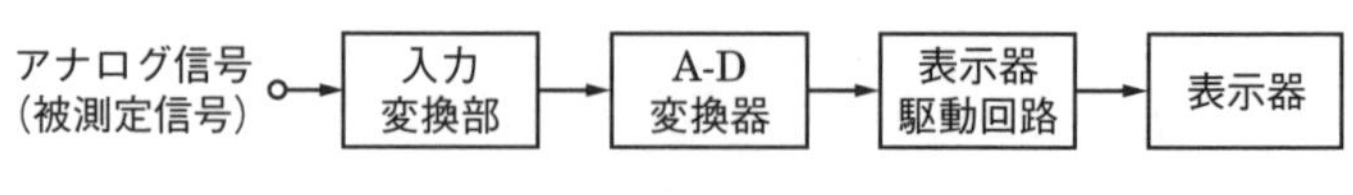

■図 10.8　デジタルテスタの構成

液晶などの表示器にデジタル表示するものです.

A-D 変換器には様々な方式がありますが，ここでは逐次比較形 A-D 変換器と積分形 A-D 変換器の特徴についてのみ**表 10.2** に示します.

■表 10.2　A-D 変換器の特徴

方　式	特　徴	速　度
逐次比較形 A-D 変換器 (直接比較方式)	・入力電圧と基準電圧をコンパレータで比較する ・精度はコンパレータとD-A 変換器により決まる	・高速測定に適する
積分形 A-D 変換器 (間接比較方式)	・入力電圧を積分し，波形の傾きを利用する ・変換精度は基準電圧の確度に依存するが CR の値に影響されない	・逐次比較形よりも遅い

A-D 変換の実行には時間を要します．そのため，高速で変化する信号を A-D 変換するのは困難になります．そこで**図 10.9** に示すサンプルホールド回路でこの問題を解決します.

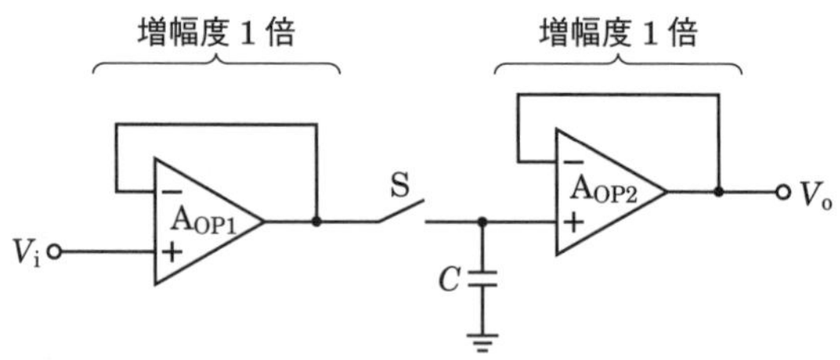

■図 10.9　サンプルホールド回路

図 10.9 のサンプルホールド回路のスイッチ S が ON のときはサンプル，OFF のときはホールドモードになります．スイッチ S が ON になると，入力電圧 V_i が増幅度が 1 倍の A_{OP1} を通過しコンデンサ C を充電し，A_{OP2} に入力します．し

たがって，出力電圧 $V_o = V_i$ になります．スイッチSがOFFの場合，A_{OP1} と A_{OP2} は切り離されますが，A_{OP2} の入力にはコンデンサ C に充電された電圧 V_i がかかります．この間にA-D変換を行います．コンデンサの充放電時間は，V_i が変化する時間より十分短い時間である必要があります．

デジタル式テスタは，アナログ式テスタと比較すると，「読取誤差が少ない」「入力抵抗が高い」「過大入力，逆極性による焼損，破損が少ない」などの特徴があります．

問題 8 ★ ➡10.3.2

次の記述は，デジタル電圧計について述べたものである．［　］内に入れるべき字句の正しい組合せを下の番号から選べ．なお，同じ記号の［　］内には，同じ字句が入るものとする．

(1) 被測定電圧がアナログ量である電圧を，デジタル電圧計によって計測するためには，［A］変換器によってアナログ量をデジタル量に変換する必要がある．

(2) ［A］変換器は，その変換回路形式により，主に［B］形と逐次比較形の2つに分けられる．両者を比較した場合，一般に変換速度は［B］形の方が［C］．

	A	B	C
1	A-D	微分	遅い
2	A-D	積分	遅い
3	A-D	微分	速い
4	D-A	積分	遅い
5	D-A	微分	速い

答え▶▶▶2

問題 9 ★ ➡10.3.2

次の記述は，図に示す逐次比較形デジタル電圧計に用いられるサンプルホールド回路の動作原理について述べたものである．［　］内に入れるべき字句の正しい組合せを下の番号から選べ．ただし，回路は，演算増幅器（A_{OP}）の出力を反転入力端子に接続し，電圧増幅度をほぼ1にしたバッファアンプ2個，コンデンサ C 及びスイッチSで構成されているものとする．

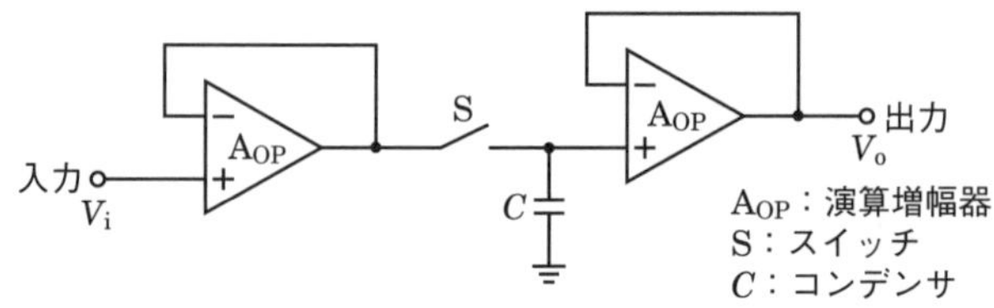

(1) スイッチSが接（ON）の状態では，出力電圧 V_o は入力電圧 V_i に等しい．スイッチSが断（OFF）の状態では，入出力間が遮断されるが，コンデンサ C にはスイッチSが［ A ］になる直前までの入力電圧が保持されたままになっているので，C の電圧が出力電圧 V_o となる．

(2) 入力の電圧のサンプリングは，Sが［ B ］の状態のときに行われる．

(3) コンデンサへの充放電時間は，入力電圧が変化する時間よりも十分［ C ］ことが必要である．

	A	B	C
1	断（OFF）	接（ON）	短い
2	断（OFF）	断（OFF）	長い
3	接（ON）	接（ON）	長い
4	接（ON）	断（OFF）	短い

答え▶▶▶ 1

問題10 ★★ ➡10.3.2

次の記述は，図に示すデジタルマルチメータの原理的構成例について述べたものである．［　］内に入れるべき字句を下の番号から選べ．

(1) 入力変換部は，アナログ信号（被測定信号）を増幅するとともに［ ア ］に変換し，A-D変換器に出力する．A-D変換器で被測定信号（入力量）と基準量とを比較して得たデジタル出力は，表示器駆動回路において処理し，測定結果として表示される．

(2) A-D変換器における被測定信号（入力量）と基準量との比較方式には，直接比較方式と間接比較方式がある．

(3) 直接比較方式は，入力量と基準量とを［イ］と呼ばれる回路で直接比較する方式であり，間接比較方式は，入力量を［ウ］してその波形の［エ］を利用する方式である．高速な測定に適しているのは，［オ］比較方式である．

1　交流電圧	2　直流電圧	3　積分	4　微分	5　傾き
6　ひずみ	7　ミキサ	8　コンパレータ	9　直接	10　間接

答え▶▶▶ア－2，イ－8，ウ－3，エ－5，オ－9

10.4　周波数の測定

計数形周波数カウンタは周波数を測定しデジタル表示する計測器です（**図 10.10**）．

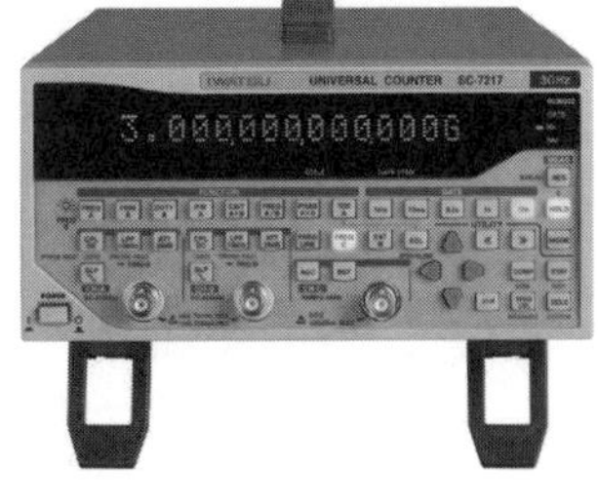

■図 10.10　周波数カウンタ
【写真提供：岩崎通信機株式会社】

図 10.11 に周波数カウンタのブロック図を示します．水晶発振器と分周器で構成する基準時間発生部でゲートを開く時間が決められます．そのために，水晶発振器の周波数確度や安定度などが測定精度に影響を与えることになります．周波数カウンタで直接計測できる周波数の上限は，ゲート及び計数器の応答速度で決まります．

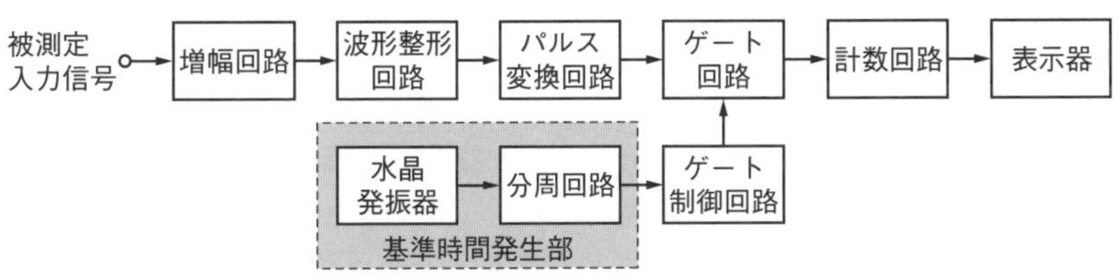

■図 10.11　周波数カウンタのブロック図

周波数カウンタで避けられない誤差に**±1 カウント誤差**があります．±1 カウント誤差は，**図 10.12** に示すように入力信号パルスとゲートパルスが同期していないため，ゲートを開く時間が同じでもゲートの開くタイミングにより，1 カウントの誤差を生じることをいいます．

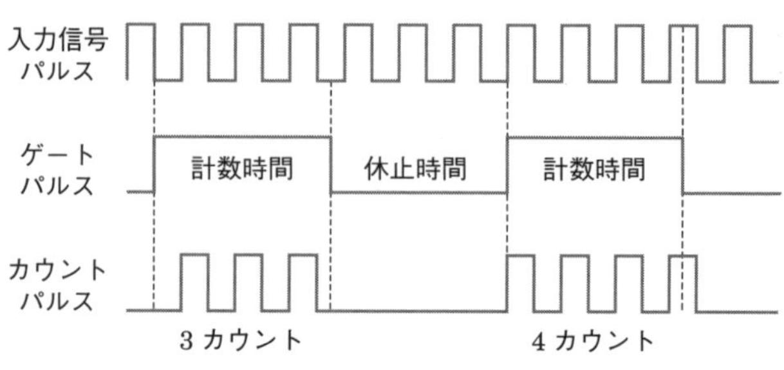

■図 10.12　±1 カウント誤差

問題 11 ★★ ➡10.4

次の記述は，図に示す構成の計数式周波数計（周波数カウンタ）の動作原理について述べたものである．□内に入れるべき字句を下の番号から選べ．なお，同じ記号の□内には，同じ字句が入るものとする．

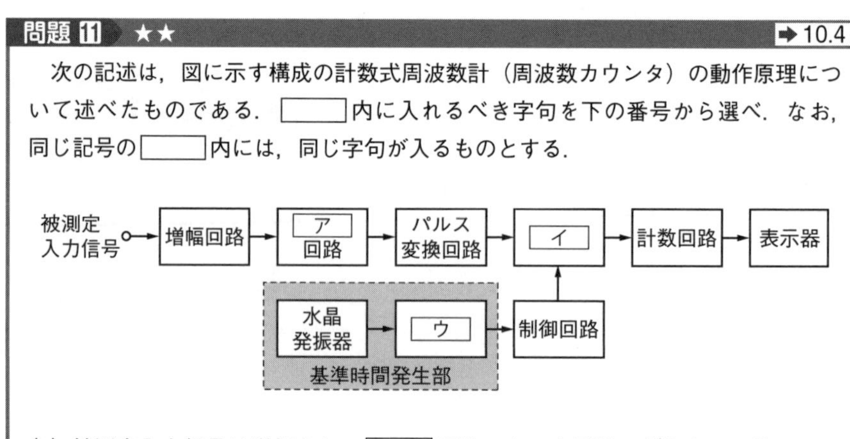

(1) 被測定入力信号は増幅され，［ア］回路により方形波に変換された後，同一の繰り返し周期のパルス列に変換され，一定時間だけ開いた［イ］を通過するパルスが計数回路で数えられ，周波数として表示される．

(2) 水晶発振器と［ウ］による基準時間発生部で正確な T〔s〕周期でパルスが作られ，制御回路への入力となる．T が 1 s のときは，計数回路でのカウント数がそのまま周波数〔Hz〕の表示となる．

(3) 測定誤差としては，水晶発振器の確度による誤差のほか，制御回路の出力信号と通過パルスの時間的位置関係から生ずる［エ］誤差などがある．また，被測定入力信号に含まれる［オ］が原因で，パルスの立ち上がりが不安定になったり余分なパルスが生成され，誤差が発生することがある．

1 ゲート回路　2 遅延回路　3 直流分　4 ±1 カウント　5 波形整形
6 ブリッジ回路　7 分周回路　8 ノイズ　9 トリガ　10 平衡変調

答え▶▶▶ア－5，イ－1，ウ－7，エ－4，オ－8

10.5 電力の測定

10.5.1 CM 形電力計

CM 形電力計は，分布定数を使って高周波の電力を測定する通過形の電力計で，平均電力を求めることができます．CM 形電力計は送信機とアンテナ（または擬似空中線）の間に挿入して使用します．C は静電容量，M は相互インダクタンスを表します．**図 10.13** に示すように，主線路と容量結合及び誘導結合された副線路があります（方向性結合器）．進行波と反射波が測定できますので，定在波比も測定可能です．

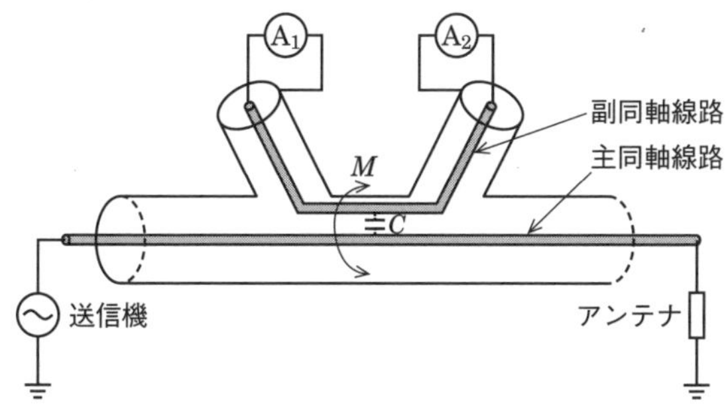

■図 10.13　CM 形電力計の原理図

10
章

電圧定在波比は 8 章の式（8.12）で求めますが，UHF 帯のように周波数が高い領域になると電圧の測定が困難になります．そこで測定の容易な電力を測定することにより電圧定在波比を求めます．

進行波電力を P_{f}〔W〕，反射波電力を P_{r}〔W〕とすると，電圧定在波比 S は式（8.12）より

$$S = \frac{V_{\mathrm{max}}}{V_{\mathrm{min}}} = \frac{V_{\mathrm{f}} + V_{\mathrm{r}}}{V_{\mathrm{f}} - V_{\mathrm{r}}} = \frac{\sqrt{P_{\mathrm{f}}} + \sqrt{P_{\mathrm{r}}}}{\sqrt{P_{\mathrm{f}}} - \sqrt{P_{\mathrm{r}}}} \tag{10.3}$$

となります．

オームの法則により，電力は電圧の二乗に比例するので，電圧 $= \sqrt{電力}$ となります．

10.5.2 SSB（J3E）送信機の電力測定

SSB 送信機の電力測定は**図 10.14** の構成で次の手順で行います.

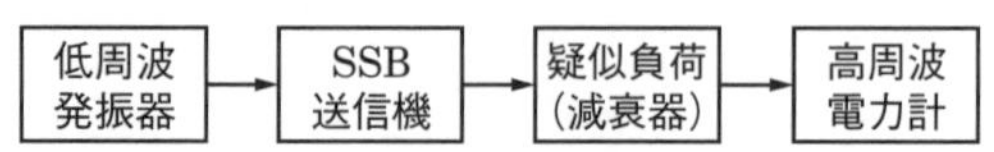

■図 10.14 SSB 送信機の電力測定

SSB 送信機を通常の動作状態にし, 低周波発振器の出力は最小にします. 低周波発振器の周波数を 1 500 Hz に設定後, SSB 送信機への変調入力を徐々に増加させ, SSB 送信機から擬似負荷（減衰器）に供給される平均電力を高周波電力計で測定します. この操作を SSB 送信機の出力電力が最大になるまで繰り返し, 変調入力対出力電力のグラフを作成してグラフから飽和電力を読み取ります. このときの飽和電力の値が SSB 送信機から出力される J3E 電波の尖頭電力になります.

問題 12 ★★★ ➡ 10.5.1

次の記述は, CM 形電力計による電力の測定について述べたものである. [ ] 内に入れるべき字句を下の番号から選べ.

CM 形電力計は, 送信機と [ア] またはアンテナとの間に挿入して電力の測定を行うもので, 容量結合と [イ] を利用し, 給電線の電流及び電圧に [ウ] する成分の和と差から, 進行波電力と [エ] 電力を測定することができるため, 負荷の消費電力のほかに負荷の [オ] 状態を知ることもできる. CM 形電力計は, 取扱いが容易なことから広く用いられている.

1 誘導結合　2 入射波　3 比例　4 整合　5 受信機
6 抵抗結合　7 反射波　8 反比例　9 能率　10 擬似負荷

答え▶▶▶ア－10, イ－1, ウ－3, エ－7, オ－4

出題傾向 下線の部分を穴埋めにした問題も出題されています.

問題 13 ★ ➡ 10.5.1

同軸給電線とアンテナの接続部において，通過形電力計で測定した進行波電力が 900 W，定在波比（SWR）が 2.0 であるとき，接続部における反射波電力の値として，正しいものを下の番号から選べ．

1 100 W　2 125 W　3 133 W　4 142 W　5 150 W

解説 進行波電力を P_{f}〔W〕，反射波電力を P_{r}〔W〕とすると，定在波比 S は次式で表されます．

$$S = \frac{\sqrt{P_{\mathrm{f}}} + \sqrt{P_{\mathrm{r}}}}{\sqrt{P_{\mathrm{f}}} - \sqrt{P_{\mathrm{r}}}} \quad ①$$

式①に，$P_{\mathrm{f}} = 900$ W，$S = 2$ を代入すると

$$2 = \frac{\sqrt{900} + \sqrt{P_{\mathrm{r}}}}{\sqrt{900} - \sqrt{P_{\mathrm{r}}}} = \frac{30 + \sqrt{P_{\mathrm{r}}}}{30 - \sqrt{P_{\mathrm{r}}}} \quad ②$$

式②より

$$2(30 - \sqrt{P_{\mathrm{r}}}) = 30 + \sqrt{P_{\mathrm{r}}} \quad ③$$

式③より

$$3\sqrt{P_{\mathrm{r}}} = 30 \quad ④$$

式④より

$$\sqrt{P_{\mathrm{r}}} = 10 \quad よって \quad P_{\mathrm{r}} = \mathbf{100\ W}$$

答え ▶▶▶ 1

問題 14 ★★★ ➡ 10.5

次に掲げる無線通信用の測定器材等のうち，5.6 GHz 帯の周波数での測定に通常用いられないものを下の番号から選べ．

1 方向性結合器
2 スペクトルアナライザ
3 CM 形電力計
4 セミリジッド同軸ケーブル
5 ネットワークアナライザ

解説 3 CM 形電力計で使用できる周波数は UHF 帯程度までが多いため，5.6 GHz 帯の測定には用いません．

4 セミリジッド同軸ケーブルは，外導体に銅パイプを使用した高周波特性に優れているケーブルです．

答え▶▶▶3

出題傾向

選択肢が次のようになる問題も出題されています．
<用いられるもの>
導波管，空洞波長（周波数）計，ボロメータ形電力計，ダイオード検波器
<用いられないもの>
LC コルピッツ発振器によるデップメータ

問題 15 ★★ ➡10.5.2

次の記述は，図に示す構成による SSB（J3E）送信機の空中線電力の測定方法について述べたものである．［　　］内に入れるべき字句の正しい組合せを下の番号から選べ．なお，同じ記号の［　　］内には同じ字句が入るものとする．

(1) SSB 送信機を通常の動作状態にし，低周波発振器の出力は最小にしておく．
(2) 低周波発振器の発振周波数を 1 500 Hz に設定後，SSB 送信機への変調入力を順次増加させ，SSB 送信機から擬似負荷（減衰器）に供給される［ A ］を高周波電力計から求める．
(3) この操作を SSB 送信機の出力電力が最大になるまで繰り返し行い，変調入力対出力電力のグラフを作り，そのグラフから［ B ］を読みとる．このときの［ B ］の値が SSB 送信機から出力される J3E 電波の［ C ］と規定されている．

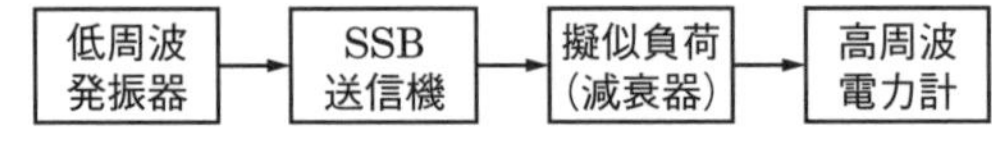

	A	B	C
1	搬送波電力	平均電力	飽和電力
2	搬送波電力	飽和電力	尖頭電力
3	平均電力	飽和電力	平均電力
4	平均電力	飽和電力	尖頭電力
5	平均電力	平均電力	飽和電力

答え▶▶▶4

10.6 オシロスコープとスペクトルアナライザ

オシロスコープ（**図 10.15**）は，振幅（電圧）成分対時間領域の関係をブラウン管や液晶画面などの表示器に表示させる測定器で，**アナログオシロスコープ**（図 10.15 (a)）と**デジタルオシロスコープ**（図 10.15 (b)）があります．オシロスコープ画面の目盛は，横軸は時間〔s〕，縦軸は電圧〔V〕です．

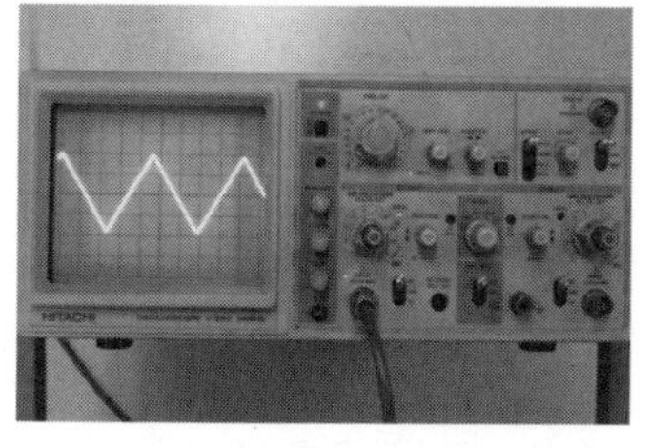

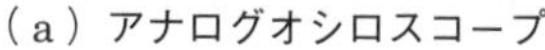
（a）アナログオシロスコープ

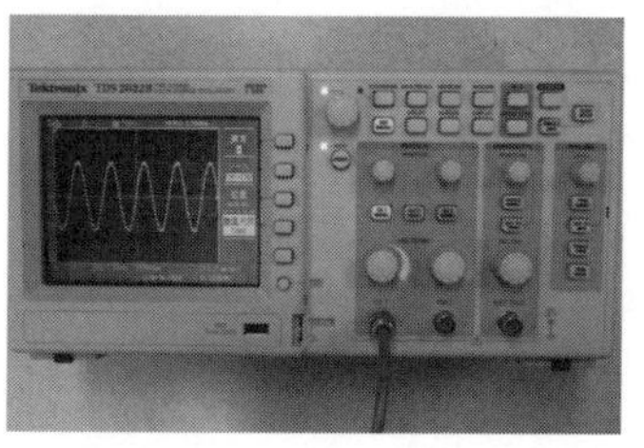
（b）デジタルオシロスコープ

図 10.15　オシロスコープ

オシロスコープを使用して位相差を測定できます．**図 10.16** に示すように被測定回路の入力信号と出力信号の位相差を測定したい場合，入力信号，出力信号をオシロスコープの水平軸，垂直軸に加えると，**図 10.17** のような**リサジュー図**と呼ばれる図形が現れます．

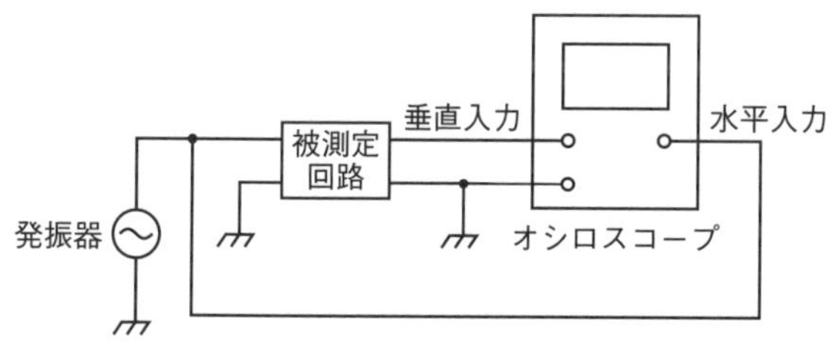

図 10.16　オシロスコープを使用した位相差測定回路

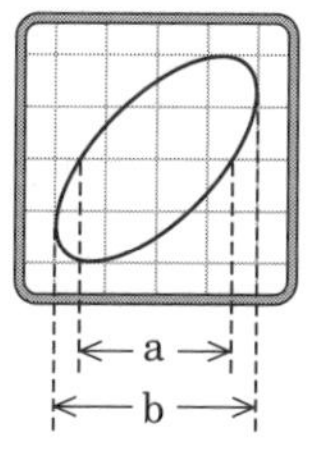

図 10.17　リサジュー図

入出力信号の位相差 θ は次式で求めることができますが，精度はよくありません．

$$\theta = \sin^{-1}\frac{a}{b} \tag{10.4}$$

また，周波数の既知の発振器と未知の発振器がある場合，リサジュー図を描かせることにより周波数が未知の発振器の周波数を知ることもできます．

10.6.1 アナログオシロスコープの構成

アナログオシロスコープの構成例を**図 10.18** に示します．入力信号は垂直増幅回路で増幅されて垂直偏向板とトリガ回路に加えられます（トリガは引金の意味）．トリガ回路でのこぎり波発生回路を動作させます．のこぎり波は水平増幅回路で増幅されて水平偏向板に加わり，入力信号の時間経過波形を観測することができます．

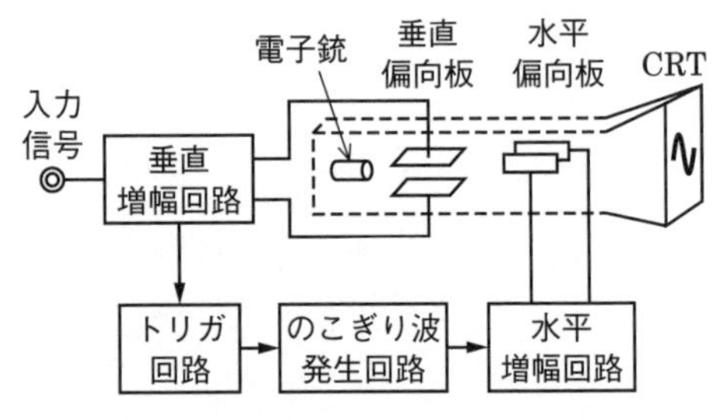

■図 10.18 アナログオシロスコープの構成例

10.6.2 デジタルオシロスコープの構成

デジタルオシロスコープの構成例を**図 10.19** に示します．入力信号は垂直増幅回路で増幅されて A-D 変換器でデジタル値に変換されメモリ回路に入ります．また，入力信号はトリガ回路にも入力され，トリガパルスでメモリ回路の書込みを制御します．メモリ回路から読み出し，処理した後，表示器に表示されます．

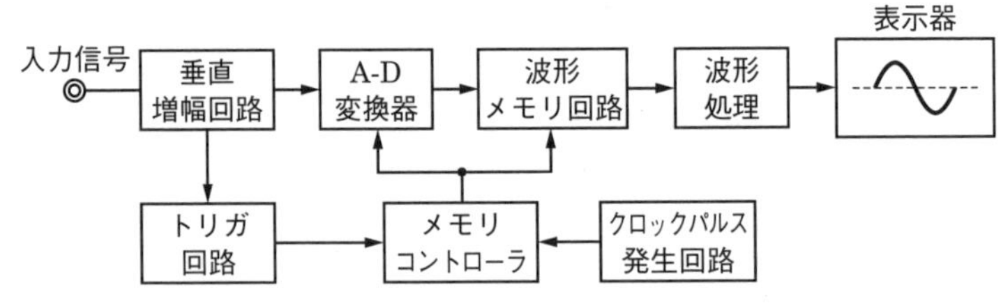

■図 10.19 デジタルオシロスコープの構成例

10.6.3 スペクトルアナライザ

スペクトルアナライザは振幅対周波数領域（横軸が周波数，縦軸が振幅）の観測が可能な測定器です．信号に含まれる周波数成分ごとの振幅を測定することができます．

スーパヘテロダイン方式のスペクトルアナライザの構成例を**図 10.20**に示します.

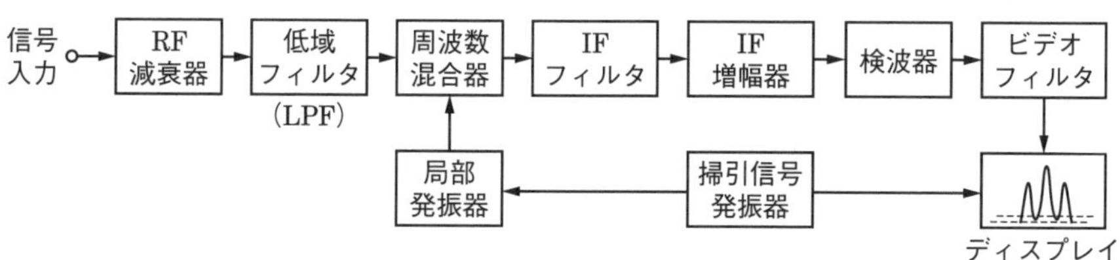

■**図 10.20 スペクトルアナライザの構成例**

測定する信号は減衰器と低域フィルタを通過して周波数混合器に入ります. 周波数混合器で中間周波数に変換され，中間周波（IF）フィルタ，中間周波（IF）増幅器を経て検波器に入力されます. 検波された信号はビデオフィルタで直流領域の雑音を除いて，A-D 変換されデジタル化され，CPU で処理されて表示されます. スーパヘテロダイン方式のスペクトルアナライザは，スーパヘテロダイン方式の受信機の局部発振器を掃引発振器に代えたと考えることができます.

問題 16 ★★★ ➡10.6

次の記述は，一般的なオシロスコープ及びスーパヘテロダイン方式スペクトルアナライザについて述べたものである. □内に入れるべき字句を下の番号から選べ.

(1) スペクトルアナライザは，信号に含まれる［ア］を観測できる.
(2) オシロスコープは，信号の［イ］を観測できる.
(3) オシロスコープの表示器の横軸は時間軸を，また，スペクトルアナライザの表示器の［ウ］は周波数軸を表す.
(4) スペクトルアナライザは分解能帯域幅を所定の範囲内で変えることが［エ］.
(5) レベル測定に用いた場合，感度が高く，より弱い信号レベルの測定ができるのは，［オ］である.

1 周波数成分ごとの振幅　2 できる　3 横軸　4 オシロスコープ
5 符号誤り率　6 周波数成分ごとの位相　7 できない　8 縦軸
9 スペクトルアナライザ　10 波形

答え▶▶▶ア－1，イ－10，ウ－3，エ－2，オ－9

10章

問題 17 ★★ ➡10.6.3

次の記述は，図に示すスーパヘテロダイン方式によるアナログ型のスペクトルアナライザの一般的な機能などについて述べたものである．このうち誤っているものを下の番号から選べ．

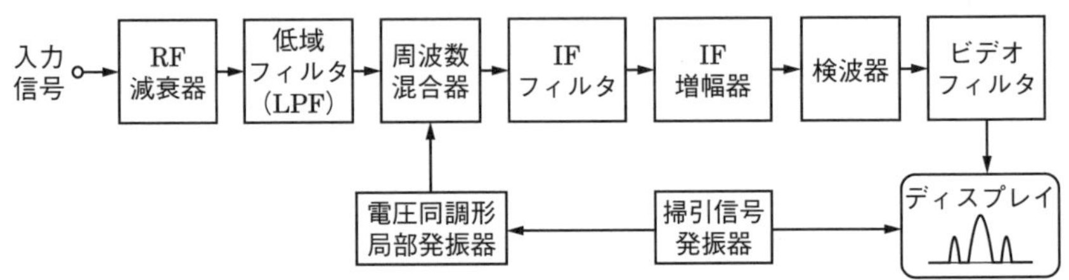

1 信号のスペクトル表示や占有周波数帯幅の観測に使われることが多い．
2 周波数成分ごとの位相差の観測ができる．
3 マーカ機能に周波数カウンタの機能を持たない場合，マーカ表示の周波数は画面上のマーカ位置から求めている．
4 基本周波数の平均電力からスプリアス発射の平均電力を減算することにより，これらの相対値を求めることができる．

解説 2 × 「観測**ができる**」ではなく，正しくは「観測**はできない**」です．

答え▶▶▶2

問題 18 ★★ ➡10.6

2現象オシロスコープに，周波数の等しい2つの正弦波交流電圧を加えたとき，図に示すような波形が得られた．交流電圧の位相差として，正しいものを下の番号から選べ．

1 $\pi/6$〔rad〕 2 $\pi/4$〔rad〕
3 $\pi/3$〔rad〕 4 $\pi/2$〔rad〕
5 π〔rad〕

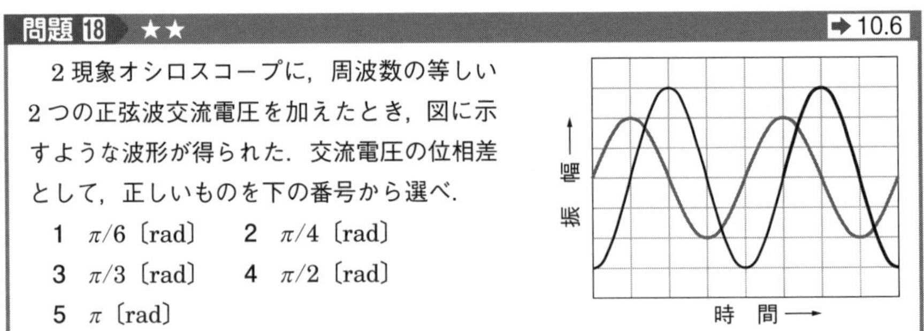

解説 1周期は4目盛（横軸）ですので，4目盛が2π〔rad〕となります．位相差は1目盛ですので，$\boldsymbol{\pi/2}$**〔rad〕**となります．

答え▶▶▶4

問題 19 ★★ ➡10.6

次の記述は，図に示すオシロスコープで観測したパルス電圧波形について述べたものである．[　　]内に入れるべき字句の正しい組合せを下の番号から選べ．

(1) パルス繰返し周波数は，[A]である．

(2) 図のaの目盛の電圧が0Vのとき，この波形の電圧の平均の値は0.4Vよりも[B]．

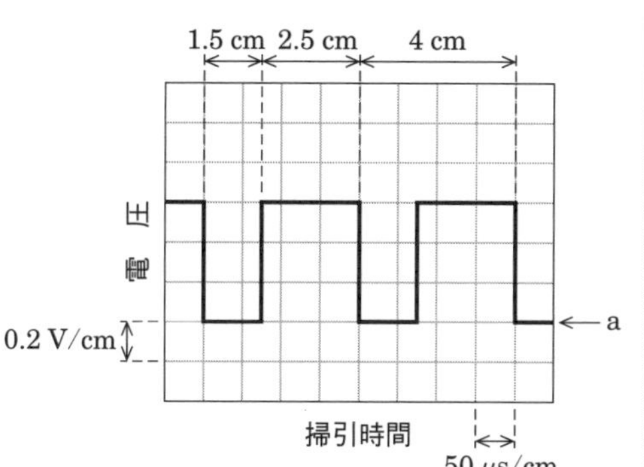

	A	B
1	5 kHz	大きい
2	5 kHz	小さい
3	7.5 kHz	大きい
4	10.0 kHz	小さい
5	10.0 kHz	大きい

解説

〈周波数の求め方〉

1周期T〔s〕は横軸4マス分なので

$$T = 4 \times 50\,\mu\text{s} = 200\,\mu\text{s} = 200 \times 10^{-6}\,\text{s} = 2 \times 10^{-4}\,\text{s}$$

です．周波数fと周期Tは，$f = 1/T$の関係があるので

$$f = \frac{1}{T} = \frac{1}{2 \times 10^{-4}} = \frac{10^4}{2} = 5\,000\ \text{Hz} = \mathbf{5\ kHz}$$

〈電圧の求め方〉

電圧の振幅値Vは縦軸3マス分なので

$$V = 3 \times 0.2 = 0.6\ \text{V}$$

です．1周期の200 μsのうち，0.6 Vの電圧がある期間は$2.5 \times 50 = 125\,\mu\text{s}$なので，平均値は

$$\frac{0.6 \times 125 \times 10^{-6}}{2 \times 10^{-4}} = \frac{75 \times 10^{-6}}{2 \times 10^{-4}} = \frac{0.75}{2} = 0.375\ \text{V}$$

となり，0.4 Vより**小さく**なります．

答え▶▶▶2

問題 20 ★★ ➡10.6

次の図は，リサジュー図とその図形に対応する位相差の組合せを示したものである．このうち誤っているものを下の番号から選べ．ただし，リサジュー図は，オシ

ロスコープの垂直 (y) 入力及び水平 (x) 入力に周波数と大きさが等しく位相差が θ〔rad〕の正弦波交流電圧を加えたときに観測されたものとする.

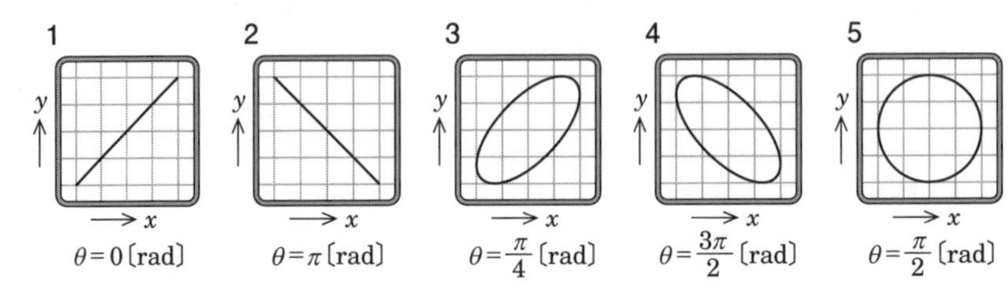

解説 オシロスコープの垂直 (y) 入力及び水平 (x) 入力に周波数と大きさが等しく位相差が θ〔rad〕の正弦波交流電圧を加えたとき,**図 10.21** のようなリサジュー図が現れます.その位相差は次式で表されます.

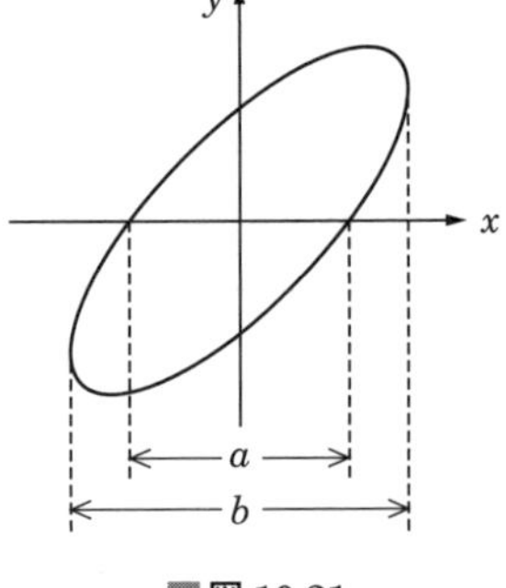

■図 10.21

$$\theta = \sin^{-1}\frac{a}{b}\left(\sin\theta = \frac{a}{b}\right) \quad ①$$

選択肢 1 及び 2 は,$a = 0$ 目盛,$b = 4$ 目盛なので

$$\sin\theta = \frac{a}{b} = \frac{0}{4} = 0 \qquad \text{よって,} \theta = 0 \text{ または } \pi$$

選択肢 3 及び 4 は,$a = 3$ 目盛,$b = 4$ 目盛と読めます.よって

$$\sin\theta = \frac{a}{b} \fallingdotseq \frac{3}{4} = 0.75$$

電卓が使用できないので,$\theta = \sin^{-1}\dfrac{a}{b}$ は計算できません.

$\sin\theta = \dfrac{1}{\sqrt{2}} \fallingdotseq 0.707$ でこれを満たす θ は $\dfrac{\pi}{4}$ または $\dfrac{3\pi}{4}$

選択肢 4 の θ は $3\pi/2$ ではなく,$3\pi/4$ となりますので誤りです.

選択肢 5 は,$a = 4$ 目盛,$b = 4$ 目盛なので

$$\sin\theta = \frac{a}{b} = \frac{4}{4} = 1 \qquad \text{よって,} \theta = \frac{\pi}{2}$$

答え▶▶▶ 4

$\sin(0) = 0$,$\sin(\pi/6) = 1/2$,$\sin(\pi/4) = 1/\sqrt{2}$,$\sin(\pi/3) = \sqrt{3}/2$,$\sin(\pi/2) = 1$ などの値から θ の値を推測します.

問題 21 ★★ ➡10.6

次の図は，リサジュー図と各図形に対応する周波数比の組合せを示したものである．このうち正しいものを下の番号から選べ．ただし，リサジュー図は，オシロスコープの水平（x）入力に周波数 f_x〔Hz〕の正弦波交流を，垂直（y）入力に周波数 f_y〔Hz〕の正弦波交流を同時に加えた時に観測されたものとし，周波数比は $f_x : f_y$ とする．

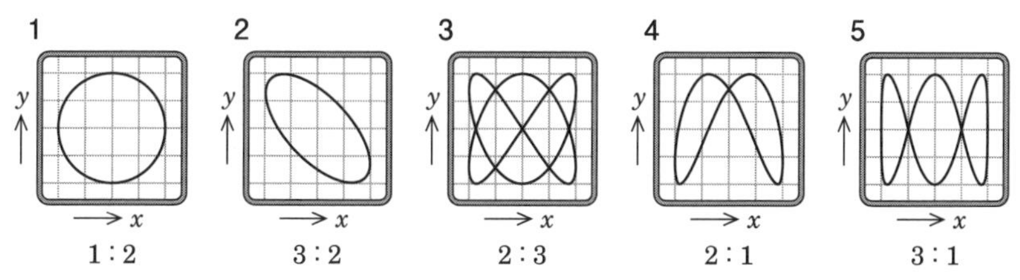

解説 オシロスコープの水平軸（x 軸）に周波数 f_x〔Hz〕，垂直軸（y 軸）に周波数 f_y〔Hz〕の信号を加えるとします．f_x と f_y の比が整数比のとき，選択肢 1 ～ 5 のようなリサジュー図が現れます．f_x と f_y の比は，$f_x : f_y$ = 図の曲線が垂直の線に接する数：図の曲線が水平の線に接する数を数えることでわかります．例えば，選択肢 3 の場合，**図 10.22** に示すように，横軸の電圧最大と縦軸の電圧最大の位置に線を引いて，接する数を調べます．f_x は垂直の線に接する数なので「2」，f_y は水平の線に接する数なので「3」となり，$f_x : f_y = 2 : 3$ となります．

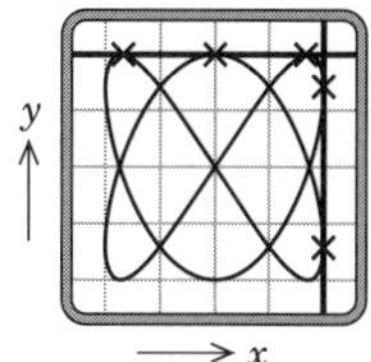

■ **図 10.22**

同様に，選択肢 1 は，$f_x : f_y = 1 : 1$，選択肢 2 は $f_x : f_y = 1 : 1$，選択肢 4 は $f_x : f_y = 1 : 2$，選択肢 5 は $f_x : f_y = 1 : 3$ となります．

答え ▶▶▶ 3

10.7 スミスチャート

伝送線路のインピーダンスや反射係数は複素数になり，計算が複雑です．この複雑な計算を P. H. Smith が考案した図表（スミスチャート）を使用すれば，スミスチャート上で複素数の計算を簡単に行うことができます．これにより，回路のインピーダンスの値や VSWR の値などを知ることができ，インピーダンスとアドミタンスの変換もできます．

スミスチャートのイメージは**図 10.23** (a) の複素平面の虚軸のプラス側を上側に半円形に折り曲げ，虚軸のマイナス側を下側に半円形に折り曲げて図 10.23 (b) の形にしたものです．目盛は右側に行くほど圧縮されています．スミスチャートの円の上半分は誘導性（インダクティブ）領域，下半分は容量性（キャパシティブ）領域になります．

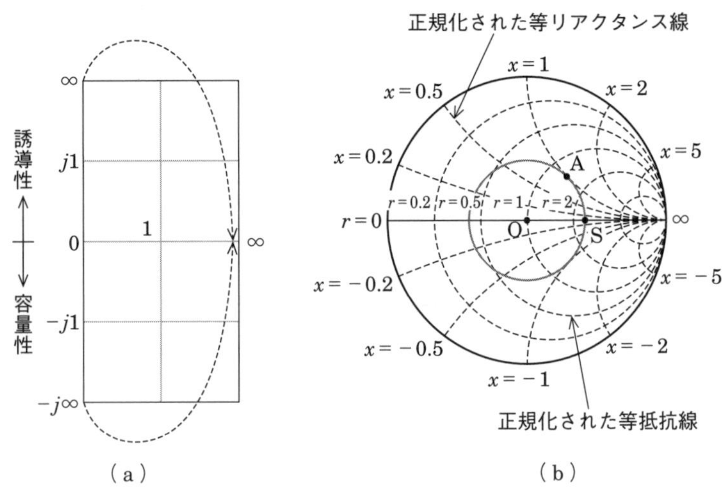

図 10.23　スミスチャート

例えば，特性インピーダンス $Z_0=50\,\Omega$，負荷インピーダンス $Z_L=75+j50$〔Ω〕の場合，正規化インピーダンス $Z_L/Z_0=r+jx$ は，$r+jx=1.5+j1$ となり，図 10.23 (b) の A 点になります．VSWR を求めるには，O 点を中心として半径 $\overline{OA}$ の円を描き，横軸との交点 S を読み取ります．

スミスチャートはコンピュータがない時代に考案されており，手書きでスミスチャートに記入していましたが，現在は，ベクトルネットワークアナライザの液晶画面などで確認することができ，回路の状態を直感的に把握することができます．

問題 22 ★　➡10.7

次の記述は，図に示す一般的なスミスチャートの概略図について述べたものである．□内に入れるべき字句の正しい組合せを下の番号から選べ．

(1) 水平の直線Xが，正規化されたアンテナのインピーダンスの抵抗成分であるとき，直線Xの右端はアンテナを［ A ］した状態である．

(2) あるアンテナのインピーダンスが▲の位置であった時，このアンテナのリアクタンス成分は［ B ］である．

(3) ▲の位置を利用して，このアンテナのSWRの値の読取りは［ C ］．

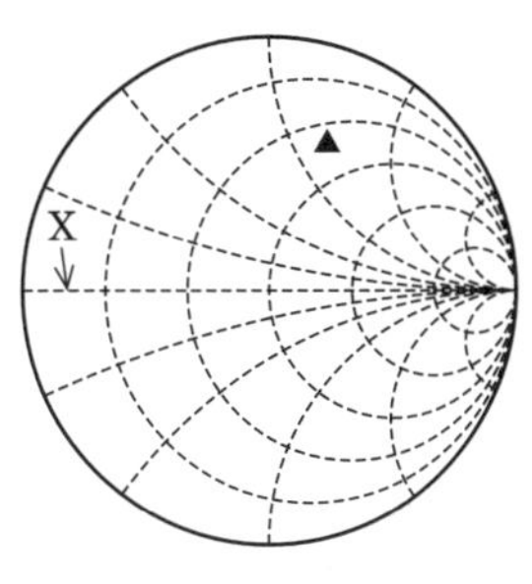

	A	B	C
1	開放（∞ Ω）	インダクティブ	できる
2	短絡（0 Ω）	インダクティブ	できない
3	開放（∞ Ω）	キャパシティブ	できる
4	短絡（0 Ω）	キャパシティブ	できない
5	開放（∞ Ω）	キャパシティブ	できない

解説　A　直線Xの右端はインピーダンスが無限大であるので，**開放**状態です．

B　▲の位置が上半分にあるので，リアクタンス成分は**インダクティブ**です．

C　スミスチャートでSWRが**読取りができます**．

答え▶▶▶1

関連知識　VSWRとSWR

伝送線路上では，進行波（入射波）と反射波の干渉により，定在波（Standing Wave）が生じます．伝送線路上の電圧の最大値と最小値の比が電圧定在波比なので，VSWR（Voltage Standing Wave Ratio）といいますが，単にSWRと呼ぶ場合もあります（実際の試験問題でも，VSWRとSWRの両方が使われています）．

10.8 接地抵抗の測定

アマチュア無線を運用する場合，効率よく電波を放射するには接地が重要ですが，感電を防止する意味合いもあります．無線機器の金属ケースを接地しておけば，高い電圧がケースに漏えいしても感電を防げます．接地には，銅板，銅棒，炭素棒などを大地に埋めますが，どうしても，接地抵抗が発生します．接地抵抗を測定するには，直流を使用すると，成極作用で正確に測定できませんので，交流を使用して測定します．

接地板の接地抵抗を直接測定することはできません．そこで**図10.24**のように，補助接地棒を2本使用することにより，①の接地板と②の補助接地棒間の

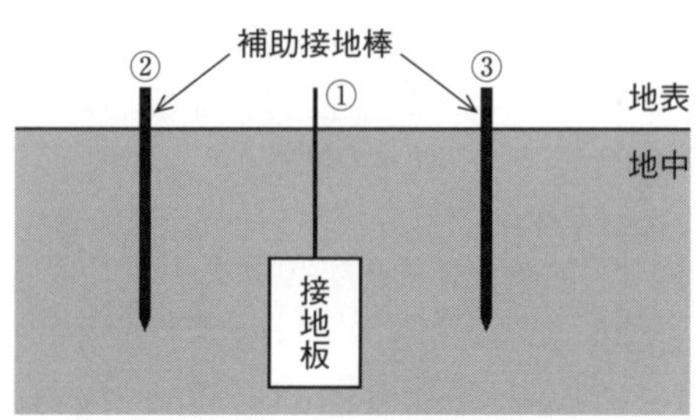

■図 10.24 接地抵抗の測定

抵抗，①の接地板と③の補助接地棒間の抵抗，②の補助接地棒と③の補助接地棒間の抵抗を測定することによって接地板の接地抵抗を測定します．

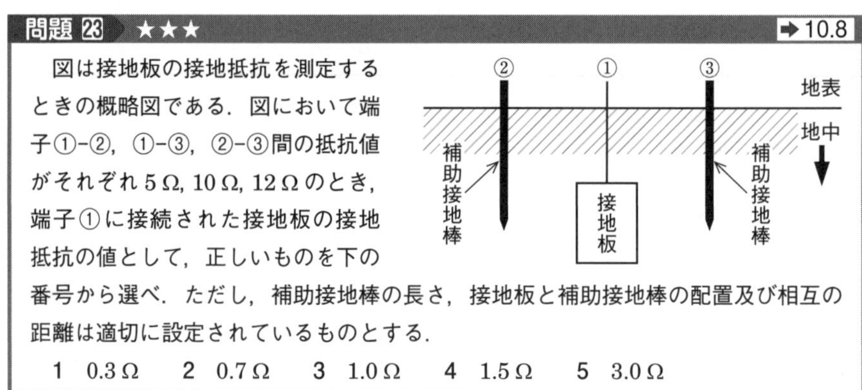

問題 23 ★★★ ➡ 10.8

図は接地板の接地抵抗を測定するときの概略図である．図において端子①-②，①-③，②-③間の抵抗値がそれぞれ 5 Ω, 10 Ω, 12 Ω のとき，端子①に接続された接地板の接地抵抗の値として，正しいものを下の番号から選べ．ただし，補助接地棒の長さ，接地板と補助接地棒の配置及び相互の距離は適切に設定されているものとする．

1 0.3 Ω　　2 0.7 Ω　　3 1.0 Ω　　4 1.5 Ω　　5 3.0 Ω

解説 ①の接地板の接地抵抗を R_1，②の補助接地棒の接地抵抗を R_2，③の補助接地棒の接地抵抗を R_3 とすると次式が成立します．

$$R_1 + R_2 = 5 \tag{1}$$

$$R_1 + R_3 = 10 \tag{2}$$

$$R_2 + R_3 = 12 \tag{3}$$

式 (2) − 式 (3) を計算すると

$$R_1 - R_2 = -2 \tag{4}$$

式 (1) + 式 (4) を計算すると

$2R_1 = 3$　よって　$R_1 = \mathbf{1.5\ \Omega}$

答え ▶▶▶ 4

2編

法　規

INDEX

1章　電波法の概要

この章から **0～1** 問出題

電波法の必要性，法律・政令・省令など電波法令の構成，電波法の条文の構成，電波法で使われる用語の定義について学びます．

1.1　電波法の目的

電波法は 1950 年（昭和 25 年）6 月 1 日に施行されました（6 月 1 日は「電波の日」です）．電波は限りある貴重な資源ですので，許可なく自分勝手に使用することはできません．電波を秩序なしに使うと混信や妨害を生じ，円滑な通信ができなくなりますので約束事が必要になります．この約束事が電波法です．電波法は法律全体の解釈・理念を表しています．細目は政令や省令に記されています．

電波法が施行される前の電波に関する法律は無線電信法でした．無線電信法は「無線電信及び無線電話は政府これを管掌す」とされ，「電波は国家のもの」でしたが，電波法になって初めて「電波が国民のもの」になりました．

電波法　第 1 条（目的）

この法律は，電波の**公平かつ能率的**な利用を確保することによって，公共の福祉を増進することを目的とする．

電波法第 1 条単独での出題頻度は少ないですが，1.4 節の電波法第 2 条とあわせてよく出題されるのでしっかりと理解しましょう．

1.2　電波法令

電波法令は電波を利用する社会の秩序維持に必要な法令です．電波法令は，**表 1.1** に示すように，国会の議決を経て制定される法律である「**電波法**」，内閣の議決を経て制定される「**政令**」，総務大臣により制定される「**総務省令**（以下，**省令**という）」から構成されています．

■表 1.1　電波法令の構成

電波法令	電波法（法律）		国会の議決を経て制定される
	命令	政令	内閣の議決を経て制定される
		省令（総務省令）	総務大臣により制定される

電波法は**表 1.2** に示す内容で構成されています.

■表 1.2 電波法の構成

第 1 章	総則（第 1 条～第 3 条）
第 2 章	無線局の免許等（第 4 条～第 27 条の 36）
第 3 章	無線設備（第 28 条～第 38 条の 2）
第 3 章の 2	特定無線設備の技術基準適合証明等（第 38 条の 2 の 2 ～第 38 条の 48）
第 4 章	無線従事者（第 39 条～第 51 条）
第 5 章	運用（第 52 条～第 70 条の 9）
第 6 章	監督（第 71 条～第 82 条）
第 7 章	審査請求及び訴訟（第 83 条～第 99 条）
第 7 章の 2	電波監理審議会（第 99 条の 2 ～第 99 条の 14）
第 8 章	雑則（第 100 条～第 104 条の 5）
第 9 章	罰則（第 105 条～第 116 条）

政令には，**表 1.3** に示すようなものがあります.

■表 1.3 政令

電波法施行令
電波法関係手数料令

省令には，**表 1.4** に示すようなものがあります.「無線局運用規則」のように「～規則」と呼ばれるものは省令です.

■表 1.4 省令（総務省令）

電波法施行規則
無線局免許手続規則
無線局（基幹放送局を除く）の開設の根本的基準
特定無線局の開設の根本的基準
基幹放送局の開設の根本的基準
無線従事者規則
無線局運用規則
無線設備規則
電波の利用状況の調査等に関する省令
無線機器型式検定規則
特定無線設備の技術基準適合証明等に関する規則
測定器等の較正に関する規則
登録検査等事業者等規則
電波法による伝搬障害の防止に関する規則

1.3 電波法の条文の構成

条文は，**表 1.5** のように，「条」「項」「号」で構成されています．

■表 1.5　条文の構成

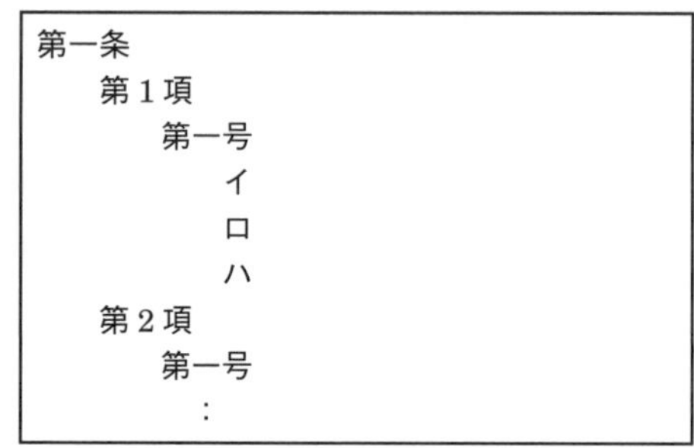
第一条
　第1項
　　第一号
　　　イ
　　　ロ
　　　ハ
　第2項
　　第一号
　　　：

注）本書では，「条」の漢数字をアラビア数字（例：第 14 条），「項」をアラビア数字（例：2），「号」の漢数字を括弧付きのアラビア数字（例：(1)）で表すことにします．

例として電波法第 14 条の一部を示します．

電波法　第 14 条（免許状）

総務大臣は，免許を与えたときは，免許状を交付する．←（第 1 項の数字は省略）

2　免許状には，次に掲げる事項を記載しなければならない．←（第 2 項）

(1) 免許の年月日及び免許の番号

(2) 免許人（無線局の免許を受けた者をいう．以下同じ）の氏名又は名称及び住所

(3) 無線局の種別

(4) 無線局の目的（主たる目的及び従たる目的を有する無線局にあっては，その主従の区別を含む）

(5)～(11) は省略

3　基幹放送局の免許状には，前項の規定にかかわらず，次に掲げる事項を記載しなければならない．←（第 3 項）

(1) 前項各号（基幹放送のみをする無線局の免許状にあっては，(5) を除く）に掲げる事項

以下略

例えば，上記の「無線局の種別」は，電波法第十四条第2項第三号ですが，本書では電波法第14条第2項(3)と表記します．

一アマの試験では条数を問う問題は出題されないので，法令の第○条といった条数は覚える必要はありませんが，インターネットで電波法などの法令を検索する際の参考として掲載しています．

1.4　用語の定義

用語の定義は電波法第2条に規定されています．

電波法　第2条（定義）

(1)「電波」とは，300万MHz以下の周波数の電磁波をいう．

300万MHzは，3×10^{12} Hzです．電波の波長をλ〔m〕とすると，電波の速度は3×10^{8} m/sなので，$\lambda=(3\times10^{8})/(3\times10^{12})=10^{-4}$ mとなります．すなわち，波長が0.1 mmより長い電磁波が「電波」ということになります．電波以外の電磁波には，赤外線，可視光線，紫外線，X線，ガンマ線などがあります．

(2)「無線電信」とは，電波を利用して，**符号**を送り，又は**受けるための通信設備**をいう．

(3)「無線電話」とは，電波を利用して，**音声その他の音響**を送り，又は**受けるための通信設備**をいう．

(4)「無線設備」とは，**無線電信**，無線電話その他電波を送り，又は**受けるための電気的設備**をいう．

(5)「無線局」とは，無線設備及び**無線設備の操作を行う者**の総体をいう．ただし，**受信のみを目的とするもの**＊を含まない．

＊　電波法施行規則第5条（無線局の限界）において，「受信のみを目的とするものには，中央集中方式，二重通信方式等の方式により通信を行う場合に設置する受信設備等自己の使用する送信設備に機能上直結する受信設備は含まれない．」と規定されています．

「無線局」は，物的要素である「無線設備」と，人的要素である「無線設備の操作を行う者」の総体をいいます．「無線設備」というハードウェアがあっても，操作を行う人がいないと「無線局」ではありません．

(6)「無線従事者」とは，無線設備の操作又は**その監督**を行う者であって，総務大臣の免許を受けたものをいう．

無線局運用規則　第2条（定義等）第1項

(7)「モールス無線電信」とは，電波を利用して，**モールス符号**を送り，又は**受けるための通信設備**をいう．

問題 1 ★★★ ➡1.4

無線局の定義及び無線局の限界に関する次の記述のうち，電波法（第2条）及び電波法施行規則（第5条）の規定に照らし，これらの規定に定めるところに適合するものはどれか．下の1から4までのうちから一つ選べ．

1 「無線局」とは，免許人及び無線設備並びに無線設備の操作を行う者の総体をいう．ただし，受信のみを目的とするものを含まない．この受信のみを目的とするものには，中央集中方式，二重通信方式等の方式により通信を行う場合に設置する受信設備等自己の使用する送信設備に機能上直結する受信設備も含まれる．

2 「無線局」とは，無線設備及び無線設備の操作を行う者の総体をいう．ただし，受信のみを目的とするものを含まない．この受信のみを目的とするものには，中央集中方式，二重通信方式等の方式により通信を行う場合に設置する受信設備等自己の使用する送信設備に機能上直結する受信設備は含まれない．

3 「無線局」とは，免許人及び無線設備並びに無線設備の操作を行う者の総体をいう．ただし，受信のみを目的とするものを含まない．この受信のみを目的とするものには，中央集中方式，二重通信方式等の方式により通信を行う場合に設置する受信設備等自己の使用する送信設備に機能上直結する受信設備も含まれない．

4 「無線局」とは，無線設備及び無線設備の操作を行う者の総体をいう．ただし，受信のみを目的とするものを含まない．この受信のみを目的とするものには，中央集中方式，二重通信方式等の方式により通信を行う場合に設置する受信設備等自己の使用する送信設備に機能上直結する受信設備は含まれる．

答え▶▶▶2

問題 2 ★★ ➡1.1 ➡1.4

次の記述は，電波法の目的及び電波法に定める定義について述べたものである．電波法（第１条及び第２条）の規定に照らし，[　　]内に入れるべき最も適切な字句の組合せを下の１から４までのうちから一つ選べ．

① 電波法は，電波の[A]な利用を確保することによって，公共の福祉を増進することを目的とする．

② 「無線設備」とは，無線電信，無線電話その他電波を送り，又は受けるための[B]をいう．

③ 「無線局」とは，無線設備及び[C]の総体をいう．ただし，受信のみを目的とするものを含まない．

	A	B	C
1	公正かつ公益的	電気的設備	無線設備の操作並びにその監督を行う者
2	公平かつ能率的	通信設備	無線設備の操作並びにその監督を行う者
3	公平かつ能率的	電気的設備	無線設備の操作を行う者
4	公正かつ公益的	通信設備	無線設備の操作を行う者

答え▶▶▶３

問題 3 ★★★ ➡1.4

次の記述は，用語の定義について述べたものである．電波法（第２条）及び無線局運用規則（第２条）の規定に照らし，[　　]内に入れるべき最も適切な字句の組合せを下の１から４までのうちから一つ選べ．

① 電波とは，300 万メガヘルツ以下の周波数の電磁波をいう．

② 「モールス無線電信」とは，電波を利用して，モールス符号を送り，又は[A]をいう．

③ 「無線局」とは，無線設備及び無線設備の操作を行う者の総体をいう．ただし，[B]を含まない．

④ 「無線従事者」とは，無線設備の操作又は[C]を行う者であって，総務大臣の免許を受けたものをいう．

	A	B	C
1	受けるための通信設備	受信のみを目的とするもの	その監督
2	受ける無線通信	受信のみを目的とするもの	その指導
3	受ける無線通信	発射する電波が著しく微弱で総務省令で定めるもの	その監督
4	受けるための通信設備	発射する電波が著しく微弱で総務省令で定めるもの	その指導

答え▶▶▶1

出題傾向　下線の部分を穴埋めにした問題も出題されています．

問題 4 ★　➡1.4

次の記述は，電波法及び電波法に基づく命令において使用する用語の定義である．電波法（第2条）の規定に照らし，[　　]内に入れるべき最も適切な字句の組合せを下の1から4までのうちから一つ選べ．なお，同じ記号の[　　]内には，同じ字句が入るものとする．

① 「無線電信」とは，電波を利用して，[A]を送り，又は[B]をいう．
② 「無線電話」とは，電波を利用して，[C]を送り，又は[B]をいう．

	A	B	C
1	モールス符号	受けるための通信設備	音声
2	モールス符号	受ける無線通信	音声その他の音響
3	符号	受けるための通信設備	音声その他の音響
4	符号	受ける無線通信	音声

解説　「モールス無線電信」とは，電波を利用して，モールス符号を送り，又は受けるための通信設備のことです．

答え▶▶▶3

「無線電信」の定義と「モールス無線電信」の定義を間違えないよう注意しましょう．

2章 無線局の免許

この章から **3～5** 問出題

無線局を開設するには総務大臣の免許が必要です．免許を得るために必要な手続きと手順，免許状の有効期間，再免許など免許を得た後に必要な事項について学びます．

2.1 無線局の開設と免許

無線局を開設しようとする者は総務大臣の免許を受けなければなりません．免許がないのに無線局を開設，又は運用した者は，1年以下の懲役又は100万円以下の罰金に処せられます．ただし，発射する電波が著しく微弱な場合など，一定の範囲の無線局は必ずしも免許を受けなくてもよい場合もあります．

無線設備やアンテナを設置し，容易に電波を発射できる状態にある場合は無線局を開設したとみなされますので注意が必要です．

電波法　第4条（無線局の開設）

無線局を開設しようとする者は，**総務大臣の免許を受けなければならない**．ただし，次の（1）～（4）に掲げる無線局については，この限りでない．

（1）**発射する電波が著しく微弱な無線局**で総務省令(＊1)で定めるもの

（2）26.9 MHz から 27.2 MHz までの周波数の電波を使用し，かつ，空中線電力が **0.5 W** 以下である無線局のうち総務省令(＊2)で定めるものであって，**適合表示無線設備**のみを使用するもの

（＊1）電波法施行規則第6条（免許を要しない無線局）第1項

（＊2）電波法施行規則第6条第3項

（2）は市民ラジオの無線局が該当します．
適合表示無線設備は，電波法で定める技術基準に適合していることを証する表示が付された無線設備のことです．

（3）空中線電力が **1 W** 以下である無線局のうち総務省令(＊3)で定めるものであって，指定された呼出符号又は呼出名称を自動的に送信し，又は受信する機能その他総務省令(＊4)で定める機能を有することにより**他の無線局にその運用を阻害するような混信その他の妨害を与えない**ように運用することができるもので，かつ，**適合表示無線設備**のみを使用するもの

（＊3）電波法施行規則第6条第4項

（＊4）電波法施行規則第6条の2，無線設備規則第9条の4

(3) はコードレス電話の無線局，特定小電力無線局，小電力セキュリティシステムの無線局，小電力データシステムの無線局，デジタルコードレス電話の無線局，PHS の陸上移動局などが該当します．

(4) 登録局（総務大臣の登録を受けて開設する無線局）

(1) の，発射する電波が著しく微弱な無線局（電波法施行規則第6条）は次のとおりです．

電波法施行規則　第6条（免許を要しない無線局）第1項

(1) 当該無線局の無線設備から3mの距離において，その電界強度が，**表2.1**の区分に示す値であるもの

■表2.1　発射する電波が著しく微弱な無線局

周波数帯	電界強度
322 MHz 以下	**500 μV/m** 以下
322 MHz を超え 10 GHz 以下	**35 μV/m** 以下
10 GHz を超え 150 GHz 以下	3.5 f〔μV/m〕以下（f は，GHz を単位とする周波数）ただし，500 μV/m を超える場合は 500 μV/m
150 GHz を超えるもの	500 μV/m 以下

(2) 当該無線局の無線設備から500mの距離において，その電界強度が200 μV/m以下のものであって，総務大臣が用途並びに電波の型式及び周波数を定めて告示するもの

(3) 標準電界発生器，**ヘテロダイン周波数計**その他の測定用小型発振器

問題 1 ★★★ ➡2.1

次の記述は，無線局の開設について述べたものである．電波法（第 4 条）の規定に照らし，[　　]内に入れるべき最も適切な字句の組合せを下の 1 から 4 までのうちから一つ選べ．

無線局を開設しようとする者は，[A]ならない．ただし，次の各号に掲げる無線局については，この限りではない．

(1) [B]無線局で総務省令で定めるもの

(2) 26.9 MHz から 27.2 MHz までの周波数の電波を使用し，かつ，空中線電力が 0.5 W 以下である無線局のうち総務省令で定めるものであって，適合表示無線設備のみを使用するもの

(3) 空中線電力が[C]以下である無線局のうち総務省令で定めるものであって，電波法第 4 条の 2（呼出符号又は呼出名称の指定）の規定により指定された呼出符号又は呼出名称を自動的に送信し，又は受信する機能その他総務省令で定める機能を有することにより他の無線局にその運用を阻害するような混信その他の妨害を与えないように運用することができるもので，かつ，適合表示無線設備のみを使用するもの

(4) 総務大臣の登録を受けて開設する無線局

	A	B	C
1	無線従事者の免許を受けたものでなければ	発射する電波が著しく微弱な	0.01 W
2	無線従事者の免許を受けたものでなければ	小規模な	1 W
3	総務大臣の免許を受けなければ	小規模な	0.01 W
4	総務大臣の免許を受けなければ	発射する電波が著しく微弱な	1 W

答え▶▶▶ 4

出題傾向 下線の部分を穴埋めにした問題も出題されています．

問題 2 ★★★ ➡2.1

次の記述は，免許を要しない無線局のうち発射する電波が著しく微弱な無線局について述べたものである．電波法施行規則（第 6 条）の規定に照らし，[　　]内に入れるべき最も適切な字句の組合せを下の 1 から 4 までのうちから一つ選べ．

① 電波法第4条（無線局の開設）第1項第1号に規定する発射する電波が著しく微弱な無線局を次のとおり定める.

(1) 当該無線局の無線設備から3メートルの距離において，その電界強度(注)が，次の表の左欄の区分に従い，それぞれ同表の右欄に掲げる値以下であるもの

(注) 総務大臣が別に告示する試験設備の内部においてのみ使用される無線設備については当該試験設備の外部における電界強度を当該無線設備からの距離に応じて補正して得たものとし，人の生体内に植え込まれた状態又は一時的に留置された状態においてのみ使用される無線設備については当該生体の外部におけるものとする.

周波数帯	電界強度
322 MHz 以下	毎メートル［A］
322 MHz を超え 10 GHz 以下	毎メートル［B］

(2) 当該無線局の無線設備から500メートルの距離において，その電界強度が毎メートル200マイクロボルト以下のものであって，総務大臣が用途並びに電波の型式及び周波数を定めて告示するもの

(3) 標準電界発生器，［C］その他の測定用小型発振器

② ①の（1）の電界強度の測定方法については，別に告示する.

	A	B	C
1	100マイクロボルト	35マイクロボルト	ラジオゾンデ
2	100マイクロボルト	150マイクロボルト	ヘテロダイン周波数計
3	500マイクロボルト	35マイクロボルト	ヘテロダイン周波数計
4	500マイクロボルト	150マイクロボルト	ラジオゾンデ

解説 「毎メートル500マイクロボルト」を単位表記にすると「500 μV/m」となります.

答え▶▶▶3

2.2 無線局の免許の欠格事由

欠格事由とは，無線局の免許を与えるのが適していないとされる事由をいいます．欠格事由には，外国性の排除である絶対的欠格事由と反社会性の排除である相対的欠格事由があります.

2.2.1 絶対的欠格事由（外国性の排除）

「日本の国籍を有しない人などは，無線局の免許を申請しても免許は与えられない」と規定されています．電波の周波数は限られており，日本国民の需要を満たすのも充分ではなく，外国籍の人に免許を与える余裕はありません．

電波法 第5条（欠格事由）第1項

次の（1）～（4）のいずれかに該当する者には，無線局の免許を与えない．

（1）日本の国籍を有しない人

（2）外国政府又はその代表者

（3）外国の法人又は団体

（4）法人又は団体であって，（1）から（3）に掲げる者がその代表者であるもの又はこれらの者がその役員の3分の1以上若しくは議決権の3分の1以上を占めるもの

2.2.2 絶対的欠格事由の例外

電波法 第5条（欠格事由）第2項〈抜粋〉

電波法第5条第1項の規定は，次に掲げる無線局については，適用しない．

（1）実験等無線局（科学若しくは技術の発達のための実験，電波の利用の効率性に関する試験又は電波の利用の需要に関する調査に専用する無線局をいう．）

（2）アマチュア無線局（個人的な興味によって無線通信を行うために開設する無線局をいう．）

2.2.3 相対的欠格事由（反社会性の排除）

電波法 第5条（欠格事由）第3項〈抜粋〉

次の（1）～（4）のいずれかに該当する者には，無線局の免許を与えないことができる．

（1）**電波法又は放送法に規定する罪を犯し罰金以上の刑に処せられ，その執行を終わり，又はその執行を受けることがなくなった日から2年を経過しない者**

（2）**無線局の免許の取消しを受け，その取消しの日から2年を経過しない者**

（3），（4）省略

問題 3 ★ ➡2.2.3

総務大臣がアマチュア無線局の免許を与えないことができる者に関する次の記述のうち，電波法（第5条）の規定に照らし，この規定に定めるところに適合するものはどれか．下の1から4までのうちから一つ選べ．

1　総務大臣は，電波の発射の停止の命令を受け，その停止の命令の解除の日から1年を経過しない者には，無線局の免許を与えないことができる．

2　総務大臣は，無線局の免許の取消しを受け，その取消しの日から1年を経過しない者には，無線局の免許を与えないことができる．

3　総務大臣は，無線局の運用の停止の命令を受け，その停止の期間の終了の日から2年を経過しない者には，無線局の免許を与えないことができる．

4　総務大臣は，電波法又は放送法に規定する罪を犯し罰金以上の刑に処せられ，その執行を終わり，又はその執行を受けることがなくなった日から2年を経過しない者には，無線局の免許を与えないことができる．

答え▶▶▶4

問題 4 ★★★ ➡2.2.3

次の記述のうち，電波法（第5条）の規定に照らし，総務大臣が無線局の免許を与えないことができる者に該当するものを1，該当しないものを2として解答せよ．

ア　無線局の免許の取消しを受け，その取消しの日から2年を経過しない者

イ　電波の発射の停止の命令を受け，その停止の命令の解除の日から2年を経過しない者

ウ　無線局の運用の停止の命令を受け，その停止の期間の終了の日から2年を経過しない者

エ　刑法に規定する罪を犯し罰金以上の刑に処せられ，その執行を終わり，又はその執行を受けることがなくなった日から2年を経過しない者

オ　電波法に規定する罪を犯し罰金以上の刑に処せられ，その執行を終わり，又はその執行を受けることがなくなった日から2年を経過しない者

解説 イ，ウ，エの規定はありません．

答え▶▶▶ア－1，イ－2，ウ－2，エ－2，オ－1

2.3　無線局の免許の申請と審査

無線局の免許を受けようとする者は，申請書に，所定の事項を記載した書類を添えて，総務大臣に提出しなければなりません．

2.3.1　一般の無線局の免許の申請

電波法　第6条（免許の申請）第1項

無線局の免許を受けようとする者は，申請書に，次に掲げる事項を記載した書類を添えて，総務大臣に提出しなければならない．

（1）目的（2以上の目的を有する無線局であって，その目的に主たるものと従たるものの区別がある場合にあっては，その主従の区別を含む．）
（2）開設を必要とする理由
（3）通信の相手方及び通信事項
（4）無線設備の設置場所（移動する無線局のうち，人工衛星の無線局についてはその人工衛星の軌道又は位置，人工衛星局，船舶の無線局，船舶地球局，航空機の無線局及び航空機地球局以外のものについては移動範囲．）
（5）電波の型式並びに希望する周波数の範囲及び空中線電力
（6）希望する運用許容時間（運用することができる時間をいう．）
（7）無線設備の工事設計及び工事落成の予定期日
（8）運用開始の予定期日
（9）他の無線局の免許人又は登録人（以下「免許人等」という．）との間で混信その他の妨害を防止するために必要な措置に関する契約を締結しているときは，その契約の内容

2.3.2　申請の審査

電波法　第7条（申請の審査）第1項

総務大臣は，電波法第6条第1項の申請書を受理したときは，遅滞なくその申請が次の各号のいずれにも適合しているかどうかを審査しなければならない．

（1）工事設計が法第3章（無線設備）に定める技術基準に適合すること
（2）**周波数の割当てが可能であること**
（3）主たる目的及び従たる目的を有する無線局にあっては，その従たる目的の遂行がその主たる目的の遂行に支障を及ぼすおそれがないこと

(4) **総務省令で定める無線局（基幹放送局を除く.）の開設の根本的基準に合致すること**

問題 5 ★★★　➡2.3.2

次の記述のうち，総務大臣がアマチュア無線局の免許の申請書を受理したときに，その申請を審査する事項として，電波法（第7条）に規定されていないものはどれか．下の1から4までのうちから一つ選べ．

1　周波数の割当てが可能であること．
2　その無線局の業務を維持するに足りる技術的能力があること．
3　工事設計が電波法第3章（無線設備）に定める技術基準に適合すること．
4　総務省令で定める無線局（基幹放送局を除く.）の開設の根本的基準の合致すること．

答え▶▶▶2

2.4 予備免許

2.4.1 予備免許の付与

電波法　第8条（予備免許）第1項

総務大臣は，電波法第7条の規定により審査した結果，その申請が同条に適合していると認めるときは，申請者に対し，次に掲げる事項を指定して，無線局の予備免許を与える．

(1) **工事落成の期限**
(2) **電波の型式及び周波数**
(3) 呼出符号（標識符号を含む.），呼出名称その他の総務省令(*)で定める**識別信号**
(*) 電波法施行規則第6条の5
(4) **空中線電力**
(5) **運用許容時間**

電波法　第8条（予備免許）第2項

総務大臣は，予備免許を受けた者から**申請があった場合において，相当と認めるときは**，**工事落成の期限**を延長することができる．

予備免許は正式に免許されるまでの一段階にすぎません．予備免許が付与されても，まだ正式に免許された無線局ではありませんので，「試験電波の発射」を行う場合を除いて電波の発射は禁止されています．

2.4.2 予備免許の工事設計等の変更

予備免許を受けた後，無線設備等の工事をして予備免許の内容を実現するわけですが，工事の途中で設計の変更が生じる場合があります．その場合，総務大臣の許可を受けて計画を変更することができます．

電波法 第9条（工事設計等の変更）〈抜粋〉

電波法第8条の予備免許を受けた者は，工事設計を変更しようとするときは，**あらかじめ総務大臣の許可を受けなければならない**．但し，総務省令(*)で定める軽微な事項については，この限りでない．　(*) 電波法施行規則第10条第1項

2　前項ただし書の事項について工事設計を変更したときは，遅滞なくその旨を総務大臣に届け出なければならない．

3　工事設計の変更は，**周波数，電波の型式又は空中線電力に変更を来すもの**であってはならず，かつ，電波法第7条第1項（1）又は第2項（1）の技術基準（電波法第3章に定めるものに限る．）に合致するものでなければならない．

4　**予備免許を受けた者は**，無線局の目的，通信の相手方，通信事項，放送事項，放送区域，**無線設備の設置場所**又は基幹放送の業務に用いられる電気通信設備**を変更しようとするときは，あらかじめ総務大臣の許可を受けなければならない．**

問題 6 ★★ ➡2.4.1

次に掲げる事項のうち，総務大臣が無線局の予備免許を与える際に指定する事項に該当しないものはどれか．電波法（第8条）の規定に照らし，下の1から4までのうちから一つ選べ．

1　無線設備の設置場所　　2　電波の型式及び周波数
3　空中線電力　　4　運用許容時間

答え▶▶▶ 1

問題 7 ★★★ ➡2.4.1

次の記述は，アマチュア無線局の予備免許について述べたものである．電波法（第8条）の規定に照らし，［　　］内に入れるべき最も適切な字句の組合せを下の1から4までのうちから一つ選べ．なお，同じ記号の［　　］内には，同じ字句が入るものとする．

① 総務大臣は，電波法第7条（申請の審査）の規定により審査した結果，その申請が同条第1項各号に適合していると認めるときは，申請者に対し，次の（1）から（5）までに掲げる事項を指定して，無線局の予備免許を与える．

（1）［ A ］　（2）［ B ］　（3）識別信号　（4）［ C ］　（5）運用許容時間

② 総務大臣は，予備免許を受けた者から申請があった場合において，相当と認めるときは，①の（1）の［ A ］を延長することができる．

	A	B	C
1	工事落成の期限	電波の型式及び周波数	空中線電力
2	工事落成の期限	発射可能な電波の型式及び周波数の範囲	実効輻(ふく)射電力
3	工事着手の期限	発射可能な電波の型式及び周波数の範囲	空中線電力
4	工事着手の期限	電波の型式及び周波数	実効輻(ふく)射電力

答え▶▶▶1

出題傾向　下線の部分を穴埋めにした問題も出題されています．

問題 8 ★ ➡2.4.1 ➡2.4.2

次の記述は，アマチュア無線局の予備免許を受けた者が工事設計の変更しようとする場合等について述べたものである．電波法（第8条及び第9条）の規定に照らし，［　　］内に入れるべき最も適切な字句の組合せを下の1から4までのうちから一つ選べ．

① 総務大臣は，電波法第8条の予備免許を受けた者から［ A ］ときは，工事落成の期限を延長することができる．

② 電波法第8条の予備免許を受けた者は，工事設計を変更しようとするときは，あらかじめ［ B ］なければならない．ただし，総務省令で定める軽微な事項については，この限りではない．

③ ②の変更は，[C]に変更を来すものであってはならず，かつ，電波法第3章（無線設備）の技術基準に合致するものでなければならない．

	A	B	C
1	届出があった	総務大臣に届け出	周波数，電波の型式又は空中線電力
2	届出があった	総務大臣の許可を受け	送信装置の発射可能な電波の型式及び周波数の範囲
3	申請があった場合において，相当と認める	総務大臣の許可を受け	周波数，電波の型式又は空中線電力
4	申請があった場合において，相当と認める	総務大臣に届け出	送信装置の発射可能な電波の型式及び周波数の範囲

答え▶▶▶3

問題 9 ★★★ ➡2.4.1 ➡2.4.2

アマチュア無線局の予備免許を受けた者が行う工事設計の変更及び無線設備の設置場所の変更等に関する記述として，電波法（第8条及び第9条）の規定に適合しないものはどれか．下の1から4までのうちから一つ選べ．

1 予備免許を受けた者は，工事設計を変更しようとするときは，あらかじめ総務大臣の許可を受けなければならない．ただし，総務省令で定める軽微な事項については，この限りでない．また，この工事設計の変更は，周波数，電波の型式又は空中線電力に変更を来すものであってはならず，かつ，電波法第3章（無線設備）の技術基準に合致するものでなければならない．

2 予備免許を受けた者は，総務省令で定める軽微な変更に該当する無線設備の設置場所の変更をしたときは，遅滞なくその旨を総務大臣に届け出なければならない．

3 予備免許を受けた者は，総務省令で定める軽微な事項について工事設計を変更したときは，遅滞なくその旨を総務大臣に届け出なければならない．

4 総務大臣は，予備免許を受けた者から申請があった場合において，相当と認めるときは，工事落成の期限を延長することができる．

解説 2 × 正しくは「予備免許を受けた者は，無線設備の設置場所を変更しようとするときは，あらかじめ総務大臣の許可を受けなければならない．」です．

答え▶▶▶2

2.5　工事落成及び落成後の検査

予備免許を受けた者は，工事が落成したときは，その旨を総務大臣に届け出て（落成届），その無線設備等について検査を受けなければなりません．

この検査を新設検査といいます．

電波法　第10条（落成後の検査）

電波法第8条の予備免許を受けた者は，工事が落成したときは，その旨を総務大臣に届け出て，その**無線設備**，無線従事者の資格（主任無線従事者の要件，船舶局無線従事者証明及び遭難通信責任者の要件に係るものを含む．）及び員数並びに**時計及び書類**（以下「無線設備等」という．）について検査を受けなければならない．

落成届は文書による届け出が必要です．

2　前項の検査は，同項の検査を受けようとする者が，当該検査を受けようとする無線設備等について検査等事業者の登録（電波法第24条の2第1項）又は外国点検事業者の登録等（電波法第24条の13第1項）の登録を受けた者が総務省令で定めるところにより行った当該登録に係る**点検の結果**を記載した書類を添えて前項の届出をした場合においては，**その一部を省略**することができる．

工事落成期限経過後2週間以内に工事落成届が提出されないときは，総務大臣は，その無線局の免許を拒否しなければなりません．　（電波法第11条）

免許申請を審査した結果，予備免許の付与に適合していないと認めるときは，予備免許は付与されません．落成後の検査（新設検査）に不合格になった場合も免許を拒否されます．

関連知識　検査の省略

無線局の新設検査，定期検査などの検査は総務省の職員が実施してきましたが，無線技術の進歩及び測定機器の性能向上などもあり，無線局の検査に民間能力を活用することになりました．総務省の登録を受けた登録検査等事業者が行う無線設備の点検，検査の結果により，検査の全部又は一部を省略することが可能になりました．

■表 2.2　検査に関わる用語の定義

用　語	定　義
点検	測定器を利用して無線局の電気的特性等の確認を行うこと
判定	点検の結果が法令の規定に適合しているか確認を行うこと
検査	無線局の点検と判定を含めたもの
登録点検事業者	登録検査等事業者のうち，点検の事業のみを行う事業者
登録検査事業者	登録検査等事業者のうち，点検の事業のみを行う事業者を除いた事業者

（総務省のホームページより）

※登録検査事業者が検査を行うことができる無線局は，人の生命又は身体の安全の確保のためその適正な運用の確保が必要な無線局以外です．

問題 10 ★★★　➡2.5

アマチュア無線局の落成後の検査に関する記述として，電波法（第 10 条）の規定に適合するものはどれか．下の 1 から 4 までのうちから一つ選べ．

1　電波法第 8 条の予備免許を受けた者は，工事が落成したときは，その旨を電波法第 24 条の 2（検査等事業者の登録）第 1 項の登録を受けた者に届け出て，その無線設備，無線従事者の資格及び員数並びに時計及び書類について検査を受けなければならない．

2　電波法第 8 条の予備免許を受けた者は，工事が落成したときは，その無線設備について電波法第 24 条の 2（検査等事業者の登録）第 1 項の登録を受けた者が総務省令で定めるところにより行う検査を受け，その検査の結果を記載した書類を総務大臣に提出しなければならない．

3　電波法第 8 条の予備免許を受けた者は，工事が落成したときは，その旨を総務大臣に届け出て，その無線設備，無線従事者の資格及び員数並びに時計及び書類について検査を受けなければならない．

4　電波法第 8 条の予備免許を受けた者は，工事が落成したときは，その旨を総務大臣に届け出て，その無線設備について検査を受けなければならない．

答え▶▶▶ 3

問題 11 ★★ ➡2.5

総務大臣は，無線局の予備免許を受けた者が，指定された工事落成の期限（期限の延長があったときは，その期限）経過後2週間以内に工事が落成した旨の届出をしなかったときは，どうしなければならないか．電波法（第11条）の規定に適合するものを下の1から4までのうちから一つ選べ．

1　工事落成の期限の延長の申請をするよう命じなければならない．
2　無線局の免許を拒否しなければならない．
3　予備免許を取り消し，再度免許の申請をするよう指示しなければならない．
4　速やかに工事落成の届出をするよう命じなければならない．

答え▶▶▶2

問題 12 ★★ ➡2.5

次の記述は，アマチュア無線局の落成後の検査について述べたものである．電波法（第10条）の規定に照らし，［　　］内に入れるべき最も適切な字句の組合せを下の1から4までのうちから一つ選べ．

①　電波法第8条の予備免許を受けた者は，工事が落成したときは，その旨を総務大臣に届け出て，その［ A ］，無線従事者の資格及び員数並びに［ B ］（以下「無線設備等」という．）について検査を受けなければならない．

②　①の検査は，①の検査を受けようとする者が，当該検査を受けようとする無線設備等について登録検査等事業者（注1）又は登録外国点検事業者（注2）が総務省で定めるところにより行った当該登録に係る［ C ］を記載した書類を添えて①の届出をした場合においては，［ D ］を省略することができる．

注1　電波法第24条の2（検査等事業者の登録）第1項の登録を受けた者をいう．
注2　電波法第24条の13（外国点検事業者の登録等）第1項の登録を受けた者をいう．

	A	B	C	D
1	無線設備	周波数測定装置	検査の結果	当該検査
2	電波の型式，周波数及び空中線電力	時計及び書類	検査の結果	その一部
3	無線設備	時計及び書類	点検の結果	その一部
4	電波の型式，周波数及び空中線電力	周波数測定装置	点検の結果	当該検査

答え▶▶▶3

2.6 免許の付与，免許の有効期間と再免許

2.6.1 免許の付与

電波法 第12条（免許の付与）〈一部改変〉

総務大臣は，落成後の検査を行った結果，その無線設備が工事設計に合致し，かつ，その無線従事者の資格及び員数，時計，書類が法の規定に違反しないと認めるときは，遅滞なく申請者に対し免許を与えなければならない．

2.6.2 免許状

電波法 第14条（免許状）第1～2項

総務大臣は，免許を与えたときは，免許状を交付する．

2 免許状には，次に掲げる事項を記載しなければならない．

(1) 免許の年月日及び免許の番号
(2) 免許人（無線局の免許を受けた者をいう．）の氏名又は名称及び住所
(3) 無線局の種別
(4) 無線局の目的（主たる目的及び従たる目的を有する無線局にあっては，その主従の区別を含む．）
(5) 通信の相手方及び通信事項
(6) 無線設備の設置場所
(7) 免許の有効期間
(8) 識別信号
(9) 電波の型式及び周波数
(10) 空中線電力
(11) 運用許容時間

2.6.3 免許の有効期間

無線局の免許の有効期間は，次のようになっています．

電波法 第13条（免許の有効期間）第1項

免許の有効期間は，免許の日から起算して5年を超えない範囲内において総務省令(*)で定める．ただし，再免許を妨げない．

(*) 電波法施行規則第7条～第9条

アマチュア局の免許の有効期間は5年です．
（電波法施行規則第7条1項）

2.6.4　再免許

再免許は，無線局の免許の有効期間満了と同時に，今までと同じ免許内容で新たに免許することです．再免許の申請は次のように行います．

自動車の免許は「更新」といいますが，無線局の場合は「再免許」といいます．

無線局免許手続規則　第16条（再免許の申請）第1項

再免許を申請しようとするときは，無線局免許手続規則第3条第1項各号（第3号を除く.）に掲げる事項のほか識別信号，免許の番号及び**免許の年月日**を記載した申請書を総務大臣又は総合通信局長に提出して行わなければならない.

無線局免許手続規則　第3条（申請書）第1項〈抜粋〉

(1) 無線局の免許を受けようとする者の氏名又は名称及び住所並びに法人にあっては，その代表者の氏名
(2) 免許を受けようとする無線局の種別及び局数
(4) 希望する免許の有効期間

無線局免許手続規則　第16条の3（添付書類の提出の省略）（一部改変）

アマチュア局の再免許を申請しようとする場合であって，その申請書の添付書類に記載することとなる内容が，現に受けている免許に係る申請書の添付書類の内容（免許の有効期間中に変更があつた場合は，当該変更後のもの）と同一である場合は，無線局免許手続規則第16条に規定する申請書にその旨を記載して当該申請書に添付する書類の提出を省略することができる.

無線局免許手続規則　第18条（申請の期間）第1項〈一部改変〉

再免許の申請は，アマチュア局（人工衛星等のアマチュア局を除く.）にあっては，免許の有効期間満了前**1箇月以上1年を超えない期間**において行わなければならない.

問題 13 ★ ➡2.6.4

次の記述は，無線局の再免許の申請について述べたものである．無線局免許手続規則（第 16 条の 2 及び第 17 条）の規定に照らし，[　　]内に入れるべき最も適切な字句の組合せを下の 1 から 4 までのうちから一つ選べ．

① 再免許の申請がアマチュア局（人工衛星に開設するアマチュア局及び人工衛星に開設するアマチュア局の無線設備を遠隔操作するアマチュア局を除く．以下同じ.）に関するものであるときは，申請書に無線局免許手続規則第 16 条（再免許の申請）第 1 項に規定する次の事項を記載するものとする．申請書に「添付書類の提出の省略」の旨を記載すれば，添付書類の提出を省略できる．

(1) 無線局の種別

(2) 免許の番号

(3) 識別信号

(4) [A]

(5) 希望する免許の有効期間

② 再免許の申請は，アマチュア局にあっては免許の有効期間満了前 [B] において行わなければならない．

	A	B
1	無線設備の設置場所	1 箇月以上 1 年を超えない期間
2	無線設備の設置場所	3 箇月以上 6 箇月を超えない期間
3	免許の年月日	3 箇月以上 6 箇月を超えない期間
4	免許の年月日	1 箇月以上 1 年を超えない期間

答え ▶▶▶ 4

2.7 免許状の訂正と再交付

2.7.1 免許状の訂正

電波法 第 21 条（免許状の訂正）

免許人は，免許状に記載した事項に変更を生じたときは，その免許状を総務大臣に提出し，訂正を受けなければならない．

無線局免許手続規則　第22条（免許状の訂正）

免許人は，電波法第21条の免許状の訂正を受けようとするときは，次に掲げる事項を記載した申請書を総務大臣又は総合通信局長に提出しなければならない．

(1) 免許人の氏名又は名称及び住所並びに法人にあっては，その代表者の氏名
(2) 無線局の種別及び局数
(3) **識別信号**（包括免許に係る特定無線局を除く．）
(4) **免許の番号**又は包括免許の番号
(5) 訂正を受ける箇所及び訂正を受ける理由

2　前項の申請書の様式は，別表第6号の5（省略）のとおりとする．

3　第1項の申請があった場合において，総務大臣又は総合通信局長は，新たな免許状の交付による訂正を行うことがある．

4　総務大臣又は総合通信局長は，第1項の申請による場合のほか，職権により免許状の訂正を行うことがある．

5　免許人は，新たな免許状の交付を受けたときは，**遅滞なく旧免許状を返さなければならない**．

2.7.2　免許状の再交付

無線局免許手続規則　第23条（免許状の再交付）第1項

免許人は，免許状を破損し，汚し，失った等のために免許状の再交付の申請をしようとするときは，理由及び免許の番号並びに識別信号（包括免許の場合を除く．）を記載した申請書を総務大臣又は総合通信局長に提出しなければならない．

問題 14 ★★　➡2.7.1

次の記述は，無線局（包括免許の局を除く．）の免許状の訂正について述べたものである．無線局免許手続規則（第22条）の規定に照らし，□内に入れるべき最も適切な字句の組合せを下の1から4までのうちから一つ選べ．

① 免許人は，電波法第21条の免許状の訂正を受けようとするときは，次の(1)から(5)までに掲げる事項を記載した申請書を総務大臣又は総合通信局長（沖縄総合通信事務所長を含む．以下同じ．）に提出しなければならない．

(1) 免許人の氏名又は名称及び住所並びに法人にあっては，その代表者の氏名
(2) 無線局の種別及び局数
(3) [A]　(4) [B]　(5) 訂正を受ける箇所及び訂正を受ける理由

② ①の申請書の様式は，無線局免許手続規則別表第6号の5のとおりとする．
③ ①の申請があった場合において，総務大臣又は総合通信局長は，新たな免許状の交付による訂正を行うことがある．
④ 総務大臣又は総合通信局長は，①の申請による場合のほか，職権により免許状の訂正を行うことがある．
⑤ 免許人は，③の新たな免許状の交付を受けたときは，[C]旧免許状を返さなければならない．

	A	B	C
1	識別信号	免許の番号	遅滞なく
2	免許の年月日	無線設備の設置場所又は常置場所	遅滞なく
3	免許の年月日	免許の番号	1箇月以内に
4	識別信号	無線設備の設置場所又は常置場所	1箇月以内に

答え▶▶▶1

問題 15 ★★ ➡2.7.1

無線局の免許状の訂正に関する次の記述のうち，無線局免許手続規則（第22条）の規定に適合するものを1，適合しないものを2として解答せよ．

ア 免許人は，氏名に変更を生じたときは，免許状に記載された氏名を訂正し，その写しに氏名の変更の事実を証する書類を添えて総務大臣又は総合通信局長（沖縄総合通信事務所長を含む．）に届け出るものとする．

イ 免許人は，電波法第21条の免許状の訂正を受けようとするときは，総務大臣又は総合通信局長（沖縄総合通信事務所長を含む．）に対し，事由及び訂正すべき箇所を附して，その旨を申請するものとする．

ウ 免許人から免許状の訂正の申請があった場合において，総務大臣又は総合通信局長（沖縄総合通信事務所長を含む．）は，新たな免許状の交付による訂正を行うことがある．

エ 総務大臣又は総合通信局長（沖縄総合通信事務所長を含む．）は，免許人から免許状の訂正の申請による場合のほか，職権により免許状の訂正を行うことがある．

オ 免許人は，新たな免許状の交付による訂正を受けたときは，旧免許状を廃棄しなければならない．

解説　ア　×　このような規定はありません．
オ　×　「旧免許状を**廃棄**」ではなく，正しくは「旧免許状を**返納**」です．

答え▶▶▶ア－2，イ－1，ウ－1，エ－1，オ－2

2.8 免許内容の変更

無線局を開局後，免許内容を変更する必要がある場合があります．予備免許中に無線設備の内容を変更するのは，無線設備が完成していない時期なので**工事設計の変更**といいますが，免許後の無線設備の変更は，実際の無線設備に手を加えるので**無線設備の変更の工事**といいます．いずれも無線設備の変更なので，無線設備の変更の工事に関する手続きは予備免許中の工事設計の変更に関するもの（2.5 節の電波法第 9 条）を準用します．

免許内容を変更する場合には，「免許人の意志で免許内容を変更する場合」と「監督権限によって免許内容を変更する場合」があります．

2.8.1 免許人の意志で免許内容を変更する場合

電波法　第 17 条（変更等の許可）第 1 項〈抜粋〉

免許人は，無線局の目的，通信の相手方，通信事項，放送事項，放送区域，無線設備の設置場所若しくは基幹放送の業務に用いられる電気通信設備を変更し，又は無線設備の変更の工事をしようとするときは，あらかじめ総務大臣の許可を受けなければならない．

2.8.2 変更検査

電波法　第 18 条（変更検査）〈一部改変〉

電波法第 17 条第 1 項の規定により**無線設備の設置場所**の変更又は無線設備の変更の工事の許可を受けた免許人は，総務大臣の検査を受け，当該変更又は工事の結果が同条同項の**許可の内容**に適合していると認められた後でなければ，**許可に係る無線設備を運用**してはならない．ただし，総務省令(*)で定める場合は，この限りでない．

（*）電波法施行規則第 10 条の 4

2 前項の検査は，同項の検査を受けようとする者が，当該検査を受けようとする無線設備について検査等事業者の登録（電波法第 24 条の 2 第 1 項）又は外国点検事業者の登録等（第 24 条の 13 第 1 項）の登録を受けた者が総務省令で定めるところにより行った当該登録に係る**点検の結果**を記載した書類を総務大臣に提出した場合においては，**その一部を省略**することができる．

2.8.3 指定事項の変更

電波法 第 19 条（申請による周波数等の変更）〈一部改変〉

総務大臣は，免許人が**識別信号**，電波の型式，周波数，空中線電力又は運用許容時間の指定の変更を申請した場合において，**混信の除去その他特に必要があると認めるとき**は，その指定を変更することができる．

問題 16 ★★ ➡2.8

アマチュア無線局の免許後の変更に関する次の記述のうち，電波法（第 9 条，第 17 条，第 18 条及び第 19 条）の規定に照らし，これらの規定に定めるところに適合しないものはどれか．下の 1 から 4 までのうちから一つ選べ．

1 無線局の免許人は，無線設備の設置場所を変更し，又は無線設備の変更の工事をしようとするときは，あらかじめ総務大臣の許可を受けなければならない．ただし，無線設備の変更の工事であって，総務省令で定める軽微な事項のものについては，この限りでない．

2 無線設備の変更の工事は，周波数，電波の型式又は空中線電力に変更を来すものであってはならず，かつ，電波法第 3 章（無線設備）の技術基準に合致するものでなければならない．

3 電波法第 17 条（変更等の許可）第 1 項の規定により，無線設備の設置場所の変更又は無線設備の変更の工事の許可を受けた免許人は，総務大臣の検査を受け，当該変更又は工事の結果が同条同項の許可の内容に適合していると認められた後でなければ，許可に係る無線設備を運用してはならない．ただし，総務省令で定める場合は，この限りでない．

4 総務大臣は，無線局の免許人が電波の型式，周波数又は空中線電力の指定の変更を申請した場合において，電波の規整その他公益上必要があると認めるときは，その指定を変更することができる．

解説 4　×「**電波の規整その他公益上**必要があると認めるとき」ではなく，正しくは「**混信の除去その他特に**必要があると認めるとき」です．

答え▶▶▶4

問題 17 ★★★ ➡2.8.2

次の記述は，無線局の変更検査について述べたものである．電波法（第18条）の規定に照らし，□内に入れるべき最も適切な字句の組合せを下の1から10までのうちからそれぞれ一つ選べ．

① 電波法第17条（変更等の許可）第1項の規定により［ア］の変更又は無線設備の変更の工事の許可を受けた免許人は，総務大臣の検査を受け，当該変更又は工事の結果が［イ］に適合していると認められた後でなければ，［ウ］してはならない．ただし，総務省令で定める場合は，この限りでない．

② ①の検査は，①の検査を受けようとする者が，当該検査を受けようとする無線設備等について登録検査等事業者（注1）又は登録外国点検事業者（注2）が総務省で定めるところにより行った当該登録に係る［エ］を記載した書類を総務大臣に提出した場合においては，［オ］することができる．

注1　電波法第24条の2（検査等事業者の登録）第1項の登録を受けた者をいう．
注2　電波法第24条の13（外国点検事業者の登録等）第1項の登録を受けた者をいう．

1　無線設備の設置場所
2　通信の相手方，通信事項若しくは無線設備の設置場所
3　電波法第3章（無線設備）に定める技術基準
4　その許可の内容
5　許可に係る無線設備を運用
6　当該無線局の無線設備を運用
7　検査の結果
8　点検の結果
9　当該検査を省略
10　その一部を省略

答え▶▶▶ア－1，イ－4，ウ－5，エ－8，オ－10

問題 18 ★★ ➡ 2.8.3

次の記述は，無線局の免許人の申請による周波数等の変更について述べたものである．電波法（第 19 条）の規定に照らし，［　　］内に入れるべき最も適切な字句の組合せを下の 1 から 4 までのうちから一つ選べ．

総務大臣は，免許人が［ A ］，電波の型式，周波数，空中線電力又は運用許容時間の指定の変更を申請した場合において，［ B ］と認めるときは，その指定を変更することができる．

	A	B
1	識別信号	混信の除去その他特に必要がある
2	通信の相手方，通信事項	電波の規整その他公益上必要がある
3	通信の相手方，通信事項	混信の除去その他特に必要がある
4	識別信号	電波の規整その他公益上必要がある

答え ▶▶▶ 1

2.9 社団のアマチュア局の定款及び理事の変更

社団（公益社団法人を除く.）であるアマチュア局の定款及び理事の変更を行う場合はその旨を総合通信局長に届け出なければなりません.

電波法施行規則 第 43 条（記載事項等の変更）第 4 項

社団（公益社団法人を除く.）であるアマチュア局の免許人は，その**定款又は理事**に関し変更しようとするときは，あらかじめ**総合通信局長に届け出なければならない.**

問題 19 ★ ➡ 2.9

社団（公益社団法人を除く.）であるアマチュア局の免許人が総合通信局長（沖縄総合通信事務所長を含む.）に対して行わなければならない手続に関する次の記述のうち，電波法施行規則（第 43 条）の規定に照らし，この規定に定めるところに適合するものはどれか．下の 1 から 4 までのうちから一つ選べ．

1　免許人は，その構成員を変更しようとするときは，あらかじめ総合通信局長の許可を受けなければならない．
2　免許人は，その構成員を変更しようとするときは，あらかじめ総合通信局長に届け出なければならない．
3　免許人は，その定款又は理事に関し変更しようとするときは，あらかじめ総合通信局長の許可を受けなければならない．
4　免許人は，その定款又は理事に関し変更しようとするときは，あらかじめ総合通信局長に届け出なければならない．

解説　4　×　免許人は，その定款又は理事に関し変更しようとするときは，あらかじめ総合通信局長の「**許可を受けなければ**ならない．」ではなく，「**届け出なければ**ならない．」です．

答え▶▶▶4

問題 20　★★★　➡2.9

次の記述は，社団（公益社団法人を除く．）であるアマチュア局の免許人が行わなければならないことを述べたものである．電波法施行規則（第43条の4）の規定に照らし，[　　]内に入れるべき最も適切な字句の組合せを下の1から4までのうちから一つ選べ．

社団であるアマチュア局の免許人は，その[A]に関し変更しようとするときは，あらかじめ総合通信局長（沖縄総合通信事務所長含む．）[B]なければならない．

	A	B
1	定款又は理事	の許可を受け
2	定款又は理事	に届け出
3	代表者	の許可を受け
4	代表者	に届け出

答え▶▶▶2

2.10 無線局の廃止

無線局を廃止することは，無線通信業務を止めることで，その免許は効力を失います．廃止する場合は，総務大臣に廃止届を出す義務があります．

2.10.1　無線局廃止届

電波法　第22条（無線局の廃止）

免許人は，その無線局を**廃止するとき**は，その旨を総務大臣に届け出なければならない．

2.10.2　免許の効力の失効

電波法　第23条（無線局の廃止）

免許人が無線局を廃止したときは，免許は，その効力を失う．

2.10.3　免許状の返納

電波法　第24条（免許状の返納）

免許がその効力を失ったときは，免許人であった者は，**1箇月以内**にその免許状を**返納**しなければならない．

2.10.4　電波の発射の防止

電波法　第78条（電波の発射の防止）

無線局の免許等がその効力を失ったときは，免許人等であった者は，**遅滞なく空中線の撤去**その他の総務省令で定める電波の発射を防止するために必要な措置を講じなければならない．

電波法第78条の総務省令で定める電波の発射を防止するために必要な措置には，「電池を取り外すこと」「送信機，給電線又は電源設備を撤去すること」などがあります．

問題 21 ★★★ ➡2.10

次の記述は，アマチュア無線局の廃止等について述べたものである．電波法（第22条から第24条まで，第78条及び第113条）の規定に照らし，［　　］内に入れるべき最も適切な字句を下の1から10までのうちからそれぞれ一つ選べ．

① 免許人は，その無線局を［ア］ときは，その旨を総務大臣に届け出なければならない．

② 免許人が無線局を廃止したときは，免許は，その効力を失う．

③ 無線局の免許がその効力を失ったときは，免許人であった者は，［イ］その免許状を［ウ］しなければならない．

④ 無線局の免許がその効力を失ったときは，免許人であった者は，［エ］空中線の撤去その他の総務省令で定める電波の発射を防止するために必要な措置を講じなければならない．

⑤ ④に違反した者は，［オ］以下の罰金に処する．

1	廃止した	2	遅滞なく	3	10日以内に	4	30万円
5	廃棄	6	廃止する	7	1箇月以内に	8	2週間以内に
9	50万円	10	返納				

答え▶▶▶ア－6，イ－7，ウ－10，エ－2，オ－4

出題傾向　下線の部分を穴埋めにした問題も出題されています．

3章　無線設備

この章から **5** 問出題

無線設備は，送信機，受信機，空中線系，付帯設備などで構成されています．電波の周波数の偏差及び幅，高調波の強度等の電波の質，空中線電力，送受信設備の条件，安全施設・保護装置・周波数測定装置などの付帯設備の条件などについて学びます．

3.1　無線設備とは

無線局は無線設備と無線設備を操作する者の総体ですので，無線設備は無線局を構成するのに必要不可欠です．

無線設備は，「無線電信，無線電話その他電波を送り，又は受けるための電気的設備」ですが，実際の設備としては，送信設備，受信設備，空中線系（アンテナ及び給電線），送受信装置を適切に動作させるために必要な付帯設備などで構成されています．送信設備は送信機などの送信装置で構成されています．受信設備は受信機などの受信装置で構成されています．アンテナは送信用アンテナや受信用アンテナがありますが，送受信を1つのアンテナで共用する場合もあります．もちろん，送信機や受信機と空中線を接続する給電線も必要になります．給電線には同軸ケーブルや導波管などがあります．付帯設備には，安全施設，保護装置，周波数測定装置などがあります．

無線設備は，免許を要する無線局はもちろん，免許を必要としない無線局も電波法で規定する技術的条件に適合するものでなければなりません．

本章では，電波の質の重要性，様々な種類の空中線電力，送信設備の条件，受信設備の条件，空中線系の条件，付帯設備の条件などを学習します．

無線設備は，電波法で以下のように定義されています．

電波法　第2条（定義）(4)

(4)「無線設備」とは，無線電信，無線電話その他電波を送り，又は受けるための**電気的設備**をいう．

3.2　電波の型式と周波数の表示

3.2.1　電波の型式の表示

電波法施行規則　第4条の2（電波の型式の表示）〈一部改変〉

電波の主搬送波の変調の型式，主搬送波を変調する信号の性質及び伝送情報の型式は，**表3.1**～**表3.3**に掲げるように分類し，それぞれの記号をもって表示する．

■表 3.1　主搬送波の変調の型式を表す記号

主搬送波の変調の型式		記　号
(1) 無変調		N
(2) **振幅変調**	**両側波帯**	**A**
	全搬送波による単側波帯	H
	低減搬送波による単側波帯	**R**
	抑圧搬送波による単側波帯	**J**
	独立側波帯	B
	残留側波帯	**C**
(3) **角度変調**	**周波数変調**	**F**
	位相変調	**G**
(4) **同時に，又は一定の順序で振幅変調及び角度変調を行うもの**		**D**
(5) パルス変調	無変調パルス列	P
	変調パルス列	
	ア　振幅変調	K
	イ　幅変調又は時間変調	L
	ウ　位置変調又は位相変調	M
	エ　パルスの期間中に搬送波を角度変調するもの	Q
	オ　アからエまでの各変調の組合せ又は他の方法によって変調するもの	V
(6) (1) から (5) までに該当しないものであって，同時に，又は一定の順序で振幅変調，角度変調又はパルス変調のうちの 2 以上を組み合わせて行うもの		W
その他のもの		X

■表 3.2　主搬送波を変調する信号の性質を表す記号

主搬送波を変調する信号の性質		記　号
(1) 変調信号のないもの		0
(2) **デジタル信号である単一チャネルのもの**	**変調のための副搬送波を使用しないもの**	**1**
	変調のための副搬送波を使用するもの	**2**
(3) **アナログ信号である単一チャネルのもの**		**3**
(4) **デジタル信号である 2 以上のチャネルのもの**		**7**
(5) アナログ信号である 2 以上のチャネルのもの		8
(6) デジタル信号の 1 又は 2 以上のチャネルとアナログ信号の 1 又は 2 以上のチャネルを複合したもの		9
(7) その他のもの		X

■表 3.3 伝送情報の型式を表す記号

伝送情報の型式		記号
(1) 無情報		N
(2) 電信	聴覚受信を目的とするもの	A
	自動受信を目的とするもの	B
(3) ファクシミリ		C
(4) データ伝送，遠隔測定又は遠隔指令		D
(5) 電話（音響の放送を含む.）		E
(6) テレビジョン（映像に限る.）		F
(7) (1) から (6) までの型式の組合せのもの		W
(8) その他のもの		X

電波の型式は，「主搬送波の変調の型式」，「主搬送波を変調する信号の性質」，「伝送情報の型式」の順序に従って表記します.

一アマでは，主に以下の電波の型式が出題されています.

(1) アナログ信号で単一チャンネルのもの

J3E：振幅変調で抑圧搬送波の単側波帯を使用する電話（一般の SSB 無線電話）

R3E：振幅変調で低減搬送波の単側波帯を使用する電話

F3E：周波数変調の電話

C3F：振幅変調で残留側波帯のテレビジョン（映像のみ）

(2) デジタル信号で単一チャンネルのもの（副搬送波を使用しないもの）

G1B：位相変調をした電信で自動受信を目的とするもの（モールス符号以外の電信で PSK31 等）

G1D：位相変調をしたデータ伝送（パケット通信等のデータ通信）

(3) デジタル信号で単一チャンネルのもの（副搬送波を使用するもの）

A2A：振幅変調の両側波帯で副搬送波を使用するデジタル信号（可聴変調波を使用するモールス符号電信）

(4) デジタル信号で 2 以上のチャンネルのもの

D7D：振幅変調及び角度変調の組み合わせで，2 以上のチャネルのデジタル信号でデータ伝送（多値 QAM などのデータ通信）

3.2.2　周波数の表示

電波法施行規則　第4条の3（周波数の表示）

電波の周波数は，3 000 kHz 以下のものは「kHz」，3 000 kHz をこえ 3 000 MHz 以下のものは「MHz」，3 000 MHz をこえ 3 000 GHz 以下のものは「GHz」で表示する．ただし，周波数の使用上特に必要がある場合は，この表示方法によらないことができる．

2　電波のスペクトルは，その周波数の範囲に応じ，**表 3.4** に掲げるように九の周波数帯に区分する．

■表 3.4　周波数帯の範囲と略称

周波数帯の周波数の範囲	周波数帯の番号	周波数帯の略称	メートルによる区分
3 kHz をこえ，30 kHz 以下	4	VLF	ミリアメートル波
30 kHz をこえ，300 kHz 以下	5	LF	キロメートル波
300 kHz をこえ，3 000 kHz 以下	6	MF	ヘクトメートル波
3 MHz をこえ，30 MHz 以下	7	HF	デカメートル波
30 MHz をこえ，300 MHz 以下	8	VHF	メートル波
300 MHz をこえ，3 000 MHz 以下	9	UHF	デシメートル波
3 GHz をこえ，30 GHz 以下	10	SHF	センチメートル波
30 GHz をこえ，300 GHz 以下	11	EHF	ミリメートル波
300 GHz をこえ，3 000 GHz（又は 3 THz）以下	12		デシミリメートル波

VLF：Very Low Frequency　　LF：Low Frequency
MF：Medium Frequency　　HF：High Frequency
VHF：Very High Frequency　　UHF：Ultra High Frequency
SHF：Super High Frequency　　EHF：Extremely High Frequency

問題 1　★★★　➡3.2.1

次の表のアからオまでの各欄の記述は，それぞれ電波の型式の記号表示と主搬送波の変調の型式，主搬送波を変調する信号の性質及び伝送情報の型式に分類して表す電波の型式を示したものである．電波法施行規則（第4条の2）の規定に照らし，電波の型式の記号表示と電波の型式の内容が適合するものを 1，適合しないものを 2 として解答せよ．

区分	電波の型式の記号	電波の型式		
		主搬送波の変調の型式	主搬送波を変調する信号の性質	伝送情報の型式
ア	A2A	振幅変調であって両側波帯	デジタル信号である単一チャネルのものであって変調のための副搬送波を使用するもの	電信であって聴覚受信を目的とするもの
イ	C3F	振幅変調であって独立側波帯	アナログ信号である単一チャネルのもの	テレビジョン（映像に限る.）
ウ	G1B	パルス変調（変調パルス列）であって位置変調又は位相変調	デジタル信号である単一チャネルのものであって変調のための副搬送波を使用しないもの	電信であって自動受信を目的とするもの
エ	D7D	同時に，又は一定の順序で振幅変調及び角度変調を行うもの	デジタル信号である2以上のチャネルのもの	データ伝送，遠隔測定又は遠隔指令
オ	J3E	振幅変調であって低減搬送波による単側波帯	アナログ信号である単一チャネルのもの	電話（音響の放送を含む.）

解説 イ × C「振幅変調であって**独立**側波帯」ではなく，正しくは「振幅変調であって**残留**側波帯」です.

ウ × G「**パルス変調（変調パルス列）**であって**位置変調又は位相変調**」ではなく，正しくは「**角度変調**であって**位相変調**」です.

オ × J「振幅変調であって**低減搬送波**による単側波帯」ではなく，正しくは「振幅変調であって**抑圧搬送波**による単側波帯」です.

答え▶▶▶ア－1，イ－2，ウ－2，エ－1，オ－2

このような形式の問題はしばしば出題されます．今まで出題された電波の型式の記号は，「A2A, C3F, D7D, G1B, G1D, G1E, J3E, R3E」などがあります.

問題 2 ★★ ➡3.2.2

次の表の記述は，電波の型式の記号表示と主搬送波の変調の型式，主搬送波を変調する信号の性質及び伝送情報の型式に分類して表す電波の型式を示したものである．電波法施行規則（第4条の2）の規定に照らし，［　　］内に入れるべき最も適切な字句の組合せを下の1から4までのうちから一つ選べ．

電波の型式の記号	電波の型式		
	主搬送波の変調の型式	主搬送波を変調する信号の性質	伝送情報の型式
D7D	A	B	C

	A	B	C
1	パルス変調（変調パルス列）のパルスの期間中に搬送波を角度変調するもの	アナログ信号である2以上のチャネルのもの	データ伝送，遠隔測定又は遠隔指令
2	同時に，又は一定の順序で振幅変調及び角度変調を行うもの	デジタル信号である2以上のチャネルのもの	データ伝送，遠隔測定又は遠隔指令
3	パルス変調（変調パルス列）のパルスの期間中に搬送波を角度変調するもの	デジタル信号である2以上のチャネルのもの	テレビジョン（映像に限る．）
4	同時に，又は一定の順序で振幅変調及び角度変調を行うもの	アナログ信号である2以上のチャネルのもの	テレビジョン（映像に限る．）

答え▶▶▶2

同様の形式の問題として，G1BやR3Eなどが出題されています．

3.3 電波の質

電波法　第28条（電波の質）

送信設備に使用する電波の**周波数の偏差及び幅，高調波の強度等**電波の質は，総務省令(*)で定めるところに適合するものでなければならない．

（*）無線設備規則第5条～第7条

電波の質は，「周波数の偏差」「周波数の幅」「高調波の強度等」をいい，本章の最重要事項です．

3.3.1 周波数の許容偏差

送信装置から発射される電波の周波数は変動しないことが理想的です．発射される電波の源は通常水晶発振器などの発振器で信号を発生させます．精密に製作された水晶発振器はもちろん，たとえ原子発振器であっても，時間が経過すると周波数は，ずれてくる性質があります．すなわち，発射している電波の周波数は偏差を伴っていることになります．これを電波の**周波数の偏差**といいます．

無線設備規則　第5条（周波数の許容偏差）

送信設備に使用する電波の周波数の許容偏差は，別表第1号（省略）に定めるとおりとする．

電波法施行規則　第2条（定義等）第1項〈抜粋〉

（59）「周波数の許容偏差」とは，発射によって占有する周波数帯の中央の周波数の割当周波数からの許容することができる**最大**の偏差又は発射の**特性周波数の基準周波数**からの許容することができる**最大**の偏差をいい，100万分率又はヘルツで表す．

アマチュア無線局の周波数の許容偏差は100万分の500です（ただし，135kHz帯については100万分の100）．

電波法施行規則　第2条（定義等）第1項〈抜粋〉

（56）「割当周波数」とは，無線局に割り当てられた周波数帯の中央の周波数をいう．

アマチュア無線局の場合，アマチュアバンドの中央の周波数で，無線局免許状に書かれている周波数です（7 MHzの場合，アマチュアバンドは7 000 ～ 7 200 kHzで，割当周波数はバンド中央の7 100 kHzです）．

（57）「特性周波数」とは，与えられた発射において容易に識別し，かつ，測定することのできる周波数をいう．

発射した電波の周波数を実際に測定したときの周波数です（例えばA3E電波の場合は搬送波の周波数を特性周波数として周波数測定を行います）.

(58)「基準周波数」とは，割当周波数に対して，固定し，かつ，特定した位置にある周波数をいう．この場合において，この周波数の割当周波数に対する偏位は，特性周波数が発射によって占有する周波数帯の中央の周波数に対してもつ偏位と同一の絶対値及び同一の符号をもつものとする.

周波数測定上便宜的に設定した理論的な値．J3E電波のように搬送波が抑圧されている場合は低周波信号（例えば1 kHz）をマイク端子から入力し送信出力を測定します．USBの場合，測定結果から1 kHzを引いた値が搬送波の周波数であり基準周波数になります.

3.3.2　占有周波数帯幅の許容値

送信装置から発射される電波は，情報を送るために変調されます．変調されると，周波数に幅をもつことになります．この幅は変調の方式によって変化します．一つの無線局が広い「周波数の幅」を占有することは，多くの無線局が電波を使用することができなくなることを意味するので，周波数の幅を必要最小限に抑える必要があります.

占有周波数帯幅は**図 3.1** に示すように，空中線電力の99％が含まれる周波数の幅と定義されています.

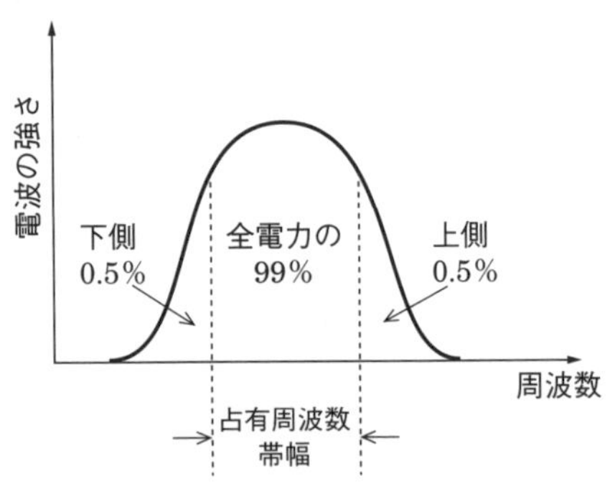

■**図 3.1　占有周波数帯幅**

電波法施行規則　**第２条（定義等）第１項〈抜粋〉**

(61)「占有周波数帯幅」とは，その上限の周波数をこえて輻(ふく)射され，及びその下限の周波数未満において輻射される平均電力がそれぞれ与えられた発射によって輻射される全平均電力の**0.5％**に等しい上限及び下限の周波数帯幅をいう．ただし，周波数分割多重方式の場合，テレビジョン伝送の場合等**0.5％**

の比率が占有周波数帯幅及び必要周波数帯幅の定義を実際に適用することが困難な場合においては，異なる比率によることができる．

無線設備規則 第6条（占有周波数帯幅の許容値）

発射電波に許容される占有周波数帯幅の値は，**表3.5**に定めるとおりとする．

■表3.5 占有周波数帯幅の許容値（無線設備規則別表第2号の抜粋）

電波の型式	占有周波数帯幅の許容値
A1A，A1B，A1D	0.5 kHz
A2A，A2B，A2D	2.5 kHz
F1B，F1D	2 kHz
F2A，F2B	3 kHz
A3E	6 kHz
F3E	16 kHz（注1）
	40 kHz（注2）
J3E	3 kHz

（注1）142 MHz を超え 162.0375 MHz 以下又は 1 215 MHz を超え 2 690 MHz 以下の周波数の電波を使用する無線設備

（注2）200 MHz 以下の周波数の電波を使用する無線局の無線設備

3.3.3 不要発射の強度の許容値

発射する電波は，必然的に強度が弱いながら，その電波の周波数の2倍や3倍（これを**高調波**という）の周波数成分も発射しています．この「高調波の強度」が必要以上に強いと他の無線局に妨害を与えることになります．また，高調波成分だけでなく，他の不要な周波数成分も同時に発射している可能性もあります．したがって，これらの「**不要発射**」について厳格な規制があります．

電波法施行規則 第2条（定義等）第1項〈抜粋〉

(63)「スプリアス発射」とは，**必要周波数帯**外における1又は2以上の周波数の電波の発射であって，そのレベルを**情報の伝送**に影響を与えないで低減することができるものをいい，高調波発射，低調波発射，寄生発射及び相互変調積を含み，帯域外発射を含まないものとする．

(63)の2「帯域外発射」とは，**必要周波数帯**に近接する周波数の電波の発射で**情報の伝送**のための**変調の過程**において生ずるものをいう．

(63)の3「不要発射」とは，スプリアス発射及び帯域外発射をいう．

(63)の4「スプリアス領域」とは，帯域外領域の外側のスプリアス発射が支配的な周波数帯をいう．

(63)の5「帯域外領域」とは，必要周波数帯の外側の帯域外発射が支配的な周波数帯をいう．

これらを図で示したのが**図 3.2** です．

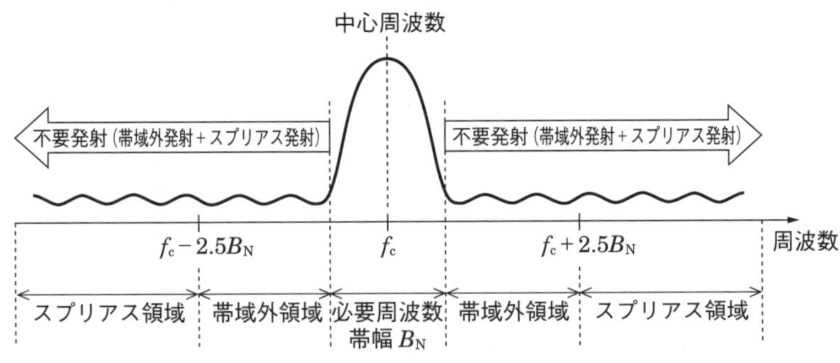

図 3.2　不要発射の周波数の範囲

問題 3 ★★ ➡3.3

電波の質に関する記述として，電波法（第28条）の規定に適合するものはどれか．下の1から4までのうちから一つ選べ．

1　送信設備に使用する電波の変調度及び周波数の安定度等電波の質は，総務省令で定めるところに適合するものでなければならない．

2　送信設備に使用する電波の周波数の偏差，空中線電力の偏差等電波の質は，総務省令で定めるところに適合するものでなければならない．

3　送信設備に使用する電波の周波数の偏差及び幅，高調波の強度等電波の質は，総務省令で定めるところに適合するものでなければならない．

4　送信設備に使用する電波の変調度及び周波数の安定度，空中線電力の偏差等電波の質は，総務省令で定めるところに適合するものでなければならない．

答え▶▶▶3

問題 4 ★★ ➡3.3.1

次の記述は，送信設備に使用する電波の質及び周波数の許容偏差について述べたものである．電波法（第 28 条），電波法施行規則（第 2 条）及び無線設備規則（第 5 条及び別表第 1 号）の規定に照らし，［　　］内に入れるべき最も適切な字句の組合せを下の 1 から 4 までのうちから一つ選べ．

① 送信設備に使用する電波の周波数の偏差及び幅，［ A ］の強度等電波の質は，総務省令で定めるところに適合するものでなければならない．

② 「周波数の許容偏差」とは，発射によって占有する周波数帯の中央の周波数の割当周波数からの許容することができる最大の偏差又は発射の［ B ］の基準周波数からの許容することができる最大の偏差をいい，100 万分率又はヘルツで表す．

③ 1 606.5 kHz を超え 4 000 kHz 以下の周波数の電波を使用するアマチュア局の送信設備に使用する電波の周波数の許容偏差は［ C ］とする．

	A	B	C
1	帯域外発射	代表周波数	100 万分の 500
2	帯域外発射	特性周波数	100 万分の 100
3	高調波	特性周波数	100 万分の 500
4	高調波	代表周波数	100 万分の 100

解説 アマチュア局の送信設備に使用する電波の周波数の許容偏差は **100 万分の 500** です（ただし，135 kHz 帯のみは 100 万分の 100）．

答え ▶▶▶ 3

出題傾向 下線の部分を穴埋めにした問題も出題されています．

問題 5 ★★ ➡3.3.1 ➡3.3.2

次の記述は，「周波数の許容偏差」及び「占有周波数帯幅」の定義に関するものである．電波法施行規則（第 2 条）の規定に照らし，［　　］内に入れるべき最も適切な字句の組合せを下の 1 から 4 までのうちから一つ選べ．なお，同じ記号の［　　］内には，同じ字句が入るものとする．

① 「周波数の許容偏差」とは，発射によって占有する周波数帯の中央の周波数の割当周波数からの許容することができる最大の偏差又は発射の［ A ］の［ B ］からの許容することができる最大の偏差をいい，100 万分率又はヘルツで表す．

② 「占有周波数帯幅」とは，その上限の周波数を超えて輻（ふく）射され，及びその下限の周波数未満において輻（ふく）射される平均電力がそれぞれ与えられた発射によって輻（ふく）射される全平均電力の C に等しい上限及び下限の周波数帯幅をいう．ただし，周波数分割多重方式の場合，テレビジョン伝送の場合等 C の比率が占有周波数帯幅及び必要周波数帯幅の定義を実際に適用することが困難な場合においては，異なる比率によることができる．

	A	B	C
1	搬送周波数	標準周波数	0.5%
2	搬送周波数	基準周波数	5%
3	特性周波数	基準周波数	0.5%
4	特性周波数	標準周波数	5%

答え▶▶▶3

問題 6 ★★ ➡3.3.1 ➡3.3.2

次の記述のうち，電波法施行規則（第2条）に規定する用語の定義に適合しないものはどれか．下の1から4までのうちから一つ選べ．

1 「割当周波数」とは，無線局に割り当てられた周波数帯の中央の周波数をいう．
2 「特性周波数」とは，与えられた発射において容易に識別し，かつ，測定することのできる周波数をいう．
3 「基準周波数」とは，割当周波数に対して，固定し，かつ，特定した位置にある周波数をいう．この場合において，この周波数の割当周波数に対する偏位は，特性周波数が発射によって占有する周波数帯の中央の周波数に対してもつ偏位と同一の絶対値及び同一の符号をもつものとする．
4 「占有周波数帯幅」とは，その上限の周波数を超えて輻射され，及びその下限の周波数未満において輻射される平均電力がそれぞれ与えられた発射によって輻射される全平均電力の0.05%に等しい上限及び下限の周波数帯幅をいう．ただし，周波数分割多重方式の場合，テレビジョン伝送の場合等0.05%の比率が占有周波数帯幅及び必要周波数帯幅の定義を実際に適用することが困難な場合においては，異なる比率によることができる．

解説 4 × 「**0.05%**」ではなく，正しくは「**0.5%**」です．

答え▶▶▶4

問題 7 ★★★ ➡3.3.3

次の記述は，「スプリアス発射」及び「帯域外発射」の定義について述べたものである．電波法施行規則（第2条）の規定に照らし，[　　]内に入れるべき最も適切な字句の組合せを下の1から4までのうちから一つ選べ．なお，同じ記号の[　　]内には，同じ字句が入るものとする．

① 「スプリアス発射」とは，[A]外における1又は2以上の周波数の電波の発射であって，そのレベルを[B]に影響を与えないで低減することができるものをいい，高調波発射，低調波発射，寄生発射及び相互変調積を含み，帯域外発射を含まないものとする．

② 「帯域外発射」とは，[A]に近接する周波数の電波の発射で[B]のための[C]において生ずるものをいう．

	A	B	C
1	必要周波数帯	情報の伝送	変調の過程
2	必要周波数帯	基準周波数	増幅の過程
3	指定周波数帯	情報の伝送	増幅の過程
4	指定周波数帯	基準周波数	変調の過程

答え▶▶▶1

3.4 送信設備の一般的条件

3.4.1 空中線電力

無線局は所定の空中線電力が空中線に供給されていないと，無線局の目的が達せられないことがある反面，過大な空中線電力が空中線に供給されると，電波が強すぎて他の無線局に妨害を与える可能性があります．空中線電力の許容値は送信設備の用途ごとに定められています．

空中線電力は「指定事項」の一つであり，「尖頭電力」「平均電力」「搬送波電力」「規格電力」があります．

空中線電力は送信機から給電線に供給される高周波の電力のことです．

電波法施行規則　第2条（定義等）第1項〈抜粋〉

(69)「尖（せん）頭電力」とは，通常の動作状態において，変調包絡線の最高尖頭における無線周波数1サイクルの間に送信機から空中線系の給電線に供給される**平均の電力**をいう．

(70)「平均電力」とは，通常の動作中の送信機から空中線系の給電線に供給される電力であって，変調において用いられる**最低周波数**の周期に比較して**十分長い**時間（通常，平均の電力が最大である約10分の1秒間）にわたって平均されたものをいう．

(71)「搬送波電力」とは，変調のない状態における無線周波数1サイクルの間に送信機から空中線系の給電線に供給される平均の電力をいう．ただし，この定義は，パルス変調の発射には適用しない．

(72)「規格電力」とは，終段真空管の使用状態における出力規格の値をいう．

無線設備規則　第14条（空中線電力の許容偏差）〈抜粋〉

アマチュア局の送信設備の空中線電力の許容偏差は**上限20%**とする．

アマチュア局の送信設備の空中線電力の許容偏差の下限は定められていません．

3.4.2　周波数の安定のための条件

無線設備規則　第15条（周波数の安定のための条件）

周波数をその許容偏差内に維持するため，送信装置は，できる限り**電源電圧又は負荷の変化**によって発振周波数に影響を与えないものでなければならない．

2　周波数をその許容偏差内に維持するため，発振回路の方式は，できる限り外囲の温度若しくは湿度の変化によって影響を受けないものでなければならない．

3　移動局（移動するアマチュア局を含む．）の送信装置は，実際上起こり得る**振動又は衝撃**によっても周波数をその許容偏差内に維持するものでなければならない．

無線設備規則　第16条（周波数の安定のための条件）

水晶発振回路に使用する水晶発振子は，周波数をその許容偏差内に維持するため，次の（1），（2）の条件に適合するものでなければならない．

(1) 発振周波数が**当該送信装置の水晶発振回路により又はこれと同一の条件の回路により**あらかじめ試験を行って決定されているものであること

(2) 恒温槽を有する場合は，恒温槽は水晶発振子の温度係数に**応じてその温度変化の許容値を正確に**維持するものであること

関連知識　恒温槽付水晶発振器

周波数安定度を向上させるために動作温度範囲にわたって影響の大きい部品を恒温槽の中で温度制御することにより，高安定化した水晶発振器で，OCXO（Oven Controlled Crystal Oscillator）と呼ばれています．周波数安定度は，$1 \times 10^{-7} \sim 1 \times 10^{-9}$ 程度を得ることができます．

3.4.3　変調

無線設備規則　第18条（変調）

送信装置は，**音声その他の周波数**によって搬送波を変調する場合には，変調波の**尖頭値**（せん）において（±）**100%**をこえない範囲に維持されるものでなければならない．

2　アマチュア局の送信装置は，**通信に秘匿性を与える機能**を有してはならない．

3.4.4　送信空中線の型式及び構成等

無線設備規則　第20条（送信空中線の型式及び構成等）

送信空中線の型式及び構成は，次の（1）から（3）に適合するものでなければならない．

(1) 空中線の利得及び能率がなるべく大であること

(2) **整合が十分**であること

(3) 満足な**指向特性**が得られること

無線設備規則　第22条（送信空中線の型式及び構成等）

空中線の指向特性は，次の（1）から（4）に掲げる事項によって定める．

(1) 主輻射方向及び副輻射方向

(2) **水平面**の主輻射の角度の幅

(3) 空中線を設置する位置の近傍にあるものであって電波の伝わる方向を**乱す**もの

(4) **給電線**よりの輻射

問題 8 ★★★　➡3.4.1

次に掲げる用語の定義のうち，電波法施行規則（第２条）の規定に照らし，誤っているものを下の１から４までのうちから一つ選べ．

1 「空中線電力」とは，空中線に供給される電力に，与えられた方向における空中線の相対利得を乗じたものをいう．

2 「尖頭電力」とは，通常の動作状態において，変調包絡線の最高尖頭における無線周波数１サイクルの間に送信機から空中線系の給電線に供給される平均の電力をいう．

3 「平均電力」とは，通常の動作中の送信機から空中線系の給電線に供給される電力であって，変調において用いられる最低周波数の周期に比較して十分長い時間（通常，平均の電力が最大である約 10 分の１秒間）にわたって平均されたものをいう．

4 「搬送波電力」とは，変調のない状態における無線周波数１サイクルの間に送信機から空中線系の給電線に供給される平均の電力をいいます．ただし，この定義は，パルス変調の発射には適用しない．

解説 1　×「実効輻射電力」についての説明です．なお，「空中線電力」とは，「尖頭電力」「平均電力」「搬送波電力」又は「規格電力」をいいます．

答え▶▶▶ 1

問題 9 ★★　➡3.4.1

次の記述は，「尖頭電力」及び「平均電力」について述べたものである．電波法施行規則（第２条）の規定に照らし，[　　]内に入れるべき最も適切な字句の組合せを下の１から４までのうちから一つ選べ．

① 「尖頭電力」とは，通常の動作状態において，変調包絡線の最高尖頭における無線周波数１サイクルの間に送信機から空中線系の給電線に供給される [A] をいう．

② 「平均電力」とは，通常の動作中の送信機から空中線系の給電線に供給され電力であって，変調において用いられる [B] の周期に比較して [C] 時間（通常，平均の電力が最大である約 10 分の１秒間）にわたって平均されたものをいう．

	A	B	C
1	最大の電力	最高周波数	じゅうぶん長い
2	最大の電力	最低周波数	じゅうぶん短い
3	平均の電力	最低周波数	じゅうぶん長い
4	平均の電力	最高周波数	じゅうぶん短い

答え▶▶▶3

問題 10 ★★★ ➡3.4.1

アマチュア局の送信設備の空中線電力の許容偏差に関する次の記述のうち，無線設備規則（第 14 条）の規定に照らし，この規定に定めるところに適合するものはどれか．下の 1 から 4 までのうちから一つ選べ．

1　アマチュア局の送信設備の空中線電力の許容偏差は，上限 10％で下限 20％とする．
2　アマチュア局の送信設備の空中線電力の許容偏差は，上限 15％で下限 15％とする．
3　アマチュア局の送信設備の空中線電力の許容偏差は，上限 20％とする．
4　アマチュア局の送信設備の空中線電力の許容偏差は，上限 40％とする．

解説　アマチュア局の送信設備の空中線電力の許容偏差の下限は定められていません．

答え▶▶▶3

問題 11 ★ ➡3.4.2

次の記述は，送信装置の周波数の安定のための条件について述べたものである．無線設備規則（第 15 条）の規定に照らし，［　　］内に入れるべき最も適切な字句の組合せを下の 1 から 4 までのうちから一つ選べ．

①　周波数をその許容偏差内に維持するため，送信装置は，できる限り［ A ］によって発振周波数に影響を与えないものでなければならない．
②　移動局（移動するアマチュア局を含む．）の送信装置は，実際上起り得る［ B ］によっても周波数をその許容偏差内に維持するものでなければならない．

	A	B
1	電源電圧又は負荷の変化	振動又は衝撃
2	電源電圧又は負荷の変化	気圧の変化
3	外囲の温度又は湿度の変化	振動又は衝撃
4	外囲の温度又は湿度の変化	気圧の変化

答え▶▶▶ 1

問題 12 ★★★ ➡3.4.2

送信装置の水晶発振回路に使用する水晶発振子は，周波数をその許容偏差以内に維持するためにはどのような条件に適合するものでなければならないか．無線設備規則（第 16 条）の規定に照らし，下の 1 から 4 までのうちから一つ選べ．

1 発振周波数が当該送信装置の水晶発振回路により又はこれと同一の条件の回路によりあらかじめ試験を行って決定されているものであり，恒温槽を有する場合は，恒温槽は水晶発振子の温度係数に応じてその温度変化の許容値を正確に維持するものであること．

2 発振周波数が当該送信装置の製造業者又は輸入業者の技術基準適合自己確認によりあらかじめ確認されているものであること．

3 総務大臣が別に定める試験用の水晶発振回路により少なくとも 6 時間動作させて発振周波数が安定していることが確認されているものであること．

4 総務大臣が別に定める試験用の水晶発振回路により動作させて発振周波数がその許容偏差内にあることが確認されているものであること．

答え▶▶▶ 1

穴埋めの問題も出題されています．無線設備規則第 16 条の太字部分を覚えておきましょう．

問題 13 ★★★ ➡3.4.3

次の記述は．送信装置の変調について述べたものである．無線設備規則（第 18 条）の規定に照らし．［　　　］内に入れるべき最も適切な字句の組合せを下の 1 から 4 までのうちから一つ選べ．

① 送信装置は，[A]によって搬送波を変調する場合には．変調波の[B]において（±）[C]を超えない範囲に維持されるものでなければならない．
② アマチュア局の送信装置は，[D]を有してはならない．

	A	B	C	D
1	音声その他の周波数	尖頭値	100 パーセント	通信に秘匿性を与える機能
2	音声その他の周波数	平均値	80 パーセント	異なる変調方式を組み合わせる機能
3	音声	尖頭値	80 パーセント	通信に秘匿性を与える機能
4	音声	平均値	100 パーセント	異なる変調方式を組み合わせる機能

答え▶▶▶ 1

問題 14 ★★★ ➡3.4.4

次の記述は，送信空中線の型式及び構成等について述べたものである．無線設備規則（第 20 条及び第 22 条）の規定に照らし，[ ]内に入れるべき最も適切な字句を下の 1 から 10 までのうちからそれぞれ一つ選べ．

① 送信空中線の型式及び構成は，次の各号に適合するものでなければならない．
(1) 空中線の利得及び能率がなるべく大であること．
(2) [ア]であること．
(3) 満足な[イ]が得られること．
② 空中線の指向特性は，次に掲げる事項によって定める．
(1) 主輻射方向及び副輻射方向
(2) [ウ]の主輻射の角度の幅
(3) 空中線を設置する位置の近傍にあるものであって電波の伝わる方向を[エ]もの
(4) [オ]よりの輻射

1	調整が容易	2	垂直面	3	乱す	4	指向特性	5	接地線
6	整合が十分	7	水平面	8	妨げる	9	放射効率	10	給電線

答え▶▶▶ア－6，イ－4，ウ－7，エ－3，オ－10

3.5 受信設備の一般的条件

受信設備といえども，内部に発振器が組み込まれています．これらの発振器から発する電波についても細かな規定があります．

電波法　第29条（受信設備の条件）

受信設備は，その副次的に発する電波又は高周波電流が，総務省令で定める限度を超えて**他の無線設備の機能に支障**を与えるものであってはならない．

3.5.1　副次的に発する電波等の限度

無線設備規則　第24条（副次的に発する電波等の限度）第1項

電波法第29条に規定する副次的に発する電波が**他の無線設備の機能に支障**を与えない限度は，受信空中線と**電気的常数**の等しい**擬似空中線回路**を使用して測定した場合に，その回路の電力が**4 nW**以下でなければならない．

3.5.2　その他の条件

無線設備規則　第25条（その他の条件）

受信設備は，なるべく次の（1）から（4）に適合するものでなければならない．

（1）**内部雑音**が小さいこと

（2）感度が十分であること

（3）選択度が適正であること

（4）**了解度**が十分であること

問題15　★★★　➡3.5

次の記述は，受信設備の条件について述べたものである．電波法（第29条）及び無線設備規則（第24条及び第25条）の規定に照らし，［　　］内に入れるべき最も適切な字句を下の1から10までのうちからそれぞれ一つ選べ．

① 受信設備は，その副次的に発する電波又は高周波電流が，総務省令で定める限度を超えて他の無線設備の機能に支障を与えるものであってはならない．

② ①に規定する副次的に発する電波が他の無線設備の機能に支障を与えない限度は，受信空中線と［ア］の等しい［イ］を使用して測定した場合に，その回路の電力が［ウ］以下でなければならない．ただし，無線設備規則第24条（副次的に発する電波等の限度）第2項以下の規定において，別に定めのある場合は，

その定めるところによるものとする．

③　その他の条件として受信設備は，なるべく次の（1）から（4）までに適合するものでなければならない．

（1）［ エ ］が小さいこと．

（2）感度が十分であること．

（3）選択度が適正であること．

（4）［ オ ］が十分であること．

1　電気的常数	2　利得及び能率	3　4 μW	4　4 nW
5　了解度	6　擬似空中線回路	7　空中線結合回路	8　内部雑音
9　総合歪（ひずみ）率	10　安定度		

答え▶▶▶アー1，イー6，ウー4，エー8，オー5

出題傾向　下線の部分を穴埋めにした問題も出題されています．

3.6　付帯設備の条件

無線設備は，人に危害を与えないこと，物に損傷を与えないような施設が求められます．また，安全性を確保するためにさまざまな規定があります．自局の発射する電波の周波数の監視のため，周波数測定装置を備え付けなければならない無線局もあります．

電波法　第30条（安全施設）

無線設備には，人体に危害を及ぼし，又は物件に損傷を与えることがないように，総務省令(*)で定める施設をしなければならない．

（*）電波法施行規則第21条の3～第27条

3.6.1　無線設備の安全性の確保

電波法施行規則　第21条の3（無線設備の安全性の確保）

無線設備は，破損，発火，発煙等により人体に危害を及ぼし，又は物件に損傷を与えることがあってはならない．

3.6.2　電波の強度に対する安全施設

電波法施行規則　第21条の4（電波の強度に対する安全施設）第1項

無線設備には，当該無線設備から発射される電波の強度（**電界強度，磁界強度，電力束密度及び磁束密度**をいう.）が所定の値を超える場所（人が通常，集合し，通行し，その他出入りする場所に限る.）に取扱者のほか容易に出入りすることができないように，施設をしなければならない．ただし，次の（1）から（4）に掲げる無線局の無線設備については，この限りではない.

(1) **平均電力が 20 mW** 以下の無線局の無線設備
(2) **移動する無線局**の無線設備
(3) 地震，台風，洪水，津波，雪害，火災，暴動その他非常の事態が発生し，又は発生するおそれがある場合において，臨時に開設する無線局の無線設備
(4) (1)～(3) に掲げるもののほか，この規定を適用することが不合理であるものとして総務大臣が別に告示する無線局の無線設備

3.6.3　高圧電気に対する安全施設

電波法施行規則　第22条（高圧電気に対する安全施設）

高圧電気（高周波若しくは交流の電圧 **300 V** 又は直流の電圧 **750 V** をこえる電気をいう.）を使用する電動発電機，変圧器，ろ波器，整流器その他の機器は，**外部より容易にふれることができないように**，絶縁しゃへい体又は**接地された金属しゃへい体**の内に収容しなければならない．ただし，**取扱者**のほか出入できないように設備した場所に装置する場合は，この限りでない.

電波法施行規則　第23条（高圧電気に対する安全施設）

送信設備の各単位装置相互間をつなぐ電線であって高圧電気を通ずるものは，線溝若しくは丈夫な絶縁体又は接地された金属しゃへい体の内に収容しなければならない．ただし，取扱者のほか出入できないように設備した場所に装置する場合は，この限りでない.

電波法施行規則　第25条（高圧電気に対する安全施設）

送信設備の空中線，給電線若しくはカウンターポイズであって高圧電気を通ずるものは，その高さが人の歩行その他起居する平面から 2.5 m 以上のものでなければならない．ただし，次の（1），（2）の場合は，この限りでない.

(1) 2.5 m に満たない高さの部分が，人体に容易にふれない構造である場合又は人体が容易にふれない位置にある場合
(2) 移動局であって，その移動体の構造上困難であり，かつ，無線従事者以外の者が出入しない場所にある場合

3.6.4 空中線等の保安施設

電波法施行規則 第26条（空中線等の保安施設）

無線設備の空中線系には**避雷器又は接地装置**を，また，カウンターポイズには**接地装置**をそれぞれ設けなければならない．ただし，**26.175 MHz を超える**周波数を使用する無線局の無線設備及び陸上移動局又は携帯局の無線設備の空中線については，この限りではない．

関連知識 カウンターポイズ

空中線を接地することが困難な場所（岩盤の上など）に設置せざるを得ない場合に地上 2～3 m 程度のところに空中線の水平部分と平行に電線を大地と絶縁して張ること．電線と大地との間の静電容量を通して接地されます．

3.6.5 無線設備の保護装置

無線設備規則 第9条（電源回路の遮断等）

無線設備の電源回路には，ヒューズ又は自動遮断器を装置しなければならない．ただし，負荷電力 10 W 以下のものについては，この限りではない．

3.6.6 周波数測定装置の備付け

電波法 第31条（周波数測定装置の備付け）

総務省令(*)で定める送信設備には，その誤差が使用周波数の許容偏差の **2 分の 1** 以下である周波数測定装置を備え付けなければならない．

（*）電波法施行規則第 11 条の 3

電波法施行規則 第11条の3（周波数測定装置の備付け）

周波数測定装置を備え付けなければならない送信設備は，次の（1）から（8）に掲げる送信設備以外のものとする．

(1) **26.175 MHz** を超える周波数の電波を利用するもの
(2) 空中線電力 **10 W 以下**のもの
(3) 電波法第 31 条に規定する周波数測定装置を備え付けている相手方の無線局によってその使用電波の周波数が測定されることとなっているもの
(4) 当該送信設備の無線局の免許人が別に備え付けた法第 31 条に規定する周波数測定装置をもってその使用電波の周波数を随時測定し得るもの
(5) 基幹放送局の送信設備であって，空中線電力 50 W 以下のもの
(6) 標準周波数局において使用されるもの
(7) アマチュア局の送信設備であって，当該設備から発射される電波の**特性周波数**を **0.025%** 以内の誤差で測定することにより，その電波の占有する周波数帯幅が，当該無線局が動作することを許される周波数帯内にあることを確認することができる装置を備え付けているもの
(8) その他総務大臣が別に告示するもの

問題 16 ★★★ ➡3.6.1 ➡3.6.2 ➡3.6.3 ➡3.6.4

無線設備の安全施設に関する記述として，電波法施行規則（第 21 条の 2，第 22 条，第 25 条及び第 26 条）の規定に適合しないものはどれか．下の 1 から 4 までのうちから一つ選べ．

1　無線設備は，破損，発火，発煙等により人体に危害を及ぼし，又は物件に損傷を与えることがあってはならない．

2　高圧電気(注) を使用する電動発電機，変圧器，ろ波器，整流器その他の機器は，外部より容易に触れることができないように，金属しゃへい体の内に収容しなければならない．ただし，取扱者のほか出入できないように設備した場所に装置する場合は，この限りでない．

(注) 高周波若しくは交流の電圧 300 V 又は直流の電圧 750 V を超える電気をいう．以下同じ．

3　送信設備の空中線，給電線又はカウンターポイズであって高圧電気を通ずるものは，その高さが人の歩行その他起居する平面から 2.5 m 以上のものでなければならない．ただし，次の各号の場合は，この限りでない．

(1) 2.5 m に満たない高さの部分が，人体に容易に触れない構造である場合又は人体が容易に触れない位置にある場合
(2) 移動局であって，その移動体の構造上困難であり，かつ，無線従事者以外の者が出入しない場所にある場合

4　無線設備の空中線系には避雷器又は接地装置を，また，カウンターポイズには接地装置をそれぞれ設けなければならない．ただし，26.175 MHz を超える周波数を使用する無線局の無線設備及び陸上移動局又は携帯局の無線設備の空中線については，この限りでない．

解説　2　×「金属しゃへい体の内」ではなく，正しくは「絶縁しゃへい体又は接地された金属しゃへい体の内」です．

答え▶▶▶2

問題 17　★★★　➡3.6.2

次の記述は，電波の強度に対する安全施設について述べたものである．電波法施行規則（第 21 条の 4）の規定に照らし，［　　］内に入れるべき最も適切な字句の組合せを下の 1 から 4 までのうちから一つ選べ．

① 無線設備には，当該無線設備から発射される電波の強度（［ A ］をいう）が電波法施行規則別表第 2 号の 3 の 2（電波の強度の値の表）に定める値を超える場所（人が通常，集合し，通行し，その他出入りする場所に限る）に取扱者のほか容易に出入りすることができないように，施設をしなければならない．ただし，次の各号に掲げる無線局の無線設備については，この限りではない．

(1) ［ B ］以下の無線局の無線設備

(2) ［ C ］の無線設備

(3) 地震，台風，洪水，津波，雪害，火災，暴動その他非常の事態が発生し，又は発生するおそれがある場合において，臨時に開設する無線局の無線設備

(4) (1)～(3) までに掲げるもののほか，この規定を適用することが不合理であるものとして総務大臣が別に告示する無線局の無線設備

② ①の電波の強度の算出方法及び測定方法については，総務大臣が別に定める．

	A	B	C
1	電界強度及び磁界強度	規格電力が 50 mW	移動する無線局
2	電界強度及び磁界強度	平均電力が 20 mW	移動業務の無線局
3	電界強度，磁界強度及び電力束密度	平均電力が 20 mW	移動する無線局
4	電界強度，磁界強度及び電力束密度	規格電力が 50 mW	移動業務の無線局

答え▶▶▶3

問題 18 ★★ ➡3.6.3

次の記述は，高圧電気に対する安全施設について述べたものである．電波法施行規則（第22条）の規定に照らし，[　　]内に入れるべき最も適切な字句の組合せを下の1から4までのうちから一つ選べ．

高圧電気（高周波若しくは交流の電圧[A]又は直流の電圧750Vを超える電気をいう.）を使用する電動発電機，変圧器，ろ波器，整流器その他の機器は，外部より容易に触れることができないように，絶縁しゃへい体又は[B]の内に収容しなければならない．ただし，[C]のほか出入できないように設備した場所に装置する場合は，この限りでない．

	A	B	C
1	300 V	金属しゃへい体	無線従事者
2	300 V	接地された金属しゃへい体	取扱者
3	350 V	接地された金属しゃへい体	無線従事者
4	350 V	金属しゃへい体	取扱者

答え▶▶▶2

出題傾向 下線の部分を穴埋めにした問題も出題されています．

問題 19 ★★★ ➡3.6.4

次の記述は，空中線等の保安施設について述べたものである．電波法施行規則（第26条）の規定に照らし，[　　]内に入れるべき最も適切な字句の組合せを下の1から4までのうちから一つ選べ．

無線設備の空中線系には[A]を，また，カウンターポイズには[B]をそれぞれ設けなければならない．ただし，[C]周波数を使用する無線局の無線設備及び陸上移動局又は携帯局の無線設備の空中線については，この限りではない．

	A	B	C
1	整合器及び避雷器	避雷器	26.175 MHz を超える
2	整合器及び避雷器	接地装置	26.175 MHz 以下の
3	避雷器又は接地装置	避雷器	26.175 MHz 以下の
4	避雷器又は接地装置	接地装置	26.175 MHz を超える

答え▶▶▶4

問題 20 ★★★ ➡3.6.6

次の記述は，周波数測定装置の備え付けについて述べたものである．電波法（第31条）及び電波法施行規則（第11条の3）の規定に照らし，[　　]内に入れるべき最も適切な字句の組合せを下の1から4までのうちから一つ選べ．

① 総務省令で定める送信設備には，その誤差が使用周波数の許容偏差の[A]以下である周波数測定装置を備え付けなければならない．

② ①の総務省令で定める送信設備は，次の（1）から（5）までに掲げる送信設備以外のものとする．

（1）26.175 MHz を超える周波数の電波を利用するもの

（2）空中線電力[B]以下のもの

（3）①の周波数測定装置を備え付けている相手方の無線局によってその使用電波の周波数が測定されることとなっているもの

（4）当該送信設備の無線局の免許人が別に備え付けた①の周波数測定装置をもってその使用電波の周波数を随時測定し得るもの

（5）アマチュア局の送信設備であって，当該送信設備から発射される電波の[C]を[D]パーセント以内の誤差で測定することにより，その電波の占有する周波数帯幅が，当該無線局が動作することを許される周波数帯内にあることを確認することができる装置を備え付けているもの

	A	B	C	D
1	2分の1	20ワット	基準周波数	0.025
2	2分の1	10ワット	特性周波数	0.025
3	4分の1	20ワット	特性周波数	0.015
4	4分の1	10ワット	基準周波数	0.015

答え▶▶▶2

出題傾向 下線の部分を穴埋めにした問題も出題されています．

4章　無線従事者

この章から **1** 問出題

無線局の無線設備を操作するには無線従事者でなければなりません．第一級アマチュア無線技士の免許取得方法と操作可能な範囲，免許取得後の無線従事者の義務などについて学びます．

4.1　無線設備の操作

4.1.1　無線従事者とは

電波は拡散性があり，複数の無線局が同じ周波数を使用すると混信などを起こすことがあるため，誰もが勝手に無線設備を操作することはできません．そのため，無線局や放送局などの無線設備を操作するには，「無線従事者」でなければなりません．無線従事者は，電波法第2条（6）で**「「無線従事者」とは，無線設備の操作又はその監督を行う者であって，総務大臣の免許を受けたものをいう．」**と定義されています．すなわち，無線設備を操作するには，「無線従事者免許証」を取得して無線従事者になる必要があります．

一方，コードレス電話機やラジコン飛行機用の無線設備などは，電波を使用しているにもかかわらず，誰でも無許可で使えます．このように無線従事者でなくても操作可能な無線設備もあります．本章では，無線従事者について，第一級アマチュア無線技士の国家試験で出題される範囲を中心に学びます．

4.1.2　無線設備の操作ができる者

無線従事者でない者は無線設備の操作をすることはできませんが，無線局の無線設備の操作の監督を行う**主任無線従事者**として選任されている者の監督を受けることにより，無線設備の操作が可能になります（ただし，アマチュア無線局は除きます）．また，モールス符号の送受信を行う無線電信の操作は，特殊な技能と国際法規などの知識が必要であるため，無線従事者でなければ行うことはできません．

これら無線設備の操作については，電波法第39条で次のように規定されています．

電波法 第39条（無線設備の操作）第1～3項

電波法第40条の定めるところにより無線設備の操作を行うことができる無線従事者（義務船舶局等の無線設備であって総務省令で定めるものの操作については，電波法第48条の2第1項の船舶局無線従事者証明を受けている無線従事者．以下この条において同じ.）以外の者は，無線局（アマチュア無線局を除く．以下この条において同じ.）の無線設備の操作の監督を行う者（以下「主任無線従事者」という.）として選任された者であって第4項の規定によりその選任の届出がされたものにより監督を受けなければ，無線局の無線設備の操作（簡易な操作であって総務省令で定めるものを除く.）を行ってはならない．ただし，船舶又は航空機が航行中であるため無線従事者を補充することができないとき，その他総務省令で定める場合は，この限りでない.

2　モールス符号を送り，又は受ける無線電信の操作その他総務省令で定める無線設備の操作は，前項本文の規定にかかわらず，電波法第40条の定めるところにより，無線従事者でなければ行ってはならない.

3　主任無線従事者は，電波法第40条の定めるところにより無線設備の操作の監督を行うことができる無線従事者であって，総務省令で定める事由に該当しないものでなければならない.

無線設備の操作には「通信操作」と「技術操作」があります.「通信操作」はマイクロフォン，キーボード，電鍵（モールス電信）などを使用して通信を行うために無線設備を操作すること.「技術操作」は通信や放送が円滑に行われるように，無線機器などを調整することです.

4.2 無線従事者の資格

無線従事者の資格は，電波法第40条にて（1）総合無線従事者，（2）海上無線従事者，（3）航空無線従事者，（4）陸上無線従事者，（5）アマチュア無線従事者の5系統に分類され，17区分の資格が定められています.

また，電波法施行令第2条にて海上，航空，陸上の3系統の特殊無線技士は，さらに9資格に分けられています.

したがって，無線従事者の資格は，合計で23種類あり，無線従事者の資格ごとに操作及び監督できる範囲が決められています.

アマチュア無線技士は第一級から第四級まで4種類の資格があり，**表4.1**のように無線従事者のそれぞれの資格ごとに操作及び監督できる範囲が決められています．

■表4.1　アマチュア無線技士の操作範囲

資格	操作範囲									
	空中線電力					周波数の範囲				
	すべて	200 W以下	50 W以下	20 W以下	10 W以下	すべて	8 MHz以下	18〜21 MHz	21〜30 MHz	30 MHzを超えるもの
一アマ	●					●				
二アマ		●				●				
三アマ			●				●	●	●	●
四アマ※				●						●
					●		●		●	●

※モールス符号による通信を除く

なお，第一級又は第二級総合無線通信士の資格所有者は第一級アマチュア無線技士の操作の範囲に属する操作ができます．

4.3　無線従事者の免許

4.3.1　無線従事者免許の取得方法

無線従事者の免許を取得するには，「無線従事者国家試験に合格する」，「養成課程を受講して修了する」，「学校で必要な科目を修めて卒業する」，「認定講習を修了する」方法があります．第一級アマチュア無線技士の免許を取得するには「無線従事者国家試験に合格する」方法しかありません（平成27年度から，二アマの養成課程が開始されました）．

4.3.2　第一級アマチュア無線技士の国家試験

第一級アマチュア無線技士の国家試験の試験科目は，「無線工学」「法規」の2科目で，問題数，1問の配点，満点，合格点，試験時間は**表4.2**のようになっています．

■表 4.2 第一級アマチュア無線技士の国家試験の試験科目と合格基準

試験科目	問題数	1問の配点	満点	合格点	試験時間
無線工学	A 問題 25	5	150	105	2.5 時間
	B 問題 5	5			
法規	A 問題 24	5	150	105	2.5 時間
	B 問題 6	5			

（注）A 問題は多肢択一式，B 問題は補完式か正誤式で 5 問出題されますので小設問の配点は 1 点です．
（注）試験は毎年 3 回実施されています．

4.3.3 第一級アマチュア無線技士の試験範囲

第一級アマチュア無線技士の「無線工学」，「法規」の試験範囲は次のとおりです．

(1) 無線工学
① 無線設備の理論，構造及び機能の概要
② 空中線系等の理論，構造及び機能の概要
③ 無線設備及び空中線系等のための測定機器の理論，構造及び機能の概要
④ 無線設備及び空中線系並びに無線設備及び空中線系等のための測定機器の保守及び運用の概要

(2) 法規
① 電波法及びこれに基づく命令の概要
② 通信憲章，通信条約及び無線通信規則の概要

4.4 無線従事者免許証

4.4.1 免許の申請

免許を受けようとする者は，所定の様式の申請書に次に掲げる書類を添えて，総務大臣又は総合通信局長に提出します．

① 氏名及び生年月日を証する書類（住民票など．住民票コード又は他の無線従事者免許証等の番号を記載すれば不要）
② 医師の診断書（総務大臣又は総合通信局長が必要と認めるときに限る）
③ 写真（申請前 6 月以内に撮影した無帽，正面，上三分身，無背景の縦

30 mm，横 24 mm のもので，裏面に申請に係る資格及び氏名を記載したもの）1 枚

4.4.2　免許の欠格事由

電波法　第 42 条（免許を与えない場合）

次のいずれかに該当する者に対しては，無線従事者の**免許を与えないことができる**.

(1) 電波法上の罪を犯し**罰金以上の刑**に処せられ，その執行を終わり，又はその執行を受けることがなくなった日から **2 年**を経過しない者

(2) 無線従事者の免許を取り消され，取消しの日から 2 年を経過しない者

(3) 著しく心身に欠陥があって無線従事者たるに適しない者

なお，免許を与えない者については，無線従事者規則第 45 条で詳細に規定されています.

4.4.3　無線従事者免許証の交付

無線従事者規則　第 47 条（免許証の交付）

総務大臣又は総合通信局長は，免許を与えたときは，**図 4.1** の免許証を交付する.

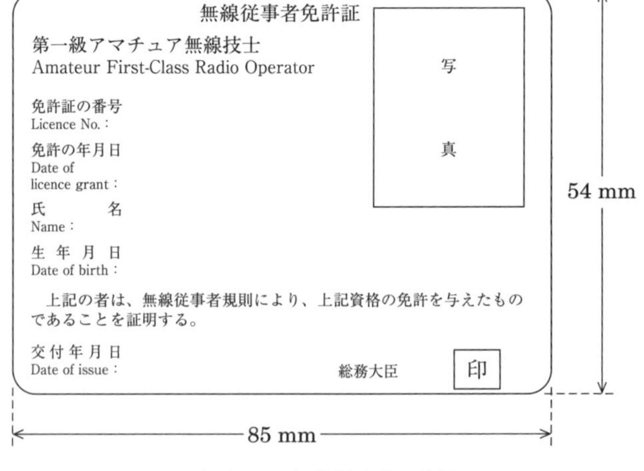

図 4.1　無線従事者免許証

2　前項の規定により免許証の交付を受けた者は，無線設備の操作に関する知識及び技術の向上を図るように努めなければならない．

無線従事者免許証には有効期限はなく，書換えの必要もなく一生涯有効です（無線局免許状には有効期限があります）．

4.4.4　無線従事者免許証の携帯

電波法施行規則　第38条（備付けを要する業務書類）第10項

10　無線従事者は，その業務に従事しているときは，免許証を携帯していなければならない．

4.4.5　無線従事者免許証の再交付

無線従事者規則　第50条（免許証の再交付）

無線従事者は，**氏名**に変更を生じたとき又は免許証を**汚し，破り，若しくは失った**ために免許証の再交付を受けようとするときは，所定の申請書に次に掲げる書類を添えて総務大臣又は総合通信局長に提出しなければならない．

（1）免許証（免許証を失った場合を除く．）

（2）写真**1枚**

（3）**氏名**の変更の事実を証する書類（**氏名**に変更を生じたときに限る．）

4.4.6　無線従事者免許証の返納

無線従事者規則　第51条（免許証の返納）

無線従事者は，免許の取消しの処分を受けたときは，その処分を受けた日から**10日以内**にその免許証を総務大臣又は総合通信局長に返納しなければならない．免許証の再交付を受けた後失った免許証を発見したときも同様とする．

2　無線従事者が死亡し，又は失そうの宣告を受けたときは，戸籍法による死亡又は失そう宣告の届出義務者は，**遅滞なく**，その免許証を総務大臣又は総合通信局長に返納しなければならない．

問題 1 ★★★ ➡4.4.2

次の記述は，無線従事者の免許が与えられない場合について述べたものである．電波法（第42条）の規定に照らし，［　　］内に入れるべき最も適切な字句の組合せを下の1から4までのうちから一つ選べ．なお，同じ記号の［　　］内には，同じ字句が入るものとする．

総務大臣は，次の（1）から（3）までのいずれかに該当する者に対しては，無線従事者の［A］．

(1) 電波法第9章（罰則）の罪を犯し，［B］に処せられ，その執行を終わり，又はその執行を受けることがなくなった日から［C］を経過しない者

(2) 電波法第79条（無線従事者の免許の取消し等）第1項第1号又は第2号の規定により無線従事者の免許を取り消され，取消しの日から［C］を経過しない者

(3) 著しく心身に欠陥があって無線従事者たるに適しない者

	A	B	C
1	免許を与えないことができる	罰金以上の刑	2年
2	免許を与えないことができる	懲役又は禁錮	1年
3	免許を与えてはならない	罰金以上の刑	1年
4	免許を与えてはならない	懲役又は禁錮	2年

答え▶▶▶1

問題 2 ★★★ ➡4.4.5

次の記述は，無線従事者免許証の再交付について述べたものである．無線従事者規則（第50条）の規定に照らし，［　　］内に入れるべき最も適切な字句の組合せを下の1から4までのうちから一つ選べ．なお，同じ記号の［　　］内には，同じ字句が入るものとする．

無線従事者は，［A］に変更を生じたとき又は免許証を［B］ために免許証の再交付を受けようとするときは，無線従事者規則別表第11号様式の申請書に次に掲げる書類を添えて総務大臣又は総合通信局長（沖縄総合通信事務所長を含む．）に提出しなければならない．

(1) 免許証（免許証を失った場合を除く．）

(2) 写真［C］

(3) ［A］の変更の事実を証する書類（［A］に変更を生じたときに限る．）

	A	B	C
1	住所	失った	1枚
2	住所	汚し，破り，若しくは失った	2枚
3	氏名	失った	2枚
4	氏名	汚し，破り，若しくは失った	1枚

答え▶▶▶4

問題 3 ★★★ ➡4.4.4 ➡4.4.5 ➡4.4.6

無線従事者の免許証に関する記述として，電波法施行規則（第38条）及び無線従事者規則（第50条及び第51条）の規定に適合するものを1，適合しないものを2として解答せよ.

ア　無線従事者は，その業務に従事しているときは，免許証を携帯していなければならない.

イ　無線従事者は，免許の取消しの処分を受けたときは，その処分を受けた日から10日以内にその免許証を総務大臣又は総合通信局長（沖縄総合通信事務所長を含む.）に返納しなければならない.

ウ　無線従事者は，免許証を汚したために免許証の再交付を受けようとするときは，無線従事者規則別表第11号様式の申請書を総務大臣又は総合通信局長（沖縄総合通信事務所長を含む.）に提出しなければならない.

エ　無線従事者は，免許証の再交付を受けた後失った免許証を発見したときは，発見した日から10日以内に発見した免許証を総務大臣又は総合通信局長（沖縄総合通信事務所長を含む.）に返納しなければならない.

オ　無線従事者は，氏名に変更を生じたときは，無線従事者規則別表第11号様式の申請書に免許証及び氏名の変更の事実を証する書類を添えて総務大臣又は総合通信局長（沖縄総合通信事務所長を含む.）に提出し，免許証の訂正を受けなければならない.

解説　ウ　×「**申請書を**」ではなく，正しくは「**申請書に免許証，写真1枚を添えて**」です.

オ　×「免許証及び氏名の変更の…提出し，免許証の訂正を受けなければならない」ではなく，正しくは「免許証，**写真1枚**，氏名の変更の…提出しなければならない」です.

答え▶▶▶アー1，イー1，ウー2，エー1，オー2

問題 4 ★★ ➡4.4.4 ➡4.4.6

無線従事者の免許証に関する次の記述のうち，電波法施行規則（第38条）及び無線従事者規則（第51条）の規定に照らし，これらの規定に適合するものを1，適合しないものを2として解答せよ．

ア 無線従事者は，その業務に従事しているときは，免許証を携帯していなければならない．

イ 無線従事者は，免許の取消しの処分を受けたときは，その処分を受けた日から10日以内にその免許証を総務大臣又は総合通信局長（沖縄総合通信事務所長を含む．以下エ及びオにおいて同じ．）に返納しなければならない．

ウ 無線従事者は，その免許証を主たる送信装置のある場所の見やすい箇所に掲げておかなければならない．ただし，掲示を困難とするものについては，その掲示を要しない．

エ 無線従事者は，免許証の再交付を受けた後失った免許証を発見したときは，発見した日から1箇月以内に発見した免許証を総務大臣又は総合通信局長に返納しなければならない．

オ 無線従事者が死亡し，又は失そうの宣告を受けたときは，戸籍法（昭和22年法律第224号）による死亡又は失そう宣告の届出義務者は，遅滞なく，その免許証を総務大臣又は総合通信局長に返納しなければならない．

解説 ウ × このような規定はありません．

エ × 「**1箇月**以内」ではなく，正しくは「**10日**以内」です．

答え▶▶▶ア－1，イ－1，ウ－2，エ－2，オ－1

5章 運用

この章から **9～10** 問出題（5問はモールス符号）

電波は拡散性があり，混信を避けて無線局を能率的に運用するために無線局の運用規則があります．混信などの防止，通信の秘密の保護，擬似空中線回路の使用，無線通信の原則，無線局の通信方法の基本的事項に加えてモールス符号について学びます．

電波は空間を拡散し，同じ周波数で複数の電波を発射すると混信を起こします．しかし，無線局の運用を適切に行えば，混信や妨害もなくなり，電波を能率的に利用することができます．電波法令では，無線局の運用の細目を定めていますが，すべての無線局に共通した事項と，それぞれ特有の業務を行う無線局ごとに事項が定められています．すべての無線局の運用に共通する事項を**表 5.1** に示します．

■表 5.1　すべての無線局の運用に共通する事項

事項	根拠
(1) 目的外使用の禁止（免許状記載事項の遵守）	(電波法第 52，53，54，55 条)
(2) 混信等の防止	(電波法第 56 条)
(3) 擬似空中線回路の使用	(電波法第 57 条)
(4) 通信の秘密の保護	(電波法第 59 条)
(5) 時計，業務書類等の備付け	(電波法第 60 条)
(6) 無線局の通信方法	(電波法第 58，61 条，無線局運用規則全般)
(7) 無線設備の機能の維持	(無線局運用規則第 4 条)
(8) 非常の場合の無線通信	(電波法第 74 条)

5.1 目的外使用の禁止（免許状記載事項の遵守）

無線局は免許状に記載されている範囲内で運用しなければなりません．ただし，「遭難通信」，「緊急通信」，「安全通信」，「非常通信」などを行う場合は，免許状に記載されている範囲を超えて運用することができます．

目的外使用の禁止について，電波法第 52 条～第 55 条で次のように規定しています．

電波法　第 52 条（目的外使用の禁止等）

無線局は，免許状に記載された目的又は**通信の相手方若しくは通信事項**（特定地上基幹放送局については放送事項）の範囲を超えて運用してはならない．ただし，次に掲げる通信については，この限りでない．

(1) 遭難通信（船舶又は航空機が重大かつ急迫の危険に陥った場合に遭難信号を前置する方法その他総務省令で定める方法により行う無線通信をいう．）

(2) 緊急通信（船舶又は航空機が重大かつ急迫の危険に陥るおそれがある場合その他緊急の事態が発生した場合に緊急信号を前置する方法その他総務省令で定める方法により行う無線通信をいう.）

(3) 安全通信（船舶又は航空機の航行に対する重大な危険を予防するために安全信号を前置する方法その他総務省令で定める方法により行う無線通信をいう.）

(4) **非常通信**（地震，台風，洪水，津波，雪害，火災，暴動その他非常の事態が発生し，又は発生するおそれがある場合において，有線通信を利用することができないか又はこれを利用することが著しく困難であるときに人命の救助，災害の救援，交通通信の確保又は秩序の維持のために行われる無線通信をいう.）

(5) **放送の受信**

(6) その他総務省令で定める通信

※遭難信号：MAYDAY（メーデー）
緊急信号：PAN PAN（パン パン）
安全信号：SECURITE（セキュリテ）

電波法 第53条（目的外使用の禁止等）

無線局を運用する場合においては，**無線設備の設置場所**，**識別信号**，電波の型式及び周波数は，免許状等に記載されたところによらなければならない．ただし，**遭難通信**については，この限りでない．

電波法 第54条（目的外使用の禁止等）

無線局を運用する場合においては，空中線電力は，次の (1) (2) の定めるところによらなければならない．ただし，遭難通信については，この限りでない．

(1) 免許状等に**記載されたものの範囲内**であること．

(2) 通信を行うため**必要最小のもの**であること．

電波法 第55条（目的外使用の禁止等）

無線局は，免許状に記載された運用許容時間内でなければ，運用してはならない．ただし，遭難通信，緊急通信，安全通信，非常通信，放送の受信，その他総務省令で定める通信を行う場合及び総務省令で定める場合は，この限りでない．

問題 1 ★★ ➡5.1

アマチュア無線局の運用に関する記述として，電波法（第 53 条及び第 54 条）の規定に適合しないものはどれか．下の 1 から 4 までのうちから一つ選べ．

1 無線局を運用する場合おいては，呼出符号は，その無線局の免許状に記載されたところによらなければならない．ただし，遭難通信については，この限りでない．

2 無線局を運用する場合おいては，空中線電力は，その無線局の免許状に記載されたところによらなければならない．ただし，遭難通信については，この限りでない．

3 無線局を運用する場合おいては，無線設備の設置場所は，その無線局の免許状に記載されたところによらなければならない．ただし，遭難通信については，この限りでない．

4 無線局を運用する場合おいては，電波の型式及び周波数は，その無線局の免許状に記載されたところによらなければならない．ただし，遭難通信については，この限りでない．

答え▶▶▶2

問題 2 ★★★ ➡5.1 ➡7.6

次の記述は，アマチュア無線局の目的外使用の禁止等について述べたものである．電波法（第 52 条から第 54 条まで及び第 110 条）の規定に照らし，［　　］内に入れるべき最も適切な字句の組合せを下の 1 から 4 までのうちから一つ選べ．

① 無線局は，免許状に記載された目的又は通信の相手方若しくは通信事項の範囲を超えて運用してはならない．ただし，次の (1) から (6) までに掲げる通信については，この限りでない．

(1) 遭難通信　(2) 緊急通信　(3) 安全通信　(4) 非常通信　(5) 放送の受信
(6) その他総務省令で定める通信

② 無線局を運用する場合においては，無線設備の設置場所，［ A ］，電波の型式及び周波数は，その無線局の免許状に記載されたところによらなければならない．ただし，遭難通信については，この限りでない．

③ 無線局を運用する場合においては，空中線電力は，次の (1) 及び (2) の定めるところによらなければならない．ただし，遭難通信については，この限りでない．

(1) 免許状に記載されたものの範囲内であること.

(2) 通信を行うため［ B ］であること.

④ ①, ②又は③ ((2) を除く.) の規定に違反して無線局を運用した者は, 1年以下の懲役又は［ C ］に処する.

	A	B	C
1	運用許容時間	必要最小のもの	50万円以下の罰金
2	識別信号	必要最小のもの	100万円以下の罰金
3	運用許容時間	確実かつ十分なもの	100万円以下の罰金
4	識別信号	確実かつ十分なもの	50万円以下の罰金

答え▶▶▶2

出題傾向 下線の部分を穴埋めにした問題も出題されています.

5.2 混信等の防止

電波法施行規則 第2条（定義等）〈抜粋〉

(64)「混信」とは, 他の無線局の正常な業務の運行を妨害する電波の発射, 輻射(ふく)又は誘導をいう.

この混信は, 無線通信業務で発生するものに限定されており, 送電線や高周波設備などから発生するものは含みません.

電波法 第56条（混信等の防止）第1項

無線局は, **他の無線局**又は電波天文業務（宇宙から発する電波の受信を基礎とする天文学のための当該電波の受信の業務をいう.）の用に供する受信設備その他の総務省令で定める受信設備（無線局のものを除く.）で総務大臣が指定するものにその運用を**阻害**するような混信その他の**妨害を与えないように運用**しなければならない. ただし, 遭難通信, 緊急通信, 安全通信及び非常通信については, この限りでない.

問題 3 ★★★ ➡5.2

次の記述は，混信等の防止について述べたものである．電波法（第 56 条）の規定に照らし，[　　]内に入れるべき最も適切な字句の組合せを下の 1 から 4 までのうちから一つ選べ．

無線局は，[A]又は電波天文業務（注）の用に供する受信設備その他の総務省令で定める受信設備（無線局のものを除く.）で総務大臣が指定するものにその運用を[B]するような混信その他の[C]ならない．ただし，遭難通信，緊急通信，安全通信又は非常通信については，この限りでない．

注　宇宙から発する電波の受信を基礎とする天文学のための当該電波の受信の業務をいう．

	A	B	C
1	他の無線局	反復的に中断	妨害を与えない機能を有しなければ
2	重要無線通信を行う無線局	阻害	妨害を与えない機能を有しなければ
3	重要無線通信を行う無線局	反復的に中断	妨害を与えないように運用しなければ
4	他の無線局	阻害	妨害を与えないように運用しなければ

答え▶▶▶4

5.3 擬似空中線回路の使用

擬似空中線回路とは，アンテナと等価な抵抗，インダクタンス，キャパシタンスを有し，送信機のエネルギーを消費させる回路のことです．エネルギー（電波）を空中に放射しないので，他の無線局を妨害せずに無線機器などの試験や調整を行うことができます．

電波法　第 57 条（擬似空中線回路の使用）

無線局は，次に掲げる場合には，**なるべく擬似空中線回路を使用**しなければならない．

(1) **無線設備の機器の試験又は調整**を行うために運用するとき．

(2) 実験等無線局を運用するとき．

「実験等無線局」とは，科学若しくは技術の発達のための実験，電波利用の効率性に関する試験又は電波の利用の需要に関する調査に専用する無線局のことをいいます．

問題 4 ★★★ ➡5.3

擬似空中線回路の使用に関する記述として，電波法（第57条）の規定に適合するものはどれか．下の1から4までのうちから一つ選べ．

1 無線局は，無線設備の機器の試験又は調整を行うために運用するときは，電波法第3章（無線設備）の技術基準に適合する擬似空中線回路を使用しなければならない．
2 無線局は，電波を発射しようとするときは，なるべく擬似空中線回路を使用して送信機が正常に動作するかどうかを確かめなければならない．
3 無線局は，無線設備の機器の試験を行うために運用するときは，なるべく擬似空中線回路を使用しなければならない．
4 無線局は，電波法第18条（変更検査）の検査に際して運用するときは，擬似空中線回路を使用しなければならない．

答え▶▶▶3

5.4 通信の秘密の保護

電波法 第59条（秘密の保護）

何人も法律に別段の定めがある場合を除くほか，**特定の相手方**に対して行われる**無線通信**を傍受してその存在若しくは内容を漏らし，又はこれを**窃用**してはならない．

「法律に別段の定めがある場合」とは，犯罪捜査などが該当します．「傍受」は自分宛ではない通信を積極的意思を持って受信することです．「窃用」は，無線通信の秘密をその無線通信の発信者又は受信者の意思に反して，自分又は第三者のために利用することをいいます．

このように，電波法で通信の秘密が保護されています．また，電波法第109条にて罰則が規定されています．

電波法　第 109 条（罰則）

無線局の取扱中に係る無線通信の秘密を漏らし，又は**窃用**した者は，**1 年以下の懲役又は 50 万円以下の罰金**に処する．

2　**無線通信の業務に従事する者**がその**業務**に関し知り得た前項の秘密を漏らし，又は**窃用**したときは，**2 年以下の懲役又は 100 万円以下の罰金**に処する．

問題 5　★★★　➡ 5.4

次の記述は，無線通信の秘密の保護について述べたものである．電波法（第 59 条及び第 109 条）の規定に照らし，□内に入れるべき最も適切な字句を下の 1 から 10 までのうちからそれぞれ一つ選べ．なお，同じ記号の□内には，同じ字句が入るものとする．

① 何人も法律に別段の定めがある場合を除くほか，［ア］相手方に対して行われる無線通信（電気通信事業法第 4 条第 1 項又は第 164 条第 2 項の通信であるものを除く．以下同じ）を傍受してその存在もしくは内容を漏らし，又はこれを［イ］してはならない．

② 無線局の取扱中に係る無線通信の秘密を漏らし，又は［イ］した者は，1 年以下の懲役又は 50 万円以下の罰金に処する．

③ ［ウ］がその［エ］に関し知り得た②の秘密を漏らし，又は［イ］したときは，［オ］に処する．

1　3 年以下の懲役又は 150 万円以下の罰金
2　2 年以下の懲役又は 100 万円以下の罰金
3　特定の　　4　不特定の　　5　通信　　6　業務　　7　無線従事者
8　無線通信の業務に従事する者　　9　他人の用に供　　10　窃用

答え▶▶▶ア－3，イ－10，ウ－8，エ－6，オ－2

出題傾向　下線の部分を穴埋めにした問題も出題されています．

5.5　無線局の通信方法及び無線通信の原則及び用語等

5.5.1　無線局の通信方法

無線局の運用において，通信方法を統一することは，無線局の能率的な運用にかかせません．

無線局の呼出し又は応答の方法その他の通信方法，時刻の照合並びに救命艇の無線設備及び方位測定装置の調整その他無線設備の機能を維持するために必要な事項の細目は，総務省令で定められています．

電波法 第 58 条（アマチュア無線局の通信）

アマチュア無線局の行う通信には，暗語を使用してはならない．

アマチュア無線局とは，「金銭上の利益のためでなく，専ら個人的な無線技術の興味によって自己訓練，通信及び技術的研究の業務を行う無線局」のことです．

5.5.2 無線通信の原則及び用語等

無線通信の原則を次に示します．

無線局運用規則 第 10 条（無線通信の原則）

必要のない無線通信は，これを行ってはならない．

2 無線通信に使用する用語は，**できる限り簡潔**でなければならない．

3 無線通信を行うときは，自局の識別信号を付して，その出所を明らかにしなければならない．

識別信号とは，呼出符号や呼出名称のことです．呼出符号は無線電信と無線電話の両方で使用され，呼出名称は無線電話で使用されます．
例えば，中波放送を行っている NHK 東京第一放送の識別信号（呼出符号）は JOAK です．

4 無線通信は，正確に行うものとし，通信上の誤りを知ったときは，**直ちに訂正**しなければならない．

無線通信の原則は，国際法である「無線通信規則」（国内法の無線局運用規則と混同しないように注意）の「無線局からの混信」「局の識別」の規定より定められました．

問題 6 ★★ ➡5.5.2

次の記述は，一般通信方法における無線通信の原則について述べたものである．無線局運用規則（第 10 条）の規定に照らし，[　　]内に入れるべき最も適切な字句の組合せを下の 1 から 4 までのうちから一つ選べ．

① [A]無線通信は，これを行ってはならない．

② 無線通信に使用する用語は，[B]なければならない．

③ 無線通信を行うときは，自局の識別信号を付して，その出所を明らかにしなければならない．

④ 無線通信は，正確に行うものとし，通信上の誤りを知ったときは，[C]なければならない．

	A	B	C
1	相手局が聴取できない速度のモールス	なるべく略符号又は略語を使用し	直ちに訂正し
2	必要のない	なるべく略符号又は略語を使用し	通報の終了後に訂正し
3	必要のない	できる限り簡潔で	直ちに訂正し
4	相手局が聴取できない速度のモールス	できる限り簡潔で	通報の終了後に訂正し

答え▶▶▶3

5.6 無線通信の方法

5.6.1 電波の発射前の措置

無線局運用規則 第 19 条の 2（発射前の措置）

無線局は，相手局を呼び出そうとするときは，電波を発射する前に，**受信機を最良の感度**に調整し，**自局の発射しようとする電波の周波数**その他必要と認める周波数によって**聴守**し，**他の通信に混信を与えないこと**を確かめなければならない．ただし，遭難通信，緊急通信，安全通信及び電波法第 74 条第 1 項（非常の場合の無線通信）に規定する通信を行う場合並びに海上移動業務以外の業務において他の通信に混信を与えないことが確実である電波により通信を行う場合は，この限りでない．

2　前項の場合において，他の通信に混信を与えるおそれがあるときは，その通信が終了した後でなければ呼出しをしてはならない．

通信の方法は無線電信の時代から存在していますので，無線電信の通信の方法が基準になっています．無線電話が開発されたのは，無線電信の後ですので，無線電話の通信方法は無線電信の通信方法の一部分を読み替えて行います（例えば，「DE」を「こちらは」に読み替える）．

5.6.2 呼出し

無線局運用規則 第20条（呼出し）第1項〈一部改変〉

呼出しは，順次送信する次に掲げる事項（以下「呼出事項」という．）によって行うものとする．

(1) 相手局の呼出符号　　3回以下
(2) DE（こちらは）　　1回
(3) 自局の呼出符号　　3回以下

5.6.3 呼出しの反復及び再開

無線局運用規則 第21条（呼出しの反復及び再開）第1項

海上移動業務における呼出しは，1分間以上の間隔をおいて2回反復することができる．呼出しを反復しても応答がないときは，少なくとも3分間の間隔をおかなければ，呼出しを再開してはならない．

海上移動業務以外にも準用します．

5.6.4 呼出しの中止

無線局運用規則 第22条（呼出しの中止）

無線局は，自局の呼出しが他の既に行われている通信に混信を与える旨の通知を受けたときは，直ちにその**呼出しを中止**しなければならない．無線設備の機器の試験又は調整のための電波の発射についても同様とする．

2　前項の通知をする無線局は，その通知をするに際し，**分で表す概略の待つべき時間**を示すものとする．

5.6.5　一括呼出し

無線局運用規則　第127条（一括呼出しの応答順位）第1項

免許状に記載された通信の相手方である無線局を一括して呼び出そうとするときは，次の事項を順次送信するものとする．

（1）CQ（各局）　3回
（2）DE（こちらは）　1回
（3）自局の呼出符号　3回以下
（4）K（どうぞ）　1回

5.6.6　応答

無線局運用規則　第23条（応答）第1～3項〈一部改変〉

無線局は，自局に対する呼出しを受信したときは，直ちに応答しなければならない．

2　前項の規定による応答は，順次送信する次に掲げる事項（以下「応答事項」という．）によって行うものとする．

（1）相手局の呼出符号　3回以下
（2）DE（こちらは）　1回
（3）自局の呼出符号　1回

3　前項の応答に際して直ちに通報を受信しようとするときは，応答事項の次に「K（どうぞ）」を送信するものとする．ただし，直ちに通報を受信することができない事由があるときは，「K（どうぞ）」の代りに「$\overline{\text{AS}}$（お待ち下さい）」及び分で表す概略の待つべき時間を送信するものとする．概略の待つべき時間が10分以上のときは，その理由を簡単に送信しなければならない．

5.6.7　不確実な呼出しに対する応答

無線局運用規則　第26条（不確実な呼出しに対する応答）〈一部改変〉

無線局は，自局に対する呼出しであることが確実でない呼出しを受信したときは，その呼出しが反覆され，かつ，自局に対する呼出しであることが確実に判明するまで応答してはならない．

2　自局に対する呼出しを受信した場合において，呼出局の呼出符号が不確実であるときは，応答事項のうち**相手局の呼出符号の代わりに「QRZ?（誰かこちらを呼びましたか）」を使用して，直ちに応答**しなければならない．

5.6.8 通報の送信

無線局運用規則 第29条（通報の送信）第1～3項〈一部改変〉

呼出しに対し応答を受けたときは，相手局が「$\overline{\text{AS}}$（お待ち下さい）」を送信した場合及び呼出しに使用した電波以外の電波に変更する場合を除き，直ちに通報の送信を開始するものとする．

2 通報の送信は，次に掲げる事項を順次送信して行うものとする．ただし，呼出しに使用した電波と同一の電波により送信する場合は，(1) から (3) までに掲げる事項の送信を省略することができる．

(1) 相手局の呼出符号 1回
(2) DE（こちらは） 1回
(3) 自局の呼出符号 1回
(4) 通報
(5) K（どうぞ） 1回

3 前項の送信において，通報は，和文の場合は「$\overline{\text{ラタ}}$」，欧文の場合は「$\overline{\text{AR}}$」をもって終わるものとする．

5.6.9 長時間の送信

無線局運用規則 第30条（長時間の送信）〈一部改変〉

無線局は，長時間継続して通報を送信するときは，30分（アマチュア局にあっては10分）ごとを標準として適当に「DE（こちらは）」及び自局の呼出符号を送信しなければならない．

5.6.10 電波の変更

無線局運用規則 第27条（電波の変更）

混信の防止その他の事情によって通常通信電波以外の電波を用いようとするときは，呼出し又は応答の際に呼出事項又は応答事項の次に下に掲げる事項を順次送信して通知するものとする．ただし，用いようとする電波の周波数があらかじめ定められているときは，(2) に掲げる事項の送信を省略することができる．

(1) QSW 又は QSU 1回
(2) 用いようとする電波の周波数（又は型式及び周波数） 1回
(3) ？（「QSU」を送信したときに限る．） 1回

5.6.11 呼出し又は応答の簡易化

無線局運用規則 第 126 条の 2（呼出し又は応答の簡易化）第 1 項〈一部改変〉

空中線電力 50 W 以下の無線設備を使用して呼出し又は応答を行う場合において，確実に連絡の設定ができると認められるときは，呼出しの場合は，「DE」（こちらは）及び「自局の呼出符号」を，応答の場合は，「相手局の呼出符号」の送信を省略することができる．

5.6.12 特定局あて一括呼出し

無線局運用規則 第 127 条の 3（特定局あて一括呼出し）

2 以上の特定の無線局を一括して呼び出そうとするときは，次に掲げる事項を順次送信して行うものとする．

(1) 相手局の呼出符号　　**それぞれ 2 回以下**
(2) DE（こちらは）　　1 回
(3) 自局の呼出符号　　**3 回以下**
(4) K（どうぞ）　　1 回

2 前項の（1）に掲げる相手局の呼出符号は，「CQ」に**地域名**を付したものをもって代えることができる．

5.6.13 誤送の訂正

無線局運用規則 第 31 条（誤送の訂正）

送信中において誤った送信をしたことを知ったときは，下に掲げる略符号を前置して正しく送信した適当の語字から更に送信しなければならない．

(1) 手送による和文の送信の場合は，$\overline{\text{ラタ}}$
(2) 自動機（自動的にモールス符号を送信又は受信するものをいう.）による送信及び手送による欧文の送信の場合は，$\overline{\text{HH}}$

5.6.14 通信中の周波数の変更

無線局運用規則 第 34 条（通信中の周波数の変更）

通信中において，混信の防止その他の必要により使用電波の型式又は周波数の変更を要求しようとするときは，次の事項を順次送信して行うものとする．ただし，用いようとする電波の周波数があらかじめ定められているときは，（2）に掲げる事項の送信を省略することができる.

(1) QSU 又は QSW 若しくは **QSY** 1回
(2) 変更によって使用しようとする周波数（又は型式及び周波数） 1回
(3) ？（「**QSW**」を送信したときに限る.） 1回

無線局運用規則 第35条（通信中の周波数の変更）〈改変〉

通信中においては，混信の防止その他の必要により使用電波の型式又は周波数の変更の要求を受けた無線局は，これに応じようとするときは，「**R**」を送信し（通信状態等により必要と認めるときは，「**QSW**」及び変更によって使用しようとする周波数（又は電波の型式及び周波数）1回を続いて送信する.），直ちに周波数（又は電波の型式及び周波数）を変更しなければならない.

5.6.15 通信の終了

無線局運用規則 第38条（通信の終了）〈抜粋・一部改変〉

通信が終了したときは，「$\overline{\mathrm{VA}}$（さようなら）」を送信するものとする.

5.6.16 試験電波の発射

無線局運用規則 第39条（試験電波の発射）〈一部改変〉

無線局は，無線機器の試験又は調整のため電波の発射を必要とするときは，発射する前に自局の発射しようとする電波の**周波数及びその他必要と認める周波数**によって聴守し，他の無線局の通信に混信を与えないことを確かめた後，次の符号を順次送信し，更に**1分間**聴守を行い，他の無線局から停止の請求がない場合に限り，「**VVV**（本日は晴天なり）」の連続及び自局の呼出符号1回を送信しなければならない. この場合において，「**VVV**（本日は晴天なり）」の連続及び自局の呼出符号の送信は，**10秒間**を超えてはならない.

(1) **EX**（ただいま試験中） **3回**
(2) **DE**（こちらは） **1回**
(3) **自局の呼出符号** **3回**

2 前項の試験又は調整中は，しばしばその電波の周波数により聴守を行い，**他の無線局から停止の要求がないかどうか**を確かめなければならない.

3 第1項後段の規定にかかわらず，海上移動業務以外の業務の無線局にあっては，必要があるときは，**10秒間**を超えて「**VVV**（本日は晴天なり）」の連続及び自局の呼出符号の送信をすることができる.

無線電話の場合は，「EX」を「ただいま試験中」，「DE」を「こちらは」，「VVV」を「本日は晴天なり」に置き換えます．

5.6.17 アマチュア局の運用

無線局運用規則 第257条（発射の制限等）

アマチュア局においては，その**発射の占有する周波数帯幅に含まれているいかなるエネルギーの発射**も，**その局が動作することを許された周波数帯**から逸脱してはならない．

無線局運用規則 第258条（発射の制限等）

アマチュア局は，自局の発射する電波が**他の無線局の運用又は放送の受信**に支障を与え，若しくは与えるおそれがあるときは，すみやかに当該周波数による電波の発射を中止しなければならない．ただし，遭難通信，緊急通信，安全通信及び法第74条第1項に規定する通信を行う場合は，この限りでない．

無線局運用規則 第259条（禁止する通報）

アマチュア局の送信する通報は，**他人の依頼によるもの**であってはならない．

無線局運用規則 第260条（無線設備の操作）

アマチュア局の無線設備の操作を行う者は，**免許人（免許人が社団である場合は，その構成員）以外の者**であってはならない．

問題 7 ★★★ ➡5.6.1

無線局が相手局を呼び出そうとする場合(注)の措置に関する記述として，無線局運用規則（第19条の2）の規定に適合するものはどれか．下の1から4までのうちから一つ選べ．

（注）遭難通信，緊急通信，安全通信及び電波法第74条（非常の場合の無線通信）第1項に規定する通信を行う場合並びに海上移動業務業務以外の業務において他の通信に混信を与えないことが確実である電波により通信を行う場合を除く．

1 無線局は，相手局を呼び出そうとするときは，電波を発射する前に，自局の発射しようとする電波の周波数を1分間聴守しなければならない．

2 無線局は，相手局を呼び出そうとするときは，電波を発射する前に，擬似空中線回路を使用して自局の発射しようとする電波の周波数を測定しなければならない.

3 無線局は，相手局を呼び出そうとするときは，電波を発射する前に，送信機を通常の動作状態に調整し，自局の発射しようとする電波の周波数によって聴守し，他の通信に混信を与えないことを確かめなければならない.

4 無線局は，相手局を呼び出そうとするときは，電波を発射する前に，受信機を最良の感度に調整し，自局の発射しようとする電波の周波数その他必要と認める周波数によって聴守し，他の通信に混信を与えないことを確かめなければならない.

答え▶▶▶4

問題 8 ★ ➡5.6.1

次の記述は，無線局のモールス無線通信における電波の発射前の措置について述べたものである．無線局運用規則（第19条の2）の規定に照らし，[ ]内に入れるべき最も適切な字句の組合せを下の1から4までのうちから一つ選べ.

無線局は，相手局を呼び出そうとするときは，電波を発射する前に，[A]に調整し，[B]その他必要と認める周波数によって[C]し，他の通信に混信を与えないことを確かめなければならない．ただし，遭難通信，緊急通信，安全通信及び電波法第74条（非常の場合の無線通信）第1項に規定する通信を行う場合並びに海上移動業務以外の業務において他の通信に混信を与えないことが確実である電波により通信を行う場合は，この限りでない.

	A	B	C
1	受信機を最良の感度	発射可能な電波の型式及び周波数	試験電波を発射
2	受信機を最良の感度	自局の発射しようとする電波の周波数	聴守
3	送信機を通常の動作状態	自局の発射しようとする電波の周波数	試験電波を発射
4	送信機を通常の動作状態	発射可能な電波の型式及び周波数	聴守

答え▶▶▶2

下線の部分を穴埋めにした問題も出題されています.

問題 9 ★★ ➡5.6.4

次の記述は，自局の呼出し等が他の通信に混信を与える旨の通知を受けた場合等について述べたものである．無線局運用規則（第22条）の規定に照らし，[　　] 内に入れるべき最も適切な字句の組合せを下の1から4までのうちから一つ選べ.

① 無線局は，自局の呼出しが他の既に行われている通信に混信を与える旨の通知を受けたときは，直ちにその [A] なければならない．無線設備の機器の試験又は調整のための電波の発射についても同様とする.

② ①の通知をする無線局は，その通知をするに際し，[B] を示すものとする.

	A	B
1	空中線電力を低減させ	受けている混信の度合い
2	呼出しを中止し	分で表す概略の待つべき時間
3	空中線電力を低減させ	分で表す概略の待つべき時間
4	呼出しを中止し	受けている混信の度合い

答え▶▶▶2

問題 10 ★★★ ➡5.6.7

アマチュア局の無線電話通信における不確実な呼出しに対する応答に関する記述として，無線局運用規則（第14条，第18条及び第26条）の規定に適合するものはどれか．下の1から4までのうちから一つ選べ.

1 無線局は，自局に対する呼出しを受信した場合において，呼出局の呼出符号が不確実であるときは，その呼出しが反復され，かつ，呼出局の呼出符号が確実に判明するまで応答してはならない.

2 無線局は，自局に対する呼出しを受信した場合において，呼出局の呼出符号が不確実であるときは，応答事項のうち「こちらは」及び自局の呼出符号を送信して，直ちに応答しなければならない.

3 無線局は，自局に対する呼出しを受信した場合において，呼出局の呼出符号が不確実であるときは，応答事項のうち相手局の呼出符号の代わりに，「誰かこちらを呼びましたか」を使用して，直ちに応答しなければならない.

4 無線局は，自局に対する呼出しを受信した場合において，呼出局の呼出符号が不確実であるときは，応答事項のうち相手局の呼出符号の代わりに，「貴局名は何ですか」を使用して，直ちに応答しなければならない．

答え▶▶▶3

問題 11 ★★ ➡5.6.12

次の記述は，モールス無線通信における特定局あて一括呼出しについて述べたものである．無線局運用規則（第127条の3及び第261条）の規定に照らし，[　　]内に入れるべき最も適切な字句の組合せを下の1から4までのうちから一つ選べ．

① 2以上の特定の無線局を一括して呼び出そうとするときは，次に掲げる事項を順次送信して行うものとする．

(1) 相手局の呼出符号　[A]
(2) DE　1回
(3) 自局の呼出符号　[B]
(4) K　1回

② ①の（1）に掲げる相手局の呼出符号は，「CQ」に[C]を付したものをもって代えることができる．

	A	B	C
1	それぞれ2回以下	1回	呼出しの種類
2	それぞれ2回以下	3回以下	地域名
3	それぞれ3回	3回以下	呼出しの種類
4	それぞれ3回	1回	地域名

答え▶▶▶2

問題 12 ★★★ ➡5.6.14

次の記述は，無線電信通信の通信中において，混信の防止その他の必要により使用電波の型式又は周波数の変更を要求しようとするときに順次送信すべき事項を掲げたものである．無線局運用規則（第34条）の規定に照らし，[　　]内に入れるべき最も適切な字句の組合せを下の1から4までのうちから一つ選べ．

① QSU又はQSW若しくは[A]　1回
② 変更によって使用しようとする周波数（又は電波の型式及び周波数）　1回
③ ?（「[B]」を送信したときに限る．）　1回

	A	B
1	QRX	QSU
2	QSY	QSW
3	QSY	QSU
4	QRX	QSW

解説 無線局運用規則第 34 条は「通信中の周波数の変更」について規定されています．

通信中において，混信の防止その他の必要により使用電波の型式又は周波数の変更を要求しようとするときは，

(1) QSU 又は QSW 若しくは QSY　1 回
(2) 変更によって使用しようとする周波数（又は型式及び周波数）　1 回
(3) ？（「QSW」を送信したときに限る．）　1 回

を順次送信して行うものとされています．ただし，用いようとする電波の周波数があらかじめ定められているときは，(2) に掲げる事項の送信を省略することができます．

無線局運用規則第 27 条（電波の変更）と混同しないよう注意しましょう．

答え▶▶▶ 2

問題 13 ★ ➡ 5.6.14

次の記述は，無線電信通信における通信中の周波数の変更について述べたものである．無線局運用規則（第 35 条）の規定に照らし，□内に入れるべき最も適切な字句の組合せを下の 1 から 4 までのうちから一つ選べ．

通信中において，混信の防止その他の必要により使用電波の型式又は周波数の変更の要求を受けた無線局は，これに応じようとするときは，「 A 」を送信し（通信状態等により必要と認めるときは，「 B 」及び変更によって使用しようとする周波数（又は電波の型式及び周波数）1 回を続いて送信する．），直ちに周波数（又は電波の型式及び周波数）を変更しなければならない．

	A	B
1	K	QSW
2	R	QSW
3	K	QSX
4	R	QSX

答え▶▶▶ 2

問題 14 ★★★ ➡5.6.16

次の記述は，無線電信通信による試験電波の発射について述べたものである．無線局運用規則（第 39 条）の規定に照らし，[　　]内に入れるべき最も適切な字句の組合せを下の 1 から 4 までのうちから一つ選べ．なお，同じ記号の[　　]内には，同じ字句が入るものとする．

① 無線局は，無線機器の試験又は調整のため電波の発射を必要とするときは，発射する前に自局の発射しようとする電波の[A]によって聴守し，他の無線局の通信に混信を与えないことを確かめた後，次の（1）から（3）までの符号を順次送信し，更に 1 分間聴守を行い，他の無線局から停止の請求がない場合に限り，「VVV」の連続及び自局の呼出符号 1 回を送信しなければならない．この場合において，「VVV」の連続及び自局の呼出符号の送信は，[B]を超えてはならない．

（1）[C]　[D]

（2）DE　1 回

（3）自局の呼出符号　3 回

② ①の試験又は調整中は，しばしばその電波の周波数により聴守を行い，他の無線局から停止の要求がないかどうかを確かめなければならない．

③ ①の後段の規定にかかわらず，アマチュア局にあっては，必要があるときは，[B]を超えて「VVV」の連続及び自局の呼出符号の送信をすることができる．

	A	B	C	D
1	周波数	10 秒間	QRM?	1 回
2	周波数及びその他必要と認める周波数	20 秒間	QRM?	3 回
3	周波数	20 秒間	EX	1 回
4	周波数及びその他必要と認める周波数	10 秒間	EX	3 回

答え ▶▶▶ 4

出題傾向 下線の部分を穴埋めにした問題も出題されています．

問題 15 ★★★ ➡5.6.17

次の記述は，アマチュア局の運用について述べたものである．無線局運用規則（第 257 条，第 258 条，第 259 条及び第 260 条）の規定に照らし，[　　]内に入れるべき最も適切な字句を下の 1 から 10 までのうちからそれぞれ一つ選べ．

① アマチュア局においては，その［ア］，［イ］から逸脱してはならない．
② アマチュア局は，自局の発射する電波が［ウ］に支障を与え，若しくは与える虞（おそれ）があるときは，速やかに当該周波数による電波の発射を中止しなければならない．ただし，遭難通信，緊急通信，安全通信及び電波法第74条（非常の場合の無線通信）第1項に規定する通信を行う場合は，この限りではない．
③ アマチュア局の送信する通報は，［エ］であってはならない．
④ アマチュア局の無線設備の操作を行う者は，［オ］であってはならない．

1 発射の占有する周波数帯幅に含まれているいかなるエネルギーの発射も
2 発射する電波の特性周波数は
3 その局が動作することを許された周波数帯
4 その局の指定周波数帯
5 公共業務用無線局の運用又は電波天文業務の用に供する受信設備の機能
6 他の無線局の運用又は放送の受信
7 長時間継続するもの
8 他人の依頼によるもの
9 免許人（免許人が社団である場合は，その構成員）以外の者
10 別に告示する者以外の者

答え▶▶▶アー1，イー3，ウー6，エー8，オー9

5.7 非常通信

非常通信とは，電波法第52条第4項において，「地震，台風，洪水，津波，雪害，火災，暴動その他非常の事態が発生し，又は発生するおそれがある場合において，**有線通信を利用することができないか又はこれを利用することが著しく困難であるとき**に人命の救助，**災害の救援**，交通通信の確保又は**秩序の維持**のために行われる無線通信」と定義されています．

無線局は，免許状に記載された目的又は通信の相手方若しくは通信事項（特定地上基幹放送局については放送事項）の範囲を超えて運用してはならないとされていますが，非常通信については，この限りではありません．

非常通信（電波法52条）と非常の場合の無線通信（電波法第74条）を混同しないようにしましょう．

問題 16 ★★★ ➡5.1 ➡5.7

次の記述は，非常通信について述べたものである．電波法（第52条）の規定に照らし，[　　]内に入れるべき最も適切な字句の組合せを下の1から4までのうちから一つ選べ．

非常通信とは，地震，台風，洪水，津波，雪害，火災，暴動その他非常の事態が発生し，又は発生するおそれがある場合において，[A]を利用することができないか又はこれを利用することが著しく困難であるときに人命の救助，[B]，交通通信の確保又は[C]のために行われる無線通信をいう．

	A	B	C
1	電気通信業務の通信	財貨の保全	秩序の維持
2	電気通信業務の通信	災害の救援	電力供給の確保
3	有線通信	財貨の保全	電力供給の確保
4	有線通信	災害の救援	秩序の維持

答え▶▶▶4

下線の部分を穴埋めにした問題も出題されています．

Column 遭難通信と非常通信

山で遭難している者を見つけたアマチュア無線家が免許状の記載範囲外の救助要請を行うために通信する場合は遭難通信でしょうか．そうではありません．遭難通信は「船舶又は航空機が重大かつ急迫の危険に陥った場合に遭難信号を前置する方法その他総務省令で定める方法により行う無線通信をいう．」と規定されています．遭難通信はあくまで船舶又は航空機から発せられる通信です．山で遭難した者を救助するために行う通信は遭難通信ではなく，非常通信です．

5.8 モールス符号に関する問題

平成23年8月期の試験までは，電気通信術としてモールス電信の音響受信の試験がありましたが，平成23年12月期の試験から，モールス符号は法規の問題として5問出題されました．平成30年12月期で6問が出題され，平成31年4月期は5問に戻り，その後は4～5問が出題されています．

内訳は「略符号を設問するもの」「Q 符号を設問するもの」「モールス符号自体を設問するもの」などです．基本的には，モールス符号の「A ～ Z，0 ～ 9，？」と略符号と Q 符号の一部を記憶していれば正解が得られます．

一アマで出題されている Q 符号は「QRH」「QRK?」「QRK5」「QRL」「QRM?」「QRM1」「QRM3」「QRN1」「QRO」「QRP」「QRS」「QRU」「QRZ?」「QSA2」「QSA3」「QSA4」「QSB」「QSY」「QTH」などです．

問題 17 ★★★ ➡ 5.8

次の記述は，モールス無線通信における応答について述べたものである．無線局運用規則（第 12 条，第 13 条及び第 23 条並びに別表第 1 号及び別表第 2 号）の規定に照らし，[　　] 内に入れるべきモールス符号で表す最も適切な略語の組合せを下の 1 から 4 までのうちから一つ選べ．なお，同じ記号の [　　] 内には，同じ字句が入るものとする．

無線局は，自局に対する呼出しを受信したときの応答に際して直ちに通報を受信しようとするときは，応答事項の次に「[A]」を送信するものとする．ただし，直ちに通報を受信することができない事由があるときは「[A]」の代わりに「[B]」及び分で表す概略の待つべき時間を送信するものとする．概略の待つべき時間が 10 分以上のときは，その理由を簡単に送信しなければならない．

	A	B
1	－・－	－・・・－
2	－・－	・－・・・
3	・－・－・	－・・・－
4	・－・－・	・－・・・

（注）モールス符号の点，線の長さ及び間隔は，簡略化してある．

答え ▶▶▶ 2

問題 18 ★★★ ➡ 5.8

次の記述は，無線電信通信における通報の送信方法について述べたものである．無線局運用規則（第 12 条，第 13 条及び第 135 条並びに別表第 1 号及び別表第 2 号）の規定に照らし，[　　] 内に入れるべき最も適切な略符号とそのモールス符号の組合せが適合するものを下の 1 から 4 までのうちから一つ選べ．

電波法第 74 条（非常の場合の無線通信）第 1 項に規定する通信において通報を送信しようとするときは，「ヒゼウ」（欧文であるときは，「[ ]」）を前置して行うものとする．

	略符号	モールス符号
1	$\overline{\text{OSO}}$	－－－・・・－－－
2	$\overline{\text{OSO}}$	・・・－－－・・・
3	EXZ	・　－・・－　・・－－－
4	EXZ	・　－・・－　－－・・

（注）モールス符号の点，線の長さ及び間隔は，簡略化してある．

答え▶▶▶ 4

出題傾向 一アマで出題されている略符号は「$\overline{\text{AR}}$」「$\overline{\text{AS}}$」「$\overline{\text{BT}}$」「CL」「EXZ」「$\overline{\text{HH}}$」「K」「NIL」「R」「RPT」「$\overline{\text{VA}}$」などです．

問題 19 ★★ ➡5.8

無線電信通信において次のモールス符号で表す略符号のうち，「そちらの信号の強さは，強いです．」を示す Q 符号を表したものはどれか．無線局運用規則（第 12 条及び第 13 条並びに別表第 1 号及び第 2 号）の規定に照らし，下の 1 から 4 までのうちから一つ選べ．

1 －－・－　・・・　・－　・・－－－
2 －－・－　・－・　－・　・・・－－
3 －－・－　・・・　・－　・・・・－
4 －－・－　・－・　－・　・・・・・

（注）モールス符号の点，線の長さ及び間隔は，簡略化してある．

解説 「そちらの信号の強さは，…」を表す Q 符号は QSA です．なお，1 は「ほとんど感じません」，2 は「弱いです」，3 は「かなり強いです」，4 は「強いです」，5 は「非常に強いです」なので，選択肢 3 の **QSA4** が正解となります．

答え▶▶▶ 3

出題傾向 同じ型式の問題として，以下のQ符号が出題されています．
QRL（こちらは通信中です．妨害しないで下さい．），QRM3（そちらの伝送は，かなりの混信を受けています．），QRM4（そちらの伝送は，強い混信を受けています．），QSA4（そちらの信号の強さは，強いです．），QRK5（そちらの信号の明りょう度は，非常に良いです．）

問題 20 ★★ ➡5.8

次のモールス符号の組合せのうち，「そちらの伝送は，かなりの混信を受けています．」を示すQ符号を表したものはどれか．無線局運用規則（第12条及び第13条並びに別表第1号及び第2号）の規定に照らし，下の1から4までのうちから一つ選べ．

1 －－・－　・－・　－・　・・－－－
2 －－・－　・－・　－－　・・・－－
3 －－・－　・－・　－・　・・・・－
4 －－・－　・－・　－－　・・・・・

（注）モールス符号の点，線の長さ及び間隔は，簡略化してある．

解説 「そちらの伝送は，…」を表すQ符号はQRMです．なお，1は「混信を受けていません」，2は「少し混信を受けています」，3は「かなりの混信を受けています」，4は「強い混信を受けています」，5は「非常に強い混信を受けています」なので，選択肢2の**QRM3**が正解となります．

答え▶▶▶2

問題 21 ★★ ➡5.8

「こちらの位置は，緯度…，経度…（又は他の表示による．）です」を示すQ符号を表すモールス符号はどれか．無線局運用規則（第12条及び第13条並びに別表第1号及び別表第2号）の規定に照らし，下の1から4までのうちから一つ選べ．

1 －－・－　・－・　－・
2 －－・－　・・・　・－
3 －－・－　－　・・・・
4 －－・－　・－・　・・・・

（注）モールス符号の点，線の長さ及び間隔は，簡略化してある．

解説 「こちらの位置は，緯度…，経度…（又は他の表示による．）です」は「QTH」です．

答え▶▶▶3

問題 22 ★★ ➡5.8

次に掲げるアルファベットの字句及びモールス符号のうち，無線局運用規則（第12条及び別表第1号）の規定に照らし，その組合せが適合しないものはどれか．下の1から4までのうちから一つ選べ．

	字句	モールス符号
1	SKOGPRIMOR	・・・ －・－ －－－ －－・ ・－－・ ・－・ ・・ －－ －－－ ・－・
2	IJANAZERBA	・・ ・－－－ ・－ －・ ・－ －－・・ ・ ・－・ －・・・ ・－
3	MOLWYIDOVA	－－ －－－ ・－・・ ・－－ －－・－ ・・ －・・ －－－ ・・・－ ・－
4	LUBETBJROK	・－・・ ・・－ －・・・ ・ － －・・・ ・－－－ ・－・ －－－ －・－

（注）モールス符号の点，線の長さ及び間隔は，簡略化してある．

解説 3 Yは「－－・－」ではなく「－・－－」です．

答え▶▶▶3

問題 23 ★★ ➡5.8

次に掲げるアルファベットの字句及びモールス符号のうち，無線局運用規則（第12条及び別表第1号）の規定に照らし，その組合せが適合するものを1，適合しないものを2として解答せよ．

	字句	モールス符号
ア	URGMOLDENB	・・－ ・－・ －－・ －－ －－－ ・－・・ －・・ ・・ －・ －・・・
イ	BIRNTBLACK	－・・・ ・・ ・－・ －・ － －・・・ ・－・・ ・－ －・－・ －・－
ウ	RSACHNIEDE	・－・ ・・・ ・－ －・－・ ・・・・ －・ ・・ ・ －・・ ・
エ	ECARMBRIDG	・ －・－・ ・－ ・－・ －－ －・・・ ・－・ ・・ －・・ ・－－－
オ	OWAGEHASTB	－－－ ・－－ ・－ －－・ ・ ・・・・ ・－ ・・・ － －・・・

（注）モールス符号の点，線の長さ及び間隔は，簡略化してある．

解説 ア Eは「・・」ではなく「・」です．

エ Gは「・－－－」ではなく「－－・」です．

答え▶▶▶ア－2，イ－1，ウ－1，エ－2，オ－1

問題 24 ★★ ➡5.8

次に掲げるアルファベットの字句及びモールス符号のうち，無線局運用規則（第12条及び別表第1号）の規定に照らし，その組合せが適合するものを1，適合しないものを2として解答せよ．

	字句	モールス符号
ア	NIEDERSACH	－・　・・　・　－・・　・　・－・　・・・　・－　－・－・　・・・・
イ	OLDENBURGM	－－－　・－・・　－・・　・　－・　－・・・　・・－　・－・　－－・　－・
ウ	BLACKBIRNT	－・・・　・－・・　・－　－・－・　－・－　－・・・　・・　・－・　－・　－
エ	HASTBOWAGE	・・・・　・－　・・・　－　－・・・　－－－　・－－　・－　－－・　・
オ	BRIDGECARM	－・・・　・－・　・・　－・・　・－－－　・　－・－・　・－　・－・・　－－

（注）モールス符号の点，線の長さ及び間隔は，簡略化してある．

解説 イ　Mは「－・」ではなく「－－」です．

オ　Gは「・－－－」ではなく「－－・」です．また，Rは「・－・・」ではなく「・－・」です．

答え▶▶▶ア－1，イ－2，ウ－1，エ－1，オ－2

問題 25 ★★ ➡5.8

次のモールス符号の組合せのうち，UTYFPWRGB37を表したものはどれか．無線局運用規則（第12条及び別表第1号）の規定に照らし，下の1から4までのうちから一つ選べ．

1　・・－　－　－・－－　・・－・　・－－・　・－－　・－・　－－－　－・・・　・・・・－　－－・・・
2　・・－　－　－・－－　・・－・　・－－－　・－－　・－・　－－・　－・・・　・・・－－　－－・・・
3　・・－　－　－・－－　・・－・　・－－－　・－－　・－・　－－－　－・・・　・・・・－　－－・・・
4　・・－　－　－・－－　・・－・　・－－・　・－－　・－・　－－・　－・・・　・・・－－　－－・・・

（注）モールス符号の点，線の長さ及び間隔は，簡略化してある．

解説 1～4の選択肢のうち，異なる箇所を比較します．5番目のP（・－－・），8番目のG（－－・），10番目の3（・・・－－）がいずれも正しいのは，4です．

答え▶▶▶4

6章 業務書類等

この章から **0〜1** 問出題

無線局には「無線局免許状」「無線局の免許申請書の写し」「無線業務日誌」などの書類や時計の備付けが必要ですが，それらの一部を省略できる無線局もあります．無線局に備え付ける必要のある，時計，業務用書類等について学びます．

6.1 備付けを要する業務書類等

電波法　第60条（時計，業務書類等の備付け）

無線局には，正確な時計及び無線業務日誌その他総務省令で定める書類を備え付けておかなければならない．ただし，総務省令で定める無線局については，これらの全部又は一部の備付けを省略することができる．

アマチュア局に備え付けておかなければならないのは「免許状」のみで，「無線業務日誌」の備付けは省略することができます．

6.1.1 時計

通信や放送においては，正確な時刻を知ることは必要不可欠です．そのため，無線局には正確に時を刻む時計を備え付けておかねばなりません．

無線局運用規則　第3条（時計）

電波法第60条の時計は，その時刻を毎日1回以上中央標準時又は協定世界時に照合しておかなければならない．

関連知識　協定世界時（UTC）

UTC（Coordinated Universal Time）（英語名の頭文字を並べると文字の順番が合いません．世界時UTに合わせたという説もあるようです）．

時間のものさしは国際原子時によって得られますが，うるう秒を入れて世界時から離れないようにしたもので，民間の時計の基礎となっています（詳しくはp.440のコラムを参照）．

6.1.2 業務書類

電波法第60条の規定により備え付けておかねばならない書類は，電波法施行規則第38条第1項で定められています．無線局の種別ごとに違いがありますが，アマチュア局に備え付けておかなければならない書類は，「**免許状**」です．

なお，人工衛星に開設するアマチュア局及び人工衛星に開設するアマチュア局の無線設備を遠隔操作するアマチュア局の場合，以下の書類も備え付けておかなければなりません．

(1) 無線局の免許の申請書の添付書類の写し（再免許を受けた無線局にあっては，最近の再免許の申請に係るもの）

(2) 無線局免許手続規則第 12 条の変更の申請書の添付書類及び届出書の添付書類の写し（再免許を受けた無線局にあっては，最近の再免許後における変更に係るもの）

平成 30 年 3 月 1 日から免許状の掲示義務（船舶局，無線航行移動局又は船舶地球局を除く）は廃止され，「無線設備の常置場所に免許状を備え付けなければならない」となりました．また，証票は廃止になりました．

6.2 無線局検査結果通知書

総務大臣又は総合通信局長は，落成検査，変更検査，定期検査又は臨時検査の結果に関する事項を「無線局検査結果通知書」により免許人等又は予備免許を受けた者に通知します．

電波法施行規則　第 39 条（無線局検査結果通知書等）〈一部改変〉

総務大臣又は総合通信局長は，落成検査，変更検査，定期検査又は臨時検査の結果に関する事項を所定の様式の無線局検査結果通知書により免許人等又は予備免許を受けた者に通知するものとする．

2　電波法第 73 条第 3 項の規定により検査を省略したときは，その旨を所定の様式の無線局検査省略通知書により免許人に通知するものとする．

3　免許人等は，検査の結果について総務大臣又は総合通信局長から指示を受け相当な措置をしたときは，**速やかにその措置の内容を総務大臣又は総合通信局長に報告**しなければならない．

問題 1 ★★★ ➡6.2

アマチュア局の免許人が無線局の検査の結果について総務大臣又は総合通信局長（沖縄総合通信事務所長を含む．）から指示を受けた場合の措置に関する次の記述のうち，電波法施行規則（第 39 条）の規定に照らし，この規定に定めるところに適合するものはどれか．下の 1 から 4 までのうちから一つ選べ．

1 免許人は，検査の結果について総務大臣又は総合通信局長から指示を受け相当な措置をしたときは，速やかに電波法第24条の2（検査等事業者の登録）第1項の登録を受けた者が総務省令で定めるところにより行う点検を受けなければならない．
2 免許人は，検査の結果について総務大臣又は総合通信局長から指示を受け相当な措置をしたときは，速やかにその措置の内容を総務大臣又は総合通信局長に報告しなければならない．
3 免許人は，検査の結果について総務大臣又は総合通信局長から指示を受け相当な措置をしたときは，その措置の内容を無線局事項書及び工事設計書の写しの備考の欄に記載しなければならない．
4 免許人は，検査の結果について総務大臣又は総合通信局長から指示を受け相当な措置をしたときは，その措置の内容を無線局検査結果通知書の備考の欄に記載しなければならない．

答え▶▶▶2

Column 天文秒から原子秒へ（世界時UTと協定世界時UTC）

地球の自転から定義される1秒の単位は1平均太陽日の1/86 400です．

世界時UTには次に示すUT0～UT2の三つのUTがあります．

UT0：天文台が恒星の子午線通過を観測することで直接測定

UT1：UT0を地軸のぶれを考慮して補正したもの

UT2：UT1を地球の自転速度の季節変動に関して補正したもの

UTは時刻としては重要ですが，地球の様々な影響をうけるため，科学技術の発達につれて不便になってきました．そこで，1967年に秒の定義が変更になり，「セシウム133原子の基底状態の2つの超微細構造間の遷移における放射の9 192 631 770周期の継続時間」とされました．現在，原子時には，「国際原子時TAI」と「協定世界時UTC」の2種類があります．

原子時は世界時と比較すると非常に正確です．原子時にうるう秒を挿入して，世界時UT1に0.9秒以内に合わせ日常生活に用いるようにしたのが，協定世界時UTCです．

7章 監督等

この章から 4～5 問出題

監督には，公益上必要な監督（電波の規整），不適法運用等の監督（電波の規正），無線局の検査などの一般的な監督の 3 種類があり，電波法令違反者に対しては罰則があります．

7.1 監督の種類

ここでいう監督は，国が電波法令に掲載されている事項を達成するために，電波の規整，検査や点検，違法行為の予防，摘発，排除及び制裁などの権限を有するものです．また，免許人や無線従事者はこれらの命令に従わなければなりません．監督には**表 7.1** に示すような，「公益上必要な監督」「不適法運用等の監督」「一般的な監督」の 3 種類があります．

■表 7.1　監督の種類

	監督の種類	内　容
①	公益上必要な監督	電波の利用秩序の維持など公益上必要がある場合，「周波数若しくは空中線電力又は人工衛星局の無線設備の設置場所」の変更を命じる．非常の場合の無線通信を行わせる．（電波の規整）
②	不適法運用等の監督	「技術基準適合命令」，「臨時の電波発射停止」，「無線局の免許内容制限，運用停止及び免許取消し」，「無線従事者免許取消し」「免許を要しない無線局及び受信設備に対する電波障害除去の措置命令」などを行う．（電波の規正）
③	一般的な監督（電波法令の施行を確保するための監督）	無線局の検査，報告，電波監視などを実施する．

※上記①は免許人の責任となる事由のない場合，②は免許人の責任となる事由がある場合です．

監督には，「公益上必要な監督」「不適法運用等の監督」「一般的な監督」の 3 種類があります．

7.2 公益上必要な監督

7.2.1 周波数等の変更

電波法 第71条（周波数等の変更）第1項

総務大臣は，電波の規整その他公益上必要があるときは，無線局の目的の遂行に支障を及ぼさない範囲内に限り，当該無線局（登録局を除く.）の周波数若しくは空中線電力の指定を変更し，又は登録局の周波数若しくは空中線電力若しくは人工衛星局の無線設備の設置場所の変更を命ずることができる.

ただし，「電波の型式」，「識別信号」，「運用許容時間」などは，総務大臣の変更命令により変更することは許されていません.

7.2.2 非常の場合の無線通信

電波法 第74条（非常の場合の無線通信）

総務大臣は，地震，台風，洪水，津波，雪害，火災，暴動その他非常の事態が**発生し，又は発生するおそれがある**場合においては，**人命の救助，災害の救援，交通通信の確保又は秩序の維持**のために必要な通信を**無線局に行わせる**ことができる.

2　総務大臣が前項の規定により**無線局**に通信を行わせたときは，国は，その通信に要した実費を弁償しなければならない.

電波法 第74条の2（非常の場合の通信体制の整備）

総務大臣は，前条第1項に規定する通信の円滑な実施を確保するため必要な体制を整備するため，非常の場合における**通信計画の作成，通信訓練の実施その他の**必要な措置を講じておかなければならない.

2　総務大臣は，前項に規定する措置を講じようとするときは，免許人等の協力を求めることができる.

「非常の場合の無線通信」と「非常通信」は似ていますが，「非常の場合の無線通信」は総務大臣の命令で通信を無線局に行わせることに対し，「非常通信」は無線局の免許人の判断で行うものです．混同しないようにしよう.

問題 1 ★★★ ➡7.2.2

次の記述は，非常の場合の無線通信について述べたものである．電波法（第 74 条，第 74 条の 2 及び第 110 条）の規定に照らし，[　　]内に入れるべき最も適切な字句を下の 1 から 10 までのうちからそれぞれ一つ選べ．

① 総務大臣は，地震，台風，洪水，津波，雪害，火災，暴動その他非常の事態が[ア]場合においては，人命の救助，災害の救援，[イ]のために必要な通信を無線局に[ウ]ことができる．

② 総務大臣は，①に規定する通信の円滑な実施を確保するため必要な体制を整備するため，非常の場合における[エ]必要な措置を講じておかなければならない．

③ ①の規定による処分に違反した者は，1 年以下の懲役又は[オ]以下の罰金に処する．

1 発生した　　2 発生し，又は発生するおそれがある
3 治安の維持又は電気通信の確保　　4 交通通信の確保又は秩序の維持
5 通信計画の作成，通信訓練の実施その他の
6 関係行政機関相互の連絡体制の整備その他の　　7 50 万円　　8 100 万円
9 行わせる　　10 行うよう要請する

答え▶▶▶ア－2，イ－4，ウ－9，エ－5，オ－8

出題傾向 下線の部分を穴埋めにした問題も出題されています．

7.3 不適法運用等の監督

7.3.1 技術基準適合命令

技術基準適合命令は，平成 23 年 3 月から施行された制度です．無線局の無線設備は所定の技術基準に適合しているべきものですが，技術基準に適合しない事態が発生した場合，「電波の発射停止命令」は過大すぎて不適当な部分もあります．そこで，「技術基準適合命令」で免許人に必要な措置をとるよう求めることができるようにしたものです．

電波法 第 71 条の 5（技術基準適合命令）

総務大臣は，無線設備が電波法第 3 章に定める技術基準に適合していないと認めるときは，当該無線設備を使用する無線局の免許人等に対し，その**技術基準に適合するように当該無線設備の修理その他の必要な措置をとるべきことを命ずる**ことができる．

7.3.2 電波の発射の停止

電波法 第 72 条（電波の発射の停止）

総務大臣は，無線局の発射する電波の質が電波法第 28 条の総務省令で定めるものに適合していないと認めるときは，当該無線局に対して**臨時に**電波の発射の停止を命ずることができる．

電波の質とは，周波数の偏差，周波数の幅，高調波の強度等をいいます．

2 総務大臣は，臨時に電波の発射の停止の命令を受けた無線局からその発射する電波の質が電波法第 28 条の総務省令の定めるものに適合するに至った旨の申出を受けたときは，その**無線局に電波を試験的に発射**させなければならない．

3 総務大臣は，第 2 項の規定により発射する電波の質が電波法第 28 条の総務省令で定めるものに適合しているときは，直ちに**第 1 項の停止を解除**しなければならない．

電波法第 28 条で「送信設備に使用する電波の周波数の偏差及び幅，高調波の強度等電波の質は，総務省令で定めるところに適合するものでなければならない．」と規定されています．

7.3.3 無線局の免許の取消し等

電波法 第 76 条（無線局の免許の取消し等）第 1 項

総務大臣は，免許人等が電波法，放送法若しくはこれらの法律に基づく命令又はこれらに基づく処分に違反したときは，3 箇月以内の期間を定めて**無線局の運用の停止**を命じ，又は期間を定めて**運用許容時間**，**周波数若しくは空中線電力**を制限することができる．

電波法 第 76 条（無線局の免許の取消し等）第 4 項〈抜粋〉

4 総務大臣は，免許人（包括免許人を除く．）が次のいずれかに該当するときは，その免許を取り消すことができる．

(1) 正当な理由がないのに，無線局の運用を引き続き 6 箇月以上休止したとき

周波数は有限で貴重なものなので，能率的な利用が求められます．無線局の免許を得ても長く運用を休止しているということは，その無線局自体が不要であり，貴重な周波数の無駄使いとされ，免許の取消しの対象になっても当然といえます．

(2) 不正な手段により無線局の免許若しくは電波法第 17 条の許可を受け，又は電波法第 19 条の規定による指定の変更を行わせたとき

電波法第 19 条の規定による指定の変更とは「識別信号，電波の型式，周波数，空中線電力又は運用許容時間の変更」です．

(3) **電波法第 76 条第 1 項の規定による命令又は制限**に従わないとき

(4) 免許人が電波法第 5 条第 3 項（1）に該当するに至ったとき

電波法第 5 条第 3 項（1）とは「電波法又は放送法に規定する罪を犯し，罰金以上の刑に処せられ，その執行を終わり，又はその執行を受けることがなくなった日から 2 年を経過しない者」です．

7.3.4 無線従事者の免許の取消し等

無線従事者は総務大臣の免許を受けた者なので，電波法令を遵守しなければなりません．また，主任無線従事者に選任されている場合は，無資格者に無線設備の操作をさせることになりますので，より一層電波法令の遵守が求められます．無線従事者は法令違反したときは罰せられます．

電波法 第 79 条（無線従事者の免許の取消し等）第 1 項〈一部改変〉

総務大臣は，無線従事者が次の（1）～(3) の 1 つに該当するときは，その免許を取り消し，又は 3 箇月以内の期間を定めてその**業務に従事することを停止**することができる．

(1) 電波法若しくは電波法に基づく命令又はこれらに基づく処分に違反したとき

(2) **不正な手段により免許を受けた**とき

(3) 著しく心身に欠陥があって無線従事者たるに適しない者となったとき

7.3.5 無線局の免許が効力を失ったときの措置

無線局の免許等がその効力を失った後，その無線局を運用すると無線局の不法開設となり，1年以下の懲役又は100万円以下の罰金に処せられます．免許が効力を失ったときは空中線を撤去し，免許状を返納しなければなりません．返納しない場合は30万円以下の過料とされています．

電波法 第78条（電波の発射の防止）

無線局の免許等がその効力を失ったときは，免許人等であった者は，**遅滞なく空中線の撤去**その他の総務省令で定める電波の発射を防止するために必要な措置を講じなければならない．

電波法第78条の総務省令で定める電波の発射を防止するために必要な措置の例として，「人工衛星局その他の宇宙局の無線設備は遠隔指令の送信ができないように措置を講じること」などがあります．

電波法 第22条（無線局の廃止）

免許人は，その無線局を**廃止する**ときは，その旨を**総務大臣に届け出**なければならない．

電波法 第23条（無線局の廃止）

免許人が無線局を廃止したときは，免許は，その効力を失う．

電波法 第24条（免許状の返納）

免許がその効力を失ったときは，免許人であった者は，**1箇月以内**にその免許状を**返納**しなければならない．

7.3.6 免許を必要としない無線局の監督

免許を必要としない無線局や受信設備であっても，無線設備から発する微弱な電波や受信設備から副次的に発する電波もしくは高周波電流により他の無線設備に妨害を与えることがあります．そのため，電波法第82条で「総務大臣は，その設備の所有者又は占有者に対し，その障害を除去するために必要な措置をとるべきことを命ずることができる.」とされています．

電波法 第82条（免許等を要しない無線局及び受信設備に対する監督）第1～2項

総務大臣は，「免許等を要しない無線局」の無線設備の発する電波又は受信設備が副次的に発する電波若しくは高周波電流が他の無線設備の機能に**継続的かつ重大**な障害を与えるときは，その設備の**所有者又は占有者**に対し，その障害を**除去**するために必要な措置をとるべきことを命ずることができる．

2　総務大臣は，免許等を要しない無線局の無線設備について又は**放送の受信を目的とする受信設備以外の受信設備**について前項の措置をとるべきことを命じた場合において特に必要があると認めるときは，その職員を当該設備のある場所に派遣し，その設備を**検査**させることができる．

問題 2 ★★★ ➡7.3.1

アマチュア無線局の無線設備が技術基準に適合していないと認める場合に総務大臣が講じる措置に関する記述として，電波法（第71条の5）の規定に適合するものはどれか．下の1から4までのうちから一つ選べ．

1　総務大臣は，無線設備が電波法第3章（無線設備）に定める技術基準に適合していないと認めるときは，当該無線設備を使用する無線局の免許人に対し，その技術基準に適合するように当該無線設備の修理その他の必要な措置をとるべきことを命ずることができる．

2　総務大臣は，無線設備が電波法第3章（無線設備）に定める技術基準に適合していないと認めるときは，電波法第24条の2（検査等事業者の登録）第1項の登録を受けた者を当該無線設備を使用する無線局に派遣し，当該無線設備を検査をさせることができる．

3　総務大臣は，無線設備が電波法第3章（無線設備）に定める技術基準に適合していないと認めるときは，当該無線設備を使用する無線局の免許人に対し，無線局の運用の停止を命じなければならない．

4　総務大臣は，無線設備が電波法第3章（無線設備）に定める技術基準に適合していないと認めるときは，当該無線設備を使用する無線局の周波数又は空中線電力の指定を変更しなければならない．

答え▶▶▶1

問題 3 ★★★ ➡7.3.2

次の記述は，電波の発射の停止について述べたものである．電波法（第 72 条）の規定に照らし，[　　]内に入れるべき最も適切な字句の組合せを下の 1 から 4 までのうちから一つ選べ．

① 総務大臣は，無線局の発射する電波の質が電波法第 28 条の総務省令で定めるものに適合していないと認めるときは，当該無線局に対して[A]電波の発射の停止を命ずることができる．

② 総務大臣は，①の命令を受けた無線局からその発射する電波の質が電波法第 28 条の総務省令の定めるものに適合するに至った旨の申出を受けたときは，[B]させなければならない．

③ 総務大臣は，②の規定により発射する電波の質が電波法第 28 条の総務省令で定めるものに適合しているときは，直ちに[C]しなければならない．

	A	B	C
1	期間を定めて	その電波の質の測定結果を報告	①の停止を解除
2	期間を定めて	その無線局に電波を試験的に発射	その旨を当該無線局に通知
3	臨時に	その無線局に電波を試験的に発射	①の停止を解除
4	臨時に	その電波の質の測定結果を報告	その旨を当該無線局に通知

答え▶▶▶3

問題 4 ★★★ ➡7.3.3

次の記述は，アマチュア無線局の免許の取消し等について述べたものである．電波法（第 76 条）の規定に照らし，[　　]内に入れるべき最も適切な字句の組合せを下の 1 から 4 までのうちから一つ選べ．

① 総務大臣は，免許人が電波法，放送法若しくはこれらの法律に基づく命令又はこれらに基づく処分に違反したときは，3 月以内の期間を定めて[A]を命じ，又は期間を定めて[B]を制限することができる．

② 総務大臣は，免許人が次の（1）から（4）までのいずれかに該当するときは，その免許を取り消すことができる．

(1) 正当な理由がないのに，無線局の運用を引き続き 6 月以上休止したとき．

(2) 不正な手段により無線局の免許若しくは電波法第 17 条（変更等の許可）の許可を受け，又は同法第 19 条（申請による周波数等の変更）の規定による指定の変更を行わせたとき．

(3) ①の命令又は制限に従わないとき．

(4) 電波法又は放送法に規定する罪を犯し罰金以上の刑に処せられ，その執行を終わり，又はその執行を受けることがなくなった日から［ C ］を経過しない者に該当するに至ったとき．

	A	B	C
1	空中線の撤去	電波の型式若しくは周波数	2 年
2	空中線の撤去	運用許容時間，周波数若しくは空中線電力	3 年
3	無線局の運用の停止	運用許容時間，周波数若しくは空中線電力	2 年
4	無線局の運用の停止	電波の型式若しくは周波数	3 年

答え▶▶▶ 3

下線の部分を穴埋めにした問題も出題されています．

問題 5 ★★★ ➡7.3.3

無線局の免許人が電波法，放送法若しくはこれらの法律に基づく命令又はこれらに基づく処分に違反したときに，総務大臣が行うことができる命令又は制限に関する次の記述のうち，電波法（第 76 条）の規定に照らし，この規定に定めるところに適合しないものはどれか．下の 1 から 4 までのうちから一つ選べ．

1 総務大臣は，期間を定めて無線局の運用許容時間を制限することができる．
2 総務大臣は，期間を定めて無線局の電波の型式を制限することができる．
3 総務大臣は，期間を定めて無線局の周波数を制限することができる．
4 総務大臣は，期間を定めて無線局の空中線電力を制限することができる．

解説 無線局の免許人が電波法，放送法若しくはこれらの法律に基づく命令又はこれらに基づく処分に違反したときに，総務大臣が期間を定めて制限できるのは，3 箇月以内の運用停止，**運用許容時間**，**周波数**若しくは**空中線電力**であり，電波の型式を制限することはできません．

答え▶▶▶ 2

問題 6 ★★★ ➡7.3.4

次の記述は，無線従事者の免許の取消し等について述べたものである．電波法（第79条）の規定に照らし，[ ]内に入れるべき最も適切な字句の組合せを下の1から4までのうちから一つ選べ．

総務大臣は，無線従事者が次の（1）から（3）までのいずれかに該当するときは，その免許を取り消し，又は3箇月以内の期限を定めてその[A]することができる．

(1) 電波法若しくは電波法に基づく命令又はこれらに基づく処分に違反したとき．
(2) [B]とき．
(3) 著しく心身に欠陥があって無線従事者たるに適しない者に該当するに至ったとき．

	A	B
1	無線設備の操作の範囲を制限	日本の国籍を失った
2	無線設備の操作の範囲を制限	不正な手段により免許を受けた
3	業務に従事することを停止	日本の国籍を失った
4	業務に従事することを停止	不正な手段により免許を受けた

答え▶▶▶4

問題 7 ★★ ➡7.3.4

無線従事者が電波法に違反した場合に総務大臣が行うことができる処分に関する次の記述のうち，電波法（第79条）の規定に照らし，この規定に定めるところに適合するものはどれか．下の1から4までのうちから一つ選べ．

1 総務大臣は，無線従事者が電波法に違反したときは，期間を定めて他の資格の無線従事者国家試験を受けさせないことができる．
2 総務大臣は，無線従事者が電波法に違反したときは，当該無線従事者が従事する無線局の運用の停止を命ずることができる．
3 総務大臣は，無線従事者が電波法に違反したときは，その免許を取り消すことができる．
4 総務大臣は，無線従事者が電波法に違反したときは，期間を定めて無線設備の操作範囲を制限することができる．

解説 総務大臣ができる処分は「**免許の取消し**」又は「業務に従事することの停止（3か月以内）」です．

答え▶▶▶3

問題 8 ★★★ ➡7.3.5

次の記述は，アマチュア無線局の廃止等について述べたものである．電波法（第22条から第24条まで，第78条及び第113条）の規定に照らし，［　　］内に入れるべき最も適切な字句を下の1から10までのうちからそれぞれ一つ選べ．

① 免許人は，その無線局を［ア］ときは，その旨を総務大臣に届け出なければならない．

② 免許人が無線局を廃止したときは，免許は，その効力を失う．

③ 無線局の免許がその効力を失ったときは，免許人であった者は，［イ］その免許状を［ウ］しなければならない．

④ 無線局の免許がその効力を失ったときは，免許人であった者は，［エ］空中線の撤去その他の総務省令で定める電波の発射を防止するために必要な措置を講じなければならない．

⑤ ④に違反した者は，［オ］以下の罰金に処する．

1 廃止した	2 遅滞なく	3 10日以内に	4 30万円
5 廃棄	6 廃止する	7 1箇月以内に	8 2週間以内に
9 50万円	10 返納		

答え▶▶▶ア－6，イ－7，ウ－10，エ－2，オ－4

出題傾向 下線の部分を穴埋めにした問題も出題されています．

問題 9 ★★★ ➡7.3.6

次の記述は，免許等を要しない無線局及び受信設備に対する監督について述べたものである．電波法（第82条）の規定に照らし，［　　］内に入れるべき最も適切な字句を下の1から10までのうちからそれぞれ一つ選べ．

① 総務大臣は，電波法第4条（無線局の開設）第1号から第3号までに掲げる無線局（以下「免許等を要しない無線局」という．）の無線設備の発する電波又は受信設備が副次的に発する電波若しくは高周波電流が他の無線設備の機能に［ア］な障害を与えるときは，その設備の［イ］に対し，その障害を［ウ］するために必要な措置をとるべきことを命ずることができる．

② 総務大臣は，免許等を要しない無線局の無線設備について又は放送の受信を目的とする［エ］について①の措置をとるべきことを命じた場合において特に必要があると認めるときは，その職員を当該設備のある場所に派遣し，その設備を［オ］させることができる．

1 重大	2 所有者又は占有者	3 実地に調査	
4 受信設備以外の受信設備	5 検査	6 継続的かつ重大	
7 施設者又は利用者	8 除去	9 受信設備	10 撤去

答え▶▶▶アー6，イー2，ウー8，エー4，オー5

7.4 一般的な監督（無線局の検査）

監督で扱う検査は，「定期検査」と「臨時検査」です．

無線局に対する検査には，「新設検査」「変更検査」「定期検査」「臨時検査」の他に「免許を要しない無線局の検査」があります．「新設検査」と「変更検査」は2章の無線局の免許に関することに該当しますので，ここでは，「定期検査」と「臨時検査」について述べることにします．

7.4.1 定期検査

無線設備は時間の経過とともに劣化します．そのため，無線局が免許を受けたときの状態が，その後も維持されているかどうかを点検するために行われるのが定期検査です．アマチュア局や簡易無線局のように定期検査を実施しない無線局もあります．

定期検査では，以下の項目を検査します．

- 無線従事者の資格及び員数
- 無線設備
- 時計及び書類

検査の結果について，総務大臣又は総合通信局長から指示を受け相当な措置をしたときは，免許人等は速やかにその措置の内容を総務大臣又は総合通信局長に報告しなければなりません．

7.4.2 臨時検査

定期検査は一定の時期ごとに行われる検査ですが，その他に一定の事由がある場合には臨時に検査が行われることがあります．

電波法 第73条（検査）第5項

総務大臣は，**電波法第71条の5**（技術基準適合命令）**の無線設備の修理その他の必要な措置をとるべきことを命じたとき，電波法第72条第1項の電波の発射の停止を命じたとき**，電波法第72条第2項の申出があったとき，無線局のある船舶又は航空機が外国へ出港しようとするとき，その他**この法律の施行を確保するため特に必要があるとき**は，**その職員**を無線局に派遣し，その無線設備等を検査させることができる．

定期検査と臨時検査の区別を明確にしましょう．

7.4.3 報告

遭難通信や非常通信を行ったとき，又は電波法令に違反して運用している無線局を認めた場合などは，速やかに文書で総務大臣に報告しなければなりません．電波法令に違反して運用している無線局を認めた場合の報告は，広く免許人等の協力により電波行政の目的を達成しようとするものです．

電波法 第80条（報告等）

無線局の免許人等は，次の（1）～（3）に掲げる場合は，総務省令で定める手続により，総務大臣に報告しなければならない．

（1）遭難通信，緊急通信，安全通信又は**非常通信**を行ったとき

（2）電波法又は**電波法に基づく命令**の規定に違反して運用した無線局を認めたとき

（3）無線局が外国において，あらかじめ総務大臣が告示した以外の運用の制限をされたとき

電波法 第81条（報告等）

総務大臣は，**無線通信の秩序の維持**その他無線局の**適正な運用を確保するため必要があると認めるとき**は，免許人等に対し，無線局に関し報告を求めることができる．

問題 10 ★★★ ➡7.4.1 ➡7.4.2

アマチュア無線局の検査に関する次の記述のうち，電波法（第73条）の規定に適合しないものはどれか．下の1から4までのうちから一つ選べ．

1　総務大臣は，無線設備が電波法第3章（無線設備）に定める技術基準に適合していないと認めるときは，電波法第24条の2（検査等事業者の登録）第1項の登録を受けた者を無線局に派遣し，その無線設備等(注)を検査させることができる．

（注）無線設備，無線従事者の資格及び員数並びに時計及び書類をいう．（以下2，3及び4において同じ．）

2　総務大臣は，電波法第71条の5（技術基準適合命令）の無線設備の修理その他の必要な措置をとるべきことを命じたときは，その職員を無線局に派遣し，その無線設備等を検査させることができる．

3　総務大臣は，電波法第72条（電波の発射の停止）第1項の電波の発射の停止を命じたときは，その職員を無線局に派遣し，その無線設備等を検査させることができる．

4　総務大臣は，電波法の施行を確保するため特に必要があるときは，その職員を無線局に派遣し，その無線設備等を検査させることができる．

答え▶▶▶1

問題 11 ★★★ ➡7.4.3

総務大臣への報告に関する次の記述のうち，電波法（第80条）の規定に照らし，この規定に定めるところに適合するものはどれか．下の1から4までのうちから一つ選べ．

1　無線局の免許人は，電波法第74条（非常の場合の無線通信）第1項に規定する通信の訓練のために行う通信を行ったときは，総務省令で定める手続により，総務大臣に報告しなければならない．

2　無線局の免許人は，電波法及び電波法に基づく命令の規定に違反して運用した無線局を認めたときは，総務省令で定める手続により，総務大臣に報告しなければならない．

3　無線局の免許人は，人命の救助に関し急を要する通信（非常通信を除く．）を行ったときは，総務省令で定める手続により，総務大臣に報告しなければならない．

4　無線局の免許人は，他人の依頼による通信（非常通信を除く．）を行ったときは，総務省令で定める手続により，総務大臣に報告しなければならない．

解説　選択肢1，3，4の規定はありません．

答え▶▶▶2

問題 12 ★★★ ➡7.4.3

次の記述は，無線局の免許人が行う総務大臣への報告について述べたものである．電波法（第 80 条および第 81 条）の規定に照らし，[　　]内に入れるべき最も適切な字句の組合せを下の 1 から 4 までのうちから一つ選べ．

① 免許人は，次に掲げる場合は，総務省令で定める手続により，総務大臣に報告しなければならない．

(1) [A] を行ったとき．

(2) 電波法又は [B] の規定に違反して運用した無線局を認めたとき．

(3) 無線局が外国において，あらかじめ総務大臣が告示した以外の運用の制限をされたとき．

② 総務大臣は，[C] その他無線局の適正な運用を確保するため必要があると認めるときは，免許人に対し，無線局に関し報告を求めることができる．

	A	B	C
1	非常通信	電気通信事業法	混信の除去
2	非常通信	電波法に基づく命令	無線通信の秩序の維持
3	非常通信又は電波法第 74 条（非常の場合の無線通信）の通信の訓練のために行う通信	電波法に基づく命令	混信の除去
4	非常通信又は電波法第 74 条（非常の場合の無線通信）の通信の訓練のために行う通信	電気通信事業法	無線通信の秩序の維持

答え▶▶▶ 2

下線の部分を穴埋めにした問題も出題されています．

7.5 電波利用料

各種の無線局が適正に管理運用されるためには，無線局に関する情報が行政当局に把握されているとともに，不法無線局，違法な運用をする無線局の取締りが必要となります．これらを実現するためには無線局全体の受益を直接の目的として行う事務に要する経費が必要で，この経費を「電波利用共益費用」と呼んでいます.「電波利用共益費用」は無線局の免許人等が負担することになっており,これが「電波利用料」です.我々が使用している携帯電話も無線局ですので,「電波利用料」の支払いが必要です.

電波利用料の使用用途は次のようなものがあります.

電波法 第103条の2(電波利用料の徴収等)第4項〈抜粋・一部改変〉

(1) 電波の監視及び規正並びに不法に開設された無線局の探査
(2) 総合無線局管理ファイルの作成及び管理
(3) 電波の有効利用技術に関する研究開発など
(4) 電波の人体等への影響に関する調査
(5) 標準電波の発射
など

身近なものでは,電波時計の時刻自動修正に使われる「標準電波の発射」も含まれています.

電波法 第103条の2(電波利用料の徴収等)〈抜粋〉

免許人等は,電波利用料として,無線局の免許等の日から起算して**30日以内**及びその後毎年その免許等の日に応当する日(応当する日がない場合には,その翌日.以下この条において「応当日」という.)から起算して**30日以内**に,当該無線局の免許等の日又は応当日(以下この項において「起算日」という.)から始まる各1年の期間(無線局の免許等の日が2月29日である場合においてその期間がうるう年の前年の3月1日から始まるときは翌年の2月28日までの期間とし,起算日から当該免許等の有効期間の満了の日までの期間が1年に満たない場合にはその期間とする.)について,別表第6に掲げる無線局の区分に従い同表の金額(起算日から当該免許等の有効期間の満了の日までの期間が1年に満たない場合には,その額に当該期間の月数を12で除して得た数を乗じて得た額に相当する金額)を国に納めなければならない.

17 免許人等(包括免許人等を除く.)は,第1項の規定により電波利用料を納めるときには,**その翌年の応当日以後の期間に係る電波利用料を前納**することができる.

42 総務大臣は,電波利用料を納めない者があるときは,督促状によって,期限を指定して督促しなければならない.

関連知識　電波利用料の金額の例（令和 5 年 1 月現在）

空中線電力 10 kW 以上のテレビジョン基幹放送局：596,312,200 円
陸上移動局：400 円
実験等無線局及びアマチュア無線局：300 円

問題 13 ★★ ➡7.5

次の記述は，アマチュア無線局の免許人が国に納めるべき電波利用料について述べたものである．電波法（第 103 条の 2）の規定に照らし，[ ]内に入れるべき最も適切な字句の組合せを下の 1 から 4 までのうちから一つ選べ．なお，同じ記号の[ ]内には，同じ字句が入るものとする．

① 免許人は，電波利用料として，無線局の免許等の日から起算して[A]以内及びその後毎年その応当日[注1]から起算して[A]以内に，当該無線局の免許等の起算日[注2]から始まる各 1 年の期間[注3]について，電波法に定める金額[B]を国に納めなければならない．

（注 1）応当日とは，その無線局の免許の日に応当する日（応当する日がない場合は，その翌日）をいう．
（注 2）起算日とは，その無線局の免許の日又は応当日をいう．
（注 3）無線局の免許の日が 2 月 29 日である場合においてその期間がうるう年の前年の 3 月 1 日から始まるときは翌年の 2 月 28 日までの期間とする．

② 免許人は，①により電波利用料を納めるときには[C]することができる．

	A	B	C
1	3 か月	500 円	その翌年の応当日以後の期間に係る電波利用料を前納
2	3 か月	300 円	当該 1 年の期間に係る電波利用料を 2 回に分割して納入
3	30 日	500 円	当該 1 年の期間に係る電波利用料を 2 回に分割して納入
4	30 日	300 円	その翌年の応当日以後の期間に係る電波利用料を前納

答え ▶▶▶ 4

7.6 罰　則

電波法上の罰則は，「懲役」「禁錮」「罰金」の 3 種類があり，その他に秩序罰としての「過料」があります（過料は刑ではありません）．

「懲役」「禁錮」「罰金」が科せられる場合の主な罰則例を**表 7.2** に示します．

■表 7.2 罰則の具体例

根拠条文	罰則に該当する行為	法定刑
106 条	自己若しくは他人に利益を与え，又は他人に損害を加える目的で，無線設備によって虚偽の通信を発した者	3 年以下の懲役又は 150 万円以下の罰金
108 条の 2	電気通信業務又は放送の業務の用に供する無線局の無線設備又は人命若しくは財産の保護，治安の維持，気象業務，電気事業に係る電気の供給の業務若しくは鉄道事業に係る列車の運行の業務の用に供する無線設備を損壊し，又はこれに物品を接触し，その他その無線設備の機能に障害を与えて無線通信を妨害した者（未遂罪も罰せられる）	5 年以下の懲役又は 250 万円以下の罰金
109 条	無線局の取扱中に係る無線通信の秘密を漏らし，又は窃用した者	1 年以下の懲役又は 50 万円以下の罰金
	無線通信の業務に従事する者がその業務に関し知り得た前項の秘密を漏らし，又は窃用したとき	2 年以下の懲役又は 100 万円以下の罰金
110 条	免許又は登録がないのに，無線局を開設した者	1 年以下の懲役又は 100 万円以下の罰金
	免許状の記載事項違反	

「過料」の例を挙げると，免許状の返納違反（電波法第 24 条）については 30 万円以下の過料（電波法第 116 条 (3)）などがあります．

問題 14 ★★ ➡7.6

次の記述は，無線通信を妨害した者に対する罰則について述べたものである．電波法（第 108 条の 2）の規定に照らし，[　　]内に入れるべき最も適切な字句の組合せを下の 1 から 4 までのうちから一つ選べ．

① 電気通信業務又は放送の業務の用に供する無線局の無線設備又は人命若しくは財産の保護，[A]，気象業務，[B]若しくは鉄道事業に係る列車の運行の業務の用に供する無線設備を損壊し，又はこれに物品を接触し，その他その無線設備の機能に障害を与えて無線通信を妨害した者は，5 年以下の懲役又は[C]の罰金に処する．

② ①の未遂罪は，罰する．

	A	B	C
1	治安の維持	電気事業に係る電気の供給の業務	250 万円以下
2	災害の復旧	電気事業に係る電気の供給の業務	500 万円以下
3	治安の維持	ガス事業に係るガスの供給の業務	500 万円以下
4	災害の復旧	ガス事業に係るガスの供給の業務	250 万円以下

答え▶▶▶ 1

問題 15 ★★★ ➡7.6

次の記述は，虚偽の通信を発した者に対する罰則について述べたものである．電波法（第 106 条）の規定に照らし，[　　]内に入れるべき最も適切な字句の組合せを下の 1 から 4 までのうちから一つ選べ．

[A]，又は他人に損害を加える目的で，[B]虚偽の通信を発した者は，[C]に処する．

	A	B	C
1	自己若しくは他人に利益を与え	無線設備によって	3 年以下の懲役又は 150 万円以下の罰金
2	自己若しくは他人に利益を与え	故意に	5 年以下の懲役又は 250 万円以下の罰金
3	自己の不正な利益を図り	無線設備によって	5 年以下の懲役又は 250 万円以下の罰金
4	自己の不正な利益を図り	故意に	3 年以下の懲役又は 150 万円以下の罰金

答え▶▶▶ 1

Column 「罰金」と「科料」と「過料」

罰金：財産を強制的に徴収するもので，その金額は 10 000 円以上です．刑事罰で前科になります．駐車違反などで徴収される反則金は罰金ではありません．

科料：財産を強制的に徴収するもので，その金額は 1 000 円以上，10 000 円未満です．軽犯罪法違反など，軽い罪について科料の定めがあります．

過料：行政上の金銭的な制裁で刑罰ではありません．「タバコのポイ捨て禁止条例」などに違反したような場合に過料が課されることがあります．

8章 国際法規

この章から **5** 問出題

電気通信に関する事柄を扱う国際機関は，国際電気通信連合です．その基本文書に，「国際電気通信連合憲章」「国際電気通信連合条約」，業務規則である「無線通信規則」「国際電気通信規則」がありますが，試験では「国際電気通信連合憲章」及び「無線通信規則」の一部が出題されています．

8.1 国際電気通信連合憲章と附属書

電気通信に関する事柄を扱う国際機関が，国際電気通信連合です．その基本文書に，「国際電気通信連合憲章」があり，それを補足するのが「国際電気通信連合条約」です．これらは，国際電気通信の基本事項を規定しています．詳細は，業務規則である「国際電気通信規則」と「無線通信規則」で規定しています．無線通信規則は，陸上，海上，航空，宇宙，放送分野における無線通信業務（周波数の分配と割当て，無線設備の技術基準，無線従事者の資格証明など）を詳細に規定しています．

8.1.1 国際電気通信連合憲章

国際電気通信連合の組織及びその運営並びに通常は改正の対象にならない電気通信に係る基本的事項を規定する文書です．

国際電気通信連合憲章　第37条（電気通信の秘密）

1　構成国は，**国際通信**の秘密を確保するため，**使用される電気通信のシステムに適合するすべての可能な措置**をとることを約束する．

8.1.2 国際電気通信連合憲章附属書

国際電気通信連合憲章，国際電気通信連合条約及び業務規則で使用される用語の定義が書かれています．

国際電気通信連合憲章　附属書1003（有害な混信）

無線航行業務その他の安全業務の**運用を妨害**し，又は**無線通信規則**に従って行う**無線通信業務**の運用に重大な悪影響を与え，若しくはこれを**反覆的に中断し**若しくは妨害する混信

問題 1 ★★★ ➡8.1.1

次の記述は，電気通信の秘密について述べたものである．国際電気通信連合憲章（第 37 条）の規定に照らし，□内に入れるべき最も適切な字句を下の 1 から 4 までのうちから一つ選べ．

構成国は，国際通信の秘密を確保するため，□をとることを約束する．

1 使用される無線通信のシステムを改善する措置
2 電波の監視の強化等無線通信の秩序の維持に必要な措置
3 使用される電気通信のシステムに適合するすべての可能な措置
4 電気通信回線設備の技術開発に関する勧告を踏まえ，最新の技術を導入する措置

答え▶▶▶3

問題 2 ★★★ ➡8.1.2

次の記述のうち,「有害な混信」の定義として，国際電気通信連合憲章附属書（第 1003 号）の規定に適合するものはどれか．下の 1 から 4 までのうちから一つ選べ．

1 「有害な混信」とは，国際電気通信業務の運用を妨害し，又は無線通信規則に従って行う無線通信業務の運用に影響を与え許容し得る混信のレベルを超える混信をいう．
2 「有害な混信」とは，無線航行業務の運用を妨害し，又は主管庁が定める規則に従って行う無線通信業務の運用に影響を与える許容し得る混信のレベルを超える混信をいう．
3 「有害な混信」とは，国際電気通信業務の運用を妨害し，又は主管庁が定める規則に従って行う無線通信業務の運用に悪影響を与え，若しくはこれを反復的に中断し若しくは妨害する混信をいう．
4 「有害な混信」とは，無線航行業務その他の安全業務の運用を妨害し，又は無線通信規則に従って行う無線通信業務の運用に重大な悪影響を与え，若しくはこれを反復的に中断し若しくは妨害する混信をいう．

答え▶▶▶4

出題傾向 穴埋めの問題も出題されていますので，8.1.2 の太字部分を覚えておきましょう．

8.2 無線通信規則

「無線通信に関する用語の定義」「周波数の分配，割当て」「混信の防止」「無線設備の技術基準」「無線局の管理」「無線局の運用」「無線従事者の資格証明」などを規定する文書が「無線通信規則」です．

無線通信規則で主に出題されるのは，第 1，3，5，15，17，18，19，25 条です．

8.2.1 用語及び定義

無線通信規則 第 1 条〈抜粋〉

・標準周波数報時業務：一般的受信のため，公表された高い精度の特定周波数，報時信号又はこれらの双方の発射を行う科学，技術その他の目的のための無線通信業務．(1.53)

・アマチュア業務：アマチュア，すなわち，金銭上の利益のためではなく，専ら個人的に無線技術に興味をもち，正当に許可された者が行う自己訓練，通信及び技術研究のための無線通信業務．(1.56)

・アマチュア衛星業務：アマチュア業務の目的と同一の目的で地球衛星上の宇宙局を使用する無線通信業務．(1.57)

・無線通信業務：特定の目的の電気通信のための電波の送信，発射又は受信による業務で，無線通信規則第 1 条第 3 節（無線業務）で定義するもの（無線通信規則では，無線通信業務とは，特に示さない限り，地上無線通信業務をいう）．(1.19)

・宇宙局：地球の大気圏の主要部分の外にあり，又はその外に出ることを目的とし，若しくはその外にあった物体上にある局．(1.64)

8.2.2 局の技術特性

無線通信規則 第 3 条〈抜粋〉

・局において使用する装置の選択及び動作並びにそのすべての発射は，無線通信規則に適合しなければならない．(3.1)

- 局において使用する装置は，ITU-R の関係勧告に従い，周波数スペクトルを最も効率的に使用することが可能となる信号処理方式をできる限り使用するものとする．この方式としては，とりわけ，一部の周波数帯幅拡張技術が挙げられ，特に，振幅変調方式においては，単側波帯技術の使用が挙げられる． (3.4)
- 送信局は，付録第 2 号に定める周波数許容偏差に従わなければならない． (3.5)
- 送信局は，一部の業務及び発射の種別に関して無線通信規則に定める帯域外発射の許容しうる最大電力レベルに従わなければならない． (3.6)
- 周波数許容偏差及び不要発射レベルを技術の現状及び業務の性質によって可能な最小の範囲に維持するよう努力するものとする． (3.8)
- 発射の周波数帯幅は，スペクトルを最も効率的に使用しうるようなものでなければならない．このためには，一般には周波数帯幅を技術の現状及び業務の性質によって可能な最小の値に維持することが必要である． (3.9)
- 受信局は，関係の発射種別に適した技術特性を有する装置を使用するものとする．特に選択度特性は，発射の周波数帯幅に関する無線通信規則の規定に留意して，適当なものを採用するものとする． (3.12)
- 受信機の動作特性は，その受信機が，そこから適当な距離にあり，かつ，無線通信規則に従って運用している送信機から**混信を受けることがないようなものを採用する**ものとする． (3.13)

8.2.3 周波数の分配

無線通信規則 第 5 条〈抜粋〉

- 周波数の分配のため，世界を三つの地域に区分する． (5.2)

第 1 ～第 3 地域までのすべての地域でアマチュア業務に分配されているのは，**表 8.1** の周波数です．

■表 8.1 アマチュア業務に分配されている周波数帯（抜粋）

<table>
<tr><th>第 1 地域</th><th>第 2 地域</th><th>第 3 地域</th></tr>
<tr><td>1 810～1 850 kHz</td><td>1 800～2 000 kHz</td><td>1 800～2 000 kHz</td></tr>
<tr><td>3 500～3 800 kHz</td><td>3 500～4 000 kHz</td><td>3 500～3 900 kHz</td></tr>
<tr><td>7 000～7 200 kHz</td><td>7 000～7 300 kHz</td><td>7 000～7 200 kHz</td></tr>
<tr><td colspan="3">10 100～10 150 kHz</td></tr>
<tr><td colspan="3">14 000～14 350 kHz</td></tr>
<tr><td colspan="3">18 068～18 168 kHz</td></tr>
<tr><td colspan="3">21 000～21 450 kHz</td></tr>
<tr><td colspan="3">24 890～24 990 kHz</td></tr>
<tr><td colspan="3">28～29.7 MHz</td></tr>
<tr><td></td><td>50～54 MHz</td><td>50～54 MHz</td></tr>
<tr><td>144～146 MHz</td><td>144～148 MHz</td><td>144～148 MHz</td></tr>
<tr><td colspan="3">430～440 MHz</td></tr>
<tr><td colspan="3">1 260～1 300 MHz</td></tr>
</table>

8.2.4 混信

無線通信規則 第 15 条〈抜粋〉

- すべての局は，**不要な伝送**，過剰な信号の伝送，**虚偽の若しくは紛らわしい信号の伝送**，識別表示のない信号の伝送を禁止する． (15.1)
- 送信局は，業務を満足に行うために必要な最小限の電力を輻射するものとする． (15.2)
- 混信を回避するために，送信局の**位置**及び，業務の性質上可能な場合には，受信局の**位置**は，特に注意して選定しなければならない． (15.4a)
- 不要な方向への輻射又は不要な方向からの受信は，業務の性質上可能な場合には，**指向性アンテナの利点**をできる限り利用して，最小にしなければならない． (15.5b)
- 国際電気通信連合憲章，国際電気通信連合条約又は無線通信規則の違反は，これを認めた管理機関，局又は検査官から各自の主管庁に報告する． (15.19)
- 局が行った重大な違反に関する申入れは，これを認めた主管庁が**この局を管轄する国の主管庁**に行わなければならない． (15.20)

・主管庁は，その権限が及ぶ局によって国際電気通信連合憲章，国際電気通信連合条約又は無線通信規則の違反を行ったことを知った場合には，その事実を確認して**必要な措置をとる**．（15.21）

日本における主管庁は総務省です．

8.2.5 秘密

無線通信規則　第 17 条〈抜粋〉

・主管庁は，国際電気通信連合憲章及び国際電気通信連合条約の関連規定を適用するに当たり，次の事項を**禁止し**，**及び防止**するために必要な措置をとることを約束する．（17.1）

・公衆の一般的利用を目的としていない無線通信を許可なく傍受すること．（17.2a）

・17.2a にいう無線通信の傍受によって得られたすべての種類の情報について，許可なく，その内容若しくは単にその存在を漏らし，又はそれを**公表若しくは利用**すること．（17.3b）

8.2.6 許可書

無線通信規則　第 18 条〈抜粋〉

・送信局は，その属する国の政府が適当な様式で，かつ，**無線通信規則に従って発給する許可書**がなければ，個人又はいかなる団体においても，**設置し**，**又は運用する**ことができない．ただし，無線通信規則に定める例外の場合を除く．（18.1）

・許可書を有する者は，**国際電気通信連合憲章及び国際電気通信連合条約の関連規定**に従い，**電気通信の秘密**を守ることを要する．許可書には，局が受信機を有する場合には，受信することが許可された無線通信以外の通信の傍受を禁止すること及びこのような通信を偶然にも受信した場合には，これを再生し，**第三者**に通知し，又はいかなる目的にも使用してはならず，その存在さえも漏らしてはならないことを明示又は参照の方法により記載していなければならない．（18.4）

8 章

8.2.7　局の識別

無線通信規則　第19条〈抜粋〉

・すべての伝送は，識別信号その他の手段によって識別され得るものでなければならない．（19.1）

・虚偽の，又はまぎらわしい識別表示を使用する伝送は，すべて禁止する．（19.2）

・アマチュア業務においては，すべての伝送は，識別符号を伴うものとする．（19.4）

・識別信号を伴う伝送については，局が容易に識別されるため，各局は，その伝送（試験，調整又は実験のために行うものを含む）中にできる限りしばしばその識別信号を伝送しなければならない．この伝送中，識別信号は，少なくとも1時間ごとになるべく毎時（UTC）の5分前から5分後までの間に伝送しなければならない．ただし，通信の不当な中断を生じさせる場合は，この限りではなく，この場合には，識別表示は，伝送の始めと終わりに示さなければならない．（19.17）

・すべてのアマチュア局は，無線通信規則の付録第42号の国際呼出符字列分配分表に掲げるとおり主管庁に分配された国際符字列に基づく呼出符号を持たなければならない．（19.29）

8.2.8　アマチュア業務

無線通信規則　第25条〈抜粋〉

・異なる国のアマチュア局相互間の無線通信は，関係国の一の主管庁がこの無線通信に反対する旨を通知しない限り，認められる．（25.1）

・異なる国のアマチュア局相互間の伝送は，1.56号に規定されているアマチュア業務の目的及び私的事項に付随する通信に限られなければならない．（25.2）

・異なる国のアマチュア局相互間の伝送は，地上コマンド局とアマチュア衛星業務の宇宙局との間で交わされる制御信号は除き，**意味を隠すために暗号化**されたものであってはならない．（25.2A）

・アマチュア局は，**緊急時及び災害救助時**に限って，**第三者のために国際通信**の伝送を行うことができる．主管庁は，その管轄下にあるアマチュア局への本条項の適用について決定することができる．（25.3）

・主管庁は，アマチュア局の操作を希望する者の運用上及び技術上の資格を検証するために必要と認める措置をとる．（25.6）

・アマチュア局の最大電力は，関係主管庁が定める．　(25.7)
・国際電気通信連合憲章，国際電気通信連合条約及び無線通信規則の**すべて**の一般規定は，アマチュア局に適用する．　(25.8)
・アマチュア局は，その伝送中**短い間隔で**自局の呼出符号を伝送しなければならない．　(25.9)
・主管庁は，**災害救助時**にアマチュア局が準備できるよう，又，通信の必要性を満たせるよう，必要な措置を執ることが奨励される．　(25.9A)
・主管庁は，他の主管庁がアマチュア局を運用する免許を与えた者が，その管轄内に一時的にいる間に，主管庁が課した当該条件又は制限事項に従うことを条件として，アマチュア局を運用する許可を与えるかどうか，決定することができる．　(25.9B)
・アマチュア衛星業務の宇宙局を許可する主管庁は，アマチュア衛星業務の局からの放射に起因する有害な混信を直ちに除外することができることを確保するため，打ち上げ前に十分な地球指令局を設置するよう措置しなければならない．　(25.11)

8
章

問題 3 ★★★　➡8.2.1

用語及び定義に関する次の記述のうち，無線通信規則（第1条）の規定に照らし，この規定に定めるところに適合しないものはどれか．下の1から4までのうちから一つ選べ．

1 「アマチュア業務」とは，アマチュア，すなわち，金銭上の利益のためでなく，専ら個人的に無線技術に興味をもち，正当に許可された者が行う自己訓練，通信及び技術研究のための無線通信業務をいう．
2 「無線通信業務」とは，特定の目的の電気通信のための電波の送信，発射又は受信による業務で，無線通信規則第1条第3節（無線業務）で定義するもの．無線通信規則では，無線通信業務とは，特に示さない限り，地上無線通信業務をいう．
3 「宇宙局」とは，地球の対流圏の主要部分の外にあり，又はその外に出ることを目的とし，若しくはその外にあった物体上にある局をいう．
4 「アマチュア衛星業務」とは，アマチュア業務の目的と同一の目的で地球衛星上の宇宙局を使用する無線通信業務をいう．

解説 3　×　「地球の**対流圏**の主要部分の外」ではなく，正しくは，「地球の**大気圏**の主要部分の外」です．

答え▶▶▶3

出題傾向 誤っているものを選ぶ問題として「無線通信業務」を選ばせる問題も出題されています．

問題 4 ★★★ ➡8.2.2

無線局の技術特性に関する次の記述のうち，無線通信規則（第3条）の規定に照らし，この規定に定めるところに適合するものを1，適合しないものを2として解答せよ．

ア　局において使用する装置の選択及び動作並びにそのすべての発射は，無線通信規則に適合しなければならない．

イ　すべての無線局において，可能な限り，スペクトルの効率的な使用に適するデジタル通信技術の使用が推奨される．

ウ　発射の周波数帯幅は，スペクトルを最も効率的に使用し得るようなものでなければならない．このためには，一般的には，周波数帯幅を技術の現状及び業務の性質によって可能な最小の値に維持することが必要である．

エ　受信機の動作特性は，その受信機が，そこから適当な距離にあり，かつ，無線通信規則に従って運用している送信機から混信を受けることがあることを許容するものとする．

オ　局において使用する装置は，ITU-R の関係勧告に従い，周波数スペクトルを最も効率的に使用することが可能となる信号処理方式をできる限り使用するものとする．この方式としては，取り分け，一部の周波数帯幅拡張技術が挙げられ，特に振幅変調方式においては，単側波帯技術の使用が挙げられる．

解説 イ　×　このような規定はありません．

エ　×「混信を受けることが**あることを許容**する」ではなく，正しくは「混信を受けることが**ないようなものを採用**する」です．

答え▶▶▶ア－1，イ－2，ウ－1，エ－2，オ－1

問題 5 ★★★ ➡8.2.2

局の技術特性に関する次の記述のうち，無線通信規則（第３条）の規定に照らし，この規定に定めるところに適合しないものはどれか．下の１から４までのうちから一つ選べ．

1 局において使用する装置の選択及び動作並びにそのすべての発射は，無線通信規則に適合しなければならない．

2 発射の周波数帯幅は，スペクトルを最も効率的に使用し得るようなものでなければならない．このためには，一般的には，周波数帯幅を技術の現状及び業務の性質によって可能な最小の値に維持することが必要である．

3 周波数スペクトルの特定の領域で使用することを目的とする送信装置及び受信装置は，そのスペクトルの隣接領域その他の領域で使用される可能性がある送信装置及び受信装置とは異なる技術特性で設計するものとする．

4 局において使用する装置は，ITU-R の関係勧告に従い，周波数スペクトルを最も効率的に使用することが可能となる信号処理方式をできる限り使用するものとする．この方式としては，取り分け，一部の周波数帯幅拡張技術が挙げられ，特に振幅変調方式においては，単側波帯技術の使用が挙げられる．

8 章

解説 3 × このような規定はありません．

答え▶▶▶３

出題傾向

誤っているものを選ぶ問題として，下記の選択肢が出題されています．

×スペクトルの効率的な使用のために必要となる場合には，受信機の選択度特性は，いずれの業務で受信機を使用するときも，適切な場合には，ドップラー効果を考慮して，できる限り当該業務の送信機の周波数許容偏差の２倍に適合するものとする．

×すべての無線局において，可能な限り，スペクトルの効率的な使用に適するデジタル通信技術の使用が推奨される．

×受信機の動作特性は，その受信機が，そこから適当な距離にあり，かつ，無線通信規則に従って運用している送信機から混信を受けることがあることを許容するものとする．

×送信局が発射する電波は，その電波について主管庁が定める周波数の許容偏差に従うよう努力するものとする．

×周波数スペクトルの特定の領域で使用することを目的とする送信装置及び受信装置は，そのスペクトルの隣接領域その他の領域で使用される可能性がある送信装置及び受信装置とは異なる技術特性で設計するものとする．

問題 6 ★★★ ➡8.2.3

無線通信規則における次の周波数帯のうち，無線通信規則（第5条）の規定に照らし，この規定に定めるところにより，アマチュア業務へ分配されている周波数帯に該当しないものはどれか．下の1から5までのうちから一つ選べ．

1　10 100 ～ 10 150 kHz　　2　14 000 ～ 14 350 kHz
3　18 068 ～ 18 168 kHz　　4　24 690 ～ 24 790 kHz
5　28 000 ～ 29 700 kHz

解説 24 MHz 帯でアマチュア業務へ分配されているのは，**24 890 ～ 24 990 kHz** です．

答え ▶▶▶ 4

問題 7 ★★★ ➡8.2.4

次の記述は，無線局からの混信を防止するための措置について述べたものである．無線通信規則（第15条）の規定に照らし，［　　］内に入れるべき最も適切な字句の組合せを下の1から4までのうちから一つ選べ．

① すべての局は，［ A ］，過剰な信号の伝送，［ B ］，識別表示のない信号の伝送を禁止する．（無線通信規則第19条（局の識別）に定める例外を除く．）
② 送信局は業務を満足に行うため必要な最小限の電力で輻射する．
③ 混信を避けるために，送信局の位置及び，業務の性質上可能な場合には，受信局の位置は，特に注意して選定しなければならない．
④ 混信を避けるために，不要な方向への輻射又は不要な方向からの受信は，業務の性質上可能な場合には，［ C ］をできる限り利用して，最小にしなければならない．

	A	B	C
1	不要な伝送	虚偽の若しくは紛らわしい信号の伝送	指向性アンテナの利点
2	不要な伝送	暗語又は略語による伝送	送受信設備の電気的特性
3	長時間の伝送	暗語又は略語による伝送	指向性アンテナの利点
4	長時間の伝送	虚偽の若しくは紛らわしい信号の伝送	送受信設備の電気的特性

答え ▶▶▶ 1

下線の部分を穴埋めにした問題も出題されています．

問題 8 ★★★ ➡8.2.4

次の記述は，国際電気通信連合憲章等に係る違反の通告について述べたものである．無線通信規則（第 15 条）の規定に照らし，[　　]内に入れるべき最も適切な字句の組合せを下の 1 から 4 までのうちから一つ選べ．

① 国際電気通信連合憲章，国際電気通信連合条約又は無線通信規則の違反を認めた局は，この違反について[A]に報告する．

② 局が行った重大な違反に関する申入れは，これを認めた主管庁が[B]に行わなければならない．

③ 主管庁は，その権限が及ぶ局が国際電気通信連合憲章，国際電気通信連合条約又は無線通信規則の違反を行ったことを知った場合には，その事実を確認して[C]．

	A	B	C
1	その局の属する国の主管庁	この局を管轄する国の主管庁	必要な措置をとる
2	その局の属する国の主管庁	この違反を行った局	国際電気通信連合の事務総局長に通報する
3	国際電気通信連合の事務総局長	この違反を行った局	必要な措置をとる
4	国際電気通信連合の事務総局長	この局を管轄する国の主管庁	国際電気通信連合の事務総局長に通報する

答え▶▶▶ 1

問題 9 ★★★ ➡8.1.1 ➡8.2.5

次の記述は，通信の秘密について述べたものである．国際電気通信連合憲章（第 37 条）及び無線通信規則（第 17 条）の規定に照らし，[　　]内に入れるべき最も適切な字句の組合せを下の 1 から 4 までのうちから一つ選べ．

① 構成国は，[A]の秘密を確保するため，使用される電気通信のシステムに適合する[B]をとることを約束する．

② 主管庁は，国際電気通信連合憲章及び国際電気通信連合条約の関連規定を適用するに当たり，次の事項を[C]するために必要な措置をとることを約束する．

(1) 公衆の一般的利用を目的としていない無線通信を許可なく傍受すること．

(2) (1) にいう無線通信の傍受によって得られたすべての種類の情報について，許可なく，その内容もしくは単にその存在を漏らし，又はそれを[D]こと．

	A	B	C	D
1	公衆通信	技術的に可能な措置	禁止	他人の用に供する
2	公衆通信	すべての可能な措置	禁止	公表若しくは利用する
3	国際通信	技術的に可能な措置	禁止し，及び防止	他人の用に供する
4	国際通信	すべての可能な措置	禁止し，及び防止	公表若しくは利用する

答え▶▶▶4

問題10 ★★★　➡8.2.6

次の記述は，許可書について述べたものである．無線通信規則（第18条）の規定に照らし，□内に入れるべき最も適切な字句を下の1から10までのうちからそれぞれ一つ選べ．

① 送信局は，その属する国の政府が適当な様式で，かつ，［ア］許可書がなければ，個人又はいかなる団体においても，［イ］ことができない（無線通信規則に定める例外を除く．）．

② 許可書を有する者は，［ウ］に従い，［エ］を守ることを要する．更に許可書には，局が受信機を有する場合には，受信することを許可された無線通信以外の通信の傍受を禁止すること及びこのような通信を偶然に受信した場合には，これを再生し，［オ］に通知し，又はいかなる目的にも使用してはならず，その存在さえも漏らしてはならないことを明示又は参照の方法により記載していなければならない．

1 無線通信規則に従って発給する
2 その属する国の法令に従って発給し，又は承認した
3 設置し，又は運用する　　4 無線設備を所有する
5 その属する国の法令
6 国際電気通信連合憲章及び国際電気通信連合条約の関連規定
7 電気通信の秘密　　8 無線通信の規律
9 利害関係者　　10 第三者

答え▶▶▶ア－1，イ－3，ウ－6，エ－7，オ－10

問題 11 ★ ➡8.2.7

局の識別に関する記述として，無線通信規則（第 19 条）の規定に適合するものを 1，適合しないものを 2 として解答せよ．

ア　アマチュア業務においては，可能な限り，識別符号は自動的に伝送するものとする．

イ　アマチュア業務においては，すべての伝送は，識別符号を伴うものとする．

ウ　アマチュア局は，特別とりきめにより国際符字列に基づかない呼出符号を持つことができる．

エ　虚偽の又はまぎらわしい識別表示を使用する伝送はすべて禁止する．

オ　すべての伝送は，識別信号その他の手段によって識別され得るものでなければならない．しかしながら，技術の現状では，一部の無線方式（例えば，無線測位，無線中継システム及び宇宙通信システム）については，識別信号の伝送が必ずしも可能ではないと認める．

解説 ア　×　「**可能な限り，識別信号は自動的に伝送するものとする**」ではなく，正しくは「**しばしばその識別信号を伝送しなければならない**」です．

ウ　×　「国際符字列に**基づかない**呼出符号」ではなく，正しくは「国際符字列に**基づく**呼出符号」です．

答え▶▶▶ア－2，イ－1，ウ－2，エ－1，オ－1

8章

問題 12 ★★ ➡8.2.8

次の記述は，アマチュア業務について述べたものである．無線通信規則（第 25 条）の規定に照らし，［　　］内に入れるべき最も適切な字句の組合せを下の 1 から 4 までのうちから一つ選べ．

① 国際電気通信連合憲章，国際電気通信連合条約及び無線通信規則の［ A ］の一般規定は，アマチュア局に適用する．

② アマチュア局は，その伝送中［ B ］自局の呼出符号を伝送しなければならない．

③ 主管庁は，［ C ］にアマチュア局が準備できるよう，また通信の必要性を満たせるよう，必要な措置を執ることが奨励される．

	A	B	C
1	技術特性に関する	30分を標準として	緊急時
2	技術特性に関する	短い間隔で	災害救助時
3	すべて	30分を標準として	緊急時
4	すべて	短い間隔で	災害救助時

答え▶▶▶4

問題 13 ★★★ ➡8.2.8

次の記述は，異なる国のアマチュア局相互間の無線通信等について述べたものである．無線通信規則（第25条）の規定に照らし，［　　］内に入れるべき最も適切な字句の組合せを下の1から4までのうちから一つ選べ．

① 異なる国のアマチュア局相互間の伝送は，地上コマンド局とアマチュア衛星業務の宇宙局との間で交わされる制御信号は除き，［ A ］されたものであってはならない．

② アマチュア局は，［ B ］に限って，［ C ］の伝送を行うことができる．主管庁は，その管轄下にあるアマチュア局への本条項の適用について決定することができる．

	A	B	C
1	意味を隠すために暗号化	緊急時及び災害救助時	第三者のために国際通信
2	意味を隠すために暗号化	主管庁相互間の特別とりきめがある場合	アマチュア局以外の局との国際通信
3	伝送効率を高めるために高速化	主管庁相互間の特別とりきめがある場合	第三者のために国際通信
4	伝送効率を高めるために高速化	緊急時及び災害救助時	アマチュア局以外の局との国際通信

答え▶▶▶1

問題 14 ★★★ ➡8.2.8

アマチュア業務及びアマチュア衛星業務に関する次の記述のうち，無線通信規則（第25条）の規定に照らし，この規定に定めるところに適合しないものはどれか．下の1から4までのうちから一つ選べ．

1 異なる国のアマチュア局相互間の伝送は，無線通信規則第1条（用語及び定義）に規定されているアマチュア業務の目的及び私的事項に付随する通信に限らねばならない．

2 異なる国のアマチュア局相互間の伝送は，地上コマンド局とアマチュア衛星業務の宇宙局との間で交わされる制御信号を含め，意味を隠すために暗号化されたものとすることができる．

3 アマチュア衛星業務の宇宙局を許可する主管庁は，アマチュア衛星業務の局からの放射に起因する有害な混信を直ちに除外することができることを確保するため，打ち上げ前に十分な地球指令局を設置するよう措置する．

4 アマチュア局の最大電力は，関係主管庁が定める．

答え▶▶▶2

参考文献

（1） 情報通信振興会 編：学習用電波法令集（令和 4 年版），情報通信振興会（2022）

（2） 今泉至明：電波法要説（第 12 版），情報通信振興会（2022）

（3） 情報通信振興会：よくわかる教科書　電波法大綱，情報通信振興会（2017）

（4） 倉持内武，吉村和昭，安居院猛：身近な例で学ぶ　電波・光・周波数—電波の基礎から電波時計，地デジ，GPS まで—，森北出版（2009）

（5） Tony Jones，松浦俊輔訳：原子時計を計る—300 億分の 1 秒物語—，青土社（2001）

（6） 吉村和幸，古賀保喜，大浦宣徳：周波数と時間—原子時計の基礎 / 原子時のしくみ—，電子情報通信学会（1989）

（7） 奥澤隆志：空中線系と電波伝搬，CQ 出版（1989）

（8） 大森俊一，横島一郎，中根央：高周波・マイクロ波測定，コロナ社（1992）

（9） 大友功，小園茂，熊澤弘之：ワイヤレス通信工学（改訂版），コロナ社（2002）

（10） 宇田新太郎：新版　無線工学Ⅰ　伝送編，丸善（1974）

（11） 宇田新太郎：新版　無線工学Ⅱ　エレクトロニクス編，丸善（1974）

（12） 柳沢健：回路理論基礎，電気学会（1986）

（13） 安居院猛，吉村和昭，倉持内武：エッセンシャル電気回路—工学のための基礎演習—（第 2 版），森北出版（2017）

（14） 吉村和昭，倉持内武，安居院猛：図解入門よくわかる最新　電波と周波数の基本と仕組み（第 2 版），秀和システム（2010）

（15） 吉村和昭：第一級陸上無線技術士試験　やさしく学ぶ　法規（改訂 3 版），オーム社（2022）

（16） 吉村和昭：やさしく学ぶ　第一級陸上特殊無線技士試験（改訂 2 版），オーム社（2018）

索 引

索引

▶ サ　行 ◀

▶　タ　行　◀

ナ　行

ハ　行

▶ マ　行 ◀

▶ ヤ　行 ◀

▶ ラ　行 ◀

ワ　行

英数字・記号

〈著者略歴〉
吉 村 和 昭（よしむら　かずあき）
学　歴　東京商船大学大学院博士後期課程修了
　　　　博士（工学）
職　歴　東京工業高等専門学校
　　　　桐蔭学園工業高等専門学校
　　　　桐蔭横浜大学電子情報工学科
　　　　芝浦工業大学工学部電子工学科（非常勤）
　　　　国士舘大学理工学部電子情報学系（非常勤）
　　　　第一級アマチュア無線技士，第一級陸上無線技術士，第一級総合無線通信士

〈主な著書〉
「やさしく学ぶ　第一級陸上特殊無線技士試験（改訂２版）」
「やさしく学ぶ　第二級陸上特殊無線技士試験（改訂２版）」
「やさしく学ぶ　第三級陸上特殊無線技士試験（改訂２版）」
「第一級陸上無線技術士試験　やさしく学ぶ　法規（改訂３版）」
「やさしく学ぶ　航空無線通信士試験（改訂２版）」
「やさしく学ぶ　航空特殊無線技士試験」
「やさしく学ぶ　第三級海上無線通信士試験」
「やさしく学ぶ　第二級海上特殊無線技士試験」　以上オーム社

やさしく学ぶ
第一級アマチュア無線技士試験（改訂２版）

2018 年 11 月 20 日　第 1 版第 1 刷発行
2023 年 2 月 10 日　改訂 2 版第 1 刷発行

著　者　吉 村 和 昭
発行者　村 上 和 夫
発行所　株式会社 オーム社
　　　　郵便番号　101-8460
　　　　東京都千代田区神田錦町 3-1
　　　　電話　03(3233)0641(代表)
　　　　URL　https://www.ohmsha.co.jp/

組版　新生社　　印刷・製本　平河工業社
ISBN978-4-274-22944-2　Printed in Japan

3. 無線電信通信の略符号（無線局運用規則別表第 2 号抜粋）

(1) Q 符号

Q 符号	意義	
	問い	答えまたは通知
QRA	貴局名は，何ですか．	当局名は，……です．
QRH	こちらの周波数は，変化しますか．	そちらの周波数は，変化します．
QRK	こちらの信号（又は……（名称又は呼出符号）の信号）の明りょう度は，どうですか．	そちらの信号（又は……（名称又は呼出符号）の信号）の明りょう度は， 1　悪いです． 2　かなり悪いです． 3　かなり良いです． 4　良いです． 5　非常に良いです．
QRL	そちらは，通信中ですか．	こちらは，通信中です（又はこちらは，……（名称又は呼出符号）と通信中です）．妨害しないでください．
QRM	こちらの伝送は，混信を受けていますか．	そちらの伝送は， 1　混信を受けていません． 2　少し混信を受けています． 3　かなりの混信を受けています． 4　強い混信を受けています． 5　非常に強い混信を受けています．
QRN	そちらは，空電に妨げられていますか．	こちらは， 1　空電に妨げられていません． 2　少し空電に妨げられています． 3　かなり空電に妨げられています． 4　強い空電に妨げられています． 5　非常に強い空電に妨げられています．
QRO	こちらは，送信機の電力を増加しましょうか．	送信機の電力を増加してください．
QRP	こちらは，送信機の電力を減少しましょうか．	送信機の電力を減少してください．
QRS	こちらは，もっとおそく送信しましょうか．	もっとおそく送信してください（1 分間に……語）．
QRT	こちらは，送信を中止しましょうか．	送信を中止してください．
QRU	そちらは，こちらへ伝送するものがありますか．	こちらは，そちらへ伝送するものはありません．
QRV	そちらは，用意ができましたか．	こちらは，用意ができました．
QRX	そちらは，何時に再びこちらを呼びますか．	こちらは，……時に（……kHz（又は MHz）で）再びそちらを呼びます．
QRZ	誰がこちらを呼んでいますか．	そちらは，……から（……kHz（又は MHz）で）呼ばれています．
QSA	こちらの信号（又は……（名称又は呼出符号）の信号）の強さは，どうですか．	そちらの信号（又は……（名称又は呼出符号）の信号）の強さは， 1　ほとんど感じません． 2　弱いです． 3　かなり強いです． 4　強いです． 5　非常に強いです．